SERIES 1

2024
개정판

TOP
SERIES

FIRE FACILITIES MANAGER

소방시설관리사
필기 1차
이론 + 문제풀이 하

유정석

예문사

머리말

안녕하십니까?
유정석입니다.

소방시설관리사 합격을 위해서는 1차 시험 공부가 2차 시험을 대비하기 위한 준비단계의 공부가 되어야 하는데, 대부분의 수험생들이 1차 시험과 2차 시험을 별개로 생각하여 준비하다 보니 1차 시험 합격 후 2차 시험을 대비하는 시간이 많이 부족한 것 같습니다.

소방시설관리사 최종 합격을 위해서는 기초가 튼튼해야 합니다. 따라서 이 교재는 1차 시험의 합격과 2차 시험을 위한 기초가 될 수 있도록 핵심 내용 위주로 구성하였습니다. 1차 시험의 여러 과목 중 2차 시험과 밀접한 과목 위주로 공부하는 것이 합격의 지름길이라고 할 수 있습니다.

부족한 부분은 계속 보완할 것이며, 본서로 공부하시는 수험생 여러분들에게 합격의 영광이 함께하기를 바랍니다. 출판을 도와주신 도서출판 예문사 임직원 여러분들과 도움을 주신 모든 분들에게 깊은 감사를 드리며 부족한 저를 믿고 따라 준 가족에게도 고마움을 전합니다.

감사합니다.
수험생 여러분! 힘내세요.

There is no royal road to learning.(학문에는 왕도가 없다.)

유 정 석

차 례

APPENDIX. 부록　요약정리

PART

06

소방시설의 구조원리

CHAPTER 01 소화기구 및 자동소화장치(NFTC101)

01 정의

1. "소화약제"란 소화기구 및 자동소화장치에 사용되는 소화성능이 있는 고체 · 액체 및 기체의 물질을 말한다.

2. "소화기"란 소화약제를 압력에 따라 방사하는 기구로서 사람이 수동으로 조작하여 소화하는 다음의 소화기를 말한다.
   (1) "소형소화기"란 능력단위가 1단위 이상이고 대형소화기의 능력단위 미만인 소화기를 말한다.
   (2) "대형소화기"란 화재 시 사람이 운반할 수 있도록 운반대와 바퀴가 설치되어 있고 능력단위가 A급 10단위 이상, B급 20단위 이상인 소화기를 말한다.

3. "자동확산소화기"란 화재를 감지하여 자동으로 소화약제를 방출 확산시켜 국소적으로 소화하는 다음 각 소화기를 말한다.
   (1) "일반화재용자동확산소화기"란 보일러실, 건조실, 세탁소, 대량화기취급소 등에 설치되는 자동확산소화기를 말한다.
   (2) "주방화재용자동확산소화기"란 음식점, 다중이용업소, 호텔, 기숙사, 의료시설, 업무시설, 공장 등의 주방에 설치되는 자동확산소화기를 말한다.
   (3) "전기설비용자동확산소화기"란 변전실, 송전실, 변압기실, 배전반실, 제어반, 분전반 등에 설치되는 자동확산소화기를 말한다.

4. "자동소화장치"란 소화약제를 자동으로 방사하는 고정된 소화장치로서 법 제37조 또는 제40조에 따라 형식승인이나 성능인증을 받은 유효설치 범위(설계방호체적, 최대설치높이, 방호면적 등을 말한다) 이내에 설치하여 소화하는 다음 각 소화장치를 말한다.
   (1) "주거용 주방자동소화장치"란 주거용 주방에 설치된 열발생 조리기구의 사용으로 인한 화재 발생 시 열원(전기 또는 가스)을 자동으로 차단하며 소화약제를 방출하는 소화장치를 말한다.
   (2) "상업용 주방자동소화장치"란 상업용 주방에 설치된 열발생 조리기구의 사용으로 인한 화재 발생 시 열원(전기 또는 가스)을 자동으로 차단하며 소화약제를 방출하는 소화장치를 말한다.

(3) "캐비닛형 자동소화장치"란 열, 연기 또는 불꽃 등을 감지하여 소화약제를 방사하여 소화하는 캐비닛 형태의 소화장치를 말한다.

(4) "가스자동소화장치"란 열, 연기 또는 불꽃 등을 감지하여 가스계 소화약제를 방사하여 소화하는 소화장치를 말한다.

(5) "분말자동소화장치"란 열, 연기 또는 불꽃 등을 감지하여 분말의 소화약제를 방사하여 소화하는 소화장치를 말한다.

(6) "고체에어로졸자동소화장치"란 열, 연기 또는 불꽃 등을 감지하여 에어로졸의 소화약제를 방사하여 소화하는 소화장치를 말한다.

5. "거실"이란 거주 · 집무 · 작업 · 집회 · 오락 그 밖에 이와 유사한 목적을 위하여 사용하는 방을 말한다.

6. "능력단위"란 소화기 및 소화약제에 따른 간이소화용구에 있어서는 법 제37조제1항에 따라 형식승인 된 수치를 말한다.

7. "일반화재(A급 화재)"란 나무, 섬유, 종이, 고무, 플라스틱류와 같은 일반 가연물이 타고 나서 재가 남는 화재를 말한다. 일반화재에 대한 소화기의 적응 화재별 표시는 'A'로 표시한다.

8. "유류화재(B급 화재)"란 인화성 액체, 가연성 액체, 석유 그리스, 타르, 오일, 유성도료, 솔벤트, 래커, 알코올 및 인화성 가스와 같은 유류가 타고 나서 재가 남지 않는 화재를 말한다. 유류화재에 대한 소화기의 적응 화재별 표시는 'B'로 표시한다.

9. "전기화재(C급 화재)"란 전류가 흐르고 있는 전기기기, 배선과 관련된 화재를 말한다. 전기화재에 대한 소화기의 적응 화재별 표시는 'C'로 표시한다.

10. "주방화재(K급 화재)"란 주방에서 동식물유를 취급하는 조리기구에서 일어나는 화재를 말한다. 주방화재에 대한 소화기의 적응 화재별 표시는 'K'로 표시한다.

[참고] 자동소화장치

1) 주거용 주방자동소화장치

① 주거용 주방자동소화장치의 구성

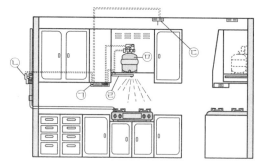

㉠ 수신부

탐지부에 의해 가스누설 신호를 송신받아 경보를 울리고 가스누설표시등이 점등된다.

㉡ 차단장치(전기 또는 가스)

가스가 누설되거나 화재가 발생할 경우 가스배관에 설치된 밸브를 구동력으로 자동차단하는 장치이며, 상시 확인 및 점검이 가능하도록 설치하여야 한다.

㉢ 탐지부

가스가 누설되면 그것을 탐지하여 수신부에 송신하는 장치이다. 공기보다 무거운 가스를 사용하는 경우 바닥에서 30cm 이내에, 공기보다 가벼운 가스를 사용하는 경우 천장에서 30cm 이내에 설치하여야 한다.

㉣ 감지부/소화약제 방출구

• 감지부

화재를 감지하는 역할을 하는 것으로 화재의 열을 감지하는 부분이다. 설치위치는 자동식 소화기의 형식 승인된 유효높이에 설치하여야 한다.

• 소화약제 방출구

소화약제가 방출되는 부분을 말하며 가스레인지 등 가스사용장치의 중앙에 설치하여 해당 방호면적을 유효하게 소화할 수 있어야 하고, 환기구 청소구 부분과 분리하여 설치하여야 한다.

㉤ 소화약제 용기

소량의 약제를 가진 간이형 용구가 설치되며 주로 ABC 분말약제나 강화액의 소화약제가 충전된 소화용기를 사용한다.

② **주거용 주방자동소화장치의 동작순서**

㉠ 가스누설시 : 탐지부에서 가스누설탐지 → 수신부에서 경보 및 가스누설표시등 점등 → 가스차단장치 동작

㉡ 화재 발생 시 : 1차 온도센서 동작(약 90℃) → 수신부에서 경보 및 예비화재표시등 점등 → 가스차단장치 동작 → 2차 온도센서 동작(약 135℃) → 화재표시등 점등 및 소화약제 방사

2) 상업용 주방자동소화장치

상업용주방자동소화장치란 가정에서 사용하는 조리시설이 아닌 웍(wok), 튀김기(fryer), 부침기(griddle), 레인지(range), 체인브로일러(chain broiler), 전기숯불브로일러(Electrical char-broiler), 화강암, 부석 및 합성암 숯불브로일러(lava, pumice, or synthetic rock char-broiler), 천연 숯 브로일러(natural charcoal broiler), 메스키트 우드 숯 브로일러(mesquite wood char – broiler), 상향식 브로일러(upright broiler) 등 상업용 주방에 사용되는 조리기구를 사용하여 발생되는 화재를 감지하여 자동으로 소화하는 소화장치를 말한다.

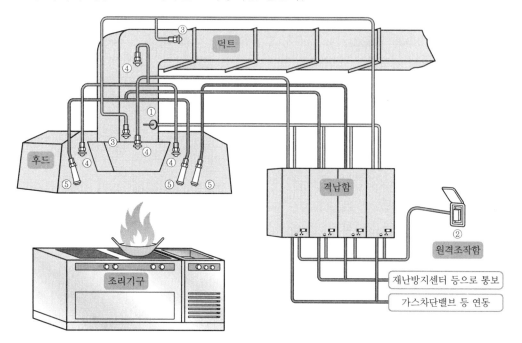

① 감지기
② 원격조작함
③,④,⑤ 노즐

3) 캐비닛형 자동소화장치

모듈러 방식의 소화기
(CO_2, 분말, 할론 등을 이용)

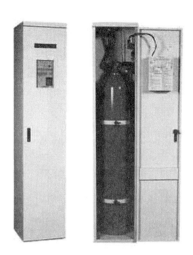

[캐비닛형 자동소화장치]

4) 가스, 분말, 고체에어로졸 자동소화장치

5) 자동확산소화기

보일러실, 주방, 전기설비 등의 천장에 설치하여 열에 의한 개방 시 소화하는 장치

6) 간이소화용구

① **종류**

    ㉠ 마른 모래, 팽창질석, 팽창진주암

    ㉡ 투척용 소화용구

    ㉢ 에어로졸식 소화용구

    ㉣ 소공간용 소화용구

② **간이소화용구의 능력단위(소화약제 외의 것을 이용)**

간이소화용구		능력단위
1. 마른 모래	삽을 상비한 50l 이상의 것 1포	0.5단위
2. 팽창질석 또는 팽창진주암	삽을 상비한 80l 이상의 것 1포	0.5단위

02 설치기준

1. 소화기구의 설치기준

1) 소화기구는 다음 각 호의 기준에 따라 설치하여야 한다.

① 특정소방대상물의 설치장소에 따라 표 2.1.1.1에 적합한 종류의 것으로 할 것

소화약제 구분 / 적응대상	가스			분말		액체				기타			
	이산화탄소소화약제	할론소화약제	할로겐화합물및불활성기체소화약제	인산염류소화약제	중탄산염류소화약제	산알칼리소화약제	강화액소화약제	포소화약제	물·침윤소화약제	고체에어로졸화합물	마른모래	팽창질석·팽창진주암	그 밖의 것
일반화재(A급 화재)	－	○	○	○	－	○	○	○	○	○	○	○	－
유류화재(B급 화재)	○	○	○	○	○	○	○	○	○	○	○	○	－
전기화재(C급 화재)	○	○	○	○	○	*	*	*	*	○	－	－	－
주방화재(K급 화재)	－	－	－	－	*	－	*	*	*	－	－	－	*

(비고) "*"의 소화약제별 적응성은 「소방시설 설치 및 관리에 관한 법률」 제37조에 의한 형식승인 및 제품검사의 기술기준에 따라 화재 종류별 적응성에 적합한 것으로 인정되는 경우에 한한다.

② 특정소방대상물에 따라 소화기구의 능력단위는 표 2.1.1.2의 기준에 따를 것

특정소방대상물	소화기구의 능력단위
1. 위락시설	해당 용도의 바닥면적 30m²마다 능력단위 1단위 이상
2. 공연장·집회장·관람장·문화재·장례식장 및 의료시설	해당 용도의 바닥면적 50m²마다 능력단위 1단위 이상
3. 근린생활시설·판매시설·운수시설·숙박시설·노유자시설·전시장·공동주택·업무시설·방송통신시설·공장·창고시설·항공기 및 자동차 관련 시설 및 관광휴게시설	해당 용도의 바닥면적 100m²마다 능력단위 1단위 이상
4. 그 밖의 것	해당 용도의 바닥면적 200m²마다 능력단위 1단위 이상

(비고) 소화기구의 능력단위를 산출함에 있어서 건축물의 주요 구조부가 내화구조이고, 벽 및 반자의 실내에 면하는 부분이 불연재료·준불연재료 또는 난연재료로 된 특정소방대상물에 있어서는 위 표의 기준 면적의 2배를 해당 특정소방대상물의 기준면적으로 한다.

③ 제2호에 따른 능력단위 외에 표 2.1.1.3에 따라 부속용도별로 사용되는 부분에 대하여는 소화기구를 추가하여 설치할 것

용도별	소화기구의 능력단위
1. 다음 각목의 시설. 다만, 스프링클러설비·간이스프링클러설비·물분무등소화설비 또는 상업용주방자동소화장치가 설치된 경우에는 자동확산소화기를 설치하지 않을 수 있다. 가. 보일러실(아파트의 경우 방화구획된 것을 제외한다)·건조실·세탁소·대량화기취급소 나. 음식점(지하가의 음식점을 포함한다)·다중이용업소·호텔·기숙사·노유자 시설·의료시설·업무시설·공장·장례식장·교육연구시설·교정 및 군사시설의 주방 다만, 의료시설·업무시설 및 공장의 주방은 공동취사를 위한 것에 한한다. 다. 관리자의 출입이 곤란한 변전실·송전실·변압기실 및 배전반실(불연재료로된 상자 안에 장치된 것을 제외한다)	1. 해당 용도의 바닥면적 25m² 마다 능력단위 1단위 이상의 소화기로 할 것. 이 경우 나목의 주방에 설치하는 소화기 중 1개 이상은 주방화재용 소화기(K급)로 설치해야 한다. 2. 자동확산소화기는 해당 용도의 바닥면적을 기준으로 10m² 이하는 1개, 10m² 초과는 2개 이상을 설치하되, 보일러, 가스레인지 등 방호대상에 유효하게 분사될 수 있는 위치에 배치될 수 있는 수량으로 설치할 것
2. 발전실·변전실·송전실·변압기실·배전반실·통신기기실·전산기기실·기타 이와 유사한 시설이 있는 장소. 다만, 제1호 다목의 장소를 제외한다.	해당 용도의 바닥면적 50m² 마다 적응성이 있는 소화기 1개 이상 또는 유효설치방호체적 이내의 가스·분말·고체에어로졸 자동소화장치, 캐비닛형 자동소화장치(다만, 통신기기실·전자기기실을 제외한 장소에 있어서는 교류 600V 또는 직류750V 이상의 것에 한한다)
3. 위험물안전관리법시행령 별표 1에 따른 지정수량의 1/5 이상 지정수량 미만의 위험물을 저장 또는 취급하는 장소	능력단위 2단위 이상 또는 유효설치방호체적 이내의 가스·분말·고체에어로졸 자동소화장치, 캐비닛형자동소화장치

4. 소방기본법시행령 별표 2에 따른 특수가연물을 저장 또는 취급하는 장소	소방기본법시행령 별표 2에서 정하는 수량 이상		소방기본법시행령 별표 2에서 정하는 수량의 50배 이상마다 능력단위 1단위 이상	
	소방기본법시행령 별표 2에서 정하는 수량의 500배 이상		대형소화기 1개 이상	
5. 고압가스안전관리법ㆍ액화석유가스의 안전관리 및 사업법 및 도시가스사업법에서 규정하는 가연성 가스를 연료로 사용하는 장소	액화석유가스 기타 가연성 가스를 연료로 사용하는 연소기기가 있는 장소		각 연소기로부터 보행거리 10m 이내에 능력단위 3단위 이상의 소화기 1개 이상. 다만, 상업용주방자동소화장치가 설치된 장소는 제외한다.	
	액화석유가스 기타 가연성 가스를 연료로 사용하기 위하여 저장하는 저장실(저장량 300kg 미만은 제외한다)		능력단위 5단위 이상의 소화기 2개 이상 및 대형소화기 1개 이상	
6. 고압가스 안전관리법ㆍ액화석유 가스의 안전관리 및 사업법 또는 도시가스사업법에서 규정하는 가연성가스를 제조하거나 연료외의 용도로 저장ㆍ사용하는 장소	저장하고 있는 양 또는 1개월 동안 제조ㆍ사용하는 양	200kg 미만	저장하는 장소	능력단위 3단위 이상의 소화기 2개 이상
			제조ㆍ사용하는 장소	능력단위 3단위 이상의 소화기 2개 이상
		200kg 이상 300kg 미만	저장하는 장소	능력단위 5단위 이상의 소화기 2개 이상
			제조ㆍ사용하는 장소	바닥면적 50m²마다 능력단위 5단위 이상의 소화기 1개 이상
		300kg 이상	저장하는 장소	대형소화기 2개 이상
			제조ㆍ사용하는 장소	바닥면적 50m²마다 능력단위 5단위 이상의 소화기 1개 이상

④ 소화기는 다음 각 목의 기준에 따라 설치할 것
  ㉠ 특정소방대상물의 각 층마다 설치하되, 각층이 2 이상의 거실로 구획된 경우에는 각 층마다 설치하는 것 외에 바닥면적이 33m² 이상으로 구획된 각 거실(아파트의 경우에는 각 세대를 말한다)에도 배치할 것

    ⓛ 특정소방대상물의 각 부분으로부터 1개의 소화기까지의 보행거리가 소형소화기의 경우에는 20m 이내, 대형소화기의 경우에는 30m 이내가 되도록 배치할 것. 다만, 가연성물질이 없는 작업장의 경우에는 작업장의 실정에 맞게 보행거리를 완화하여 배치할 수 있다.

⑤ 능력단위가 2단위 이상이 되도록 소화기를 설치하여야 할 특정소방대상물 또는 그 부분에 있어서는 간이소화용구의 능력단위가 전체 능력단위의 2분의 1을 초과하지 아니하게 할 것. 다만, 노유자시설의 경우에는 그렇지 않다.

⑥ 소화기구(자동확산소화기를 제외한다)는 거주자 등이 손쉽게 사용할 수 있는 장소에 바닥으로부터 높이 1.5m 이하의 곳에 비치하고, 소화기에 있어서는 "소화기", 투척용 소화용구에 있어서는 "투척용 소화용구", 마른 모래에 있어서는 "소화용 모래", 팽창질석 및 팽창진주암에 있어서는 "소화질석"이라고 표시한 표지를 보기 쉬운 곳에 부착할 것. 다만, 소화기 및 투척용소화용구의 표지는 「축광표지의 성능인증 및 제품검사의 기술기준」에 적합한 축광식표지로 설치하고, 주차장의 경우 표지를 바닥으로부터 1.5m 이상의 높이에 설치할 것

⑦ 자동확산소화기는 다음 각 목의 기준에 따라 설치할 것
    ㉠ 방호대상물에 소화약제가 유효하게 방사될 수 있도록 설치할 것
    ㉡ 작동에 지장이 없도록 견고하게 고정할 것

2. 주거용주방자동소화장치 설치기준

1) 소화약제 방출구는 환기구(주방에서 발생하는 열기류 등을 밖으로 배출하는 장치를 말한다.)의 청소부분과 분리되어 있어야 하며, 형식승인 받은 유효설치 높이 및 방호면적에 따라 설치할 것

2) 감지부는 형식승인 받은 유효한 높이 및 위치에 설치할 것

3) 차단장치(전기 또는 가스)는 상시 확인 및 점검이 가능하도록 설치할 것

4) 가스용 주방자동소화장치를 사용하는 경우 탐지부는 수신부와 분리하여 설치하되, 공기보다 가벼운 가스를 사용하는 경우에는 천장 면으로부터 30cm 이하의 위치에 설치하고, 공기보다 무거운 가스를 사용하는 장소에는 바닥 면으로부터 30cm 이하의 위치에 설치할 것

5) 수신부는 주위의 열기류 또는 습기 등과 주위온도에 영향을 받지 않고 사용자가 상시 볼 수 있는 장소에 설치할 것

3. 상업용주방자동소화장치 설치기준

1) 소화장치는 조리기구의 종류별로 성능인증을 받은 설계 매뉴얼에 적합하게 설치할 것
2) 감지부는 성능인증을 받은 유효높이 및 위치에 설치할 것
3) 차단장치(전기 또는 가스)는 상시 확인 및 점검이 가능하도록 설치할 것
4) 후드에 설치되는 분사헤드는 후드의 가장 긴 변의 길이까지 방출될 수 있도록 소화약제의 방출 방향 및 거리를 고려하여 설치할 것
5) 덕트에 설치되는 분사헤드는 성능인증을 받은 길이 이내로 설치할 것

4. 캐비닛형자동소화장치 설치기준

1) 분사헤드(방출구)의 설치 높이는 방호구역의 바닥으로부터 형식승인을 받은 범위 내에서 유효하게 소화약제를 방출시킬 수 있는 높이에 설치할 것
2) 화재감지기는 방호구역 내의 천장 또는 옥내에 면하는 부분에 설치하되「자동화재탐지설비 및 시각경보장치의 화재안전기술기준(NFTC 203)」2.4(감지기)에 적합하도록 설치할 것
3) 방호구역 내의 화재감지기의 감지에 따라 작동되도록 할 것
4) 화재감지기의 회로는 교차회로방식으로 설치할 것. 다만, 화재감지기를「자동화재탐지설비 및 시각경보장치의 화재안전기술기준(NFTC 203)」2.4.1 단서의 각 감지기로 설치하는 경우에는 그렇지 않다.
5) 교차회로 내의 각 화재감지기회로별로 설치된 화재감지기 1개가 담당하는 바닥면적은「자동화재탐지설비 및 시각경보장치의 화재안전기술기준(NFTC 203)」2.4.3.5, 2.4.3.8 및 2.4.3.10에 따른 바닥면적으로 할 것
6) 개구부 및 통기구(환기장치를 포함한다.)를 설치한 것에 있어서는 소화약제가 방출되기 전에 해당 개구부 및 통기구를 자동으로 폐쇄할 수 있도록 할 것. 다만, 가스압에 의하여 폐쇄되는 것은 소화약제 방출과 동시에 폐쇄할 수 있다.
7) 작동에 지장이 없도록 견고하게 고정할 것
8) 구획된 장소의 방호체적 이상을 방호할 수 있는 소화성능이 있을 것

5. 가스, 분말, 고체에어로졸 자동소화장치 설치기준

1) 소화약제 방출구는 형식승인을 받은 유효설치범위 내에 설치할 것
2) 자동소화장치는 방호구역 내에 형식승인 된 1개의 제품을 설치할 것. 이 경우 연동방식으로서 하나의 형식으로 형식승인을 받은 경우에는 1개의 제품으로 본다.
3) 감지부는 형식승인 된 유효설치범위 내에 설치해야 하며 설치장소의 평상시 최고주위온

도에 따라 다음 표 2.1.2.4.3에 따른 표시온도의 것으로 설치할 것. 다만, 열감지선의 감지부는 형식승인 받은 최고주위온도범위 내에 설치해야 한다.

설치 장소의 최고 주위 온도[℃]	표시 온도[℃]
39℃ 미만	79℃ 미만
39℃ 이상 64℃ 미만	79℃ 이상 121℃ 미만
64℃ 이상 106℃ 미만	121℃ 이상 162℃ 미만
106℃ 이상	162℃ 이상

4) 3)에도 불구하고 화재감지기를 감지부로 사용하는 경우에는 4의 2)부터 5)까지의 설치 방법에 따를 것

6. 설치제외

이산화탄소 또는 할로겐화합물을 방출하는 소화기구(자동확산소화기를 제외한다)는 지하층이나 무창층 또는 밀폐된 거실로서 그 바닥면적이 20m² 미만의 장소에는 설치할 수 없다. 다만, 배기를 위한 유효한 개구부가 있는 장소인 경우에는 그렇지 않다.

03 소화기의 감소

1. 소형소화기를 설치해야 할 특정소방대상물 또는 그 부분에 옥내소화전설비 · 스프링클러설비 · 물분무등소화설비 · 옥외소화전설비 또는 대형소화기를 설치한 경우에는 해당 설비의 유효범위의 부분에 대하여는 2.1.1.2 및 2.1.1.3에 따른 소형소화기의 3분의 2(대형소화기를 둔 경우에는 2분의 1)를 감소할 수 있다. 다만, 층수가 11층 이상인 부분, 근린생활시설, 위락시설, 문화 및 집회시설, 운동시설, 판매시설, 운수시설, 숙박시설, 노유자시설, 의료시설, 아파트, 업무시설(무인변전소를 제외한다), 방송통신시설, 교육연구시설, 항공기 및 자동차관련 시설, 관광 휴게시설은 그렇지 않다.
2. 대형소화기를 설치해야 할 특정소방대상물 또는 그 부분에 옥내소화전설비 · 스프링클러설비 · 물분무등소화설비 또는 옥외소화전설비를 설치한 경우에는 해당 설비의 유효범위 안의 부분에 대하여는 대형소화기를 설치하지 않을 수 있다.

CHAPTER 02 옥내소화전설비(NFTC102)

01 정의

1. "고가수조"란 구조물 또는 지형지물 등에 설치하여 자연낙차의 압력으로 급수하는 수조를 말한다.

2. "압력수조"란 소화용수와 공기를 채우고 일정압력 이상으로 가압하여 그 압력으로 급수하는 수조를 말한다.

3. "충압펌프"란 배관 내 압력손실에 따른 주펌프의 빈번한 기동을 방지하기 위하여 충압 역할을 하는 펌프를 말한다.

4. "정격토출량"이란 펌프의 정격부하운전 시 토출량으로서 정격토출압력에서의 펌프의 토출량을 말한다.

5. "정격토출압력"이란 펌프의 정격부하운전 시 토출압력으로서 정격토출량에서의 펌프의 토출측 압력을 말한다.

6. "진공계"란 대기압 이하의 압력을 측정하는 계측기를 말한다.

7. "연성계"란 대기압 이상의 압력과 대기압 이하의 압력을 측정할 수 있는 계측기를 말한다.

8. "체절운전"이란 펌프의 성능시험을 목적으로 펌프 토출측의 개폐밸브를 닫은 상태에서 펌프를 운전하는 것을 말한다.

9. "기동용수압개폐장치"란 소화설비의 배관 내 압력변동을 검지하여 자동적으로 펌프를 기동 및 정지시키는 것으로서 압력챔버 또는 기동용압력스위치 등을 말한다.

10. "급수배관"이란 수원 또는 송수구 등으로부터 소화설비에 급수하는 배관을 말한다.

11. "분기배관"이란 배관 측면에 구멍을 뚫어 둘 이상의 관로가 생기도록 가공한 배관으로서 다음의 분기배관을 말한다.

 (1) "확관형 분기배관"이란 배관의 측면에 조그만 구멍을 뚫고 소성가공으로 확관시켜 배관 용접이음자리를 만들거나 배관 용접이음자리에 배관이음쇠를 용접 이음한 배관을 말한다.

 (2) "비확관형 분기배관"이란 배관의 측면에 분기호칭내경 이상의 구멍을 뚫고 배관이음쇠를 용접 이음한 배관을 말한다.

12. "개폐표시형밸브"란 밸브의 개폐여부를 외부에서 식별이 가능한 밸브를 말한다.

13. "가압수조"란 가압원인 압축공기 또는 불연성 기체의 압력으로 소화용수를 가압하여 그

압력으로 급수하는 수조를 말한다.

14. "주펌프"란 구동장치의 회전 또는 왕복운동으로 소화용수를 가압하여 그 압력으로 급수하는 주된 펌프를 말한다.

15. "예비펌프"란 주펌프와 동등 이상의 성능이 있는 별도의 펌프를 말한다.

02 계통도

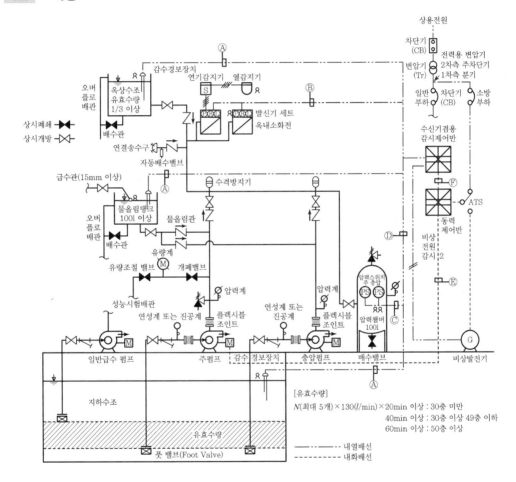

03 수원

1. 유효수량

1) 30층 미만

$$수원의 \; 양(\mathrm{m}^3) = N \times 2.6\mathrm{m}^3 \; 이상 = N \times 130l/\min \times 20\min \; 이상$$

2) 30층 이상 49층 이하

수원의 양$(\mathrm{m}^3) = N \times 5.2\mathrm{m}^3$ 이상 $= N \times 130l/\min \times 40\min$ 이상

3) 50층 이상

수원의 양$(\mathrm{m}^3) = N \times 7.8\mathrm{m}^3$ 이상 $= N \times 130l/\min \times 60\min$ 이상

4) N : 옥내소화전의 설치 개수가 가장 많은 층의 설치 수

① 30층 미만 : 최대 2개
② 30층 이상 : 최대 5개

2. 옥상수원의 양

1) 옥내소화전 설비의 수원은 제1항에 따라 산출된 유효수량 외에 유효수량의 3분의 1 이상을 옥상(옥내소화전 설비가 설치된 건축물의 주된 옥상을 말한다.)에 설치하여야 한다.

2) 옥상수조(제1항에 따라 산출된 유효수량의 3분의 1 이상을 옥상에 설치한 설비를 말한다.)는 이와 연결된 배관을 통하여 상시 소화수를 공급할 수 있는 구조인 특정소방대상물인 경우에는 둘 이상의 특정소방대상물이 있더라도 하나의 특정소방대상물에만 이를 설치할 수 있다.

3. 옥상수조 제외

1) 지하층만 있는 건축물
2) 고가수조를 가압송수장치로 설치한 경우
3) 수원이 건축물의 최상층에 설치된 방수구보다 높은 위치에 설치된 경우
4) 건축물의 높이가 지표면으로부터 10m 이하인 경우
5) 주펌프와 동등 이상의 성능이 있는 별도의 펌프로서 내연기관의 기동과 연동하여 작동되거나 비상전원을 연결하여 설치한 경우
6) 2.2.1.9의 단서에 해당하는 경우
7) 가압수조를 가압송수장치로 설치한 경우
[2.2.1.9의 단서]
학교 · 공장 · 창고시설(2.1.2에 따라 옥상수조를 설치한 대상은 제외한다)로서 동결의 우려가 있는 장소에 있어서는 기동스위치에 보호판을 부착하여 옥내소화전함 내에 설치할 수 있다.

Check Point

➤ **옥상수원 설치 제외[고층건축물 화재안전기술기준 NFTC 604]**

1. 옥내소화전 설비
   1) 고가수조를 가압송수장치로 설치한 옥내소화전 설비
   2) 수원이 건축물의 최상층에 설치된 방수구보다 높은 위치에 설치된 경우
2. 스프링클러설비
   1) 고가수조를 가압송수장치로 설치한 스프링클러설비
   2) 수원이 건축물의 최상층에 설치된 헤드보다 높은 위치에 설치된 경우

➤ **예비펌프 기준**

1. 층수가 30층 미만인 건축물
   예비펌프를 설치할 경우 옥상수원을 면제할 수 있다.
2. 층수가 30층 이상인 건축물
   주펌프 이외에 동등 이상인 별도의 예비펌프를 설치하여야 한다.
   (옥상수원 면제조항에 해당 안 됨)

4. 전용 및 겸용

옥내소화전 설비의 수원을 수조로 설치하는 경우에는 소방설비의 전용수조로 해야 한다. 다만, 다음의 어느 하나에 해당하는 경우에는 그렇지 않다.

1. 옥내소화전설비용 펌프의 풋밸브 또는 흡수배관의 흡수구(수직회전축펌프의 흡수구를 포함한다.)를 다른 설비(소화용 설비 외의 것을 말한다.)의 풋밸브 또는 흡수구보다 낮은 위치에 설치한 때
2. 고가수조로부터 옥내소화전설비의 수직배관에 물을 공급하는 급수구를 다른 설비의 급수구보다 낮은 위치에 설치한 때

※ 저수량을 산정함에 있어서 다른 설비와 겸용하여 옥내소화전설비용 수조를 설치하는 경우에는 옥내소화전설비의 풋밸브·흡수구 또는 수직배관의 급수구와 다른 설비의 풋밸브·흡수구 또는 수직배관의 급수구와의 사이의 수량을 그 유효수량으로 한다.

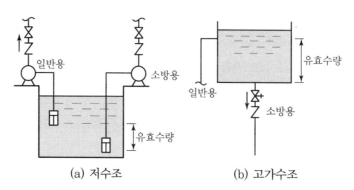

(a) 저수조   (b) 고가수조

[다른 설비와 겸용하는 경우의 유효수량]

5. 수조 설치기준

1) 점검에 편리한 곳에 설치할 것
2) 동결방지조치를 하거나 동결의 우려가 없는 장소에 설치할 것
3) 수조의 외측에 수위계를 설치할 것. 다만, 구조상 불가피한 경우에는 수조의 맨홀 등을 통하여 수조 안의 물의 양을 쉽게 확인할 수 있도록 해야 한다.
4) 수조의 상단이 바닥보다 높은 때에는 수조의 외측에 고정식 사다리를 설치할 것
5) 수조가 실내에 설치된 때에는 그 실내에 조명 설비를 설치할 것
6) 수조의 밑 부분에는 청소용 배수밸브 또는 배수관을 설치할 것
7) 수조 외측의 보기 쉬운 곳에 "옥내소화전소화설비용 수조"라고 표시한 표지를 할 것. 이 경우 그 수조를 다른 설비와 겸용하는 때에는 그 겸용되는 설비의 이름을 표시한 표지를 함께 해야 한다.
8) 소화설비용 펌프의 흡수배관 또는 소화설비의 수직배관과 수조의 접속부분에는 "옥내소화전소화설비용 배관"이라고 표시한 표지를 할 것. 다만, 수조와 가까운 장소에 소화설비용 펌프가 설치되고 해당 펌프에 2.2.1.15에 따른 표지를 설치한 때에는 그렇지 않다.

[2.2.1.15]
가압송수장치에는 "옥내소화전소화펌프"라고 표시한 표지를 할 것. 이 경우 그 가압송수장치를 다른 설비와 겸용하는 때에는 그 겸용되는 설비의 이름을 표시한 표지를 함께 해야 한다.

04 가압송수장치

1. 전동기 또는 내연기관에 따른 펌프를 이용하는 가압송수장치

주펌프는 전동기에 따른 펌프로 설치하여야 한다.

1) 쉽게 접근할 수 있고 점검하기에 충분한 공간이 있는 장소로서 화재 및 침수 등의 재해로 인한 피해를 받을 우려가 없는 곳에 설치할 것

2) 동결방지조치를 하거나 동결의 우려가 없는 장소에 설치할 것

3) 특정소방대상물의 어느 층에 있어서도 해당 층의 옥내소화전(2개 이상 설치된 경우에는 2개의 옥내소화전)을 동시에 사용할 경우 각 소화전의 노즐선단에서의 방수압력이 0.17MPa(호스릴옥내소화전설비를 포함한다) 이상이고, 방수량이 130L/min(호스릴옥내소화전설비를 포함한다) 이상이 되는 성능의 것으로 할 것. 다만, 하나의 옥내소화전을 사용하는 노즐선단에서의 방수압력이 0.7MPa을 초과할 경우에는 호스접결구의 인입 측에 감압장치를 설치해야 한다.

4) 펌프의 토출량은 옥내소화전이 가장 많이 설치된 층의 설치개수(옥내소화전이 2개 이상 설치된 경우에는 2개)에 130L/min를 곱한 양 이상이 되도록 할 것

5) 펌프는 전용으로 할 것. 다만, 다른 소화설비와 겸용하는 경우 각각의 소화설비의 성능에 지장이 없을 때에는 그렇지 않다.

6) 펌프의 토출 측에는 압력계를 체크밸브 이전에 펌프 토출 측 플랜지에서 가까운 곳에 설치하고, 흡입 측에는 연성계 또는 진공계를 설치할 것. 다만, 수원의 수위가 펌프의 위치보다 높거나 수직회전축펌프의 경우에는 연성계 또는 진공계를 설치하지 않을 수 있다.

7) 펌프의 성능은 체절운전 시 정격토출압력의 140%를 초과하지 않고, 정격토출량의 150%로 운전 시 정격토출압력의 65% 이상이 되어야 하며, 펌프의 성능을 시험할 수 있는 성능시험배관을 설치할 것. 다만, 충압펌프의 경우에는 그렇지 않다.

8) 가압송수장치에는 체절운전 시 수온의 상승을 방지하기 위한 순환배관을 설치할 것. 다만, 충압펌프의 경우에는 그렇지 않다.

9) 기동장치로는 기동용수압개폐장치 또는 이와 동등 이상의 성능이 있는 것을 설치할 것. 다만, 학교·공장·창고시설(2.1.2에 따라 옥상수조를 설치한 대상은 제외한다)로서 동결의 우려가 있는 장소에 있어서는 기동스위치에 보호판을 부착하여 옥내소화전함 내에 설치할 수 있다.

10) 2.2.1.9 단서의 경우에는 주펌프와 동등 이상의 성능이 있는 별도의 펌프로서 내연기관의 기동과 연동하여 작동되거나 비상전원을 연결한 펌프를 추가 설치할 것. 다만, 다음의 어느 하나에 해당하는 경우는 제외한다.

① 지하층만 있는 건축물

② 고가수조를 가압송수장치로 설치한 경우

③ 수원이 건축물의 최상층에 설치된 방수구보다 높은 위치에 설치된 경우

④ 건축물의 높이가 지표면으로부터 10m 이하인 경우

⑤ 가압수조를 가압송수장치로 설치한 경우

11) 기동용수압개폐장치 중 압력챔버를 사용할 경우 그 용적은 100L 이상의 것으로 할 것

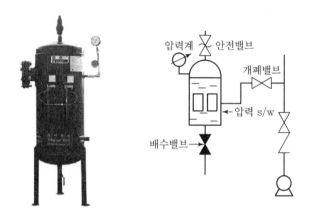

[기동용 수압개폐장치]

12) 수원의 수위가 펌프보다 낮은 위치에 있는 가압송수장치에는 다음의 기준에 따른 물올림장치를 설치할 것

① 물올림장치에는 전용의 수조를 설치할 것

② 수조의 유효수량은 100L 이상으로 하되, 구경 15mm 이상의 급수배관에 따라 해당 수조에 물이 계속 보급되도록 할 것

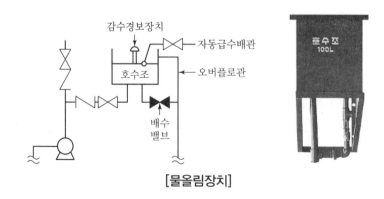

[물올림장치]

13) 기동용수압개폐장치를 기동장치로 사용할 경우에는 다음의 기준에 따른 충압펌프를 설치할 것

① 펌프의 토출압력은 그 설비의 최고위 호스접결구의 자연압보다 적어도 0.2MPa이 더 크도록 하거나 가압송수장치의 정격토출압력과 같게 할 것

② 펌프의 정격토출량은 정상적인 누설량보다 적어서는 안 되며, 옥내소화전설비가 자동적으로 작동할 수 있도록 충분한 토출량을 유지할 것

14) 내연기관을 사용하는 경우에는 다음의 기준에 적합한 것으로 할 것

① 내연기관의 기동은 2.2.1.9의 기동장치를 설치하거나 또는 소화전함의 위치에서 원격조작이 가능하고 기동을 명시하는 적색등을 설치할 것

[2.2.1.9]

기동장치로는 기동용수압개폐장치 또는 이와 동등 이상의 성능이 있는 것을 설치할 것

② 제어반에 따라 내연기관의 자동기동 및 수동기동이 가능하고, 상시 충전되어 있는 축전지설비를 갖출 것

③ 내연기관의 연료량은 펌프를 20분(층수가 30층 이상 49층 이하는 40분, 50층 이상은 60분) 이상 운전할 수 있는 용량일 것

15) 가압송수장치에는 "옥내소화전소화펌프"라고 표시한 표지를 할 것. 이 경우 그 가압송수장치를 다른 설비와 겸용하는 때에는 그 겸용되는 설비의 이름을 표시한 표지를 함께 해야 한다.

16) 가압송수장치가 기동이 된 경우에는 자동으로 정지되지 않도록 할 것. 다만, 충압펌프의 경우에는 그렇지 않다.

17) 가압송수장치는 부식 등으로 인한 펌프의 고착을 방지할 수 있도록 다음의 기준에 적합한 것으로 할 것. 다만, 충압펌프는 제외한다.

① 임펠러는 청동 또는 스테인리스 등 부식에 강한 재질을 사용할 것

② 펌프축은 스테인리스 등 부식에 강한 재질을 사용할 것

2. 고가수조의 자연낙차를 이용하는 가압송수장치

1) 고가수조의 자연낙차수두 산출식

자연낙차수두란 수조의 하단으로부터 최고층에 설치된 소화전 호스 접결구까지의 수직거리를 말한다.

$$H = h_1 + h_2 + 17 (호스릴옥내소화전 \ 설비)$$

여기서, H : 필요한 낙차(m)

h_1 : 호스의 마찰손실수두(m)

h_2 : 배관의 마찰손실수두(m)

2) 고가수조의 부대시설

① 수위계

② 배수관

③ 급수관

④ 오버플로우관

⑤ 맨홀

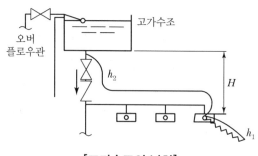

[고가수조의 낙차]

3. 압력수조를 이용하는 가압송수장치

1) 압력수조의 필요압력 산출식

$$P = P_1 + P_2 + P_3 + 0.17(\text{호스릴옥내소화전 설비})$$

여기서, P : 필요한 압력(MPa)

P_1 : 호스의 마찰손실수두압(MPa)

P_2 : 배관의 마찰손실수두압(MPa)

P_3 : 낙차의 환산수두압(MPa)

2) 압력수조의 부대시설

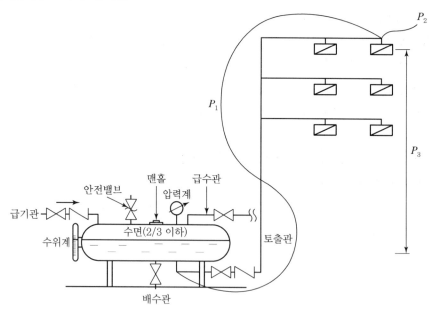

① 수위계　　　　② 배수관

③ 급수관　　　　④ 급기관

⑤ 맨홀　　　　　　　⑥ 압력계
⑦ 안전장치　　　　　⑧ 자동식 공기압축기

4. 가압수조를 이용하는 가압송수장치

1) 가압수조의 압력은 2.2.1.3에 따른 방수압 및 방수량을 20분 이상 유지되도록 할 것
  [2.2.1.3]
  • 방수압 : 0.17MPa 이상 0.7MPa 이하
  • 방수량 : 130L/min 이상
2) 가압수조 및 가압원은 「건축법 시행령」 제46조에 따른 방화구획 된 장소에 설치할 것
  [건축법 시행령 제46조] 방화구획 등의 설치
3) 가압수조를 이용한 가압송수장치는 소방청장이 정하여 고시한 「가압수조식가압송수장치의 성능인증 및 제품검사의 기술기준」에 적합한 것으로 설치할 것

05 배관 등

1. 배관의 종류

배관과 배관이음쇠는 다음의 어느 하나에 해당하는 것 또는 동등 이상의 강도·내식성 및 내열성 등을 국내·외 공인기관으로부터 인정받은 것을 사용해야 하고, 배관용 스테인리스 강관(KS D 3576)의 이음을 용접으로 할 경우에는 텅스텐 불활성 가스 아크 용접(Tungsten Inertgas Arc Welding)방식에 따른다. 다만, 2.3에서 정하지 않은 사항은 「건설기술 진흥법」 제44조제1항의 규정에 따른 "건설기준"에 따른다.

1) 배관 내 사용압력이 1.2MPa 미만일 경우에는 다음의 어느 하나에 해당하는 것
  ① 배관용 탄소 강관(KS D 3507)
  ② 이음매 없는 구리 및 구리합금관(KS D 5301). 다만, 습식의 배관에 한한다.
  ③ 배관용 스테인리스 강관(KS D 3576) 또는 일반배관용 스테인리스 강관(KS D 3595)
  ④ 덕타일 주철관(KS D 4311)

2) 배관 내 사용압력이 1.2MPa 이상일 경우에는 다음의 어느 하나에 해당하는 것
　① 압력 배관용 탄소 강관(KS D 3562)
　② 배관용 아크용접 탄소강 강관(KS D 3583)

2. 합성수지배관을 설치할 수 있는 경우

다음의 어느 하나에 해당하는 장소에는 소방청장이 정하여 고시한 「소방용합성수지배관의 성능인증 및 제품검사의 기술기준」에 적합한 소방용 합성수지배관으로 설치할 수 있다.

1) 배관을 지하에 매설하는 경우
2) 다른 부분과 내화구조로 구획된 덕트 또는 피트의 내부에 설치하는 경우
3) 천장(상층이 있는 경우에는 상층바닥의 하단을 포함한다.)과 반자를 불연재료 또는 준불연 재료로 설치하고 소화배관 내부에 항상 소화수가 채워진 상태로 설치하는 경우

3. 전용 및 겸용

급수배관은 전용으로 하여야 한다. 다만, 옥내소화전의 기동장치의 조작과 동시에 다른 설비의 용도에 사용하는 배관의 송수를 차단할 수 있거나, 옥내소화전 설비의 성능에 지장이 없는 경우에는 다른 설비와 겸용할 수 있다.

4. 흡입 측 배관 설치기준

1) 공기 고임이 생기지 아니하는 구조로 하고 여과장치를 설치할 것
2) 수조가 펌프보다 낮게 설치된 경우에는 각 펌프(충압펌프를 포함한다)마다 수조로부터 별도로 설치할 것

5. 배관의 관경

1) 펌프의 토출 측 주배관의 구경은 유속이 4㎧ 이하가 될 수 있는 크기 이상으로 해야 하고, 옥내소화전방수구와 연결되는 가지배관의 구경은 40mm(호스릴옥내소화전설비의 경우에는 25mm) 이상으로 해야 하며, 주배관 중 수직배관의 구경은 50mm(호스릴옥내소화전설비의 경우에는 32mm) 이상으로 해야 한다.
2) 연결송수관설비의 배관과 겸용할 경우의 주배관은 구경 100mm 이상, 방수구로 연결되는 배관의 구경은 65mm 이상의 것으로 해야 한다.

6. 펌프의 성능시험배관

펌프의 성능시험배관은 다음의 기준에 적합하도록 설치해야 한다.

1) 성능시험배관은 펌프의 토출 측에 설치된 개폐밸브 이전에서 분기하여 직선으로 설치하고, 유량측정장치를 기준으로 전단 직관부에는 개폐밸브를 후단 직관부에는 유량조절밸브를 설치할 것. 이 경우 개폐밸브와 유량측정장치 사이의 직관부 거리 및 유량측정장치와 유량조절밸브 사이의 직관부 거리는 해당 유량측정장치 제조사의 설치사양에 따르고, 성능시험배관의 호칭지름은 유량측정장치의 호칭지름에 따른다.

2) 유량측정장치는 펌프의 정격토출량의 175% 이상까지 측정할 수 있는 성능이 있을 것

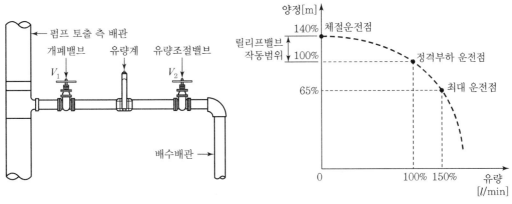

[펌프의 성능곡선]

7. 릴리프밸브

가압송수장치의 체절운전 시 수온의 상승을 방지하기 위하여 체크밸브와 펌프사이에서 분기한 구경 20mm 이상의 배관에 체절압력 이하에서 개방되는 릴리프밸브를 설치할 것

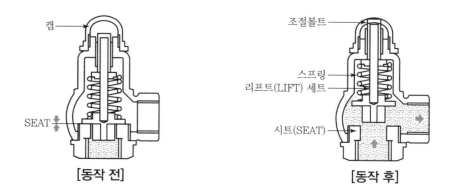

[동작 전] [동작 후]

8. 송수구

소방차로부터 그 설비에 송수할 수 있는 송수구를 다음의 기준에 따라 설치해야 한다.

1) 소방차가 쉽게 접근할 수 있고 잘 보이는 장소에 설치하고, 화재층으로부터 지면으로 떨어지는 유리창 등이 송수 및 그 밖의 소화작업에 지장을 주지 않는 장소에 설치할 것

2) 송수구로부터 옥내소화전설비의 주배관에 이르는 연결배관에는 개폐밸브를 설치하지 않을 것. 다만, 스프링클러설비 · 물분무소화설비 · 포소화설비 · 또는 연결송수관설비의 배관과 겸용하는 경우에는 그렇지 않다.

3) 지면으로부터 높이가 0.5m 이상 1m 이하의 위치에 설치할 것

4) 송수구는 구경 65mm의 쌍구형 또는 단구형으로 할 것

5) 송수구의 부근에는 자동배수밸브(또는 직경 5mm의 배수공) 및 체크밸브를 다음의 기준에 따라 설치할 것. 이 경우 자동배수밸브는 배관 안의 물이 잘 빠질 수 있는 위치에 설치하되, 배수로 인하여 다른 물건이나 장소에 피해를 주지 않아야 한다.

6) 송수구에는 이물질을 막기 위한 마개를 씌울 것

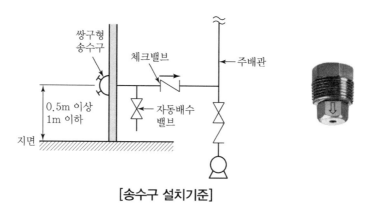

[송수구 설치기준]

| Reference | 송수구의 설치목적

소방대가 화재현장에 도착하여 소방펌프 자동차가 송수구를 통해 가압수를 공급하여 원활한 소화활동을 하기 위함이다.

9. 기타 배관기준

1) 배관은 동결방지조치를 하거나 동결의 우려가 없는 장소에 설치해야 한다. 다만, 보온재를 사용할 경우에는 난연재료 성능 이상의 것으로 해야 한다.

2) 급수배관에 설치되어 급수를 차단할 수 있는 개폐밸브(옥내소화전방수구를 제외한다)는 개폐표시형으로 해야 한다. 이 경우 펌프의 흡입측배관에는 버터플라이밸브 외의 개폐표시형밸브를 설치해야 한다.

3) 배관은 다른 설비의 배관과 쉽게 구분이 될 수 있는 위치에 설치하거나, 그 배관표면 또는 배관 보온재표면의 색상은 「한국산업표준(배관계의 식별 표시, KS A 0503)」 또는 적색으로 식별이 가능하도록 소방용설비의 배관임을 표시해야 한다.

4) 확관형 분기배관을 사용할 경우에는 소방청장이 정하여 고시한 「분기배관의 성능인증 및 제품검사의 기술기준」에 적합한 것으로 설치해야 한다.

06 함 및 방수구 등

1. 함

1) 함은 소방청장이 정하여 고시한 「소화전함의 성능인증 및 제품검사의 기술기준」에 적합한 것으로 설치하되 밸브의 조작, 호스의 수납 및 문의 개방 등 옥내소화전의 사용에 장애가 없도록 설치할 것. 연결송수관의 방수구를 같이 설치하는 경우에도 또한 같다.

2) 2.4.2.1의 기준을 초과하는 경우로서 기둥 또는 벽이 설치되지 않은 대형공간의 경우는 다음의 기준에 따라 설치할 수 있다.

　① 호스 및 관창은 방수구의 가장 가까운 장소의 벽 또는 기둥 등에 함을 설치하여 비치할 것

　② 방수구의 위치표지는 표시등 또는 축광도료 등으로 상시 확인이 가능토록 할 것

　[2.4.2.1]

　특정소방대상물의 층마다 설치하되, 해당 특정소방대상물의 각 부분으로부터 하나의 옥내소화전 방수구까지의 수평거리가 25m(호스릴옥내소화전설비를 포함한다) 이하가 되도록 할 것. 다만, 복층형 구조의 공동주택의 경우에는 세대의 출입구가 설치된 층에만 설치할 수 있다.

2. 방수구

1) 특정소방대상물의 층마다 설치하되, 해당 특정소방대상물의 각 부분으로부터 하나의 옥내소화전 방수구까지의 수평거리가 25m(호스릴옥내소화전설비를 포함한다) 이하가 되도록 할 것. 다만, 복층형 구조의 공동주택의 경우에는 세대의 출입구가 설치된 층에만 설치할 수 있다.

2) 바닥으로부터의 높이가 1.5m 이하가 되도록 할 것

3) 호스는 구경 40mm(호스릴옥내소화전설비의 경우에는 25mm) 이상의 것으로서 특정소방대상물의 각 부분에 물이 유효하게 뿌려질 수 있는 길이로 설치할 것

4) 호스릴옥내소화전설비의 경우 그 노즐에는 노즐을 쉽게 개폐할 수 있는 장치를 부착할 것

3. 표시등

1) 옥내소화전설비의 위치를 표시하는 표시등은 함의 상부에 설치하되, 소방청장이 고시하는 「표시등의 성능인증 및 제품검사의 기술기준」에 적합한 것으로 할 것

2) 가압송수장치의 기동을 표시하는 표시등은 옥내소화전함의 상부 또는 그 직근에 설치하되 적색등으로 할 것. 다만, 자체소방대를 구성하여 운영하는 경우(「위험물 안전관리법 시행령」 별표 8에서 정한 소방자동차와 자체소방대원의 규모를 말한다) 가압송수장치의 기동표시등을 설치하지 않을 수 있다.

4. 표시 및 표지판

1) 옥내소화전설비의 함에는 그 표면에 "소화전"이라는 표시를 해야 한다.

2) 옥내소화전설비의 함에는 함 가까이 보기 쉬운 곳에 그 사용요령을 기재한 표지판을 붙여야 하며, 표지판을 함의 문에 붙이는 경우에는 문의 내부 및 외부 모두에 붙여야 한다. 이 경우, 사용요령은 외국어와 시각적인 그림을 포함하여 작성해야 한다.

07 전원

1. 상용전원

옥내소화전설비에는 그 특정소방대상물의 수전방식에 따라 다음의 기준에 따른 상용전원 회로의 배선을 설치해야 한다. 다만, 가압수조방식으로서 모든 기능이 20분 이상 유효하게 지속될 수 있는 경우에는 그렇지 않다.

1) 저압수전인 경우에는 인입개폐기의 직후에서 분기하여 전용배선으로 해야 하며, 전용의 전선관에 보호되도록 할 것

2) 특별고압수전 또는 고압수전일 경우에는 전력용 변압기 2차측의 주차단기 1차측에서 분기하여 전용배선으로 하되, 상용전원의 상시공급에 지장이 없을 경우에는 주차단기 2차측에서 분기하여 전용배선으로 할 것. 다만, 가압송수장치의 정격입력전압이 수전 전압과 같은 경우에는 2.5.1.1의 기준에 따른다.

[2.5.1.1] 저압수전인 경우

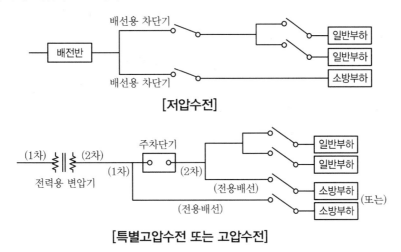

[저압수전]

[특별고압수전 또는 고압수전]

2. 비상전원

1) 비상전원의 종류

자가발전설비, 축전지설비(내연기관에 따른 펌프를 사용하는 경우에는 내연기관의 기동 및 제어용 축전지를 말한다) 또는 전기저장장치(외부 전기에너지를 저장해 두었다가 필요한 때 전기를 공급하는 장치)

2) 비상전원의 설치대상

① 층수가 7층 이상으로서 연면적이 2,000m² 이상인 것

② ①에 해당하지 아니하는 특정소방대상물로서 지하층의 바닥면적의 합계가 3,000m² 이상인 것

3) 비상전원의 설치 제외 경우

① 2 이상의 변전소(「전기사업법」 제67조에 따른 변전소를 말한다. 이하 같다)에서 전력을 동시에 공급받을 수 있는 경우
② 하나의 변전소로부터 전력의 공급이 중단되는 때에는 자동으로 다른 변전소로부터 전원을 공급받을 수 있도록 상용전원을 설치한 경우
③ 가압수조방식의 경우

4) 비상전원의 설치기준

① 점검에 편리하고 화재 및 침수 등의 재해로 인한 피해를 받을 우려가 없는 곳에 설치할 것
② 옥내소화전설비를 유효하게 20분 이상 작동할 수 있어야 할 것
③ 상용전원으로부터 전력의 공급이 중단된 때에는 자동으로 비상전원으로부터 전력을 공급받을 수 있도록 할 것
④ 비상전원(내연기관의 기동 및 제어용 축전기를 제외한다)의 설치장소는 다른 장소와 방화구획 할 것. 이 경우 그 장소에는 비상전원의 공급에 필요한 기구나 설비 외의 것(열병합발전설비에 필요한 기구나 설비는 제외한다)을 두어서는 안 된다.
⑤ 비상전원을 실내에 설치하는 때에는 그 실내에 비상조명등을 설치할 것

08 제어반

소화설비에는 제어반을 설치하되, 감시제어반과 동력제어반으로 구분하여 설치해야 한다.

1. 감시제어반과 동력제어반으로 구분하여 설치하지 않을 수 있는 경우

1) 2.5.2의 각 기준의 어느 하나에 해당하지 않는 특정소방대상물에 설치되는 옥내소화전설비
2) 내연기관에 따른 가압송수장치를 사용하는 옥내소화전설비
3) 고가수조에 따른 가압송수장치를 사용하는 옥내소화전설비
4) 가압수조에 따른 가압송수장치를 사용하는 옥내소화전설비
[2.5.2] 비상전원 설치대상

2. 감시제어반의 기능

1) 각 펌프의 작동여부를 확인할 수 있는 표시등 및 음향경보기능이 있어야 할 것

2) 각 펌프를 자동 및 수동으로 작동시키거나 중단시킬 수 있어야 할 것

3) 비상전원을 설치한 경우에는 상용전원 및 비상전원의 공급여부를 확인할 수 있어야 할 것

4) 수조 또는 물올림수조가 저수위로 될 때 표시등 및 음향으로 경보할 것

5) 다음의 각 확인회로마다 도통시험 및 작동시험을 할 수 있도록 할 것

   ① 기동용수압개폐장치의 압력스위치회로

   ② 수조 또는 물올림수조의 저수위감시회로

   ③ 2.3.10에 따른 개폐밸브의 폐쇄상태 확인회로

   ④ 그 밖의 이와 비슷한 회로

   [2.3.10]

   급수배관에 설치되어 급수를 차단할 수 있는 개폐밸브(옥내소화전방수구를 제외한다)는 개폐표시형으로 해야 한다. 이 경우 펌프의 흡입측배관에는 버터플라이밸브 외의 개폐표시형밸브를 설치해야 한다.

6) 예비전원이 확보되고 예비전원의 적합여부를 시험할 수 있어야 할 것

3. 감시제어반 설치기준

1) 화재 및 침수 등의 재해로 인한 피해를 받을 우려가 없는 곳에 설치할 것

2) 감시제어반은 옥내소화전설비의 전용으로 할 것. 다만, 옥내소화전설비의 제어에 지장이 없는 경우에는 다른 설비와 겸용할 수 있다.

3) 감시제어반은 다음의 기준에 따른 전용실 안에 설치할 것. 다만, 2.6.1의 단서에 따른 각 기준의 어느 하나에 해당하는 경우와 공장, 발전소 등에서 설비를 집중 제어·운전할 목적으로 설치하는 중앙제어실 내에 감시제어반을 설치하는 경우에는 그렇지 않다.

   ① 다른 부분과 방화구획을 할 것. 이 경우 전용실의 벽에는 기계실 또는 전기실 등의 감시를 위하여 두께 7mm 이상의 망입유리(두께 16.3mm 이상의 접합유리 또는 두께 28mm 이상의 복층유리를 포함한다)로 된 $4m^2$ 미만의 붙박이창을 설치할 수 있다.

   ② 피난층 또는 지하 1층에 설치힐 것. 다만, 다음의 어느 하나에 해당하는 경우에는 지상 2층에 설치하거나 지하 1층 외의 지하층에 설치할 수 있다.

      ㉠ 「건축법 시행령」 제35조에 따라 특별피난계단이 설치되고 그 계단(부속실을 포함한다) 출입구로부터 보행거리 5m 이내에 전용실의 출입구가 있는 경우

      ㉡ 아파트의 관리동(관리동이 없는 경우에는 경비실)에 설치하는 경우

ⓒ 비상조명등 및 급 · 배기설비를 설치할 것

ⓔ 「무선통신보조설비의 화재안전기술기준(NFTC 505)」 2.2.3에 따라 유효하게 통신이 가능할 것(영 별표 4의 제5호마목에 따른 무선통신보조설비가 설치된 특정소방대상물에 한한다)

ⓜ 바닥면적은 감시제어반의 설치에 필요한 면적 외에 화재 시 소방대원이 그 감시제어반의 조작에 필요한 최소면적 이상으로 할 것

4) 전용실에는 특정소방대상물의 기계 · 기구 또는 시설 등의 제어 및 감시설비 외의 것을 두지 않을 것

4. 동력제어반 설치기준

1) 앞면은 적색으로 하고 "옥내소화전소화설비용 동력제어반"이라고 표시한 표지를 설치할 것

2) 외함은 두께 1.5mm 이상의 강판 또는 이와 동등 이상의 강도 및 내열성능이 있는 것으로 할 것

3) 그 밖의 동력제어반의 설치에 관하여는 2.6.3.1 및 2.6.3.2의 기준을 준용할 것

[2.6.3.1]

화재 및 침수 등의 재해로 인한 피해를 받을 우려가 없는 곳에 설치할 것

[2.6.3.2]

감시제어반은 옥내소화전설비의 전용으로 할 것. 다만, 옥내소화전설비의 제어에 지장이 없는 경우에는 다른 설비와 겸용할 수 있다.

09 배선 등

1. 옥내소화전설비의 배선은 「전기사업법」 제67조에 따른 「전기설비기술기준」에서 정한 것 외에 다음의 기준에 따라 설치해야 한다.

1) 비상전원을 설치한 경우에는 비상전원으로부터 동력제어반 및 가압송수장치에 이르는 전원회로의 배선은 내화배선으로 할 것. 다만, 자가발전설비와 동력제어반이 동일한 실에 설치된 경우에는 자가발전기로부터 그 제어반에 이르는 전원회로의 배선은 그렇지 않다.

2) 상용전원으로부터 동력제어반에 이르는 배선, 그 밖의 옥내소화전설비의 감시 · 조작 또는 표시등회로의 배선은 내화배선 또는 내열배선으로 할 것. 다만, 감시제어반 또는 동력제어반 안의 감시 · 조작 또는 표시등회로의 배선은 그렇지 않다.

2. 내화배선 및 내열배선에 사용되는 전선의 종류 및 설치방법

1) 내화배선

사용전선의 종류	공사방법
1. 450/750V 저독성 난연 가교 폴리올레핀 절연 전선 2. 0.6/1kV 가교 폴리에틸렌 절연 저독성 난연 폴리올레핀 시스 전력 케이블 3. 6/10kV 가교 폴리에틸렌 절연 저독성 난연 폴리올레핀 시스 전력용 케이블 4. 가교 폴리에틸렌 절연 비닐시스 트레이용 난연 전력 케이블 5. 0.6/1kV EP 고무절연 클로로프렌 시스 케이블 6. 300/500V 내열성 실리콘 고무 절연전선 (180℃) 7. 내열성 에틸렌-비닐 아세테이트 고무 절연 케이블 8. 버스덕트(Bus Duct) 9. 기타 전기용품 및 생활 용품 안전관리법 및 전기설비기술기준에 따라 동등 이상의 내화성능이 있다고 주무부장관이 인정하는 것	금속관·2종 금속제 가요전선관 또는 합성 수지관에 수납하여 내화구조로 된 벽 또는 바닥 등에 벽 또는 바닥의 표면으로부터 25mm 이상의 깊이로 매설하여야 한다. 다만, 다음의 기준에 적합하게 설치하는 경우에는 그렇지 않다. 가. 배선을 내화성능을 갖는 배선전용실 또는 배선용 샤프트·피트·덕트 등에 설치하는 경우 나. 배선전용실 또는 배선용 샤프트·피트·덕트 등에 다른 설비의 배선이 있는 경우에는 이로부터 15cm 이상 떨어지게 하거나 소화설비의 배선과 이웃하는 다른 설비의 배선 사이에 배선지름(배선의 지름이 다른 경우에는 가장 큰 것을 기준으로 한다)의 1.5배 이상의 높이의 불연성 격벽을 설치하는 경우
내화전선	케이블 공사의 방법에 따라 설치하여야 한다.

[비고]

내화전선의 내화성능은 KS C IEC 60331-1과 2(온도 830℃/가열시간 120분) 표준 이상을 충족하고, 난연성능 확보를 위해 KS C IEC 60332-3-24 성능 이상을 충족할 것

2) 내열배선

사용전선의 종류	공사방법
1. 450/750V 저독성 난연 가교 폴리올레핀 절연 전선 2. 0.6/1kV 가교 폴리에틸렌 절연 저독성 난연 폴리올레핀 시스 전력 케이블 3. 6/10kV 가교 폴리에틸렌 절연 저독성 난연 폴리올레핀 시스 전력용 케이블 4. 가교 폴리에틸렌 절연 비닐시스 트레이용 난연 전력 케이블 5. 0.6/1kV EP 고무절연 클로로프렌 시스 케이블 6. 300/500V 내열성 실리콘 고무 절연전선 (180℃) 7. 내열성 에틸렌-비닐 아세테이트 고무 절연 케이블 8. 버스덕트(Bus Duct) 9. 기타 전기용품 및 생활 용품 안전관리법 및 전기설비기술기준에 따라 동등 이상의 내화 성능이 있다고 주무부장관이 인정하는 것	금속관 · 금속제 가요전선관 · 금속덕트 또는 케이블(불연성덕트에 설치하는 경우에 한한다.) 공사방법에 따라야 한다. 다만, 다음의 기준에 적합하게 설치하는 경우에는 그렇지 않다. 가. 배선을 내화성능을 갖는 배선전용실 또는 배선용 샤프트 · 피트 · 덕트 등에 설치하는 경우 나. 배선전용실 또는 배선용 샤프트 · 피트 · 덕트 등에 다른 설비의 배선이 있는 경우에는 이로부터 15cm 이상 떨어지게 하거나 소화설비의 배선과 이웃하는 다른 설비의 배선사이에 배선지름(배선의 지름이 다른 경우에는 지름이 가장 큰 것을 기준으로 한다)의 1.5배 이상의 높이의 불연성 격벽을 설치하는 경우
내화전선	케이블공사의 방법에 따라 설치하여야 한다.

3. 소화설비의 과전류차단기 및 개폐기에는 "옥내소화전설비용 과전류차단기 또는 개폐기"이 라고 표시한 표지를 해야 한다.
4. 소화설비용 전기배선의 양단 및 접속단자에는 다음의 기준에 따라 표지해야 한다.
   1) 단자에는 "옥내소화전설비단자"라고 표시한 표지를 부착할 것
   2) 소화설비용 전기배선의 양단에는 다른 배선과 식별이 용이하도록 표시할 것

10 방수구 설치 제외

불연재료로 된 특정소방대상물 또는 그 부분으로서 다음의 어느 하나에 해당하는 곳에는 옥내 소화전 방수구를 설치하지 않을 수 있다.
1. 냉장창고 중 온도가 영하인 냉장실 또는 냉동창고의 냉동실
2. 고온의 노가 설치된 장소 또는 물과 격렬하게 반응하는 물품의 저장 또는 취급 장소
3. 발전소 · 변전소 등으로서 전기시설이 설치된 장소
4. 식물원 · 수족관 · 목욕실 · 수영장(관람석 부분을 제외한다) 또는 그 밖의 이와 비슷한 장소
5. 야외음악당 · 야외극장 또는 그 밖의 이와 비슷한 장소

11 수원 및 가압송수장치의 펌프 등의 겸용

1. 옥내소화전설비의 수원을 스프링클러설비·간이스프링클러설비·화재조기진압용 스프링클러설비·물분무소화설비·포소화설비 및 옥외소화전설비의 수원과 겸용하여 설치하는 경우의 저수량은 각 소화설비에 필요한 저수량을 합한 양 이상이 되도록 해야 한다. 다만, 이들 소화설비 중 고정식 소화설비(펌프·배관과 소화수 또는 소화약제를 최종 방출하는 방출구가 고정된 설비를 말한다. 이하 같다)가 2 이상 설치되어 있고, 그 소화설비가 설치된 부분이 방화벽과 방화문으로 구획되어 있는 경우에는 각 고정식 소화설비에 필요한 저수량 중 최대의 것 이상으로 할 수 있다.

2. 옥내소화전설비의 가압송수장치로 사용하는 펌프를 스프링클러설비·간이스프링클러설비·화재조기진압용 스프링클러설비·물분무소화설비·포소화설비 및 옥외소화전설비의 가압송수장치와 겸용하여 설치하는 경우의 펌프의 토출량은 각 소화설비에 해당하는 토출량을 합한 양 이상이 되도록 해야 한다. 다만, 이들 소화설비 중 고정식 소화설비가 2 이상 설치되어 있고, 그 소화설비가 설치된 부분이 방화벽과 방화문으로 구획되어 있으며 각 소화설비에 지장이 없는 경우에는 펌프의 토출량 중 최대의 것 이상으로 할 수 있다.

3. 옥내소화전설비·스프링클러설비·간이스프링클러설비·화재조기진압용 스프링클러설비·물분무소화설비·포소화설비 및 옥외소화전설비의 가압송수장치에 있어서 각 토출측 배관과 일반급수용의 가압송수장치의 토출측 배관을 상호 연결하여 화재 시 사용할 수 있다. 이 경우 연결 배관에는 개폐표시형밸브를 설치해야 하며, 각 소화설비의 성능에 지장이 없도록 해야 한다.

4. 옥내소화전설비의 송수구를 스프링클러설비·간이스프링클러설비·화재조기진압용 스프링클러설비·물분무소화설비·포소화설비 또는 연결송수관설비의 송수구와 겸용으로 설치하는 경우에는 스프링클러설비의 송수구의 설치기준에 따르고, 연결살수설비의 송수구와 겸용으로 설치하는 경우에는 옥내소화전설비의 송수구의 설치기준에 따르되 각각의 소화설비의 기능에 지장이 없도록 해야 한다.

CHAPTER 03 스프링클러설비(NFSC103)

01 정의 및 종류

1. 정의

1) "고가수조"란 구조물 또는 지형지물 등에 설치하여 자연낙차의 압력으로 급수하는 수조를 말한다.

2) "압력수조"란 소화용수와 공기를 채우고 일정압력 이상으로 가압하여 그 압력으로 급수하는 수조를 말한다.

3) "충압펌프"란 배관 내 압력손실에 따른 주펌프의 빈번한 기동을 방지하기 위하여 충압 역할을 하는 펌프를 말한다.

4) "정격토출량"이란 펌프의 정격부하운전 시 토출량으로서 정격토출압력에서의 토출량을 말한다.

5) "정격토출압력"이란 펌프의 정격부하운전 시 토출압력으로서 정격토출량에서의 토출측 압력을 말한다.

6) "진공계"란 대기압 이하의 압력을 측정하는 계측기를 말한다.

7) "연성계"란 대기압 이상의 압력과 대기압 이하의 압력을 측정할 수 있는 계측기를 말한다.

8) "체절운전"이란 펌프의 성능시험을 목적으로 펌프 토출측의 개폐밸브를 닫은 상태에서 펌프를 운전하는 것을 말한다.

9) "기동용수압개폐장치"란 소화설비의 배관 내 압력변동을 검지하여 자동적으로 펌프를 기동 및 정지시키는 것으로서 압력챔버 또는 기동용압력스위치 등을 말한다.

10) "개방형스프링클러헤드"란 감열체 없이 방수구가 항상 열려져 있는 헤드를 말한다.

11) "폐쇄형스프링클러헤드"란 정상상태에서 방수구를 막고 있는 감열체가 일정온도에서 자동적으로 파괴·용융 또는 이탈됨으로써 방수구가 개방되는 헤드를 말한다.

12) "조기반응형헤드"란 표준형스프링클러헤드 보다 기류온도 및 기류속도에 조기에 반응하는 것을 말한다.

13) "측벽형스프링클러헤드"란 가압된 물이 분사될 때 헤드의 축심을 중심으로 한 반원상에 균일하게 분산시키는 헤드를 말한다.

14) "건식스프링클러헤드"란 물과 오리피스가 분리되어 동파를 방지할 수 있는 스프링클러헤드를 말한다.

15) "유수검지장치"란 유수현상을 자동적으로 검지하여 신호 또는 경보를 발하는 장치를 말한다.

16) "일제개방밸브"란 일제살수식스프링클러설비에 설치되는 유수검지장치를 말한다.

17) "가지배관"이란 헤드가 설치되어 있는 배관을 말한다.

18) "교차배관"이란 가지배관에 급수하는 배관을 말한다.

19) "주배관"이란 가압송수장치 또는 송수구 등과 직접 연결되어 소화수를 이송하는 주된 배관을 말한다.

20) "신축배관"이란 가지배관과 스프링클러헤드를 연결하는 구부림이 용이하고 유연성을 가진 배관을 말한다.

21) "급수배관"이란 수원 또는 송수구 등으로부터 소화설비에 급수하는 배관을 말한다.

22) "분기배관"이란 배관 측면에 구멍을 뚫어 둘 이상의 관로가 생기도록 가공한 배관으로 서 다음 각 분기배관을 말한다.

  (1) "확관형 분기배관"이란 배관의 측면에 조그만 구멍을 뚫고 소성가공으로 확관시켜 배관 용접이음자리를 만들거나 배관 용접이음자리에 배관이음쇠를 용접 이음한 배관을 말한다.

  (2) "비확관형 분기배관"이란 배관의 측면에 분기호칭내경 이상의 구멍을 뚫고 배관이 음쇠를 용접 이음한 배관을 말한다.

23) "습식스프링클러설비"란 가압송수장치에서 폐쇄형스프링클러헤드까지 배관 내에 항상 물이 가압되어 있다가 화재로 인한 열로 폐쇄형스프링클러헤드가 개방되면 배관 내에 유수가 발생하여 습식유수검지장치가 작동하게 되는 스프링클러설비를 말한다.

24) "부압식스프링클러설비"란 가압송수장치에서 준비작동식유수검지장치의 1차 측까지 는 항상 정압의 물이 가압되고, 2차 측 폐쇄형 스프링클러헤드까지는 소화수가 부압으 로 되어 있다가 화재 시 감지기의 작동에 의해 정압으로 변하여 유수가 발생하면 작동하 는 스프링클러설비를 말한다.

25) "준비작동식스프링클러설비"란 가압송수장치에서 준비작동식유수검지장치 1차 측까 지 배관 내에 항상 물이 가압되어 있고, 2차 측에서 폐쇄형스프링클러헤드까지 대기압 또는 저압으로 있다가 화재발생시 감지기의 작동으로 준비작동식밸브가 개방되면 폐 쇄형스프링클러헤드까지 소화수가 송수되고, 폐쇄형스프링클러헤드가 열에 의해 개 방되면 방수가 되는 방식의 스프링클러설비를 말한다.

26) "건식스프링클러설비"란 건식유수검지장치 2차 측에 압축공기 또는 질소 등의 기체로 충전된 배관에 폐쇄형스프링클러헤드가 부착된 스프링클러설비로서, 폐쇄형스프링 클러헤드가 개방되어 배관 내의 압축공기 등이 방출되면 건식유수검지장치 1차 측의 수압에 의하여 건식유수검지장치가 작동하게 되는 스프링클러설비를 말한다.

27) "일제살수식스프링클러설비"란 가압송수장치에서 일제개방밸브 1차 측까지 배관 내 에 항상 물이 가압되어 있고 2차 측에서 개방형스프링클러헤드까지 대기압으로 있다가 화재 시 자동감지장치 또는 수동식 기동장치의 작동으로 일제개방밸브가 개방되면 스 프링클러헤드까지 소화수가 송수되는 방식의 스프링클러설비를 말한다.

28) "반사판(디플렉터)"이란 스프링클러헤드의 방수구에서 유출되는 물을 세분시키는 작용을 하는 것을 말한다.

29) "개폐표시형밸브"란 밸브의 개폐여부를 외부에서 식별이 가능한 밸브를 말한다.

30) "연소할 우려가 있는 개구부"란 각 방화구획을 관통하는 컨베이어・에스컬레이터 또는 이와 유사한 시설의 주위로서 방화구획을 할 수 없는 부분을 말한다.

31) "가압수조"란 가압원인 압축공기 또는 불연성 기체의 압력으로 소화용수를 가압하여 그 압력으로 급수하는 수조를 말한다.

32) "소방부하"란 법 제2조제1항제1호에 따른 소방시설 및 방화・피난・소화활동을 위한 시설의 전력부하를 말한다.

33) "소방전원 보존형 발전기"란 소방부하 및 소방부하 이외의 부하(이하 비상부하라 한다) 겸용의 비상발전기로서, 상용전원 중단 시에는 소방부하 및 비상부하에 비상전원이 동시에 공급되고, 화재 시 과부하에 접근될 경우 비상부하의 일부 또는 전부를 자동적으로 차단하는 제어장치를 구비하여, 소방부하에 비상전원을 연속 공급하는 자가발전설비를 말한다.

34) "건식유수검지장치"란 건식스프링클러설비에 설치되는 유수검지장치를 말한다.

35) "습식유수검지장치"란 습식스프링클러설비 또는 부압식스프링클러설비에 설치되는 유수검지장치를 말한다.

36) "준비작동식유수검지장치"란 준비작동식스프링클러설비에 설치되는 유수검지장치를 말한다.

37) "패들형유수검지장치"란 소화수의 흐름에 의하여 패들이 움직이고 접점이 형성되면 호를 발하는 유수검지장치를 말한다.

38) "주펌프"란 구동장치의 회전 또는 왕복운동으로 소화수를 가압하여 그 압력으로 급수하는 주된 펌프를 말한다.

39) "예비펌프"란 주펌프와 동등 이상의 성능이 있는 별도의 펌프를 말한다.

2. 종류

종류	헤드	명칭	1차 측/2차 측	감지기 유무
습식	폐쇄형	습식 유수검지장치	가압수/가압수	없음
건식	폐쇄형	건식 유수검지장치	가압수/압축공기	없음
준비작동식	폐쇄형	준비작동식 유수검지장치	가압수/저압공기	있음
부압식	폐쇄형	준비작동식 유수검지장치	가압수/부압수	있음
일제살수식	개방형	일제개방밸브	가압수/대기압	있음

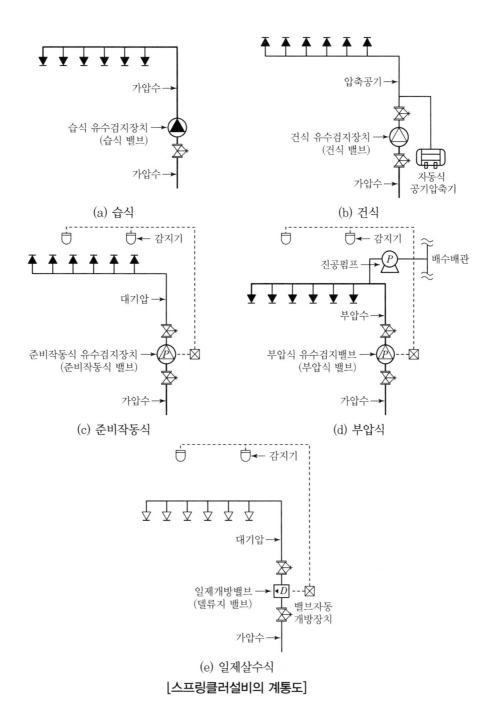

(a) 습식

(b) 건식

(c) 준비작동식

(d) 부압식

(e) 일제살수식

[스프링클러설비의 계통도]

02 수원

1. 유효수량

1) 폐쇄형 헤드를 사용하는 경우

① **30층 미만**

유효수량$(\text{m}^3) = N \times 1.6\text{m}^3$ 이상 $= N \times 80l/\text{min} \times 20\text{min}$ 이상

② **30층 이상 49층 이하**

유효수량$(\text{m}^3) = N \times 3.2\text{m}^3$ 이상 $= N \times 80l/\text{min} \times 40\text{min}$ 이상

③ **50층 이상**

유효수량$(\text{m}^3) = N \times 4.8\text{m}^3$ 이상 $= N \times 80l/\text{min} \times 60\text{min}$ 이상

여기서, N : 스프링클러헤드의 설치 개수가 가장 많은 층의 설치 수(최대 기준개수 이하)

▼ 기준개수

스프링클러설비 설치장소			기준개수
지하층을 제외한 층수가 10층 이하인 소방대상물	공장 또는 창고(랙크식 창고를 포함한다)	특수가연물을 저장·취급하는 것	30
		그 밖의 것	20
	근린생활시설·판매시설·운수시설 또는 복합건축물	판매시설 또는 복합건축물(판매시설이 설치되는 복합건축물을 말한다)	30
		그 밖의 것	20
	그 밖의 것	헤드의 부착높이가 8m 이상인 것	20
		헤드의 부착높이가 8m 미만인 것	10
아파트			10
지하층을 제외한 층수가 11층 이상인 소방대상물(아파트를 제외한다)·지하가 또는 지하역사			30

[비고]
하나의 소방대상물이 2 이상의 "스프링클러헤드의 기준개수"난에 해당하는 때에는 기준개수가 많은 난을 기준으로 한다. 다만, 각 기준개수에 해당하는 수원을 별도로 설치하는 경우에는 그렇지 않다.

2) 개방형 헤드를 사용하는 경우

① **최대 방수구역의 헤드 수가 30개 이하일 때**

$$\text{유효수량}(\text{m}^3) = N \times 1.6\text{m}^3 \text{ 이상}$$

여기서, N : 최대 방수구역의 헤드 수

② 최대 방수구역의 헤드 수가 30개를 초과할 때

$$\text{유효수량}(\text{m}^3) = Q \times 20\text{min}\ \ \text{이상}$$

여기서, $Q = \alpha \times \sqrt{10P}$: 가압송수장치의 분당 송수량(m^3/min)

2. 옥상수원의 양

1) 스프링클러의 수원은 산출된 유효수량 외에 유효수량의 3분의 1 이상을 옥상(스프링클러 설비가 설치된 건축물의 주된 옥상을 말한다.)에 설치하여야 한다.

2) 옥상수조는 이와 연결된 배관을 통하여 상시 소화수를 공급할 수 있는 구조인 특정소방 대상물인 경우에는 둘 이상의 특정소방대상물이 있더라도 하나의 특정소방대상물에만 이를 설치할 수 있다.

3. 옥상수조 제외

1) 지하층만 있는 건축물
2) 고가수조를 가압송수장치로 설치한 스프링클러설비
3) 수원이 건축물의 최상층에 설치된 헤드보다 높은 위치에 설치된 경우
4) 건축물의 높이가 지표면으로부터 10m 이하인 경우
5) 주펌프와 동등 이상의 성능이 있는 별도의 펌프로서 내연기관의 기동과 연동하여 작동되 거나 비상전원을 연결하여 설치한 경우
6) 가압수조를 가압송수장치로 설치한 스프링클러설비

4. 전용 및 겸용

옥내소화전 설비와 동일

5. 수조 설치기준

옥내소화전 설비와 동일

03 가압송수장치

1. 전동기 또는 내연기관에 따른 펌프를 이용하는 가압송수장치

주펌프는 전동기에 따른 펌프로 설치하여야 한다.

1) 가압송수장치의 정격토출압력은 하나의 헤드선단에 0.1MPa 이상 1.2MPa 이하의 방수압력이 될 수 있게 하는 크기일 것

2) 가압송수장치의 송수량은 0.1MPa의 방수압력을 기준으로 80*l*/min 이상의 방수성능을 가진 기준개수의 모든 헤드로부터의 방수량을 충족시킬 수 있는 양 이상의 것으로 할 것. 이 경우 속도수두는 계산에 포함하지 않을 수 있다.

3) 2)의 기준에 불구하고 가압송수장치의 1분당 송수량은 폐쇄형 스프링클러헤드를 사용하는 설비의 경우 기준개수에 80*l*를 곱한 양 이상으로도 할 수 있다.

4) 2)의 기준에 불구하고 가압송수장치의 1분당 송수량은 개방형 스프링클러 헤드 수가 30개 이하인 경우에는 그 개수에 80*l*를 곱한 양 이상으로 할 수 있으나 30개를 초과하는 경우에는 1) 및 2)에 따른 기준에 적합하게 할 것

5) 펌프는 전용으로 할 것. 다만, 다른 소화설비와 겸용하는 경우 각각의 소화설비의 성능에 지장이 없을 때에는 그러하지 아니하다.

6) 가압송수장치는 부식 등으로 인한 펌프의 고착을 방지할 수 있도록 다음 각 목의 기준에 적합한 것으로 할 것. 다만, 충압펌프는 제외한다.
   ① 임펠러는 청동 또는 스테인리스 등 부식에 강한 재질을 사용할 것
   ② 펌프축은 스테인리스 등 부식에 강한 재질을 사용할 것

7) 기타 옥내소화전과 동일

2. 고가수조의 자연낙차를 이용하는 가압송수장치

1) 고가수조의 자연낙차수두

$$H = h_1 + 10\text{m}$$

여기서, H : 필요한 낙차(m)(수조의 하단으로부터 최고층의 헤드까지 수직거리)
h_1 : 배관의 마찰손실수두(m)

2) 고가수조 설치

① 수위계   ② 배수관   ③ 급수관
④ 오버플로관   ⑤ 맨홀

3. 압력수조를 이용하는 가압송수장치

1) 압력수조의 필요압력

$$P = P_1 + P_2 + 0.1\text{MPa}$$

여기서, P : 필요한 압력(MPa)

P_1 : 배관 및 관부속물의 마찰손실압력(MPa)

P_2 : 낙차의 환산압력(MPa)

2) 압력수조 설치

① 수위계　　　② 배수관　　　③ 급수관

④ 급기관　　　⑤ 맨홀　　　　⑥ 압력계

⑦ 안전장치　　⑧ 자동식 공기압축기

4. 가압수조를 이용하는 가압송수장치

옥내소화전 설비 설치기준과 동일

04　폐쇄형스프링클러설비의 방호구역 및 유수검지장치

1. 폐쇄형 스프링클러헤드를 사용하는 설비의 방호구역 및 유수검지장치

(방호구역 : 스프링클러설비의 소화범위에 포함된 영역)

1) 하나의 방호구역의 바닥면적은 3,000m²를 초과하지 않을 것. 다만, 폐쇄형스프링클러 설비에 격자형배관방식(2 이상의 수평주행배관 사이를 가지배관으로 연결하는 방식을 말한다)을 채택하는 때에는 3,700m² 범위 내에서 펌프용량, 배관의 구경 등을 수리학적으로 계산한 결과 헤드의 방수압 및 방수량이 방호구역 범위 내에서 소화목적을 달성하는데 충분하도록 해야 한다.

2) 하나의 방호구역에는 1개 이상의 유수검지장치를 설치하되, 화재 시 접근이 쉽고 점검하기 편리한 장소에 설치할 것

3) 하나의 방호구역은 2개 층에 미치지 않도록 할 것. 다만, 1개 층에 설치되는 스프링클러헤드의 수가 10개 이하인 경우와 복층형구조의 공동주택에는 3개 층 이내로 할 수 있다.

4) 유수검지장치를 실내에 설치하거나 보호용 철망 등으로 구획하여 바닥으로부터 0.8m 이상 1.5m 이하의 위치에 설치하되, 그 실 등에는 가로 0.5m 이상 세로 1m 이상의 개구부로서 그 개구부에는 출입문을 설치하고 그 출입문 상단에 "유수검지장치실" 이라고

표시한 표지를 설치할 것. 다만, 유수검지장치를 기계실(공조용기계실을 포함한다)안에 설치하는 경우에는 별도의 실 또는 보호용 철망을 설치하지 않고 기계실 출입문 상단에 "유수검지장치실"이라고 표시한 표지를 설치할 수 있다.

5) 스프링클러헤드에 공급되는 물은 유수검지장치를 지나도록 할 것. 다만, 송수구를 통하여 공급되는 물은 그렇지 않다.

6) 자연낙차에 따른 압력수가 흐르는 배관 상에 설치된 유수검지장치는 화재 시 물의 흐름을 검지할 수 있는 최소한의 압력이 얻어질 수 있도록 수조의 하단으로부터 낙차를 두어 설치할 것

7) 조기반응형 스프링클러헤드를 설치하는 경우에는 습식유수검지장치를 설치할 것

2. 개방형스프링클러설비의 방수구역 및 일제개방밸브

1) 하나의 방수구역은 2개 층에 미치지 않아야 한다.

2) 방수구역마다 일제개방밸브를 설치해야 한다.

3) 하나의 방수구역을 담당하는 헤드의 개수는 50개 이하로 할 것. 다만, 2개 이상의 방수구역으로 나눌 경우에는 하나의 방수구역을 담당하는 헤드의 개수는 25개 이상으로 해야 한다.

4) 일제개방밸브의 설치 위치는 2.3.4의 기준에 따르고, 표지는 "일제개방밸브실"이라고 표시해야 한다.

[2.3.1.4]

유수검지장치를 실내에 설치하거나 보호용 철망 등으로 구획하여 바닥으로부터 0.8m 이상 1.5m 이하의 위치에 설치하되, 그 실 등에는 가로 0.5m 이상 세로 1m 이상의 개구부로서 그 개구부에는 출입문을 설치하고 그 출입문 상단에 "유수검지장치실"이라고 표시한 표지를 설치할 것. 다만, 유수검지장치를 기계실(공조용기계실을 포함한다)안에 설치하는 경우에는 별도의 실 또는 보호용 철망을 설치하지 않고 기계실 출입문 상단에 "유수검지장치실"이라고 표시한 표지를 설치할 수 있다.

05 배관 등

1. 배관의 종류

옥내소화전 설비와 동일

2. 합성수지배관을 설치할 수 있는 경우

옥내소화전 설비와 동일

3. 전용 및 겸용

전용으로 할 것. 다만, 스프링클러설비의 기동장치의 조작과 동시에 다른 설비의 용도에 사용하는 배관의 송수를 차단할 수 있거나, 스프링클러설비의 성능에 지장이 없는 경우에는 다른 설비와 겸용할 수 있다.

4. 흡입 측 배관 설치기준

옥내소화전 설비와 동일

5. 배관의 구경

1) 수리계산방식

수리계산에 따르는 경우 가지배관의 유속은 6m/s, 그 밖의 배관의 유속은 10m/s를 초과할 수 없다. 0.1MPa의 방수압력 기준으로 80l/min 이상의 방수성능을 가진 기준개수의 모든 헤드로부터의 방수량을 충족시킬 수 있는 배관구경이 되도록 할 것

2) 규약배관방식

별표 1에 따를 것

■ [별표 1]

스프링클러헤드 수별 급수관의 구경(제8조 제3항 제3호 관련) (단위 : mm)

급수관의 구경 구분	25	32	40	50	65	80	90	100	125	150
가	2	3	5	10	30	60	80	100	160	161 이상
나	2	4	7	15	30	60	65	100	160	161 이상
다	1	2	5	8	15	27	40	55	90	91 이상

[비고]
1. 폐쇄형 스프링클러헤드를 사용하는 설비의 경우로서 1개 층에 하나의 급수배관(또는 밸브 등)이 담당하는 구역의 최대면적은 3,000m²를 초과하지 아니할 것
2. 폐쇄형 스프링클러헤드를 설치하는 경우에는 "가"난의 헤드 수에 따를 것. 다만, 100개 이상의 헤드를 담당하는 급수배관(또는 밸브)의 구경을 100mm로 할 경우에는 수리계산을 통하여 제8조 제3항 제3호에서 규정한 배관의 유속에 적합하도록 할 것
3. 폐쇄형 스프링클러헤드를 설치하고 반자 아래의 헤드와 반자 속의 헤드를 동일 급수관의 가지관 상에 병설하는 경우에는 "나"난의 헤드 수에 따를 것
4. 2.7.3.1의 경우로서 폐쇄형 스프링클러헤드를 설치하는 설비의 배관구경은 "다"난에 따를 것
5. 개방형 스프링클러헤드를 설치하는 경우 하나의 방수구역이 담당하는 헤드의 개수가 30개 이하일 때는 "다"난의 헤드 수에 의하고, 30개를 초과할 때는 수리계산 방법에 따를 것

[2.7.3.1]
무대부 ·「화재의 예방 및 안전관리에 관한 법률 시행령」별표 2의 특수가연물을 저장 또는 취급하는 장소에 있어서는 1.7m 이하

6. 펌프의 성능시험배관

옥내소화전 설비와 동일

7. 릴리프밸브

옥내소화전 설비와 동일

8. 가지배관의 배열

1) 토너먼트(tournament) 배관방식이 아닐 것.

2) 교차배관에서 분기되는 지점을 기점으로 한쪽 가지배관에 설치되는 헤드의 개수(반자 아래와 반자속의 헤드를 하나의 가지배관 상에 병설하는 경우에는 반자 아래에 설치하는 헤드의 개수)는 8개 이하로 할 것. 다만, 다음 각 기준의 어느 하나에 해당하는 경우에는 그렇지 않다.

   ① 기존의 방호구역 안에서 칸막이 등으로 구획하여 1개의 헤드를 증설하는 경우

   ② 습식스프링클러설비 또는 부압식스프링클러설비에 격자형 배관방식(2 이상의 수평 주행배관 사이를 가지배관으로 연결하는 방식을 말한다)을 채택하는 때에는 펌프의 용량, 배관의 구경 등을 수리학적으로 계산한 결과 헤드의 방수압 및 방수량이 소화 목적을 달성하는 데 충분하다고 인정되는 경우

3) 가지배관과 헤드 사이의 배관을 신축배관으로 하는 경우에는 소방청장이 정하여 고시한 「스프링클러설비신축배관의 성능인증 및 제품검사의 기술기준」에 적합한 것으로 설치 할 것. 이 경우 신축배관의 설치길이는 2.7.3의 거리를 초과하지 않아야 한다.

   [2.7.3] 수평거리

Check Point 　스프링클러설비의 배관방식

1. 가지배관방식(Tree System)

주배관 → 교차배관 → 가지배관 → 헤드의 단일 방향으로 유수되며, 화재안전기준에 따라 일반적으로 사용하는 스프링클러 배관방식

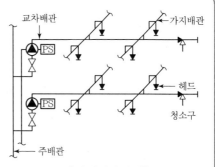

[가지배관방식]

2. 루프배관방식(Loop system)

1) 2개 이상의 배관에서 스프링클러 헤드의 물을 공급하도록 여러 개의 교차배관들이 서로 접속되어 있는 방식
2) 교차배관(Crossmain)이 서로 연결되어 스프링클러 작동 시 2방향 이상으로 급수가 공급되나 가지배관은 연결되지 않는다.

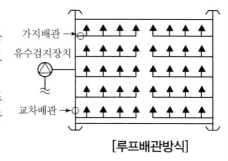

[루프배관방식]

3. 격자형 배관방식(Grid System)

1) 평행한 교차배관들 사이에 다수의 가지배관을 접속한 배관방식
2) 압력손실이 적고 방사압력이 균일하다.
3) 충격파의 분산이 가능하고 증설·이설이 쉽다.

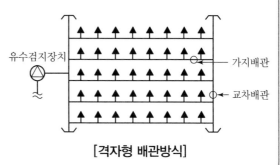

[격자형 배관방식]

9. 교차배관의 위치, 청소구 및 가지배관의 헤드 설치

1) 교차배관은 가지배관과 수평으로 설치하거나 또는 가지배관 밑에 설치하고, 그 구경은 2.5.3.3에 따르되, 최소구경이 40mm 이상이 되도록 할 것. 다만, 패들형유수검지장치를 사용하는 경우에는 교차배관의 구경과 동일하게 설치할 수 있다.

[2.5.3.3] 배관의 구경

2) 청소구는 교차배관 끝에 40mm 이상 크기의 개폐밸브를 설치하고, 호스접결이 가능한 나사식 또는 고정배수 배관식으로 할 것. 이 경우 나사식의 개폐밸브는 옥내소화전 호스접결용의 것으로 하고, 나사보호용의 캡으로 마감해야 한다.

3) 하향식헤드를 설치하는 경우에 가지배관으로부터 헤드에 이르는 헤드접속배관은 가지배관 상부에서 분기할 것. 다만, 소화설비용 수원의 수질이「먹는물관리법」제5조에 따라 먹는물의 수질기준에 적합하고 덮개가 있는 저수조로부터 물을 공급받는 경우에는 가지배관의 측면 또는 하부에서 분기할 수 있다.

10. 준비작동식 유수검지장치 또는 일제개방밸브 2차 측 배관의 부대설비

1) 개폐표시형밸브를 설치할 것
2) 개폐표시형밸브와 준비작동식유수검지장치 또는 일제개방밸브 사이의 배관은 다음의 기준과 같은 구조로 할 것
   ① 수직배수배관과 연결하고 동 연결배관상에는 개폐밸브를 설치할 것
   ② 자동배수장치 및 압력스위치를 설치할 것
   ③ 압력스위치는 수신부에서 준비작동식유수검지장치 또는 일제개방밸브의 작동 여부를 확인할 수 있게 설치할 것

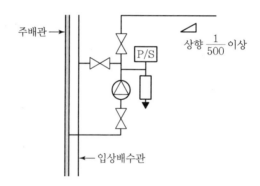

11. 시험장치(습식, 건식, 부압식)

1) 습식스프링클러설비 및 부압식스프링클러설비에 있어서는 유수검지장치 2차 측 배관에 연결하여 설치하고 건식스프링클러설비인 경우 유수검지장치에서 가장 먼 거리에 위치한 가지배관의 끝으로부터 연결하여 설치할 것. 이 경우 유수검지장치 2차 측 설비의 내용적이 2,840 L를 초과하는 건식스프링클러설비는 시험장치 개폐밸브를 완전 개방 후 1분 이내에 물이 방사되어야 한다.
2) 시험장치 배관의 구경은 25mm 이상으로 하고, 그 끝에 개폐밸브 및 개방형헤드 또는 스프링클러헤드와 동등한 방수성능을 가진 오리피스를 설치할 것. 이 경우 개방형헤드는 반사판 및 프레임을 제거한 오리피스만으로 설치할 수 있다.
3) 시험배관의 끝에는 물받이 통 및 배수관을 설치하여 시험 중 방사된 물이 바닥에 흘러내리지 않도록 할 것. 다만, 목욕실·화장실 또는 그 밖의 곳으로서 배수처리가 쉬운 장소

에 시험배관을 설치한 경우에는 그렇지 않다.

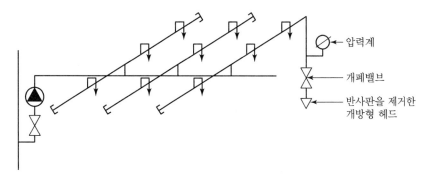

압력계
개폐밸브
반사판을 제거한
개방형 헤드

12. 행거

1) 가지배관에는 헤드의 설치지점 사이마다 1개 이상의 행거를 설치하되, 헤드간의 거리가 3.5m를 초과하는 경우에는 3.5m 이내마다 1개 이상 설치할 것. 이 경우 상향식헤드와 행거 사이에는 8cm 이상의 간격을 두어야 한다.

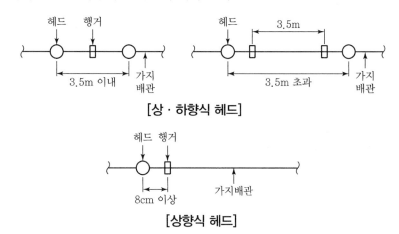

[상·하향식 헤드]

[상향식 헤드]

2) 교차배관에는 가지배관과 가지배관 사이마다 1개 이상의 행거를 설치하되, 가지배관 사이의 거리가 4.5m를 초과하는 경우에는 4.5m 이내마다 1개 이상 설치할 것

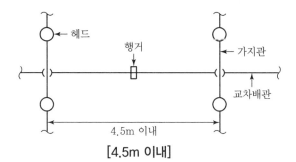

[4.5m 이내]

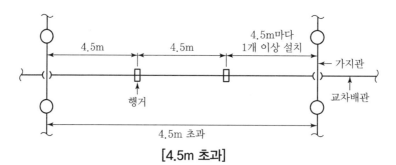

[4.5m 초과]

3) 수평주행배관에는 4.5m 이내마다 1개 이상 설치할 것

13. 수직배수배관

수직배수배관의 구경은 50mm 이상으로 해야 한다. 다만, 수직배관의 구경이 50mm 미만인 경우에는 수직배관과 동일한 구경으로 할 수 있다.

14. 주차장의 스프링클러설비

주차장의 스프링클러설비는 습식 외의 방식으로 해야 한다. 다만, 다음의 어느 하나에 해당하는 경우에는 그렇지 않다.

1) 동절기에 상시 난방이 되는 곳이거나 그 밖에 동결의 우려가 없는 곳
2) 스프링클러설비의 동결을 방지할 수 있는 구조 또는 장치가 된 것

15. 급수개폐밸브 작동표시 스위치(탬퍼스위치)

급수배관에 설치되어 급수를 차단할 수 있는 개폐밸브에는 그 밸브의 개폐상태를 감시제어반에서 확인할 수 있도록 급수개폐밸브 작동표시 스위치를 다음의 기준에 따라 설치해야 한다.

1) 급수개폐밸브가 잠길 경우 탬퍼스위치의 동작으로 인하여 감시제어반 또는 수신기에 표시되어야 하며 경보음을 발할 것
2) 탬퍼스위치는 감시제어반 또는 수신기에서 동작의 유무 확인과 동작시험, 도통시험을 할 수 있을 것
3) 급수개폐밸브의 작동표시 스위치에 사용되는 전기배선은 내화전선 또는 내열전선으로 설치할 것

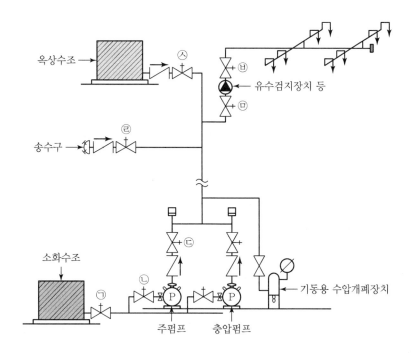

4) 탬퍼스위치 설치위치

① 소화수조로부터 펌프 흡입 측 배관에 설치한 개폐표시형 밸브(㉠)

② 주펌프의 흡입 측 배관에 설치한 개폐표시형 밸브(㉡)

③ 주펌프의 토출 측 배관에 설치한 개폐표시형 밸브(㉢)

④ 스프링클러설비의 송수구와 연결된 배관에 설치한 개폐표시형 밸브(㉣)

⑤ 유수검지장치 또는 일제개방밸브 1차 측 배관에 설치한 개폐표시형 밸브(㉤)

⑥ 준비작동식 유수검지장치 또는 일제개방밸브 2차 측 배관에 설치한 개폐표시형 밸브
(㉥)

⑦ 스프링클러설비의 입상관과 옥상수조에 설치한 개폐표시형 밸브(㉦)

16. 배관의 배수를 위한 기울기

1) 습식 스프링클러설비 또는 부압식 스프링클러설비의 배관을 수평으로 할 것. 다만, 배관
의 구조상 소화수가 넘어 있는 곳에는 배수밸브를 설치해야 한다.

2) 습식 스프링클러설비 또는 부압식 스프링클러설비 외의 설비에는 헤드를 향하여 상향으
로 수평주행배관의 기울기를 500분의 1 이상, 가지배관의 기울기를 250분의 1 이상으
로 할 것. 다만, 배관의 구조상 기울기를 줄 수 없는 경우에는 배수를 원활하게 할 수
있도록 배수밸브를 설치해야 한다.

06 음향장치 및 기동장치

1. 음향장치 작동기준

1) 습식유수검지장치 또는 건식유수검지장치를 사용하는 설비에 있어서는 헤드가 개방되면 유수검지장치가 화재신호를 발신하고 그에 따라 음향장치가 경보되도록 할 것

2) 준비작동식유수검지장치 또는 일제개방밸브를 사용하는 설비에는 화재감지기의 감지에 따라 음향장치가 경보되도록 할 것. 이 경우 화재감지기회로를 교차회로방식(하나의 준비작동식유수검지장치 또는 일제개방밸브의 담당구역 내에 2 이상의 화재감지기회로를 설치하고 인접한 2 이상의 화재감지기가 동시에 감지되는 때에 준비작동식유수검지장치 또는 일제개방밸브가 개방·작동되는 방식을 말한다)으로 하는 때에는 하나의 화재감지기회로가 화재를 감지하는 때에도 음향장치가 경보되도록 해야 한다.

3) 음향장치는 유수검지장치 및 일제개방밸브 등의 담당구역마다 설치하되 그 구역의 각 부분으로부터 하나의 음향장치까지의 수평거리는 25m 이하가 되도록 할 것

4) 음향장치는 경종 또는 사이렌(전자식 사이렌을 포함한다)으로 하되, 주위의 소음 및 다른 용도의 경보와 구별이 가능한 음색으로 할 것. 이 경우 경종 또는 사이렌은 자동화재탐지설비·비상벨설비 또는 자동식사이렌설비의 음향장치와 겸용할 수 있다.

5) 주 음향장치는 수신기의 내부 또는 그 직근에 설치할 것

6) 층수가 11층(공동주택의 경우 16층) 이상의 특정소방대상물은 다음의 기준에 따라 경보를 발할 수 있도록 해야 한다.

① 2층 이상의 층에서 발화한 때에는 발화층 및 그 직상 4개층에 경보를 발할 것

② 1층에서 발화한 때에는 발화층·그 직상 4개층 및 지하층에 경보를 발할 것

③ 지하층에서 발화한 때에는 발화층·그 직상층 및 기타의 지하층에 경보를 발할 것

7) 음향장치는 다음의 기준에 따른 구조 및 성능의 것으로 할 것

① 정격전압의 80 % 전압에서 음향을 발할 수 있는 것으로 할 것

② 음향의 크기는 부착된 음향장치의 중심으로부터 1m 떨어진 위치에서 90dB 이상이 되는 것으로 할 것

2. 펌프의 작동기준

1) 습식 유수검지장치 또는 건식 유수검지장치를 사용하는 설비에 있어서는 유수검지장치의 발신이나 기동용 수압개폐장치에 의하여 작동되거나 또는 이 두 가지의 혼용에 따라 작동될 수 있도록 할 것

2) 준비작동식 유수검지장치 또는 일제개방밸브를 사용하는 설비에 있어서는 화재감지기의 화재감지나 기동용 수압개폐장치에 따라 작동되거나 또는 이 두 가지의 혼용에 따라

작동할 수 있도록 할 것

3. 준비작동식 유수검지장치 또는 일제개방밸브 작동기준

1) 담당구역 내의 화재감지기의 동작에 따라 개방 및 작동될 것

2) 화재감지회로는 교차회로방식으로 할 것. 다만, 다음의 어느 하나에 해당하는 경우에는 그렇지 않다.

　① 스프링클러설비의 배관 또는 헤드에 누설경보용 물 또는 압축공기가 채워지거나 부압식스프링클러설비의 경우

　② 화재감지기를 「자동화재탐지설비 및 시각경보장치의 화재안전기술기준(NFTC 203)」의 2.4.1 단서의 각 감지기로 설치한 때

　[2.4.1] 비화재보 방지기능이 있는 감지기

(1) 불꽃감지기	(2) 정온식감지선형감지기
(3) 분포형감지기	(4) 복합형감지기
(5) 광전식분리형감지기	(6) 아날로그방식의 감지기
(7) 다신호방식의 감지기	(8) 축적방식의 감지기

3) 준비작동식유수검지장치 또는 일제개방밸브의 인근에서 수동기동(전기식 및 배수식)에 따라서도 개방 및 작동될 수 있도록 할 것

4) 화재감지기의 설치기준에 관하여는 「자동화재탐지설비 및 시각경보장치의 화재안전기술기준(NFTC 203)」 2.4(감지기) 및 2.8(배선)를 준용할 것. 이 경우 교차회로방식에 있어서의 화재감지기의 설치는 각 화재감지기 회로별로 설치하되, 각 화재감지기 회로별 화재감지기 1개가 담당하는 바닥면적은 「자동화재탐지설비 및 시각경보장치의 화재안전기술기준(NFTC 203)」의 2.4.3.5, 2.4.3.8부터 2.4.3.10에 따른 바닥면적으로 한다.

5) 화재감지기 회로에는 다음의 기준에 따른 발신기를 설치할 것. 다만, 자동화재탐지설비의 발신기가 설치된 경우에는 그렇지 않다.

　① 조작이 쉬운 장소에 설치하고, 스위치는 바닥으로부터 0.8m 이상 1.5m 이하의 높이에 설치할 것

　② 특정소방대상물의 층마다 설치하되, 해당 특정소방대상물의 각 부분으로부터 하나의 발신기까지의 수평거리가 25m 이하가 되도록 할 것. 다만, 복도 또는 별도로 구획된 실로서 보행거리가 40m 이상일 경우에는 추가로 설치해야 한다.

　③ 발신기의 위치를 표시하는 표시등은 함의 상부에 설치하되, 그 불빛은 부착 면으로부터 15° 이상의 범위 안에서 부착지점으로부터 10m 이내의 어느 곳에서도 쉽게 식별할 수 있는 적색등으로 할 것

07 헤드

1. 헤드의 설치장소

1) 스프링클러헤드는 특정소방대상물의 천장·반자·천장과 반자 사이·덕트·선반 기타 이와 유사한 부분(폭이 1.2m를 초과하는 것에 한한다)에 설치하여야 한다. 다만, 폭이 9m 이하인 실내에 있어서는 측벽에 설치할 수 있다.

2) 랙크식 창고의 경우로서「화재의 예방 및 안전관리에 관한 법률 시행령」별표 2의 특수가연물을 저장 또는 취급하는 것에 있어서는 랙크높이 4m 이하마다, 그 밖의 것을 취급하는 것에 있어서는 랙크 높이 6m 이하마다 스프링클러헤드를 설치하여야 한다. 다만, 랙크식 창고의 천장높이가 13.7m 이하로서「화재조기진압용 스프링클러설비의 화재안전기술기준(NFTC 103B)」에 따라 설치하는 경우에는 천장에만 스프링클러헤드를 설치할 수 있다.

2. 헤드의 수평거리

스프링클러헤드를 설치하는 천장·반자·천장과 반자 사이·덕트·선반 등의 각 부분으로부터 하나의 스프링클러헤드까지의 수평거리는 다음의 기준과 같이 해야 한다. 다만, 성능이 별도로 인정된 스프링클러헤드를 수리계산에 따라 설치하는 경우에는 그렇지 않다.

소방대상물	수평거리(m)
무대부, 특수가연물 저장 또는 취급하는 장소	1.7m 이하
일반건축물	2.1m 이하
내화건축물	2.3m 이하
랙크식 창고	2.5m 이하
공동주택(아파트) 세대 내의 거실	3.2m 이하

※ 특수가연물을 저장 또는 취급하는 랙크식 창고의 경우에는 1.7m 이하
※ 공동주택(아파트) 세대 내의 거실 :「스프링클러헤드의 형식승인 및 제품검사의 기술기준」의 유효반경의 것으로 한다.

3. 헤드의 배치

1) 정방형(정사각형 배치)

$$S = 2R\cos 45° = \sqrt{2}\,R$$

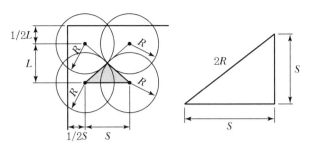

여기서, S : 헤드 간격, L : 가지배관 간격, R : 수평거리

2) 장방형(직사각형 배치)

$$S = \sqrt{4R^2 - L^2} , L = 2R\cos\theta$$

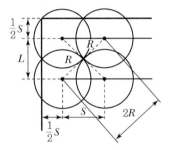

여기서, S : 가로열 헤드 간격, L : 가지배관 간격, R : 수평거리

4. 개방형 헤드 및 조기반응형 헤드 설치대상

1) 무대부 또는 연소할 우려가 있는 개구부에 있어서는 개방형 스프링클러헤드를 설치해야 한다.

2) 다음 어느 하나에 해당하는 장소에는 조기반응형 스프링클러헤드를 설치해야 한다.

① 공동주택 · 노유자시설의 거실

② 오피스텔 · 숙박시설의 침실, 병원의 입원실

5. 폐쇄형 헤드의 최고주위온도에 따른 표시온도

폐쇄형 스프링클러헤드는 그 설치장소의 평상시 최고 주위온도에 따라 다음 표에 따른 표시온도의 것으로 설치하여야 한다. 다만, 높이가 4m 이상인 공장 및 창고(랙크식 창고를 포함한다)에 설치하는 스프링클러헤드는 그 설치장소의 평상시 최고 주위온도에 관계없이 표시온도 121℃ 이상의 것으로 할 수 있다.

설치 장소의 최고 주의 온도[℃]	표시 온도[℃]
39℃ 미만	79℃ 미만
39℃ 이상~64℃ 미만	79℃ 이상~121℃ 미만
64℃ 이상~106℃ 미만	121℃ 이상~162℃ 미만
106℃ 이상	162℃ 이상

※ 설치장소의 최고주위온도 : 스프링클러헤드가 설치된 장소에서 연중 발생하는 가장 높은 온도를 말한다.

※ 표시온도 : 스프링클러헤드의 감지부에서 감열체가 작동하는 온도를 말한다.

6. 헤드의 설치방법

1) 살수가 방해되지 아니하도록 스프링클러헤드로부터 반경 60cm 이상의 공간을 보유할 것. 다만, 벽과 스프링클러헤드 간의 공간은 10cm 이상으로 한다.

2) 스프링클러헤드와 그 부착면(상향식 헤드의 경우에는 그 헤드의 직상부의 천장·반자 또는 이와 비슷한 것을 말한다. 이하 같다)과의 거리는 30cm 이하로 할 것

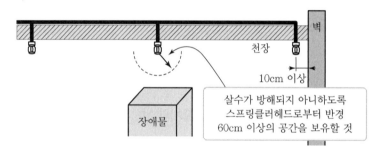

3) 배관·행가 및 조명기구 등 살수를 방해하는 것이 있는 경우에는 1) 및 2)에도 불구하고 그로부터 아래에 설치하여 살수에 장애가 없도록 할 것. 다만, 스프링클러헤드와 장애물과의 이격거리를 장애물 폭의 3배 이상 확보한 경우에는 그렇지 않다.

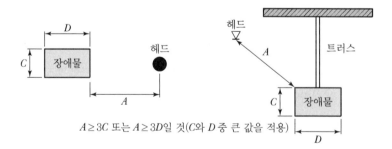

$A \geq 3C$ 또는 $A \geq 3D$일 것(C와 D 중 큰 값을 적용)

4) 스프링클러헤드의 반사판은 그 부착 면과 평행하게 설치할 것. 다만, 측벽형 헤드 또는 연소할 우려가 있는 개구부에 설치하는 스프링클러헤드의 경우에는 그렇지 않다.

5) 천장의 기울기가 10분의 1을 초과하는 경우에는 가지관을 천장의 마루와 평행하게 설치

하고, 스프링클러헤드는 다음 각 목의 어느 하나의 기준에 적합하게 설치할 것

① 천장의 최상부에 스프링클러헤드를 설치하는 경우에는 최상부에 설치하는 스프링클러헤드의 반사판을 수평으로 설치할 것

② 천장의 최상부를 중심으로 가지관을 서로 마주보게 설치하는 경우에는 최상부의 가지관 상호 간의 거리가 가지관 상의 스프링클러헤드 상호 간의 거리의 2분의 1 이하 (최소 1m 이상이 되어야 한다)가 되게 스프링클러헤드를 설치하고, 가지관의 최상부에 설치하는 스프링클러헤드는 천장의 최상부로부터의 수직거리가 90cm 이하가 되도록 할 것. 톱날지붕, 둥근 지붕, 기타 이와 유사한 지붕의 경우에도 이에 준한다.

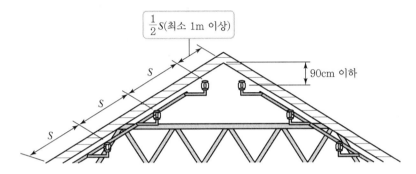

6) 연소할 우려가 있는 개구부에는 그 상하좌우에 2.5m 간격으로(개구부의 폭이 2.5m 이하인 경우에는 그 중앙에) 스프링클러헤드를 설치하되, 스프링클러헤드와 개구부의 내측 면으로부터 직선거리는 15cm 이하가 되도록 할 것. 이 경우 사람이 상시 출입하는 개구부로서 통행에 지장이 있는 때에는 개구부의 상부 또는 측면(개구부의 폭이 9m 이하인 경우에 한한다)에 설치하되, 헤드 상호 간의 간격은 1.2m 이하로 설치해야 한다.

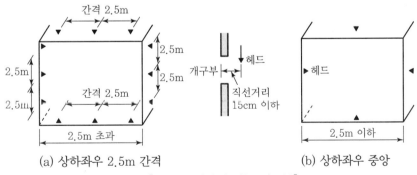

(a) 상하좌우 2.5m 간격

(b) 상하좌우 중앙

[통행에 지장이 없는 개구부]

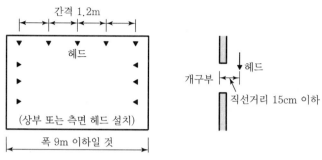

[통행에 지장이 있는 개구부]

7) 습식 스프링클러설비 및 부압식 스프링클러설비 외의 설비에는 상향식 스프링클러헤드
를 설치할 것. 다만, 다음 각 목의 어느 하나에 해당하는 경우에는 그렇지 않다.

① 드라이펜던트 스프링클러헤드를 사용하는 경우

② 스프링클러헤드의 설치장소가 동파의 우려가 없는 곳인 경우

③ 개방형 스프링클러헤드를 사용하는 경우

┃ Reference ┃ 드라이 펜던트형 헤드(Dry Pendent Head)

배관 내의 물이 스프링클러 몸체에 유입되지 않도록 상단에 유로를 차단
하는 플런저(Plunger)가 설치되어 있어 헤드가 개방되지 않으면 물이 헤
드 몸체로 유입되지 못하도록 되어 있는 헤드

---

8) 측벽형 스프링클러헤드를 설치하는 경우 긴 변의 한쪽 벽에 일렬로 설치(폭이 4.5m 이상
9m 이하인 실에 있어서는 긴 변의 양쪽에 각각 일렬로 설치하되 마주보는 스프링클러헤
드가 나란히꼴이 되도록 설치)하고 3.6m 이내마다 설치할 것

① 폭이 4.5m 미만인 경우 : 긴 변의 한쪽 벽에 일렬로 설치

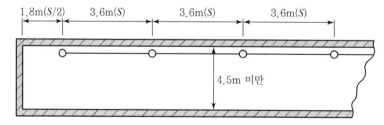

② 폭이 4.5m 이상 9m 이하인 경우 : 긴 변의 양쪽에 각각 일렬로 설치하되 마주보는
스프링클러헤드가 나란히 꼴이 되도록 설치

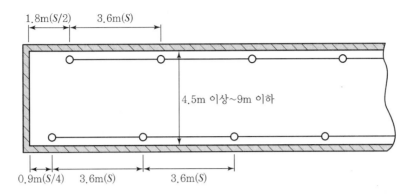

9) 상부에 설치된 헤드의 방출수에 따라 감열부에 영향을 받을 우려가 있는 헤드에는 방출
수를 차단할 수 있는 유효한 차폐판을 설치할 것

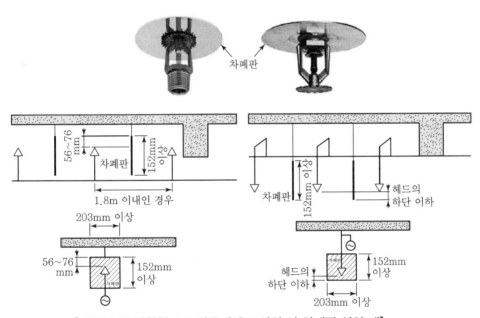

[하향형 및 상향형 스프링클러헤드 설치 시 차폐판 설치 예]

7. 헤드와 보의 이격거리

특정소방대상물의 보와 가장 가까운 스프링클러 헤드는 다음 표의 기준에 따라 설치하여야
한다. 다만, 천장 면에서 보의 하단까지의 길이가 55cm를 초과하고 보의 하단 측면 끝부분
으로부터 스프링클러헤드까지의 거리가 스프링클러헤드 상호 간 거리의 2분의 1 이하가
되는 경우에는 스프링클러헤드와 그 부착 면의 거리를 55cm 이하로 할 수 있다.

스프링클러헤드의 반사판 중심과 보의 수평거리	스프링클러헤드의 반사판 높이와 보의 하단 높이의 수직거리
0.75m 미만	보의 하단보단 낮을 것
0.75m 이상 1m 미만	0.1m 미만일 것
1m 이상 1.5m 미만	0.15m 미만일 것
1.5m 이상	0.3m 미만일 것

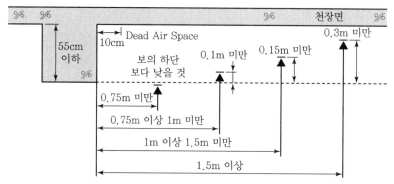

[천장 면에서 보의 하단까지의 길이가 55cm 이하인 경우]

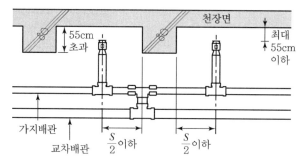

[천장 면에서 보의 하단까지의 길이가 55cm를 초과하는 경우]

08 송수구

1. 소방차가 쉽게 접근할 수 있고 잘 보이는 장소에 설치하고, 화재층으로부터 지면으로 떨어지는 유리창 등이 송수 및 그 밖의 소화작업에 지장을 주지 않는 장소에 설치할 것
2. 송수구로부터 스프링클러설비의 주배관에 이르는 연결배관에 개폐밸브를 설치한 때에는 그 개폐상태를 쉽게 확인 및 조작할 수 있는 옥외 또는 기계실 등의 장소에 설치할 것
3. 송수구는 구경 65mm의 쌍구형으로 할 것
4. 송수구에는 그 가까운 곳의 보기 쉬운 곳에 송수압력범위를 표시한 표지를 할 것

5. 폐쇄형 스프링클러헤드를 사용하는 스프링클러설비의 송수구는 하나의 층의 바닥면적이 3,000m²를 넘을 때마다 1개 이상(5개를 넘을 경우에는 5개로 한다)을 설치할 것

6. 지면으로부터 높이가 0.5m 이상 1m 이하인 위치에 설치할 것

7. 송수구의 부근에는 자동배수밸브(또는 직경 5mm의 배수공) 및 체크밸브를 설치할 것. 이 경우 자동배수밸브는 배관안의 물이 잘 빠질 수 있는 위치에 설치하되, 배수로 인하여 다른 물건이나 장소에 피해를 주지 않아야 한다.

8. 송수구에는 이물질을 막기 위한 마개를 씌워야 한다.

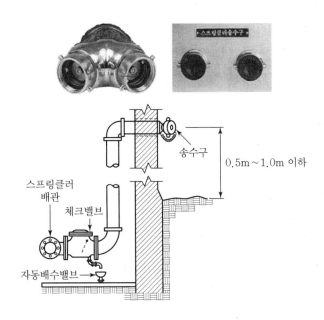

09 전원

1. 상용전원

옥내소화전 설비와 동일

2. 비상전원

1) 비상전원의 종류 : 자가발전설비, 축전지설비 또는 전기저장장치
   다만, 차고·주차장으로서 스프링클러설비가 설치된 부분의 바닥면적의 합계가 1,000 m² 미만인 경우에는 비상전원수전설비로 설치할 수 있다.

2) 비상전원의 설치대상 : 모든 스프링클러설비

3) 비상전원의 설치 제외 경우

① 2 이상의 변전소(「전기사업법」 제67조에 따른 변전소를 말한다. 이하 같다)에서 전력을 동시에 공급받을 수 있는 경우

② 하나의 변전소로부터 전력의 공급이 중단되는 때에는 자동으로 다른 변전소로부터 전원을 공급받을 수 있도록 상용전원을 설치한 경우

③ 가압수조방식의 경우

4) 비상전원의 설치기준

비상전원은 자가발전설비 또는 축전지설비(내연기관에 따른 펌프를 사용하는 경우에는 내연기관의 기동 및 제어용 축전지를 말한다) 또는 전기저장장치로서 다음 각 기준에 따라 설치하여야 한다. 비상전원수전설비의 경우 「소방시설용 비상전원수전설비의 화재안전기술기준(NFTC 602)」에 따라 설치하여야 한다.

① 점검에 편리하고 화재 및 침수 등의 재해로 인한 피해를 받을 우려가 없는 곳에 설치할 것

② 스프링클러설비를 유효하게 20분 이상 작동할 수 있어야 할 것

③ 상용전원으로부터 전력의 공급이 중단된 때에는 자동으로 비상전원으로부터 전력을 공급받을 수 있도록 할 것

④ 비상전원(내연기관의 기동 및 제어용 축전기를 제외한다)의 설치장소는 다른 장소와 방화구획할 것. 이 경우 그 장소에는 비상전원의 공급에 필요한 기구나 설비 외의 것(열병합발전설비에 필요한 기구나 설비는 제외한다)을 두어서는 아니 된다.

⑤ 비상전원을 실내에 설치하는 때에는 그 실내에 비상조명등을 설치할 것

⑥ 옥내에 설치하는 비상전원실에는 옥외로 직접 통하는 충분한 용량의 급배기설비를 설치할 것

⑦ 비상전원의 출력용량은 다음 각 목의 기준을 충족할 것

　㉠ 비상전원 설비에 설치되어 동시에 운전될 수 있는 모든 부하의 합계 입력용량을 기준으로 정격출력을 선정할 것. 다만, 소방전원 보존형 발전기를 사용할 경우에는 그러하지 아니하다.

　㉡ 기동전류가 가장 큰 부하가 기동될 때에도 부하의 허용 최저입력전압 이상의 출력전압을 유지할 것

　㉢ 단시간 과전류에 견디는 내력은 입력용량이 가장 큰 부하가 최종 기동할 경우에도 견딜 수 있을 것

⑧ 자가발전설비는 부하의 용도와 조건에 따라 다음 각 목 중의 하나를 설치하고 그 부하용도별 표지를 부착하여야 한다. 다만, 자가발전설비의 정격출력용량은 하나의 건축물에 있어서 소방부하의 설비용량을 기준으로 하고, ㉡의 경우 비상부하는 국토해양

부장관이 정한 건축전기설비설계기준의 수용률 범위 중 최댓값 이상을 적용한다.

    ㉠ 소방전용 발전기 : 소방부하용량을 기준으로 정격출력용량을 산정하여 사용하는 발전기

    ㉡ 소방부하 겸용 발전기 : 소방 및 비상부하 겸용으로서 소방부하와 비상부하의 전원용량을 합산하여 정격출력용량을 산정하여 사용하는 발전기

    ㉢ 소방전원 보존형 발전기 : 소방 및 비상부하 겸용으로서 소방부하의 전원용량을 기준으로 정격출력용량을 산정하여 사용하는 발전기

⑨ 비상전원실의 출입구 외부에는 실의 위치와 비상전원의 종류를 식별할 수 있도록 표지판을 부착할 것

10 제어반

1. 감시제어반

1) 감시제어반의 기능

① 각 펌프의 작동 여부를 확인할 수 있는 표시등 및 음향경보기능이 있어야 할 것

② 각 펌프를 자동 및 수동으로 작동시키거나 중단시킬 수 있어야 한다.

③ 비상전원을 설치한 경우에는 상용전원 및 비상전원의 공급 여부를 확인할 수 있어야 할 것

④ 수조 또는 물올림탱크가 저수위로 될 때 표시등 및 음향으로 경보할 것

⑤ 예비전원이 확보되고 예비전원의 적합 여부를 시험할 수 있어야 할 것

2) 감시제어반의 설치기준

① 화재 및 침수 등의 재해로 인한 피해를 받을 우려가 없는 곳에 설치할 것

② 감시제어반은 스프링클러설비의 전용으로 할 것. 다만, 스프링클러설비의 제어에 지장이 없는 경우에는 다른 설비와 겸용할 수 있다.

③ 감시제어반은 다음 각 목의 기준에 따른 전용실 안에 설치할 것. 다만, 3.의 어느 하나에 해당하는 경우와 공장, 발전소 등에서 설비를 집중 제어·운전할 목적으로 설치하는 중앙제어실 내에 감시제어반을 설치하는 경우에는 그렇지 않다.

    ㉠ 다른 부분과 방화구획을 할 것. 이 경우 전용실의 벽에는 기계실 또는 전기실 등의 감시를 위하여 두께 7mm 이상의 망입유리(두께 16.3mm 이상의 접합유리 또는 두께 28mm 이상의 복층유리를 포함한다)로 된 $4m^2$ 미만의 붙박이창을 설치할 수 있다.

    ⓛ 피난층 또는 지하 1층에 설치할 것. 다만, 다음 각 세목의 어느 하나에 해당하는 경우에는 지상 2층에 설치하거나 지하 1층 외의 지하층에 설치할 수 있다.

      • 「건축법 시행령」 제35조에 따라 특별피난계단이 설치되고 그 계단(부속실을 포함한다) 출입구로부터 보행거리 5m 이내에 전용실의 출입구가 있는 경우

      • 아파트의 관리동(관리동이 없는 경우에는 경비실)에 설치하는 경우

    ⓒ 비상조명등 및 급·배기설비를 설치할 것

    ② 「무선통신보조설비의 화재안전기술기준(NFTC 505)」 2.2.3에 따라 유효하게 통신이 가능할 것(영 별표 4의 제5호마목에 따른 무선통신보조설비가 설치된 특정소방대상물에 한한다.)

    ⓜ 바닥면적은 감시제어반의 설치에 필요한 면적 외에 화재 시 소방대원이 그 감시제어반의 조작에 필요한 최소면적 이상으로 할 것

  ④ 전용실에는 특정소방대상물의 기계·기구 또는 시설 등의 제어 및 감시설비 외의 것을 두지 아니할 것

  ⑤ 각 유수검지장치 또는 일제개방밸브의 작동 여부를 확인할 수 있는 표시 및 경보기능이 있도록 할 것

  ⑥ 일제개방밸브를 개방시킬 수 있는 수동조작스위치를 설치할 것

  ⑦ 일제개방밸브를 사용하는 설비의 화재감지는 각 경계회로별로 화재표시가 되도록 할 것

  ⑧ 다음의 각 확인회로마다 도통시험 및 작동시험을 할 수 있도록 할 것

    ㉠ 기동용 수압개폐장치의 압력스위치회로

    ㉡ 수조 또는 물올림탱크의 저수위감시회로

    ㉢ 유수검지장치 또는 일제개방밸브의 압력스위치회로

    ㉣ 일제개방밸브를 사용하는 설비의 화재감지기회로

    ㉤ 개폐밸브의 폐쇄상태 확인회로

    ㉥ 그 밖의 이와 비슷한 회로

  ⑨ 감시제어반과 자동 화재탐지설비의 수신기를 별도의 장소에 설치하는 경우에는 이들 상호 간 연동하여 화재 발생 및 1) 감시제어반기능의 ①·③과 ④의 기능을 확인할 수 있도록 할 것

2. 동력제어반

 1) 앞면은 적색으로 하고 "스프링클러설비용 동력제어반"이라고 표시한 표지를 설치할 것

 2) 외함은 두께 1.5mm 이상의 강판 또는 이와 동등 이상의 강도 및 내열성능이 있는 것으로 할 것

3) 화재 및 침수 등의 재해로 인한 피해를 받을 우려가 없는 곳에 설치할 것

4) 동력제어반은 스프링클러설비의 전용으로 할 것. 다만, 스프링클러설비의 제어에 지장이 없는 경우에는 다른 설비와 겸용할 수 있다.

3. 감시제어반과 동력제어반을 구분하여 설치하지 아니할수 있는 경우

1) 다음 각 목의 어느 하나에 해당하지 아니하는 특정소방대상물에 설치되는 스프링클러설비

① 지하층을 제외한 층수가 7층 이상으로서 연면적이 2,000m² 이상인 것

② ①에 해당하지 아니하는 특정소방대상물로서 지하층의 바닥면적의 합계가 3,000m² 이상인 것

2) 내연기관에 따른 가압송수장치를 사용하는 스프링클러설비

3) 고가수조에 따른 가압송수장치를 사용하는 스프링클러설비

4) 가압수조에 따른 가압송수장치를 사용하는 스프링클러설비

4. 자가발전설비 제어반의 제어장치(소방전원 보존형 발전기 제어장치)

1) 소방전원 보존형임을 식별할 수 있도록 표기할 것

2) 발전기 운전 시 소방부하 및 비상부하에 전원이 동시 공급되고, 그 상태를 확인할 수 있는 표시가 되도록 할 것

3) 발전기가 정격용량을 초과할 경우 비상부하는 자동적으로 차단되고, 소방부하만 공급되는 상태를 확인할 수 있는 표시가 되도록 할 것

11 배선 등

옥내소화전 설비와 동일

12 헤드의 제외

1. 계단실(특별피난계단의 부속실을 포함한다)·경사로·승강기의 승강로·비상용 승강기의 승강장·파이프덕트 및 덕트피트(파이프·덕트를 통과시키기 위한 구획된 구멍에 한한다)·목욕실·수영장(관람석부분을 제외한다)·화장실·직접 외기에 개방되어 있는 복도·기타 이와 유사한 장소

2. 통신기기실·전자기기실·기타 이와 유사한 장소

3. 발전실 · 변전실 · 변압기 · 기타 이와 유사한 전기설비가 설치되어 있는 장소

4. 병원의 수술실 · 응급처치실 · 기타 이와 유사한 장소

5. 천장과 반자 양쪽이 불연재료로 되어 있는 경우로서 그 사이의 거리 및 구조가 다음 각 목의 어느 하나에 해당하는 부분

   1) 천장과 반자 사이의 거리가 2m 미만인 부분

   2) 천장과 반자 사이의 벽이 불연재료이고 천장과 반자 사이의 거리가 2m 이상으로서 그 사이에 가연물이 존재하지 아니하는 부분

6. 천장 · 반자 중 한쪽이 불연재료로 되어 있고 천장과 반자 사이의 거리가 1m 미만인 부분

7. 천장 및 반자가 불연재료 외의 것으로 되어 있고 천장과 반자 사이의 거리가 0.5m 미만인 부분

8. 펌프실 · 물탱크실, 엘리베이터 권상기실, 그 밖의 이와 비슷한 장소

9. 현관 또는 로비 등으로서 바닥으로부터의 높이가 20m 이상인 장소

10. 영하의 냉장창고의 냉장실 또는 냉동창고의 냉동실

11. 고온의 노가 설치된 장소 또는 물과 격렬하게 반응하는 물품의 저장 또는 취급장소

12. 불연재료로 된 특정소방대상물 또는 그 부분으로서 다음 각 목의 어느 하나에 해당하는 장소

   1) 정수장 · 오물처리장 그 밖의 이와 비슷한 장소

   2) 펄프공장의 작업장 · 음료수공장의 세정 또는 충전하는 작업장, 그 밖의 이와 비슷한 장소

   3) 불연성의 금속 · 석재 등의 가공공장으로서 가연성물질을 저장 또는 취급하지 아니하는 장소

   4) 가연성 물질이 존재하지 않는 「건축물의 에너지절약설계기준」에 따른 방풍실

13. 실내에 설치된 테니스장 · 게이트볼장 · 정구장 또는 이와 비슷한 장소로서 실내 바닥 · 벽 · 천장이 불연재료 또는 준불연재료로 구성되어 있고 가연물이 존재하지 않는 장소로서 관람석이 없는 운동시설(지하층은 제외한다)

14. 「건축법 시행령」 제46조 제4항에 따른 공동주택 중 아파트의 대피공간

13 드렌처설비(수막설비) 설치기준

연소할 우려가 있는 개구부에 다음 각 호의 기준에 따른 드렌처설비를 설치한 경우에는 해당 개구부에 한하여 스프링클러헤드를 설치하지 않을 수 있다.

1. 드렌처헤드는 개구부 위 측에 2.5m 이내마다 1개를 설치할 것

2. 제어밸브(일제개방밸브 · 개폐표시형 밸브 및 수동조작부를 합한 것을 말한다. 이하 같다)

는 특정소방대상물 층마다에 바닥 면으로부터 0.8m 이상 1.5m 이하의 위치에 설치할 것

3. 수원의 수량은 드렌처헤드가 가장 많이 설치된 제어밸브의 드렌처헤드의 설치개수에 1.6m³를 곱하여 얻은 수치 이상이 되도록 할 것

4. 드렌처설비는 드렌처헤드가 가장 많이 설치된 제어밸브에 설치된 드렌처헤드를 동시에 사용하는 경우에 각각의 헤드선단 방수압력이 0.1MPa 이상, 방수량이 80l/min 이상이 되도록 할 것

5. 수원에 연결하는 가압송수장치는 점검이 쉽고 화재 등의 재해로 인한 피해우려가 없는 장소에 설치할 것

[드렌처헤드 설치]

[드렌처헤드]

14 수원 및 가압송수장치의 펌프 등의 겸용

1. 스프링클러설비의 수원을 옥내소화전설비 · 간이스프링클러설비 · 화재조기진압용 스프링클러설비 · 물분무소화설비 · 포소화설비 및 옥외소화전설비의 수원을 겸용하여 설치하는 경우의 저수량은 각 소화설비에 필요한 저수량을 합한 양 이상이 되도록 해야 한다. 다만, 이들 소화설비 중 고정식 소화설비(펌프 · 배관과 소화수 또는 소화약제를 최종 방출하는 방출구가 고정된 설비를 말한다. 이하 같다)가 2 이상 설치되어 있고, 그 소화설비가 설치된 부분이 방화벽과 방화문으로 구획되어 있는 경우에는 각 고정식 소화설비에 필요한 저수량 중 최대의 것 이상으로 할 수 있다.

2. 스프링클러설비의 가압송수장치로 사용하는 펌프를 옥내소화전설비 · 간이스프링클러설비 · 화재조기진압용 스프링클러설비 · 물분무소화설비 · 포소화설비 및 옥외소화전설비의 가압송수장치와 겸용하여 설치하는 경우의 펌프의 토출량은 각 소화설비에 해당하는

토출량을 합한 양 이상이 되도록 해야 한다. 다만, 이들 소화설비 중 고정식 소화설비가 2 이상 설치되어 있고, 그 소화설비가 설치된 부분이 방화벽과 방화문으로 구획되어 있으며 각 소화설비에 지장이 없는 경우에는 펌프의 토출량 중 최대의 것 이상으로 할 수 있다.

3. 옥내소화전설비·스프링클러설비·간이스프링클러설비·화재조기진압용 스프링클러설비·물분무소화설비·포소화설비 및 옥외소화전설비의 가압송수장치에 있어서 각 토출측 배관과 일반급수용의 가압송수장치의 토출측 배관을 상호 연결하여 화재 시 사용할 수 있다. 이 경우 연결배관에는 개폐표시형밸브를 설치해야 하며, 각 소화설비의 성능에 지장이 없도록 해야 한다.

4. 스프링클러설비의 송수구를 옥내소화전설비·간이스프링클러설비·화재조기진압용 스프링클러설비·물분무소화설비·포소화설비·연결송수관설비 또는 연결살수설비의 송수구와 겸용으로 설치하는 경우에는 스프링클러설비의 송수구의 설치기준에 따르되 각각의 소화설비의 기능에 지장이 없도록 해야 한다.

간이스프링클러설비(NFTC103A)

01 정의

1. "간이헤드"란 폐쇄형스프링클러헤드의 일종으로 간이스프링클러설비를 설치해야 하는 특정소방대상물의 화재에 적합한 감도·방수량 및 살수분포를 갖는 헤드를 말한다.
2. "캐비닛형 간이스프링클러설비"란 가압송수장치, 수조(「캐비닛형 간이스프링클러설비 성능인증 및 제품검사의 기술기준」에서 정하는 바에 따라 분리형으로 할 수 있다) 및 유수검지장치 등을 집적화하여 캐비닛 형태로 구성시킨 간이 형태의 스프링클러설비를 말한다.
3. "상수도직결형 간이스프링클러설비"란 수조를 사용하지 않고 상수도에 직접 연결하여 항상 기준 방수압 및 방수량 이상을 확보할 수 있는 설비를 말한다.

02 간이스프링클러설비의 구성 및 종류

1. 구성

1) 수원
2) 가압송수장치
3) 방호구역, 유수검지장치
4) 배관 및 밸브
5) 음향장치 및 기동장치
6) 간이헤드
7) 송수구
8) 비상전원
9) 제어반

2. 스프링클러설비의 종류

1) 폐쇄형 간이헤드 50l/min를 이용하는 습식(습식 유수검지장치 사용)
2) 간이스프링클러가 설치되는 득정소방대상물에 부설된 수차장 부분에는 습식 외의 방식 이용(해당 주차장의 경우 표준형 헤드 설치 80l/min)

03 가압송수장치

1. 상수도직결방식

2. 전동기 또는 내연기관에 따른 펌프를 이용하는 방식

스프링클러설비와 동일

3. 고가수조의 낙차를 이용하는 방식

스프링클러설비와 동일

4. 압력수조의 압력을 이용하는 방식

스프링클러설비와 동일

5. 가압수조를 이용하는 방식

1) 가압수조의 압력은 간이헤드 2개를 동시에 개방할 때 적정방수량 및 방수압이 10분[영 별표 4 제1호마목2)가) 또는 6)과 8)에 해당하는 경우에는 5개의 간이헤드에서 최소 20 분] 이상 유지되도록 할 것
2) 소방청장이 정하여 고시한 「가압수조식가압송수장치의 성능인증 및 제품검사의 기술기 준」에 적합한 것으로 설치할 것

6. 캐비닛형 가압송수장치 이용하는 방식

소방청장이 정하여 고시한 「캐비닛형 간이스프링클러설비의 성능인증 및 제품검사의 기술기준」에 적합한 것으로 설치해야 한다.

7. 공통기준

1) 방수압력(상수도직결형은 상수도압력)은 가장 먼 가지배관에서 2개[영 별표 4 제1호마 목2)가) 또는 6)과 8)에 해당하는 경우에는 5개]의 간이헤드를 동시에 개방할 경우 각각 의 간이헤드 선단 방수압력은 0.1MPa 이상, 방수량은 50L/min 이상이어야 한다. 다 만, 2.3.1.7에 따른 주차장에 표준반응형스프링클러헤드를 사용할 경우 헤드 1개의 방 수량은 80L/min 이상이어야 한다.
2) 영 별표 4 제1호마목2)가) 또는 6)과 8)에 해당하는 특정소방대상물의 경우에는 상수도 직결형 및 캐비닛형 간이스프링클러설비를 제외한 가압송수장치를 설치해야 한다.

| Reference | 소방시설 설치 및 관리에 관한 법률 시행령 별표 4 제1호 마목

2) 근린생활시설 중 다음의 어느 하나에 해당하는 것
 가) 근린생활시설로 사용하는 부분의 바닥면적 합계가 1천m² 이상인 것은 모든 층
6) 숙박시설로 사용되는 바닥면적의 합계가 300m² 이상 600m² 미만인 시설
8) 복합건축물(별표 2 제30호나목의 복합건축물만 해당한다)로서 연면적 1천m² 이상인 것은 모든 층

| Reference | 소방시설 설치 및 관리에 관한 법률 시행령 별표 2 제30호

나. 하나의 건축물이 근린생활시설, 판매시설, 업무시설, 숙박시설 또는 위락시설의 용도와 주택의 용도로 함께 사용되는 것

04 수원

1. 수원의 양

1) 상수도 직결형의 경우 : 수돗물
2) 수조를 사용하는 경우 : 최소 1개 이상의 자동급수장치를 갖출 것

① **특정소방대상물**

$$Ql = 2 \times 50 l/\min \times 10\min$$

② **근린생활시설 · 생활형 숙박시설 · 복합건축물**

$$Ql = 5 \times 50 l/\min \times 20\min$$

③ **주차장에 표준반응형 스프링클러헤드를 사용할 경우 헤드 1개의 방수량**

$80 l/\min$ 이상

2. 수원의 전용, 수조 설치기준

스프링클러설비와 동일

3. 옥상수조 및 옥상수원 미설치

| Reference | 옥상수조(수원) 설치대상

1. 옥내소화전 설비
2. 스프링클러설비(폐쇄형)
3. 화재조기진압용 스프링클러설비

05 간이스프링클러설비의 방호구역 및 유수검지장치

1. 하나의 방호구역의 바닥면적은 1,000㎡를 초과하지 않을 것
2. 하나의 방호구역에는 1개 이상의 유수검지장치를 설치하되, 화재 발생 시 접근이 쉽고 점검하기 편리한 장소에 설치할 것
3. 하나의 방호구역은 2개 층에 미치지 아니하도록 할 것. 다만, 1개 층에 설치되는 간이헤드의 수가 10개 이하인 경우에는 3개 층 이내로 할 수 있다.
4. 유수검지장치는 실내에 설치하거나 보호용 철망 등으로 구획하여 바닥으로부터 0.8m 이상 1.5m 이하의 위치에 설치하되, 그 실 등에는 가로 0.5m 이상 세로 1m 이상의 출입문을 설치하고 그 출입문 상단에 "유수검지장치실"이라고 표시한 표지를 설치할 것. 다만, 유수검지장치를 기계실(공조용 기계실을 포함한다) 안에 설치하는 경우에는 별도의 실 또는 보호용 철망을 설치하지 아니하고 기계실 출입문 상단에 "유수검지장치실"이라고 표시한 표지를 설치할 수 있다.
5. 간이헤드에 공급되는 물은 유수검지장치를 지나도록 할 것. 다만, 송수구를 통하여 공급되는 물은 그렇지 않다.
6. 자연낙차에 따른 압력수가 흐르는 배관상에 설치된 유수검지장치는 화재 시 물의 흐름을 검지할 수 있는 최소한의 압력이 얻어질 수 있도록 수조의 하단으로부터 낙차를 두어 설치할 것
7. 간이스프링클러설비가 설치되는 특정소방대상물에 부설된 주차장 부분에는 습식 외의 방식으로 하여야 한다. 다만, 동결의 우려가 없거나 동결을 방지할 수 있는 구조 또는 장치가 된 곳은 그렇지 않다.

06 제어반

1. 상수도 직결형의 경우에는 급수배관에 설치되어 급수를 차단할 수 있는 개폐밸브 및 유수검지장치의 작동상태를 확인할 수 있어야 하며, 예비전원이 확보되고 예비전원의 적합 여부를 시험할 수 있어야 할 것
2. 상수도 직결형을 제외한 방식의 것에 있어서는 「스프링클러설비의 화재안전기술기준(NFTC 103)」의 2.10(제어반)을 준용할 것

07 배관 및 밸브

1. 배관 및 밸브, 부속류 등의 설치기준

스프링클러설비와 동일

2. 배관 및 밸브의 설치순서

1) 상수도 직결형은 다음 각 목의 기준에 따라 설치할 것

① 수도용 계량기, 급수차단장치, 개폐표시형 밸브, 체크밸브, 압력계, 유수검지장치(압력스위치 등 유수검지장치와 동등 이상의 기능과 성능이 있는 것을 포함한다. 이하 같다), 2개의 시험밸브의 순으로 설치할 것

② 간이스프링클러설비 이외의 배관에는 화재 시 배관을 차단할 수 있는 급수차단장치를 설치할 것

2) 펌프 등의 가압송수장치를 이용하여 배관 및 밸브 등을 설치하는 경우에는 수원, 연성계 또는 진공계(수원이 펌프보다 높은 경우를 제외한다. 이하 같다), 펌프 또는 압력수조, 압력계, 체크밸브, 성능시험배관, 개폐표시형 밸브, 유수검지장치, 시험밸브의 순으로 설치할 것

3) 가압수조를 가압송수장치로 이용하여 배관 및 밸브 등을 설치하는 경우에는 수원, 가압수조, 압력계, 체크밸브, 성능시험배관, 개폐표시형 밸브, 유수검지장치, 2개의 시험밸브의 순으로 설치할 것

4) 캐비닛형의 가압송수장치에 배관 및 밸브 등을 설치하는 경우에는 수원, 연성계 또는 진공계(수원이 펌프보다 높은 경우를 제외한다. 이하 같다), 펌프 또는 압력수조, 압력계, 체크밸브, 개폐표시형 밸브, 2개의 시험밸브의 순으로 설치할 것. 다만, 소화용수의 공급은 상수도와 직결된 바이패스관 또는 펌프에서 공급받아야 한다.

08 간이헤드

1. 폐쇄형 간이헤드를 사용할 것
2. 간이헤드의 작동온도는 실내의 최대 주위 천장온도가 0℃ 이상 38℃ 이하인 경우 공칭작동온도가 57℃에서 77℃의 것을 사용하고, 39℃ 이상 66℃ 이하인 경우에는 공칭작동온도가 79℃에서 109℃의 것을 사용할 것
3. 간이헤드를 설치하는 천장ㆍ반자ㆍ천장과 반자 사이ㆍ덕트ㆍ선반 등의 각 부분으로부터 간이헤드까지의 수평거리는 2.3m(「스프링클러헤드의 형식승인 및 제품검사의 기술기준」

유효반경의 것으로 한다.) 이하가 되도록 하여야 한다. 다만, 성능이 별도로 인정된 간이헤드를 수리계산에 따라 설치하는 경우에는 그렇지 않다.

4. 상향식간이헤드 또는 하향식간이헤드의 경우에는 간이헤드의 디플렉터에서 천장 또는 반자까지의 거리는 25mm에서 102mm 이내가 되도록 설치해야 하며, 측벽형간이헤드의 경우에는 102mm에서 152mm 사이에 설치할 것 다만, 플러쉬 스프링클러헤드의 경우에는 천장 또는 반자까지의 거리를 102mm 이하가 되도록 설치할 수 있다.

5. 간이헤드는 천장 또는 반자의 경사·보·조명장치 등에 따라 살수장애의 영향을 받지 않도록 설치할 것

6. 4.의 규정에도 불구하고 소방대상물의 보와 가장 가까운 간이헤드는 다음 표의 기준에 따라 설치할 것. 다만, 천장면에서 보의 하단까지의 길이가 55cm를 초과하고 보의 하단 측면 끝부분으로부터 간이헤드까지의 거리가 간이헤드 상호 간 거리의 2분의 1 이하가 되는 경우에는 간이헤드와 그 부착면과의 거리를 55cm 이하로 할 수 있다.

간이헤드의 반사판 중심과 보의 수평거리	간이헤드의 반사판 높이와 보의 하단 높이의 수직거리
0.75m 미만	보의 하단보다 낮을 것
0.75m 이상 1m 미만	0.1m 미만일 것
1m 이상 1.5m 미만	0.15m 미만일 것
1.5m 이상	0.3m 미만일 것

7. 상향식 간이헤드 아래에 설치되는 하향식 간이헤드에는 상향식 헤드의 방출수를 차단할 수 있는 유효한 차폐판을 설치할 것

8. 간이스프링클러설비를 설치하여야 할 소방대상물에 있어서는 간이헤드 설치 제외에 관한 사항은 「스프링클러설비의 화재안전기술기준(NFTC 103)」2.12.1을 준용한다.

9. 2.3.1.7에 따른 주차장에는 표준반응형스프링클러헤드를 설치해야 하며 설치기준은 「스프링클러설비의 화재안전기술기준(NFTC 103)」2.7(헤드)을 준용한다.

09 비상전원

간이스프링클러설비에는 다음의 기준에 적합한 비상전원 또는 「소방시설용 비상전원수전설비의 화재안전기술기준(NFTC 602」의 규정에 따른 비상전원수전설비를 설치해야 한다. 다만, 무전원으로 작동되는 간이스프링클러설비의 경우에는 모든 기능이 10분[영 별표 4 제1호마목2)가) 또는 6)과 8)에 해당하는 경우에는 20분] 이상 유효하게 지속될 수 있는 구조를 갖추어야 한다.

1. 간이스프링클러설비를 유효하게 10분[영 별표 4 제1호마목2)가) 또는 6)과 8)에 해당하는 경우에는 20분] 이상 작동할 수 있도록 할 것
2. 상용전원으로부터 전력의 공급이 중단된 때에는 자동으로 비상전원으로부터 전원을 공급받을 수 있는 구조로 할 것

10 간이헤드 수별 급수관의 구경[별표 1]

▼ 간이헤드 수별 급수관의 구경(제8조 제3항 제3호 관련)　　　　　　　(단위 : mm)

구분 ＼ 급수관의 구경	25	32	40	50	65	80	100	125	150
가	2	3	5	10	30	60	100	160	161 이상
나	2	4	7	15	30	60	100	160	161 이상
다	〈삭제 2011.11.24〉								

1. 폐쇄형 간이헤드를 사용하는 설비의 경우로서 1개 층에 하나의 급수배관(또는 밸브 등)이 담당하는 구역의 최대면적은 1,000m²를 초과하지 않을 것
2. 폐쇄형 간이헤드를 설치하는 경우에는 "가"난의 헤드 수에 따를 것
3. 폐쇄형 간이헤드를 설치하고 반자 아래의 헤드와 반자속의 헤드를 동일 급수관의 가지관 상에 병설하는 경우에는 "나"난의 헤드 수에 따를 것
4. "캐비닛형" 및 "상수도직결형"을 사용하는 경우 주배관은 32, 수평주행배관은 32, 가지배관은 25 이상으로 할 것. 이 경우 최장배관은 2.2.6에 따라 인정받은 길이로 하며 하나의 가지배관에는 간이헤드를 3개 이내로 설치해야 한다.

CHAPTER

05 화재조기진압용 스프링클러설비(NFTC103B)

01 정의

"화재조기진압용 스프링클러헤드"란 특정한 높은 장소의 화재위험에 대하여 조기에 진화할 수 있도록 설계된 헤드를 말한다.

02 수원

1. 수원의 양

1) 화재조기진압용 스프링클러설비의 수원은 수리학적으로 가장 먼 가지배관 3개에 각각 4개의 스프링클러헤드가 동시에 개방되었을 때 헤드선단의 압력이 표 2.2.1에 의한 값 이상으로 60분간 방사할 수 있는 양으로 계산식은 다음과 같다.

$$Q = 12 \times 60 \times K\sqrt{10P}$$

여기서, Q : 수원의 양(l)

12 : 가장 먼 가지배관 3개에 각각 4개의 스프링클러헤드

60 : 방사시간

K : 상수($l/\min/(\mathrm{MPa})^{1/2}$)

P : 헤드선단의 압력(MPa)

‖ Reference ‖ [표 2.2.1] 수원의 양 선정 시 헤드의 최소방사압력(MPa)

최대층고	최대저장 높이	화재조기진압용 스프링클러헤드				
		K=360 하향식	K=320 하향식	K=240 하향식	K=240 상향식	K=200 하향식
13.7m	12.2m	0.28	0.28	–	–	–
13.7m	10.7m	0.28	0.28	–	–	–
12.2m	10.7m	0.17	0.28	0.36	0.36	0.52
10.7m	9.1m	0.14	0.24	0.36	0.36	0.52
9.1m	7.6m	0.10	0.17	0.24	0.24	0.34

2. 옥상수원 설치 제외

1) 옥상이 없는 건축물 또는 공작물
2) 지하층만 있는 건축물
3) 고가수조를 가압송수장치로 설치한 경우
4) 수원이 건축물의 지붕보다 높은 위치에 설치된 경우
5) 건축물의 높이가 지표면으로부터 10m 이하인 경우
6) 주펌프와 동등 이상의 성능이 있는 별도의 펌프로서 내연기관의 기동과 연동하여 작동
   되거나 비상전원을 연결하여 설치한 경우
7) 가압수조를 가압송수장치로 설치한 경우

03 가압송수장치

스프링클러설비와 동일[방사압 기준 : 별표 3 참조]

04 방호구역 및 유수검지장치

1. 하나의 방호구역의 바닥면적은 3,000m²를 초과하지 아니할 것
2. 하나의 방호구역에는 1개 이상의 유수검지장치를 설치하되, 화재 발생 시 접근이 쉽고 점검
   하기 편리한 장소에 설치할 것
3. 하나의 방호구역은 2개 층에 미치지 아니하도록 할 것. 다만, 1개 층에 설치되는 화재조기진
   압용 스프링클러헤드의 수가 10개 이하인 경우에는 3개 층 이내로 할 수 있다.

4. 유수검지장치를 실내에 설치하거나 보호용 철망 등으로 구획하여 바닥으로부터 0.8m 이상 1.5m 이하의 위치에 설치하되, 그 실 등에는 가로 0.5m 이상 세로 1m 이상의 출입문을 설치하고 그 출입문 상단에 "유수검지장치실"이라고 표시한 표지를 설치할 것. 다만, 유수검지장치를 기계실(공조용 기계실을 포함한다) 안에 설치하는 경우에는 별도의 실 또는 보호용 철망을 설치하지 아니하고 기계실 출입문 상단에 "유수검지장치실"이라고 표시한 표지를 설치할 수 있다.

5. 화재조기진압용 스프링클러헤드에 공급되는 물은 유수검지장치를 지나도록 할 것. 다만, 송수구를 통하여 공급되는 물은 그렇지 않다.

6. 자연낙차에 따른 압력수가 흐르는 배관상에 설치된 유수검지장치는 화재 시 물의 흐름을 검지할 수 있는 최소한의 압력이 얻어질 수 있도록 수조의 하단으로부터 낙차를 두어 설치할 것

05 배관

1. 화재조기진압용 스프링클러설비의 배관은 습식으로 해야 한다.

2. 가지배관의 배열은 다음 각 호의 기준에 따른다.

   1) 토너먼트(tournament) 배관방식이 아닐 것.

   2) 가지배관 사이의 거리는 2.4m 이상 3.7m 이하로 할 것. 다만, 천장의 높이가 9.1m 이상 13.7m 이하인 경우에는 2.4m 이상 3.1m 이하로 한다.

   3) 교차배관에서 분기되는 지점을 기점으로 한쪽 가지배관에 설치되는 헤드의 개수(반자 아래와 반자 속의 헤드를 하나의 가지배관 상에 병설하는 경우에는 반자 아래에 설치하는 헤드의 개수)는 8개 이하로 할 것. 다만, 다음 각 목의 어느 하나에 해당하는 경우에는 그렇지 않다.

   ① 기존의 방호구역 안에서 칸막이 등으로 구획하여 1개의 헤드를 증설하는 경우

   ② 격자형 배관방식(2 이상의 수평주행배관 사이를 가지배관으로 연결하는 방식을 말한다)을 채택하는 때에는 펌프의 용량, 배관의 구경 등을 수리학적으로 계산한 결과 헤드의 방수압 및 방수량이 소화목적을 달성하는 데 충분하다고 인정되는 경우. 다만, 중앙소방기술심의위원회 또는 지방소방기술심의위원회의 심의를 거친 경우에 한정한다.

   4) 가지배관과 헤드 사이의 배관을 신축배관으로 하는 경우에는 소방청장이 정하여 고시한 「스프링클러설비신축배관의 성능인증 및 제품검사의 기술기준」에 적합한 것으로 설치할 것. 이 경우 신축배관의 설치 길이는 「스프링클러설비의 화재안전기술기준(NFTC 103)」의 2.7.3의 거리를 초과하지 않을 것

3. 기타 배관기준은 스프링클러설비와 동일

06 음향장치 및 기동장치

1. 유수검지장치를 사용하는 설비는 헤드가 개방되면 유수검지장치가 화재신호를 발신하고 그에 따라 음향장치가 경보되도록 할 것

2. 음향장치는 유수검지장치의 담당구역마다 설치하되 그 구역의 각 부분으로부터 하나의 음향장치까지의 수평거리는 25m 이하가 되도록 할 것

3. 음향장치는 경종 또는 사이렌(전자식 사이렌을 포함한다)으로 하되, 주위의 소음 및 다른 용도의 경보와 구별이 가능한 음색으로 할 것. 이 경우 경종 또는 사이렌은 자동 화재탐지설비·비상벨설비 또는 자동식 사이렌설비의 음향장치와 겸용할 수 있다.

4. 주음향장치는 수신기의 내부 또는 그 직근에 설치할 것

5. 층수가 11층(공동주택의 경우 16층) 이상의 특정소방대상물은 다음의 기준에 따라 경보를 발할 수 있도록 해야 한다.

   1) 2층 이상의 층에서 발화한 때에는 발화층 및 그 직상 4개층에 경보를 발할 수 있도록 할 것

   2) 1층에서 발화한 때에는 발화층·그 직상 4개층 및 지하층에 경보를 발할 수 있도록 할 것

   3) 지하층에서 발화한 때에는 발화층·그 직상층 및 기타의 지하층에 경보를 발할 수 있도록 할 것

6. 음향장치는 다음 각 목의 기준에 따른 구조 및 성능의 것으로 할 것

   1) 정격전압의 80% 전압에서 음향을 발할 수 있는 것으로 할 것

   2) 음량은 부착된 음향장치의 중심으로부터 1m 떨어진 위치에서 90폰 이상이 되는 것으로 할 것

7. 화재조기진압용 스프링클러설비의 가압송수장치로서 펌프가 설치되는 경우에는 그 펌프의 작동은 유수검지장치의 발신이나 기동용 수압개폐장치에 따라 작동되거나 또는 이 두 가지의 혼용에 따라 작동될 수 있도록 해야 한다.

07 헤드

1. 헤드 하나의 방호면적은 6.0m² 이상 9.3m² 이하로 할 것

2. 가지배관의 헤드 사이의 거리는 천장의 높이가 9.1m 미만인 경우에는 2.4m 이상 3.7m 이하로, 9.1m 이상 13.7m 이하인 경우에는 3.1m 이하으로 할 것

3. 헤드의 반사판은 천장 또는 반자와 평행하게 설치하고 저장물의 최상부와 914mm 이상 확보되도록 할 것

4. 하향식 헤드의 반사판의 위치는 천장이나 반자 아래 125mm 이상 355mm 이하일 것

5. 상향식 헤드의 감지부 중앙은 천장 또는 반자와 101mm 이상 152mm 이하이어야 하며, 반사판의 위치는 스프링클러 배관의 윗부분에서 최소 178mm 상부에 설치되도록 할 것

6. 헤드와 벽과의 거리는 헤드 상호 간 거리의 2분의 1을 초과하지 않아야 하며 최소 102mm 이상일 것

7. 헤드의 작동온도는 74℃ 이하일 것. 다만, 헤드 주위의 온도가 38℃ 이상인 경우에는 그 온도에서의 화재시험 등에서 헤드 작동에 관하여 공인기관의 시험을 거친 것을 사용할 것

8. 헤드의 살수분포에 장애를 주는 장애물이 있는 경우에는 다음 각 목의 어느 하나에 적합할 것

   1) 천장 또는 천장 근처에 있는 장애물과 반사판의 위치는 그림 2.7.1.8(1) 또는 그림 2.7.1.8(2)와 같이하며, 천장 또는 천장 근처에 보 · 덕트 · 기둥 · 난방기구 · 조명기구 · 전선관 및 배관 등의 기타 장애물이 있는 경우에는 장애물과 헤드 사이의 수평거리에 따른 장애물의 하단과 그보다 윗부분에 설치되는 헤드 반사판 사이의 수직거리는 표 2.7.1.8(1) 또는 그림 2.7.1.8(3)에 따를 것

   2) 헤드 아래에 덕트 · 전선관 · 난방용배관 등이 설치되어 헤드의 살수를 방해하는 경우에는 표 2.7.1.8(1) 또는 그림 2.7.1.8(3)에 따를 것. 다만, 2개 이상의 헤드의 살수를 방해하는 경우에는 표 2.7.1.8(2)를 참고로 한다.

9. 상부에 설치된 헤드의 방출수에 따라 감열부에 영향을 받을 우려가 있는 헤드에는 방출수를 차단할 수 있는 유효한 차폐판을 설치할 것

■ [표 2.7.1.8(1)]

보 또는 기타 장애물 아래에 헤드가 설치된 경우의 반사판 위치

장애물과 헤드 사이의 수평거리	장애물의 하단과 헤드의 반사판 사이의 수직거리	장애물과 헤드 사이의 수평거리	장애물의 하단과 헤드의 반사판 사이의 수직거리
0.3m 미만	0mm	1.1m 이상 1.2m 미만	300mm
0.3m 이상 0.5m 미만	40mm	1.2m 이상 1.4m 미만	380mm
0.5m 이상 0.7m 미만	75mm	1.4m 이상 1.5m 미만	460mm
0.7m 이상 0.8m 미만	140mm	1.5m 이상 1.7m 미만	560mm
0.8m 이상 0.9m 미만	200mm	1.7m 이상 1.8m 미만	660mm
1.0m 이상 1.1m 미만	250mm	1.8m 이상	790mm

■ [표 2.7.1.8(2)]

저장물 위에 장애물이 있는 경우의 헤드설치 기준

장애물의 류(폭)		조건
돌출 장애물	0.6m 이하	1. 표 2.7.1.8(1) 또는 그림 2.7.1.8(2)에 적합하거나 2. 장애물의 끝부근에서 헤드 반사판까지의 수평거리가 0.3m 이하로 설치할 것
	0.6m 초과	표 2.7.1.8(1) 또는 그림 2.7.1.8(3)에 적합할 것
연속 장애물	5cm 이하	1. 표 2.7.1.8(1) 또는 그림 2.7.1.8(3)에 적합하거나 2. 장애물이 헤드 반사판 아래 0.6m 이하로 설치된 경우는 허용한다.
	5cm 초과~ 0.3 이하	1. 표 2.7.1.8(1) 또는 그림 2.7.1.8(3)에 적합하거나 2. 장애물의 끝부근에서 헤드 반사판까지의 수평거리를 0.3m 이하로 설치할 것
	0.3m 초과~ 0.6m 이하	1. 표 2.7.1.8(1) 또는 그림 2.7.1.8(3)에 적합하거나 2. 장애물의 끝부근에서 헤드 반사판까지의 수평거리를 0.6m 이하로 설치할 것
	0.6m 초과	1. 표 2.7.1.8(1) 또는 그림 2.7.1.8(3)에 적합하거나 2. 장애물이 평편하고 견고하며 수평적인 경우에는 저장물의 최상단과 헤드반사판의 간격을 0.9m 이하로 설치할 것 3. 장애물이 평편하지 않거나 비연속적인 경우에는 저장물 아래에 평편한 판을 설치한 후 헤드를 설치할 것

■ [그림 2.7.1.8(1)]

보 또는 기타 장애물 위에 헤드가 설치된 경우의 반사판 위치(그림 2.7.1.8(3) 또는 표 2.7.1.8(1)을 함께 사용할 것)

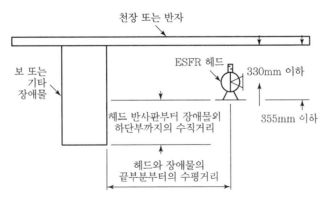

■ [그림 2.7.1.8(2)]

장애물이 헤드 아래에 연속적으로 설치된 경우의 반사판 위치(그림 2.7.1.8(3) 또는 표 2.7.1.8(1)을 함께 사용할 것)

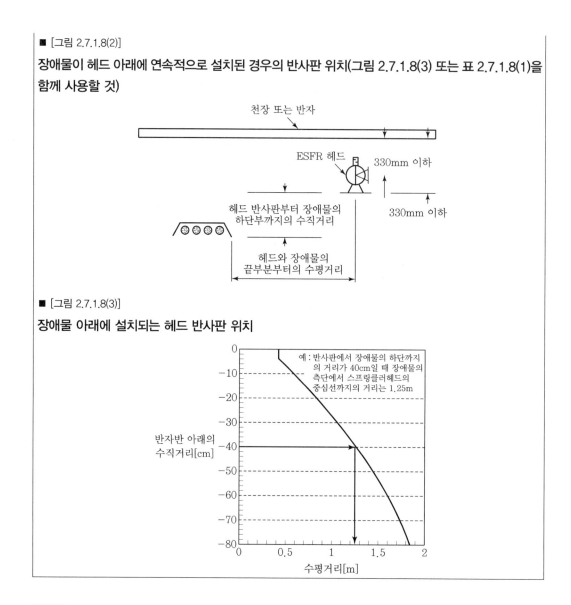

08 저장물간격

저장물품 사이의 간격은 모든 방향에서 152mm 이상을 유지해야 한다.

09 환기구

1. 공기의 유동으로 인하여 헤드의 작동온도에 영향을 주지 않는 구조일 것
2. 화재감지기와 연동하여 동작하는 자동식 환기장치를 설치하지 아니할 것. 다만, 자동식 환기장치를 설치할 경우에는 최소작동온도가 180℃ 이상일 것

10 비상전원

1. 종류

자가발전설비, 축전지설비 또는 전기저장장치에 따른 비상전원을 설치해야 한다.

2. 설치 제외

2 이상의 변전소(「전기사업법」 제67조에 따른 변전소를 말한다.)에서 전력을 동시에 공급받을 수 있거나 하나의 변전소로부터 전력의 공급이 중단되는 때에는 자동으로 다른 변전소로부터 전력을 공급받을 수 있도록 상용전원을 설치한 경우와 가압수조방식에는 비상전원을 설치하지 않을 수 있다.

3. 설치기준

옥내소화전 설비 참조

11 설치 제외

1. 제4류 위험물
2. 타이어, 두루마리 종이 및 섬유류, 섬유제품 등 연소 시 화염의 속도가 빠르고 방사된 물이 하부까지에 도달하지 못하는 것

CHAPTER 06 물분무소화설비(NFTC104)

01 물분무소화설비의 구성 및 종류

1. 구성

1) 수원   2) 가압송수장치   3) 배관 등

4) 송수구   5) 기동장치   6) 제어밸브 등

7) 물분무헤드   8) 배수설비   9) 전원

10) 제어반   11) 배선 등   12) 물분무헤드제외

2. 물분무소화설비의 종류

개방형 물분무헤드를 이용하는 일제살수식(일제개방밸브 : 제어밸브 사용)

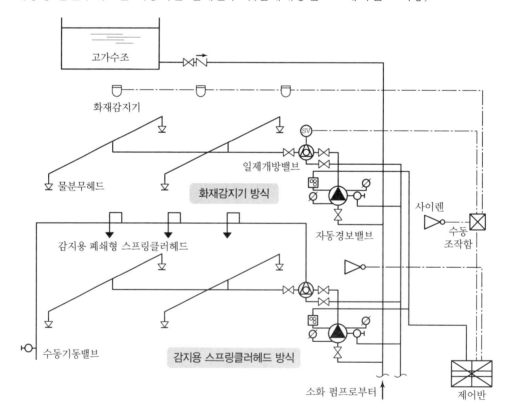

02 수원

1. 수원의 양

1) 특수가연물을 저장 또는 취급하는 소방대상물

$$Q = A(\text{m}^2) \times 10l/\text{min} \cdot \text{m}^2 \times 20\text{min}$$

여기서, Q : 수원(l), A : 바닥면적(최대방수구역 바닥면적, 최소 50m² 이상)

2) 차고 또는 주차장

$$Q = A(\text{m}^2) \times 20l/\text{min} \cdot \text{m}^2 \times 20\text{min}$$

여기서, Q : 수원(l), A : 바닥면적(최대방수구역 바닥면적, 최소 50m² 이상)

3) 절연유 봉입변압기

$$Q = A(\text{m}^2) \times 10l/\text{min} \cdot \text{m}^2 \times 20\text{min}$$

여기서, Q : 수원(l), A : 바닥부분을 제외한 표면적을 합한 면적(m²)

4) 케이블 트레이, 덕트

$$Q = A(\text{m}^2) \times 12l/\text{min} \cdot \text{m}^2 \times 20\text{min}$$

여기서, Q : 수원(l), A : 투영된 바닥면적(m²)

※ 투영(投影)된 바닥면적 : 위에서 빛을 비출 때 바닥 그림자의 면적

5) 컨베이어 벨트 등

$$Q = A(\mathrm{m}^2) \times 10l/\mathrm{min} \cdot \mathrm{m}^2 \times 20\mathrm{min}$$

여기서, Q : 수원(l), A : 벨트 부분의 바닥면적(m^2)

6) 위험물 저장탱크

$$Q = L(m) \times 37l/\mathrm{min} \cdot \mathrm{m} \times 20\mathrm{min}$$

여기서, Q : 수원(l), L : 탱크의 원주둘레길이(m)

2. 수원의 전용, 수조 설치기준

스프링클러설비와 동일

03 송수구

1. 송수구는 화재층으로부터 지면으로 떨어지는 유리창 등이 송수 및 그 밖의 소화작업에 지장을 주지 아니하는 장소에 설치할 것. 이 경우 가연성 가스의 저장·취급시설에 설치하는 송수구는 그 방호대상물로부터 20m 이상의 거리를 두거나 방호대상물에 면하는 부분이 높이 1.5m 이상 폭 2.5m 이상의 철근콘크리트 벽으로 가려진 장소에 설치해야 한다.
2. 송수구로부터 물분무소화설비의 주배관에 이르는 연결배관에 개폐밸브를 설치한 때에는 그 개폐상태를 쉽게 확인 및 조작할 수 있는 옥외 또는 기계실 등의 장소에 설치할 것
3. 송수구는 구경 65mm의 쌍구형으로 할 것
4. 송수구에는 그 가까운 곳의 보기 쉬운 곳에 송수압력범위를 표시한 표지를 할 것
5. 송수구는 하나의 층의 바닥면적이 3,000m²를 넘을 때마다 1개(5개를 넘을 경우에는 5개로 한다) 이상을 설치할 것
6. 지면으로부터 높이가 0.5m 이상 1m 이하의 위치에 설치할 것
7. 송수구의 부근에는 자동배수밸브(또는 직경 5mm의 배수공) 및 체크밸브를 설치할 것. 이 경우 자동배수밸브는 배관안의 물이 잘 빠질 수 있는 위치에 설치하되, 배수로 인하여 다른 물건이나 장소에 피해를 주지 않아야 한다.
8. 송수구에는 이물질을 막기 위한 마개를 씌울 것

04   기동장치

1. 수동식 기동장치의 설치기준

1) 직접조작 또는 원격조작에 의하여 각각의 가압송수장치 및 수동식 개방밸브 또는 가압송
수장치 및 자동개방밸브를 개방할 수 있도록 설치할 것

2) 기동장치의 가까운 곳의 보기 쉬운 곳에 '기동장치'라고 표시한 표지를 할 것

2. 자동식 기동장치의 설치기준

자동 화재탐지설비 감지기의 작동 및 폐쇄형 스프링클러헤드의 개방과 연동하여 경보를
발하고 가압송수장치 및 자동개방밸브를 기동할 수 있는 것으로 할 것. 다만, 자동 화재탐지
설비의 수신기가 설치되어 있는 장소에 상시 사람이 근무하고 있고 화재 시 물분무소화설비
를 즉시 작동시킬 수 있는 경우에는 그렇지 않다.

05   제어밸브

1. 제어밸브의 설치기준

1) 제어밸브는 바닥으로부터 0.8m 이상 1.5m 이하의 위치에 설치할 것

2) 제어밸브의 가까운 곳의 보기 쉬운 곳에 '제어밸브'라고 표시한 표지를 할 것

2. 자동개방밸브 및 수동개방밸브의 설치기준

1) 자동개방밸브의 기동조작부 및 수동식 개방밸브는 화재 시 용이하게 접근할 수 있는 곳
에 설치하고 바닥으로부터 0.8m 이상 1.5m 이하의 위치에 설치할 것

2) 자동개방밸브 및 수동식개방밸브의 2차 측 배관 부분에는 해당 방수구역 외에 밸브의
작동을 시험할 수 있는 장치를 설치할 것. 다만, 방수구역에서 직접 방수시험을 할 수
있는 경우에는 그렇지 않다.

06   물분무헤드

1. 물분무헤드는 표준방사량으로 당해 방호대상물의 화재를 유효하게 소화하는 데 필요
한 수를 적정한 위치에 설치하여야 한다.
   • "물분무헤드"란 화재 시 직선류 또는 나선류의 물을 충돌·확산시켜 미립상태로 분무함
   으로써 소화하는 헤드를 말한다.

(a) 일반형 헤드   (b) 지하통로 및 터널용 헤드

[물분무헤드]

| Reference | **물분무헤드의 종류**

1. **충돌형** : 유수와 유수의 충돌에 의해 무상형태의 물방울을 만드는 물분무헤드
2. **분사형** : 소구경의 오리피스로부터 고압으로 분사하여 무상형태의 물방울을 만드는 물분무헤드
3. **선회류형** : 선회류에 의한 확산 방출 또는 선회류와 직선류의 충돌에 의한 확산 방출에 의하여 무상형태의 물방울을 만드는 물분무헤드
4. **디플렉터형** : 수류를 살수판에 충돌하여 미세한 물방울을 만드는 물분무헤드
5. **슬리트형** : 수류를 슬리트에 의해 방출하여 수막상의 분무를 만드는 물분무헤드

   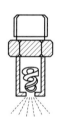 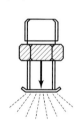

[충돌형]   [분사형]   [선회류형]   [디플렉터형]

2. 고압의 전기기기와 물분무헤드 사이의 유지거리

전압(kV)	거리(cm)	전압(kV)	거리(cm)
66 이하	70 이상	154 초과 181 이하	180 이상
66 초과 77 이하	80 이상	181 초과 220 이하	210 이상
77 초과 110 이하	110 이상	220 초과 275 이하	260 이상
110 초과 154 이하	150 이상		

07 차고 또는 주차장에 설치하는 배수설비

1. 차량이 주차하는 장소의 적당한 곳에 높이 10cm 이상의 경계턱으로 배수구를 설치할 것
2. 배수구에는 새어나온 기름을 모아 소화할 수 있도록 길이 40m 이하마다 집수관·소화피트 등 기름분리장치를 설치할 것
3. 차량이 주차하는 바닥은 배수구를 향하여 100분의 2 이상의 기울기를 유지할 것
4. 배수설비는 가압송수장치의 최대송수능력의 수량을 유효하게 배수할 수 있는 크기 및 기울기로 할 것

08 설치 제외

1. 물과 심하게 반응하는 물질 또는 물과 반응하여 위험한 물질을 생성하는 물질을 저장 또는 취급하는 장소
2. 고온의 물질 및 증류범위가 넓어 끓어 넘칠 위험이 있는 물질을 저장 또는 취급하는 장소
3. 운전 시에 표면의 온도가 260℃ 이상으로 되는 등 직접 분무를 하는 경우 그 부분에 손상을 입힐 우려가 있는 기계장치 등이 있는 장소

09 비상전원

1. 종류

자가발전설비, 축전지설비 또는 전기저장장치에 따른 비상전원을 설치하여야 한다.

2. 설치 제외

2 이상의 변전소(「전기사업법」 제67조에 따른 변전소를 말한다.)에서 전력을 동시에 공급받을 수 있거나 하나의 변전소로부터 전력의 공급이 중단되는 때에는 자동으로 다른 변전소로부터 전력을 공급받을 수 있도록 상용전원을 설치한 경우와 가압수조방식에는 비상전원을 설치하지 않을 수 있다.

3. 설치기준

옥내소화전 설비 참조

CHAPTER 07 미분무소화설비(NFTC104A)

01 용어 정의

1. 미분무소화설비

가압된 물이 헤드 통과 후 미세한 입자로 분무됨으로써 소화성능을 가지는 설비를 말하며, 소화력을 증가시키기 위해 강화액 등을 첨가할 수 있다.

2. 미분무

물만을 사용하여 소화하는 방식으로 최소설계압력에서 헤드로부터 방출되는 물입자 중 99%의 누적체적분포가 $400\mu m$ 이하로 분무되고 A, B, C급 화재에 적응성을 갖는 것을 말한다.

3. 미분무헤드

하나 이상의 오리피스를 가지고 미분무소화설비에 사용되는 헤드를 말한다.

4. 개방형 미분무헤드

감열체 없이 방수구가 항상 열려져 있는 헤드를 말한다.

5. 폐쇄형 미분무헤드

정상상태에서 방수구를 막고 있는 감열체가 일정온도에서 자동적으로 파괴·용융 또는 이탈됨으로써 방수구가 개방되는 헤드를 말한다.

6. 저압 미분무 소화설비

최고사용압력이 1.2MPa 이하인 미분무소화설비를 말한다.

7. 중압 미분무 소화설비

사용압력이 1.2MPa을 초과하고 3.5MPa 이하인 미분무소화설비를 말한다.

8. 고압 미분무 소화설비

최저사용압력이 3.5MPa을 초과하는 미분무소화설비를 말한다.

9. 폐쇄형 미분무소화설비

배관 내에 항상 물 또는 공기 등이 가압되어 있다가 화재로 인한 열로 폐쇄형 미분무헤드가 개방되면서 소화수를 방출하는 방식의 미분무소화설비를 말한다.

10. 개방형 미분무소화설비

화재감지기의 신호를 받아 가압송수장치를 동작시켜 미분무수를 방출하는 방식의 미분무소화설비를 말한다.

02 미분무소화설비의 구성 및 종류

1. 구성

1) 수원
2) 가압송수장치
3) 폐쇄형 미분무소화설비의 방호구역
4) 개방형 미분무소화설비의 방수구역
5) 배관 등
6) 음향장치 및 기동장치
7) 헤드
8) 전원
9) 제어반
10) 배선 등
11) 설계도서작성기준

2. 종류

1) 습식 설비
2) 건식 설비
3) 준비작동식 설비
4) 일제살수식 설비

3. 방출방식에 따른 분류

1) 전역방출방식
2) 국소방출방식
3) 호스릴방출방식

4. 사용압력별 분류

1) 저압설비(최고사용압력이 1.2MPa 이하인 설비)

2) 중압설비(사용압력이 1.2MPa을 초과하고 3.5MPa 이하인 설비)

3) 고압설비(최저사용압력이 3.5MPa을 초과하는 설비)

03 설계도서의 작성

1. 미분무소화설비의 성능을 확인하기 위하여 하나의 발화원을 가정한 설계도서는 다음의 기준 및 그림 2.1.1을 고려하여 작성되어야 하며, 설계도서는 일반설계도서와 특별설계도서로 구분한다.

   1) 점화원의 형태

   2) 초기 점화되는 연료 유형

   3) 화재 위치

   4) 문과 창문의 초기상태(열림, 닫힘) 및 시간에 따른 변화상태

   5) 공기조화설비, 자연형(문, 창문) 및 기계형 여부

   6) 시공 유형과 내장재 유형

2. 일반설계도서는 유사한 특정소방대상물의 화재사례 등을 이용하여 작성하고, 특별설계도서는 일반설계도서에서 발화 장소 등을 변경하여 위험도를 높게 만들어 작성하여야 한다.

3. 1. 및 2.에도 불구하고 검증된 기준에서 정하고 있는 것을 사용할 경우에는 적합한 도서로 인정할 수 있다.

■ [그림 2.1.1]

설계도서 작성 기준(제4조 관련)

1. 공통사항

설계도서는 건축물에서 발생 가능한 상황을 선정하되, 건축물의 특성에 따라 제2호의 설계도서 유형 중 가목의 일반설계도서와 나목부터 사목까지의 특별설계도서 중 1개 이상을 작성한다.

2. 설계도서 유형

가. 일반설계도서

1) 건물용도, 사용자 중심의 일반적인 화재를 가상한다.

2) 설계도서에는 다음 사항이 필수적으로 명확히 설명되어야 한다.

가) 건물사용자 특성

나) 사용자의 수와 장소

다) 실 크기

라) 가구와 실내 내용물

마) 연소 가능한 물질들과 그 특성 및 발화원

바) 환기조건

사) 최초 발화물과 발화물의 위치

3) 설계자가 필요한 경우 기타 설계도서에 필요한 사항을 추가할 수 있다.

나. 특별설계도서 1

1) 내부 문들이 개방되어 있는 상황에서 피난로에 화재가 발생하여 급격한 화재연소가 이루어지는 상황을 가상한다.

2) 화재 시 가능한 피난방법의 수에 중심을 두고 작성한다.

다. 특별설계도서 2

1) 사람이 상주하지 않는 실에서 화재가 발생하지만, 잠재적으로 많은 재실자에게 위험이 되는 상황을 가상한다.

2) 건축물 내의 재실자가 없는 곳에서 화재가 발생하여 많은 재실자가 있는 공간으로 연소 확대되는 상황에 중심을 두고 작성한다.

라. 특별설계도서 3

1) 많은 사람들이 있는 실에 인접한 벽이나 덕트 공간 등에서 화재가 발생한 상황을 가상한다.

2) 화재감지기가 없는 곳이나 자동으로 작동하는 소화설비가 없는 장소에서 화재가 발생하여 많은 재실자가 있는 곳으로의 연소 확대가 가능한 상황에 중심을 두고 작성한다.

마. 특별설계도서 4

1) 많은 거주자가 있는 아주 인접한 장소 중 소방시설의 작동범위에 들어가지 않는 장소에서 아주 천천히 성장하는 화재를 가상한다.

2) 작은 화재에서 시작하지만 큰 대형화재를 일으킬 수 있는 화재에 중심을 두고 작성한다.

바. 특별설계도서 5

1) 건축물의 일반적인 사용 특성과 관련, 화재하중이 가장 큰 장소에서 발생한 아주 심각한 화재를 가상한다.

2) 재실자가 있는 공간에서 급격하게 연소 확대되는 화재를 중심으로 작성한다.

사. 특별설계도서 6

1) 외부에서 발생하여 본 건물로 화재가 확대되는 경우를 가상한다.

2) 본 건물에서 떨어진 장소에서 화재가 발생하여 본 건물로 화재가 확대되거나 피난로를 막거나 거주가 불가능한 조건을 만드는 화재에 중심을 두고 작성한다.

04 미분무소화설비의 설치기준

1. 수원

1) 미분무수 소화설비에 사용되는 용수는 「먹는 물관리법」 제5조에 적합하고, 저수조 등에 충수 할 경우 필터 또는 스트레이너를 통하여야 하며, 사용되는 물에는 입자·용해고체 또는 염분이 없어야 한다.

2) 배관의 연결부(용접부 제외) 또는 주배관의 유입측에는 필터 또는 스트레이너를 설치해

야 하고, 사용되는 스트레이너에는 청소구가 있어야 하며, 검사·유지관리 및 보수 시에 배치 위치를 변경하지 않아야 한다. 다만, 노즐이 막힐 우려가 없는 경우에는 설치하지 않을 수 있다.

3) 사용되는 필터 또는 스트레이너의 메시는 헤드 오리피스 지름의 80% 이하가 되어야 한다.

4) 수원의 양은 다음의 식을 이용하여 계산한 양 이상으로 하여야 한다.

$$Q = N \times D \times T \times S + V$$

여기서, Q : 수원의 양(m^3) N : 방호구역(방수구역) 내 헤드의 개수
D : 설계유량(m^3/min) T : 설계방수시간(min)
S : 안전율(1.2 이상) V : 배관의 총체적(m^3)

5) 첨가제의 양은 설계방수시간 내에 충분히 사용될 수 있는 양 이상으로 산정한다. 이 경우 첨가제가 소화약제인 경우 「소화약제의 형식승인 및 제품검사의 기술기준」에 적합한 것으로 사용해야 한다.

2. 수조

1) 수조의 재료는 냉간 압연 스테인리스 강판 및 강대(KS D 3698)의 STS 304 또는 이와 동등 이상의 강도·내식성·내열성이 있는 것으로 해야 한다.

2) 수조를 용접할 경우 용접찌꺼기 등이 남아 있지 아니하여야 하며, 부식의 우려가 없는 용접방식으로 해야 한다.

3) 미분무 소화설비용 수조는 다음 각 호의 기준에 따라 설치해야 한다.

① 전용으로 하며 점검에 편리한 곳에 설치할 것

② 동결 방지조치를 하거나 동결의 우려가 없는 장소에 설치할 것

③ 수조의 외측에 수위계를 설치할 것. 다만, 구조상 불가피한 경우에는 수조의 맨홀 등을 통하여 수조 내 물의 양을 쉽게 확인할 수 있도록 해야 한다.

④ 수조의 상단이 바닥보다 높은 때에는 수조의 외측에 고정식 사다리를 설치할 것

⑤ 수조가 실내에 설치된 때에는 그 실내에 조명 설비를 설치할 것

⑥ 수조의 밑 부분에는 청소용 배수밸브 또는 배수관을 설치할 것

⑦ 수조 외측의 보기 쉬운 곳에 "미분무설비용 수조"라고 표시한 표지를 할 것

⑧ 소화설비용 펌프의 흡수배관 또는 소화설비의 수직배관과 수조의 접속부분에는 "미분무소화설비용 배관"이라고 표시한 표지를 할 것. 다만, 수조와 가까운 장소에 소화설비용 펌프가 설치되고 해당 펌프에 2.4.3.7에 따른 표지를 설치한 때에는 그렇지 않다.

3. 가압송수장치

1) 전동기 또는 내연기관에 따른 펌프를 이용하는 가압송수장치는 다음의 기준에 따라 설치해야 한다.

① 쉽게 접근할 수 있고 점검하기에 충분한 공간이 있는 장소로서 화재 및 침수 등의 재해로 인한 피해를 받을 우려가 없는 곳에 설치할 것

② 동결 방지조치를 하거나 동결의 우려가 없는 장소에 설치할 것

③ 펌프는 전용으로 할 것

④ 펌프의 토출 측에는 압력계를 체크밸브 이전에 펌프토출 측 가까운 곳에 설치할 것

⑤ 펌프의 성능은 체절운전 시 정격토출압력의 140 %를 초과하지 않고, 정격토출량의 150 %로 운전 시 정격토출압력의 65 % 이상이 되어야 하며, 펌프의 성능을 시험할 수 있는 성능시험배관을 설치할 것

⑥ 가압송수장치의 송수량은 최저설계압력에서 설계유량(L/min) 이상의 방수성능을 가진 기준개수의 모든 헤드로부터의 방수량을 충족시킬 수 있는 양 이상의 것으로 할 것

⑦ 내연기관을 사용하는 경우에는 제어반에 따라 내연기관의 자동기동 및 수동기동이 가능하고, 상시 충전되어 있는 축전지설비를 갖출 것

⑧ 가압송수장치에는 "미분무펌프"라고 표시한 표지를 할 것. 다만, 호스릴방식의 경우 "호스릴방식 미분무펌프"라고 표시한 표지를 할 것

⑨ 가압송수장치가 기동이 된 경우에는 자동으로 정지되지 아니하도록 할 것

⑩ 가압송수장치는 부식 등으로 인한 펌프의 고착을 방지할 수 있도록 다음의 각 기준에 적합한 것으로 할 것. 다만, 충압펌프는 제외한다.

㉠ 임펠러는 청동 또는 스테인리스 등 부식에 강한 재질을 사용할 것

㉡ 펌프축은 스테인리스 등 부식에 강한 재질을 사용할 것

2) 압력수조를 이용하는 가압송수장치는 다음의 기준에 따라 설치해야 한다.

① 압력수조는 배관용 스테인리스 강관(KS D 3676) 또는 이와 동등 이상의 강도·내식성, 내열성을 갖는 재료를 사용할 것

② 용접한 압력수조를 사용할 경우 용접찌꺼기 등이 남아 있지 않아야 하며, 부식의 우려가 없는 용접방식으로 해야 한다.

③ 쉽게 접근할 수 있고 점검하기에 충분한 공간이 있는 장소로서 화재 및 침수 등의 재해로 인한 피해를 받을 우려가 없는 곳에 설치할 것

④ 동결 방지조치를 하거나 동결의 우려가 없는 장소에 설치할 것

⑤ 압력수조는 전용으로 할 것

⑥ 압력수조에는 수위계·급수관·배수관·급기관·맨홀·압력계·안전장치 및 압

력저하 방지를 위한 자동식 공기압축기를 설치할 것

⑦ 압력수조의 토출 측에는 사용압력의 1.5배 범위를 초과하는 압력계를 설치해야 한다.

⑧ 작동장치의 구조 및 기능은 다음의 기준에 적합해야 한다.

ㄱ 화재감지기의 신호에 의하여 자동적으로 밸브를 개방하고 소화수를 배관으로 송출할 것

ㄴ 수동으로 작동할 수 있게 하는 장치를 설치할 경우에는 부주의로 인한 작동을 방지하기 위한 보호장치를 강구할 것

3) 가압수조를 이용하는 가압송수장치는 다음의 기준에 따라 설치해야 한다.

① 가압수조의 압력은 설계 방수량 및 방수압이 설계방수시간 이상 유지되도록 할 것

② 가압수조 및 가압원은 「건축법 시행령」 제46조에 따른 방화구획된 장소에 설치할 것

③ 가압수조를 이용한 가압송수장치는 소방청장이 정하여 고시한 「가압수조식 가압송수장치의 성능인증 및 제품검사의 기술기준」에 적합한 것으로 설치할 것

④ 가압수조는 전용으로 설치할 것

4. 폐쇄형 미분무소화설비의 방호구역

폐쇄형 미분무헤드를 사용하는 설비의 방호구역(미분무소화설비의 소화범위에 포함된 영역을 말한다. 이하 같다)은 다음 각 호의 기준에 적합해야 한다.

1) 하나의 방호구역의 바닥면적은 펌프용량, 배관의 구경 등을 수리학적으로 계산한 결과 헤드의 방수압 및 방수량이 방호구역 범위 내에서 소화목적을 달성할 수 있도록 산정해야 한다.

2) 하나의 방호구역은 2개 층에 미치지 않을 것

5. 개방형 미분무소화설비의 방수구역

개방형 미분무소화설비의 방수구역은 다음의 기준에 적합해야 한다.

1) 하나의 방수구역은 2개 층에 미치지 않을 것

2) 하나의 방수구역을 담당하는 헤드의 개수는 최대 설계개수 이하로 할 것. 다만, 2개 이상의 방수구역으로 나눌 경우에는 하나의 방수구역을 담당하는 헤드의 개수는 최대설계개수의 1/2 이상으로 할 것

3) 터널, 지하가 등에 설치할 경우 동시에 방수되어야 하는 방수구역은 화재가 발생된 방수구역 및 접한 방수구역으로 할 것

6. 배관 등

1) 설비에 사용되는 구성요소는 STS 304 이상의 재료를 사용해야 한다.

2) 배관은 배관용 스테인리스 강관(KS D 3576)이나 이와 동등 이상의 강도·내식성 및 내열성을 가진 것으로 해야 하고, 용접할 경우 용접찌꺼기 등이 남아 있지 아니해야 하며, 부식의 우려가 없는 용접방식으로 해야 한다.

3) 급수배관은 다음의 기준에 따라 설치해야 한다.
    ① 전용으로 할 것
    ② 급수배관에 설치되어 급수를 차단할 수 있는 개폐밸브는 개폐표시형으로 할 것. 이 경우 펌프의 흡입측 배관에는 버터플라이밸브 외의 개폐표시형밸브를 설치해야 한다.

4) 펌프의 성능시험배관은 다음의 기준에 적합하도록 설치해야 한다.
    ① 성능시험배관은 펌프의 토출 측에 설치된 개폐밸브 이전에서 분기하여 직선으로 설치하고, 유량측정장치를 기준으로 전단 직관부에는 개폐밸브를 후단 직관부에는 유량조절밸브를 설치할 것. 이 경우 개폐밸브와 유량측정장치 사이의 직관부 거리 및 유량측정장치와 유량조절밸브 사이의 직관부 거리는 해당 유량측정장치 제조사의 설치사양에 따르고, 성능시험배관의 호칭지름은 유량측정장치의 호칭지름에 따른다.
    ② 유입구에는 개폐밸브를 둘 것
    ③ 유량측정장치는 펌프의 정격토출량의 175% 이상 측정할 수 있는 성능이 있을 것

5) 가압송수장치의 체절운전 시 수온의 상승을 방지하기 위하여 체크밸브와 펌프 사이에서 분기한 구경 20mm 이상의 배관에 체절압력 미만에서 개방되는 릴리프밸브를 설치할 것

6) 배관은 동결방지조치를 하거나 동결의 우려가 없는 장소에 설치해야 한다. 다만, 보온재를 사용할 경우에는 난연재료 성능 이상의 것으로 해야 한다.

7) 교차배관의 위치·청소구 및 가지배관의 헤드설치는 다음 각 호의 기준에 따른다.
    ① 교차배관은 가지배관과 수평으로 설치하거나 또는 가지배관 밑에 설치할 것
    ② 청소구는 교차배관 끝에 개폐밸브를 설치하고, 호스접결이 가능한 나사식 또는 고정배수 배관식으로 할 것. 이 경우 나사식의 개폐밸브는 나사보호용의 캡으로 마감할 것

8) 미분무소화설비에는 동 장치를 시험할 수 있는 시험장치를 다음의 기준에 따라 설치해야 한다. 다만, 개방형헤드를 설치하는 경우에는 그렇지 않다.
    ① 가압송수장치에서 가장 먼 가지배관의 끝으로부터 연결하여 설치할 것
    ② 시험장치 배관의 구경은 가압장치에서 가장 먼 가지배관의 구경과 동일한 구경으로 하고, 그 끝에 개방형 헤드를 설치할 것. 이 경우 개방형 헤드는 동일 형태의 오리피스만으로 설치할 수 있다.
    ③ 시험배관의 끝에는 물받이 통 및 배수관을 설치하여 시험 중 방사된 물이 바닥에 흘러

내리지 아니하도록 할 것. 다만, 목욕실 · 화장실 또는 그 밖의 곳으로서 배수처리가 쉬운 장소에 시험배관을 설치한 경우에는 그렇지 않다.

9) 배관에 설치되는 행가는 다음 각 호의 기준에 따라 설치하여야 한다.

① 가지배관에는 헤드의 설치지점 사이마다, 교차배관에는 가지배관과 가지배관 사이마다 1개 이상의 행가를 설치할 것

② 수평주행배관에는 4.5m 이내마다 1개 이상 설치할 것

10) 수직배수배관의 구경은 50mm 이상으로 해야 한다. 다만, 수직배관의 구경이 50mm 미만인 경우에는 수직배관과 동일한 구경으로 할 수 있다.

11) 주차장의 미분무소화설비는 습식 외의 방식으로 해야 한다. 다만, 주차장이 벽 등으로 차단되어 있고 출입구가 자동으로 열리고 닫히는 구조인 것으로서 다음의 어느 하나에 해당하는 경우에는 그렇지 않다.

① 동절기에 상시 난방이 되는 곳이거나 그 밖에 동결의 염려가 없는 곳

② 미분무 소화설비의 동결을 방지할 수 있는 구조 또는 장치가 된 것

12) 급수배관에 설치되어 급수를 차단할 수 있는 개폐밸브에는 그 밸브의 개폐상태를 감시제어반에서 확인할 수 있도록 급수개폐밸브 작동표시 스위치를 다음 각 호의 기준에 따라 설치해야 한다.

① 급수개폐밸브가 잠길 경우 탬퍼스위치의 동작으로 인하여 감시제어반 또는 수신기에 표시되어야 하며 경보음을 발할 것

② 탬퍼스위치는 감시제어반 또는 수신기에서 동작의 유무 확인과 동작시험, 도통시험을 할 수 있을 것

③ 급수개폐밸브의 작동표시 스위치에 사용되는 전기배선은 내화전선 및 내열전선으로 설치할 것

13) 미분무설비 배관의 배수를 위한 기울기는 다음 각 호의 기준에 따른다.

① 폐쇄형 미분무 소화설비의 배관을 수평으로 할 것. 다만, 배관의 구조상 소화수가 남아 있는 곳에는 배수밸브를 설치해야 한다.

② 개방형 미분무 소화설비에는 헤드를 향하여 상향으로 수평주행배관의 기울기를 500분의 1 이상, 가지배관의 기울기를 250분의 1 이상으로 할 것. 다만, 배관의 구조상 기울기를 줄 수 없는 경우에는 배수를 원활하게 할 수 있도록 배수밸브를 설치해야 한다.

14) 배관은 다른 설비의 배관과 쉽게 구분이 될 수 있는 위치에 설치하거나, 그 배관 표면 또는 배관 보온재 표면의 색상은 한국산업표준(배관계의 식별표시, KS A 0503) 또는 적색으로 소방용설비의 배관임을 표시해야 한다.

15) 호스릴방식의 설치는 다음 각 호에 따라 설치해야 한다.

① 차고 또는 주차장 외의 장소에 설치하되 방호대상물의 각 부분으로부터 하나의 호스 접결구까지의 수평거리가 25 m 이하가 되도록 할 것

② 소화약제 저장용기의 개방밸브는 호스의 설치 장소에서 수동으로 개폐할 수 있는 것으로 할 것

③ 소화약제 저장용기의 가장 가까운 곳의 보기 쉬운 곳에 표시등을 설치하고 호스릴 미분무 소화설비가 있다는 뜻을 표시한 표지를 할 것

④ 그 밖의 사항은 「옥내소화전설비의 화재안전기술기준(NFTC 102)」 2.4(함 및 방수 구 등)에 적합할 것

7. 음향장치 및 기동장치

미분무 소화설비의 음향장치 및 기동장치는 다음 각 호의 기준에 따라 설치해야 한다.

1) 폐쇄형 미분무헤드가 개방되면 화재신호를 발신하고 그에 따라 음향장치가 경보되도록 할 것

2) 개방형 미분무설비는 화재감지기의 감지에 따라 음향장치가 경보되도록 할 것. 이 경우 화재감지기 회로를 교차회로방식으로 하는 때에는 하나의 화재감지기회로가 화재를 감지하는 때에도 음향장치가 경보되도록 해야 한다.

3) 음향장치는 방호구역 또는 방수구역마다 설치하되 그 구역의 각 부분으로부터 하나의 음향장치까지의 수평거리는 25m 이하가 되도록 할 것

4) 음향장치는 경종 또는 사이렌(전자식 사이렌을 포함한다)으로 하되, 주위의 소음 및 다른 용도의 경보와 구별이 가능한 음색으로 할 것. 이 경우 경종 또는 사이렌은 자동 화재탐지설비 · 비상벨설비 또는 자동식 사이렌설비의 음향장치와 겸용할 수 있다.

5) 주음향장치는 수신기의 내부 또는 그 직근에 설치할 것

6) 층수가 11층(공동주택의 경우 16층) 이상의 소방대상물 또는 그 부분에 있어서는 2층 이상의 층에서 발화한 때에는 발화층 및 그 직상 4개층에 한하여, 1층에서 발화한 때에는 발화층과 그 직상 4개층 및 지하층에 한하여, 지하층에서 발화한 때에는 발화층 · 그 직상층 및 기타의 지하층에 한하여 경보를 발할 수 있도록 할 것

7) 음향장치는 다음 각 목의 기준에 따른 구조 및 성능의 것으로 할 것

① 정격전압의 80% 전압에서 음향을 발할 수 있는 것으로 할 것

② 음량은 부착된 음향장치의 중심으로부터 1m 떨어진 위치에서 90dB 이상이 되는 것으로 할 것

8) 화재감지기 회로에는 다음 각 목의 기준에 따른 발신기를 설치할 것. 다만, 자동 화재탐지설비의 발신기가 설치된 경우에는 그렇지 않다.

① 조작이 쉬운 장소에 설치하고, 스위치는 바닥으로부터 0.8m 이상 1.5m 이하의 높이

에 설치할 것

② 소방대상물의 층마다 설치하되, 당해 소방대상물의 각 부분으로부터 하나의 발신기까지의 수평거리가 25m 이하가 되도록 할 것. 다만, 복도 또는 별도로 구획된 실로서 보행거리가 40m 이상일 경우에는 추가로 설치해야 한다.

③ 발신기의 위치를 표시하는 표시등은 함의 상부에 설치하되, 그 불빛은 부착면으로부터 15° 이상의 범위안에서 부착지점으로부터 10m 이내의 어느 곳에서도 쉽게 식별할 수 있는 적색등으로 할 것

8. 헤드

1) 미분무헤드는 소방대상물의 천장·반자·천장과 반자 사이·덕트·선반 기타 이와 유사한 부분에 설계자의 의도에 적합하도록 설치해야 한다.

2) 하나의 헤드까지의 수평거리 산정은 설계자가 제시해야 한다.

3) 미분무 설비에 사용되는 헤드는 조기반응형 헤드를 설치해야 한다.

4) 폐쇄형 미분무헤드는 그 설치장소의 평상시 최고주위온도에 따라 다음 식에 따른 표시온도의 것으로 설치해야 한다.

$$Ta = 0.9\,Tm - 27.3℃$$

여기서, Ta : 최고주위온도, Tm : 헤드의 표시온도

5) 미분무 헤드는 배관, 행거 등으로부터 살수가 방해되지 아니하도록 설치해야 한다.

6) 미분무 헤드는 설계도면과 동일하게 설치해야 한다.

7) 미분무 헤드는 '한국소방산업기술원' 또는 법 제42조 제1항의 규정에 따라 성능시험기관으로 지정받은 기관에서 검증받아야 한다.

9. 청소·시험·유지 및 관리 등

1) 미분무소화설비의 청소·유지 및 관리 등은 건축물의 모든 부분(건축설비를 포함한다)을 완성한 시점부터 최소 연 1회 이상 실시하여 그 성능 등을 확인해야 한다.

2) 미분무소화설비의 배관 등의 청소는 배관의 수리계산 시 설계된 최대방출량으로 방출하여 배관 내 이물질이 제거될 수 있는 충분한 시간동안 실시해야 한다.

3) 미분무소화설비의 성능시험은 2.5에서 정한 기준에 따라 실시한다.

포소화설비(NFTC105)

01 포소화설비의 종류 및 적응성

1. 포워터스프링클러설비

방호대상물의 천장 또는 반자에 포워터스프링클러헤드를 설치하고 폐쇄형 헤드 또는 화재감지기의 동작으로 헤드를 통해 발포시켜 방사하는 방식

2. 포헤드설비

방호대상물의 천장 또는 반자에 포헤드를 설치하고 폐쇄형 헤드 또는 화재감지기의 동작으로 헤드를 통해 발포시켜 방사하는 방식

3. 고정포방출설비

고정포방출구를 설치하여 방출구를 통해 발포시켜 방사하는 방식

1) 고발포용 고정포방출구

창고, 차고 · 주차장, 항공기 격납고 등의 실내에 설치하는 방출구

2) 저발포용 고정포방출구

위험물 탱크 화재를 소화하기 위하여 탱크 내부에 설치하는 방출구

4. 저발포용 고정포방출구의 종류

1) Ⅰ형 방출구

고정지붕구조의 탱크에 상부포주입법을 이용하는 것으로서 방출된 포가 액면 아래로 몰입되거나 액면을 뒤섞지 않고 액면상을 덮을 수 있는 **통 또는 미끄럼판 등의 설비 및 탱크 내의 위험물증기가 외부로 역류되는 것을 저지할 수 있는 구조 · 기기를 갖는 포방출구**

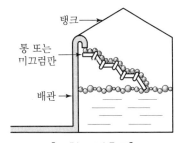

[Ⅰ형 포방출구]

2) Ⅱ형 방출구

고정지붕구조 또는 부상덮개부착 고정지붕구조의 탱크에 상부포주입법을 이용하는 것으로서 방출된 포가 탱크 옆판의 내면을 따라 흘러내려 가면서 액면 아래로 몰입되거나 액면을 뒤섞지 않고 액면 상을 덮을 수 있는 **반사판 및 탱크 내의 위험물증기가 외부로 역류되는 것을 저지할 수 있는 구조·기구를 갖는 포방출구**

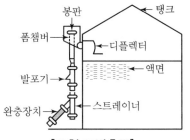

[Ⅱ형 포방출구]

3) Ⅲ형 방출구

고정지붕구조의 탱크에 **저부포주입법을 이용하는 것으로서 송포관으로부터 포를 방출하는 포방출구**

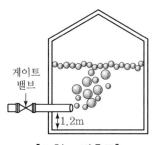

[Ⅲ형 포방출구]

4) Ⅳ형 방출구

고정지붕구조의 탱크에 **저부포주입법을 이용하는 것으로서** 평상시에는 탱크의 액면하의 저부에 설치된 격납통에 수납되어 있는 특수호스 등의 송포관의 말단에 접속되어 있다가 포를 보내는 것에 의하여 **특수호스 등이 전개되어 그 선단이 액면까지 도달한 후 포를 방출하는 포방출구**

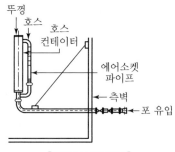

[Ⅳ형 포방출구]

5) 특형 방출구

부상지붕구조의 탱크에 상부포주입법을 이용하는 것으로서 부상지붕의 부상부분 상에 높이 0.9m 이상의 금속제의 칸막이를 탱크 옆판의 내측으로부터 1.2m 이상 이격하여 설치하고 탱크 옆판과 칸막이에 의하여 형성된 **환상부분에 포를 주입**하는 것이 가능한 구조의 반사판을 갖는 포방출구

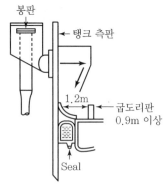

[특형 포방출구]

▼ 포방출구의 설치개수

탱크의 구조 및 포방출구의 종류 / 탱크직경	포방출구의 개수		부상덮개부착 고정지붕구조	부상지붕 구조
	고정지붕구조			
	Ⅰ형 또는 Ⅱ형	Ⅲ형 또는 Ⅳ형	Ⅱ형	특형
13m 미만	2	1	2	2
13m 이상 19m 미만			3	3
19m 이상 24m 미만			4	4
24m 이상 35m 미만		2	5	5
35m 이상 42m 미만	3	3	6	6
42m 이상 46m 미만	4	4	7	7
46m 이상 53m 미만	6	6	8	8
53m 이상 60m 미만	8	8	10	10
60m 이상 67m 미만	왼쪽 난에 해당하는 직경의 탱크에는 Ⅰ형 또는 Ⅱ형의 포방출구를 8개 설치하는 것 외에, 오른쪽 난에 표시한 직경에 따른 포방출구의 수에서 8을 뺀 수의 Ⅲ형 또는 Ⅳ형의 포방출구를 폭 30m의 환상부분을 제외한 중심부의 액표면에 방출할 수 있도록 추가로 설치할 것	10		10
67m 이상 73m 미만		12		12
73m 이상 79m 미만		14		12
79m 이상 85m 미만		16		14
85m 이상 90m 미만		18		14
90m 이상 95m 미만		20		16
95m 이상 99m 미만		22		16
99m 이상		24		18

5. 호스릴 포소화설비

노즐이 이동식 호스릴에 연결되어 포약제를 발포시켜 방사하는 방식

6. 포소화전설비

노즐이 고정된 방수구와 연결된 호스와 연결되어 포약제를 발포시켜 방사하는 방식

7. 압축공기포소화설비

압축공기 또는 압축질소를 일정비율로 포수용액에 강제 주입 혼합하는 방식

8. 보조포소화전설비

옥외탱크저장소 방유제 주변에 설치하는 포소화전설비

9. 포모니터노즐설비

원유선 정박지 또는 해안가, 선박 내에 설치하는 포소화설비

▼ 포소화설비 종류 및 적응성

구분	소방대상물	포방출설비의 종류
1	특수가연물을 저장·취급하는 공장 또는 창고	포워터스프링클러설비 포헤드설비 고정포방출설비 **압축공기포소화설비**
2	차고·주차장	포워터스프링클러설비 포헤드설비 고정포방출설비 **압축공기포소화설비**
	① 완전 개방된 옥상주차장 또는 고가 밑의 주차장으로서 주된 벽이 없고 기둥뿐이거나 주위가 위해 방지용 철주 등으로 둘러싸인 부분 ② 지상 1층으로서 지붕이 없는 부분	호스릴 포소화설비 포소화전설비
3	항공기 격납고	포워터스프링클러설비 포헤드설비 고정포방출설비 **압축공기포소화설비**
	바닥면적의 합계가 1,000m² 이상이고 항공기의 격납위치가 한정되어 있는 경우에는 그 한정된 장소 외의 부분	호스릴 포소화설비
4	**발전기실, 엔진펌프실, 변압기, 전기케이블실, 유압설비** **(바닥면적 합계 300m² 미만)**	**고정식** **압축공기포소화설비**
5	위험물 제조소 등	포헤드설비 고정포방출설비 포소화전설비
6	위험물 옥외탱크저장소(고정포방출구방식)	고정포방출구＋보조포소화전

02 설치장소에 따른 설비별 수원량(수용액량) 산정

1. 항공기격납고, 차고주차장, 특수가연물 저장 취급하는 공장 또는 창고

1) 포워터스프링클러설비

$$Q = N \times \alpha \, l/\text{min} \cdot \text{개} \times 10\text{min}$$

여기서, Q : 수원의 양(l)

N : 포워터스프링클러헤드수(바닥면적이 200m²를 초과하는 경우에는 200m²에 설치된 헤드의 개수)

α : 표준방사량(최소 $75l/\text{min}$)

2) 포헤드설비

$$Q = N \times \alpha \, l/\text{min} \cdot \text{개} \times 10\text{min}$$

여기서, Q : 수원의 양(l)

N : 포헤드 수(바닥면적이 200m²를 초과하는 경우에는 200m²에 설치된 헤드의 개수)

α : 표준방사량(l/min) $= A\,\text{m}^2 \times \beta l/\text{min} \cdot \text{m}^2 \div N$

β : 소방대상물별 포헤드의 분당 방사량 ($l/\text{min} \cdot \text{m}^2$)

3) 고발포용 고정포방출구설비

① 전역방출방식

$$Q = N \times \alpha \, l/\text{min} \cdot \text{개} \times 10\text{min}$$

여기서, 표준방사량 $\alpha(l/\text{min}) = V\text{m}^3 \times \beta l/\text{min} \cdot \text{m}^3 \div N$

$V(\text{m}^3)$: 관포체적

β : 소방대상물별, 팽창비별 1m³에 대한 분당 포수용액방출량($l/\text{min} \cdot \text{m}^3$)

| Reference | 관포체적과 방호면적

1. 관포체적 : 해당 바닥면으로부터 방호대상물의 높이보다 0.5m 높은 위치까지의 체적
2. 방호면적 : 방호대상물의 구분에 따라 방호대상물 높이의 3배(1m 미만의 경우에는 1m)의 거리를 수평으로 연장한 선으로 둘러싸인 부분의 면적

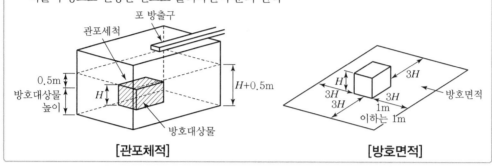

[관포체적]　　　　　　　　　　　　　　[방호면적]

소방대상물	포의 팽창피	1m³에 대한 분당 포수용액 방출량
항공기 격납고	팽창비 80 이상 250 미만	2.00*l*
	팽창비 250 이상 500 미만	0.50*l*
	팽창비 500 이상 1,000 미만	0.29*l*
차고 또는 주차장	팽창비 80 이상 250 미만	1.11*l*
	팽창비 250 이상 500 미만	0.28*l*
	팽창비 500 이상 1,000 미만	0.16*l*
특수가연물을 저장, 취급하는 소방대상물	팽창비 80 이상 250 미만	1.25*l*
	팽창비 250 이상 500 미만	0.31*l*
	팽창비 500 이상 1,000 미만	0.18*l*

② **국소방출방식**

$$Q = N \times \alpha \, l/\min \cdot 개 \times 10\min$$

여기서, Q : 포수용액체적(l)

N : 고정포방출구수

α : 표준방사량($l/\min$) $= A\,m^2 \times \beta l/\min \cdot m^2 \div N$

$A(m^2)$: 방호면적

β : 방호면적 $1m^2$에 대한 1분당 방출량($l/\min \cdot m^2$)

방호대상물	방호면적 1m²에 대한 1분당 방출량
특수가연물	$3l$
기타의 것	$2l$

4) 포소화전설비, 호스릴포소화설비

$$Q = N \times 300l/\text{min} \times 20\text{min} = N \times 6,000l$$

여기서, Q : 수원의 양(l), N : 호스 접결구의 수(5개 이상의 경우 5개)

※ 포약제량 계산 Δ 바닥면적이 200m^2 미만인 차고주차장의 경우 75%로 할 수 있다.

5) 압축공기포소화설비

① **방수량** : 설계사양에 따라 방호구역에 최소 10분간 방사할 수 있는 양
② **설계방출밀도(a)** : 설계사양에 따라 정한다.

일반가연물, 탄화수소류는 $1.63l/\text{min} \cdot \text{m}^2$ 이상
특수가연물, 알코올류와 케톤류는 $2.3l/\text{min} \cdot \text{m}^2$ 이상

$$Q = A\,\text{m}^2 \times \alpha\,l/\text{min} \cdot \text{m}^2 \times 10\text{min}$$

2. 위험물제조소, 저장소, 취급소

1) 포헤드설비

$$Q = A\text{m}^2 \times \alpha l/\text{min} \cdot \text{m}^2 \times 10\text{min}$$

여기서, Q : 포수용액의 양(l), A : 최대방사면적(m^2)
α : 분당 방사량($l/\text{min} \cdot \text{m}^2$)

▼ **대상물별 포헤드의 분당 방사량**

소방대상물	포소화약제의 종류	바닥면적 1m²당 반사량
위험물제조소 등	단백포소화약제	$6.5l$ 이상
	합성계면활성제 포소화약제	$6.5l$ 이상
	수성막포소화약제	$6.5l$ 이상
제4류 위험물 중 수용성 액체를 저장, 취급하는 소방대상물	알코올형 포소화약제	$13l$ 이상

2) 고정포방출구

① 4류 위험물 중 수용성이 없는 것

$$Q = A(\text{m}^2) \times Q_1 (l/\text{min} \cdot \text{m}^2) \times T(\text{min}) = A(\text{m}^2) \times Q_2 (l/\text{m}^2)$$

여기서, Q : 포수용액의 양(l), A : 탱크의 액표면적(m^2)

Q_1 : 표면적 1m^2당의 분당 방사량($l/\text{min} \cdot \text{m}^2$)

T : 방출시간(min), Q_2 : 표면적 1m^2 당의 방사량(l/m^2)

▼ 고정포방출구의 종류별 방출률

포방 출구의 종류	위험물의 구분	제4류위험물 중 인화점이 21℃ 미만인 것	제4류위험물 중 인화점이 21℃ 이상 70℃ 미만인 것	제4류위험물 중 인화점이 70℃ 이상인 것
I 형	포수용액량 (l/m^2)	120	80	60
	방출률 ($l/\text{m}^2 \cdot \text{min}$)	4	4	4
II 형	포수용액량 (l/m^2)	220	120	100
	방출률 ($l/\text{m}^2 \cdot \text{min}$)	4	4	4
특형	포수용액량 (l/m^2)	240	160	120
	방출률 ($l/\text{m}^2 \cdot \text{min}$)	8	8	8
III 형	포수용액량 (l/m^2)	220	120	100
	방출률 ($l/\text{m}^2 \cdot \text{min}$)	4	4	4
IV 형	포수용액량 (l/m^2)	220	120	100
	방출률 ($l/\text{m}^2 \cdot \text{min}$)	4	4	4

② 4류 위험물 중 수용성이 있는 것

$$Q = A(\text{m}^2) \times Q_1(l/\min \cdot \text{m}^2) \times T(\min) \times N = A(\text{m}^2) \times Q_2(l/\text{m}^2) \times N$$

여기서, Q : 포수용액의 양(l), A : 탱크의 액표면적(m^2)

Q_1 : 표면적 1m^2 당의 분당 방사량($l/\min \cdot \text{m}^2$)

T : 방출시간(min), Q_1 : 표면적 1m^2 당의 방사량(l/m^2)

N : 계수

▼ 고정포방출구의 종류별 방출률

Ⅰ형		Ⅱ형		특형		Ⅲ형		Ⅳ형	
포수용 액량 (l/m^2)	방출률 (l /$\text{m}^2 \cdot$ min)	포수용 액량 (l/m^2)	방출률 (l /$\text{m}^2 \cdot$ min)	포수용 액량 (l/m^2)	방출률 (l /$\text{m}^2 \cdot$ min)	포수용 액량 (l/m^2)	방출률 (l /$\text{m}^2 \cdot$ min)	포수용 액량 (l/m^2)	방출률 (l /$\text{m}^2 \cdot$ min)
160	8	240	8	—	—	—	—	240	8

3) 보조포소화전설비

$$Q = N \times 400l/\min \times 20\min = N \times 8,000l$$

여기서, Q : 포수용액의 양(l), N : 호스 접결구의 수(3개 이상의 경우 3개)

4) 호스릴포설비(이동식 포소화설비)

① 실내에 설치하는 경우

$$Q = N \times 200l/\min \times 30\min$$

② 실외에 설치하는 경우

$$Q = N \times 400l/\min \times 30\min$$

여기서, Q : 포수용액의 양(l), N : 호스 접결구의 수(4개 이상의 경우 4개)

5) 포모니터노즐

$$Q = N \times 1,900l/\min \times 30\min$$

여기서, N : 노즐의 수(최소 2개)

3. 대상물별 수원(수용액)의 산정

1) 특수가연물을 저장·취급하는 공장 또는 창고

하나의 공장 또는 창고에 포워터스프링클러설비·포헤드설비 또는 고정포방출설비가 함께 설치된 때에는 각 설비별로 산출된 저수량 중 최대의 것을 수원의 양으로 한다.

2) 차고 또는 주차장

하나의 차고 또는 주차장에 호스릴 포소화설비·포소화전설비·포워터스프링클러설비·포헤드설비 또는 고정포방출설비가 함께 설치된 때에는 각 설비별로 산출된 저수량 중 최대의 것을 수원의 양으로 한다.

3) 항공기 격납고

포워터스프링클러설비, 포헤드설비, 고정포방출설비에서 각각 산출량 중 최대의 양으로 하되 호스릴포소화설비가 설치된 경우에는 이를 합한 양 이상으로 한다.

4) 위험물 제조소 등

포워터스프링클러설비, 포헤드설비, 고정포방출설비에서 각각 산출량 중 최대의 양＋송액관의 배관 내용적

5) 옥외탱크저장소

고정포방출구에서 필요한 양＋보조 소화전에서 필요한 양＋송액관의 배관 내용적(모든 배관)

03 배관 등

1. 송액관은 포의 방출 종료 후 배관 안의 액을 배출하기 위하여 적당한 기울기를 유지하도록 하고 그 낮은 부분에 배액밸브를 설치해야 한다.
2. 포워터스프링클러설비 또는 포헤드설비의 가지배관의 배열은 토너먼트 방식이 아니어야 하며, 교차배관에서 분기하는 지점을 기점으로 한쪽 가지배관에 설치하는 헤드의 수는 8개 이하로 한다.
3. 압축공기포소화설비의 배관은 토너먼트방식으로 해야 하고 소화약제가 균일하게 방출되는 등거리 배관구조로 설치해야 한다.
4. 송수구 설치기준
   1) 압축공기포소화설비를 스프링클러 보조설비로 설치하거나 압축공기포 소화설비에 자동으로 급수되는 장치를 설치한때에는 송수구 설치를 설치하지 않을 수 있다.

2) 그 밖의 사항은 스프링클러설비와 동일
5. 그 밖의 사항은 스프링클러설비와 동일

04 저장탱크

포 소화약제의 저장탱크(용기를 포함한다. 이하 같다)는 다음의 기준에 따라 설치하고, 2.6에 따른 혼합장치와 배관 등으로 연결해야 한다.

1. 화재 등의 재해로 인한 피해를 받을 우려가 없는 장소에 설치할 것
2. 기온의 변동으로 포의 발생에 장애를 주지 아니하는 장소에 설치할 것. 다만, 기온의 변동에 영향을 받지 아니하는 포 소화약제의 경우에는 그렇지 않다.
3. 포 소화약제가 변질될 우려가 없고 점검에 편리한 장소에 설치할 것
4. 가압송수장치 또는 포 소화약제 혼합장치의 기동에 따라 압력이 가해지는 것 또는 상시 가압된 상태로 사용되는 것은 압력계를 설치할 것
5. 포 소화약제 저장량의 확인이 쉽도록 액면계 또는 계량봉 등을 설치할 것
6. 가압식이 아닌 저장탱크는 그라스게이지를 설치하여 액량을 측정할 수 있는 구조로 할 것

05 가압송수장치

1. 전동기 또는 내연기관에 의한 펌프이용방식

1) 소화약제가 변질될 우려가 없는 곳에 설치할 것
2) 펌프의 토출량은 포헤드·고정포방출구 또는 이동식 포노즐의 설계압력 또는 노즐의 방사압력의 허용범위 안에서 포수용액을 방출 또는 방사할 수 있는 양 이상이 되도록 할 것
3) 펌프의 양정 산출식

$$H = h_1 + h_2 + h_3 + h_4$$

여기서, h_1 : 배관의 마찰손실수두(m)

h_2 : 소방용 호스의 마찰손실수두(m), h_3 : 낙차(m)

h_4 : 방출구의 설계압력 환산수두 또는 노즐 선단의 방사압력 환산수두(m)

4) 그 밖의 사항은 옥내소화전과 동일

2. 고가수조의 자연낙차를 이용한 방식

1) 고가수조의 자연낙차 수두 산출식

$$H = h_1 + h_2 + h_3$$

여기서, H : 필요한 낙차(m)

h_1 : 배관의 마찰손실수두(m), h_2 : 소방용 호스의 마찰손실수두(m)

h_3 : 방출구의 설계압력 환산수두 또는 노즐 선단의 방사압력 환산수두(m)

2) 고가수조에는 수위계 · 배수관 · 급수관 · 오버플로관 및 맨홀을 설치할 것

3. 압력수조를 이용한 방식

1) 압력수조의 필요압력 산출식

$$P = P_1 + P_2 + P_3 + P_4$$

여기서, P : 필요한 압력(MPa)

P_1 : 방출구의 설계압력 또는 노즐선단의 방사압력(MPa)

P_2 : 배관의 마찰손실수두압(MPa), P_3 : 낙차의 환산수두압(MPa)

P_4 : 소방용 호스의 마찰손실수두압(MPa)

2) 압력수조에는 수위계 · 급수관 · 배수관 · 급기관 · 맨홀 · 압력계 · 안전장치 및 압력저하 방지를 위한 자동식 공기압축기를 설치할 것

4. 가압수조를 이용한 방식

옥내소화전과 동일

5. 가압송수장치에는 포헤드 · 고정방출구 또는 이동식 포노즐의 방사압력이 설계압력 또는 방사압력의 허용범위를 넘지 아니하도록 감압장치를 설치해야 한다.

6. 가압송수장치는 다음 표에 따른 표준 방사량을 방사할 수 있도록 해야 한다.

구분	표준방사량
포워터스프링클러헤드	$75l/min$ 이상
포헤드 · 고정포방출구 또는 이동식 포노즐	각 포헤드 · 고정포방출구 또는 이동식 포노즐의 설계압력에 따라 방출되는 소화약제의 양

06 혼합장치

포소화약제의 혼합장치는 포소화약제의 사용농도에 적합한 수용액으로 혼합할 수 있도록 하고 그 종류는 다음과 같다.

1. 펌프 프로포셔너방식(Pump Proportioner Type)

펌프의 토출관과 흡입관 사이의 배관 도중에서 분기된 바이패스배관상에 설치된 흡입기에 펌프에서 토출된 물의 일부를 보내고 농도조절밸브에서 조정된 포소화약제의 필요량을 포소화약제 탱크에서 펌프 흡입 측으로 보내어 이를 혼합하는 방식

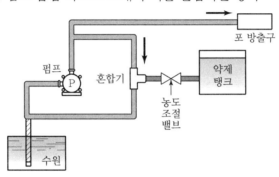

2. 프레져 프로포셔너방식(Pressure Proportioner Type)

펌프와 발포기의 중간에 설치된 벤투리관의 벤투리 작용과 펌프가압수의 포소화약제 저장탱크에 대한 압력에 의하여 포소화약제를 흡입·혼합하는 방식

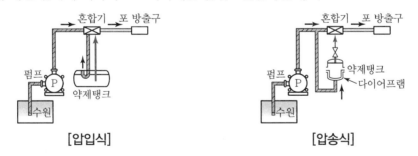

[압입식]   [압송식]

3. 라인 프로포셔너방식(Line Proportioner Type)

펌프와 발포기 중간에 설치된 벤투리관의 벤투리 작용에 의하여 포소화약제를 흡입, 혼합하는 방식

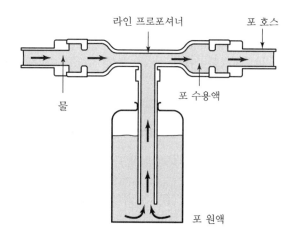

4. 프레져 사이드 프로포셔너방식(Pressure Side Proportioner Type)

펌프의 토출관에 압입기를 설치하여 포소화약제 압입용 펌프로 포소화약제를 압입시켜 혼합하는 방식

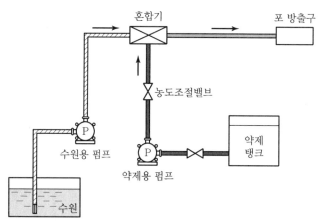

5. 압축공기포 믹싱챔버방식

배관 내 흐르는 포 수용액에 압축공기를 불어넣은 것으로, 이는 포수용액과 압축공기의 혼합물이 배관을 따라 흐르는 과정에서 포가 생성되는 원리를 이용한 것이다.

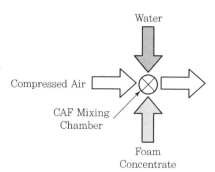

07 개방밸브

1. 자동개방밸브는 화재감지장치의 작동에 따라 자동으로 개방되는 것으로 할 것
2. 수동식 개방밸브는 화재 시 쉽게 접근할 수 있는 곳에 설치할 것

08 기동장치

1. 수동식 기동장치의 설치기준

1) 직접조작 또는 원격조작에 따라 가압송수장치 · 수동식 개방밸브 및 소화약제 혼합장치를 기동할 수 있는 것으로 할 것

2) 2 이상의 방사구역을 가진 포소화설비에는 방사구역을 선택할 수 있는 구조로 할 것

3) 기동장치의 조작부는 화재 시 쉽게 접근할 수 있는 곳에 설치하되, 바닥으로부터 0.8m 이상 1.5m 이하의 위치에 설치하고 유효한 보호장치를 설치할 것

4) 기동장치의 조작부 및 호스 접결구에는 가까운 곳의 보기 쉬운 곳에 각각 "기동장치의 조작부" 및 "접결구"라고 표시한 표지를 설치할 것

5) 차고 또는 주차장에 설치하는 포소화설비의 수동식 기동장치는 방사구역마다 1개 이상 설치할 것

6) 항공기 격납고에 설치하는 포소화설비의 수동식 기동장치는 각 방사구역마다 2개 이상을 설치하되, 그중 1개는 각 방사구역으로부터 가장 가까운 곳 또는 조작에 편리한 장소에 설치하고, 1개는 화재감지수신기를 설치한 감시실 등에 설치할 것

2. 자동식 기동장치의 설치기준

화재감지기의 작동 또는 폐쇄형스프링클러헤드의 개방과 연동하여 가압송수장치 · 일제개방밸브 및 포 소화약제 혼합장치를 기동시킬 수 있도록 다음의 기준에 따라 설치해야 한다. 다만, 자동화재탐지설비의 수신기가 설치되어 있고, 수신기가 설치된 장소에 상시 사람이 근무하고 있으며, 화재 시 즉시 해당 조작부를 작동시킬 수 있는 경우에는 그렇지 않다.

1) 폐쇄형 스프링클러헤드를 사용하는 경우에는 다음에 따를 것
   ① 표시온도가 79℃ 미만인 것을 사용하고, 1개의 스프링클러헤드의 경계면적은 20m² 이하로 할 것
   ② 부착면의 높이는 바닥으로부터 5m 이하로 하고, 화재를 유효하게 감지할 수 있도록 할 것
   ③ 하나의 감지장치 경계구역은 하나의 층이 되도록 할 것

2) 화재감지기를 사용하는 경우에는 다음에 따를 것
   ① 화재감지기는 「자동화재탐지설비 및 시각경보장치의 화재안전기술기준(NFTC 203)」 2.4(감지기)의 기준에 따라 설치할 것
   ② 화재감지기 회로에는 다음 기준에 따른 발신기를 설치할 것
      - 조작이 쉬운 장소에 설치하고, 스위치는 바닥으로부터 0.8m 이상 1.5m 이하의 높이에 설치할 것
      - 소방대상물의 층마다 설치하되, 당해 소방대상물의 각 부분으로부터 수평거리가 25m 이하가 되도록 할 것. 다만, 복도 또는 별도로 구획된 실로서 보행거리가 40m 이상일 경우에는 추가로 설치해야 한다.
      - 발신기의 위치를 표시하는 표시등은 함의 상부에 설치하되, 그 불빛은 부착면으로부터 15° 이상의 범위 안에서 부착지점으로부터 10m 이내의 어느 곳에서도 쉽게 식별할 수 있는 적색등으로 할 것
3) 동결 우려가 있는 장소의 포소화설비의 자동식 기동장치는 자동 화재탐지설비와 연동으로 할 것

3. 기동장치에 설치하는 자동경보장치의 설치기준

1) 방사구역마다 일제개방밸브와 그 일제개방밸브의 작동 여부를 발신하는 발신부를 설치할 것. 이 경우 각 일제개방밸브에 설치되는 발신부 대신 1개 층에 1개의 유수검지장치를 설치할 수 있다.
2) 상시 사람이 근무하고 있는 장소에 수신기를 설치하되, 수신기에는 폐쇄형 스프링클러헤드의 개방 또는 감지기의 작동 여부를 알 수 있는 표시장치를 설치할 것
3) 하나의 소방대상물에 2 이상의 수신기를 설치하는 경우에는 수신기가 설치된 장소 상호 간에 동시 통화가 가능한 설비를 할 것

09 포헤드 및 고정포방출구

1. 팽창비율에 따른 포방출구의 종류

팽창비율에 따른 포의 종류	포방출구의 종류
팽창비가 20 이하인 것(저발포)	포헤드, 압축공기포헤드
팽창비가 80 이상 1,000 미만인 것(고발포)	고발포용 고정포방출구

구분	팽창비
제1종 기계포	80 이상 250 미만
제2종 기계포	250 이상 500 미만
제3종 기계포	500 이상 1,000 미만

| Reference |

$$팽창비 = \frac{방출\ 후\ 포의\ 체적}{방출\ 전\ 포수용액의\ 체적}$$

2. 포헤드의 설치기준

1) 포워터스프링클러헤드는 소방대상물의 천장 또는 반자에 설치하되, 바닥면적 8m²마다 1개 이상으로 하여 당해 방호대상물의 화재를 유효하게 소화할 수 있도록 할 것

2) 포헤드는 소방대상물의 천장 또는 반자에 설치하되, 바닥면적 9m²마다 1개 이상으로 하여 당해 방호대상물의 화재를 유효하게 소화할 수 있도록 할 것

3) 포헤드는 특정소방대상물별로 그에 사용되는 포 소화약제에 따라 1분당 방사량이 다음 표 2.9.2.3 에 따른 양 이상이 되는 것으로 할 것

특정소방대상물	포소화약제의 종류	바닥면적 1m²당 방사량
차고 · 주차장 항공기격납고	단백포 소화약제	6.5l 이상
	합성계면활성제포 소화약제	8.0l 이상
	수성막포 소화약제	3.7l 이상
특수가연물을 저장 · 취급하는 소방대상물	단백포 소화약제	6.5l 이상
	합성계면활성제포 소화약제	
	수성막포 소화약제	

4) 소방대상물의 보가 있는 부분의 포헤드는 다음 표의 기준에 따라 설치할 것

포헤드와 보의 하단의 수직거리	포헤드와 보의 수평거리
0	0.75m 미만
0.1m 미만	0.75m 이상 1m 미만
0.1m 이상 0.15m 미만	1m 이상 1.5m 미만
0.15m 이상 0.30m 미만	1.5m 이상

5) 포헤드 상호 간에는 다음의 기준에 따른 거리 이하가 되도록 할 것

① **정방형으로 배치한 경우**

$$S = 2r \times \cos 45°$$

여기서, S : 포헤드 상호 간의 거리(m), r : 유효반경(2.1m)

② **장방형으로 배치한 경우**

$$pt = 2r$$

여기서, pt : 대각선의 길이(m), r : 유효반경(2.1m)

┃ Reference ┃ **헤드의 개수 산정식**

1. 면적에 따른 개수 산정
   1) 포워터스프링클러헤드의 설치개수
   $$N = \frac{바닥면적\,(\mathrm{m}^2)}{8\mathrm{m}^2}$$
   2) 포헤드의 설치개수
   $$N = \frac{바닥면적\,(\mathrm{m}^2)}{9\mathrm{m}^2}$$

2. 수평거리에 따른 개수 산정
   유효반경(r)을 이용하여 헤드 간의 수평거리를 이용하여 얻은 헤드의 수

3. 헤드의 표준방사량에 따른 개수 산정
   $$N = \frac{방호구역의\ 분당\ 방사량\,(l/\min)}{헤드의\ 분당\ 방사량\,(l/\min \cdot 개)}$$
   ※ 위의 1., 2., 3.에 의한 헤드 수 중 많은 개수의 헤드를 설치한다.

6) 포헤드와 벽 방호구역의 경계선과는 2.9.2.5에 따른 거리의 2분의 1 이하의 거리를 둘 것
7) 압축공기포소화설비의 분사헤드는 천장 또는 반자에 설치하되 방호대상물에 따라 측벽에 설치할 수 있으며, 유류탱크 주위에는 바닥면적 13.9m²마다 1개 이상, 특수가연물저장소에는 바닥면적 9.3m²마다 1개 이상으로 당해 방호대상물의 화재를 유효하게 소화할 수 있도록 할 것

방호대상물	방호면적 1m²에 대한 1분당 방출량
특수가연물	2.3l
기타의 것	1.63l

3. 차고, 주차장에 설치하는 호스릴포소화설비 또는 포소화전설비 설치기준

1) 특정소방대상물의 어느 층에 있어서도 그 층에 설치된 호스릴포방수구 또는 포소화전방
   수구(호스릴포방수구 또는 포소화전방수구가 5개 이상 설치된 경우에는 5개)를 동시에
   사용할 경우 각 이동식 포노즐 선단의 포수용액 방사압력이 0.35MPa 이상이고
   300L/min 이상(1개 층의 바닥면적이 200m² 이하인 경우에는 230L/min 이상)의 포수
   용액을 수평거리 15m 이상으로 방사할 수 있도록 할 것

2) 저발포의 포소화약제를 사용할 수 있는 것으로 할 것

3) 호스릴 또는 호스를 호스릴 포방수구 또는 포소화전방수구로 분리하여 비치하는 때에는
   그로부터 3m 이내의 거리에 호스릴함 또는 호스함을 설치할 것

4) 호스릴함 또는 호스함은 바닥으로부터 높이 1.5m 이하의 위치에 설치하고 그 표면에는
   "포호스릴함(또는 포소화전함)"이라고 표시한 표지와 적색의 위치표시등을 설치할 것

5) 방호대상물의 각 부분으로부터 하나의 호스릴 포방수구까지의 수평거리는 15m 이하(포
   소화전 방수구의 경우에는 25m 이하)가 되도록 하고 호스릴 또는 호스의 길이는 방호대
   상물의 각 부분에 포가 유효하게 뿌려질 수 있도록 할 것

4. 고발포용 고정포 방출구 설치기준

1) 전역방출방식의 고발포용 고정포방출구는 다음에 따를 것

① 개구부에 자동폐쇄장치(「건축법 시행령」 제64조제1항에 따른 방화문 또는 불연재
   료로 된 문으로 포수용액이 방출되기 직전에 개구부가 자동적으로 폐쇄될 수 있는
   장치를 말한다)를 설치할 것. 다만, 해당 방호구역에서 외부로 새는 양 이상의 포수용
   액을 유효하게 추가하여 방출하는 설비가 있는 경우에는 그렇지 않다.

② 고정포방출구(포발생기가 분리되어 있는 것은 해당 포발생기를 포함한다)는 특정소
   방대상물 및 포의 팽창비에 따른 종별에 따라 해당 방호구역의 관포체적(해당 바닥
   면으로부터 방호대상물의 높이보다 0.5m 높은 위치까지의 체적을 말한다) 1 m³에
   대하여 1분당 방출량이 다음 표 2.9.4.1.2에 따른 양 이상이 되도록 할 것

소방대상물	포의 팽창비	1m³에 대한 포수용액 방출량
항공기 격납고	팽창비 80 이상 250 미만	2.00*l*
	팽창비 250 이상 500 미만	0.50*l*
	팽창비 500 이상 1,000 미만	0.29*l*
차고 또는 주차장	팽창비 80 이상 250 미만	1.11*l*
	팽창비 250 이상 500 미만	0.28*l*
	팽창비 500 이상 1,000 미만	0.16*l*

소방대상물	포의 팽창피	1m³에 대한 포수용액 방출량
특수가연물을 저장, 취급하는 소방대상물	팽창비 80 이상 250 미만	1.25*l*
	팽창비 250 이상 500 미만	0.31*l*
	팽창비 500 이상 1,000 미만	0.18

③ 고정포방출구는 바닥면적 500m²마다 1개 이상으로 하여 방호대상물의 화재를 유효하게 소화할 수 있도록 할 것

④ 고정포방출구는 방호대상물의 최고부분보다 높은 위치에 설치할 것. 다만, 밀어 올리는 능력을 가진 것에 있어서는 방호대상물과 같은 높이로 할 수 있다.

2) 국소방출방식의 고발포용 고정포방출구는 다음에 따를 것

① 방호대상물이 서로 인접하여 불이 쉽게 붙을 우려가 있는 경우에는 불이 옮겨 붙을 우려가 있는 범위 내의 방호대상물을 하나의 방호대상물로 하여 설치할 것

② 고정포방출구(포발생기가 분리되어 있는 것에 있어서는 해당 포발생기를 포함한다)는 방호대상물의 구분에 따라 당해 방호대상물의 높이의 3배(1m 미만의 경우에는 1m)의 거리를 수평으로 연장한 선으로 둘러 쌓인 부분의 면적 1m²에 대하여 1분당 방출량이 다음 표 2.9.4.2.2에 따른 양 이상이 되도록 할 것

방호대상물	방호면적 1m²에 대한 1분당 방출량
특수가연물	3*l*
기타의 것	2*l*

5. 이동식 포소화설비의 설치기준(위험물제조소 등)

노즐을 동시에 사용할 경우(호스접속구가 4개 이상인 경우는 4개) 각 노즐선단의 방사압력이 0.35MPa 이상이고, 방사량은 옥내에 설치하는 것은 200*l*/min 이상, 옥외에 설치하는 것은 400*l*/min 이상으로 30분간 방사할 수 있는 양

6. 위험물옥외탱크저장소에 설치하는 보조포소화전 설치기준(위험물제조소 등)

1) 방유제 외측의 소화활동상 유효한 위치에 설치하되 각각의 보조포소화전 상호 간의 보행거리가 75m 이하가 되도록 설치할 것

2) 보조포소화전은 3개(호스접속구가 3개 미만인 경우에는 그 개수)의 노즐을 동시에 사용할 경우에 각각의 노즐선단의 방사압력이 0.35MPa 이상이고 방사량이 400*l*/min 이상의 성능이 되도록 설치할 것

7. 포모니터노즐의 설치기준(위험물제조소 등)

1) 옥외저장탱크 또는 이송취급소의 펌프설비 등이 안벽, 부두, 해상구조물, 그 밖의 이와 유사한 장소에 설치되어 있는 경우는 당해 장소의 끝선(해면과 접하는선)으로부터 수평 거리 15m 이내의 해면 및 주입구 등 위험물취급설비의 모든 부분이 수평방사거리 내에 있도록 설치할 것. 이 경우에 그 설치개수가 1개인 경우에는 2개로 할 것
2) 모든 노즐을 동시에 사용할 경우에 각 노즐선단의 방사량이 1,900l/min 이상이고, 수평 방사거리가 30m 이상이 되도록 설치할 것

10 비상전원

1. 종류

자가발전설비, 축전지설비 또는 전기저장장치에 따른 비상전원을 설치하되, 다음에 해당 하는 경우에는 비상전원수전설비로 설치할 수 있다.

1) 호스릴 포소화설비 또는 포소화전만을 설치한 차고·주차장
2) 포헤드설비 또는 고정포방출설비가 설치된 부분의 바닥면적의 합계가 1,000m² 미만 인 것

2. 설치 제외

2 이상의 변전소로부터 동시에 전력을 공급받을 수 있거나 하나의 변전소로 부터 전력의 공급이 중단되는 때에는 자동으로 다른 변전소로부터 전력을 공급받을 수 있도록 상용전원 을 설치한 경우와 가압수조방식에는 비상전원을 설치하지 아니할 수 있다.

3. 설치기준

옥내소화전 설비 참조

CHAPTER 09 이산화탄소 소화설비(NFTC106)

01 계통도 및 작동순서

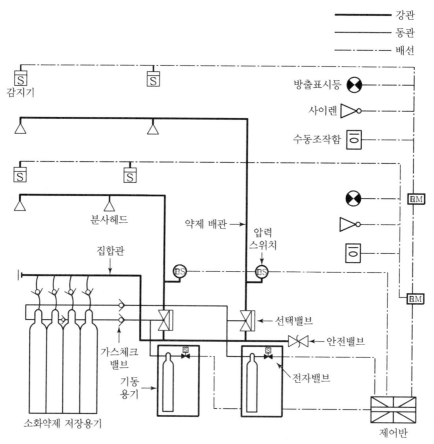

[이산화탄소 소화설비 계통도]

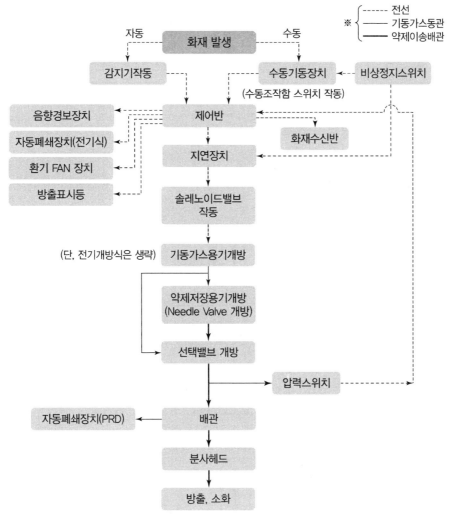

[이산화탄소 소화설비 동작순서]

02 이산화탄소 소화설비의 분류

1. 압력방식에 따른 분류

1) 고압식

상온(20℃)에서 6MPa의 압력으로 CO_2를 액상으로 저장하여 분사헤드의 방사압력은 2.1MPa 이상이다.

2) 저압식

－18℃에서 2.1MPa의 압력으로 CO_2를 액상으로 저장하며, 저장용기 내부가 항상 －18℃를 유지하여야 하므로, 냉동기 및 단열조치가 필요하다. 분사헤드의 방사압력은 1.05MPa 이상이다.

2. 방출방식에 따른 분류

1) 전역방출방식

소화약제 공급장치에 배관 및 분사헤드 등을 설치하여 밀폐 방호구역 전체에 소화약제를 방출하는 방식을 말한다.

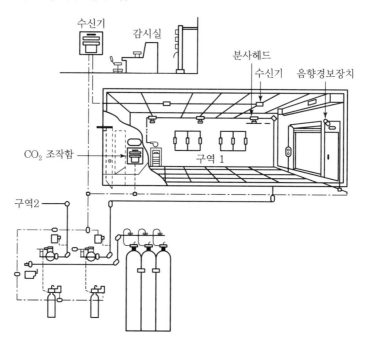

2) 국소방출방식

소화약제 공급장치에 배관 및 분사헤드를 등을 설치하여 직접 화점에 소화약제를 방출하는 방식을 말한다.

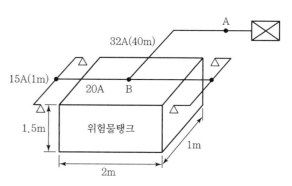

3) 호스릴방식

소화수 또는 소화약제 저장용기 등에 연결된 호스릴을 이용하여
사람이 직접 화점에 소화수 또는 소화약제를 방출하는 방식을 말한다.

Check Point 호스릴 이산화탄소설비의 설치 가능장소(할론, 분말설비 동일)

화재 시 현저하게 연기가 찰 우려가 없는 장소로서 다음 각 호의 어느 하나에 해당하는 장소
(차고 또는 주차의 용도로 사용되는 부분 제외)
1. 지상 1층 및 피난층에 있는 부분으로서 지상에서 수동 또는 원격조작에 따라 개방할 수 있는
   개구부의 유효면적의 합계가 바닥면적의 15% 이상이 되는 부분
2. 전기설비가 설치되어 있는 부분 또는 다량의 화기를 사용하는 부분(해당 설비의 주위 5m 이
   내의 부분을 포함한다)의 바닥면적이 해당 설비가 설치되어 있는 구획의 바닥면적의 5분의
   1 미만이 되는 부분

3. 기동방식에 따른 분류

1) 가스압력식

화재감지기의 동작 또는 수동조작스위치의 조작에 의해 기동용기의 전자밸브가 개방되
며 기동용기의 압력에 의해 선택밸브 및 CO_2 저장용기의 밸브가 개방되는 방식

2) 전기식

화재감지기의 작동 또는 수동조작스위치의 동작에 의해 CO_2 저장용기 및 선택밸브에
설치된 전자밸브가 개방되는 방식

3) 기계식

밸브 내의 압력차에 의해 개방되는 방식

03 이산화탄소 소화설비의 약제 및 저장용기등

1. 저장용기 설치장소 기준

1) 방호구역 외의 장소에 설치할 것. 다만, 방호구역 내에 설치할 경우에는 피난 및 조작이
   용이하도록 피난구 부근에 설치해야 한다.

2) 온도가 40℃ 이하이고 온도 변화가 적은 곳에 설치할 것

3) 직사광선 및 빗물이 침투할 우려가 없는 곳에 설치할 것

4) 방화문으로 방화구획 된 실에 설치할 것

5) 용기의 설치장소에는 당해 용기가 설치된 곳임을 표시하는 표지를 할 것

6) 용기 간의 간격은 점검에 지장이 없도록 3cm 이상의 간격을 유지할 것

7) 저장용기와 집합관을 연결하는 연결배관에는 체크밸브를 설치할 것. 다만, 저장용기가 하나의 방호구역만을 담당하는 경우에는 그렇지 않다.

2. 저장용기 설치기준

1) 충전비

소화약제 저장용기의 내부 용적과 소화약제의 중량과의 비(용적/중량)를 말한다.

① **고압식** : 1.5 이상 1.9 이하

② **저압식** : 1.1 이상 1.4 이하

┃Reference┃ **저장용기의 약제 충전량 계산식**

$$C = \frac{V}{W}$$

여기서, W : 충전량(kg), C : 충전비, V : 용기의 내용적(68l)

2) 저압식 저장용기의 부속장치

① 안전장치(안전밸브, 봉판)

② 액면계

③ 압력계

④ 압력경보장치 : 2.3MPa 이상 1.9MPa 이하의 압력에서 작동

⑤ 자동냉동장치 : 용기 내부의 온도가 −18℃ 이하로 유지될 수 있도록 설치

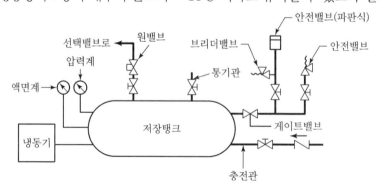

[저압식 저장용기]

| Reference |

▶ 안전장치 작동압력

1. 기동용 가스용기 : 내압시험압력의 0.8배 내지 내압시험압력 이하에서 작동

2. 저장용기와 선택밸브 또는 개폐밸브 사이 : 내압시험압력의 0.8배에서 작동

3. 저압식 저장용기

   1) 안전밸브 : 내압시험압력의 0.64~0.8배에서 작동

   2) 봉판 : 내압시험압력의 0.8~내압시험압력에서 작동

▶ 내압시험압력

1. 고압식 저장용기 : 25MPa 이상

2. 저압식 저장용기 : 3.5MPa 이상

3. 기동용기 및 밸브 : 25MPa 이상

3. 소화약제의 저장량

1) 전역방출방식

$$W = (V \times K_1) + (A \times K_2)$$

여기서, W : 이산화탄소의 약제량(kg), V : 방호구역의 체적(m^3)

A : 자동폐쇄장치가 없는 개구부의 면적(m^2)

K_1 : 체적당 방사량(kg/m^3), K_2 : 면적당 방사량(kg/m^2)

▼ 표면화재

방호구역 체적[m^3]	방호구역 체적 1[m^3]에 대한 소화약제의 양	소화약제 저장량의 최저한도의 양
45[m^3] 미만	1.00 [kg]	45 [kg]
45[m^3] 이상 150[m^3] 미만	0.90 [kg]	
150[m^3] 이상 1,450[m^3] 미만	0.80 [kg]	135 [kg]
1,450[m^3] 이상	0.75 [kg]	1,125 [kg]

▼ 심부화재

방호대상물	방호구역 체적 1[m^3]에 대한 소화약제의 양	설계농도 [%]
유압기기를 제외한 전기설비 · 케이블실	1.3[kg]	50
체적 55[m^3] 미만의 전기설비	1.6[kg]	50
서고 · 전자제품창고 · 목재가공품창고 · 박물관	2.0[kg]	65
고무류 · 면화류창고 · 모피창고 · 석탄창고 · 집진설비	2.7[kg]	75

① 표면화재인 때(가연성 액체 또는 가연성 가스 등)

　㉠ 방호구역의 체적 1m³에 대한 기본약제량

　　※ 산출한 양이 최저한도의 양 미만인 경우에는 그 최저한도의 양으로 한다.

　　※ 불연재료나 내열성의 재료로 밀폐된 구조물이 있는 경우에는 그 체적을 제외한다.

　㉡ 설계농도가 34% 이상인 방호대상물의 소화약제량은 상기 ㉠의 기준에 의한 산출량에 다음 표에 의한 보정계수를 곱하여 산출한다.

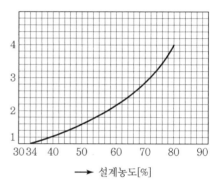

▼ 가연성 액체 또는 가연성 가스의 소화에 필요한 설계농도

방호대상물	설계농도(%)	방호대상물	설계농도(%)
수소	75	석탄가스, 천연가스	37
아세틸렌	66	사이크로프로판	37
일산화탄소	64	이소부탄	36
산화에틸렌	53	프로판	36
에틸렌	49	부탄	34
에탄	40	메탄	34

‖ Reference ‖　설계농도가 34% 이상인 경우의 약제량 산정식

$$W = (V \times K_1) \times N + (A \times K_2)$$

　여기서, W : 이산화탄소의 약제량(kg), V : 방호구역의 체적(m³)

　　　　K_1 : 체적당 방사량(kg/m³), N : 보정계수

　　　　A : 자동폐쇄장치가 없는 개구부의 면적(m²), K_2 : 면적당 방사량(kg/m²)

　㉢ 방호구역의 개구부에 자동폐쇄장치를 설치하지 아니한 경우에는 ㉠ 및 ㉡의 기준에 따라 산출한 양에 개구부면적 1m²당 5kg을 가산하여야 한다. 이 경우 개구부의 면적은 방호구역 전체 표면적의 3% 이하로 하여야 한다.

‖ Reference ‖

전체표면적 : 방호구역의 4벽면과 천장, 바닥면적을 모두 합한 면적

② 심부화재(종이 · 목재 · 석탄 · 섬유류 · 합성수지류 등)

    ㉠ 방호구역의 체적 1m³에 대한 기본약제량

    ※ 불연재료나 내열성의 재료로 밀폐된 구조물이 있는 경우에는 그 체적을 제외한다.

    ㉡ 방호구역의 개구부에 자동폐쇄장치를 설치하지 아니한 경우에는 ㉠의 기준에 따라 산출한 양에 개구부 면적 1m²당 10kg을 가산하여야 한다.

    이 경우 개구부의 면적은 방호구역 전체 표면적의 3% 이하로 하여야 한다.

‖ Reference ‖　설계농도

> 보통의 탄화수소인 경우 질식소화를 위한 산소의 농도는 15% 정도이다. 산소의 농도를 15%로 하기 위한 CO_2의 농도는 28.6% 정도이며 여기에 안전율 20%를 고려하면 $28.6 \times 1.2 = 34\%$이다. CO_2 소화설비를 설치 시 약제저장량은 최소 34% 이상을 유지할 수 있는 양을 저장한다.

2) 국소방출방식

① 윗면이 개방된 용기에 저장하는 경우와 화재 시 연소면이 한정되고 가연물이 비산할 우려가 없는 경우

$$W = A \times 13\mathrm{kg/m}^2 \times h$$

    여기서, W : 이산화탄소의 약제량(kg), A : 방호대상물의 표면적(m²)

        h : 고압식은 1.4, 저압식은 1.1

② 그 밖의 경우

$$W = V \times K \times h$$

    여기서, W : 이산화탄소의 약제량(kg), V : 방호공간의 체적(m³)

        K : 방호공간 1m³ 당의 약제량(kg/m³), h : 고압식은 1.4, 저압식은 1.1

    ※ 방호공간 : 방호대상물의 각 부분으로부터 0.6m의 거리에 따라 둘러싸인 공간

‖ Reference ‖　방호공간 1m³당의 약제량

$$K = 8 - 6\frac{a}{A}$$

> 여기서, K : 방호공간 1m³에 대한 이산화탄소 소화약제의 양(kg/m³)
> a : 방호대상물 주위에 설치된 벽 면적의 합계(m²)
> A : 방호공간의 벽 면적(벽이 없는 경우에는 벽이 있는 것으로 가정한 면적)의 합계(m²)

3) 호스릴 방출방식

하나의 노즐에 대하여 90kg 이상으로 할 것

04 기동장치

1. 수동식 기동장치

1) 전역방출방식에 있어서는 방호구역마다, 국소방출방식에 있어서는 방호대상물마다 설치할 것

2) 해당 방호구역의 출입구부분 등 조작을 하는 자가 쉽게 피난할 수 있는 장소에 설치할 것

3) 기동장치의 조작부는 바닥으로부터 높이 0.8m 이상 1.5m 이하의 위치에 설치하고 보호판 등에 따른 보호장치를 설치할 것

4) 기동장치에는 그 가까운 곳의 보기 쉬운 곳에 "이산화탄소 소화설비 기동장치"라고 표시한 표지를 할 것

5) 전기를 사용하는 기동장치에는 전원표시등을 설치할 것

6) 기동장치의 방출용 스위치는 음향경보장치와 연동하여 조작될 수 있는 것으로 할 것

7) 수동식 기동장치의 부근에는 소화약제의 방출을 지연시킬 수 있는 비상스위치(자동복귀형 스위치로서 수동식 기동장치의 타이머를 순간 정지시키는 기능의 스위치를 말한다.)를 설치해야 한다.

2. 자동식 기동장치

1) 자동 화재탐지설비 감지기의 작동과 연동할 것

2) 자동식 기동장치에는 수동으로도 기동할 수 있는 구조로 할 것

3) 전기식 기동장치로서 7병 이상의 저장용기를 동시에 개방하는 설비에 있어서는 2병 이상의 저장용기에 전자개방밸브를 부착할 것

4) 가스압력식 기동장치는 다음의 기준에 따를 것

① 기동용 가스용기 및 해당 용기에 사용하는 밸브는 25MPa 이상의 압력에 견딜 수 있는 것으로 할 것

② 기동용 가스용기에는 내압시험압력의 0.8배 내지 내압시험압력 이하에서 작동하는 안전장치를 설치할 것

③ 기동용 가스용기의 용적은 5l 이상으로 하고 해당 용기에 저장하는 질소등의 비활성기체는 6.0MPa 이상(21℃기준)의 압력으로 충전할 것

④ 질소 등의 비활성기체 기동용가스용기에는 충전 여부를 확인할 수 있는 압력게이지를 설치할 것

5) 기계식 기동장치에 있어서는 저장용기를 쉽게 개방할 수 있는 구조로 할 것

3. 방출표시등

이산화탄소소화설비가 설치된 부분의 출입구 등의 보기 쉬운 곳에 소화약제의 방출을 표시하는 표시등을 설치해야 한다.

05 제어반 등

이산화탄소소화설비의 제어반 및 화재표시반은 다음의 기준에 따라 설치해야 한다. 다만, 자동화재탐지설비의 수신기 제어반이 화재표시반의 기능을 가지고 있는 것은 화재표시반을 설치하지 않을 수 있다

1. 제어반의 기능

수동기동장치 또는 화재감지기에서의 신호를 수신하여 음향경보장치의 작동, 소화약제의 방출 또는 지연 등 기타의 제어기능을 가진 것으로 하고, 제어반에는 전원표시등을 설치할 것

2. 화재표시반의 기능 및 설치기준

제어반에서의 신호를 수신하여 작동하는 기능을 가진 것으로 하되, 다음의 기준에 따라 설치할 것

1) 각 방호구역마다 음향경보장치의 조작 및 감지기의 작동을 명시하는 표시등과 이와 연동하여 작동하는 벨·부자 등의 경보기를 설치할 것. 이 경우 음향경보장치의 조작 및 감지기의 작동을 명시하는 표시등을 겸용할 수 있다.
2) 수동식 기동장치는 그 방출용 스위치의 작동을 명시하는 표시등을 설치할 것
3) 소화약제의 방출을 명시하는 표시등을 설치할 것
4) 자동식 기동장치는 자동·수동의 절환을 명시하는 표시등을 설치할 것
3. 제어반 및 화재표시반은 화재 및 침수 등의 재해로 인한 피해를 받을 우려가 없고 점검에 편리한 장소에 설치할 것
4. 제어반 및 화재표시반에는 해당 회로도 및 취급설명서를 비치할 것
5. 수동잠금밸브의 개폐 여부를 확인할 수 있는 표시등을 설치할 것

06 배관 등

1. 배관의 설치기준

1) 배관은 전용으로 할 것

2) 강관을 사용하는 경우의 배관은 압력배관용 탄소강관(KS D 3562) 중 스케줄 80(저압식에 있어서는 스케줄 40) 이상의 것 또는 이와 동등 이상의 강도를 가진 것으로 아연도금 등으로 방식처리된 것을 사용할 것. 다만, 배관의 호칭구경이 20mm 이하인 경우에는 스케줄 40 이상인 것을 사용할 수 있다.

3) 동관을 사용하는 경우의 배관은 이음이 없는 동 및 동합금관(KS D 5301)으로서 고압식은 16.5MPa 이상, 저압식은 3.75MPa 이상의 압력에 견딜 수 있는 것을 사용할 것

4) 고압식의 경우 개폐밸브 또는 선택밸브의 2차측 배관부속은 호칭압력 2.0MPa 이상의 것을 사용해야 하며, 1차 측 배관부속은 호칭압력 4.0MPa 이상의 것을 사용해야 하고, 저압식의 경우에는 2.0MPa의 압력에 견딜 수 있는 배관부속을 사용할 것

2. 배관의 구경

이산화탄소 소화약제의 소요량이 다음의 기준에 따른 시간 내에 방출될 수 있는 것으로 해야 한다.

1) 전역방출방식

① 표면화재(가연성 액체 또는 가연성 가스 등) 방호대상물의 경우에는 1분

② 심부화재(종이, 목재, 석탄, 석유류, 합성수지류 등) 방호대상물의 경우에는 7분, 이 경우 설계농도가 2분 이내에 30%에 도달해야 한다

2) 국소방출방식의 경우에는 30초

3. 수동잠금밸브

소화약제의 저장용기와 선택밸브 사이의 집합배관에는 수동잠금밸브를 설치하되 선택밸브 직전에 설치할 것. 다만, 선택밸브가 없는 설비의 경우에는 저장용기실 내에 설치하되 조작 및 점검이 쉬운 위치에 설치해야 한다.

07 선택밸브

하나의 소방대상물 또는 그 부분에 2 이상의 방호구역 또는 방호대상물이 있어 이산화탄소 저장용기를 공용하는 경우에는 다음 각 호의 기준에 따라 선택밸브를 설치해야 한다

1. 방호구역 또는 방호대상물마다 설치할 것
2. 각 선택밸브에는 그 담당 방호구역 또는 방호대상물을 표시할 것

08 분사헤드

1. 전역방출방식의 분사헤드

1) 방사된 소화약제가 방호구역의 전역에 균일하게 신속히 확산할 수 있도록 할 것
2) 분사헤드의 방사압력이 2.1MPa(저압식은 1.05MPa) 이상의 것으로 할 것
3) 소화약제의 저장량을 표면화재는 1분, 심부화재는 7분 이내에 방사할 수 있을 것

2. 국소방출방식의 분사헤드

1) 소화약제의 방출에 따라 가연물이 비산하지 않는 장소에 설치할 것
2) 분사헤드의 방사압력이 2.1MPa(저압식은 1.05MPa) 이상의 것으로 할 것
3) 소화약제의 저장량은 30초 이내에 방사할 수 있는 것으로 할 것
4) 소화약제의 방사에 따라 가연물이 비산하지 아니하는 장소에 설치할 것

3. 분사헤드의 오리피스 구경

1) 분사헤드에는 부식방지조치를 하여야 하며 오리피스의 크기, 제조일자, 제조업체가 표시되도록 할 것
2) 분사헤드의 개수는 방호구역에 방사시간이 충족되도록 설치할 것
3) 분사헤드의 방출률 및 방출압력은 제조업체에서

정한 값으로 할 것

4) 분사헤드의 오리피스의 면적은 분사헤드가 연결되는 배관구경 면적의 70 % 이하가 되도록 할 것

| Reference | 분사헤드의 분출구면적 산출식

$$분출구의 면적(cm^2) = \frac{헤드\ 1개당의\ 방사량(kg)}{방출률(kg/cm^2 \cdot min) \times 방사시간(min)}$$

4. 호스릴이산화탄소 소화설비 설치기준

1) 방호대상물의 각 부분으로부터 하나의 호스접결구까지의 수평거리가 15m 이하가 되도록 할 것

2) 노즐은 20℃에서 하나의 노즐마다 60kg/min 이상의 소화약제를 방사할 수 있는 것으로 할 것

3) 소화약제 저장용기는 호스릴을 설치하는 장소마다 설치할 것

4) 소화약제 저장용기의 개방밸브는 호스의 설치장소에서 수동으로 개폐할 수 있는 것으로 할 것

5) 소화약제 저장용기의 가장 가까운 곳의 보기 쉬운 곳에 적색의 표시등을 설치하고, 호스릴이산화탄소소화설비가 있다는 뜻을 표시한 표지를 할 것

09 분사헤드 설치 제외 장소

1. 방재실 · 제어실 등 사람이 상시 근무하는 장소
2. 니트로셀룰로오스 · 셀룰로이드제품 등 자기연소성 물질을 저장 · 취급하는 장소
3. 나트륨 · 칼륨 · 칼슘 등 활성금속물질을 저장 · 취급하는 장소
4. 전시장 등의 관람을 위하여 다수인이 출입 · 통행하는 통로 및 전시실 등

10 자동식 기동장치의 화재감지기

1. 각 방호구역 내 화재감지기의 감지에 따라 작동되도록 할 것
2. 화재감지기의 회로는 교차회로방식으로 설치할 것. 다만, 화재감지기를 「자동화재탐지설비 및 시각경보장치의 화재안전기술기준(NFTC 203)」 2.4.1 단서의 각 감지기로 설치하는 경우에는 그렇지 않다.

3. 교차회로 내의 각 화재감지기회로별로 설치된 화재감지기 1개가 담당하는 바닥면적은 「자동화재탐지설비 및 시각경보장치의 화재안전기술기준(NFTC 203)」 2.4.3.5, 2.4.3.8부터 2.4.3.10까지의 규정에 따른 바닥면적으로 할 것

11 음향경보장치

1. 음향경보장치의 설치기준

1) 수동식 기동장치를 설치한 것에 있어서는 그 기동장치의 조작과정에서, 자동식 기동장치를 설치한 것에 있어서는 화재감지기와 연동하여 자동으로 경보를 발하는 것으로 할 것
2) 소화약제의 방출개시 후 1분 이상 경보를 계속할 수 있는 것으로 할 것
3) 방호구역 또는 방호대상물이 있는 구획 안에 있는 자에게 유효하게 경보할 수 있는 것으로 할 것

2. 방송에 따른 경보장치의 설치기준

1) 증폭기 재생장치는 화재 시 연소의 우려가 없고 유지관리가 쉬운 장소에 설치할 것
2) 방호구역 또는 방호대상물이 있는 구획의 각 부분으로부터 하나의 확성기까지의 수평거리는 25m 이하가 되도록 할 것
3) 제어반의 복구스위치를 조작하여도 경보를 계속 발할 수 있는 것으로 할 것

12 자동폐쇄장치

1. 환기장치를 설치한 것에 있어서는 이산화탄소가 방사되기 전에 당해 환기장치가 정지할 수 있도록 할 것
2. 개구부가 있거나 천장으로부터 1m 이상의 아래 부분 또는 바닥으로부터 해당 층의 높이의 3분의 2 이내의 부분에 통기구가 있어 소화약제의 유출에 따라 소화효과를 감소시킬 우려가 있는 것은 소화약제가 방출되기 전에 해당 개구부 및 통기구를 폐쇄할 수 있도록 할 것
3. 자동폐쇄장치는 방호구역 또는 방호대상물이 있는 구획의 밖에서 복구할 수 있는 구조로 하고, 그 위치를 표시하는 표지를 할 것

13 비상전원[자가발전설비, 축전지설비 또는 전기저장장치]

1. 점검에 편리하고 화재 및 침수 등의 재해로 인한 피해를 받을 우려가 없는 곳에 설치할 것
2. 이산화탄소 소화설비를 유효하게 20분 이상 작동할 수 있어야 할 것
3. 상용전원으로부터 전력의 공급이 중단된 때에는 자동으로 비상전원으로부터 전력을 공급 받을 수 있도록 할 것
4. 비상전원의 설치장소는 다른 장소와 방화구획할 것. 이 경우 그 장소에는 비상전원의 공급에 필요한 기구나 설비 외의 것(열병합발전설비에 필요한 기구나 설비는 제외한다)을 두어서 는 안 된다.
5. 비상전원을 실내에 설치하는 때에는 그 실내에 비상조명등을 설치할 것

> ‖ Reference ‖ 비상전원 설치 제외
>
> 2 이상의 변전소(「전기사업법」 제67조에 따른 변전소를 말한다. 이하 같다)에서 전력을 동시에 공 급받을 수 있거나 하나의 변전소로부터 전력의 공급이 중단되는 때에는 자동으로 다른 변전소로부 터 전력을 공급받을 수 있도록 상용전원을 설치한 경우에는 비상전원을 설치하지 아니할 수 있다.

14 배출설비

지하층, 무창층 및 밀폐된 거실 등에 이산화탄소 소화설비를 설치한 경우에는 소화약제의 농도 를 희석시키기 위한 배출설비를 갖추어야 한다.

15 과압배출구

이산화탄소 소화설비의 방호구역에 소화약제가 방출 시 과압으로 인하여 구조물 등에 손 상이 생길 우려가 있는 장소에는 과압배출구를 설치해야 한다.

16 설계프로그램

컴퓨터프로그램을 이용하여 설계할 경우에는 [가스계소화설비의 설계프로그램 성능인증 및 제품검사의 기술기준]에 적합한 설계프로그램을 사용해야 한다.

17 안전시설 등

이산화탄소 소화설비가 설치된 장소에는 다음 각 호의 기준에 따른 안전시설을 설치해야 한다.

1. 소화약제 방출 시 방호구역 내와 부근에 가스방출 시 영향을 미칠 수 있는 장소에 시각경보 장치를 설치하여 소화약제가 방출되었음을 알도록 할 것
2. 방호구역의 출입구 부근 잘 보이는 장소에 약제방출에 따른 위험경고표지를 부착할 것

CHAPTER
10 할론 소화설비(NFTC107)

01 할론 소화설비의 분류

1. 가압방식에 따른 분류

1) 가압식

할론약제와 압축가스인 N_2가스를 서로 다른 용기에 저장하고 배관을 연결하고 있다가 화재로 인한 방출 시 N_2가스 용기를 먼저 개방하여 할론약제를 밀어내어 방사하는 방식

2) 축압식

할론약제와 N_2를 동일한 용기에 충전시켜 두었다가 화재 시 용기밸브의 개방에 의해 방사하는 방식

| Reference |

할론약제는 증기압이 작아 할론약제 단독으로는 필요압력으로 방출이 어려우므로 압축가스인 N_2를 가압 또는 축압의 방식을 통하여 할론용기와 연결하고 N_2의 압력을 이용하여 방사하는 방식을 택한다.

▼ 할론약제별 비교

할론약제의 종류	증기압(20℃ 기준)	방사압력	방식
할론 2402	$0.5kgf/cm^2$	0.1MPa	가압식 또는 축압식
할론 1211	$2.5kgf/cm^2$	0.2MPa	축압식
할론 1301	$14kgf/cm^2$	0.9MPa	축압식

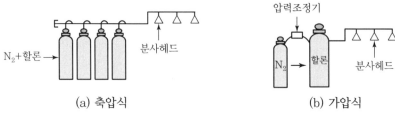

(a) 축압식   (b) 가압식

[할론소화설비]

2. 방출방식에 따른 분류

1) 전역방출방식

2) 국소방출방식

3) 호스릴방식

3. 기동(개방)방식에 따른 분류

1) 가스압력식

2) 전기식

3) 기계식

02 할론 소화설비의 약제 및 저장용기 등

1. 할론소화약제의 저장용기 등

1) 저장용기 설치장소의 기준

이산화탄소 소화설비와 동일

2) 저장용기의 설치기준

① 축압식 저장용기의 압력은 온도 20℃에서 할론 1211을 저장하는 것에 있어서는 1.1MPa 또는 2.5MPa, 할론 1301을 저장하는 것에 있어서는 2.5MPa 또는 4.2MPa이 되도록 질소가스로 축압할 것

② 동일 집합관에 접속되는 용기의 소화약제 충전량은 동일 충전비의 것으로 할 것

③ 저장용기의 충전비

ㄱ 할론 2402

- 가압식 : 0.51 이상, 0.67 미만
- 축압식 : 0.67 이상, 2.75 이하

ㄴ 할론 1211

- 0.7 이상, 1.4 이하

ㄷ 할론 1301

- 0.9 이상, 1.6 이하

④ 가압용 가스용기는 질소가스가 충전된 것으로 하고, 그 압력은 21℃에서 2.5MPa 또는 4.2MPa이 되도록 해야 한다.

⑤ 할론 소화약제 저장용기의 개방밸브는 전기식 · 가스압력식 또는 기계식에 따라 자동으로 개방되고 수동으로도 개방되는 것으로서 안전장치가 부착된 것으로 해야 한다.

⑥ 가압식 저장용기에는 2MPa 이하의 압력으로 조정할 수 있는 압력조정장치를 설치해야 한다.

⑦ 하나의 방호구역을 담당하는 소화약제 저장용기의 소화약제량의 체적합계보다 그 소화약제 방출 시 방출경로가 되는 배관(집합관을 포함한다)의 내용적의 비율이 1.5배 이상일 경우에는 해당 방호구역에 대한 설비는 별도 독립방식으로 해야 한다.

2. 소화약제의 저장량

1) 전역방출방식

$$W = (V \times K_1) + (A \times K_2)$$

여기서, W : 할론 약제량(kg), V : 방호구역의 체적(m³)

K_1 : 체적당 방사량(kg/m³)

A : 자동폐쇄장치가 없는 개구부의 면적(m²)

K_2 : 면적당 방사량(kg/m²)

소방대상물 또는 그 부분		소화약제의 종별	방호구역의 체적 1m³ 당 소화약제의 양	가산량 (개구부 1m²당)
차고, 주차장, 전기실, 통신기기실, 전산실, 기타 이와 유사한 전기설비가 설치되어 있는 부분		할론 1301	0.32~0.64kg	2.4kg
특수가연물을 저장, 취급하는 소방대상물 또는 그 부분	가연성 고체류 가연성 액체류	할론 2402	0.40~1.1kg	3.0kg
		할론 1211	0.36~0.71kg	2.7kg
		할론 1301	0.32~0.64kg	2.4kg
	면화류, 나무껍질 및 대팻밥, 넝마 및 종이부스러기, 사류, 볏짚류 목제가공품 및 나무부스러기를 저장 · 취급하는 것	할론 1211	0.60~0.71kg	4.5kg
		할론 1301	0.52~0.64kg	3.9kg
	합성수지류를 저장 · 취급하는 것	할론 1211	0.36~0.71kg	2.7kg
		할론 1301	0.32~0.64kg	2.4kg

2) 국소방출방식

① 윗면이 개방된 용기에 저장하는 경우와 화재 시 연소면이 1면에 한정되고 가연물이 비산할 우려가 없는 경우

$$W = A \times K \times N$$

여기서, W : 할론 약제량(kg)

A : 방호대상물의 표면적(m^2)

K : 방호대상물의 표면적 $1m^2$에 대한 소화약제의 양(kg/m^3)

N : 약제별 계수(2402, 1211은 1.1, 할론 1301은 1.25)

소화약제의 종별	방호대상물 표면적 1m²에 대한 소화약제량	약제별 계수
할론 2402	8.8kg	1.1
할론 1211	7.6kg	1.1
할론 1301	6.8kg	1.25

※ 4류 위험물의 경우는 위 식에 의해 산출된 약제량에 위험물별 계수를 곱한 양 이상을 저장한다.

② 그 밖의 경우

$$W = V \times K \times N$$

여기서, W : 할론 약제량(kg), V : 방호공간의 체적(m^3)

K : 방호공간 $1m^3$당의 약제량(kg/m^3)

N : 약제별 계수(2402, 1211은 1.1, 할론 1301은 1.25)

㉠ 방호공간 : 방호대상물의 각 부분으로부터 0.6m의 거리에 따라 둘러싸인 공간
㉡ 방호공간 $1m^3$당의 약제량

$$K = X - Y \frac{a}{A}$$

여기서, K : 방호공간 $1m^3$에 대한 소화약제의 양(kg/m^3)

a : 방호대상물 주위에 설치된 벽 면적의 합계(m^2)

A : 방호공간의 벽 면적(벽이 없는 경우에는 벽이 있는 것으로 가정한 면적)의 합계(m^2)

소화약제의 종별	X의 수치	Y의 수치
할론 2402	5.2	3.9
할론 1211	4.4	3.3
할론 1301	4.0	3.0

3) 호스릴 방식

하나의 노즐에 대하여 다음 표에 의한 양 이상으로 할 것

소화약제의 종별	소화약제의 양
할론 2402 또는 1211	50kg
할론 1301	45kg

03 기동장치

1. 수동식 기동장치

1) 전역방출방식은 방호구역마다, 국소방출방식은 방호대상물마다 설치할 것
2) 해당 방호구역의 출입구 부근 등 조작을 하는 자가 쉽게 피난할 수 있는 장소에 설치할 것
3) 기동장치의 조작부는 바닥으로부터 0.8m 이상 1.5m 이하의 위치에 설치하고, 보호판 등에 따른 보호장치를 설치할 것
4) 기동장치 인근의 보기 쉬운 곳에 "할론소화설비 수동식 기동장치"라는 표지를 할 것
5) 전기를 사용하는 기동장치에는 전원표시등을 설치할 것
6) 기동장치의 방출용스위치는 음향경보장치와 연동하여 조작될 수 있는 것으로 할 것
7) 수동식 기동장치의 부근에는 소화약제의 방출을 지연시킬 수 있는 방출지연스위치(자동 복귀형 스위치로서 수동식 기동장치의 타이머를 순간 정치시키는 기능의 스위치를 말한다)를 설치해야 한다.

2.자동식 기동장치

1) 자동식 기동장치에는 수동으로도 기동할 수 있는 구조로 할 것
2) 전기식 기동장치로서 7병 이상의 저장용기를 동시에 개방하는 설비는 2병 이상의 저장 용기에 전자 개방밸브를 부착할 것
3) 가스압력식 기동장치는 다음의 기준에 따를 것
   ① 기동용가스용기 및 해당 용기에 사용하는 밸브는 25MPa 이상의 압력에 견딜 수 있는 것으로 할 것

② 기동용가스용기에는 내압시험압력의 0.8배부터 내압시험압력 이하에서 작동하는 안전장치를 설치할 것

③ 기동용가스용기의 체적은 5L 이상으로 하고, 해당 용기에 저장하는 질소 등의 비활성기체는 6.0MPa 이상(21℃ 기준)의 압력으로 충전할 것. 다만, 기동용가스용기의 체적을 1L 이상으로 하고, 해당 용기에 저장하는 이산화탄소의 양은 0.6kg 이상으로 하며, 충전비는 1.5 이상 1.9 이하의 기동용가스용기로 할 수 있다.

4) 기계식 기동장치는 저장용기를 쉽게 개방할 수 있는 구조로 할 것

04 제어반

이산화탄소 소화설비와 동일

05 배관

1. 배관은 전용으로 할 것
2. 강관을 사용하는 경우의 배관은 압력배관용 탄소강관(KS D 3562) 중 스케줄 40 이상의 것 또는 이와 동등 이상의 강도를 가진 것으로서 아연도금 등에 따라 방식처리된 것을 사용할 것
3. 동관을 사용하는 경우에는 이음이 없는 동 및 동합금관(KS D 5301)의 것으로서 고압식은 16.5MPa 이상, 저압식은 3.75MPa 이상의 압력에 견딜 수 있는 것을 사용할 것
4. 배관부속 및 밸브류는 강관 또는 동관과 동등 이상의 강도 및 내식성이 있는 것으로 할 것

06 선택밸브

이산화탄소 소화설비와 동일

07 분사헤드

1. 전역방출방식의 분사헤드

1) 방사된 소화약제가 방호구역의 전역에 균일하게 신속히 확산할 수 있도록 할 것
2) 할론 2402를 방출하는 분사헤드는 당해 소화약제가 무상으로 분무되는 것으로 할 것
3) 분사헤드의 방출압력은 할론 2402를 방출하는 것은 0.1MPa 이상, 할론 1211을 방출하

는 것은 0.2MPa 이상, 할론 1301을 방출하는 것은 0.9MPa 이상으로 할 것

4) 기준저장량의 소화약제를 10초 이내에 방사할 수 있는 것으로 할 것

2. 국소방출방식의 분사헤드

1) 소화약제의 방사에 따라 가연물이 비산하지 아니하는 장소에 설치할 것

2) 할론 2402를 방사하는 분사헤드는 당해 소화약제가 무상으로 분무되는 것으로 할 것

3) 분사헤드의 방출압력은 할론 2402를 방출하는 것은 0.1MPa 이상, 할론 1211을 방출하는 것은 0.2MPa 이상, 할론 1301을 방출하는 것은 0.9MPa 이상으로 할 것

4) 기준저장량의 소화약제를 10초 이내에 방사할 수 있는 것으로 할 것

3. 호스릴 할론 소화설비 설치 가능 장소

화재 시 현저하게 연기가 찰 우려가 없는 장소로서 다음에 해당하는 장소

1) 지상 1층 및 피난층에 있는 부분으로서 지상에서 수동 또는 원격조작에 따라 개방할 수 있는 개구부의 유효면적의 합계가 바닥면적의 15% 이상이 되는 부분

2) 전기설비가 설치되어 있는 부분 또는 다량의 화기를 사용하는 부분(당해 설비의 주위 5m 이내의 부분을 포함한다.)의 바닥면적이 당해 설비가 설치되어 있는 구획의 바닥면적의 5분의 1 미만이 되는 부분

4. 호스릴 할론 소화설비의 설치기준

1) 방호대상물의 각 부분으로부터 하나의 호스접결구까지의 수평거리가 20m 이하가 되도록 할 것

2) 소화약제의 저장용기의 개방밸브는 호스릴의 설치장소에서 수동으로 개폐할 수 있는 것으로 할 것

3) 소화약제의 저장용기는 호스릴을 설치하는 장소마다 설치할 것

4) 호스릴할론소화설비의 노즐은 20 ℃에서 하나의 노즐마다 1분당 다음 표에 따른 소화약제를 방출할 수 있는 것으로 할 것

소화약제의 종별	소화약제의 양
할론 2402	45
할론 1211	40
할론 1301	35

5) 소화약제 저장용기의 가까운 곳의 보기 쉬운 곳에 적색의 표시등을 설치하고, 호스릴할론소화설비가 있다는 뜻을 표시한 표지를 할 것

5. 분사헤드의 오리피스구경 · 방출률 · 크기 등에 관한 기준

이산화탄소 소화설비와 동일

08 화재감지기, 음향경보장치, 자동폐쇄장치, 비상전원, 프로그램 등

이산화탄소 소화설비와 동일

CHAPTER 11 할로겐화합물 및 불활성기체 소화설비 (NFTC107A)

01 할로겐화합물 및 불활성기체 소화약제의 정의 및 종류

1. 할로겐화합물 및 불활성기체 소화약제의 정의

1) 할로겐화합물 및 불활성기체 소화약제

할로겐화합물(할론 1301, 할론 2402, 할론 1211 제외) 및 불활성 기체로서 전기적으로 비전도성이며 휘발성이 있거나 증발 후 잔여물을 남기지 않는 소화약제를 말한다.

2) 할로겐화합물 소화약제

불소, 염소, 브롬 또는 요오드 중 하나 이상의 원소를 포함하고 있는 유기화합물을 기본 성분으로 하는 소화약제를 말한다.

3) 불활성기체 소화약제

헬륨, 네온, 아르곤 또는 질소가스 중 하나 이상의 원소를 기본성분으로 하는 소화약제를 말한다.

4) 충전밀도

소화약제의 중량과 소화약제 저장용기의 내부 용적과의 비(중량/용적)를 말한다.

5) 별도독립방식

소화약제 저장용기와 배관을 방호구역별로 독립적으로 설치하는 방식을 말한다.

6) 설계농도

방호대상물 또는 방호구역의 소화약제 저장량을 산출하기 위한 농도로서 소화농도에 안전율을 고려하여 설정한 농도를 말한다.

7) 소화농도

규정된 실험 조건의 화재를 소화하는데 필요한 소화약제의 농도(형식승인대상의 소화약제는 형식승인된 소화농도)를 말한다.

8) 집합관

개별 소화약제(가압용 가스 포함) 저장용기의 방출관이 연결되어 있는 관을 말한다.

9) 최대허용 설계농도

사람이 상주하는 곳에 적용하는 소화약제의 설계농도로서, 인체의 안전에 영향을 미치지 않는 농도를 말한다.

2. 할로겐화합물 및 불활성기체 소화약제의 종류

소화약제	화학식
퍼플루오로부탄(이하 "FC-3-1-10"이라 한다.)	C_4F_{10}
하이드로클로로플루오로카본혼화제 (이하 "HCFC BLEND A"라 한다.)	HCFC-123($CHCl_2CF_3$) : 4.75% HCFC-22($CHClF_2$) : 82% HCFC-124($CHClFCF_3$) : 9.5% $C_{10}H_{16}$: 3.75%
클로로테트라플루오로에탄(이하 "HCFC-124"라 한다.)	$CHClFCF_3$
펜타플루오로에탄(이하 "HFC-125"라 한다.)	CHF_2CF_3
헵타플루오로프로판(이하 "HFC-227ea"라 한다.)	CF_3CHFCF_3
트리플루오로메탄(이하 "HFC-23"라 한다.)	CHF_3
헥사플루오로프로판(이하 "HFC-236fa"라 한다.)	$CF_3CH_2CF_3$
트리플루오로이오다이드(이하 "FIC-13I1"라 한다.)	CF_3I
도데카플루오로-2-메틸펜탄-3-원 (이하 "FK-5-1-12"라 한다.)	$CF_3CF_2C(O)CF(CF_3)_2$
불연성 · 불활성 기체혼합가스(이하 "IG-01"이라 한다.)	Ar
불연성 · 불활성 기체혼합가스(이하 "IG-100"이라 한다.)	N_2
불연성 · 불활성 기체혼합가스(이하 "IG-541"이라 한다.)	N_2 : 52%, Ar : 40%, CO_2 : 8%
불연성 · 불활성 기체혼합가스(이하 "IG-55"라 한다.)	N_2 : 50%, Ar : 50%

02 할로겐화합물 및 불활성기체 소화약제소화설비의 약제 및 저장용기 등

1. 할로겐화합물 및 불활성기체 소화약제의 저장용기 등

1) 저장용기 설치장소의 기준

① 온도가 55 ℃ 이하이고, 온도 변화가 작은 곳에 설치할 것

② 저장용기를 방호구역 외에 설치한 경우에는 방화문으로 구획된 실에 설치할 것

③ 기타 다른 사항은 이산화탄소 소화설비와 동일

2) 저장용기의 설치기준

① 저장용기의 충전비·충전압력 및 최소사용설계압력은 다음과 같을 것

(가) 소화약제 〈br〉 (나) 항목	(다) HFC-227ea				(라) FC-3-1-10	(마) HCFC BLEND A	
최대충전밀도 (kg/m³)	1,265	1,201.4	1,153.3	1,153.3	1,281.4	900.2	900.2
21℃ 충전압력 (kPa)	303**	1,034*	2,482*	4,137*	2,482*	4,137*	2,482*
최소사용 설계압력 (kPa)	2,868	1,379	2,868	5,654	2,482	4,689	2,979

(바)소화약제 〈br〉 (사)항목	(아) HFC-23						(자) HCFC-124	
최대충전밀도 (kg/m³)	865	768.9	720.8	640.7	560.6	480.6	1,185.4	1,185.4
21℃ 충전압력 (kPa)	4,198**	4,198**	4,198**	4,198**	4,198**	4,198**	1,655*	2,482*
최소사용 설계압력 (kPa)	12,038	9,453	8,605	7,626	6,943	6,392	1,951	3,199

(차)소화약제 〈br〉 (카) 항목	(타) HFC-125		(파) HFC-236fa			(하) FK-5-1-12					
최대충전밀도 (kg/m³)	865	897	1,185.4	1,201.4	1,185.4	1,441.7	1,441.7	1,441.7	1,201	1,441.7	1,121
21℃ 충전압력 (kPa)	2,482*	4,137*	1,655*	2,482*	4,137*	1,034*	1,344*	2,482*	3,447*	4,206*	6,000*
최소사용 설계압력 (kPa)	3,392	5,764	1,931	3,310	6,068	1,034	1,344	2,482	3,447	4,206	6,000

[비고]

1. "*" 표시는 질소로 축압한 경우를 표시한다.
2. "**" 표시는 질소로 축압하지 않은 경우를 표시한다.
3. 소화약제 방출을 위해 별도의 용기로 질소를 공급하는 경우 배관의 최소사용설계압력은 충전된 질소압력에 따른다. 다만, 다음 각 목에 해당하는 경우에는 조정된 질소의 공급압력을 최소사용 설계압력으로 적용할 수 있다.

　　가. 질소의 공급압력을 조정하기 위해 감압장치를 설치할 것

　　나. 폐쇄할 우려가 있는 배관 구간에는 배관의 최대허용압력 이하에서 작동하는 안전장치를 설치할 것

(거) 소화약제 (너) 항목	(더) IG-01			(러) IG-541			(머) IG-55			(버) IG-100		
21℃ 충전압력(kPa)	16,341	20,436	31,097	14,997	19,996	31,125	15,320	20,423	30,634	16,575	22,312	28,000
최소사용 설계압력 (kPa) — 1차 측	16,341	20,436	31,097	14,997	19,996	31,125	15,320	20,423	30,634	16,575	22,312	28,000
최소사용 설계압력 (kPa) — 2차 측	"[비고] 2" 참조											

[비고]
1. 1차 측과 2차 측은 감압장치를 기준으로 한다.
2. 2차 측의 최소사용설계압력은 제조사의 설계프로그램에 의한 압력 값에 따른다.
3. 저장용기에 소화약제가 21℃ 충전압력보다 낮은 압력으로 충전되어 있는 경우에는 실제 저장용기에 충전되어있는 압력 값을 1차측 최소사용설계압력으로 적용할 수 있다.

② 저장용기는 약제명 · 저장용기의 자체중량과 총중량 · 충전일시 · 충전압력 및 약제의 체적을 표시할 것

③ 집합관에 접속되는 저장용기는 동일한 내용적을 가진 것으로 충전량 및 충전압력이 같도록 할 것

④ 저장용기에 충전량 및 충전압력을 확인할 수 있는 장치를 하는 경우에는 해당 소화약제에 적합한 구조로 할 것

⑤ 저장용기의 약제량 손실이 5%를 초과하거나 압력손실이 10%를 초과할 경우에는 재충전하거나 저장용기를 교체할 것. 다만, 불활성기체 소화약제 저장용기의 경우에는 압력손실이 5%를 초과할 경우 재충전하거나 저장용기를 교체해야 한다.

3) 하나의 방호구역을 담당하는 저장용기의 소화약제의 체적합계보다 소화약제의 방출 시 방출경로가 되는 배관(집합관을 포함한다.) 내용적의 비율이 할로겐화합물 및 불활성기체 소화약제 제조업체(이하 "제조업체"라 한다.)의 설계기준에서 정한 값 이상일 경우에는 해당 방호구역에 대한 설비는 별도 독립방식으로 해야 한다.

2. 할로겐화합물 및 불활성기체 소화설비 설치 제외장소

1) 사람이 상주하는 곳으로서 최대허용설계농도를 초과하는 장소
2) 제3류 위험물 및 제5류 위험물을 사용하는 장소 다만, 소화성능이 인정되는 위험물은 제외한다.

▼ 할로겐화합물 및 불활성기체 소화약제 최대허용 설계농도

소화약제	최대허용 설계농도(%)
FC-3-1-10	40
HCFC BLEND A	10
HCFC-124	1.0
HFC-125	11.5
HFC-227ea	10.5
HFC-23	30
HFC-236fa	12.5
FIC-1311	0.3
FK-5-1-12	10
IG-01	43
IG-100	43
IG-541	43
IG-55	43

3. 소화약제량의 산정

1) 할로겐화합물 소화약제는 다음 공식에 따라 산출한 양 이상으로 할 것

$$W = \frac{V}{S} \times \left[\frac{C}{(100-C)} \right]$$

여기서, W : 소화약제의 무게(kg), V : 방호구역의 체적(m³)

S : 소화약제별 선형상수$(K_1 + K_2 \times t)$(m³/kg)

C : 체적에 따른 소화약제의 설계농도(%)

　　=소화농도×안전계수(A·C급 화재 1.2, B급 화재 1.3)

t : 방호구역의 최소예상온도(℃)

소화약제	K_1	K_2
FC-3-1-10	0.094104	0.00034455
HCFC BLEND A	0.2413	0.00088
HCFC-124	0.1575	0.0006
HFC-125	0.1825	0.0007
HFC-227ea	0.1269	0.0005
HFC-23	0.3164	0.0012
HFC-236fa	0.1413	0.0006
FIC-1311	0.1138	0.0005
FK-5-1-12	0.00664	0.0002741

2) 불활성기체 소화약제는 다음 공식에 의하여 산출된 량 이상이 되도록 할 것

$$X = 2.303\log\left(\frac{100}{100-C}\right) \times \frac{V_S}{S}$$

여기서, X : 공간체적당 더해진 소화약제의 부피(m^3/m^3)

S : 소화약제별 선형상수($K_1 + K_2 \times t$) (m^3/kg)

C : 체적에 따른 소화약제의 설계농도(%)

= 소화농도 × 안전계수(A · C급화재 1.2, B급화재 1.3)

V_S : 20℃에서 소화약제의 비체적(m^3/kg)

t : 방호구역의 최소예상온도(℃)

소화약제	K_1	K_2
IG-01	0.5685	0.00208
IG-100	0.7997	0.00293
IG-541	0.65799	0.00239
IG-55	0.6598	0.00242

03 기동장치

1. 수동식 기동장치의 설치기준

수동식 기동장치의 부근에는 소화약제의 방출을 지연시킬 수 있는 방출지연스위치(자동복귀형 스위치로서 수동식 기동장치의 타이머를 순간 정치시키는 기능의 스위치를 말한다)를

설치해야 한다.

1) 방호구역마다 설치할 것

2) 해당 방호구역의 출입구 부근 등 조작을 하는 자가 쉽게 피난할 수 있는 장소에 설치할 것

3) 기동장치의 조작부는 바닥으로부터 0.8m 이상, 1.5m 이하의 위치에 설치하고, 보호판 등에 따른 보호장치를 설치할 것

4) 기동장치에는 가깝고 보기 쉬운 곳에 "할로겐화합물 및 불활성기체 소화설비 기동장치" 라는 표지를 할 것

5) 전기를 사용하는 기동장치에는 전원표시등을 설치할 것

6) 기동장치의 방출용 스위치는 음향경보장치와 연동하여 조작될 수 있는 것으로 할 것

7) 50N 이하의 힘을 가하여 기동할 수 있는 구조로 할 것

2. 자동식 기동장치의 설치기준

1) 자동 화재탐지설비의 감지기 작동과 연동할 것

2) 자동식 기동장치에는 수동으로도 기동할 수 있는 구조로 할 것

3) 전기식 기동장치로서 7병 이상의 저장용기를 동시에 개방하는 설비는 2병 이상의 저장 용기에 전자 개방밸브를 부착할 것

4) 가스압력식 기동장치는 다음의 기준에 따를 것

① 기동용가스용기 및 해당 용기에 사용하는 밸브는 25MPa 이상의 압력에 견딜 수 있는 것으로 할 것

② 기동용가스용기에는 내압시험압력의 0.8배부터 내압시험압력 이하에서 작동하는 안전장치를 설치할 것

③ 기동용가스용기의 체적은 5L 이상으로 하고, 해당 용기에 저장하는 질소 등의 비활 성기체는 6.0MPa 이상(21℃ 기준)의 압력으로 충전할 것. 다만, 기동용가스용기의 체적을 1L 이상으로 하고, 해당 용기에 저장하는 이산화탄소의 양은 0.6kg 이상으로 하며, 충전비는 1.5 이상 1.9 이하의 기동용가스용기로 할 수 있다.

④ 질소 등의 비활성기체 기동용가스용기에는 충전 여부를 확인할 수 있는 압력게이지 를 설치할 것

5) 기계식 기동장치는 저장용기를 쉽게 개방할 수 있는 구조로 할 것

3. 방출표시등

할로겐화합물 및 불활성기체소화설비가 설치된 부분의 출입구 등의 보기 쉬운 곳에 소화약 제의 방출을 표시하는 표시등을 설치해야 한다.

04 제어반 등

이산화탄소 소화설비와 동일

05 배관

1. 배관의 설치기준

　1) 배관은 전용으로 할 것

　2) 배관·배관부속 및 밸브류는 저장용기의 방출 내압을 견딜 수 있어야 하며, 다음의 기준에 적합할 것. 이 경우 설계내압은 표 2.3.2.1(1) 및 표 2.3.2.1(2)에서 정한 최소사용설계압력 이상으로 해야 한다.

　　① 강관을 사용하는 경우의 배관은 압력배관용 탄소강관(KS D 3562) 또는 이와 동등 이상의 강도를 가진 것으로서 아연도금 등에 따라 방식 처리된 것을 사용할 것

　　② 동관을 사용하는 경우의 배관은 이음이 없는 동 및 동합금관(KS D 5301)의 것을 사용할 것

　　③ 배관의 두께는 다음의 식에서 구한 값(t) 이상일 것. 다만, 분사헤드 설치부는 제외한다.

$$관의 \ 두께(t) = \frac{PD}{2SE} + A$$

　　　여기서, P : 최대허용압력(kPa), D : 배관의 바깥지름(mm)

　　　　　　SE : 최대허용응력(kPa)

　　　　　　　　(배관재질 인장강도의 1/4값과 항복점의 2/3값 중 적은 값

　　　　　　　　×배관이음효율×1.2)

　　　　　A : 나사이음, 홈이음 등의 허용값(mm)(헤드설치 부분은 제외한다.)

　　　　　　　• 나사이음 : 나사의 높이

　　　　　　　• 절단홈이음 : 홈의 깊이

　　　　　　　• 용접이음 : 0

‖ Reference ‖ **배관이음 효율**

1. 이음매 없는 배관 : 1.0
2. 전기저항 용접배관 : 0.85
3. 가열맞대기 용접배관 : 0.60

　3) 배관부속 및 밸브류는 강관 또는 동관과 동등 이상의 강도 및 내식성이 있는 것으로 할 것

2. 배관과 배관, 배관과 배관부속 및 밸브류의 접속은 나사접합, 용접접합, 압축접합 또는 플랜지접합 등의 방법을 사용해야 한다.
3. 배관의 구경은 해당 방호구역에 할로겐화합물소화약제는 10초 이내에, 불활성기체소화약제는 A · C급 화재 2분, B급 화재 1분 이내에 방호구역 각 부분에 최소설계농도의 95 % 이상에 해당하는 약제량이 방출되도록 해야 한다.

06 분사헤드

1. 분사헤드의 설치기준
   1) 분사헤드의 설치 높이는 방호구역의 바닥으로부터 최소 0.2m 이상, 최대 3.7m 이하로 하여야 하며 천장높이가 3.7m를 초과할 경우에는 추가로 다른 열의 분사헤드를 설치할 것. 다만, 분사헤드의 성능인정 범위 내에서 설치하는 경우에는 그렇지 않다.
   2) 분사헤드의 개수는 방호구역에 2.7.3에 따른 방출시간이 충족되도록 설치할 것
   3) 분사헤드에는 부식방지조치를 하여야 하며 오리피스의 크기, 제조일자, 제조업체가 표시되도록 할 것
2. 분사헤드의 방출률 및 방출압력은 제조업체에서 정한 값으로 할 것
3. 분사헤드의 오리피스의 면적은 분사헤드가 연결되는 배관구경 면적의 70 % 이하가 되도록 할 것

07 선택밸브

하나의 특정소방대상물 또는 그 부분에 2 이상의 방호구역 또는 방호대상물이 있어 소화약제 저장용기를 공용하는 경우에는 다음의 기준에 따라 선택밸브를 설치해야 한다.
1. 방호구역마다 설치할 것
2. 각 선택밸브에는 해당 방호구역을 표시할 것

08 기타 설치기준

자동식 기동장치의 화재감지기, 음향경보장치, 자동폐쇄장치, 비상전원, 과압배출구 등 이산화탄소 소화설비와 동일

CHAPTER 12 분말소화약제 소화설비(NFTC108)

01 분말소화약제의 종류 및 설비의 종류

| Reference | 대상물별 소화약제의 종류

- 차고 또는 주차장 : 3종 분말
- 그 밖의 소방대상물 : 1종 분말, 2종 분말, 3종 분말, 4종 분말

1. 방출방식에 의한 분류

전역방출방식, 국소방출방식, 호스릴방출방식

2. 가압방식에 의한 분류

1) 가압식

분말약제와 가압가스인 N_2 또는 CO_2가스를 서로 다른 용기에 저장, 설치하고 방출 시 이들 가스가 분말약제용기 안으로 들어가 분말약제를 밀어 내어 분사하는 방식으로 정압작동장치가 필요하다.

2) 축압식

분말약제와 가압가스인 N_2가스를 동일한 용기에 사전에 충전시켜두고 이를 분사하는 방식으로 항상 필요압력의 확인을 위해 압력계가 부착되어 있다.

3. 기동방식에 따른 분류

1) 가스압력식

화재감지기의 동작 또는 수동조작스위치의 조작에 의해 기동용기의 전자밸브가 개방되며 기동용기의 압력에 의해 선택밸브 및 가압가스용기 또는 축압식 저장용기의 밸브가 개방되는 방식

2) 전기식

화재감지기의 작동 또는 수동조작스위치의 동작에 의해 축압식 저장용기 및 선택밸브에 설치된 전자밸브가 개방되는 방식

3) 기계식

밸브 내의 압력차에 의해 개방되는 방식

02 작동순서

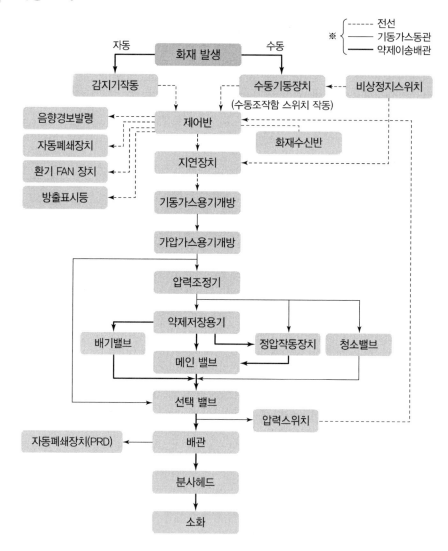

03 분말소화설비의 약제 및 저장용기 및 가압용기 등

1. 저장용기 등

1) 저장용기 설치장소의 기준

이산화탄소 소화설비와 동일

2) 저장용기의 설치기준

① 저장용기의 내용적은 다음 표에 따를 것

소화약제의 종별	소화약제 1kg당 저장용기의 내용적
제1종 분말(탄산수소나트륨을 주성분으로 한 분말)	$0.8l$
제2종 분말(탄산수소칼륨을 주성분으로 한 분말)	$1l$
제3종 분말(인산염을 주성분으로 한 분말)	$1l$
제4종 분말(탄산수소칼륨과 요소가 화합된 분말)	$1.25l$

② 저장용기에는 가압식의 것에 있어서는 최고사용압력의 1.8배 이하, 축압식의 것에 있어서는 용기 내압시험압력의 0.8배 이하의 압력에서 작동하는 안전밸브를 설치할 것

③ 저장용기에는 저장용기의 내부압력이 설정압력으로 되었을 때 주밸브를 개방하는 정압작동장치를 설치할 것

④ 저장용기의 충전비는 0.8 이상으로 할 것

⑤ 저장용기 및 배관에는 잔류 소화약제를 처리할 수 있는 청소장치를 설치할 것

⑥ 축압식의 분말소화설비는 사용압력의 범위를 표시한 지시압력계를 설치할 것

2. 가압용 가스용기

1) 분말소화약제의 가스용기는 분말소화약제 저장용기에 접속하여 설치해야 한다.

2) 분말소화약제의 가압용가스 용기를 3병 이상 설치한 경우에는 2개 이상의 용기에 전자개방밸브를 부착해야 한다.

3) 분말소화약제의 가압용가스 용기에는 2.5MPa 이하의 압력에서 조정이 가능한 압력조성기를 설치해야 한다.

4) 가압용 가스 또는 축압용 가스는 다음 각 호의 기준에 따라 설치해야 한다.

① 가압용 가스 또는 축압용 가스는 질소가스 또는 이산화탄소로 할 것

② 가압용 가스에 질소가스를 사용하는 것에 있어서 질소가스는 소화약제 1kg마다 40l(35℃에서 1기압의 압력상태로 환산한 것) 이상, 이산화탄소를 사용하는 것에 있어서 이산화탄소는 소화약제 1kg에 대하여 20g에 배관의 청소에 필요한 양을 가산한 양 이상으로 할 것

③ 축압용 가스에 질소가스를 사용하는 것에 있어서 질소가스는 소화약제 1kg에 대하여 10l(35℃에서 1기압의 압력상태로 환산한 것) 이상, 이산화탄소를 사용하는 것에 있어서 이산화탄소는 소화약제 1kg에 대하여 20g에 배관의 청소에 필요한 양을 가산한 양 이상으로 할 것

④ 배관의 청소에 필요한 양의 가스는 별도의 용기에 저장할 것

3. 소화약제량의 산정

1) 전역방출방식

$$W = (V \times K_1) + (A \times K_2)$$

여기서, W : 분말소화약제량(kg)

V : 방호구역의 체적(m^3)

K_1 : 방호구역의 체적 $1m^3$당의 약제량(kg/m^3)

A : 자동폐쇄장치가 없는 개구부의 면적(m^2)

K_2 : 개구부의 면적 $1m^2$당의 약제량(kg/m^2)

방호구역 $1m^3$에 대한 약제량과 자동폐쇄장치가 없는 개구부 $1m^2$당 가산량

소화약제의 종별	방호구역 $1m^3$에 대한 약제량	가산량(개구부 $1m^3$에 대한 약제량)
제1종 분말	0.60kg	4.5kg
제2종, 3종 분말	0.36kg	2.7kg
제4종 분말	0.24kg	1.8kg

2) 국소방출방식

$$W = V \times K \times 1.1$$

여기서, W : 분말소화약제량(kg)

V : 방호공간의 체적(m^3)

K : 방호공간 $1m^3$당의 약제량(kg/m^3)

① **방호공간** : 방호대상물의 각 부분으로부터 0.6m의 거리에 따라 둘러싸인 공간
② **방호공간 1m³당의 약제량**

$$K = X - Y \frac{a}{A}$$

여기서, K : 방호공간 1m³에 대한 분말소화약제의 양(kg/m³)
a : 방호대상물 주위에 설치된 벽 면적의 합계(m²)
A : 방호공간의 벽 면적(벽이 없는 경우에는 벽이 있는 것으로 가정한 면적)의 합계(m²)

소화약제의 종별	X의 수치	Y의 수치
제1종 분말	5.2	3.9
제2종, 3종 분말	3.2	2.4
제4종 분말	2.0	1.5

3) 호스릴 방출방식

▼ 노즐 1개마다의 약제 보유량 및 방사량

소화약제의 종별	소화약제 보유량	1분간 방사량
제1종 분말	50kg	45kg
제2종, 3종 분말	30kg	27kg
제4종 분말	20kg	18kg

| Reference | **대상물별 소화약제의 종류**

• 차고 또는 주차장 : 3종 분말
• 그 밖의 소방대상물 : 1종 분말, 2종 분말, 3종 분말, 4종 분말

04 기동장치

할론 소화설비와 동일

05 제어반 등

이산화탄소 소화설비와 동일

06   배관

1. 배관은 전용으로 할 것
2. 강관을 사용하는 경우의 배관은 아연도금에 따른 배관용 탄소강관(KS D 3507)이나 이와 동등 이상의 강도·내식성 및 내열성을 가진 것으로 할 것. 다만, 축압식 분말소화설비에 사용하는 것 중 20℃에서 압력이 2.5MPa 이상, 4.2MPa 이하인 것에 있어서는 압력배관용 탄소강관(KS D 3562) 중 이음이 없는 스케줄 40 이상의 것 또는 이와 동등 이상의 강도를 가진 것으로서 아연도금으로 방식 처리된 것을 사용해야 한다.
3. 동관을 사용하는 경우의 배관은 고정압력 또는 최고사용압력의 1.5배 이상의 압력에 견딜 수 있는 것을 사용할 것
4. 밸브류는 개폐위치 또는 개폐방향을 표시한 것으로 할 것
5. 배관의 관부속 및 밸브류는 배관과 동등 이상의 강도 및 내식성이 있는 것으로 할 것
6. 확관형 분기배관을 사용할 경우에는 소방청장이 정하여 고시한 「분기배관의 성능인증 및 제품검사의 기술기준」에 적합한 것으로 설치할 것

‖ Reference ‖

> 분기배관이란 배관 측면에 구멍을 뚫어 둘 이상의 관로가 생기도록 가공한 배관으로서 다음의 분기배관을 말한다.
> 1. 비확관형 분기배관이란 배관의 측면에 분기호칭내경 이상의 구멍을 뚫고 배관이음쇠를 용접 이음한 배관을 말한다.
> 2. 확관형 분기배관이란 배관의 측면에 조그만 구멍을 뚫고 소성가공으로 확관시켜 배관 용접이음자리를 만들거나 배관 용접이음자리에 배관이음쇠를 용접 이음한 배관을 말한다.

07   분사헤드

1. 전역방출방식의 분사헤드

1) 방출된 소화약제가 방호구역의 전역에 균일하고 신속하게 확산할 수 있도록 할 것
2) 규정에 따른 소화약제 저장량을 30초 이내에 방출할 수 있는 것으로 할 것

2. 국소방출방식의 분사헤드

1) 소화약제의 방출에 따라 가연물이 비산하지 않는 장소에 설치할 것
2) 규정에 따른 기준저장량의 소화약제를 30초 이내에 방출할 수 있는 것으로 할 것

3. 호스릴 분말소화설비의 설치기준

1) 방호대상물의 각 부분으로부터 하나의 호스접결구까지의 수평거리가 15m 이하가 되도록 할 것
2) 소화약제 저장용기의 개방밸브는 호스릴의 설치장소에서 수동으로 개폐할 수 있는 것으로 할 것
3) 소화약제 저장용기는 호스릴을 설치하는 장소마다 설치할 것
4) 호스릴분말소화설비의 노즐은 하나의 노즐마다 1분당 다음 표에 따른 소화약제를 방출할 수 있는 것으로 할 것

소화약제의 종별	1분간 방사하는 소화약제의 양
제1종 분말	45kg
제2종, 3종 분말	27kg
제4종 분말	18kg

5) 소화약제 저장용기의 가장 가까운 곳의 보기 쉬운 곳에 적색의 표시등을 설치하고, 호스릴분말소화설비가 있다는 뜻을 표시한 표지를 할 것

08 선택밸브

하나의 특정소방대상물 또는 그 부분에 2 이상의 방호구역 또는 방호대상물이 있어 소화약제 저장용기를 공용하는 경우에는 다음의 기준에 따라 선택밸브를 설치해야 한다.
1. 방호구역 또는 방호대상물마다 설치할 것
2. 각 선택밸브에는 해당 방호구역 또는 방호대상물을 표시할 것

09 기타 설치기준

자동식 기동장치의 화재감지기, 음향경보장치, 자동폐쇄장치, 비상전원 등
이산화탄소 소화설비와 동일

CHAPTER 13 옥외소화전설비(NFTC109)

01 수원

1. 수원의 양

옥외소화전설비의 수원은 그 저수량이 옥외소화전의 설치개수(옥외소화전이 2개 이상 설치된 경우에는 2개)에 7m³를 곱한 양 이상이 되도록 해야 한다.

2. 전용 및 겸용

옥내소화전설비와 동일

3. 수조설치기준

옥내소화전설비와 동일

02 가압송수장치

1. 전동기 또는 내연기관에 따른 펌프를 이용하는 가압송수장치

1) 특정소방대상물에 설치된 옥외소화전(2개 이상 설치된 경우에는 2개의 옥외소화전)을 동시에 사용할 경우 각 옥외소화전의 노즐선단에서의 방수압력이 0.25MPa 이상이고, 방수량이 350L/min 이상이 되는 성능의 것으로 할 것. 다만, 하나의 옥외소화전을 사용하는 노즐선단에서의 방수압력이 0.7MPa을 초과할 경우에는 호스접결구의 인입측에 감압장치를 설치해야 한다.

$$전양정 \ H = h_1 + h_2 + h_3 + 25\text{m}$$

여기서, h_1 : 소방용 호스 마찰손실수두(m), h_2 : 배관의 마찰손실수두(m)
h_3 : 실양정(m)

2) 기타 다른 사항은 옥내소화전 설비와 동일

2. 고가수조의 자연낙차를 이용하는 가압송수장치

1) 고가수조의 자연낙차수두

$$H = h_1 + h_2 + 25\text{m}$$

여기서, H : 필요한 낙차(m)(수조의 하단으로부터 최고층의 호스 접결구까지 수직거리)

h_1 : 소방용 호스 마찰손실수두(m)

h_2 : 배관의 마찰손실수두(m)

2) 고가수조설치

수위계, 배수관, 급수관, 오버플로관, 맨홀

3. 압력수조를 이용하는 가압송수장치

1) 압력수조의 필요압력

$$P = P_1 + P_2 + P_3 + 0.25\text{MPa}$$

여기서, P : 필요한 압력(MPa)

P_1 : 배관 및 관부속물의 마찰손실압력(MPa)

P_2 : 소방용 호스의 마찰손실압력(MPa)

P_3 : 낙차의 환산압력(MPa)

2) 압력수조설치

수위계, 배수관, 급수관, 급기관, 맨홀, 압력계, 안전장치, 자동식 공기압축기

4. 가압수조를 이용하는 가압송수장치

1) 가압수조의 압력은 규정에 따른 방수량 및 방수압이 20분 이상 유지되도록 할 것

2) 가압수조 및 가압원은 「건축법 시행령」 제46조에 따른 방화구획 된 장소에 설치할 것

3) 소방청장이 정하여 고시한 [가압수조식 가압송수장치의 성능인증 및 제품검사의 기술기준]에 적합한 것으로 설치할 것

03 배관 등

1. 호스접결구는 지면으로부터의 높이가 0.5m 이상 1m 이하의 위치에 설치하고 특정소방대상물의 각 부분으로부터 하나의 호스접결구까지의 수평거리가 40m 이하가 되도록 설치해야 한다.
2. 호스는 구경 65mm의 것으로 해야 한다.
3. 기타 다른 사항은 사항은 옥내소화전과 동일

04 소화전함 등

1. 옥외소화전설비에는 옥외소화전마다 그로부터 5m 이내의 장소에 소화전함을 설치해야 한다.
   1) 옥외소화전이 10개 이하 설치된 때에는 옥외소화전마다 5m 이내의 장소에 1개 이상의 소화전함을 설치해야 한다.
   2) 옥외소화전이 11개 이상, 30개 이하 설치된 때에는 11개 이상의 소화전함을 각각 분산하여 설치해야 한다.
   3) 옥외소화전이 31개 이상 설치된 때에는 옥외소화전 3개마다 1개 이상의 소화전함을 설치해야 한다.
2. 옥외소화전설비의 함은 소방청장이 정하여 고시한 「소화전함 성능인증 및 제품검사의 기술기준」에 적합한 것으로 설치하되 밸브의 조작, 호스의 수납 등에 충분한 여유를 가질 수 있도록 할 것. 연결송수관의 방수구를 같이 설치하는 경우에도 또한 같다.
3. 기타 다른 사항은 옥내소화전과 동일

05 전원, 제어반, 배선, 겸용 등

옥내소화전 설비와 동일

CHAPTER 14 고체에어로졸소화설비의 화재안전기준(NFTC110)

01 정의

이 기준에서 사용하는 용어는 다음과 같이 정의한다.

1. "고체에어로졸소화설비"란 설계밀도 이상의 고체에어로졸을 방호구역 전체에 균일하게 방출하는 설비로서 분산(Dispersed)방식이 아닌 압축(Condensed)방식을 말한다.

2. "고체에어로졸화합물"이란 과산화물질, 가연성물질 등의 혼합물로서 화재를 소화하는 비전도성의 미세입자인 에어로졸을 만드는 고체화합물을 말한다.

3. "고체에어로졸"이란 고체에어로졸화합물의 연소과정에 의해 생성된 직경 $10\mu m$ 이하의 고체 입자와 기체 상태의 물질로 구성된 혼합물을 말한다.

4. "고체에어로졸발생기"란 고체에어로졸화합물, 냉각장치, 작동장치, 방출구, 저장용기로 구성되어 에어로졸을 발생시키는 장치를 말한다.

5. "소화밀도"란 방호공간 내 규정된 시험조건의 화재를 소화하는 데 필요한 단위체적(m³)당 고체에어로졸화합물의 질량(g)을 말한다.

6. "안전계수"란 설계밀도를 결정하기 위한 안전율을 말하며 1.3으로 한다.

7. "설계밀도"란 소화설계를 위하여 필요한 것으로 소화밀도에 안전계수를 곱하여 얻어지는 값을 말한다.

8. "상주장소"란 일반적으로 사람들이 거주하는 장소 또는 공간을 말한다.

9. "비상주장소"란 짧은 기간 동안 간헐적으로 사람들이 출입할 수는 있으나 일반적으로 사람들이 거주하지 않는 장소 또는 공간을 말한다.

10. "방호체적"이란 벽 등의 건물 구조 요소들로 구획된 방호구역의 체적에서 기둥 등 고정적인 구조물의 체적을 제외한 것을 말한다.

11. "열 안전이격거리"란 고체에어로졸 방출 시 발생하는 온도에 영향을 받을 수 있는 모든 구조·구성요소와 고체에어로졸 발생기 사이에 안전확보를 위해 필요한 이격거리를 말한다.

02　일반조건

고체에어로졸소화설비는 다음 각 호의 기준을 충족해야 한다.

1. 고체에어로졸은 전기 전도성이 없을 것
2. 약제 방출 후 해당 화재의 재발화 방지를 위하여 최소 10분간 소화밀도를 유지할 것
3. 고체에어로졸소화설비에 사용되는 주요 구성품은 소방청장이 정하여 고시한 「고체에어로졸자동소화장치의 형식승인 및 제품검사의 기술기준」에 적합한 것일 것
4. 고체에어로졸소화설비는 비상주장소에 한하여 설치할 것. 다만, 고체에어로졸소화설비 약제의 성분이 인체에 무해함을 국내ㆍ외 국가 공인시험기관에서 인증받고, 과학적으로 입증된 최대허용설계밀도를 초과하지 않는 양으로 설계하는 경우 상주장소에 설치할 수 있다.
5. 고체에어로졸소화설비의 소화성능이 발휘될 수 있도록 방호구역 내부의 밀폐성을 확보할 것
6. 방호구역 출입구 인근에 고체에어로졸 방출 시 주의사항에 관한 내용의 표지를 설치할 것
7. 이 기준에서 규정하지 않은 사항은 형식승인 받은 제조업체의 설계 매뉴얼에 따를 것

03　설치 제외

고체에어로졸소화설비는 다음의 물질을 포함한 화재 또는 장소에는 사용할 수 없다. 다만, 그 사용에 대한 국가 공인시험기관의 인증이 있는 경우에는 그렇지 않다.

1. 니트로셀룰로오스, 화약 등의 산화성 물질
2. 리튬, 나트륨, 칼륨, 마그네슘, 티타늄, 지르코늄, 우라늄 및 플루토늄과 같은 자기반응성 금속
3. 금속 수소화물
4. 유기 과산화수소, 히드라진 등 자동 열분해를 하는 화학물질
5. 가연성 증기 또는 분진 등 폭발성 물질이 대기에 존재할 가능성이 있는 장소

04   고체에어로졸발생기

고체에어로졸발생기는 다음의 기준에 따라 설치한다.

1. 밀폐성이 보장된 방호구역 내에 설치하거나, 밀폐성능을 인정할 수 있는 별도의 조치를 취할 것
2. 천장이나 벽면 상부에 설치하되 고체에어로졸 화합물이 균일하게 방출되도록 설치할 것
3. 직사광선 및 빗물이 침투할 우려가 없는 곳에 설치할 것
4. 고체에어로졸발생기는 다음 각 기준의 최소 열 안전이격거리를 준수하여 설치할 것
   1) 인체와의 최소 이격거리는 고체에어로졸 방출 시 75 ℃를 초과하는 온도가 인체에 영향을 미치지 않는 거리
   2) 가연물과의 최소 이격거리는 고체에어로졸 방출 시 200 ℃를 초과하는 온도가 가연물에 영향을 미치지 않는 거리
5. 하나의 방호구역에는 동일 제품군 및 동일한 크기의 고체에어로졸발생기를 설치할 것
6. 방호구역의 높이는 형식승인 받은 고체에어로졸발생기의 최대 설치높이 이하로 할 것

05   고체에어로졸화합물의 양

방호구역 내 소화를 위한 고체에어로졸화합물의 최소 질량은 다음 공식에 따라 산출한 양 이상으로 산정해야 한다.

$$m = d \times V$$

여기서, m : 필수 소화약제량(g)

d : 설계밀도(g/m³) = 소화밀도(g/m³) × 1.3(안전계수)

소화밀도 : 형식승인 받은 제조사의 설계 매뉴얼에 제시된 소화밀도

V = 방호체적(m³)

06   기동

1. 고체에어로졸소화설비는 화재감지기 및 수동식 기동장치의 작동과 연동하여 기계적 또는 전기적 방식으로 작동해야 한다.
2. 고체에어로졸소화설비 기동 시에는 1분 이내에 고체에어로졸 설계밀도의 95% 이상을 방호구역에 균일하게 방출해야 한다.

3. 고체에어로졸소화설비의 수동식 기동장치는 다음 각 호의 기준에 따라 설치해야 한다.
   1) 제어반마다 설치할 것
   2) 방호구역의 출입구마다 설치하되 출입구 인근에 사람이 쉽게 조작할 수 있는 위치에 설치할 것
   3) 기동장치의 조작부는 바닥으로부터 0.8m 이상 1.5m 이하의 위치에 설치할 것
   4) 기동장치의 조작부에 보호판 등의 보호장치를 부착할 것
   5) 기동장치 인근의 보기 쉬운 곳에 "고체에어로졸소화설비 수동식 기동장치"라고 표시한 표지를 부착할 것
   6) 전기를 사용하는 기동장치에는 전원표시등을 설치할 것
   7) 방출용 스위치의 작동을 명시하는 표시등을 설치할 것
   8) 50N 이하의 힘으로 방출용 스위치를 기동할 수 있도록 할 것
4. 고체에어로졸의 방출을 지연시키기 위해 방출지연스위치를 다음 각 호의 기준에 따라 설치해야 한다.
   1) 수동으로 작동하는 방식으로 설치하되 방출지연스위치를 누르고 있는 동안만 지연되도록 할 것
   2) 방호구역의 출입구마다 설치하되 피난이 용이한 출입구 인근에 사람이 쉽게 조작할 수 있는 위치에 설치할 것
   3) 방출지연스위치 작동 시에는 음향경보를 발할 것
   4) 방출지연스위치 작동 중 수동식 기동장치가 작동되면 수동식 기동장치의 기능이 우선될 것

07 제어반등

1. 고체에어로졸소화설비의 제어반은 다음 각 호의 기준에 따라 설치해야 한다.
   1) 전원표시등을 설치할 것
   2) 화재, 진동 및 충격에 따른 영향과 부식의 우려가 없고 점검에 편리한 장소에 설치할 것
   3) 제어반에는 해당 회로도 및 취급설명서를 비치할 것
   4) 고체에어로졸소화설비의 작동방식(자동 또는 수동)을 선택할 수 있는 장치를 설치할 것
   5) 수동식 기동장치 또는 화재감지기에서 신호를 수신할 경우 다음 각 목의 기능을 수행할 것
      가. 음향경보 장치의 작동
      나. 고체에어로졸의 방출
      다. 기타 제어기능 작동

2. 고체에어로졸소화설비의 화재표시반은 다음 각 호의 기준에 따라 설치해야 한다. 다만, 자동화재탐지설비 수신기의 제어반이 화재표시반의 기능을 가지고 있는 경우 화재표시반을 설치하지 않을 수 있다.
   1) 전원표시등을 설치할 것
   2) 화재, 진동 및 충격에 따른 영향 및 부식의 우려가 없고 점검에 편리한 장소에 설치할 것
   3) 화재표시반에는 해당 회로도 및 취급설명서를 비치할 것
   4) 고체에어로졸소화설비의 작동방식(자동 또는 수동)을 표시등으로 명시할 것
   5) 고체에어로졸소화설비가 기동할 경우 음향장치를 통해 경보를 발할 것
   6) 제어반에서 신호를 수신할 경우 방호구역별 경보장치의 작동, 수동식 기동장치의 작동 및 화재감지기의 작동 등을 표시등으로 명시할 것
3. 고체에어로졸소화설비가 설치된 구역의 출입구에는 고체에어로졸의 방출을 명시하는 표시등을 설치해야 한다.
4. 고체에어로졸소화설비의 오작동을 제어하기 위해 제어반 인근에 설비정지스위치를 설치해야 한다.

08 음향장치

고체에어로졸소화설비의 음향장치는 다음 각 호의 기준에 따라 설치해야 한다.
1. 화재감지기가 작동하거나 수동식 기동장치가 작동할 경우 음향장치가 작동할 것
2. 음향장치는 방호구역마다 설치하되 해당 구역의 각 부분으로부터 하나의 음향장치까지의 수평거리는 25m 이하가 되도록 할 것
3. 음향장치는 경종 또는 사이렌(전자식 사이렌을 포함한다)으로 하되, 주위의 소음 및 다른 용도의 경보와 구별이 가능한 음색으로 할 것. 이 경우 경종 또는 사이렌은 자동화재탐지설비ㆍ비상벨설비 또는 자동식사이렌설비의 음향장치와 겸용할 수 있다.
4. 주 음향장치는 화재표시반의 내부 또는 그 직근에 설치할 것
5. 음향장치는 다음 각 목의 기준에 따른 구조 및 성능의 것으로 할 것
   가. 정격전압의 80% 전압에서 음향을 발할 수 있는 것으로 할 것
   나. 음량은 부착된 음향장치의 중심으로부터 1m 떨어진 위치에서 90dB 이상이 되는 것으로 할 것
6. 고체에어로졸의 방출 개시 후 1분 이상 경보를 계속 발할 것

09 화재감지기

고체에어로졸소화설비의 화재감지기는 다음 각 호의 기준에 따라 설치해야 한다.

1. 고체에어로졸소화설비에는 다음의 감지기 중 하나를 설치할 것
   가. 광전식 공기흡입형 감지기
   나. 아날로그 방식의 광전식 스포트형 감지기
   다. 중앙소방기술심의위원회의 심의를 통해 고체에어로졸소화설비에 적응성이 있다고 인정된 감지기
2. 화재감지기 1개가 담당하는 바닥면적은 「자동화재탐지설비 및 시각경보장치의 화재안전기술기준(NFTC 203)」의 2.4.3의 규정에 따른 바닥면적으로 할 것

10 방호구역의 자동폐쇄

고체에어로졸소화설비의 방호구역은 고체에어로졸소화설비가 기동할 경우 다음의 기준에 따라 자동적으로 폐쇄되어야 한다.

1. 방호구역 내의 개구부와 통기구는 고체에어로졸이 방출되기 전에 폐쇄되도록 할 것
2. 방호구역 내의 환기장치는 고체에어로졸이 방출되기 전에 정지되도록 할 것
3. 자동폐쇄장치의 복구장치는 제어반 또는 그 직근에 설치하고, 해당 장치를 표시하는 표지를 부착할 것

11 비상전원

고체에어로졸소화설비에는 자가발전설비, 축전지설비(제어반에 내장하는 경우를 포함한다.) 또는 전기저장장치(외부 전기에너지를 저장해 두었다가 필요한 때 전기를 공급하는 장치)에 따른 비상전원을 다음의 기준에 따라 설치해야 한다. 다만, 2 이상의 변전소(「전기사업법」 제67조에 따른 변전소를 말한다.)에서 전력을 동시에 공급받을 수 있거나 하나의 변전소로부터 전력의 공급이 중단되는 때에는 자동으로 다른 변전소로부터 전력을 공급받을 수 있도록 상용전원을 설치한 경우에는 비상전원을 설치하지 않을 수 있다.

1. 점검에 편리하고 화재 및 침수 등의 재해로 인한 피해를 받을 우려가 없는 곳에 설치할 것
2. 고체에어로졸소화설비에 최소 20분 이상 유효하게 전원을 공급할 것
3. 상용전원으로부터 전력의 공급이 중단된 때에는 자동으로 비상전원으로부터 전력을 공급받을 수 있도록 할 것

4. 비상전원의 설치장소는 다른 장소와 방화구획할 것(제어반에 내장하는 경우는 제외한다). 이 경우 그 장소에는 비상전원의 공급에 필요한 기구나 설비 외의 것(열병합발전설비에 필요한 기구나 설비는 제외한다)을 두어서는 아니 된다.

5. 비상전원을 실내에 설치하는 때에는 그 실내에 비상조명등을 설치할 것

12 배선 등

1. 고체에어로졸소화설비의 배선은 「전기사업법」 제67조에 따른 「전기설비기술기준」에서 정한 것 외에 다음의 기준에 따라 설치해야 한다.
   1) 비상전원으로부터 제어반에 이르는 전원회로배선은 내화배선으로 할 것. 다만, 자가발전설비와 제어반이 동일한 실에 설치된 경우에는 자가발전기로부터 그 제어반에 이르는 전원회로배선은 그렇지 않다.
   2) 상용전원으로부터 제어반에 이르는 배선, 그 밖의 고체에어로졸소화설비의 감시회로 · 조작회로 또는 표시등회로의 배선은 내화배선 또는 내열배선으로 할 것. 다만, 제어반 안의 감시회로 · 조작회로 또는 표시등회로의 배선은 그렇지 않다.
   3) 화재감지기의 배선은 「자동화재탐지설비 및 시각경보장치의 화재안전기술기준(NFTC 203)」 2.8(배선)의 기준에 따른다.

2. 제1항에 따른 내화배선 및 내열배선에 사용되는 전선의 종류 및 설치방법은 「옥내소화전설비의 화재안전기술기준(NFTC 102)」 2.7.2의 표 2.7.2(1) 및 표 2.7.2(2)의 기준에 따른다.

3. 고체에어로졸소화설비의 과전류차단기 및 개폐기에는 "고체에어로졸소화설비용"이라고 표시한 표지를 부착해야 한다.

4. 고체에어로졸소화설비용 전기배선의 양단 및 접속단자에는 다음 각 호의 기준에 따른 표시를 해야 한다.
   1) 단자에는 "고체에어로졸소화설비단자"라고 표시한 표지를 부착할 것
   2) 고체에어로졸소화설비용 전기배선의 양단에는 다른 배선과 식별이 용이하도록 표시할 것

13 과압배출구

고체에어로졸소화설비의 방호구역에는 고체에어로졸 방출 시 과압으로 인한 구조물 등의 손상을 방지하기 위하여 과압배출구를 설치해야 한다.

CHAPTER 15 비상경보설비 및 단독경보형 감지기 (NFTC201)

01 신호처리방식

1. 유선식 : 화재신호 등을 배선으로 송·수신하는 방식의 것
2. 무선식 : 화재신호 등을 전파에 의해 송·수신하는 방식의 것
3. 유·무선식 : 유선식과 무선식을 겸용으로 사용하는 방식의 것

02 비상벨설비 또는 자동식 사이렌설비

1. 비상벨설비 또는 자동식 사이렌설비는 부식성 가스 또는 습기 등으로 인하여 부식의 우려가 없는 장소에 설치해야 한다.
2. 지구음향장치는 특정소방대상물의 층마다 설치하되, 해당 층의 각 부분으로부터 하나의 음향장치까지의 수평거리가 25m 이하가 되도록 하고, 해당 층의 각 부분에 유효하게 경보를 발할 수 있도록 설치해야 한다. 다만, 「비상방송설비의 화재안전기술기준(NFTC 202)」에 적합한 방송설비를 비상벨설비 또는 자동식사이렌설비와 연동하여 작동하도록 설치한 경우에는 지구음향장치를 설치하지 않을 수 있다.
3. 음향장치는 정격전압의 80 % 전압에서도 음향을 발할 수 있도록 해야 한다. 다만, 건전지를 주전원으로 사용하는 음향장치는 그렇지 않다.
4. 음향장치의 음량은 부착된 음향장치의 중심으로부터 1m 떨어진 위치에서 90dB 이상이 되는 것으로 해야 한다.
5. 발신기는 다음 각 호의 기준에 따라 설치해야 한다.
   1) 조작이 쉬운 장소에 설치하고, 조작스위치는 바닥으로부터 0.8m 이상 1.5m 이하의 높이에 설치할 것
   2) 특정소방대상물의 층마다 설치하되, 해당 특정소방대상물의 각 부분으로부터 하나의 발신기까지의 수평거리가 25m 이하가 되도록 할 것. 다만, 복도 또는 별도로 구획된 실로서 보행거리가 40m 이상일 경우에는 추가로 설치해야 한다.
   3) 발신기의 위치표시등은 함의 상부에 설치하되, 그 불빛은 부착 면으로부터 15° 이상의 범위 안에서 부착지점으로부터 10m 이내의 어느 곳에서도 쉽게 식별할 수 있는 적색등으로 할 것

6. 비상벨설비 또는 자동식 사이렌설비의 상용전원은 다음 각 호의 기준에 따라 설치해야 한다.

   1) 전원은 전기가 정상적으로 공급되는 축전지, 전기저장장치(외부 전기에너지를 저장해 두었다가 필요할 때 전기를 공급하는 장치) 또는 교류전압의 옥내 간선으로 하고, 전원까지의 배선은 전용으로 할 것

   2) 개폐기에는 "비상벨설비 또는 자동식 사이렌설비용"이라고 표시한 표지를 할 것

7. 비상벨설비 또는 자동식사이렌설비에는 그 설비에 대한 감시상태를 60분간 지속한 후 유효하게 10분 이상 경보할 수 있는 비상전원으로서 축전지설비(수신기에 내장하는 경우를 포함한다) 또는 전기저장장치(외부 전기에너지를 저장해 두었다가 필요한 때 전기를 공급하는 장치)를 설치해야 한다. 다만, 상용전원이 축전지설비인 경우 또는 건전지를 주전원으로 사용하는 무선식 설비인 경우에는 그렇지 않다.

8. 비상벨설비 또는 자동식사이렌설비의 배선은 「전기사업법」 제67조에 따른 「전기설비기술기준」에서 정한 것 외에 다음의 기준에 따라 설치해야 한다.

   1) 전원회로의 배선은 「옥내소화전설비의 화재안전기술기준(NFTC 102)」 2.7.2의 표 2.7.2(1)에 따른 내화배선에 따르고, 그 밖의 배선은 「옥내소화전설비의 화재안전기술기준(NFTC 102)」 2.7.2의 표 2.7.2(1) 또는 표 2.7.2(2)에 따른 내화배선 또는 내열배선에 따를 것

   2) 전원회로의 전로와 대지 사이 및 배선상호간의 절연저항은 「전기사업법」 제67조에 따른 「전기설비기술기준」이 정하는 바에 의하고, 부속회로의 전로와 대지 사이 및 배선 상호간의 절연저항은 1경계구역마다 직류 250V의 절연저항측정기를 사용하여 측정한 절연저항이 0.1MΩ 이상이 되도록 할 것

   3) 배선은 다른 전선과 별도의 관·덕트(절연효력이 있는 것으로 구획한 때에는 그 구획된 부분은 별개의 덕트로 본다)·몰드 또는 풀박스 등에 설치할 것. 다만, 60V 미만의 약전류회로에 사용하는 전선으로서 각각의 전압이 같을 때는 그렇지 않다.

03 단독경보형 감지기의 설치기준

단독경보형감지기는 다음 각 호의 기준에 따라 설치해야 한다.

1. 각 실(이웃하는 실내의 바닥면적이 각각 30m² 미만이고 벽체의 상부의 전부 또는 일부가 개방되어 이웃하는 실내와 공기가 상호유통되는 경우에는 이를 1개의 실로 본다.)마다 설치하되, 바닥면적이 150m²를 초과하는 경우에는 150m²마다 1개 이상 설치할 것

2. 최상층의 계단실의 천장(외기가 상통하는 계단실의 경우를 제외한다.)에 설치할 것

3. 건전지를 주전원으로 사용하는 단독경보형 감지기는 정상적인 작동상태를 유지할 수 있도

록 건전지를 교환할 것
4. 상용전원을 주전원으로 사용하는 단독경보형 감지기의 2차 전지는 법 제39조에 따라 제품 검사에 합격한 것을 사용할 것

CHAPTER 16 비상방송설비(NFTC202)

01 정의

1. "확성기"란 소리를 크게 하여 멀리까지 전달될 수 있도록 하는 장치로써 일명 스피커를 말한다.
2. "음량조절기"란 가변저항을 이용하여 전류를 변화시켜 음량을 크게 하거나 작게 조절할 수 있는 장치를 말한다.
3. "증폭기"란 전압전류의 진폭을 늘려 감도를 좋게 하고 미약한 음성전류를 커다란 음성전류로 변화시켜 소리를 크게 하는 장치를 말한다.
4. "기동장치"란 화재감지기, 발신기 등의 상태변화를 전송하는 장치를 말한다.
5. "몰드"란 전선을 물리적으로 보호하기 위해 사용되는 통형 구조물을 말한다.
6. "약전류회로"란 전신선, 전화선 등에 사용하는 전선이나 케이블, 인터폰, 확성기의 음성회로, 라디오·텔레비전의 시청회로 등을 포함하는 약전류가 통전되는 회로를 말한다.
7. "전원회로"란 전기·통신, 기타 전기를 이용하는 장치 등에 전력을 공급하기 위하여 필요한 기기로 이루어지는 전기회로를 말한다.
8. "절연저항"이란 전류가 도체에서 절연물을 통하여 다른 충전부나 기기로 누설되는 경우 그 누설 경로의 저항을 말한다.
9. "절연효력"이란 전기가 불필요한 부분으로 흐르지 않도록 절연하는 성능을 나타내는 것을 말한다.
10. "정격전압"이란 전기기계기구, 선로 등의 정상적인 동작을 유지시키기 위해 공급해 주어야 하는 기준 전압을 말한다.
11. "조작부"란 기기를 제어할 수 있도록 조작스위치, 지시계, 표시등 등을 집결시킨 부분을 말한다.
12. "풀박스"란 장거리 케이블 포설을 용이하게 하기 위해 전선관 중간에 설치하는 상자형 구조물 등을 말한다.

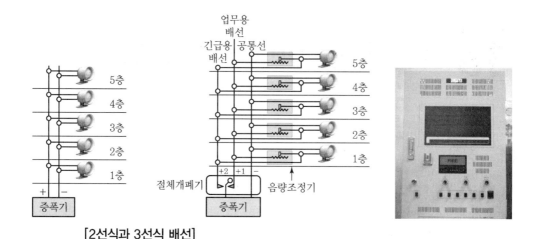

[2선식과 3선식 배선]

2선식	공통선 1선(−), 신호선 1선(+)
3선식	공통선 1선(−) · 업무용 1선(+) · 긴급용 1선(+)

02 설치기준

1. 음향장치(엘리베이터 내부에는 별도의 음향장치를 설치할 수 있다.)

1) 확성기의 음성입력은 3W(실내에 설치하는 것에 있어서는 1W) 이상일 것

2) 확성기는 각 층마다 설치하되, 그 층의 각 부분으로부터 하나의 확성기까지의 수평거리가 25m 이하가 되도록 하고, 당해 층의 각 부분에 유효하게 경보를 발할 수 있도록 설치할 것

3) 음량조정기를 설치하는 경우 음량조정기의 배선은 3선식으로 할 것

4) 조작부의 조작스위치는 바닥으로부터 0.8m 이상 1.5m 이하의 높이에 설치할 것

5) 조작부는 기동장치의 작동과 연동하여 당해 기동장치가 작동한 층 또는 구역을 표시할 수 있는 것으로 할 것

6) 증폭기 및 조작부는 수위실 등 상시 사람이 근무하는 장소로서 점검이 편리하고 방화상 유효한 곳에 설치할 것

7) 층수가 11층(공동주택의 경우에는 16층) 이상의 특정소방대상물은 다음의 기준에 따라 경보를 발할 수 있도록 해야 한다. <개정 2023.2.10>

① 2층 이상의 층에서 발화한 때에는 발화층 및 그 직상 4개층에 경보를 발할 것

② 1층에서 발화한 때에는 발화층 · 그 직상 4개층 및 지하층에 경보를 발할 것

③ 지하층에서 발화한 때에는 발화층·그 직상층 및 기타의 지하층에 경보를 발할 것

8) 다른 방송설비와 공용하는 것에 있어서는 화재 시 비상경보 외의 방송을 차단할 수 있는 구조로 할 것

9) 다른 전기회로에 따라 유도장애가 생기지 아니하도록 할 것

10) 하나의 특정소방대상물에 2 이상의 조작부가 설치되어 있는 때에는 각각의 조작부가 있는 장소 상호 간에 동시 통화가 가능한 설비를 설치하고, 어느 조작부에서도 해당 특정소방대상물의 전 구역에 방송을 할 수 있도록 할 것

11) 기기동장치에 따른 화재신호를 수신한 후 필요한 음량으로 화재발생상황 및 피난에 유효한 방송이 자동으로 개시될 때까지의 소요시간은 10초 이내로 할 것

12) 음향장치는 다음 기준에 따른 구조 및 성능의 것으로 해야 한다.

① 정격전압의 80% 전압에서 음향을 발할 수 있는 것을 할 것(음압 : 90dB 이상)

② 자동 화재탐지설비의 작동과 연동하여 작동할 수 있는 것으로 할 것

2. 배선

1) 화재로 인하여 하나의 층의 확성기 또는 배선이 단락 또는 단선되어도 다른 층의 화재 통보에 지장이 없도록 할 것

2) 전원회로의 배선은 「옥내소화전설비의 화재안전기술기준(NFTC 102)」 2.7.2의 표 2.7.2(1)에 따른 내화배선에 따르고, 그 밖의 배선은 「옥내소화전설비의 화재안전기술기준(NFTC 102)」 2.7.2의 표 2.7.2(1) 또는 표 2.7.2(2)에 따른 내화배선 또는 내열배선에 따를 것

3) 전원회로의 전로와 대지 사이 및 배선상호간의 절연저항은 「전기사업법」 제67조에 따른 「전기설비기술기준」이 정하는 바에 따르고, 부속회로의 전로와 대지 사이 및 배선 상호 간의 절연저항은 1경계구역마다 직류 250V의 절연저항측정기를 사용하여 측정한 절연저항이 0.1MΩ 이상이 되도록 할 것

4) 비상방송설비의 배선은 다른 전선과 별도의 관·덕트(절연효력이 있는 것으로 구획한 때에는 그 구획된 부분은 별개의 덕트로 본다) 몰드 또는 풀박스 등에 설치할 것. 다만, 60V 미만의 약전류회로에 사용하는 전선으로서 각각의 전압이 같을 때는 그렇지 않다.

3. 상용전원

1) 전원은 전기가 정상적으로 공급되는 축전지, 전기저장장치 또는 교류전압의 옥내 간선으로 하고, 전원까지의 배선은 전용으로 할 것

2) 개폐기에는 "비상방송설비용"이라고 표시한 표지를 할 것

4. 예비전원

비상방송설비에는 그 설비에 대한 감시상태를 60분간 지속한 후 유효하게 10분 이상 경보할 수 있는 비상전원으로서 축전지설비(수신기에 내장하는 경우를 포함한다) 또는 전기저장장치(외부 전기에너지를 저장해 두었다가 필요한 때 전기를 공급하는 장치)를 설치해야 한다.

CHAPTER 17 자동 화재탐지설비 및 시각경보장치 (NFTC203)

01 계통도 및 구성

1. 계통도

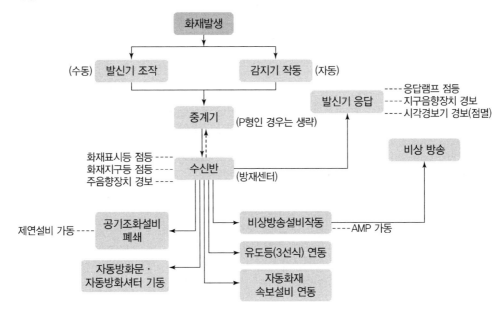

2. 구성도

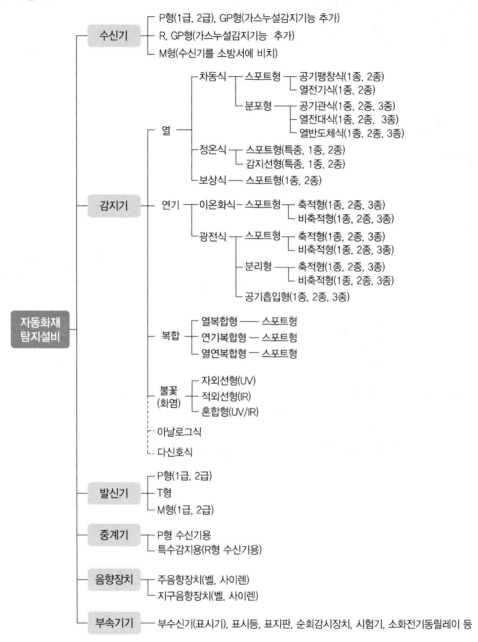

02 경계구역

1. 정의

경계구역이란 특정소방대상물 중 화재신호를 발신하고 그 신호를 수신 및 유효하게 제어할 수 있는 구역을 말한다.

2. 경계구역의 설정기준

1) 수평적 경계구역

① 하나의 경계구역이 2 이상의 건축물에 미치지 아니하도록 할 것

② 하나의 경계구역이 2 이상의 층에 미치지 아니하도록 할 것. 다만, 500m² 이하의 범위 안에서는 2개의 층을 하나의 경계구역으로 할 수 있다.

③ 하나의 경계구역의 면적은 600m² 이하로 하고 한 변의 길이는 50m 이하로 할 것. 다만, 해당 특정소방대상물의 주된 출입구에서 그 내부 전체가 보이는 것에 있어서는 한 변의 길이가 50m의 범위 내에서 1,000m² 이하로 할 수 있다.

④ 삭제(2021. 1. 15)

[삭제 내용 : 지하구의 경우 하나의 경계구역의 길이는 700m 이하로 할 것]

2) 수직적 경계구역

① **경계구역 설정 시 별도로 경계구역을 설정하여야 하는 부분** : 계단(직통계단 외의 것에 있어서는 떨어져 있는 상하 계단의 상호 간의 수평거리가 5m 이하로서 서로 간에 구획되지 아니한 것에 한한다.) · 경사로(에스컬레이터 경사로 포함) · 엘리베이터 승강로(권상기실이 있는 경우에는 권상기실) · 린넨 슈트 · 파이프 피트 및 덕트 기타 이와 유사한 부분

② **계단 및 경사로** : 높이 45m 이하마다 하나의 경계구역으로 할 것

③ **지하층의 계단 및 경사로** : 지상 층과 별도로 하나의 경계구역으로 해야 한다(단, 지하 층의 층수가 한 개 층일 경우는 제외한다)

3) 외기에 면하여 상시 개방된 부분이 있는 차고 · 주차장 · 창고 등에 있어서는 외기에 면하는 각 부분으로부터 5m 미만의 범위 안에 있는 부분은 경계구역의 면적에 산입하지 않는다.

4) 스프링클러설비 또는 물분무 등 소화설비 또는 제연설비의 화재감지장치로서 화재감지기를 설치한 경우의 경계구역은 해당 소화설비의 방호구역 또는 제연구역과 동일하게 설정할 수 있다.

Check Point   경계구역 설정 시 유의사항

1. 건축법상 층수에 산입하지 아니하는 것(건축법 시행령 제119조 제1항 제9호)
   1) 지하층
   2) 승강기 탑·계단 탑·망루·옥탑 그 밖의 이와 비슷한 건축물의 옥상부분으로서 그 수평 투영면적의 합계가 해당 건축물 건축면적의 $\frac{1}{8}$ 이하인 것
2. 옥상·반자 속·지하층
   1) 경계구역 면적에는 포함한다.
   2) 2개 이상 층 기준은 적용하지 아니한다.
3. 계단
   1) 경계구역 면적(수평적 경계구역)에는 포함하지 아니한다.
   2) 2개 이상 층 기준은 적용하지 아니한다.
4. 목욕실·화장실(욕조나 샤워 시설이 있는 경우)
   1) 경계구역 면적에는 포함한다.
   2) 감지기는 설치하지 아니한다.
5. 500m² 이하의 범위
   1) 2개 층을 하나의 경계구역으로 할 수 있으나, 인접한 층에 대해서만 적용하고, 인접하지 않거나 2개 층을 초과한 경우에는 적용하지 아니할 것
   2) 2개 층을 하나의 경계구역으로 하는 경우 발신기는 층마다 설치하여야 하며, 우선경보 적용 시에는 2개 층이 동시에 경보가 되도록 하여야 한다.

03 수신기

1. 정의

감지기나 발신기에서 발하는 화재 신호를 직접 수신하거나 중계기를 통하여 수신하여 화재의 발생을 표시 및 경보하여 주는 장치를 말한다.

2. 종류

수신기	신호 전달방식	수신 소요시간	비 고
P형	각 회로별 신호선에 의한 공통신호	5초 이내	축적형 : 60초 이내
R형	다중통신선에 의한 고유신호	5초 이내	
M형	공통 신호선에 의한 발신기별 고유신호	20초 이내	

1) P(Proprietary)형

① 감지기 또는 발신기에서 보낸 신호를 받으면 화재등, 지구등이 점등되며 동시에 주경종과 해당 지구의 경종이 경보를 발하는 시스템이다.

② 1급, 2급이 있으며 1급 수신기는 1회선에서 다회선(약 200회선)까지 있고 2급 수신기는 1회선짜리와 2에서 5회선까지의 2가지가 있다.

③ 경계구역 수가 증가 할수록 회선수가 증가하여 대형 건물인 경우에는 많은 간선이 필요하다.

2) R(Record)형

① 감지기 또는 발신기에서 보낸 화재신호를 중계기가 고유신호로 변환하여 수신기로 전송하면, 화재등, 지구등이 점등되고 경종(주경종 및 지구경종)이 경보됨과 동시에 Printer로 기록된다.

② 하나의 선로를 통하여 많은 신호를 주고 받을 수 있으므로 간선수가 줄어들어 대형건물에 많이 사용된다.

3) M(Municipal)형

① 국내에서는 사용하지 않으나 미국, 일본 등에서 사용하며 M형 발신기와 연결하여 공공기관용으로 관할 소방서 내에 설치한다.

② 신호전달은 발신기의 공통 신호선에 의한 발신기별 고유신호를 이용한 방식이다.

Check Point

➤ P형 수신기와 R형 수신기 비교

구 분	P형 수신기	R형 수신기
신호전달	개별신호	다중신호
신호종류	공통신호	고유신호
중계기	–	필요
도통시험	수신기와 말단 감지기 사이	수신기와 중계기 사이

		수신기와 말단 감지기 사이 중계기와 말단 감지기 사이
적용대상	중·소형 소방대상물	대형 소방대상물

※ R형 수신기 특징
　① 간선수가 적어 경제적이다.
　② 선로의 길이를 길게 할 수 있다.(전압강하의 우려가 작다)
　③ 이설 및 증설이 쉽다.
　④ 신호의 전달이 명확하다.

➤ GP형·GR형 수신기

화재신호 수신 시	가스누설 신호 수신 시
적색등 점등	황색등 점등

(a) 벽부형(자·탐 전용)　　(b) 자립형(복합형 : 자·탐 및 소화·제연 겸용)

[P형 1급 수신기]

[R형 수신기]

3. 수신기의 구조 및 기능

1) P형 1급 수신기

① 수신기의 구성부 및 스위치의 기능

- 전압지시부 : 이상이 없을 경우 22~26V를 지시
- 교류전원 감시등 : 전원이 입력될 경우 점등되며 수신기의 평상시 상태는 교류전원 감시등만 점등
- 예비전원 감시등 : 예비전원의 이상 유무를 확인(예비전원 이상 시 점등)
- 발신기 응답등 : 수동발신기의 버튼을 누르면 점등(버튼 복구 시 소등)
- 스위치 주의등 : 각 조작스위치 중 하나 이상 정상위치에 있지 않을 때 점멸점등
- 선로 단선등 : 지구회로의 배선이 단선된 경우 점등
- 배터리시험 스위치 : 예비전원의 축전지 충전상태를 점검 시 사용
- 주경종정지 스위치 : 주경종의 경보음을 중지시킬 때 사용
- 지구경종정지 스위치 : 지구경종의 경보음을 중지시킬 때 사용
- 비상방송정지 스위치 : 비상방송과의 연동을 중지시킬 때 사용
- 도통시험 스위치 : 이 스위치를 누르고 회로선택(Rotary) 스위치를 회전시키면 해당 회로의 도통상태(결선상태)를 확인할 수 있다.
- 화재작동시험 스위치 : 이 스위치를 누르고 회로선택 스위치를 회전시키면 해당 회로의 화재작동 상황표시 여부를 확인할 수 있다.
- 복구 스위치 : 동작 중인 회로를 복구시킬 때 누른다.
- 자동복구 스위치 : 시험위치에 놓으면 감지기를 작동상태에서 원상태로 복구시킬 경우 수신기가 작동상태에서 자동으로 원상 복구(연속으로 화재작동시험을 할 때 사용)
- 부저(Buzzer) : 발신기에서 전화기의 플러그를 꽂으면 수신기의 부저가 울림으로써 통화요구상태임을 알린다. 수신기에서 통화를 위해 전화기 플러그를 꽂으면 부저음은 중지된다.(이후 전화기로 상호 통화)

② P형 1급 수신기의 기능

- 화재표시작동 시험장치
- 수신기와 감지기, 수신기와 발신기 사이의 외부배선 도통시험장치
- 주전원에 교류전원을 사용하는 경우 정전 시 자동적으로 예비전원으로 절환되고 정전이 복구되는 경우 자동적으로 예비전원에서 주전원으로 절환되는 장치
- 예비전원의 양부시험장치
- 발신기 등과의 전화연락장치

2) P형 2급 수신기

① 기본 회선(회로)수

1회선인 것과 2~5회선인 것이 있다. 1회선인 것은 화재표시 기능만 있고 지구등, 지구경종 및 예비전원이 없다.

② 기능

- 화재표시작동 시험장치
- 주전원에 교류전원을 사용하는 경우 정전 시 자동적으로 예비전원으로 절환되고 정전이 복구되는 경우 자동적으로 예비전원에서 주전원으로 절환되는 장치
- 예비전원의 양부시험장치

3) R형 수신기

① 특징

증·개축이 많거나 회로수가 많은 대규모 건물이나 다수의 동(棟)이 있는 건물에 적합하며, 단점으로 수신기 값이 비싸고 운영 및 보수에 전문적인 기술이 필요하다.

- 간선수(선로수)가 적게 들어 경제적이다.
- 선로의 길이를 길게 할 수 있다.
- 신호의 전달이 명확하다.
- 이설, 증설 등이 용이하다.
- 화재 발생지구를 숫자로 표시할 수 있다.
- 고유의 신호를 전달하는 중계기가 설치되어 있다.

③ 기능

- 화재가 발생한 경계구역(회로)을 용이하게 식별할 수 있는 기록장치
- 지구표시등 또는 적절한 표시장치
- 화재표시작동 시험장치
- 발신기와 중계기 사이의 외부배선의 도통시험장치
- 주전원에 교류전원을 사용하는 경우 정전 시 자동적으로 예비전원으로 절환되고 정전이 복구되는 경우 자동적으로 예비전원에서 주전원으로 절환되는 장치
- 예비전원의 양부시험장치
- 발신기 등과의 전화연락장치

③ 다중통신[R형 방식의 신호방식]

P형방식은 발신기 또는 감지기로부터 수신기까지 실선으로 배선되어 있어서 지구(회로)가 많은 경우 그 수만큼 신호선이 필요하나 R형 방식은 중계기에서 수신기까지 단 2선의 신호선만으로 수많은 신호(입력 및 출력 신호)를 주고받을 수 있어 간선

수가 적게 든다. R형 시스템은 양방향 통신방식을 채용하는데, 양방향 통신방식이란 다량의 입출력신호를 고유의 신호로 변환시켜 전송하는 다중통신(Multiplexing Communication)방식을 말한다.

‖ Reference ‖　R형 수신기의 기본간선

1. 신호선 2가닥	2. 전원선 2가닥
3. 공통선 1가닥	4. 전화선 1가닥
5. 표시등선 1가닥	6. 응답선 1가닥
7. 소화전기동선 1가닥[별도 AC배선 시 2가닥]	

4) M형 수신기

① **특징**
- 소방서에 비치되어 있다.
- M형 발신기에서 보내온 고유신호로 발신위치를 식별한다.

② **기능**
- 화재표시작동 시험장치
- 수신기와 발신기 사이의 외부배선의 회로저항 및 절연저항 측정장치
- 주전원에 교류전원을 사용하는 경우 정전 시 자동적으로 예비전원으로 절환되고 정전이 복구되는 경우 자동적으로 예비전원에서 주전원으로 절환되는 장치
- 태엽을 사용하는 수신기의 경우 태엽이 풀리기 전에 경보를 발하는 장치
- 주전원의 전압강하 또는 외부배선의 단선, 단락 시 자동적으로 고장을 알리고 표시하는 고장신호 경보장치 및 고장신호 표시장치

4. 수신기의 설치기준

1) 자동 화재탐지설비의 수신기는 다음 각 호의 기준에 적합한 것으로 설치해야 한다.
  ① 해당 특정소방대상물의 경계구역을 각각 표시할 수 있는 회선수 이상의 수신기를 설치할 것
  ② 해당 특정소방대상물에 가스누설탐지설비가 설치된 경우에는 가스누설탐지설비로부터 가스누설신호를 수신하여 가스누설경보를 할 수 있는 수신기를 설치할 것(가스누설탐지설비의 수신부를 별도로 설치한 경우에는 제외한다)

2) 자동화재탐지설비의 수신기는 특정소방대상물 또는 그 부분이 지하층·무창층 등으로서 환기가 잘되지 아니하거나 실내면적이 40m² 미만인 장소, 감지기의 부착면과 실내 바닥과의 거리가 2.3m 이하인 장소로서 일시적으로 발생한 열·연기 또는 먼지 등으로 인하여 감지기가 화재신호를 발신할 우려가 있는 때에는 축적기능 등이 있는 것(축적형 감지기가 설치된 장소에는 감지기회로의 감시전류를 단속적으로 차단시켜 화재를 판단하는 방식 외의 것을 말한다)으로 설치해야 한다. 다만, 2.4.1 단서에 따른 감지기를 설치한 경우에는 그렇지 않다.

┃ Reference ┃ (2.4.1 단서) 비화재보방지 기능이 있는 감지기의 종류

1. 불꽃감지기	2. 정온식 감지선형 감지기
2. 분포형 감지기	4. 복합형 감지기
5. 광전식 분리형 감지기	6. 아날로그방식의 감지기
7. 다신호방식의 감지기	8. 축적방식의 감지기

3) 수신기는 다음 각 호의 기준에 따라 설치해야 한다.
   ① 수위실 등 상시 사람이 근무하는 장소에 설치할 것. 다만, 사람이 상시 근무하는 장소가 없는 경우에는 관계인이 쉽게 접근할 수 있고 관리가 용이한 장소에 설치할 수 있다.
   ② 수신기가 설치된 장소에는 경계구역 일람도를 비치할 것. 다만, 모든 수신기와 연결되어 각 수신기의 상황을 감시하고 제어할 수 있는 수신기(이하 "주수신기"라 한다)를 설치하는 경우에는 주수신기를 제외한 기타 수신기는 그렇지 않다.
   ③ 수신기의 음향기구는 그 음량 및 음색이 다른 기기의 소음 등과 명확히 구별될 수 있는 것으로 할 것
   ④ 수신기는 감지기·중계기 또는 발신기가 작동하는 경계구역을 표시할 수 있는 것으로 할 것
   ⑤ 화재·가스 전기등에 대한 종합방재반을 설치한 경우에는 해당 조작반에 수신기의 작동과 연동하여 감지기·중계기 또는 발신기가 작동하는 경계구역을 표시할 수 있는 것으로 할 것
   ⑥ 하나의 경계구역은 하나의 표시등 또는 하나의 문자로 표시되도록 할 것
   ⑦ 수신기의 조작 스위치는 바닥으로부터의 높이가 0.8m 이상 1.5m 이하인 장소에 설치할 것
   ⑧ 하나의 특정소방대상물에 2 이상의 수신기를 설치하는 경우에는 수신기를 상호 간 연동하여 화재 발생 상황을 각 수신기마다 확인할 수 있도록 할 것

04 중계기

1. 중계기의 정의

1) 감지기 · 발신기 또는 전기적인 접점 등의 작동에 따른 신호를 받아 이를 수신기에 전송하는 장치를 말한다. P형 수신기용과 R형 수신기용이 있으며, R형 수신기에는 필수적으로 설치해야 한다.

2) 일반적으로 R형 설비에서 사용하는 신호 변환장치로서 감지기, 발신기 등 Local 기기장치와 수신기 사이에 설치하여, 화재 신호를 수신기에 통보하고 이에 대응하는 출력신호를 Local 기기장치에 송출하는 방식으로 중계역할을 하는 장치이다. 중계기에는 전원장치의 내장 유무 및 사용회로에 따라 집합형과 분산형으로 구분한다.

2. 중계기의 설치기준

1) 수신기에서 직접 감지기회로의 도통시험을 행하지 아니하는 것에 있어서는 수신기와 감지기 사이에 설치할 것

2) 조작 및 점검에 편리하고 화재 및 침수 등의 재해로 인한 피해를 받을 우려가 없는 장소에 설치할 것

3) 수신기에 따라 감시되지 아니하는 배선을 통하여 전력을 공급받는 것(집합형 중계기)에 있어서는 전원입력 측의 배선에 과전류차단기를 설치하고 해당 전원의 정전이 즉시 수신기에 표시되는 것으로 하며, 상용전원 및 예비전원의 시험을 할 수 있도록 할 것

05 감지기

1. 감지기의 정의

화재 시 발생하는 열, 연기, 불꽃 또는 연소생성물을 자동적으로 감지하여 수신기에 화재신호 등을 발신하는 장치를 말한다.

2. 감지기의 종류

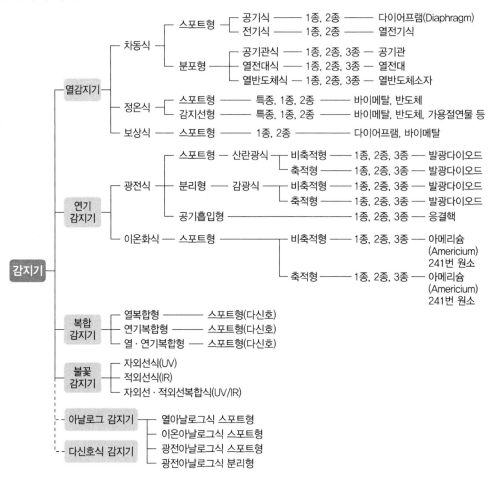

3. 감지기의 종류별 구조 및 기능

1) 열감지기

화재 시 발생하는 열, 연기, 불꽃 또는 연소생성물을 자동적으로 감지하여 수신기에 발신하는 장치를 말한다.

① **차동식 감지기** : 주위 온도가 일정 온도상승률(℃/min) 이상일 때 이를 감지하는 방식

    ㉠ 스포트형 : 일국소의 열 효과를 검출

       • 공기팽창식 : 감열실의 공기가 팽창되면 다이아프램을 밀어 올려 접점이 형성 되어 화재 신호를 발신한다.

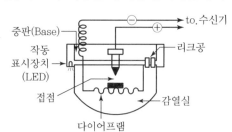

- 열기전력식 : 반도체형 열전대의 열기전력을 이용하는 것으로 열에 의해 열기전력이 발생하여 기전력이 일정한 값에 도달하면 릴레이가 작동하여 접점이 형성 되어 화재 신호를 발신한다.

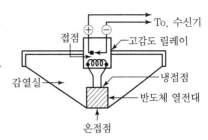

ⓛ 분포형 : 넓은 범위의 열 효과를 검출
- 공기관식 : 공기관 내의 공기가 선팽창 하게 되면 검출부의 다이아프램을 밀어 올려 접점이 형성 되어 화재 신호를 발신한다.

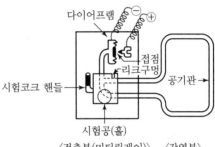

〈검출부(미터릴레이)〉　〈감열부〉

- 열전대식 : 열전대부가 가열되면 열기전력이 생겨 Meter Relay로 전류가 흐르게 되면 접점이 형성 되어 화재 신호를 발신한다.

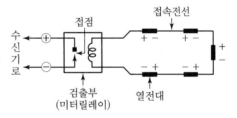

- 열반도체식 : 수열판이 가열되면 열반도체소자(Bi-Sb-Te계 화합물)에 열기전력이 생겨 Meter Realy로 전류가 흐르게 되면 접점이 형성되어 화재 신호를 발신한다.(Bi : 비스무트, Sb : 안티몬, Te : 텔르늄)

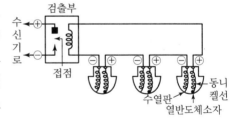

Check Point

➤ **제어벡 효과**
서로 다른 금속을 접속하고 접속면에 온도차를 주면 기전력이 발생하는 효과 : 열전온도계, 열전대식 감지기, 열반도체식 감지기

➤ **펠티에 효과**
서로 다른 금속 접속면에 전류를 흘리면 접속점에서 열의 발생 또는 흡수가 일어나는 효과 : 전자 냉장고, 전자 항온기

② **정온식 감지기** : 주위 온도가 감지기 작동 온도(공칭작동온도) 이상일 때 이를 감지하는 방식

  ㉠ 스포트형 : 일국소의 열 효과를 검출
  - 바이메탈의 활곡을 이용한 방식
  - 원반바이메탈의 반전을 이용한 방식
  - 금속의 팽창계수차를 이용한 방식
  - 가용절연물을 이용한 방식
  - 액체 팽창을 이용한 방식(알코올을 사용한다)

  ㉡ 분포형 : 넓은 범위의 열 효과를 검출
  - 비재용형 : 감지선형 감지기
  - 재용형 : 광케이블형 감지기

🔥 **Check Point** 　공칭작동온도

1. 개념

  1) 공칭작동온도란 정온식 감지기에서 감지기가 작동하는 작동점으로 60~150℃로 한다.
  2) 60~80℃는 5℃ 간격으로, 80℃ 초과는 10℃ 간격으로 한다.

2. 공칭작동온도 표시

  1) 80℃ 이하 : 백색
  2) 80℃ 초과 120℃ 이하 : 청색
  3) 120℃ 초과 : 적색

3. 공칭작동온도(℃)≧최고주위온도＋20℃

---

③ **보상식 스포트형 감지기**

  ㉠ 차동식 : 감열실의 공기가 팽창 되면 다이아프램을 밀어 올려 접점이 형성 되어 화재 신호를 발신한다.
  ㉡ 정온식 : 온도가 일정온도에 도달하면 고팽창금속이 활곡 또는 선팽창하여 접점이 형성 되어 화재 신호를 발신한다.

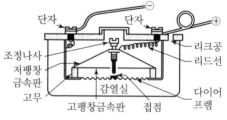

예 제

화재감지기 중 비화재보 방지기능을 하는 리크공이 있는 감지기의 종류를 쓰시오.

정답 및 해설

차동식 스포트형 공기팽창식, 차동식 분포형 공기관식, 보상식 스포트형

예 제

리크공이 확대 또는 수축된 경우 그 문제점을 쓰시오.

정답 및 해설

1. 확대(리크저항이 규정치 보다 작다) : 누설이 용이 하므로 감지기는 느리게 동작한다.(시간지연)
2. 수축(리크저항이 규정치 보다 크다) : 누설이 지연 되므로 감지기는 빠르게 동작한다.(비화재보)

2) 연기감지기(이온화식, 광전식(스포트형, 분리형), 공기흡입형)

① 이온화식 스포트형 감지기 : 이온 전류의 변화를 검출하여 작동

ㄱ 외부 이온실에 유입된 연기는 이온에 흡착 되어 저항이 증가하여 전류의 흐름을 방해 한다.(전류감소 : $I_1 \rightarrow I_2$)

ㄴ 수신기에서 공급된 전압은 항상 일정하므 로 내부와 외부 이온실간의 전압 분담비율 의 변화로 외부 이온실의 전압이 $V_1 \rightarrow V_2$ 로 상승하는 전압($\triangle V$: 감도전압)이 발생 되어 이 값이 규정치 이상이 되면 화재 신호를 발신한다.

② 광전식 감지기 : 광량(光量)의 변화를 검출하여 작동

ㄱ 스포트형 : 발광부와 수광부가 일체형

ⓐ 적외선 파장이 연기 입자와 부딪혀 난 반사를 일으켜 수광부에 수광량이 증 가하게 되면 화재 신호를 발신한다.

ⓑ 산란광식 : 빛이 난반사되어 산란되는 것을 이용

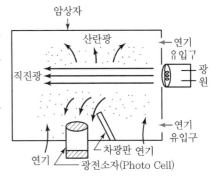

ⓒ 연기입자의 크기와 적외선 파장과의 관계
  • 입자크기≒파장크기 : 감도 최대
  • 입자크기＞파장크기 : 파장 흡수
  • 입자크기＜파장크기 : 파장 통과
ⓓ 차광판 : 직진광이 수광부로 직접 유입되는 것을 차단
ⓛ 분리형 : 발광부와 수광부가 분리형
  ① 감광식 : 수광량이 감소되는 것을 검출하여 작동
  ② 비화재보 방지 기능이 매우 좋아 대공간 (체육관 · 회의장 · Atrium · 화학공장 · 격납고 · 제련소 등)에 설치한다.

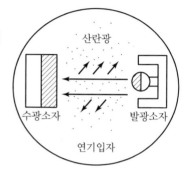

 Check Point NFSC203 제7조 4항

---

1. 광전식 분리형 감지기 또는 불꽃감지기를 설치할 수 있는 장소 : 화학공장 · 격납고 · 제련소 등
2. 광전식 공기흡입형 감지기를 설치할 수 있는 장소 : 전산실 · 반도체 공장 등

ⓒ 공기흡입형
  ⓐ 관경 25mm의 PVC 배관에 구경 2~2.5 mm의 Sampling hole을 설치하고 공기 흡입펌프로 주변의 공기를 흡입하여 공기 속에 포함된 연기를 검출한다.
  ⓑ 화재 초기에 발생된 연기 입자를 검출할 수 있다.
  ⓒ 연기이송시간 : 공기흡입장치는 공기 배관망에 설치된 가장 먼 샘플링 지점에서 감지부 부분까지 120초 이내에 연기를 이송할 수 있어야 한다.

3) 불꽃감지기의 구조 및 기능

① **적외선식 불꽃감지기**(IR ; Infrared Flame Detector)
  화염에서 발산되는 적외선이 일정량 이상으로 변화할 때 검출하는 감지기로, 일국소의 적외선에 의하여 수광소자에 유입되는 수광량이 규정치 이상이면 작동하는 감지기. 온도, 습도, 진동 등이 없는 장소에 설치하며, 난로나 전기스토브 등의 열원이 감지기의 오동작 원인이 될 수 있으므로 감시각 범위 내에 오지 않도록 설치하여야 한다.

② **자외선식 불꽃감지기**(UV ; Ultraviolet Flame Detector)

화염에서 발산되는 자외선의 변화가 일정치 이상이 되면 작동하는 감지기로, 일국소의 자외선에 의해 수광소자로 유입되는 수광량 변화를 검출하여 작동하는 감지기이다.

③ **혼합형 불꽃감지기**

일국소의 자외선 또는 적외선에 의해 수광소자로 유입되는 수광량 변화로 1개의 화재신호를 발하는 감지기이다.

④ **복합형 불꽃감지기**

자외선과 적외선의 성능을 모두 갖춘 감지기로, 두 가지의 성능이 동시에 작동하거나 2개의 화재신호를 각각 발하는 감지기이다.

⑤ **도로형 불꽃감지기**

도로에 국한하여 설치하는 감지기로, 불꽃의 검출 시야각이 180° 이상이다.

4) 복합형 감지기

종류	구성요소	신호송출	
열복합형	차동식 + 정온식	단신호 (AND 회로)	다신호 (OR 회로)
연기복합형	이온화식 + 광전식		
열 · 연복합형	차동식 + 이온화식		
	차동식 + 광전식		
	정온식 + 이온화식		
	정온식 + 광전식		

4. 감지기의 설치기준

1) 자동화재탐지설비의 감지기는 부착 높이에 따라 다음 표 2.4.1에 따른 감지기를 설치해야 한다. 다만, 지하층 · 무창층 등으로서 환기가 잘되지 아니하거나 실내면적이 40m² 미만인 장소, 감지기의 부착면과 실내 바닥과의 거리가 2.3m 이하인 곳으로서 일시적으로 발생한 열 · 연기 또는 먼지 등으로 인하여 화재신호를 발신할 우려가 있는 장소 (2.2.2 본문에 따른 수신기를 설치한 장소를 제외한다)에는 다음의 기준에서 정한 감지기 중 적응성이 있는 감지기를 설치해야 한다.

① 불꽃감지기   ② 정온식 감지선형 감지기

③ 분포형 감지기   ④ 복합형 감지기

⑤ 광전식 분리형 감지기   ⑥ 아날로그방식의 감지기

⑦ 다신호방식의 감지기   ⑧ 축적방식의 감지기

부착높이	감지기의 종류
4m 미만	• 차동식(스포트형, 분포형)　　　• 보상식 스포트형 • 정온식(스포트형, 감지선형) • 이온화식 또는 광전식(스포트형, 분리형, 공기흡입형) • 열복합형　　　　　　　　　　　• 연기복합형 • 열연기복합형　　　　　　　　　• 불꽃감지기
4m 이상 8m 미만	• 차동식(스포트형, 분포형)　　　• 보상식 스포트형 • 정온식(스포트형, 감지선형) 특종 또는 1종 • 이온화식 1종 또는 2종 • 광전식(스포트형, 분리형, 공기흡입형) 1종 또는 2종 • 열복합형　　　　　　　　　　　• 연기복합형 • 열연기복합형　　　　　　　　　• 불꽃감지기
8m 이상 15m 미만	• 차동식 분포형　　　　　　　　　• 이온화식 1종 또는 2종 • 광전식(스포트형, 분리형, 공기흡입형) 1종 또는 2종 • 연기복합형　　　　　　　　　　• 불꽃감지기
15m 이상 20m 미만	• 이온화식 1종 • 광전식(스포트형, 분리형, 공기흡입형) 1종 • 연기복합형　　　　　　　　　　• 불꽃감지기
20m 이상	• 불꽃감지기 • 광전식(분리형, 공기흡입형) 중 아날로그방식

[비고]

1. 감지기별 부착높이 등에 대하여 별도로 형식승인 받은 경우에는 그 성능 인정범위 내에서 사용할 수 있다.

2. 부착높이 20m 이상에 설치되는 광전식 중 아날로그방식의 감지기는 공칭감지농도 하한값이 감광률 5%/m 미만인 것으로 한다.

2) 다음 각 호의 장소에는 연기감지기를 설치해야 한다. 다만, 교차회로방식에 따른 감지기가 설치된 장소 또는 제1항 단서에 따른 감지기가 설치된 장소에는 그렇지 않다.

① 계단·경사로 및 에스컬레이터 경사로

② 복도(30m 미만의 것을 제외한다)

③ 엘리베이터 승강로(권상기실이 있는 경우에는 권상기실)·린넨슈트·파이프 피트 및 덕트 기타 이와 유사한 장소

④ 천장 또는 반자의 높이가 15m 이상 20m 미만의 장소

⑤ 다음 각 목의 어느 하나에 해당하는 특정소방대상물의 취침·숙박·입원 등 이와 유사한 용도로 사용되는 거실

㉠ 공동주택·오피스텔·숙박시설·노유자시설·수련시설

㉡ 교육연구시설 중 합숙소

㉢ 의료시설, 근린생활시설 중 입원실이 있는 의원·조산원

   ⓔ 교정 및 군사시설

   ⓜ 근린생활시설 중 고시원

3) 감지기는 다음 각 호의 기준에 따라 설치하여야 한다. 다만, 교차회로방식에 사용되는 감지기, 급속한 연소 확대가 우려되는 장소에 사용되는 감지기 및 축적기능이 있는 수신기에 연결하여 사용하는 감지기는 축적기능이 없는 것으로 설치하여야 한다.

Check Point 축적기능이 없는 감지기를 설치하여야 하는 경우

> 1. 교차회로방식에 사용되는 감지기
> 2. 급속한 연소 확대가 우려되는 장소에 사용되는 감지기
> 3. 축적기능이 있는 수신기에 연결하여 사용하는 감지기

① 감지기(차동식 분포형의 것을 제외한다)는 실내로의 공기유입구로부터 1.5m 이상 떨어진 위치에 설치할 것

② 감지기는 천장 또는 반자의 옥내에 면하는 부분에 설치할 것

③ 보상식 스포트형 감지기는 정온점이 감지기 주위의 평상시 최고온도보다 20℃ 이상 높은 것으로 설치할 것

④ 정온식 감지기는 주방·보일러실 등으로서 다량의 화기를 취급하는 장소에 설치하되, 공칭작동온도가 최고주위온도보다 20℃ 이상 높은 것으로 설치할 것

⑤ 차동식 스포트형·보상식 스포트형 및 정온식 스포트형 감지기는 그 부착 높이 및 특정소방대상물에 따라 다음 표에 따른 바닥면적마다 1개 이상을 설치할 것

부착높이 및 특정소방대상물의 구분		감지기의 종류						
		차동식 스포트형		보상식 스포트형		정온식 스포트형		
		1종	2종	1종	2종	특종	1종	2종
4m 미만	주요 구조부를 내화구조로 한 특정소방대상물 또는 그 부분	90	70	90	70	70	60	20
	기타 구조의 특정소방대상물 또는 그 부분	50	40	50	40	40	30	15
4m 이상 8m 미만	주요 구조부를 내화구조로 한 특정소방대상물 또는 그 부분	45	35	45	35	35	30	
	기타 구조의 특정소방대상물 또는 그 부분	30	25	30	25	25	15	

⑥ 스포트형 감지기는 45° 이상 경사되지 아니하도록 부착할 것

⑦ **공기관식 차동식 분포형 감지기**는 다음 기준에 따를 것

　　　　ㄱ 공기관의 노출부분은 감지구역마다 20m 이상이 되도록 할 것

　　　　ㄴ 공기관과 감지구역의 각 변과의 수평거리는 1.5m 이하가 되도록 하고, 공기관 상호 간의 거리는 6m(주요 구조부를 내화구조로 한 특정소방대상물 또는 그 부분에 있어서는 9m) 이하가 되도록 할 것

　　　　ㄷ 공기관은 도중에서 분기하지 않도록 할 것

　　　　ㄹ 하나의 검출부분에 접속하는 공기관의 길이는 100m 이하로 할 것

　　　　ㅁ 검출부는 5° 이상 경사되지 않도록 부착할 것

　　　　ㅂ 검출부는 바닥으로부터 0.8m 이상 1.5m 이하의 위치에 설치할 것

Check Point 　**공기관식 차동식 분포형 감지기 설치**

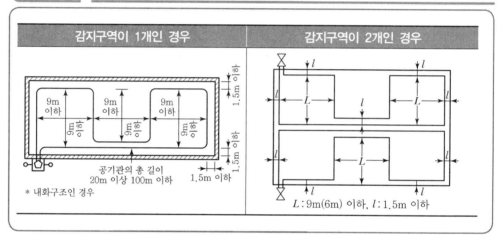

⑧ **열전대식 차동식 분포형 감지기**는 다음 기준에 따를 것

　　　ㄱ 열전대부는 감지구역의 바닥면적 18m²(주요 구조부가 내화구조로 된 특정소방대상물에 있어서는 22m²)마다 1개 이상으로 할 것. 다만, 바닥면적이 72m²(주요 구조부가 내화구조로 된 특정소방대상물에 있어서는 88m²) 이하인 특정소방대상물에 있어서는 4개 이상으로 해야 한다.

　　　ㄴ 하나의 검출부에 접속하는 열전대부는 20개 이하로 할 것. 다만, 각각의 열전대부에 대한 작동 여부를 검출부에서 표시할 수 있는 것(주소형)은 형식승인 받은 성능 인정범위 내의 수량으로 설치할 수 있다.

⑨ **열반도체식 차동식 분포형 감지기**는 다음 기준에 따를 것

　　　ㄱ 감지부는 그 부착높이 및 특정소방대상물에 따라 다음 표에 따른 바닥면적마다 1개 이상으로 할 것. 다만, 바닥면적이 다음 표에 따른 면적의 2배 이하인 경우에는 2개(부착높이가 8m 미만이고, 바닥면적이 다음 표에 따른 면적 이하인 경우에는 1개) 이상으로 해야 한다.

부착높이 및 소방대상물의 구분		감지기의 종류	
		1종	2종
8m 미만	주요 구조부가 내화구조로 된 소방대상물 또는 그 부분	65	36
	기타 구조의 소방대상물 또는 그 부분	40	23
8m 이상 15m 미만	주요 구조부가 내화구조로 된 소방대상물 또는 그 부분	50	36
	기타 구조의 소방대상물 또는 그 부분	30	23

ⓒ 하나의 검출기에 접속하는 감지부는 2개 이상 15개 이하가 되도록 할 것. 다만, 각각의 감지부에 대한 작동 여부를 검출기에서 표시할 수 있는 것(주소형)은 형식 승인 받은 성능인정범위 내의 수량으로 설치할 수 있다.

⑩ **연기감지기**는 다음의 기준에 따라 설치할 것

ㄱ 감지기의 부착높이에 따라 다음 표에 따른 바닥면적마다 1개 이상으로 할 것

(단위 ㎡)

부착높이	감지기의 종류	
	1종	2종
4m 미만	150	50
4m 이상 20m 미만	75	

ㄴ 감지기는 복도 및 통로에 있어서는 보행거리 30m(3종에 있어서는 20m)마다, 계단 및 경사로에 있어서는 수직거리 15m(3종에 있어서는 10m)마다 1개 이상으로 할 것

ㄷ 천장 또는 반자가 낮은 실내 또는 좁은 실내에 있어서는 출입구의 가까운 부분에 설치할 것

ㄹ 천장 또는 반자부근에 배기구가 있는 경우에는 그 부근에 설치할 것

ㅁ 감지기는 벽 또는 보로부터 0.6m 이상 떨어진 곳에 설치할 것

⑪ 열복합형감지기의 설치에 관하여는 2.4.3.3 및 2.4.3.9를, 연기복합형감지기의 설치에 관하여는 2.4.3.10을, 열연기복합형감지기의 설치에 관하여는 2.4.3.5 및 2.4.3.10.2 또는 2.4.3.10.5를 준용하여 설치할 것

⑫ **정온식 감지선형 감지기**는 다음의 기준에 따라 설치할 것

ㄱ 보조선이나 고정금구를 사용하여 감지선이 늘어지지 않도록 설치할 것

ㄴ 단자부와 마감 고정금구와의 설치간격은 10cm 이내로 설치할 것

ㄷ 감지선형 감지기의 굴곡반경은 5cm 이상으로 할 것

ㄹ 감지기와 감지구역의 각 부분과의 수평거리가 내화구조의 경우 1종 4.5m 이하, 2종 3m 이하로 할 것. 기타 구조의 경우 1종 3m 이하, 2종 1m 이하로 할 것

ⓜ 케이블트레이에 감지기를 설치하는 경우에는 케이블트레이 받침대에 마감금구를 사용하여 설치할 것

ⓑ 창고의 천장 등에 지지물이 적당하지 않는 장소에서는 보조선을 설치하고 그 보조선에 설치할 것

ⓢ 분전반 내부에 설치하는 경우 접착제를 이용하여 돌기를 바닥에 고정시키고 그 곳에 감지기를 설치할 것

ⓞ 그 밖의 설치방법은 형식승인 내용에 따르며 형식승인 사항이 아닌 것은 제조사의 시방(示方)에 따라 설치할 것

Check Point

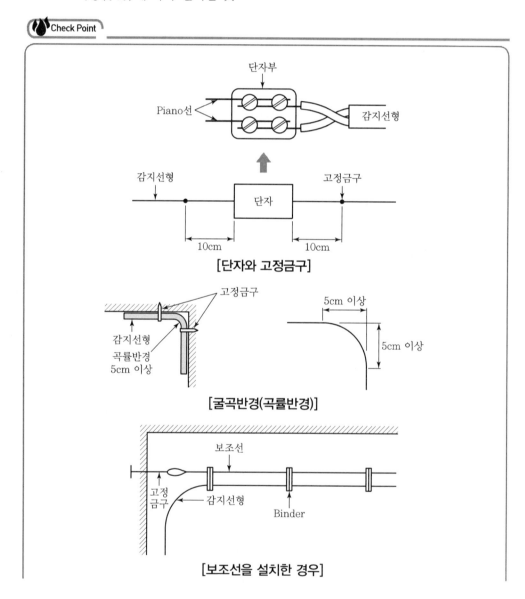

[단자와 고정금구]

[굴곡반경(곡률반경)]

[보조선을 설치한 경우]

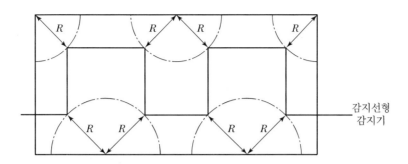

▶ 감지선의 각 부분과 수평거리

종류	내화구조	기타 구조
1종	4.5m 이하	3m 이하
2종	3m 이하	1m 이하

⑬ **불꽃감지기**는 다음의 기준에 따라 설치할 것

　㉠ 공칭감시거리 및 공칭시야각은 형식승인 내용에 따를 것

　㉡ 감지기는 공칭감시거리와 공칭시야각을 기준으로 감시구역이 모두 포용될 수 있도록 설치할 것

　㉢ 감지기는 화재감지를 유효하게 감지할 수 있는 모서리 또는 벽 등에 설치할 것

　㉣ 감지기를 천장에 설치하는 경우 감지기는 바닥을 향하여 설치할 것

　㉤ 수분이 많이 발생할 우려가 있는 장소에는 방수형으로 설치할 것

　㉥ 그 밖의 설치기준은 형식승인 내용에 따르며 형식승인 사항이 아닌 것은 제조사의 시방에 따라 설치할 것

⑭ **아날로그방식의 감지기**는 공칭감지온도범위 및 공칭감지농도범위에 적합한 장소에, 다신호방식의 감지기는 화재신호를 발신하는 감도에 적합한 장소에 설치할 것. 다만, 이 기준에서 정하지 않는 설치방법에 대하여는 형식승인 사항이나 제조사의 시방에 따라 설치할 수 있다.

⑮ **광전식 분리형 감지기**는 다음 기준에 따라 설치할 것

　㉠ 감지기의 수광면은 햇빛을 직접 받지 않도록 설치할 것

　㉡ 광축(송광면과 수광면의 중심을 연결한 선)은 나란한 벽으로부터 0.6m 이상 이격하여 설치할 것

　㉢ 감지기의 송광부와 수광부는 설치된 뒷벽으로부터 1m 이내 위치에 설치할 것

　㉣ 광축의 높이는 천장 등(천장의 실내에 면한 부분 또는 상층의 바닥하부면을 말한다) 높이의 80% 이상일 것

  ⓜ 감지기의 광축 길이는 공칭감시거리 범위 이내일 것

  ⓑ 그 밖의 설치기준은 형식승인 내용에 따르며 형식승인 사항이 아닌 것은 제조사의
시방에 따라 설치할 것

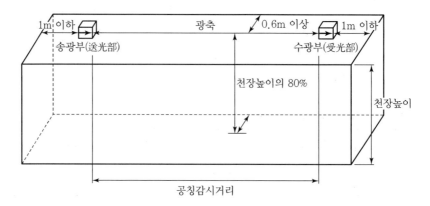

4) 광전식 분리형 감지기 또는 불꽃감지기를 설치하거나 광전식 공기흡입형 감지기를 설치할 수 있는 장소

 ① 화학공장 · 격납고 · 제련소 등

  광전식 분리형 감지기 또는 불꽃감지기. 이 경우 각 감지기의 공칭감시거리 및
공칭시야각 등 감지기의 성능을 고려해야 한다.

 ② 전산실 또는 반도체 공장 등

  광전식 공기흡입형 감지기. 이 경우 설치장소 · 감지면적 및 공기흡입관의 이격거리
등은 형식승인 내용에 따르며 형식승인 사항이 아닌 것은 제조사의 시방에 따라 설치해
야 한다.

5) 감지기 설치 제외 장소

 ① 천장 또는 반자의 높이가 20m 이상인 장소. 다만, 2.4.1 단서의 감지기로서 부착
높이에 따라 적응성이 있는 장소는 제외한다.

 ② 헛간 등 외부와 기류가 통하는 장소로서 감지기에 따라 화재 발생을 유효하게 감지할
수 없는 장소

 ③ 부식성 가스가 체류하고 있는 장소

 ④ 고온도 및 저온도로서 감지기의 기능이 정지되기 쉽거나 감지기의 유지관리가 어려
운 장소

 ⑤ 목욕실 · 욕조나 샤워시설이 있는 화장실 · 기타 이와 유사한 장소

 ⑥ 파이프덕트 등 그 밖의 이와 비슷한 것으로서 2개 층마다 방화구획된 것이나 수평단
면적이 5m² 이하인 것

⑦ 먼지·가루 또는 수증기가 다량으로 체류하는 장소 또는 주방 등 평시에 연기가 발생하는 장소(연기감지기에 한한다)

⑧ 프레스공장·주조공장 등 화재 발생의 위험이 적은 장소로서 감지기의 유지관리가 어려운 장소

06 발신기

1. 정의

수동누름버턴 등의 작동으로 화재 신호를 수신기에 발신하는 장치를 말한다.

1) P형

구분	P형 1급 발신기	P형 2급 발신기
구조	명판, 응답표시등, 누름버튼, 보호판, 전화 Jack	명판, 누름버튼, 보호판
기본간선	지구선·공통선·응답선	지구선·공통선

2) T형

송수화기를 드는 순간 화재 신호가 발신되며, 수신기와 전화 통화가 가능하다.

송수화기

3) M형 발신기

M형 수신기에 직렬로 최대 100개까지 연결할 수 있다.

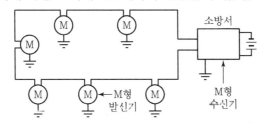

2. 발신기의 설치기준

1) 자동 화재탐지설비의 발신기는 다음 각 호의 기준에 따라 설치하여야 한다.

① 조작이 쉬운 장소에 설치하고, 스위치는 바닥으로부터 0.8m 이상 1.5m 이하의 높이에 설치할 것

② 특정소방대상물의 층마다 설치하되, 해당 특정소방대상물의 각 부분으로부터 하나의 발신기까지의 수평거리가 25m 이하가 되도록 할 것. 다만, 복도 또는 별도로 구획된 실로서 보행거리가 40m 이상일 경우에는 추가로 설치해야 한다.

③ 제②에도 불구하고 2.6.1.2의 기준을 초과하는 경우로서 기둥 또는 벽이 설치되지 아니한 대형 공간의 경우 발신기는 설치 대상 장소의 가장 가까운 장소의 벽 또는 기둥 등에 설치할 것

2) 발신기의 위치를 표시하는 표시등은 함의 상부에 설치하되, 그 불빛은 부착면으로부터 15° 이상의 범위 안에서 부착지점으로부터 10m 이내의 어느 곳에서도 쉽게 식별할 수 있는 적색등으로 해야 한다.

07 표시등

발신기의 위치를 표시할 목적으로 설치되므로 발신기 직근에 설치하며 통상 위치표시등(Pilot Lamp)이라고 한다. **상시 점등**되어 있는 **적색**의 등이다.

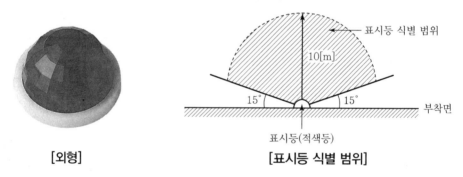

[외형]   [표시등 식별 범위]

08 음향장치

1. 음향장치의 구분

1) 음색에 따른 구분

① **경종(Bell)** : 주로 경보설비에 사용되며, 강철재 내부에 장착된 공이가 빠르게 움직여 요란하게 타종한다.

② **사이렌(Siren)** : 주로 소화설비에 사용되며 전자사이렌, 모터사이렌 등이 있다.

③ **부저(Buzzer)** : 누전경보기 등에 사용되며 경종이나 사이렌보다 음량이 작다.

2) 위치에 따른 구분

① **주 음향장치** : 수신기 내부 또는 직근에 설치

② **지구 음향장치** : 발신기 직근 또는 발신기함 내에 설치

2. 음향장치의 설치기준

1) 주음향장치는 수신기의 내부 또는 그 직근에 설치할 것

2) 층수가 11층(공동주택의 경우에는 16층) 이상의 특정소방대상물은 다음의 기준에 따라 경보를 발할 수 있도록 할 것

① 2층 이상의 층에서 발화한 때에는 발화층 및 그 직상 4개 층에 경보를 발할 것

② 1층에서 발화한 때에는 발화층·그 직상 4개 층 및 지하층에 경보를 발할 것

③ 지하층에서 발화한 때에는 발화층·그 직상층 및 기타의 지하층에 경보를 발할 것

3) 지구음향장치는 특정소방대상물의 층마다 설치하되, 해당 층의 각 부분으로부터 하나의 음향장치까지의 수평거리가 25m 이하가 되도록 하고, 해당 층의 각 부분에 유효하게 경보를 발할 수 있도록 설치할 것. 다만, 「비상방송설비의 화재안전기술기준(NFTC 202)」에 적합한 방송설비를 자동화재탐지설비의 감지기와 연동하여 작동하도록 설치한 경우에는 지구음향장치를 설치하지 않을 수 있다.

4) 음향장치는 다음 각 목의 기준에 따른 구조 및 성능의 것으로 하여야 한다.

① 정격전압의 80% 전압에서 음향을 발할 수 있는 것으로 할 것. 다만, 건전지를 주전원으로 사용하는 음향장치는 그렇지 않다.

② 음량은 부착된 음향장치의 중심으로부터 1m 떨어진 위치에서 90dB 이상이 되는 것으로 할 것

③ 감지기 및 발신기의 작동과 연동하여 작동할 수 있는 것으로 할 것

5) 3)에도 불구하고 3)의 기준을 초과하는 경우로서 기둥 또는 벽이 설치되지 아니한 대형공간의 경우 지구음향장치는 설치 대상 장소의 가장 가까운 장소의 벽 또는 기둥 등에 설치할 것

---

09 시각경보장치

1. 시각경보장치의 정의

청각장애인용 시각경보장치는 청각장애인의 피난을 위해 설치하는 점멸형태의 시각경보기

2. 시각경보장치의 성능 인증 및 제품검사의 기술기준(소방방재청고시 제2012-64호)

1) 점멸주기

매 초당 1회 이상 3회 이내(1분간 측정)

2) 광도기준

광원으로부터 수평거리 6m에서 조도를 측정하는 경우

측정위치	광도기준
0°(전면)	15cd 이상
45°	11.25cd 이상
90°(측면)	3.75cd 이상

3) 광원종류

투명 또는 흰색이어야 하며 최대 1,000cd를 초과하지 아니하여야 한다.

4) 식별범위

12.5m 떨어진 임의지점에서 점멸상태를 확인하는 경우 수평 180°와 수직 90° 내의 어느 지점에서도 빛이 보일 수 있어야 한다.

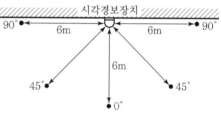

5) 작동시간

동작신호를 받은 시각경보장치는 3초 이내 경보를 발하여야 하며, 정지신호를 받았을 경우에는 3초 이내 정지되어야 한다.

3. 시각경보장치의 설치기준

1) 복도·통로·청각장애인용 객실 및 공용으로 사용하는 거실(로비, 회의실, 강의실, 식당, 휴게실, 오락실, 대기실, 체력단련실, 접객실, 안내실, 전시실, 기타 이와 유사한 장소를 말한다)에 설치하며, 각 부분으로부터 유효하게 경보를 발할 수 있는 위치에 설치할 것

2) 공연장·집회장·관람장 또는 이와 유사한 장소에 설치하는 경우에는 시선이 집중되는 무대부 부분 등에 설치할 것

3) 설치높이는 바닥으로부터 2m 이상 2.5m 이하의 장소에 설치할 것 다만, 천장의 높이가 2m 이하인 경우에는 천장으로부터 0.15m 이내의 장소에 설치하여야 한다.

4) 시각경보장치의 광원은 전용의 축전지설비 또는 전기저장장치(외부 전기에너지를 저장해 두었다가 필요한 때 전기를 공급하는 장치)에 의하여 점등되도록 할 것. 다만, 시각경보기에 작동전원을 공급할 수 있도록 형식승인을 얻은 수신기를 설치한 경우에는 그렇지 않다.

10 전원

1. 상용전원

전기가 정상적으로 공급되는 축전지, 전기저장장치 또는 교류전압옥내간선으로 하고, 전원까지의 배선은 전용으로 할 것

2. 비상전원

자동 화재탐지설비에 대한 감시상태를 60분간 지속한 후 유효하게 10분 이상 경보할 수 있는 축전지설비(수신기에 내장하는 경우를 포함한다) 또는 전기저장장치를 설치하여야 한다. 다만, 상용전원이 축전지설비인 경우 또는 건전지를 주전원으로 사용하는 무선식 설비인 경우에는 그렇지 않다.

11 배선

1. 전원회로의 배선은 「옥내소화전설비의 화재안전기술기준(NFTC 102)」 2.7.2의 표 2.7.2(1)에 따른 내화배선에 따르고, 그 밖의 배선(감지기 상호간 또는 감지기로부터 수신기에 이르는 감지기회로의 배선을 제외한다)은 「옥내소화전설비의 화재안전기술기준(NFTC 102)」 2.7.2의 표 2.7.2(1) 또는 표 2.7.2(2)에 따른 내화배선 또는 내열배선에 따를 것
2. 감지기 상호간 또는 감지기로부터 수신기에 이르는 감지기회로의 배선은 다음의 기준에 따라 설치할 것
   1) 아날로그식, 다신호식 감지기나 R형수신기용으로 사용되는 것은 전자파 방해를 받지 않는 실드선 등을 사용해야 하며, 광케이블의 경우에는 전자파 방해를 받지 아니하고 내열성능이 있는 경우 사용할 것. 다만, 전자파 방해를 받지 않는 방식의 경우에는 그렇지 않다.
   2) 1)외의 일반배선을 사용할 때는 「옥내소화전설비의 화재안전기술기준(NFTC 102)」 2.7.2의 표 2.7.2(1) 또는 표 2.7.2(2)에 따른 내화배선 또는 내열배선으로 사용할 것

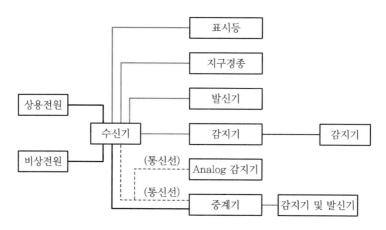

3. 감지기회로의 도통시험을 위한 종단저항은 다음의 기준에 따를 것
   1) 점검 및 관리가 쉬운 장소에 설치할 것
   2) 전용함을 설치하는 경우 그 설치 높이는 바닥으로부터 1.5m 이내로 할 것
   3) 감지기 회로의 끝부분에 설치하며, 종단감지기에 설치할 경우에는 구별이 쉽도록 해당
      감지기의 기판 및 감지기 외부 등에 별도의 표시를 할 것
4. 감지기 사이의 회로의 배선은 송배선식으로 할 것

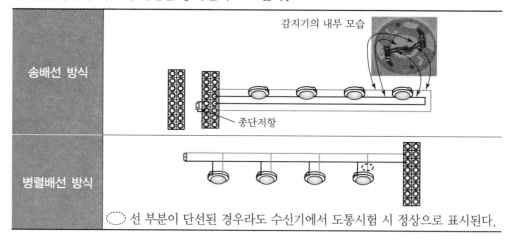

5. 전원회로의 전로와 대지 사이 및 배선 상호 간의 절연저항은 「전기사업법」 제67조에 따른
   기술기준이 정하는 바에 의하고, 감지기회로 및 부속회로의 전로와 대지 사이 및 배선 상호
   간의 절연저항은 1경계구역마다 직류 250V의 절연저항측정기를 사용하여 측정한 절연저
   항이 0.1MΩ 이상이 되도록 할 것
6. 자동 화재탐지설비의 배선은 다른 전선과 별도의 관·덕트(절연효력이 있는 것으로 구획한
   때에는 그 구획된 부분은 별개의 덕트로 본다)·몰드 또는 풀박스 등에 설치할 것. 다만, 60V
   미만의 약 전류회로에 사용하는 전선으로서 각각의 전압이 같을 때에는 그렇지 않다.

7. 피(P)형 수신기 및 지피(GP)형 수신기의 감지기 회로의 배선에 있어서 하나의 공통선에 접속할 수 있는 경계구역은 7개 이하로 할 것

8. 자동화재탐지설비의 감지기회로의 전로저항은 50Ω 이하가 되도록 해야 하며, 수신기의 각 회로별 종단에 설치되는 감지기에 접속되는 배선의 전압은 감지기 정격전압의 80% 이상 이어야 할 것

■ [표 2.4.6(1)]

설치장소별 감지기 적응성(연기감지기를 설치할 수 없는 경우 적용)

설치장소		적응열 감지기									불꽃감지기	비고
환경상태	적응장소	차동식 스포트형		차동식 분포형		보상식 스포트형		정온식		열아날로그식		
		1종	2종	1종	2종	1종	2종	특종	1종			
1. 먼지 또는 미분 등이 다량으로 체류하는 장소	쓰레기장, 하역장, 도장실, 섬유·목재·석재 등 가공 공장	○	○	○	○	○	○	○	○	○	○	1. 불꽃감지기에 따라 감시가 곤란한 장소는 적응성이 있는 열감지기를 설치할 것 2. 차동식 분포형 감지기를 설치하는 경우에는 검출부에 먼지, 미분 등이 침입하지 않도록 조치할 것 3. 차동식 스포트형 감지기 또는 보상식 스포트형 감지기를 설치하는 경우에는 검출부에 먼지, 미분 등이 침입하지 않도록 조치할 것 4. 정온식 감지기를 설치하는 경우에는 특종으로 설치할 것 5. 섬유, 목재가공 공장 등 화재확대가 급속하게 진행될 우려가 있는 장소에 설치하는 경우 정온식 감지기는 특종으로 설치할 것. 공칭작동 온도75℃ 이하, 열아날로그식 스포트형 감지기는 화재표시 설정은 80℃ 이하가 되도록 할 것

2. 수증기가 다량으로 머무는 장소	증기세정실, 탕비실, 소독실 등	×	×	×	○	×	○	○	○	○	○	1. 차동식 분포형 감지기 또는 보상식 스포트형 감지기는 급격한 온도 변화가 없는 장소에 한하여 사용할 것 2. 차동식 분포형 감지기를 설치하는 경우에는 검출부에 수증기가 침입하지 않도록 조치할 것 3. 보상식 스포트형 감지기, 정온식 감지기 또는 열아날로그식 감지기를 설치하는 경우에는 방수형으로 설치할 것 4. 불꽃감지기를 설치할 경우 방수형으로 할 것
3. 부식성 가스가 발생할 우려가 있는 장소	도금공장, 축전지실, 오수처리장 등	×	×	○	○	○	○	×	○	○	○	1. 차동식 분포형 감지기를 설치하는 경우에는 감지부가 피복되어 있고 검출부가 부식성 가스에 영향을 받지 않는 것 또는 검출부에 부식성 가스가 침입하지 않도록 조치할 것 2. 보상식 스포트형 감지기, 정온식 감지기 또는 열아날로그식 스포트형 감지기를 설치하는 경우에는 부식성 가스의 성상에 반응하지 않는 내산형 또는 내알칼리형으로 설치할 것 3. 정온식 감지기를 설치하는 경우에는 특종으로 설치할 것

4. 주방, 기타 평상시에 연기가 체류하는 장소	주방, 조리실, 용접작업장 등	×	×	×	×	×	×	○	○	○	○	1. 주방, 조리실 등 습도가 많은 장소에는 방수형 감지기를 설치할 것 2. 불꽃감지기는 UV/IR형을 설치할 것
5. 현저하게 고온으로 되는 장소	건조실, 살균실, 보일러실, 주조실, 영사실, 스튜디오	×	×	×	×	×	×	○	○	○	×	
6. 배기가스가 다량으로 체류하는 장소	주차장, 차고, 화물취급소 차로, 자가발전실, 트럭터미널, 엔진시험실	○	○	○	○	○	○	×	×	○	○	1. 불꽃감지기에 따라 감시가 곤란한 장소는 적응성이 있는 열감지기를 설치할 것 2. 열아날로그식 스포트형 감지기는 화재표시 설정이 60℃ 이하가 바람직하다.
7. 연기가 다량으로 유입할 우려가 있는 장소	음식물배급실, 주방전실, 주방내 식품저장실, 음식물운반용 엘리베이터, 주방 주변의 복도 및 통로, 식당 등	○	○	○	○	○	○	○	○	○	×	1. 고체연료 등 가연물이 수납되어 있는 음식물 배급실, 주방전실에 설치하는 정온식 감지기는 특종으로 설치할 것 2. 주방주변의 복도 및 통로, 식당 등에는 정온식 감지기를 설치하지 말 것 3. 제1호 및 제2호의 장소에 열아날로그식 스포트형 감지기를 설치하는 경우에는 화재표시 설정을 60℃ 이하로 할 것

8. 물방울이 발생하는 장소	스레트 또는 철판으로 설치한 지붕 창고·공장, 패키지형 냉각기전용 수납실, 밀폐된 지하창고, 냉동실 주변 등	×	×	○	○	○	○	○	○	○	○	1. 보상식 스포트형 감지기, 정온식 감지기 또는 열아날로그식 스포트형 감지기를 설치하는 경우에는 방수형으로 설치할 것 2. 보상식 스포트형 감지기는 급격한 온도 변화가 없는 장소에 한하여 설치할 것 3. 불꽃감지기를 설치하는 경우에는 방수형으로 설치할 것
9. 불을 사용하는 설비로서 불꽃이 노출되는 장소	유리공장, 용선로가 있는 장소, 용접실, 주방, 작업장, 주방, 주조실 등	×	×	×	×	×	×	○	○	○	×	

[주]

1. "○"는 당해 설치장소에 적응하는 것을 표시, "×"는 당해 설치장소에 적응하지 않는 것을 표시
2. 차동식 스포트형, 차동식 분포형 및 보상식 스포트형 1종은 감도가 예민하기 때문에 비화재보 발생은 2종에 비해 불리한 조건이라는 것을 유의할 것
3. 차동식 분포형 3종 및 정온식 2종은 소화설비와 연동하는 경우에 한해서 사용할 것
4. 다신호식 감지기는 그 감지기가 가지고 있는 종별, 공칭작동온도별로 따르지 말고 상기 표에 따른 적응성이 있는 감지기로 할 것

■ [표 2.4.6(2)]

설치장소별 감지기 적응성

설치장소		적응열 감지기					적응연기 감지기						불꽃감지기	비고
환경상태	적응장소	차동식 스포트형	차동식 분포형	보상식 스포트형	정온식	열아날로그식	이온화식 스포트형	광전식 스포트형	이온아날로그식 스포트형	광전아날로그식 스포트형	광전식 분리형	광전아날로그식 분리형		
1. 흡연에 의해 연기가 체류하며 환기가 되지 않는 장소	회의실, 응접실, 휴게실, 노래연습실, 오락실, 다방, 음식점, 대합실, 카바레 등의 객실, 집회장, 연회장 등	○	○	○				◎		◎	○	○		
2. 취침시설로 사용하는 장소	호텔 객실, 여관, 수면실 등						◎	◎	◎	◎	○	○		
3. 연기 이외의 미분이 떠다니는 장소	복도, 통로 등						◎	◎	◎	◎	○	○	○	
4. 바람에 영향을 받기 쉬운 장소	로비, 교회, 관람장, 옥탑에 있는 기계실		○					◎		◎	○	○	○	
5. 연기가 멀리 이동해서 감지기에 도달하는 장소	계단, 경사로							○		○	○	○		광전식 스포트형 감지기 또는 광전아날로그식 스포트형 감지기를 설치하는 경우에는 당해 감지기회로에 축적기능을 갖지 않는 것으로 할 것
6. 훈소화재의 우려가 있는 장소	전화기기실, 통신기기실, 전산실, 기계제어실							○		○	○	○		

| 7. 넓은 공간으로 천장이 높아 열 및 연기가 확산하는 장소 | 체육관, 항공기 격납고, 높은 천장의 창고·공장, 관람석 상부 등 감지기 부착 높이가 8m 이상의 장소 | | ○ | | | | | | | | ○ | ○ | ○ |

[주]

1. "○"는 당해 설치장소에 적응하는 것을 표시
2. "◎" 당해 설치장소에 연감지기를 설치하는 경우에는 당해 감지회로에 축적기능을 갖는 것을 표시
3. 차동식 스포트형, 차동식 분포형, 보상식 스포트형 및 연기식(당해 감지기회로에 축적기능을 갖지않는 것) 1종은 감도가 예민하기 때문에 비화재보 발생은 2종에 비해 불리한 조건이라는 것을 유의하여 따를 것
4. 차동식 분포형 3종 및 정온식 2종은 소화설비와 연동하는 경우에 한해서 사용할 것
5. 광전식 분리형 감지기는 평상시 연기가 발생하는 장소 또는 공간이 협소한 경우에는 적응성이 없음
6. 넓은 공간으로 천장이 높아 열 및 연기가 확산하는 장소로서 차동식 분포형 또는 광전식 분리형 2종을 설치하는 경우에는 제조사의 사양에 따를 것
7. 다신호식 감지기는 그 감지기가 가지고 있는 종별, 공칭작동온도별로 따르고 표에 따른 적응성이 있는 감지기로 할 것
8. 축적형 감지기 또는 축적형 중계기 혹은 축적형 수신기를 설치하는 경우에는 제7조에 따를 것

CHAPTER 18 자동 화재속보설비(NFTC204)

01 계통도 및 구성

자동 화재탐지설비의 수신기에 접속하여 사용하며, 자동 화재탐지설비의 화재감지신호를 소방서에 보낸다. 자동화재속보기, 전화선, 상용전원 및 예비전원, 배선 등으로 구성되어 있다.

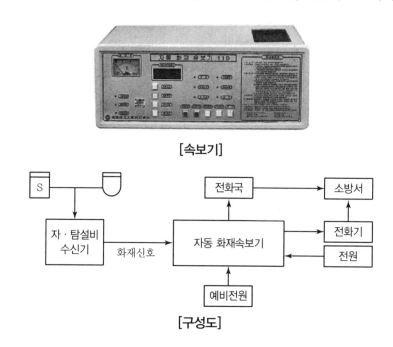

[속보기]

[구성도]

|| Reference || **자동화재속보설비의 기능 및 종류**

1. 기능
   1) 화재경보의 표시기능
   2) 작동시간 표시기능
   3) 작동횟수 표시기능
   4) 전화번호의 표시기능
   5) 비상스위치 작동 표시기능

2. 종류
   1) A형 화재속보기 : P형 또는 R형 수신기로부터 입력된 화재신호를 20초 이내에 소방서로 통보하고 3회 이상 녹음내용을 자동적으로 반복 통보하는 성능이 있다. 지구등이 없는 구조이다.
   2) B형 화재속보기 : P형 또는 R형 수신기에 A형 화재속보기의 기능을 겸한 것으로, 감지기 또는 발신기에서 오는 화재신호나 중계를 거쳐 오는 화재신호를 소방대상물의 관계인은 물론 소방서에 20초 이내에 녹음내용을 3회 이상 자동적으로 반복 통보하는 성능이 있다. 지구등이 있는 구조이다.(Tape의 녹음용량은 5분 이상으로 함

02 특징

1. 화재 발생 시 사람 없이도 신속한 속보가 가능하다.
2. 녹음테이프로 정보를 전달하므로 정확히 통보할 수 있다.
3. 오보를 제어, 선별하는 기능이 있으므로 오보의 우려가 없다.
4. 일반전화에 용이하게 연결하여 사용할 수 있으며, 일반전화 사용 중에도 이를 차단하고 소방서로 즉시 속보할 수 있다.
5. 대규모 건물에 대하여도 1대의 자동화재속보설비로 대응할 수 있다.
6. 방재센터가 설치되어 있고 상주인이 근무하는 경우에는 설치를 면제할 수 있으나, 상주하지 않는 경우에는 반드시 자동화재속보설비를 설치하여야 한다.

03 설치기준

1. 자동화재속보설비의 설치기준

1) 자동화재탐지설비와 연동으로 작동하여 자동적으로 화재신호를 소방관서에 전달되는 것으로 할 것. 이 경우 부가적으로 특정소방대상물의 관계인에게 화재신호를 전달되도록 할 수 있다.

2) 조작스위치는 바닥으로부터 0.8m 이상 1.5m 이하의 높이에 설치할 것

3) 속보기는 소방관서에 통신망으로 통보하도록 하며, 데이터 또는 코드전송방식을 부가적으로 설치할 수 있다. 다만, 데이터 및 코드전송방식의 기준은 소방청장이 정하여 고시한 「자동화재속보설비의 속보기의 성능인증 및 제품검사의 기술기준」 제5조제12호에 따른다.

4) 문화재에 설치하는 자동화재속보설비는 ①의 기준에 불구하고 속보기에 감지기를 직접 연결하는 방식(자동 화재탐지설비 1개의 경계구역에 한한다)으로 할 수 있다.

5) 속보기는 소방청장이 정하여 고시한 「자동화재속보설비의 속보기의 성능인증 및 제품검사의 기술기준」에 적합한 것으로 설치할 것

│ Reference │

1. 데이터전송방식
   전기·통신매체를 통해서 전송되는 신호에 의하여 어떤 지점에서 다른 수신 지점에 데이터를 보내는 방식을 말한다.
2. 코드전송방식
   신호를 표본화하고 양자화하여, 코드화한 후에 펄스 혹은 주파수의 조합으로 전송하는 방식을 말한다.

2. 자동화재속보설비의 속보기의 성능인증 및 제품검사의 기술기준

1) 작동신호를 수신하거나 수동으로 동작시키는 경우 20초 이내에 소방관서에 자동적으로 신호를 발하여 통보하되, 3회 이상 속보할 수 있어야 한다.

2) 주전원이 정지한 경우에는 자동적으로 예비전원으로 전환되고, 주전원이 정상상태로 복귀한 경우에는 자동적으로 예비전원에서 주전원으로 전환되어야 한다.

3) 예비전원은 자동적으로 충전되어야 하며 자동과충전방지장치가 있어야 한다.

4) 화재신호를 수신하거나 속보기를 수동으로 동작시키는 경우 자동적으로 적색 화재표시등이 점등되고 음향장치로 화재를 경보하여야 하며 화재표시 및 경보는 수동으로 복구 및 정지시키지 않는 한 지속되어야 한다.

5) 연동 또는 수동으로 소방관서에 화재발생 음성정보를 속보중인 경우에도 송수화장치를 이용한 통화가 우선적으로 가능하여야 한다.

6) 예비전원을 병렬로 접속하는 경우에는 역충전 방지 등의 조치를 하여야 한다.

7) 예비전원은 감시상태를 60분간 지속한 후 10분 이상 동작(화재속보후 화재표시 및 경보를 10분간 유지하는 것을 말한다)이 지속될 수 있는 용량이어야 한다.

8) 속보기는 연동 또는 수동 작동에 의한 다이얼링 후 소방관서와 전화접속이 이루어지지 않는 경우에는 최초 다이얼링을 포함하여 10회 이상 반복적으로 접속을 위한 다이얼링이 이루어져야 한다. 이 경우 매회 다이얼링 완료 후 호출은 30초 이상 지속되어야 한다.

9) 속보기의 송수화장치가 정상위치가 아닌 경우에도 연동 또는 수동으로 속보가 가능하여야 한다.

10) 〈삭제〉

11) 음성으로 통보되는 속보내용을 통하여 당해 소방대상물의 위치, 화재발생 및 속보기에 의한 신고임을 확인할 수 있어야 한다.

12) 속보기는 음성속보방식 외에 데이터 또는 코드전송방식 등을 이용한 속보기능을 부가로 설치 할 수 있다. 이 경우 데이터 및 코드전송방식은 별표1에 따른다.

13) 제12호 후단의 [별표1]에 따라 소방관서 등에 구축된 접수시스템 또는 별도의 시험용 시스템을 이용하여 시험한다.

CHAPTER 19 누전경보기(NFSC205)

01 구성요소

누전경보기(누전차단기)는 내화구조가 아닌 건축물로서 벽, 바닥 또는 천장의 전부나 일부를 불연재료 또는 준불연재료가 아닌 재료에 철망을 넣어 만든 건물의 전기설비로부터 누설전류를 탐지하여 경보를 발하며 변류기와 수신부로 구성된다.

1. 영상변류기(ZCT)

경계전로의 누설전류를 자동적으로 검출하여 이를 누전경보기의 수신부에 송신하는 것으로 관통형과 분할형이 있다.

2. 수신부

변류기로부터 검출된 신호를 수신하여 누전의 발생을 해당 특정소방대상물의 관계인에게 경보하여 주는 것(차단기구를 갖는 것을 포함한다)으로 집합형과 단독형이 있다.

→ 기능 : 수신, 증폭, 경보, 표시, 차단기능

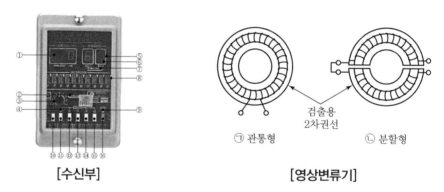

[수신부] [영상변류기]

㉠ 관통형 ㉡ 분할형

검출용 2차권선

02 구조 및 기능

1. 공칭작동전류 및 감도조정 범위

1) 공칭작동 전류치 200mA 이하(누전경보기를 동작시키는 데 필요한 누설전류치로 제조자가 표시)
2) 감도조정 범위 200mA, 500mA, 1,000mA(최대치 1,000mA 즉, 1A)

2. 변류기(ZCT)

1) 관통형 변류기

환상형 철심에 검출용 2차 코일을 내장시키고 수지로 몰딩 처리하여 중앙의 빈 공간에 전선을 통과시켜 누설전류를 검출하는 변류기(정확도가 높아 널리 사용)

2) 분할형 변류기

철심을 2개로 분할하여 전선로를 차단하지 않고, 삽입시켜 누설전류를 검출하는 변류기

3. 수신부

1) 기능

수신부는 변류기에서 검출한 신호를 받아 계전기가 동작 가능하게 증폭시켜 계전기를 동작시켜 주고 관계자에게 경보음으로써 누전 사실을 알려준다.

2) 구조

① 전원을 표시하는 장치를 하여야 한다.(다만, 2급 수신기는 제외)
② 다음 회로의 단락사고 시 유효한 보호장치를 설치하여야 한다.
　　㉠ 전원 입력 측의 회로(2급인 경우는 제외)
　　㉡ 수신부의 외부 회로
③ 감도 조정장치를 제외한 감도 조정부는 외함 밖으로 노출되지 않도록 한다.
④ 주전원의 양극을 동시에 개폐할 수 있는 전원스위치를 설치하여야 한다.
⑤ 전원 입력 측의 양선 및 외부 부하에 직접 전원을 송출하도록 구성된 회로에는 퓨즈 또는 차단기(Breaker) 등을 설치하여야 한다.

3) 수신부의 내부 구조

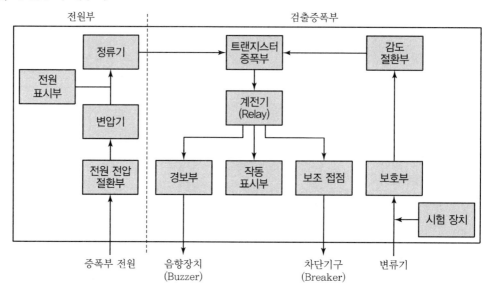

① 전원부

전원 변압기인 전원전압절환부, 변압부, 전원표시부, 정류부로 구성되어 있으며, 낙뢰 시의 충격전압(Surge 전압)으로부터 수신기를 보호하고 오동작 방지를 위한 ZNR(충격전압을 흡수하는 정전압회로) 설치

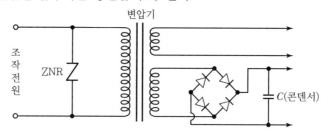

② 증폭부(트랜지스터 증폭부)

㉠ 증폭부의 구성 요소 : 트랜지스터(TR), 다이리스터(Thyristor), IC(집적회로)

㉡ 계전기의 증폭 방식

- 매칭트랜스와 트랜지스터의 조합에 의한 계전기 작동 방식
- 트랜지스터 또는 IC로 증폭시켜 계전기를 작동시키는 방식
- 트랜지스터 또는 IC 및 미터릴레이를 증폭시켜 계전기를 동작시키는 방식

③ 감도절환부

감도절환부의 조정 스위치(조정 탭)로 조정할 수 있는 최대전류는 1,000mA이며, 트랜지스터의 증폭부를 동작시킨다.

④ **보호부**

변류기에서 출력되는 신호 중 과대한 신호가 증폭부로 입력되는 것을 방호하는 부분
이다. 변류기는 입력에 비례하여 출력신호를 발하는데, 이 출력신호가 증폭부로 유
입될 때 설정치를 넘으면 회로를 동작(단락)시켜 증폭부를 보호한다.

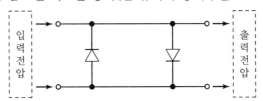

⑤ **시험장치**

수신기 전면에 설치한 자동복구스위치를 수동으로 전환하여 수신기 작동의 정상 여
부를 시험하는 장치이다.

⑥ **경보부**

누전사고가 발생 시 관계자에게 소리로써 알리는 장치로 벨 또는 부저를 사용한다.

⑦ **작동표시부**

누전사고가 발생하여 영상변류기로부터 신호가 수신되면 표시등(적색등)이 점등된
다. 작동시험장치로 수신기를 동작시키는 경우에도 이 표시등은 점등된다.

⑧ **보조접점**

누전 시 보조접점의 릴레이(Relay)가 작동하여 차단기(Breaker)를 개방함으로써
회로를 보호한다.

4. 음향장치

1) 사용전압의 80%인 전압에서 소리를 낼 것
2) 음압(음량)은 무향실 내에서 정위치에 부착된 음향장치의 중심으로부터 1m 떨어진 지점
에서 70dB(고장표시장치용 음압은 60dB) 이상일 것

5. 표시등

1) 사용전압의 130%인 교류전압을 20시간 연속하여 가하는 경우 단선, 현저한 광속 변화,
흑화, 전류의 저하 등이 발생하지 않을 것
2) 소켓은 접촉이 확실하여야 하며, 쉽게 전구를 교체할 수 있도록 부착할 것
3) 전구는 2개 이상을 병렬로 접속할 것(다만, 방전등 또는 발광다이오드의 경우는 제외)
4) 전구에는 적당한 보호커버를 설치할 것(다만, 발광다이오드의 경우는 제외)
5) 표시등의 색상

① 누전화재의 발생을 표시하는 표시등(누전등)은 적색으로 할 것
② 경계전로 위치를 표시하는 표시등(지구등)은 적색으로 할 것
③ 그 밖의 표시등 : 적색 이외의 색으로 할 것(누전등, 지구등과 구별이 용이하게 부착된 경우에는 적색이어도 무방)

6) 주위의 밝기가 300lx인 장소에서, 앞면으로부터 3m 떨어진 곳에서 켜진 등이 확실히 식별될 수 있을 것

03 회로의 결선

1. 상용전원은 분전반과 전용회로로 연결하며, 전용회로에 개폐기 및 과전류차단기(적색표시)를 설치할 것
2. 변류기에 선로의 전선을 모두 관통시킬 것
   단상 3선식이면 3선, 3상 4선식이면 4선 모두 관통

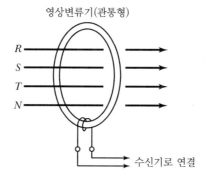

영상변류기(관통형)

수신기로 연결

3. 수신기의 전원은 다른 전원과 병렬로 하지 말고, 변류기 이전에서 분리하여 별도의 배선으로 연결할 것
4. 누전으로 인해 보수를 한 후에도 수신기표시등이 계속 점등 상태에 있으므로 필히 복귀시킬 것
5. 기기 설치 후 모든 기능이 정상인지 동작상태 등을 확인할 것

04 설치기준

1. 설치방법 등

1) 경계전로의 정격전류가 60A를 초과하는 전로에 있어서는 1급 누전경보기를, 60A 이하의 전로에 있어서는 1급 또는 2급 누전경보기를 설치할 것. 다만, 정격전류가 60A를

초과하는 경계전로가 분기되어 각 분기회로의 정격전류가 60A 이하로 되는 경우 당해 분기회로마다 2급 누전경보기를 설치한 때에는 당해 경계전로에 1급 누전경보기를 설치한 것으로 본다.

2) 변류기는 소방대상물의 형태, 인입선의 시설방법 등에 따라 옥외 인입선의 제1지점의 부하 측 또는 제2종 접지선 측의 점검이 쉬운 위치에 설치할 것. 다만, 인입선의 형태 또는 소방대상물의 구조상 부득이한 경우에 있어서는 인입구에 근접한 옥내에 설치할 수 있다.

3) 변류기를 옥외의 전로에 설치하는 경우에는 옥외형의 것을 설치할 것

2. 수신부

1) 수신부의 설치장소

옥내의 점검에 편리한 장소에 설치하되, 가연성의 증기·먼지 등이 체류할 우려가 있는 장소의 전기회로에는 해당 부분의 전기회로를 차단할 수 있는 차단기구를 가진 수신부를 설치하여야 한다. 이 경우 차단기구의 부분은 당해 장소 외의 안전한 장소에 설치해야 한다.

2) 수신부의 설치 제외 장소

다만, 해당 누전경보기에 대하여 방폭·방식·방습·방온·방진 및 정전기 차폐 등의 방호조치를 한 것에 있어서는 그렇지 않다.

① 가연성의 증기·먼지·가스 등이나 부식성의 증기·가스 등이 다량으로 체류하는 장소
② 화약류를 제조하거나 저장 또는 취급하는 장소
③ 습도가 높은 장소
④ 온도의 변화가 급격한 장소
⑤ 대전류회로·고주파 발생회로 등에 따른 영향을 받을 우려가 있는 장소

3. 음향장치

수위실 등 상시 사람이 근무하는 장소에 설치하여야 하며, 그 음량 및 음색은 다른 기기의 소음 등과 명확히 구별할 수 있는 것으로 해야 한다.

4. 전원

1) 전원은 분전반으로부터 전용회로로 하고, 각 극에 개폐기 및 15A 이하의 과전류차단기(배선용 차단기에 있어서는 20A 이하의 것으로 각 극을 개폐할 수 있는 것)를 설치할 것
2) 전원을 분기할 때에는 다른 차단기에 따라 전원이 차단되지 않도록 할 것
3) 전원의 개폐기에는 "누전경보기용"임을 표시한 표지를 할 것

CHAPTER 20 가스누설경보기(NFTC206)

01 정의

이 기준에서 사용하는 용어의 정의는 다음과 같다.

1. **가연성가스 경보기** : 보일러 등 가스연소기에서 액화석유가스(LPG), 액화천연가스(LNG) 등의 가연성가스가 새는 것을 탐지하여 관계자나 이용자에게 경보하여 주는 것을 말한다. 다만, 탐지소자 외의 방법에 의하여 가스가 새는 것을 탐지하는 것, 점검용으로 만들어진 휴대용탐지기 또는 연동기기에 의하여 경보를 발하는 것은 제외한다.

2. **일산화탄소 경보기** : 일산화탄소가 새는 것을 탐지하여 관계자나 이용자에게 경보하여 주는 것을 말한다. 다만, 탐지소자 외의 방법에 의하여 가스가 새는 것을 탐지하는 것, 점검용으로 만들어진 휴대용탐지기 또는 연동기기에 의하여 경보를 발하는 것은 제외한다.

3. **탐지부** : 가스누설경보기(이하 "경보기"라 한다) 중 가스누설을 탐지하여 중계기 또는 수신부에 가스누설의 신호를 발신하는 부분 또는 가스누설을 탐지하여 수신부 등에 가스누설의 신호를 발신하는 부분을 말한다.

4. **수신부** : 경보기 중 탐지부에서 발하여진 가스누설신호를 직접 또는 중계기를 통하여 수신하고 이를 관계자에게 음향으로서 경보하여 주는 것을 말한다.

5. **분리형** : 탐지부와 수신부가 분리되어 있는 형태의 경보기를 말한다.

6. **단독형** : 탐지부와 수신부가 일체로 되어 있는 형태의 경보기를 말한다.

7. **가스연소기** : 가스레인지 또는 가스보일러 등 가연성가스를 이용하여 불꽃을 발생하는 장치를 말한다.

02 가연성가스 경보기

1. 가연성가스를 사용하는 가스연소기가 있는 경우에는 가연성가스(액화석유가스(LPG), 액화천연가스(LNG) 등)의 종류에 적합한 경보기를 가스연소기 주변에 설치해야 한다.

2. 분리형 경보기의 수신부는 다음 각 호의 기준에 따라 설치해야 한다.

　　1) 가스연소기 주위의 경보기의 상태 확인 및 유지 관리에 용이한 위치에 설치할 것

　　2) 가스누설 음향의 음량과 음색이 다른 기기의 소음 등과 명확히 구별될 것

　　3) 가스누설 음향은 수신부로부터 1m 떨어진 위치에서 음압이 70dB 이상일 것

4) 수신부의 조작 스위치는 바닥으로부터의 높이가 0.8m 이상 1.5m 이하인 장소에 설치할 것

5) 수신부가 설치된 장소에는 관계자 등에게 신속히 연락할 수 있도록 비상연락 번호를 기재한 표를 비치할 것

3. 분리형 경보기의 탐지부는 다음 각 호의 기준에 따라 설치해야 한다.

1) 탐지부는 가스연소기의 중심으로부터 직선거리 8m(공기보다 무거운 가스를 사용하는 경우에는 4m) 이내에 1개 이상 설치해야 한다.

2) 탐지부는 천정으로부터 탐지부 하단까지의 거리가 0.3m 이하가 되도록 설치한다. 다만, 공기보다 무거운 가스를 사용하는 경우에는 바닥면으로부터 탐지부 상단까지의 거리는 0.3m 이하로 한다.

4. 단독형 경보기는 다음 각 호의 기준에 따라 설치해야 한다.

1. 가스연소기 주위의 경보기의 상태 확인 및 유지 관리에 용이한 위치에 설치할 것

2. 가스누설 음향의 음량과 음색이 다른 기기의 소음 등과 명확히 구별될 것

3. 가스누설 음향장치는 수신부로부터 1m 떨어진 위치에서 음압이 70dB 이상일 것

4. 단독형 경보기는 가스연소기의 중심으로부터 직선거리 8m(공기보다 무거운 가스를 사용하는 경우에는 4m) 이내에 1개 이상 설치해야 한다.

5. 단독형 경보기는 천장으로부터 경보기 하단까지의 거리가 0.3m 이하가 되도록 설치한다. 다만, 공기보다 무거운 가스를 사용하는 경우에는 바닥면으로부터 단독형 경보기 상단까지의 거리는 0.3m 이하로 한다.

6. 경보기가 설치된 장소에는 관계자 등에게 신속히 연락할 수 있도록 비상연락 번호를 기재한 표를 비치할 것

03 일산화탄소 경보기

1. 일산화탄소 경보기를 설치하는 경우(타 법령에 따라 일산화탄소 경보기를 설치하는 경우를 포함한다)에는 가스연소기 주변(타 법령에 따라 설치하는 경우에는 해당 법령에서 지정한 장소)에 설치할 수 있다.

2. 분리형 경보기의 수신부는 다음 각 호이 기준에 따라 설치해야 한다.

1) 가스누설 음향의 음량과 음색이 다른 기기의 소음 등과 명확히 구별될 것

2) 가스누설 음향은 수신부로부터 1m 떨어진 위치에서 음압이 70dB 이상일 것

3) 수신부의 조작 스위치는 바닥으로부터의 높이가 0.8m 이상 1.5m 이하인 장소에 설치할 것

4) 수신부가 설치된 장소에는 관계자 등에게 신속히 연락할 수 있도록 비상연락 번호를 기

재한 표를 비치할 것

3. 분리형 경보기의 탐지부는 천정으로부터 탐지부 하단까지의 거리가 0.3m 이하가 되도록 설치한다.

4. 단독형 경보기는 다음 각 호의 기준에 따라 설치해야 한다.

1) 가스누설 음향의 음량과 음색이 다른 기기의 소음 등과 명확히 구별될 것

2) 가스누설 음향장치는 수신부로부터 1m 떨어진 위치에서 음압이 70dB 이상일 것

3) 단독형 경보기는 천장으로부터 경보기 하단까지의 거리가 0.3m 이하가 되도록 설치한다.

4) 경보기가 설치된 장소에는 관계자 등에게 신속히 연락할 수 있도록 비상연락 번호를 기재한 표를 비치할 것

5. 제2항 내지 제4항에도 불구하고 중앙소방기술심의위원회의 심의를 거쳐 일산화탄소경보기의 성능을 확보할 수 있는 별도의 설치방법을 인정받은 경우에는 해당 설치방법을 반영한 제조사의 시방에 따라 설치할 수 있다.

04 설치장소

분리형 경보기의 탐지부 및 단독형 경보기는 다음 각 호의 장소 이외의 장소에 설치해야 한다.

1. 출입구 부근 등으로서 외부의 기류가 통하는 곳

2. 환기구 등 공기가 들어오는 곳으로부터 1.5m 이내인 곳

3. 연소기의 폐가스에 접촉하기 쉬운 곳

4. 가구ㆍ보ㆍ설비 등에 가려져 누설가스의 유통이 원활하지 못한 곳

5. 수증기, 기름 섞인 연기 등이 직접 접촉될 우려가 있는 곳

05 전원

경보기는 건전지 또는 교류전압의 옥내간선을 사용하여 상시 전원이 공급되도록 해야 한다.

21 화재알림설비(NFTC 207)

01 용어의 정의

1. "화재알림형 감지기"란 화재 시 발생하는 열, 연기, 불꽃을 자동적으로 감지하는 기능 중 두 가지 이상의 성능을 가진 열·연기 또는 열·연기·불꽃 복합형 감지기로서 화재알림형 수신기에 주위의 온도 또는 연기의 양의 변화에 따라 각각 다른 전류 또는 전압 등(이하 "화재정보값"이라 한다)의 출력을 발하고, 불꽃을 감지하는 경우 화재신호를 발신하며, 자체 내장된 음향장치에 의하여 경보하는 것을 말한다.
2. "화재알림형 중계기"란 화재알림형 감지기, 발신기 또는 전기적인 접점 등의 작동에 따른 화재정보값 또는 화재신호 등을 받아 이를 화재알림형 수신기에 전송하는 장치를 말한다.
3. "화재알림형 수신기"란 화재알림형 감지기나 발신기에서 발하는 화재정보값 또는 화재신호 등을 직접 수신하거나 화재알림형 중계기를 통해 수신하여 화재의 발생을 표시 및 경보하고, 화재정보값 등을 자동으로 저장하여, 자체 내장된 속보기능에 의해 화재신호를 통신망을 통하여 소방관서에는 음성 등의 방법으로 통보하고, 관계인에게는 문자로 전달할 수 있는 장치를 말한다.
4. "발신기"란 수동누름버튼 등의 작동으로 화재신호를 수신기에 발신하는 장치를 말한다.
5. "화재알림형 비상경보장치"란 발신기, 표시등, 지구음향장치(경종 또는 사이렌 등)를 내장한 것으로 화재발생 상황을 경보하는 장치를 말한다.
6. "원격감시서버"란 원격지에서 각각의 화재알림설비로부터 수신한 화재정보값 및 화재신호, 상태신호 등을 원격으로 감시하기 위한 서버를 말한다.
7. "공용부분"이란 전유부분 외의 건물부분, 전유부분에 속하지 아니하는 건물의 부속물, 「집합건물의 소유 및 관리에 관한 법률」 제3조제2항 및 제3항에 따라 공용부분으로 된 부속의 건물을 말한다.

02 기술기준

1. 화재알림형 수신기

1) 화재알림형 수신기는 다음의 기준에 적합한 것으로 설치하여야 한다.

① 화재알림형 감지기, 발신기 등의 작동 및 설치지점을 확인할 수 있는 것으로 설치할 것

② 해당 특정소방대상물에 가스누설탐지설비가 설치된 경우에는 가스누설탐지설비로부터 가스누설신호를 수신하여 가스누설경보를 할 수 있는 것으로 설치할 것. 다만, 가스누설탐지설비의 수신부를 별도로 설치한 경우에는 제외한다.

③ 화재알림형 감지기, 발신기 등에서 발신되는 화재정보 · 신호 등을 자동으로 1년 이상 저장할 수 있는 용량의 것으로 설치할 것. 이 경우 저장된 데이터는 수신기에서 확인할 수 있어야 하며, 복사 및 출력도 가능하여야 한다.

④ 화재알림형 수신기에 내장된 속보기능은 화재신호를 자동적으로 통신망을 통하여 소방관서에는 음성 등의 방법으로 통보하고, 관계인에게는 문자로 전달할 수 있는 것으로 설치할 것

2) 화재알림형 수신기는 다음의 기준에 따라 설치하여야 한다.

① 상시 사람이 근무하는 장소에 설치할 것. 다만, 사람이 상시 근무하는 장소가 없는 경우에는 관계인이 쉽게 접근할 수 있고 관리가 용이한 장소로서 화재 및 침수 등의 재해로 인한 피해를 받을 우려가 없는 곳에 설치하여야 한다.

② 화재알림형 수신기가 설치된 장소에는 화재알림설비 일람도를 비치할 것

③ 화재알림형 수신기의 내부 또는 그 직근에 주음향장치를 설치할 것

④ 화재알림형 수신기의 음향기구는 그 음압 및 음색이 다른 기기의 소음 등과 명확히 구별될 수 있는 것으로 할 것

⑤ 화재알림형 수신기의 조작 스위치는 바닥으로부터의 높이가 0.8m 이상 1.5m 이하인 장소에 설치할 것

⑥ 하나의 특정소방대상물에 2 이상의 화재알림형 수신기를 설치하는 경우에는 화재알림형 수신기를 상호 간 연동하여 화재발생 상황을 각 화재알림형 수신기마다 확인할 수 있도록 할 것

⑦ 화재로 인하여 하나의 층의 화재알림형 비상경보장치 또는 배선이 단락되어도 다른 층의 화재통보에 지장이 없도록 각 층 배선 상에 유효한 조치를 할 것. 다만, 무선식의 경우 제외한다.

2. 화재알림형 중계기

화재알림형 중계기를 설치할 경우 다음의 기준에 따라 설치하여야 한다.

1) 화재알림형 수신기와 화재알림형 감지기 사이에 설치할 것

2) 조작 및 점검에 편리하고 화재 및 침수 등의 재해로 인한 피해를 받을 우려가 없는 장소에 설치할 것. 다만, 외기에 개방되어 있는 장소에 설치하는 경우 빗물 · 먼지 등으로부터

화재알림형 중계기를 보호할 수 있는 구조로 설치하여야 한다.

3) 화재알림형 수신기에 따라 감시되지 않는 배선을 통하여 전력을 공급받는 것에 있어서는 전원입력측의 배선에 과전류 차단기를 설치하고 해당 전원의 정전이 즉시 화재알림형 수신기에 표시되는 것으로 하며, 상용전원 및 예비전원의 시험을 할 수 있도록 할 것

3. 화재알림형 감지기

1) 화재알림형 감지기 중 열을 감지하는 경우 공칭감지온도범위, 연기를 감지하는 경우 공칭감지농도범위, 불꽃을 감지하는 경우 공칭감시거리 및 공칭시야각 등에 따라 적합한 장소에 설치하여야 한다. 다만, 이 기준에서 정하지 않는 설치방법에 대하여는 형식승인 사항이나 제조사의 시방서에 따라 설치할 수 있다.

2) 무선식의 경우 화재를 유효하게 검출할 수 있도록 해당 특정소방대상물에 음영구역이 없도록 설치하여야 한다.

3) 동작된 감지기는 자체 내장된 음향장치에 의하여 경보를 발하여야 하며, 음압은 부착된 화재알림형 감지기의 중심으로부터 1m 떨어진 위치에서 85dB 이상 되어야 한다.

4. 비화재보방지

화재알림설비는 화재알림형 수신기 또는 화재알림형 감지기에 자동보정기능이 있는 것으로 설치하여야 한다. 다만, 자동보정기능이 있는 화재알림형 수신기에 연결하여 사용하는 화재알림형 감지기는 자동보정기능이 없는 것으로 설치한다.

5. 화재알림형 비상경보장치

1) 화재알림형 비상경보장치는 다음의 기준에 따라 설치하여야 한다. 다만, 전통시장의 경우 공용부분에 한하여 설치할 수 있다.

① 층수가 11층(공동주택의 경우에는 16층) 이상의 특정소방대상물은 발화층에 따라 경보하는 층을 달리하여 경보를 발할 수 있도록 할 것. 다만, 그 외 특정소방대상물은 전층경보방식으로 경보를 발할 수 있도록 설치하여야 한다.

㉠ 2층 이상의 층에서 발화한 때에는 발화층 및 그 직상 4개 층에 경보를 발할 것
㉡ 1층에서 발화한 때에는 발화층·그 직상 4개 층 및 지하층에 경보를 발할 것
㉢ 지하층에서 발화한 때에는 발화층·그 직상층 및 기타의 지하층에 경보를 발할 것

② 화재알림형 비상경보장치는 특정소방대상물의 층마다 설치하되, 해당 특정소방대상물의 각 부분으로부터 하나의 화재알림형 비상경보장치까지의 수평거리가 25m 이하(다만, 복도 또는 별도로 구획된 실로서 보행거리 40m 이상일 경우에는 추가로

설치하여야 한다)가 되도록하고, 해당 층의 각 부분에 유효하게 경보를 발할 수 있도록 설치할 것. 다만, 「비상방송설비의 화재안전기술기준(NFTC 202)」에 적합한 방송설비를 화재알림형 감지기와 연동하여 작동하도록 설치한 경우에는 비상경보장치를 설치하지 아니하고, 발신기만 설치할 수 있다.

③ ②에도 불구하고 ②의 기준을 초과하는 경우로서 기둥 또는 벽이 설치되지 아니한 대형공간의 경우 화재알림형 비상경보장치는 설치대상 장소 중 가장 가까운 장소의 벽 또는 기둥 등에 설치할 것

④ 화재알림형 비상경보장치는 조작이 쉬운 장소에 설치하고, 발신기의 스위치는 바닥으로부터 0.8m 이상 1.5m 이하의 높이에 설치할 것

⑤ 화재알림형 비상경보장치의 위치를 표시하는 표시등은 함의 상부에 설치하되, 그 불빛은 부착면으로부터 15° 이상의 범위 안에서 부착지점으로부터 10m 이내의 어느 곳에서도 쉽게 식별할 수 있는 적색등으로 설치할 것

2) 화재알림형 비상경보장치는 다음의 기준에 따른 구조 및 성능의 것으로 하여야 한다.

① 정격전압의 80 % 전압에서 음압을 발할 수 있는 것으로 할 것. 다만, 건전지를 주전원으로 사용하는 화재알림형 비상경보장치는 그렇지 않다.

② 음압은 부착된 화재알림형 비상경보장치의 중심으로부터 1m 떨어진 위치에서 90dB 이상이 되는 것으로 할 것

3) 화재알림형 감지기 및 발신기의 작동과 연동하여 작동할 수 있는 것으로 할 것

3. 하나의 특정소방대상물에 2 이상의 화재알림형 수신기가 설치된 경우 어느 화재알림형 수신기에서도 화재알림형 비상경보장치를 작동할 수 있도록 하여야 한다.

6. 원격감시서버

1) 화재알림설비의 감시업무를 위탁할 경우 원격감시서버는 다음의 기준에 따라 설치할 것을 권장한다.

2) 원격감시서버의 비상전원은 상용전원 차단 시 24시간 이상 전원을 유효하게 공급될 수 있는 것으로 설치한다.

3) 화재알림설비로부터 수신한 정보(주소, 화재정보 · 신호 등)를 1년 이상 저장할 수 있는 용량을 확보한다.

① 저장된 데이터는 원격감시서버에서 확인할 수 있어야 하며, 복사 및 출력도 가능할 것

② 저장된 데이터는 임의로 수정이나 삭제를 방지할 수 있는 기능이 있을 것

CHAPTER 22 피난기구(NFTC301)

01 종류 및 용어 정의

1. 피난사다리

화재 시 긴급대피를 위해 사용하는 사다리를 말한다.

1) 고정식 사다리

상시 사용할 수 있도록 소방대상물의 벽면에 고정시켜 사용되는 것으로 구조상 수납식, 접어개기식 및 신축식 등이 있다.

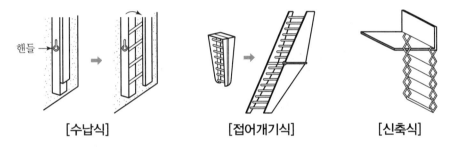

[수납식]　　　　[접어개기식]　　　　[신축식]

2) 올림식 사다리

소방대상물에 올림식 사다리의 상부 지지점을 걸고 올려 받혀서 사용하는 것으로서 신축식과 접어 굽히는 식이 있다.

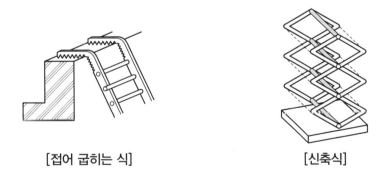

[접어 굽히는 식]　　　　　　[신축식]

3) 내림식 사다리

소방대상물의 견고한 부분에 달아 매어서 접어 개든가 축소시켜 보관하고 사용하는 것으로 접어개기식, 와이어식, 체인식 등이 있다.

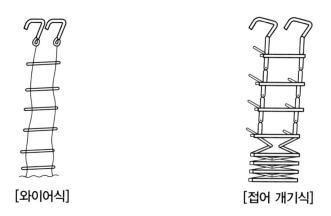

[와이어식]   [접어 개기식]

2. 완강기

사용자의 몸무게에 따라 자동적으로 내려올 수 있는 기구 중 사용자가 교대하여 연속적으로 사용할 수 있는 것을 말한다.

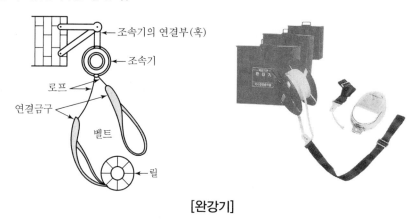

[완강기]

3. 간이완강기

사용자의 몸무게에 따라 자동적으로 내려올 수 있는 기구 중 사용자가 연속적으로 사용할 수 없는 것을 말한다.

4. 구조대

포지 등을 사용하여 자루형태로 만든 것으로서 화재 시 사용자가 그 내부에 들어가서 내려 옴으로써 대피할 수 있는 것을 말한다.

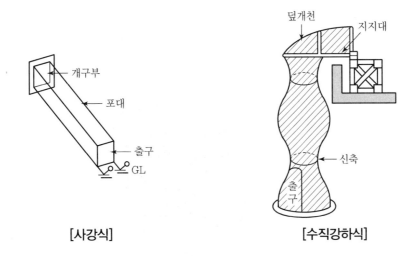

[사강식]   [수직강하식]

5. 공기안전매트

화재 발생 시 사람이 건축물 내에서 외부로 긴급히 뛰어 내릴 때 충격을 흡수하여 안전하게 지상에 도달할 수 있도록 포지에 공기 등을 주입하는 구조로 되어 있는 것을 말한다.

6. 다수인피난장비

화재 시 2인 이상의 피난자가 동시에 해당 층에서 지상 또는 피난층으로 하강하는 피난기구를 말한다.

7. 승강식 피난기

사용자의 몸무게에 의하여 자동으로 하강하고 내려서면 스스로 상승하여 연속적으로 사용할 수 있는 무동력 승강식 피난기를 말한다.

8. 하향식 피난구용 내림식 사다리

하향식 피난구 해치에 격납하여 보관하고 사용 시에는 사다리 등이 소방대상물과 접촉되지 아니하는 내림식 사다리를 말한다.

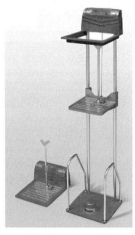

[승강식 피난기]

[하향식 피난구용 내림식 사다리]

02 피난기구의 적응성

■ [표 2.1.1]

▼ 소방대상물의 설치장소별 피난기구의 적응성

설치장소별 구분 \ 층별	1층	2층	3층	4층 이상 10층 이하
1. 노유자시설	• 미끄럼대 • 구조대 • 피난교 • 다수인피난장비 • 승강식피난기	• 미끄럼대 • 구조대 • 피난교 • 다수인피난장비 • 승강식피난기	• 미끄럼대 • 구조대 • 피난교 • 다수인피난장비 • 승강식피난기	• 피난교 • 다수인피난장비 • 승강식피난기
2. 의료시설·근린생활시설중 입원실이 있는 의원·접골원·조산원			• 미끄럼대 • 구조대 • 피난교 • 피난용트랩 • 다수인피난장비 • 승강식피난기	• 구조대 • 피난교 • 피난용트랩 • 다수인피난장비 • 승강식피난기
3. 「다중이용업소의 안전관리에 관한 특별법 시행령」제2조에 따른 다중이용업소로서 영업장의 위치가 4층 이하인 다중이용업소		• 미끄럼대 • 피난사다리 • 구조대 • 완강기 • 다수인피난장비 • 승강식피난기	• 미끄럼대 • 피난사다리 • 구조대 • 완강기 • 다수인피난장비 • 승강식피난기	• 미끄럼대 • 피난사다리 • 구조대 • 완강기 • 다수인피난장비 • 승강식피난기
4. 그 밖의 것			• 미끄럼대 • 피난사다리 • 구조대 • 완강기 • 피난교 • 피난용트랩 • 간이완강기 • 공기안전매트 • 다수인피난장비 • 승강식피난기	• 피난사다리 • 구조대 • 완강기 • 피난교 • 간이완강기 • 공기안전매트 • 다수인피난장비 • 승강식피난기

비고

1) 구조대의 적응성은 장애인 관련 시설로서 주된 사용자 중 스스로 피난이 불가한 자가 있는 경우 제4조제2항제4호에 따라 추가로 설치하는 경우에 한한다.

2), 3) 간이완강기의 적응성은 제4조제2항제2호에 따라 숙박시설의 3층 이상에 있는 객실에, 공기안전매트의 적응성은 제4조제2항제3호에 따라 공동주택(공동주택관리법 제2조제1항제2호 가목부터 라목까지 중 어느 하나에 해당하는 공동주택)에 추가로 설치하는 경우에 한한다.

03 피난기구의 설치개수

피난기구는 다음 각 호의 기준에 따른 개수 이상을 설치해야 한다.

1. 층마다 설치하되, 숙박시설 · 노유자시설 및 의료시설로 사용되는 층에 있어서는 그 층의 바닥면적 500m²마다, 위락시설 · 문화집회 및 운동시설 · 판매시설로 사용되는 층 또는 복합용도의 층에 있어서는 그 층의 바닥면적 800m²마다, 계단실형 아파트에 있어서는 각 세대마다, 그 밖의 용도의 층에 있어서는 그 층의 바닥면적 1,000m²마다 1개 이상 설치할 것

2. 1.에 따라 설치한 피난기구 외에 숙박시설(휴양콘도미니엄을 제외한다)의 경우에는 추가로 객실마다 완강기 또는 2개 이상 간이완강기를 설치할 것

3. 1.에 따라 설치한 피난기구 외에 공동주택(공동주택관리법 시행령 제2조의 규정에 따른 공동주택에 한한다)의 경우에는 하나의 관리 주체가 관리하는 공동주택 구역마다 공기안전매트 1개 이상을 추가로 설치할 것. 다만, 옥상으로 피난이 가능하거나 인접세대로 피난할 수 있는 구조인 경우에는 추가로 설치하지 아니할 수 있다.

4. 1.에 따라 설치한 피난기구 외에 4층 이상의 층에 설치된 노유자시설 중 장애인 관련 시설로서 주된 사용자 중 스스로 피난이 불가한 자가 있는 경우에는 층마다 구조대를 1개 이상 추가로 설치할 것

04 피난기구의 설치기준

1. 피난기구

1) 피난기구는 계단 · 피난구 기타 피난시설로부터 적당한 거리에 있는 안전한 구조로 된 피난 또는 소화 활동상 유효한 개구부(가로 0.5m 이상 세로 1m 이상인 것을 말한다. 이 경우 개구부 하단이 바닥에서 1.2m 이상이면 발판 등을 설치하여야 하고, 밀폐된 창문은 쉽게 파괴할 수 있는 파괴장치를 비치해야 한다)에 고정하여 설치하거나 필요한 때에 신속하고 유효하게 설치할 수 있는 상태에 둘 것

2) 피난기구를 설치하는 개구부는 서로 동일직선상이 아닌 위치에 있을 것. 다만, 피난교 · 피난용트랩 · 간이완강기 · 아파트에 설치되는 피난기구(다수인 피난장비는 제외한다) 기타 피난 상 지장이 없는 것에 있어서는 그렇지 않다.

3) 피난기구는 소방대상물의 기둥 · 바닥 · 보 기타 구조상 견고한 부분에 볼트조임 · 매입 · 용접 기타의 방법으로 견고하게 부착할 것

4) 4층 이상의 층에 피난사다리(하향식 피난구용 내림식 사다리는 제외한다)를 설치하는 경우에는 금속성 고정사다리를 설치하고, 당해 고정사다리에는 쉽게 피난할 수 있는 구조의 노대를 설치할 것

5) 완강기는 강하 시 로프가 건축물 또는 구조물 등과 접촉하여 손상되지 않도록 하고, 로프의 길이는 부착위치에서 지면 또는 기타 피난상 유효한 착지 면까지의 길이로 할 것

6) 미끄럼대는 안전한 강하속도를 유지하도록 하고, 전락방지를 위한 안전조치를 할 것

7) 구조대의 길이는 피난상 지장이 없고 안정한 강하속도를 유지할 수 있는 길이로 할 것

2. 다수인 피난장비

1) 피난에 용이하고 안전하게 하강할 수 있는 장소에 적재 하중을 충분히 견딜 수 있도록 「건축물의 구조기준 등에 관한 규칙」 제3조에서 정하는 구조안전의 확인을 받아 견고하게 설치할 것

2) 다수인피난장비 보관실(이하 "보관실"이라 한다)은 건물 외측보다 돌출되지 아니하고, 빗물ㆍ먼지 등으로부터 장비를 보호할 수 있는 구조일 것

3) 사용 시에 보관실 외측 문이 먼저 열리고 탑승기가 외측으로 자동으로 전개될 것

4) 하강 시에 탑승기가 건물 외벽이나 돌출물에 충돌하지 않도록 설치할 것

5) 상ㆍ하층에 설치할 경우에는 탑승기의 하강경로가 중첩되지 않도록 할 것

6) 하강 시에는 안전하고 일정한 속도를 유지하도록 하고 전복, 흔들림, 경로이탈 방지를 위한 안전조치를 할 것

7) 보관실의 문에는 오작동 방지조치를 하고, 문 개방 시에는 해당 특정소방대상물에 설치된 경보설비와 연동하여 유효한 경보음을 발하도록 할 것

8) 피난층에는 해당 층에 설치된 피난기구가 착지에 지장이 없도록 충분한 공간을 확보할 것

9) 한국소방산업기술원 또는 법 제46조제1항에 따라 성능시험기관으로 지정받은 기관에서 그 성능을 검증받은 것으로 설치할 것

3. 승강식 피난기 및 하향식 피난구용 내림식 사다리

1) 승강식 피난기 및 하향식 피난구용 내림식사다리는 설치경로가 설치 층에서 피난층까지 연계될 수 있는 구조로 설치할 것. 다만, 건축물의 구조 및 설치 여건 상 불가피한 경우에는 그렇지 않다.

2) 대피실의 면적은 $2m^2$(2세대 이상일 경우에는 $3m^2$) 이상으로 하고, 「건축법 시행령」 제46조제4항 각 호의 규정에 적합하여야 하며 하강구(개구부) 규격은 직경 60cm 이상일 것. 다만, 외기와 개방된 장소에는 그렇지 않다.

3) 하강구 내측에는 기구의 연결 금속구 등이 없어야 하며 전개된 피난기구는 하강구 수평투영면적 공간 내의 범위를 침범하지 않는 구조이어야 할 것. 단, 직경 60cm 크기

의 범위를 벗어난 경우이거나, 직하층의 바닥 면으로부터 높이 50cm 이하의 범위는 제외한다.

4) 대피실의 출입문은 60분＋ 방화문 또는 60분 방화문으로 설치하고, 피난방향에서 식별할 수 있는 위치에 "대피실" 표지판을 부착할 것. 다만, 외기와 개방된 장소에는 그렇지 않다.

5) 착지점과 하강구는 상호 수평거리 15cm 이상의 간격을 둘 것

6) 대피실 내에는 비상조명등을 설치할 것

7) 대피실에는 층의 위치표시와 피난기구 사용설명서 및 주의사항 표지판을 부착할 것

8) 대피실 출입문이 개방되거나, 피난기구 작동 시 해당 층 및 직하층 거실에 설치된 표시등 및 경보장치가 작동되고, 감시 제어반에서는 피난기구의 작동을 확인할 수 있어야할 것

9) 사용 시 기울거나 흔들리지 않도록 설치할 것

10) 승강식 피난기는 한국소방산업기술원 또는 법 제46조제1항에 따라 성능시험기관으로 지정받은 기관에서 그 성능을 검증받은 것으로 설치할 것

05 표지 설치기준

피난기구를 설치한 장소에는 가까운 곳의 보기 쉬운 곳에 피난기구의 위치를 표시하는 발광식 또는 축광식표지와 그 사용방법을 표시한 표지(외국어 및 그림 병기)를 부착하되, 축광식표지는 소방청장이 정하여 고시한 「축광표지의 성능인증 및 제품검사의 기술기준」에 적합하여야 한다. 다만, 방사성물질을 사용하는 위치표지는 쉽게 파괴되지 않는 재질로 처리할 것

06 피난기구설치의 감소

1. 피난기구를 설치하여야 할 특정소방대상물 중 다음의 기준에 적합한 층에는 2.1.2에 따른 피난기구의 2분의 1을 감소할 수 있다. 이 경우 설치하여야 할 피난기구의 수에 있어서 소수점 이하의 수는 1로 한다.
   1) 주요 구조부가 내화구조로 되어 있을 것
   2) 직통계단인 피난계단 또는 특별피난계단이 2 이상 설치되어 있을 것
2. 피난기구를 설치해야 할 소방대상물 중 주요구조부가 내화구조이고 다음의 기준에 적합한 건널 복도가 설치되어 있는 층에는 2.1.2에 따른 피난기구의 수에서 해당 건널 복도의 수의 2배의 수를 뺀 수로 한다.

1) 내화구조 또는 철골조로 되어 있을 것

2) 건널 복도 양단의 출입구에 자동폐쇄장치를 한 60분+ 방화문 또는 60분 방화문(방화셔터를 제외한다)이 설치되어 있을 것

3) 피난 · 통행 또는 운반의 전용 용도일 것

3. 피난기구를 설치하여야 할 특정소방대상물 중 다음의 기준에 적합한 노대가 설치된 거실의 바닥면적은 2.1.2에 따른 피난기구의 설치개수 산정을 위한 바닥면적에서 이를 제외한다.

1) 노대를 포함한 소방대상물의 주요 구조부가 내화구조일 것

2) 노대가 거실의 외기에 면하는 부분에 피난상 유효하게 설치되어 있어야 할 것

3) 노대가 소방사다리차가 쉽게 통행할 수 있는 도로 또는 공지에 면하여 설치되어 있거나 또는 거실부분과 방화구획되어 있거나 또는 노대에 지상으로 통하는 계단 그 밖의 피난기구가 설치되어 있어야 할 것

07 피난기구의 설치 제외

영 별표 5 제14호 피난구조설비의 설치면제 요건의 규정에 따라 다음의 어느 하나에 해당하는 특정소방대상물 또는 그 부분에는 피난기구를 설치하지 않을 수 있다. 다만, 2.1.2.2에 따라 숙박시설(휴양콘도미니엄을 제외한다)에 설치되는 완강기 및 간이완강기의 경우에는 그렇지 않다.

1. 다음 기준에 적합한 층

1) 주요 구조부가 내화구조로 되어 있어야 할 것

2) 실내의 면하는 부분의 마감이 불연재료 · 준불연재료 또는 난연재료로 되어 있고 방화구획이 「건축법 시행령」 제46조의 규정에 적합하게 구획되어 있어야 할 것

3) 거실의 각 부분으로부터 직접 복도로 쉽게 통할 수 있어야 할 것

4) 복도에 2 이상의 특별피난계단 또는 피난계단이 「건축법 시행령」 제35조에 적합하게 설치되어 있어야 할 것

5) 복도의 어느 부분에서도 2 이상의 방향으로 각각 다른 계단에 도달할 수 있어야 할 것

2. 다음의 기준에 적합한 특정소방대상물 중 그 옥상의 직하층 또는 최상층(문화 및 집회시설, 운동시설 또는 판매시설을 제외한다)

1) 주요 구조부가 내화구조로 되어 있어야 할 것

2) 옥상의 면적이 1,500m² 이상이어야 할 것

3) 옥상으로 쉽게 통할 수 있는 창 또는 출입구가 설치되어 있어야 할 것

4) 옥상이 소방사다리차가 쉽게 통행할 수 있는 도로(폭 6m 이상의 것을 말한다. 이하 같다)

또는 공지(공원 또는 광장 등을 말한다. 이하 같다)에 면하여 설치되어 있거나 옥상으로 부터 피난층 또는 지상으로 통하는 2 이상의 피난계단 또는 특별피난계단이 「건축법 시행령」 제35조의 규정에 적합하게 설치되어 있어야 할 것

3. 주요 구조부가 내화구조이고 지하층을 제외한 층수가 4층 이하이며 소방사다리차가 쉽게 통행할 수 있는 도로 또는 공지에 면하는 부분에 영 제2조제1호 각 목의 기준에 적합한 개구부가 2 이상 설치되어 있는 층(문화집회 및 운동시설ㆍ판매시설 및 영업시설 또는 노유자시설의 용도로 사용되는 층으로서 그 층의 바닥면적이 1,000m² 이상인 것을 제외한다)

4. 갓복도식 아파트 또는 「건축법 시행령」 제46조제5항에 해당하는 구조 또는 시설을 설치하여 인접(수평 또는 수직)세대로 피난할 수 있는 아파트

5. 주요 구조부가 내화구조로서 거실의 각 부분으로 직접 복도로 피난할 수 있는 학교(강의실 용도로 사용되는 층에 한한다)

6. 무인공장 또는 자동창고로서 사람의 출입이 금지된 장소(관리를 위하여 일시적으로 출입하는 장소를 포함한다)

7. 건축물의 옥상부분으로서 거실에 해당하지 아니하고 「건축법 시행령」 제119조제1항제9호에 해당하여 층수로 산정된 층으로 사람이 근무하거나 거주하지 않는 장소

┃Reference┃ **소방시설 설치 및 관리에 관한 법률 시행령 제2조**

> 1. "무창층"(無窓層)이란 지상층 중 다음 각 목의 요건을 모두 갖춘 개구부(건축물에서 채광ㆍ환기ㆍ통풍 또는 출입 등을 위하여 만든 창ㆍ출입구, 그 밖에 이와 비슷한 것을 말한다)의 면적의 합계가 해당 층의 바닥면적(「건축법 시행령」 제119조제1항제3호에 따라 산정된 면적을 말한다.)의 30분의 1 이하가 되는 층을 말한다.
>   가. 크기는 지름 50센티미터 이상의 원이 통과할 수 있을 것
>   나. 해당 층의 바닥면으로부터 개구부 밑 부분까지의 높이가 1.2미터 이내일 것
>   다. 도로 또는 차량이 진입할 수 있는 빈터를 향할 것
>   라. 화재 시 건축물로부터 쉽게 피난할 수 있도록 창살이나 그 밖의 장애물이 설치되지 않을 것
>   마. 내부 또는 외부에서 쉽게 부수거나 열 수 있을 것
> 2. "피난층"이란 곧바로 지상으로 갈 수 있는 출입구가 있는 층을 말한다.

CHAPTER 23 인명구조기구(NFTC302)

01 용어 정의

1. 방열복

고온의 복사열에 가까이 접근하여 소방활동을 수행할 수 있는 내열피복을 말한다.

2. 공기호흡기

소화활동 시에 화재로 인하여 발생하는 각종 유독가스 중에서 일정시간 사용할 수 있도록 제조된 압축공기식 개인호흡장비(보조마스크를 포함한다)를 말한다.

3. 인공소생기

호흡 부전 상태인 사람에게 인공호흡을 시켜 환자를 보호하거나 구급하는 기구를 말한다.

4. 방화복

화재진압 등의 소방활동을 수행할 수 있는 피복을 말한다.

5. 인명구조기구

화열, 화염, 유해성가스 등으로부터 인명을 보호하거나 구조하는데 사용되는 기구를 말한다.

6. 축광식표지

평상시 햇빛 또는 전등불 등의 빛에너지를 축적하여 화재 등의 비상시 어두운 상황에서도 도안·문자 등이 쉽게 식별될 수 있는 표지를 밀한다.

02 기술기준

1. 특정소방대상물의 용도 및 장소별로 설치해야 할 인명구조기구는 표 2.1.1.1에 따라 설치할 것

특정소방대상물	인명구조기구의 종류	설치 수량
지하층을 포함하는 층수가 7층 이상인 관광호텔 및 5층 이상인 병원	• 방열복 또는 방화복(안전모, 보호장갑 및 안전화를 포함한다.) • 공기호흡기 • 인공소생기	각 2개 이상 비치할 것. 다만, 병원의 경우에는 인공소생기를 설치하지 않을 수 있다.
• 문화 및 집회시설 중 수용인원 100명 이상의 영화상영관 • 판매시설 중 대규모 점포 • 운수시설 중 지하역사 • 지하가 중 지하상가	공기호흡기	층마다 2개 이상 비치할 것. 다만, 각 층마다 갖추어 두어야 할 공기호흡기 중 일부를 직원이 상주하는 인근 사무실에 갖추어 둘 수 있다.
물분무등소화설비 중 이산화탄소 소화설비(호스릴이산화탄소소화설비는 제외한다)를 설치하여야 하는 특정소방대상물	공기호흡기	이산화탄소 소화설비가 설치된 장소의 출입구 외부 인근에 1대 이상 비치할 것

2. 화재 시 쉽게 반출 사용할 수 있는 장소에 비치할 것

3. 인명구조기구가 설치된 가까운 장소의 보기 쉬운 곳에 "인명구조기구"라는 축광식 표지와 그 사용방법을 표시한 표지를 부착하되 축광식 표지는 소방청장이 고시한 「축광표지의 성능인증 및 제품검사의 기술기준」 적합한 것으로 설치할 것

4. 방열복은 소방청장이 고시한 「소방용 방열복의 성능인증 및 제품검사의 기술기준」 적합한 것으로 설치할 것

5. 방화복(안전모, 보호장갑 및 안전화를 포함한다)은 「소방장비관리법」 제10조제2항 및 「표준규격을 정해야 하는 소방장비의 종류고시」 제2조제1항제4호에 따른 표준규격에 적합한 것으로 설치할 것

CHAPTER 24 유도등 및 유도표지, 피난유도선 (NFTC303)

01 용어 정의

1. "유도등"이란 화재 시에 피난을 유도하기 위한 등으로서 정상상태에서는 상용전원에 따라 켜지고 상용전원이 정전되는 경우에는 비상전원으로 자동전환되어 켜지는 등을 말한다.

2. "피난구유도등"이란 피난구 또는 피난경로로 사용되는 출입구를 표시하여 피난을 유도하는 등을 말한다.

3. "통로유도등"이란 피난통로를 안내하기 위한 유도등으로 복도통로유도등, 거실통로유도등, 계단통로유도등을 말한다.

4. "복도통로유도등"이란 피난통로가 되는 복도에 설치하는 통로유도등으로서 피난구의 방향을 명시하는 것을 말한다.

5. "거실통로유도등"이란 거주, 집무, 작업, 집회, 오락 그 밖에 이와 유사한 목적을 위하여 계속적으로 사용하는 거실, 주차장 등 개방된 통로에 설치하는 유도등으로 피난의 방향을 명시하는 것을 말한다.

6. "계단통로유도등"이란 피난통로가 되는 계단이나 경사로에 설치하는 통로유도등으로 바닥면 및 디딤 바닥면을 비추는 것을 말한다.

7. "객석유도등"이란 객석의 통로, 바닥 또는 벽에 설치하는 유도등을 말한다.

8. "피난구유도표지"란 피난구 또는 피난경로로 사용되는 출입구를 표시하여 피난을 유도하는 표지를 말한다.

9. "통로유도표지"란 피난통로가 되는 복도, 계단등에 설치하는 것으로서 피난구의 방향을 표시하는 유도표지를 말한다.

10. "피난유도선"이란 햇빛이나 전등불에 따라 축광(이하 "축광방식"이라 한다)하거나 전류에 따라 빛을 발하는(이하 "광원점등방식"이라 한다) 유도체로서 어두운 상태에서 피난을 유도할 수 있도록 띠 형태로 설치되는 피난유도시설을 말한다.

11. "입체형"이란 유도등 표시면을 2면 이상으로 하고 각 면마다 피난유도표시가 있는 것을 말한다.

12. "3선식 배선"이란 평상시에는 유도등을 소등 상태로 유도등의 비상전원을 충전하고, 화재 등 비상시 점등 신호를 받아 유도등을 자동으로 점등되도록 하는 방식의 배선을 말한다.

02 유도등 및 유도표지의 설치 제외

1. 피난구유도등의 설치 제외

1) 바닥면적이 1,000m² 미만인 층으로서 옥내로부터 직접 지상으로 통하는 출입구(외부의 식별이 용이한 경우에 한한다)

2) 대각선 길이가 15m 이내인 구획된 실의 출입구

3) 거실 각 부분으로부터 하나의 출입구에 이르는 보행거리가 20m 이하이고 비상조명등과 유도표지가 설치된 거실의 출입구

4) 출입구가 3개소 이상 있는 거실로서 그 거실 각 부분으로부터 하나의 출입구에 이르는 보행거리가 30m 이하인 경우에는 주된 출입구 2개소 외의 출입구(유도표지가 부착된 출입구를 말한다). 다만, 공연장 · 집회장 · 관람장 · 전시장 · 판매시설 · 운수시설 · 숙박시설 · 노유자시설 · 의료시설 · 장례식장의 경우에는 그렇지 않다.

2. 통로유도등의 설치 제외

1) 구부러지지 아니한 복도 또는 통로로서 길이가 30m 미만인 복도 또는 통로

2) 1)에 해당하지 아니하는 복도 또는 통로로서 보행거리가 20m 미만이고 그 복도 또는 통로와 연결된 출입구 또는 그 부속실의 출입구에 피난구유도등이 설치된 복도 또는 통로

3. 객석유도등의 설치 제외

1) 주간에만 사용하는 장소로서 채광이 충분한 객석

2) 거실 등의 각 부분으로부터 하나의 거실출입구에 이르는 보행거리가 20m 이하인 객석의 통로로서 그 통로에 통로유도등이 설치된 객석

4. 유도표지의 설치 제외

1) 유도등이 2.2와 2.3에 따라 적합하게 설치된 출입구 · 복도 · 계단 및 통로

2) 2.8.1.1 · 2.8.1.2와 2.8.2에 해당하는 출입구 · 복도 · 계단 및 통로

03 유도등 및 유도표지의 적응성

특정소방대상물의 용도별로 설치하여야 할 유도등 및 유도표지는 다음 표에 따라 그에 적응하는 종류의 것으로 설치하여야 한다.

설치장소	유도등 및 유도표지의 종류
1. 공연장 · 집회장(종교집회장 포함) · 관람장 · 운동시설 2. 유흥주점영업시설(「식품위생법 시행령」 제21조제8호라목의 유흥주점영업 중 손님이 춤을 출 수 있는 무대가 설치된 카바레, 나이트 클럽 또는 그 밖에 이와 비슷한 영업시설만 해당한다)	• 대형피난구유도등 • 통로유도등 • 객석유도등
3. 위락시설 · 판매시설 · 운수시설 · 「관광진흥법」 제3조 제1항 제2호에 따른 관광숙박업 · 의료시설 · 장례식장 · 방송통신시설 · 전시장 · 지하상가 · 지하철역사	• 대형피난구유도등 • 통로유도등
4. 숙박시설(제3호의 관광숙박업 외의 것을 말한다) · 오피스텔 5. 제1호부터 제3호까지 외의 건축물로서 지하층 · 무창층 또는 층수가 11층 이상인 특정소방대상물	• 중형피난구유도등 • 통로유도등
6. 제1호부터 제5호까지 외의 건축물로서 근린생활시설 · 노유자시설 · 업무시설 · 발전시설 · 종교시설(집회장 용도로 사용하는 부분 제외) · 교육연구시설 · 수련시설 · 공장 · 창고시설 · 교정 및 군사시설(국방 · 군사시설 제외) · 기숙사 · 자동차정비공장 · 운전학원 및 정비학원 · 다중이용업소 · 복합건축물 · 아파트	• 소형피난구유도등 • 통로유도등
7. 그 밖의 것	• 피난구유도표지 • 통로유도표지

[비고]
1. 소방서장은 특정소방대상물의 위치 · 구조 및 설비의 상황을 판단하여 대형피난구유도등을 설치하여야 할 장소에 중형피난구유도등 또는 소형피난구유도등을, 중형피난구유도등을 설치하여야 할 장소에 소형피난구유도등을 설치하게 할 수 있다.
2. 복합건축물과 아파트의 경우, 주택의 세대 내에는 유도등을 설치하지 아니할 수 있다.

04 피난구유도등의 설치장소 및 설치기준

1. 피난구유도등의 설치 장소

1) 옥내로부터 직접 지상으로 통하는 출입구 및 그 부속실의 출입구
2) 직통계단 · 직통계단의 계단실 및 그 부속실의 출입구
3) 위 1) 및 2)에 따른 출입구에 이르는 복도 또는 통로로 통하는 출입구
4) 안전구획된 거실로 통하는 출입구

2. 설치위치

• 피난구유도등은 피난구의 바닥으로부터 높이 1.5m 이상으로서 출입구에 인접하도록 설치해야 한다.

- 피난층으로 향하는 피난구의 위치를 안내할 수 있도록 2.2.1.1 또는 2.2.1.2의 출입구 인근 천장에 2.2.1.1 또는 2.2.1.2에 따라 설치된 피난구유도등의 면과 수직이 되도록 피난구유도등을 추가로 설치해야 한다. 다만, 2.2.1.1 또는 2.2.1.2에 따라 설치된 피난구유도등이 입체형인 경우에는 그렇지 않다.

1) 옥내로부터 직접 지상으로 통하는 출입구 및 그 부속실의 출입구

[부속실이 없는 경우]

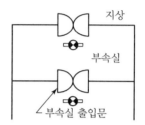

[부속실이 있는 경우]

2) 직통계단 · 직통계단의 계단실 및 그 부속실의 출입구

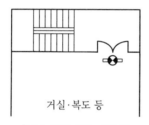

[부속실이 없는 경우]

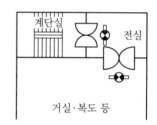

[부속실이 있는 경우]

3) 제1호와 제2호에 따른 출입구에 이르는 복도 또는 통로로 통하는 출입구

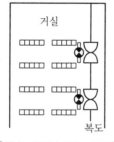

[연속거실이 없는 경우]

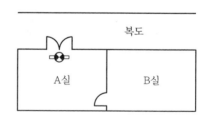

[연속거실이 있는 경우]

4) 안전구획된 거실로 통하는 출입구

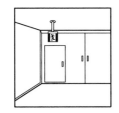

[입면도 : 안전구획 거실]

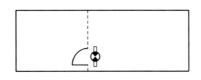

[평면도 : 안전구획 거실]

3. 피난층으로 향하는 피난구의 위치를 안내할 수 있도록 2.2.1.1 또는 2.2.1.2의 출입구 인근 천장에 2.2.1.1 또는 2.2.1.2에 따라 설치된 피난구유도등의 면과 수직이 되도록 피난구유도등을 추가로 설치해야 한다. 다만, 2.2.1.1 또는 2.2.1.2에 따라 설치된 피난구유도등이 입체형인 경우에는 그렇지 않다.

05 통로유도등의 설치장소 및 설치기준

통로유도등은 특정소방대상물의 각 거실과 그로부터 지상에 이르는 복도 또는 계단의 통로에 다음의 기준에 따라 설치해야 한다.

1. 복도통로유도등의 설치기준

1) 복도에 설치하되 2.2.1.1 또는 2.2.1.2에 따라 피난구유도등이 설치된 출입구의 맞은편 복도에는 입체형으로 설치하거나, 바닥에 설치할 것
2) 구부러진 모퉁이 및 2.3.1.1.1에 따라 설치된 통로유도등을 기점으로 보행거리 20m마다 설치할 것
3) 바닥으로부터 높이 1m 이하의 위치에 설치할 것. 다만, 지하층 또는 무창층의 용도가 도매시장·소매시장·여객자동차터미널·지하역사 또는 지하상가인 경우에는 복도·통로 중앙부분의 바닥에 설치해야 한다.
4) 바닥에 설치하는 통로유도등은 하중에 따라 파괴되지 아니하는 강도의 것으로 할 것

2. 거실통로유도등의 설치기준

1) 거실의 통로에 설치할 것. 다만, 거실의 통로가 벽체 등으로 구획된 경우에는 복도통로유도등을 설치하여야 한다.
2) 구부러진 모퉁이 및 보행거리 20m마다 설치할 것

3) 바닥으로부터 높이 1.5m 이상의 위치에 설치할 것. 다만, 거실통로에 기둥이 설치된 경우에는 기둥 부분의 바닥으로부터 높이 1.5m 이하의 위치에 설치할 수 있다.

3. 계단통로유도등의 설치기준

1) 각 층의 경사로참 또는 계단참마다(1개 층에 경사로참 또는 계단참이 2 이상 있는 경우에는 2개의 계단참마다) 설치할 것
2) 바닥으로부터 높이 1m 이하의 위치에 설치할 것

4. 통행에 지장이 없도록 설치할 것

5. 주위에 이와 유사한 등화광고물 · 게시물 등을 설치하지 않을 것

06 객석유도등의 설치장소 및 설치기준

1. 객석유도등은 객석의 통로, 바닥 또는 벽에 설치해야 한다.
2. 객석 내의 통로가 경사로 또는 수평로로 되어 있는 부분은 식 (2.4.2)에 따라 산출한 개수(소수점 이하의 수는 1로 본다)의 유도등을 설치해야 한다.

$$N(설치개수) = \frac{객석\ 통로의\ 직선부분의\ 길이[m]}{4} - 1(개)$$

3. 객석 내의 통로가 옥외 또는 이와 유사한 부분에 있는 경우에는 해당 통로 전체에 미칠 수 있는 개수의 유도등을 설치해야 한다.

| Reference | 표시면의 색상

- 피난구유도등 : 녹색바탕에 백색문자(녹색등화)
- 통로 유도등 : 백색바탕에 녹색문자(백색등화)
- 객석 유도등 : 백색바탕에 녹색문자(백색등화)

07 유도표지의 설치기준

1. 설치기준

1) 계단에 설치하는 것을 제외하고는 각 층마다 복도 및 통로의 각 부분으로부터 하나의 유도표지까지의 보행거리가 15m 이하가 되는 곳과 구부러진 모퉁이의 벽에 설치할 것

2) 피난구유도표지는 출입구 상단에 설치하고, 통로유도표지는 바닥으로부터 높이 1m 이하의 위치에 설치할 것

3) 주위에는 이와 유사한 등화 · 광고물 · 게시물 등을 설치하지 않을 것

4) 유도표지는 부착판 등을 사용하여 쉽게 떨어지지 아니하도록 설치할 것

2. 유도표지의 성능적합 기준 [소방청장이 고시한 축광표지의 성능인증 및 제품검사의 기술기준에 적합한 것으로 설치할 것]

1) 표시면의 두께 및 크기

축광유도표지 및 축광위치표지의 표시면의 두께는 1.0mm 이상(금속재질인 경우 0.5mm 이상)이어야 하며, 축광유도표지 및 축광위치표지의 표시면의 크기는 다음 각 호에 적합하여야 한다. 다만, 표시면이 사각형이 아닌 경우에는 표시면에 내접하는 사각형의 크기가 다음 각 호에 적합하여야 한다.

① 피난구축광유도표지는 긴 변의 길이가 360mm 이상, 짧은 변의 길이가 120mm 이상이어야 한다.

② 통로축광유도표지는 긴 변의 길이가 250mm 이상, 짧은 변의 길이가 85mm 이상이어야 한다.

③ 축광위치표지는 긴 변의 길이가 200mm 이상, 짧은 변의 길이가 70mm 이상이어야 한다.

④ 보조축광표지는 짧은 변의 길이가 20mm 이상이며 면적은 2,500mm² 이상이어야 한다.

2) 식별도시험

① 축광유도표지 및 축광위치표지는 $200lx$ 밝기의 광원으로 20분간 조사시킨 상태에서 다시 주위조도를 $0lx$로 하여 60분간 발광시킨 후 직선거리 20m(축광위치표지의 경우 10m) 떨어진 위치에서 유도표지 또는 위치표지가 있다는 것이 식별되어야 하고, 유도표지는 직선거리 3m의 거리에서 표시면의 표시 중 주체가 되는 문자 또는 주체가 되는 화살표등이 쉽게 식별되어야 한다. 이 경우 측정자는 보통 시력(시력 1.0에서 1.2의 범위를 말한다)을 가진 자로서 시험 실시 20분 전까지 암실에 들어가 있어야 한다.

② 제1항의 규정에도 불구하고 보조축광표지는 $200lx$ 밝기의 광원으로 20분간 조사시킨 상태에서 다시 주위조도를 $0lx$로 하여 60분간 발광시킨 후 직선거리 10m 떨어진 위치에서 보조축광표지가 있다는 것이 식별되어야 한다. 이경우 측정자의 조건은 제1항의 조건을 적용한다.

3) 표시 및 취급설명서

① 표시면의 앞면에는 다음 각 호의 사항을 쉽게 지워지지 아니하도록 표시하여야 한다. 다만, 도자기질 타일 재질의 제품의 경우에는 제1호를 표시면 뒷면에 표시할 수 있다.

㉠ 상표

㉡ 피난구축광유도표지 및 통로축광유도표지의 경우에는 "유도등이 설치되어야 하는 법정장소에는 사용할 수 없음"이라는 별도표시를 하여야 한다.

② 표시면의 뒷면에는 다음 각 호의 사항을 쉽게 지워지지 아니하도록 표시하여야 한다.

㉠ 종별
㉡ 성능인증번호
㉢ 제조년월 및 제조번호(또는 로트번호)
㉣ 제조업체명
㉤ 설치방법
㉥ 사용상 주의사항
㉦ 그 밖에 필요한 사항

08 피난유도선의 설치기준

1. 축광방식의 피난유도선 설치기준

1) 구획된 각 실로부터 주 출입구 또는 비상구까지 설치할 것
2) 바닥으로부터 높이 50cm 이하의 위치 또는 바닥 면에 설치할 것
3) 피난유도 표시부는 50cm 이내의 간격으로 연속되도록 설치할 것
4) 부착대에 의하여 견고하게 설치할 것
5) 외광 또는 조명장치에 의하여 상시 조명이 제공되거나 비상조명등에 의한 조명이 제공되도록 설치할 것

2. 광원점등방식의 피난유도선 설치기준

1) 구획된 각 실로부터 주 출입구 또는 비상구까지 설치할 것
2) 피난유도 표시부는 바닥으로부터 높이 1m 이하의 위치 또는 바닥 면에 설치할 것
3) 피난유도 표시부는 50cm 이내의 간격으로 연속되도록 설치하되 실내장식물 등으로 설치가 곤란할 경우 1m 이내로 설치할 것
4) 수신기로부터의 화재신호 및 수동조작에 의하여 광원이 점등되도록 설치할 것
5) 비상전원이 상시 충전상태를 유지하도록 설치할 것
6) 바닥에 설치되는 피난유도 표시부는 매립하는 방식을 사용할 것
7) 피난유도 제어부는 조작 및 관리가 용이하도록 바닥으로부터 0.8m 이상 1.5m 이하의 높이에 설치할 것

3. 피난유도선은 소방청장이 정하여 고시한 「피난유도선의 성능인증 및 제품검사의 기술 기준」에 적합한 것으로 설치해야 한다.

09 유도등의 전원 및 배선

1. 유도등의 상용전원은 전기가 정상적으로 공급되는 축전지설비, 전기저장장치(외부 전기에 너지를 저장해 두었다가 필요한 때 전기를 공급하는 장치) 또는 교류전압의 옥내 간선으로 하고, 전원까지의 배선은 전용으로 해야 한다.

2. 비상전원은 다음의 기준에 적합하게 설치해야 한다.
   1) 축전지로 할 것
   2) 유도등을 20분 이상 유효하게 작동시킬 수 있는 용량으로 할 것. 다만, 다음의 특정소방 대상물의 경우에는 그 부분에서 피난층에 이르는 부분의 유도등을 60분 이상 유효하게 작동시킬 수 있는 용량으로 해야 한다.
      ① 지하층을 제외한 층수가 11층 이상의 층
      ② 지하층 또는 무창층으로서 용도가 도매시장·소매시장·여객자동차터미널·지하 역사 또는 지하상가

3. 배선은 「전기사업법」 제67조에 따른 「전기설비기술기준」에서 정한 것 외에 다음의 기준에 따라야 한다.
   1) 유도등의 인입선과 옥내배선은 직접 연결할 것
   2) 유도등은 전기회로에 점멸기를 설치하지 아니하고 항상 점등상태를 유지할 것. 다만, 특정소방대상물 또는 그 부분에 사람이 없거나 다음 각 목의 어느 하나에 해당하는 장소 로서 3선식 배선에 따라 상시 충전되는 구조인 경우에는 그렇지 않다.
      ① 외부의 빛에 의해 피난구 또는 피난방향을 쉽게 식별할 수 있는 장소
      ② 공연장, 암실(暗室) 등으로서 어두워야 할 필요가 있는 장소
      ③ 특정소방대상물의 관계인 또는 종사원이 주로 사용하는 장소
   3) 3선식 배선은 「옥내소화전설비의 화재안전기술기준(NFTC 102)」 2.7.2의 표 2.7.2(1) 또는 표 2.7.2(2)에 따른 내화배선 또는 내열배선으로 할 것

4. 3선식 배선으로 상시 충전되는 유도등의 전기회로에 점멸기를 설치하는 경우에는 다 음 각 호의 어느 하나에 해당되는 경우에 점등되도록 해야 한다.
   1) 자동 화재탐지설비의 감지기 또는 발신기가 작동되는 때
   2) 비상경보설비의 발신기가 작동되는 때
   3) 상용전원이 정전되거나 전원선이 단선되는 때

4) 방재업무를 통제하는 곳 또는 전기실의 배전반에서 수동으로 점등하는 때

5) 자동소화설비가 작동되는 때

▼ 3선식과 2선식 유도등 비교

구분	3선식	2선식
특징	상시 소등, 비상시 점등	상시 및 비상시 점등
유도등 작동	① 점멸기로 유도등 소등 ② 평상시 유도등 소등상태이나 예비전원은 늘 충전상태(감시상태) ③ 상용전원의 **정전이나 단선 시** 자동적으로 예비전원에 의해 **20분 이상 유도등 점등**	① **평상시 늘 점등상태** ② 상용전원의 **정전이나 단선 시** 예비전원에 의해 **유도등 점등 (20분 이상)**
결선	① 전원선(공통선), 점등선, 충전선의 3선 이용하여 접속 ② **점멸기를 설치**하여 축전지는 항상 충전상태 유지	① 2선으로 결선 ② 점멸기를 설치하지 않음
조건	① 소등 중에는 축전지가 항상 충전상태로 대기 ② 화재 시 또는 정전 시 자동 점등될 것	① 정상 시는 물론 화재 또는 정전 시 계속 점등될 것
장점	① 조명이 양호하거나 주광이 확보되는 장소에는 소등하므로 **합리적임** ② **절전효과** ③ **등기구의 수명 연장**	① 평상시 상시 점등되므로 불량개소 파악 등 **유지관리에 용이** ② 평소 피난구의 위치, 피난 인식을 부여
단점	① 배선, 등기구, 램프 등의 이상 **여부 파악이 어렵다.** ② **관리자의 잦은 손길이 요구** ③ 평소 피난구의 위치, 피난 인식을 상실	① **경제적 손실**(전력 소모, 등기구 수명단축 등) ② 조명이 양호하거나 주광이 확보되는 장소에 상시 점등되는 **불합리성**이 있다.

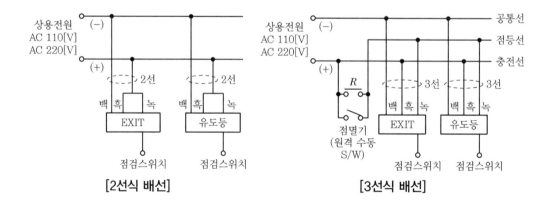

[2선식 배선]　　　　　[3선식 배선]

Check Point 각 유도등 및 유도표지의 비교

종류	설치장소	설치개수	설치높이
피난구 유도등	옥 · 직 · 출 · 안		피난구의 바닥으로부터 높이 1.5 이상 출입구에 인접하도록 설치
복도 통로유도등	복도	• 구부러진 모퉁이 • 보행거리 20m마다	바닥으로부터 높이 1m 이하
거실 통로유도등	거실의 통로	• 구부러진 모퉁이 • 보행거리 20m마다	바닥으로부터 높이 1.5m 이상 기둥부분의 바닥으로부터 높이 1.5m 이하
계단 통로유도등	경사로 참 · 계단 참		바닥으로부터 높이 1m 이하
객석 유도등	객석 통로 · 바닥 · 벽	$\dfrac{객석통로의 직선부분 길이}{4} - 1$	
유도표지	각 층 복도 · 통로	• 구부러진 모퉁이 벽 • 보행거리 15m 이하	• 피난구유도표지 : 출입구 상단 • 통로유도표지 : 바닥으로부터 높이 1m 이하
축광방식 피난유도선	구획된 각 실로부터 주 출입구 · 비상구까지		바닥으로부터 높이 50cm 이하 또는 바닥 면
광원점등 방식 피난유도선	구획된 각 실로부터 주 출입구 · 비상구까지		바닥으로부터 높이 1m 이하 또는 바닥 면

CHAPTER 25 비상조명등 및 휴대용 비상조명등 (NFTC304)

01 설치 제외

1. 다음의 어느 하나에 해당하는 경우에는 비상조명등을 설치하지 않을 수 있다.
   1) 거실의 각 부분으로부터 하나의 출입구에 이르는 보행거리가 15m 이내인 부분
   2) 의원 · 경기장 · 공동주택 · 의료시설 · 학교의 거실

2. 지상1층 또는 피난층으로서 복도 · 통로 또는 창문 등의 개구부를 통하여 피난이 용이한 경우 또는 숙박시설로서 복도에 비상조명등을 설치 한 경우에는 휴대용 비상조명등을 설치하지 아니할 수 있다.

02 종류 및 정의

1. 비상조명등

화재 발생 등에 따른 정전 시에 안전하고 원활한 피난활동을 할 수 있도록 거실 및 피난통로 등에 설치되어 자동 점등되는 조명등을 말한다.

2. 휴대용 비상조명등

화재 발생 등으로 정전 시 안전하고 원할 한 피난을 위하여 피난자가 휴대할 수 있는 조명등을 말한다.

[비상조명등]

[휴대용 비상조명등]

03 기술기준

1. 비상조명등의 설치기준

1) 특정소방대상물의 각 거실과 그로부터 지상에 이르는 복도·계단 및 그 밖의 통로에 설치할 것

2) 조도는 비상조명등이 설치된 장소의 각 부분의 바닥에서 $1lx$ 이상이 되도록 할 것

3) 예비전원을 내장하는 비상조명등에는 평상시 점등 여부를 확인할 수 있는 점검스위치를 설치하고 해당 조명등을 유효하게 작동시킬 수 있는 용량의 축전지와 예비전원 충전장치를 내장할 것

4) 예비전원을 내장하지 않은 비상조명등의 비상전원은 자가발전설비, 축전지설비 또는 전기저장장치(외부 전기에너지를 저장해 두었다가 필요한 때 전기를 공급하는 장치)를 다음의 기준에 따라 설치해야 한다.

① 점검에 편리하고 화재 및 침수 등의 재해로 인한 피해를 받을 우려가 없는 곳에 설치할 것

② 상용전원으로부터 전력의 공급이 중단된 때에는 자동으로 비상전원으로부터 전력을 공급받을 수 있도록 할 것

③ 비상전원의 설치장소는 다른 장소와 방화구획할 것. 이 경우 그 장소에는 비상전원의 공급에 필요한 기구나 설비 외의 것(열병합발전설비에 필요한 기구나 설비는 제외한다)을 두어서는 아니 된다.

④ 비상전원을 실내에 설치하는 때에는 그 실내에 비상조명등을 설치할 것

5) 2.1.1.3와 2.1.1.4에 따른 예비전원과 비상전원은 비상조명등을 20분 이상 유효하게 작동시킬 수 있는 용량으로 할 것. 다만, 다음의 특정소방대상물의 경우에는 그 부분에서 피난층에 이르는 부분의 비상조명등을 60분 이상 유효하게 작동시킬 수 있는 용량으로 해야 한다.

① 지하층을 제외한 층수가 11층 이상의 층

② 지하층 또는 무창층으로서 용도가 도매시장·소매시장·여객자동차터미널·지하역사 또는 지하상가

6) 영 별표 5 제15호 비상조명등의 설치면제 요건에서 "ㄴ 유도등의 유효범위"란 유도등의 조도가 바닥에서 $1lx$ 이상이 되는 부분을 말한다.

2. 휴대용 비상조명등의 설치기준

1) 다음 각 기준의 장소에 설치할 것

① 숙박시설 또는 다중이용업소에는 객실 또는 영업장 안의 구획된 실마다 잘 보이는

곳(외부에 설치 시 출입문 손잡이로부터 1m 이내 부분)에 1개 이상 설치

② 「유통산업발전법」 제2조 제3호에 따른 대규모점포(지하상가 및 지하역사를 제외한 다)와 영화상영관에는 보행거리 50m 이내마다 3개 이상 설치

③ 지하상가 및 지하역사에는 보행거리 25m 이내마다 3개 이상 설치

2) 설치높이는 바닥으로부터 0.8m 이상 1.5m 이하의 높이에 설치할 것

3) 어둠 속에서 위치를 확인할 수 있도록 할 것

4) 사용 시 자동으로 점등되는 구조일 것

5) 외함은 난연성능이 있을 것

6) 건전지를 사용하는 경우에는 방전방지조치를 하여야 하고, 충전식 배터리의 경우에는 상시 충전되도록 할 것

7) 건전지 및 충전식 배터리의 용량은 20분 이상 유효하게 사용할 수 있는 것으로 할 것

CHAPTER 26 상수도 소화용수설비(NFTC401)

01 용어 정의

1. 호칭지름

일반적으로 표기하는 배관의 직경을 말한다.

2. 수평투영면

건축물을 수평으로 투영하였을 경우의 면을 말한다.

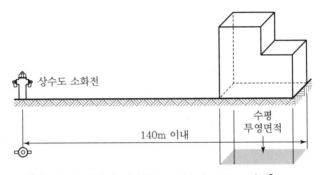

[수평투영면적의 각 부분으로부터 140m 이하]

3. 소화전

소방관이 사용하는 설비로서, 수도배관에 접속 · 설치되어 소화수를 공급하는 설비를 말한다.

4. 제수변(제어밸브)

배관의 도중에 설치되어 배관 내 물의 흐름을 개폐할 수 있는 밸브를 말한다.

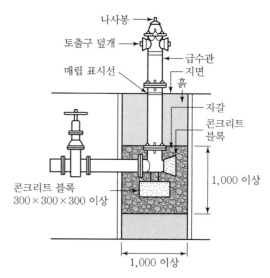

02 기술기준

상수도소화용수설비는 「수도법」에 따른 기준 외에 다음의 기준에 따라 설치해야 한다.

1. 호칭지름 75mm 이상의 수도배관에 호칭지름 100mm 이상의 소화전을 접속할 것
2. 1.의 규정에 따른 소화전은 소방자동차 등의 진입이 쉬운 도로변 또는 공지에 설치할 것
3. 1.의 규정에 따른 소화전은 소방대상물의 수평투영면의 각 부분으로부터 140m 이하가 되도록 설치할 것

CHAPTER 27 소화수조 및 저수조설비(NFTC402)

01 용어 정의

1. 소화수조 또는 저수조

수조를 설치하고 여기에 소화에 필요한 물을 항시 채워두는 것으로서, 소화수조는 소화용수의 전용 수조를 말하고, 저수조란 소화용수와 일반 생활용수의 겸용 수조를 말한다.

2. 채수구

소방차의 소방호스와 접결되는 흡입구를 말한다.

3. 흡수관투입구

소방차의 흡수관이 투입될 수 있도록 소화수조 또는 저수조에 설치된 원형 또는 사각형의 투입구를 말한다.

02 소화수조 등

1. 소화수조, 저수조의 채수구 또는 흡수관투입구는 소방차가 2m 이내의 지점까지 접근할 수 있는 위치에 설치해야 한다.
2. 소화수조 또는 저수조의 저수량은 소방대상물의 연면적을 다음 표에 따른 기준면적으로 나누어 얻은 수(소수점 이하의 수는 1로 본다.)에 20m³를 곱한 양 이상이 되도록 해야 한다.

소방대상물의 구분	면적
1. 1층 및 2층의 바닥면적 합계가 15,000m² 이상인 소방대상물	7,500m²
2. 그 밖의 소방대상물	12,500m²

3. 소화수조 또는 저수조는 다음의 기준에 따라 흡수관투입구 또는 채수구를 설치해야 한다.

    1) 지하에 설치하는 소화용수설비의 흡수관투입구는 그 한 변이 0.6m 이상이거나 직경이 0.6m 이상인 것으로 하고, 소요수량이 80m³ 미만인 것에 있어서는 1개 이상, 80m³ 이상인 것에 있어서는 2개 이상을 설치하여야 하며, "흡수관투입구"라고 표시한 표지를 할 것

    2) 소화용수설비에 설치하는 채수구는 다음의 기준에 따라 설치할 것

        ① 채수구는 다음 표에 따라 소방용 호스 또는 소방용 흡수관에 사용하는 구경 65mm 이상의 나사식 결합 금속구를 설치할 것

소요수량	20m³ 이상 40m³ 미만	40m³ 이상 100m³ 미만	100m³ 이상
채수구의 수	1개	2개	3개

        ② 채수구는 지면으로부터의 높이가 0.5m 이상, 1m 이하의 위치에 설치하고 "채수구"라고 표시한 표지를 할 것

4. 소화용수설비를 설치하여야 할 소방대상물에 있어서 유수의 양이 0.8m³/min 이상인 유수를 사용할 수 있는 경우에는 소화수조를 설치하지 않을 수 있다.

03 가압송수장치

1. 소화수조 또는 저수조가 지표면으로부터의 깊이(수조 내부바닥까지의 길이를 말한다)가 4.5m 이상인 지하에 있는 경우에는 다음 표 2.2.1에 따라 가압송수장치를 설치해야 한다. 다만, 2.1.2에 따른 저수량을 지표면으로부터 4.5m 이하인 지하에서 확보할 수 있는 경우에는 소화수조 또는 저수조의 지표면으로부터의 깊이에 관계없이 가압송수장치를 설치하지 않을 수 있다.

소요수량	20m³ 이상 40m³ 미만	40m³ 이상 100m³ 미만	100m³ 이상
가압송수장치의 1분당 양수량	1,100l 이상	2,200l 이상	3,300l 이상

2. 소화수조가 옥상 또는 옥탑의 부분에 설치된 경우에는 지상에 설치된 채수구에서의 압력이 0.15MPa 이상이 되도록 해야 한다.

3. 전동기 또는 내연기관에 따른 펌프를 이용하는 가압송수장치는 다음 각 호의 기준에 따라 설치해야 한다.

    1) 기동장치로는 보호판을 부착한 기동스위치를 채수구 직근에 설치할 것

    2) 기타 다른 사항은 옥내소화전과 동일

CHAPTER 28 제연설비(NFTC501)

01 용어 정의

1. 제연구역

제연경계(제연경계가 면한 천장 또는 반자를 포함한다)에 의해 구획된 건물 내의 공간을 말한다.

2. 제연경계

연기를 예상제연구역 내에 가두거나 이동을 억제하기 위한 보 또는 제연경계벽 등을 말한다.

3. 제연경계벽

제연경계가 되는 가동형 또는 고정형의 벽을 말한다.

4. 제연경계의 폭

제연경계가 면한 천장 또는 반자로부터 그 제연경계의 수직하단 끝부분까지의 거리를 말한다.

5. 수직거리

제연경계의 하단 끝으로부터 그 수직한 하부 바닥면까지의 거리를 말한다.

6. 예상제연구역

화재 시 연기의 제어가 요구되는 제연구역을 말한다.

7. 공동예상제연구역

2개 이상의 예상제연구역을 동시에 제연하는 구역을 말한다.

8. 통로배출방식

거실 내 연기를 직접 옥외로 배출하지 않고 거실에 면한 통로의 연기를 옥외로 배출하는 방식을 말한다.

9. 보행중심선

통로 폭의 한 가운데 지점을 연장한 선을 말한다.

10. 유입풍도

예상제연구역으로 공기를 유입하도록 하는 풍도를 말한다.

11. 배출풍도

예상 제연구역의 공기를 외부로 배출하도록 하는 풍도를 말한다.

12. 방화문

「건축법 시행령」 제64조의 규정에 따른 60분+ 방화문, 60분 방화문 또는 30분 방화문으로써 언제나 닫힌 상태를 유지하거나 화재감지기와 연동하여 자동적으로 닫히는 구조를 말한다.

13. 불연재료

「건축법 시행령」 제2조제10호에 따른 기준에 적합한 재료로서, 불에 타지 않는 성질을 가진 재료를 말한다.

14. 난연재료

「건축법 시행령」 제2조제9호에 따른 기준에 적합한 재료로서, 불에 잘 타지 않는 성능을 가진 재료를 말한다.

02 제연설비의 제연구역

1. 제연구역의 구획기준
   1) 하나의 제연구역의 면적은 1,000m² 이내로 할 것
   2) 거실과 통로(복도를 포함한다.)는 각각 제연구획 할 것

3) 통로상의 제연구역은 보행중심선의 길이가 60m를 초과하지 않을 것

4) 하나의 제연구역은 직경 60m 원내에 들어갈 수 있을 것

5) 하나의 제연구역은 2개 이상 층에 미치지 아니하도록 할 것

다만, 층의 구분이 불분명한 부분은 그 부분을 다른 부분과 별도로 제연구획 해야 한다.

2. 제연구역의 구획은 보·제연경계벽(이하 "제연경계"라 한다.) 및 벽(화재 시 자동으로 구획되는 가동벽·셔터·방화문을 포함한다. 이하 같다.)으로 하되, 다음의 기준에 적합해야 한다.

1) 재질은 내화재료, 불연재료 또는 제연경계벽으로 성능을 인정받은 것으로서 화재 시 쉽게 변형·파괴되지 아니하고 연기가 누설되지 않는 기밀성 있는 재료로 할 것

2) 제연경계는 제연경계의 폭이 0.6m 이상이고, 수직거리는 2m 이내이어야 한다. 다만, 구조상 불가피한 경우는 2m를 초과할 수 있다.

3) 제연경계벽은 배연 시 기류에 따라 그 하단이 쉽게 흔들리지 아니하여야 하며, 또한 가동식의 경우에는 급속히 하강하여 인명에 위해를 주지 아니하는 구조일 것

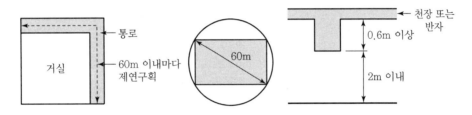

03 제연방식

1. 예상제연구역에 대하여는 화재 시 연기배출(이하 "배출"이라 한다.)과 동시에 공기유입이 될 수 있게 하고, 배출구역이 거실일 경우에는 통로에 동시에 공기가 유입될 수 있도록 해야 한다.

2. 2.2.1에도 불구하고 통로와 인접하고 있는 거실의 바닥면적이 50m² 미만으로 구획(제연경계에 따른 구획은 제외한다. 다만, 거실과 통로와의 구획은 그렇지 않다)되고 그 거실에 통로가 인접하여 있는 경우에는 화재 시 그 거실에서 직접 배출하지 아니하고 인접한 통로의 배출로 갈음할 수 있다. 다만, 그 거실이 다른 거실의 피난을 위한 경유거실인 경우에는 그 거실에서 직접 배출해야 한다.

3. 통로의 주요구조부가 내화구조이며 마감이 불연재료 또는 난연재료로 처리되고 통로 내부에 가연성 물질이 없는 경우에 그 통로는 예상제연구역으로 간주하지 않을 수 있다. 다만, 화재 시 연기의 유입이 우려되는 통로는 그렇지 않다.

04 배출량 및 배출방식

각 예상제연구역에서의 배출량은 제연구역의 면적, 배출방식 및 수직거리에 따라 다음 기준에 의해 얻어진 양 이상으로 하며, 수직거리가 구획부분에 따라 다른 경우는 수직거리가 긴 것을 기준으로 한다.

1. 배출방식

1) 단독제연방식

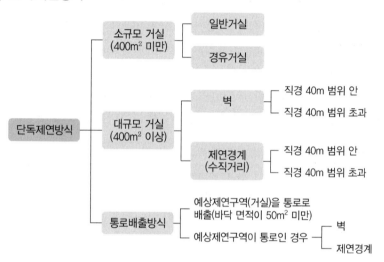

2) 공동제연방식

2. 배출량

1) 단독제연방식의 배출량

① 소규모 거실(거실 바닥 면적이 400m² 미만)인 경우

$$Q[\mathrm{m^3/hr}] = A\,\mathrm{m^2} \times 1\,\mathrm{m^3/m^2} \cdot \min \times 60\,\min/\mathrm{hr} \ \ 이상$$

- $A\,\mathrm{m^2}$: 거실 바닥 면적(400m² 미만일 것)
- 최저 배출량은 5,000m³/hr 이상일 것

② **대규모 거실(거실 바닥 면적이 400m² 이상)인 경우**

㉠ 제연구역이 벽으로 구획된 경우

구분	배출량
직경 40m 범위 안	40,000m³/hr 이상
직경 40m 범위 초과	45,000m³/hr 이상

㉡ 제연구역이 제연경계(보 · 제연경계 벽)로 구획된 경우

수직거리	직경 40m 범위 안	직경 40m 범위 초과
2m 이하	40,000m³/hr 이상	45,000m³/hr 이상
2m 초과 2.5m 이하	45,000m³/hr 이상	50,000m³/hr 이상
2.5m 초과 3m 이하	50,000m³/hr 이상	55,000m³/hr 이상
3m 초과	60,000m³/hr 이상	65,000m³/hr 이상

③ **통로배출방식**

㉠ 거실의 바닥 면적이 50m² 미만인 예상제연구역을 통로배출방식으로 하는 경우

통로길이	수직거리	배출량	비 고
40m 이하	2m 이하	25,000m³/hr 이상	벽으로 구획된 경우를 포함
	2m 초과 2.5m 이하	30,000m³/hr 이상	
	2.5m 초과 3m 이하	35,000m³/hr 이상	
	3m 초과	45,000m³/hr 이상	
40m 초과 60m 이하	2m 이하	30,000m³/hr 이상	벽으로 구획된 경우를 포함
	2m 초과 2.5m 이하	35,000m³/hr 이상	
	2.5m 초과 3m 이하	40,000m³/hr 이상	
	3m 초과	50,000m³/hr 이상	

㉡ 예상제연구역이 통로인 경우의 배출량은 45,000m³/hr 이상으로 할 것. 다만, 예상제연구역이 제연경계로 구획된 경우에는 그 수직거리에 따라 배출량은 제2항 제2호의 표에 따른다.

※ 제2항 제2호의 표 내용 : 대규모 거실로 제연구역이 제연경계(보 · 제연경계 벽)으로 구획된 경우

2) **공동제연방식의 배출량**

① 벽으로 구획된 경우(제연구획의 구획 중 출입구만을 제연경계로 구획한 경우를 포함)

㉠ 각 예상제연구역의 배출량을 합한 것 이상

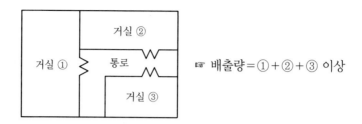

☞ 배출량＝①＋②＋③ 이상

ⓛ 제연구역이 벽으로만 구획되어 있는 경우에만 적용

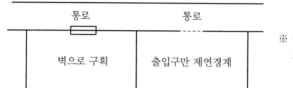

※ 출입구와 통로가 제연경계로
구획된 경우에도 적용 가능

ⓒ 공동제연방식의 경우 제연구역 면적 1,000m² 이하 또는 대각선 길이 60m 이내
의 기준은 적용하지 아니한다.

ⓔ 예상제연구역의 바닥면적이 400m² 미만인 경우 배출량은 바닥면적 1m² 당
1m³/min 이상으로 하고 공동예상구역 전체배출량은 5,000m³/hr 이상으로 할 것

② 제연경계(보ㆍ제연경계벽)로 구획된 경우(예상제연구역의 구획 중 일부가 제연경계
로 구획된 경우는 포함하나 출입구 부분만을 제연경계로 구획한 경우는 제외)

ⓛ 각 예상제연구역의 배출량 중 최대의 것

ⓒ 공동예상제연구역이 거실인 경우 : 바닥면적 1,000m² 이하이며, 직경 40m 원
내일 것

ⓒ 공동예상제연구역이 통로일 경우 : 보행 중심선의 길이가 40m 이하일 것

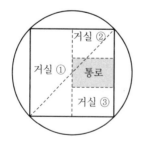

※ 배출량＝①, ②, ③의 배출량 중 최대의 것
바닥면적은 1,000m² 이하일 것
직경은 40m 이하일 것

ⓔ 공동예상제연구역의 일부가 제연경계로 구획된 경우에는 적용이 가능하나 출입
구와 통로가 제연경계로 구획된 경우에는 적용하지 아니한다.

③ 벽과 제연경계로 구획된 경우

　ㄱ 공동예상제연구역이 벽과 제연경계로 구획된 경우

　ㄴ 배출량＝벽으로 구획된 것＋제연경계로 구획된 것 중 최대량(단, 벽으로 구획된
　　　제연구역이 2 이상일 경우 : 각 배출량의 합)

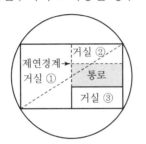

※ 배출량＝①과 ② 중 최대의 것＋③
　　바닥면적은 1,000m² 이하일 것
　　직경은 40m 이하일 것

05 　배출구의 설치위치

1. 소규모거실(거실 바닥면적이 400m² 미만)인 경우

1) 예상제연구역이 벽으로 구획되어 있는 경우

천장 또는 반자와 바닥 사이의 중간 윗부분에 설치할 것

2) 예상제연구역 중 어느 한 부분이 제연경계로 구획되어 있는 경우

천장 · 반자 또는 이에 가까운 벽의 부분에 설치할 것. 다만, 배출구를 벽에 설치하는
경우에는 배출구의 하단이 당해 예상제연구역에서 제연경계의 폭이 가장 짧은 제연경계
의 하단보다 높이 되도록 해야 한다.

2. 대규모거실(거실 바닥면적이 400m² 이상) 및 통로인 경우

1) 예상제연구역이 벽으로 구획되어 있는 경우 천장 · 반자 또는 이에 가까운 벽의 부분에
　설치할 것. 다만, 배출구를 벽에 설치한 경우에는 배출구의 하단과 바닥 간의 최단거리가
　2m 이상이어야 한다.

2) 예상제연구역 중 어느 한 부분이 제연경계로 구획되어 있을 경우 천장 · 반자 또는 이에
　가까운 벽의 부분(제연경계를 포함한다.)에 설치할 것. 다만, 배출구를 벽 또는 제연경계

에 설치하는 경우에는 배출구의 하단이 당해 예상제연구역에서 제연경계의 폭이 가장 짧은 제연경계의 하단보다 높이 되도록 설치해야 한다.

3. 예상제연구역의 각 부분으로부터 하나의 배출구까지의 수평거리는 10m 이내가 되도록 해야 한다.

06 공기유입방식 및 유입구

1. 예상제연구역에 대한 공기유입은 유입풍도를 경유한 강제유입 또는 자연유입방식으로 하거나, 인접한 제연구역 또는 통로에 유입되는 공기(가압의 결과를 일으키는 경우를 포함한다.)가 해당구역으로 유입되는 방식으로 할 수 있다.

2. 예상제연구역에 설치되는 공기유입구의 기준

   1) 바닥면적 400m² 미만의 거실인 예상제연구역(제연경계에 따른 구획을 제외한다. 다만, 거실과 통로와의 구획은 그렇지 않다)에 대해서는 공기유입구와 배출구간의 직선거리는 5m 이상 또는 구획된 실의 장변의 2분의 1 이상으로 할 것. 다만, 공연장·집회장·위락시설의 용도로 사용되는 부분의 바닥면적이 200m²를 초과하는 경우의 공기유입구는 2.5.2.2의 기준에 따른다.

   2) 바닥면적이 400m² 이상의 거실인 예상제연구역(제연경계에 따른 구획을 제외한다. 다만, 거실과 통로와의 구획은 그렇지 않다)에 대해서는 바닥으로부터 1.5m 이하의 높이에 설치하고 그 주변은 공기의 유입에 장애가 없도록 할 것

   3) 2.5.2.1과 2.5.2.2에 해당하는 것 외의 예상제연구역(통로인 예상제연구역을 포함한다)에 대한 유입구는 다음의 기준에 따를 것. 다만, 제연경계로 인접하는 구역의 유입공기가 당해 예상제연구역으로 유입되게 한 때에는 그렇지 않다.

      ① 유입구를 벽에 설치할 경우에는 2.5.2.2의 기준에 따를 것

      ② 유입구를 벽 외의 장소에 설치할 경우에는 유입구 상단이 천장 또는 반자와 바닥 사이의 중간 아랫부분보다 낮게 되도록 하고, 수직거리가 가장 짧은 제연경계 하단보다 낮게 되도록 설치할 것

3. 공동예상제연구역에 설치되는 공기 유입구의 기준

   1) 공동예상제연구역 안에 설치된 각 예상제연구역이 벽으로 구획되어 있을 때에는 각 예상제연구역의 바닥면적에 따라 2.5.2.1 및 2.5.2.2에 따라 설치할 것

   2) 공동예상제연구역 안에 설치된 각 예상제연구역의 일부 또는 전부가 제연경계로 구획되어 있을 때에는 공동예상제연구역 안의 1개 이상의 장소에 2.5.2.3에 따라 설치할 것

4. 인접한 제연구역 또는 통로로부터 유입되는 공기를 해당 예상제연구역에 대한 공기유입으로 하는 경우에는 그 인접한 제연구역 또는 통로의 유입구가 제연경계 하단보다 높은 경우에

는 그 인접한 제연구역 또는 통로의 화재 시 그 유입구는 다음의 어느 하나에 적합해야 한다.

1) 각 유입구는 자동폐쇄될 것

2) 해당 구역 내에 설치된 유입풍도가 해당 제연구획부분을 지나는 곳에 설치된 댐퍼는 자동폐쇄될 것

5. 예상제연구역에 공기가 유입되는 순간의 풍속은 5m/s 이하가 되도록 하고, 2.5.2부터 2.5.4까지의 유입구의 구조는 유입공기를 상향으로 분출하지 않도록 설치해야 한다. 다만, 유입구가 바닥에 설치되는 경우에는 상향으로 분출이 가능하며 이때의 풍속은 1m/s 이하가 되도록 해야 한다.

6. 예상제연구역에 대한 공기유입구의 크기는 해당 예상제연구역 배출량 $1m^3/min$에 대하여 $35cm^2$ 이상으로 해야 한다.

7. 예상제연구역에 대한 공기유입량은 2.3.1부터 2.3.4까지에 따른 배출량의 배출에 지장이 없는 양으로 해야 한다.

07 배출기 및 배출풍도

1. 배출기의 설치기준

1) 배출기의 배출 능력은 2.3.1부터 2.3.4까지의 배출량 이상이 되도록 할 것

2) 배출기와 배출풍도의 접속부분에 사용하는 캔버스는 내열성(석면재료는 제외한다)이 있는 것으로 할 것

3) 배출기의 전동기부분과 배풍기 부분은 분리하여 설치해야 하며, 배풍기 부분은 유효한 내열처리를 할 것

2. 배출풍도의 기준

1) 배출풍도는 아연도금강판 또는 이와 동등 이상의 내식성·내열성이 있는 것으로 하며, 「건축법 시행령」제2조제10호에 따른 불연재료(석면재료를 제외한다)인 단열재로 풍도 외부에 유효한 단열 처리를 하고, 강판의 두께는 배출풍도의 크기에 따라 다음 표 2.6.2.1에 따른 기준 이상으로 할 것

풍도 단면의 긴 변 또는 직경의 크기	450mm 이하	450mm 초과 750mm 이하	750mm 초과 1,500mm 이하	1,500mm 초과 2,250mm 이하	2,250mm 초과
강판두께	0.5mm	0.6mm	0.8mm	1.0mm	1.2mm

2) 배출기의 흡입 측 풍도 안의 풍속은 15m/sec 이하, 배출 측 풍속은 20m/sec 이하로 할 것

08 유입풍도 등

1. 유입풍도는 아연도금강판 또는 이와 동등 이상의 내식성 · 내열성이 있는 것으로 하며, 풍도 안의 풍속은 20m/s 이하로 하고 풍도의 강판 두께는 2.6.2.1에 따라 설치해야 한다.
2. 옥외에 면하는 배출구 및 공기유입구는 비 또는 눈 등이 들어가지 아니하도록 하고, 배출된 연기가 공기유입구로 순환 유입되지 아니하도록 해야 한다.

09 제연설비의 전원 및 기동

1. 비상전원은 자가발전설비, 축전지설비 또는 전기저장장치(외부 전기에너지를 저장해 두었다가 필요한 때 전기를 공급하는 장치)로서 다음의 기준에 따라 설치해야 한다. 다만, 2 이상의 변전소(「전기사업법」 제67조 및 「전기설비기술기준」 제3조제2호에 따른 변전소를 말한다)에서 전력을 동시에 공급받을 수 있거나 하나의 변전소로부터 전력의 공급이 중단되는 때에는 자동으로 다른 변전소로부터 전원을 공급받을 수 있도록 상용전원을 설치한 경우에는 그렇지 않다.
    1) 점검에 편리하고 화재 및 침수 등의 재해로 인한 피해를 받을 우려가 없는 곳에 설치할 것
    2) 제연설비를 유효하게 20분 이상 작동할 수 있도록 할 것
    3) 상용전원으로부터 전력의 공급이 중단된 때에는 자동으로 비상전원으로부터 전력을 공급받을 수 있도록 할 것
    4) 비상전원의 설치장소는 다른 장소와 방화 구획할 것. 이 경우 그 장소에는 비상전원의 공급에 필요한 기구나 설비 외의 것을 두어서는 아니 된다.
    5) 비상전원을 실내에 설치하는 때에는 그 실내에 비상조명등을 설치할 것
2. 가동식의 벽 · 제연경계벽 · 댐퍼 및 배출기의 작동은 화재감지기와 연동되어야 하며, 예상 제연구역(또는 인접장소) 및 제어반에서 수동으로 기동이 가능하도록 해야 한다.

10 설치 제외

제연설비를 설치해야 할 특정소방대상물 중 화장실 · 목욕실 · 주차장 · 발코니를 설치한 숙박시설(가족호텔 및 휴양콘도미니엄에 한한다)의 객실과 사람이 상주하지 않는 기계실 · 전기실 · 공조실 · 50m² 미만의 창고 등으로 사용되는 부분에 대하여는 배출구 · 공기유입구의 설치 및 배출량 산정에서 이를 제외 할 수 있다.

CHAPTER 29 특별피난계단의 계단실 및 부속실 제연설비 (NFTC501A)

01 용어 정의

1. 제연구역

제연하고자 하는 계단실, 부속실 또는 비상용승강기의 승강장을 말한다.

2. 방연풍속

옥내로부터 제연구역 내로 연기의 유입을 유효하게 방지할 수 있는 풍속을 말한다.

3. 급기량

제연구역에 공급하여야 할 공기의 양을 말한다.

4. 누설량

틈새를 통하여 제연구역으로부터 흘러나가는 공기량을 말한다.

5. 보충량

방연풍속을 유지하기 위하여 제연구역에 보충하여야 할 공기량을 말한다.

6. 플랩댐퍼

부속실의 설정압력범위를 초과하는 경우 압력을 배출하여 설정압 범위를 유지하게 하는 과압방지장치를 말한다.

7. 유입공기

제연구역으로부터 옥내로 유입하는 공기로서 차압에 따라 누설하는 것과 출입문의 일시적인 개방에 따라 유입하는 것을 말한다.

8. 거실제연설비

제연설비의 화재안전기술기준(NFTC501)의 기준에 따른 옥내의 제연설비를 말한다.

9. 자동차압 급기댐퍼

제연구역과 옥내 사이의 차압을 압력센서 등으로 감지하여 제연구역에 공급되는 풍량의 조절로 제연구역의 차압 유지를 자동으로 제어할 수 있는 댐퍼를 말한다.

10. 자동폐쇄장치

제연구역의 출입문 등에 설치하는 것으로서 화재 발생 시 옥내에 설치된 감지기 작동과 연동하여 출입문을 자동적으로 닫게 하는 장치를 말한다.

11. 과압방지장치

제연구역의 압력이 설정압력을 초과하는 경우 자동으로 압력을 조절하여 과압을 방지하는 장치를 말한다.

12. 굴뚝효과

건물 내부와 외부 또는 두 내부 공간 상하간의 온도 차이에 의한 밀도 차이로 발생하는 건물 내부의 수직 기류를 말한다.

13. 기밀상태

일정한 공간에 있는 유체가 누설되지 않는 밀폐 상태를 말한다.

14. 누설틈새면적

가압 또는 감압된 공간과 인접한 사이에 공기의 흐름이 가능한 틈새의 면적을 말한다.

15. 송풍기

공기의 흐름을 발생시키는 기기를 말한다.

16. 수직풍도

건축물의 층간에 수직으로 설치된 풍도를 말한다.

17. 외기취입구

옥외로부터 옥내로 외기를 취입하는 개구부를 말한다.

18. 제어반

각종 기기의 작동 여부 확인과 자동 또는 수동 기동 등이 가능한 장치를 말한다.

19. 차압측정공

제연구역과 비 제연구역과의 압력 차를 측정하기 위해 제연구역과 비제연구역 사이의 출입문 등에 설치된 공기가 흐를 수 있는 관통형 통로를 말한다.

02 제연방식

1. 제연구역에 옥외의 신선한 공기를 공급하여 제연구역의 기압을 제연구역 이외의 옥내(이하 "옥내"라 한다)보다 높게 하되 일정한 기압의 차이(이하 "차압"이라 한다.)를 유지하게 함으로써 옥내로부터 제연구역 내로 연기가 침투하지 못하도록 할 것
2. 피난을 위하여 제연구역의 출입문이 일시적으로 개방되는 경우 방연풍속을 유지하도록 옥외의 공기를 제연구역 내로 보충공급하도록 할 것
3. 출입문이 닫히는 경우 제연구역의 과압을 방지할 수 있는 유효한 조치를 하여 차압을 유지할 것

03 제연구역의 선정

1. 계단실 및 그 부속실을 동시에 제연 하는 것
2. 부속실을 단독으로 제연 하는 것
3. 계단실을 단독으로 제연 하는 것
4. 비상용 승강기 승강장을 단독으로 제연 하는 것

04 기술기준

1. 차압등

1) 2.1.1.1의 기준에 따라 제연구역과 옥내와의 사이에 유지해야 하는 최소차압은 40Pa(옥내에 스프링클러설비가 설치된 경우에는 12.5Pa) 이상으로 해야 한다.
2) 제연설비가 가동되었을 경우 출입문의 개방에 필요한 힘은 110N 이하로 해야 한다.
3) 2.1.1.2의 기준에 따라 출입문이 일시적으로 개방되는 경우 개방되지 않은 제연구역과 옥내와의 차압은 2.3.1의 기준에도 불구하고 2.3.1의 기준에 따른 차압의 70 % 이상이어야 한다.
4) 계단실과 부속실을 동시에 제연하는 경우 부속실의 기압은 계단실과 같게 하거나 계단실의 기압보다 낮게 할 경우에는 부속실과 계단실의 압력 차이는 5Pa 이하가 되도록 해야 한다.

2. 급기량

급기량＝누설량＋보충량

1) 누설량

① 제연구역의 출입문이 닫혀 있는 경우 누설틈새(창 또는 출입문)를 통하여 비제연구역 (통로 또는 거실)으로 누설되는 공기량을 말한다.

② 최소 차압 40Pa(스프링클러설비가 설치된 경우 12.5Pa) 이상이 되도록 유지하여 제연구역으로 연기가 침투하지 못하도록 하는 공기량이다.

③ 출입문이 닫혀 있는 경우 제연구역에 공급하여야 할 최소 급기량이다.

‖ Reference ‖ **누설량 계산식**

$$Q = 0.827 \times A \times P^{\frac{1}{n}}$$

여기서, Q : 누설풍량(m³/sec)
A : 틈새면적(m²)
P : 실내외의 압력차(Pa)
n : 상수(일반출입문 : 2, 창문 : 1.6)

2) 보충량

① 피난을 위하여 제연구역의 출입문이 일시적으로 개방되는 경우 방연풍속을 유지하도록 공기를 제연구역 내로 보충하는 공기량

② 부속실(또는 승강장)의 수가 20 이하는 1개 층 이상, 20을 초과하는 경우에는 2개 층 이상의 출입문이 개방되는 경우로 한다.

③ 출입문이 개방되어 있는 상태에서의 필요한 급기량이 된다.

3. 방연풍속

제연구역의 선정방식에 따라 다음 표 2.7.1의 기준에 적합해야 한다.

제연구역		방연풍속
계단실 및 그 부속실을 동시에 제연하는 것 또는 계단실만 단독으로 제연하는 것		0.5m/s 이상
부속실만 단독으로 제연하는 것 또는 비상용 승강기의 승강장만 단독으로 제연하는 것	부속실 또는 승강장이 면하는 옥내가 거실인 경우	0.7m/s 이상
	부속실 또는 승강장이 면하는 옥내가 복도로서 그 구조가 방화구조(내화시간이 30분 이상인 구조를 포함한다.)인 것	0.5m/s 이상

4. 과압방지조치

2.1.1.3에 따른 제연구역에 과압의 우려가 있는 경우에는 과압방지를 위하여 해당 제연구

역에 자동차압급기댐퍼 또는 과압방지장치를 다음의 기준에 따라 설치해야 한다.

1) 과압방지장치는 제연구역의 압력을 자동으로 조절하는 성능이 있는 것으로 할 것

2) 과압방지를 위한 과압방지장치는 2.3과 2.7의 해당 조건을 만족할 것

3) 플랩댐퍼는 소방청장이 고시하는 「플랩댐퍼의 성능인증 및 제품검사의 기술기준」에 적합한 것으로 설치할 것

4) 플랩댐퍼에 사용하는 철판은 두께 1.5mm 이상의 열간압연 연강판(KS D 3501) 또는 이와 동등 이상의 내식성 및 내열성이 있는 것으로 할 것

5) 자동차압급기댐퍼를 설치하는 경우에는 2.14.1.3.2부터 2.14.1.3.5의 기준에 적합할 것

5. 누설틈새의 면적 등

제연구역으로부터 공기가 누설하는 틈새면적은 다음의 기준에 따라야 한다.

1) 출입문의 틈새면적

$$A = \left(\frac{L}{l}\right) \times Ad$$

여기서, A : 출입문의 틈새(m²)

    L : 출입문 틈새의 길이(m). 다만, L의 수치가 l의 수치 이하인 경우에는 l의 수치로 할 것

    l : 외여닫이문이 설치되어 있는 경우에는 5.6, 쌍여닫이문이 설치되어 있는 경우에는 9.2, 승강기의 출입문이 설치되어 있는 경우에는 8.0으로 할 것

    Ad : 외여닫이문으로 제연구역의 실내 쪽으로 열리도록 설치하는 경우에는 0.01, 제연구역의 실외 쪽으로 열리도록 설치하는 경우에는 0.02, 쌍여닫이문의 경우에는 0.03, 승강기의 출입문에 대하여는 0.06으로 할 것

2) 창문의 틈새면적

창문의 종류		틈새면적(m²/m)
여닫이식	창틀에 방수패킹이 없는 경우	2.55×10^{-4}
	창틀에 방수패킹이 있는 경우	3.61×10^{-5}
미닫이식		1.00×10^{-4}

3) 제연구역으로부터 누설하는 공기가 승강기의 승강로를 경유하여 승강로의 외부로 유출하는 유출면적은 승강로 상부의 승강로와 기계실사이의 개구부 면적을 합한 것을 기준으로 할 것

4) 제연구역을 구성하는 벽체(반자 속의 벽체를 포함한다.)가 벽돌 또는 시멘트블록 등의 조적 구조이거나 석고판 등의 조립구조인 경우에는 불연재료를 사용하여 틈새를 조정할 것. 다만, 제연구역의 내부 또는 외부면을 시멘트모르타르 마감하거나 철근콘크리트 구조의 벽체로 하는 경우에는 그 벽체의 공기누설은 무시할 수 있다.

5) 제연설비의 완공 시 제연구역의 출입문 등은 크기 및 개방방식이 해당 설비의 설계 시와 같도록 할 것

6. 유입공기의 배출

1) 유입공기는 화재 층의 제연구역과 면하는 옥내로부터 옥외로 배출되도록 해야 한다. 다만, 직통계단식 공동주택의 경우에는 그렇지 않다.

2) 유입공기의 배출방식

① **수직풍도에 따른 배출**

옥상으로 직통하는 전용의 배출용 수직풍도를 설치하여 배출하는 것으로서 다음의 어느 하나에 해당하는 것

㉠ 자연배출식 : 굴뚝효과에 따라 배출하는 것

㉡ 기계배출식 : 수직풍도의 상부에 전용의 배출용 송풍기를 설치하여 강제로 배출하는 것. 다만, 지하층만을 제연하는 경우 배출용송풍기의 설치위치는 배출된 공기로 인하여 피난 및 소화활동에 지장을 주지 아니하는 곳에 설치할 수 있다.

② **배출구에 따른 배출**

건물의 옥내와 면하는 외벽마다 옥외와 통하는 배출구를 설치하여 배출하는 것

③ **제연설비에 따른 배출**

거실제연설비가 설치되어 있고 당해 옥내로부터 옥외로 배출하여야 하는 유입공기의 양을 거실제연설비의 배출량에 합하여 배출하는 경우 유입공기의 배출은 당해 거실제연설비에 따른 배출로 갈음할 수 있다.

7. 수직풍도에 따른 배출

수직풍도에 따른 배출은 다음의 기준에 적합해야 한다.

1) 수직풍도는 내화구조로 하되「건축물의 피난·방화구조 등의 기준에 관한 규칙」제3조 제1호 또는 제2호의 기준 이상의 성능으로 할 것

2) 수직풍도의 내부면은 두께 0.5mm 이상의 아연도금강판 또는 동등 이상의 내식성·내열성이 있는 것으로 마감하되 접합부에 대하여는 통기성이 없도록 조치할 것

3) 각 층의 옥내와 면하는 수직풍도의 관통부에는 다음의 기준에 적합한 댐퍼(이하 "배출댐

퍼"라 한다.)를 설치해야 한다.

① 배출댐퍼는 두께 1.5mm 이상의 강판 또는 이와 동등 이상의 성능이 있는 것으로 설치하여야 하며 비내식성 재료의 경우에는 부식방지 조치를 할 것

② 평상시 닫힌 구조로 기밀상태를 유지할 것

③ 개폐 여부를 당해 장치 및 제어반에서 확인할 수 있는 감지기능을 내장하고 있을 것

④ 구동부의 작동상태와 닫혀 있을 때의 기밀상태를 수시로 점검할 수 있는 구조일 것

⑤ 풍도의 내부마감상태에 대한 점검 및 댐퍼의 정비가 가능한 이·탈착식 구조로 할 것

⑥ 화재층의 옥내에 설치된 화재감지기의 동작에 따라 당해 층의 댐퍼가 개방될 것

⑦ 개방 시의 실제개구부(개구율을 감안한 것을 말한다.)의 크기는 수직풍도의 내부단면적과 같아지도록 할 것

⑧ 댐퍼는 풍도 내의 공기흐름에 지장을 주지 않도록 수직풍도의 내부로 돌출하지 않게 설치할 것

4) 수직풍도의 내부단면적

① 자연배출식의 경우 다음 식에 따라 산출하는 수치 이상으로 할 것

다만, 수직풍도의 길이가 100m를 초과하는 경우에는 산출수치의 1.2배 이상의 수치를 기준으로 해야 한다.

$$A_P = Q_N / 2$$

여기서, A_P : 수직풍도의 내부단면적(m²)

Q_N : 수직풍도가 담당하는 1개 층의 제연구역의 출입문(옥내와 면하는 출입문을 말한다.)1개의 면적(m²)과 방연풍속(m/s)을 곱한 값(m³/s)

② 송풍기를 이용한 기계배출식의 경우 풍속 15m/sec 이하로 할 것

5) 기계배출식에 따라 배출하는 경우 배출용 송풍기는 다음의 기준에 적합할 것

① 열기류에 노출되는 송풍기 및 그 부품들은 250℃의 온도에서 1시간 이상 가동상태를 유지할 것

② 송풍기의 풍량은 2.11.1.4.1의 기준에 따른 QN에 여유량을 더한 양을 기준으로 할 것

③ 송풍기는 옥내의 화재감지기의 동작에 따라 연동하도록 할 것

6) 수직풍도의 상부의 말단(기계배출식의 송풍기도 포함한다)은 빗물이 흘러들지 않는 구조로 하고, 옥외의 풍압에 따라 배출성능이 감소하지 않도록 유효한 조치를 할 것

8. 배출구에 따른 배출

배출구에 따른 배출은 다음의 기준에 적합해야 한다.

1) 배출구에는 다음 각 목의 기준에 적합한 장치(이하 "개폐기"라 한다.)를 설치할 것

  ① 빗물과 이물질이 유입하지 아니하는 구조로 할 것

  ② 옥외 쪽으로만 열리도록 하고 옥외의 풍압에 따라 자동으로 닫히도록 할 것

  ③ 그 밖의 설치기준은 2.11.1.3.1 내지 2.11.1.3.7의 기준을 준용할 것

2) 개폐기의 개구면적은 다음 식에 따라 산출한 수치 이상으로 할 것

$$A_O = Q_N/2.5$$

여기서, A_O : 수직풍도의 내부단면적(m²)

      Q_N : 수직풍도가 담당하는 1개 층의 제연구역의 출입문(옥내와 면하는 출입문을 말한다.) 1개의 면적(m²)과 방연풍속(m/s)을 곱한 값(m³/s)

9. 급기

1) 부속실을 제연하는 경우 동일 수직선 상의 모든 부속실은 하나의 전용수직풍도를 통해 동시에 급기할 것. 다만, 동일 수직선 상에 2대 이상의 급기송풍기가 설치되는 경우에는 수직풍도를 분리하여 설치할 수 있다.

2) 계단실 및 부속실을 동시에 제연하는 경우 계단실에 대하여는 그 부속실의 수직풍도를 통해 급기할 수 있다.

3) 계단실만 제연하는 경우에는 전용수직풍도를 설치하거나 계단실에 급기풍도 또는 급기송풍기를 직접 연결하여 급기하는 방식으로 할 것

4) 하나의 수직풍도마다 전용의 송풍기로 급기할 것

5) 비상용승강기의 승강장만을 제연하는 경우에는 비상용승강기의 승강로를 급기풍도로 사용할 수 있다.

10. 급기구

1) 급기용 수직풍도와 직접 면하는 벽체 또는 천장에 고정하되, 급기되는 기류 흐름이 출입문으로 인하여 차단되거나 방해받지 아니하도록 옥내와 면하는 출입문으로부터 가능한 먼 위치에 설치할 것

2) 계단실과 그 부속실을 동시에 제연하거나 또는 계단실만을 제연하는 경우 급기구는 계단실 매 3개 층 이하의 높이마다 설치할 것. 다만, 계단실의 높이가 31m 이하로서 계단실만을 제연하는 경우에는 하나의 계단실에 하나의 급기구만을 설치할 수 있다.

3) 급기구의 댐퍼 설치는 다음의 기준에 적합할 것

  ① 급기댐퍼는 두께 1.5mm 이상의 강판 또는 이와 동등 이상의 강도가 있는 것으로

설치하여야 하며, 비내식성 재료의 경우에는 부식방지조치를 할 것

② 자동차압급기댐퍼를 설치하는 경우 차압 범위의 수동설정기능과 설정범위의 차압이 유지되도록 개구율을 자동조절하는 기능이 있을 것

③ 자동차압급기댐퍼는 옥내와 면하는 개방된 출입문이 완전히 닫히기 전에 개구율을 자동감소시켜 과압을 방지하는 기능이 있을 것

④ 자동차압급기댐퍼는 주위온도 및 습도의 변화에 의해 기능에 영향을 받지 않는 구조일 것

⑤ 자동차압급기댐퍼는 「자동차압급기댐퍼의 성능인증 및 제품검사의 기술기준」에 적합한 것으로 설치할 것

⑥ 자동차압급기댐퍼가 아닌 댐퍼는 개구율을 수동으로 조절할 수 있는 구조로 할 것

⑦ 옥내에 설치된 화재감지기에 따라 모든 제연구역의 댐퍼가 개방되도록 할 것. 다만, 둘 이상의 특정소방대상물이 지하에 설치된 주차장으로 연결되어 있는 경우에는 주차장에서 하나의 특정소방대상물의 제연구역으로 들어가는 입구에 설치된 제연용 연기감지기의 작동에 따라 특정소방대상물의 해당 수직풍도에 연결된 모든 제연구역의 댐퍼가 개방되도록 해야 한다.

⑧ 댐퍼의 작동이 전기적 방식에 의하는 경우 2.11.1.3.2 내지 2.11.1.3.5의 기준을, 기계적 방식에 따른 경우 2.11.1.3.3, 2.11.1.3.4 및 2.11.1.3.5 기준을 준용할 것

⑨ 그 밖의 설치기준은 2.11.1.3.1 및 2.11.1.3.8의 기준을 준용할 것

11. 급기풍도

1) 수직풍도는 2.11.1.1 및 2.11.1.2의 기준을 준용할 것

2) 수직풍도 이외의 풍도로서 금속판으로 설치하는 풍도는 다음의 기준에 적합할 것

① 풍도는 아연도금강판 또는 이와 동등 이상의 내식성 · 내열성이 있는 것으로 하며, 불연재료(석면재료를 제외한다)인 단열재로 유효한 단열처리를 하고, 강판의 두께는 풍도의 크기에 따라 다음 표 2.15.1.2.1에 따른 기준 이상으로 할 것. 다만, 방화구획이 되는 전용실에 급기송풍기와 연결되는 풍도는 단열이 필요 없다.

풍도단면의 긴 변 또는 지경외 크기	450mm 이하	450mm 초과 750mm 이하	750mm 초과 1,500mm 이하	1,500mm 초과 2,250mm 이하	2,250mm 초과
강판두께	0.5mm	0.6mm	0.8mm	1.0mm	1.2mm

② 풍도에서의 누설량은 급기량의 10 %를 초과하지 않을 것

4) 풍도는 정기적으로 풍도 내부를 청소할 수 있는 구조로 설치할 것

12. 급기송풍기

1) 송풍기의 송풍능력은 송풍기가 담당하는 제연구역에 대한 급기량의 1.15배 이상으로 할 것. 다만, 풍도에서의 누설을 실측하여 조정하는 경우에는 그렇지 않다.
2) 송풍기에는 풍량조절장치를 설치하여 풍량조절을 할 수 있도록 할 것
3) 송풍기에는 풍량을 실측할 수 있는 유효한 조치를 할 것
4) 송풍기는 인접 장소의 화재로부터 영향을 받지 않고 접근 및 점검이 용이한 장소에 설치할 것
5) 송풍기는 옥내의 화재감지기의 동작에 따라 작동하도록 할 것
6) 송풍기와 연결되는 캔버스는 내열성(석면재료를 제외한다.)이 있는 것으로 할 것

13. 외기 취입구

1) 외기를 옥외로부터 취입하는 경우 취입구는 연기 또는 공해물질 등으로 오염된 공기를 취입하지 아니하는 위치에 설치해야 하며, 배기구 등(유입공기, 주방의 조리대의 배출공기 또는 화장실의 배출공기 등을 배출하는 배기구를 말한다)으로부터 수평거리 5m 이상, 수직거리 1m 이상 낮은 위치에 설치할 것
2) 취입구를 옥상에 설치하는 경우에는 옥상의 외곽면으로부터 수평거리 5m 이상, 외곽면의 상단으로부터 하부로 수직거리 1m 이하의 위치에 설치할 것
3) 취입구는 빗물과 이물질이 유입하지 않는 구조로 할 것
4) 취입구는 취입공기가 옥외의 바람의 속도와 방향에 따라 영향을 받지 않는 구조로 할 것

14. 제연구역 및 옥내의 출입문

1) 제연구역 출입문

① 제연구역의 출입문(창문을 포함)은 언제나 닫힌 상태를 유지하거나 자동폐쇄장치에 의해 자동으로 닫히는 구조로 할 것. 다만, 아파트인 경우 제연구역과 계단실 사이의 출입문은 자동폐쇄장치에 의하여 자동으로 닫히는 구조로 해야 한다.
② 제연구역의 출입문에 설치하는 자동폐쇄장치는 제연구역의 기압에도 불구하고 출입문을 용이하게 닫을 수 있는 충분한 폐쇄력이 있을 것
③ 제연구역의 출입문등에 자동폐쇄장치를 사용하는 경우에는 [자동폐쇄장치의 성능인증 및 제품검사의 기술기준]에 적합한 것으로 설치해야 한다.

2) 옥내 출입문

① 출입문은 언제나 닫힌 상태를 유지하거나 자동폐쇄장치에 의해 자동으로 닫히는 구조로 할 것

② 거실 쪽으로 열리는 구조의 출입문에 자동폐쇄장치를 설치하는 경우에는 출입문의 개방 시 유입공기의 압력에도 불구하고 출입문을 용이하게 닫을 수 있는 충분한 폐쇄력이 있는 것으로 할 것

15. 수동기동장치

1) 배출댐퍼 및 개폐기의 직근과 제연구역에는 다음 기준에 따른 장치의 작동을 위하여 전용의 수동기동장치를 설치해야 한다. 다만, 계단실 및 그 부속실을 동시에 제연하는 제연구역에는 그 부속실에만 설치할 수 있다.

① 전 층의 제연구역에 설치된 급기댐퍼의 개방
② 당해 층의 배출댐퍼 또는 개폐기의 개방
③ 급기송풍기 및 유입공기의 배출용 송풍기(설치한 경우에 한한다)의 작동
④ 개방·고정된 모든 출입문(제연구역과 옥내 사이의 출입문에 한한다.)의 개폐장치의 작동

2) 2.19.1의 기준에 따른 장치는 옥내에 설치된 수동발신기의 조작에 따라서도 작동할 수 있도록 해야 한다.

16. 제어반

1) 제어반에는 제어반의 기능을 1시간 이상 유지할 수 있는 용량의 비상용 축전지를 내장할 것. 다만, 당해 제어반이 종합방재 제어반에 함께 설치되어 종합방재 제어반으로부터 이 기준에 따른 용량의 전원을 공급받을 수 있는 경우에는 그렇지 않다.

2) 제어반은 다음의 기능을 보유할 것

① 급기용 댐퍼의 개폐에 대한 감시 및 원격조작기능
② 배출댐퍼 또는 개폐기의 작동 여부에 대한 감시 및 원격조작기능
③ 급기송풍기와 유입공기의 배출용 송풍기(설치한 경우에 한한다)의 작동여부에 대한 감시 및 원격조작기능
④ 제연구역 출입문의 일시적인 고정개방 및 해정에 대한 감시 및 원격조작기능
⑤ 수동기동장치의 작동 여부에 대한 감시기능
⑥ 급기구 개구율의 자동조절장치(설치하는 경우에 한한다)의 작동여부에 대한 감시기능. 다만, 급기구에 차압표시계를 고정 부착한 자동차압급기댐퍼를 설치하고 당해 제어반에도 차압표시계를 설치한 경우에는 그렇지 않다.
⑦ 감시선로의 단선에 대한 감시기능
⑧ 예비전원이 확보되고 예비전원의 적합 여부를 시험할 수 있어야 할 것

17. 비상전원

비상전원은 자가발전설비, 축전지설비 또는 전기저장장치로서 다음의 기준에 따라 설치해야 한다. 다만, 2 이상의 변전소(전기사업법 제67조의 규정에 따른 변전소를 말한다.)에서 전력을 동시에 공급받을 수 있거나 하나의 변전소로부터 전력공급이 중단되는 때에 자동으로 다른 변전소로부터 전원을 공급받을 수 있도록 상용전원을 설치한 경우에는 그렇지 않다.

1) 점검에 편리하고 화재 및 침수 등의 재해로 인한 피해를 받을 우려가 없는 곳에 설치할 것
2) 제연설비를 유효하게 20분 이상 작동할 수 있도록 할 것
3) 상용전원으로부터 전력의 공급이 중단된 때에는 자동으로 비상전원으로부터 전력을 공급받을 수 있도록 할 것
4) 비상전원의 설치장소는 다른 장소와 방화구획할 것. 이 경우 그 장소에는 비상전원의 공급에 필요한 기구나 설비 외의 것을 두어서는 안 된다.
5) 비상전원을 실내에 설치하는 때에는 그 실내에 비상조명등을 설치할 것

18. 시험, 측정 및 조정 등

1) 제연설비는 설계목적에 적합한지 사전에 검토하고 건물의 모든 부분을 완성하는 시점부터 시험 등을 해야 한다.
2) 제연설비의 시험 등은 다음의 기준에 따라 실시해야 한다.
    ① 제연구역의 모든 출입문 등의 크기와 열리는 방향이 설계 시와 동일한지 여부를 확인하고, 동일하지 아니한 경우 급기량과 보충량 등을 다시 산출하여 조정 가능 여부 또는 재설계 · 개수의 여부를 결정할 것
    ② ①의 기준에 따른 확인결과 출입문 등이 설계 시와 동일한 경우에는 출입문마다 그 바닥 사이의 틈새가 평균적으로 균일한지 여부를 확인하고 큰 편차가 있는 출입문 등에 대하여는 그 바닥의 마감을 재시공하거나, 출입문 등에 불연재료를 사용하여 틈새를 조정할 것
    ③ 제연구역의 출입문 및 복도와 거실(옥내가 복도와 거실로 되어 있는 경우에 한한다.) 사이의 출입문마다 제연설비가 작동하고 있지 아니한 상태에서 그 폐쇄력을 측정할 것
    ④ 옥내의 층별로 화재감지기(수동기동장치를 포함한다)를 동작시켜 제연설비가 작동하는지 여부를 확인할 것. 다만, 둘 이상의 특정소방대상물이 지하에 설치된 주차장으로 연결되어 있는 경우에는 주차장에서 하나의 특정소방대상물의 제연구역으로 들어가는 입구에 설치된 제연용 연기감지기의 작동에 따라 특정소방대상물의 해당 수직풍도에 연결된 모든 제연구역의 댐퍼가 개방되도록 하고 비상전원을 작동시켜

급기 및 배기용 송풍기의 성능이 정상인지 확인해야 한다.

⑤ ④의 기준에 따라 제연설비가 작동하는 경우 다음의 기준에 따른 시험 등을 실시할 것

　　㉠ 부속실과 면하는 옥내 및 계단실의 출입문을 동시에 개방할 경우, 유입공기의 풍속이 2.7의 규정에 따른 방연풍속에 적합한지 여부를 확인하고, 적합하지 아니한 경우에는 급기구의 개구율과 송풍기의 풍량조절댐퍼 등을 조정하여 적합하게 할 것. 이 경우 유입공기의 풍속은 출입문의 개방에 따른 개구부를 대칭적으로 균등 분할하는 10 이상의 지점에서 측정하는 풍속의 평균치로 할 것

　　㉡ ㉠의 따른 시험 등의 과정에서 출입문을 개방하지 않은 제연구역의 실제 차압이 2.3.3의 기준에 적합한지 여부를 출입문 등에 차압측정공을 설치하고 이를 통하여 차압측정기구로 실측하여 확인·조정할 것

　　㉢ 제연구역의 출입문이 모두 닫혀 있는 상태에서 제연설비를 가동시킨 후 출입문의 개방에 필요한 힘을 측정하여 2.3.2의 규정에 따른 개방력에 적합한지 여부를 확인하고, 적합하지 아니한 경우에는 급기구의 개구율 조정 및 플랩댐퍼(설치하는 경우에 한한다)와 풍량조절용댐퍼 등의 조정에 따라 적합하도록 조치할 것

　　㉣ ㉠의 기준에 따른 시험 등의 과정에서 부속실의 개방된 출입문이 자동으로 완전히 닫히는지 여부를 확인하고, 닫힌 상태를 유지할 수 있도록 조정할 것

CHAPTER 30 연결송수관설비(NFTC502)

01 용어 정의

1. 송수구

소화설비에 소화용수를 보급하기 위하여 건물 외벽 또는 구조물의 외벽에 설치하는 관을 말한다.

2. 방수구

소화설비로부터 소화용수를 방수하기 위하여 건물 내벽 또는 구조물의 외벽에 설치하는 관을 말한다.

02 설치기준

1. 송수구

1) 소방차가 쉽게 접근할 수 있고 잘 보이는 장소에 설치할 것
2) 지면으로부터 높이가 0.5m 이상, 1m 이하인 위치에 설치할 것
3) 송수구는 화재층으로부터 지면으로 떨어지는 유리창 등이 송수 및 그 밖의 소화작업에 지장을 주지 아니하는 장소에 설치할 것
4) 송수구로부터 연결송수관설비의 주배관에 이르는 연결배관에 개폐밸브를 설치한 때에는 그 개폐상태를 쉽게 확인 및 조작할 수 있는 옥외 또는 기계실 등의 장소에 설치할 것. 이 경우 개폐밸브에는 그 밸브의 개폐상태를 감시제어반에서 확인할 수 있도록 급수개폐밸브작동표시 스위치를 다음 기준에 따라 설치해야 한다.
   ① 급수개폐밸브가 잠길 경우 탬퍼 스위치의 동작으로 인하여 감시제어반 또는 수신기에 표시되어야 하며 경보음을 발할 것
   ② 탬퍼 스위치는 감시제어반 또는 수신기에서 동작의 유무 확인과 동작시험, 도통시험을 할 수 있을 것
   ③ 급수개폐밸브의 작동표시 스위치에 사용되는 전기배선은 내화전선 또는 내열전선으로 설치할 것

5) 구경 65mm의 쌍구형으로 할 것

6) 송수구에는 그 가까운 곳의 보기 쉬운 곳에 송수압력범위를 표시한 표지를 할 것

7) 송수구는 연결송수관의 수직배관마다 1개 이상을 설치할 것. 다만, 하나의 건축물에 설치된 각 수직배관이 중간에 개폐밸브가 설치되지 아니한 배관으로 상호 연결되어 있는 경우에는 건축물마다 1개씩 설치할 수 있다.

8) 송수구의 부근에는 자동배수밸브 및 체크밸브를 다음의 기준에 따라 설치할 것. 이 경우 자동배수밸브는 배관안의 물이 잘빠질 수 있는 위치에 설치하되, 배수로 인하여 다른 물건이나 장소에 피해를 주지 않아야 한다.

① 습식의 경우에는 송수구 · 자동배수밸브 · 체크밸브의 순으로 설치할 것

② 건식의 경우에는 송수구 · 자동배수밸브 · 체크밸브 · 자동배수밸브의 순으로 설치할 것

9) 송수구에는 가까운 곳의 보기 쉬운 곳에 "연결송수관설비송수구"라고 표시한 표지를 설치할 것

10) 송수구에는 이물질을 막기 위한 마개를 씌울 것

2. 배관 등

1) 배관은 다음의 기준에 따라 설치해야 한다.

① 주배관의 구경은 100mm 이상의 것으로 할 것

② 지면으로부터의 높이가 31m 이상인 소방대상물 또는 지상 11층 이상인 소방대상물에 있어서는 습식 설비로 할 것

2) 연결송수관설비의 배관은 주배관의 구경이 100mm 이상인 옥내소화전 설비 · 스프링클러 설비 또는 물분무 등 소화설비의 배관과 겸용할 수 있다.

3) 연결송수관설비의 수직배관은 내화구조로 구획된 계단실(부속실을 포함한다.) 또는 파이프덕트 등 화재의 우려가 없는 장소에 설치해야 한다. 다만, 학교 또는 공장이거나 배관주위를 1시간 이상의 내화성능이 있는 재료로 보호하는 경우에는 그렇지 않다.

4) 기타 배관규정은 옥내소화전 배관정과 동일.

3. 방수구

1) 연결송수관설비의 방수구는 그 특정소방대상물의 층마다 설치할 것. 다만, 다음의 어느 하나에 해당하는 층에는 설치하지 않을 수 있다.

‖ Reference ‖ 　**방수구를 설치하지 않아도 되는 층**

> 1. 아파트의 1층 및 2층
> 2. 소방차의 접근이 가능하고 소방대원이 소방차로부터 각 부분에 쉽게 도달할 수 있는 피난층
> 3. 송수구가 부설된 옥내소화전을 설치한 특정소방대상물(집회장ㆍ관람장ㆍ백화점ㆍ도매시장ㆍ소매시장ㆍ판매시설ㆍ공장ㆍ창고시설 또는 지하가를 제외한다)로서 다음의 어느 하나에 해당하는 층
>   1) 지하층을 제외한 층수가 4층 이하이고 연면적이 6,000m² 미만인 특정소방대상물의 지상층
>   2) 지하층의 층수가 2 이하인 특정소방대상물의 지하층

2) 특정소방대상물의 층마다 설치하는 방수구는 다음의 기준에 따를 것

　　① 아파트 또는 바닥면적이 1,000m² 미만인 층에 있어서는 계단(계단이 둘 이상 있는 경우에는 그중 1개의 계단을 말한다)으로부터 5m 이내에 설치할 것. 이 경우 부속실이 있는 계단은 부속실의 옥내 출입구로부터 5m 이내에 설치할 수 있다.

　　② 바닥면적 1,000m² 이상인 층(아파트를 제외한다)에 있어서는 각 계단(계단의 부속실을 포함하며 계단이 셋 이상 있는 층의 경우에는 그중 두 개의 계단을 말한다)으로부터 5m 이내에 설치할 것. 이 경우 부속실이 있는 계단은 부속실의 옥내 출입구로부터 5m 이내에 설치할 수 있다.

　　③ 2.3.1.2.1 또는 2.3.1.2.2에 따라 설치하는 방수구로부터 그 층의 각 부분까지의 거리가 다음의 기준을 초과하는 경우에는 그 기준 이하가 되도록 방수구를 추가하여 설치할 것

　　　㉠ 지하가(터널은 제외한다) 또는 지하층의 바닥면적의 합계가 3,000m² 이상인 것은 수평거리 25m

　　　㉡ ㉠에 해당하지 아니하는 것은 수평거리 50m

3) 11층 이상의 부분에 설치하는 방수구는 쌍구형으로 할 것. 다만, 다음의 어느 하나에 해당하는 층에는 단구형으로 설치할 수 있다.

‖ Reference ‖ 　**11층 이상인 층 중 단구형 방수구를 설치할 수 있는 경우**

> • 아파트의 용도로 사용되는 층
> • 스프링클러설비가 유효하게 설치되어 있고 방수구가 2개소 이상 설치된 층

4) 방수구의 호스접결구는 바닥으로부터 높이 0.5m 이상, 1m 이하의 위치에 설치할 것

5) 방수구는 연결송수관설비의 전용방수구 또는 옥내소화전방수구로서 구경 65mm의 것으로 설치할 것

6) 방수구의 위치표시는 표시등 또는 축광식 표지로 하되 다음의 기준에 따라 설치할 것

① 표시등을 설치하는 경우에는 함의 상부에 설치하되, 소방청장이 고시한 「표시등의 성능인증 및 제품검사의 기술기준」에 적합한 것으로 설치할 것

② 축광식표지를 설치하는 경우에는 소방청장이 고시한 「축광표지의 성능인증 및 제품검사의 기술기준」에 적합한 것으로 설치할 것

7) 방수구는 개폐기능을 가진 것으로 설치해야 하며, 평상시 닫힌 상태를 유지할 것

4. 방수기구함

연결송수관설비의 방수기구함은 다음의 기준에 따라 설치해야 한다.

1) 방수기구함은 피난층과 가장 가까운 층을 기준으로 3개 층마다 설치하되, 그 층의 방수구마다 보행거리 5m 이내에 설치할 것

2) 방수기구함에는 길이 15m의 호스와 방사형 관창을 다음의 기준에 따라 비치할 것

① 호스는 방수구에 연결하였을 때 그 방수구가 담당하는 구역의 각 부분에 유효하게 물이 뿌려질 수 있는 개수 이상을 비치할 것. 이 경우 쌍구형 방수구는 단구형 방수구의 2배 이상의 개수를 설치하여야 한다.

② 방사형 관창은 단구형 방수구의 경우에는 1개, 쌍구형 방수구의 경우에는 2개 이상 비치할 것

3) 방수기구함에는 "방수기구함"이라고 표시한 축광식 표지를 할 것. 이 경우 축광식 표지는 소방청장이 고시한 「축광표지의 성능인증 및 제품검사의 기술기준」에 적합한 것으로 설치해야 한다.

5. 가압송수장치

지표면에서 최상층 방수구의 높이가 70m 이상인 소방대상물에는 다음의 기준에 따라 연결송수관설비의 가압송수장치를 설치해야 한다.

1) 펌프의 토출량은 다음 기준에 적합할 것

대상물의 층당 방수구	1~3개	4개	5개 이상
일반 대상물	2,400l/min 이상	3,200l/min 이상	4,000l/min 이상
계단실형 아파트	1,200l/min 이상	1,600l/min 이상	2,000l/min 이상

2) 펌프의 양정은 최상층에 설치된 노즐선단의 압력이 0.35MPa 이상의 압력이 되도록 할 것

3) 가압송수장치는 방수구가 개방될 때 자동으로 기동되거나 또는 수동스위치의 조작에 따라 기동되도록 할 것. 이 경우 수동스위치는 2개 이상을 설치하되, 그중 1개는 다음의 기준에 따라 송수구의 부근에 설치해야 한다.

① 송수구로부터 5m 이내의 보기 쉬운 장소에 바닥으로부터 높이 0.8m 이상, 1.5m 이하로 설치할 것

② 1.5mm 이상의 강판함에 수납하여 설치할 것. 이 경우 문짝은 불연재료로 설치할 수 있다.

③ 접지하고 빗물 등이 들어가지 아니하는 구조로 할 것

4) 다른 기준은 옥내소화전 설비와 동일

CHAPTER 31 연결살수설비(NFTC503)

01 기술기준

1. 송수구 등

1) 송수구의 설치기준

① 소방차가 쉽게 접근할 수 있고 노출된 장소에 설치할 것

② 가연성가스의 저장 · 취급시설에 설치하는 연결살수설비의 송수구는 그 방호대상물로부터 20m 이상의 거리를 두거나 방호대상물에 면하는 부분이 높이 1.5m 이상 폭 2.5m 이상의 철근콘크리트 벽으로 가려진 장소에 설치해야 한다.

③ 송수구는 구경 65mm의 쌍구형으로 설치할 것. 다만, 하나의 송수구역에 부착하는 살수헤드의 수가 10개 이하인 것에 있어서는 단구형으로 할 수 있다.

④ 개방형 헤드를 사용하는 송수구의 호스접결구는 각 송수구역마다 설치할 것 다만, 송수구역을 선택할 수 있는 선택밸브가 설치되어 있고 각 송수구역의 주요 구조부가 내화구조로 되어 있는 경우에는 그렇지 않다.

⑤ 소방관의 호스연결 등 소화작업에 용이하도록 지면으로부터 높이가 0.5m 이상 1m 이하의 위치에 설치할 것

⑥ 송수구로부터 주배관에 이르는 연결배관에는 개폐밸브를 설치하지 아니할 것 다만, 스프링클러설비 · 물분무소화설비 · 포소화설비 또는 연결송수관설비의 배관과 겸용하는 경우에는 그렇지 않다.

⑦ 송수구의 부근에는 "연결살수설비 송수구"라고 표시한 표지와 송수구역 일람표를 설치할 것. 다만, 2.1.2에 따른 선택밸브를 설치한 경우에는 그렇지 않다.

⑧ 송수구에는 이물질을 막기 위한 마개를 씌울 것

2) 연결살수설비의 선택밸브의 설치기준

연결살수설비의 선택밸브는 다음의 기준에 따라 설치해야 한다. 다만, 송수구를 송수구역마다 설치한 때에는 그렇지 않다.

① 화재 시 연소의 우려가 없는 장소로서 조작 및 점검이 쉬운 위치에 설치할 것

② 자동개방밸브에 따른 선택밸브를 사용하는 경우에는 송수구역에 방수하지 않고 자동밸브의 작동시험이 가능하도록 할 것

③ 선택밸브의 부근에는 송수구역 일람표를 설치할 것

3) 송수구의 가까운 부분에 자동배수밸브 및 체크밸브의 설치기준

① 폐쇄형 헤드를 사용하는 설비의 경우에는 송수구·자동배수밸브·체크밸브의 순으로 설치할 것

② 개방형 헤드를 사용하는 설비의 경우에는 송수구·자동배수밸브의 순으로 설치할 것

③ 자동배수밸브는 배관 안의 물이 잘 빠질 수 있는 위치에 설치하되, 배수로 인하여 다른 물건 또는 장소에 피해를 주지 아니할 것

4) 개방형 헤드를 사용하는 연결살수설비에 있어서 하나의 송수구역에 설치하는 살수헤드의 수는 10개 이하가 되도록 해야 한다.

2. 배관 등

1) 배관의 종류

배관과 배관이음쇠는 다음의 어느 하나에 해당하는 것 또는 동등 이상의 강도·내식성 및 내열성을 국내·외 공인기관으로부터 인정 받은 것을 사용해야 한다. 다만, 본 기준에서 정하지 않은 사항은 「건설기술 진흥법」 제44조제1항의 규정에 따른 "건설기준"에 따른다.

① 배관 내 사용압력이 1.2MPa 미만일 경우에는 다음의 어느 하나에 해당하는 것

   ㉠ 배관용 탄소강관(KS D 3507)

   ㉡ 이음매 없는 구리 및 구리합금관(KS D 5301). 다만, 습식의 배관에 한정한다.

   ㉢ 배관용 스테인리스강관(KS D 3576) 또는 일반배관용 스테인리스강관(KS D 3595). 다만, 배관용 스테인리스강관(KS D 3576)의 이음을 용접으로 할 경우에는 텅스텐 불활성 가스 아크 용접(Tungsten Inertgas Arc Welding)방식에 따른다.

   ㉣ 덕타일 주철관(KS D 4311)

② 배관 내 사용압력이 1.2MPa 이상일 경우에는 다음의 어느 하나에 해당하는 것

   ㉠ 압력배관용 탄소강관(KS D 3562)

   ㉡ 배관용 아크용접 탄소강강관(KS D 3583)

③ 소방용 합성수지배관으로 설치할 수 있는 경우

   ㉠ 배관을 지하에 매설하는 경우

   ㉡ 다른 부분과 내화구조로 구획된 덕트 또는 피트의 내부에 설치하는 경우

   ㉢ 천장(상층이 있는 경우에는 상층바닥의 하단을 포함한다)과 반자를 불연재료 또는 준불연재료로 설치하고 소화배관 내부에 항상 소화수가 채워진 상태로 설치하는 경우

2) 배관의 구경

① 연결살수설비 전용헤드를 사용하는 경우에는 다음 표에 따른 구경 이상으로 할 것

하나의 배관에 부착하는 살수헤드의 개수	1개	2개	3개	4개 또는 5개	6개 이상 10개 이하
배관의 구경(mm)	32	40	50	65	80

② 스프링클러헤드를 사용하는 경우에는 「스프링클러설비의 화재안전기술기준(NFTC 103)」 2.5.3.3의 표 2.5.3.3에 따를 것

3) 폐쇄형 헤드를 사용하는 연결살수설비의 주배관은 다음 각 호의 어느 하나에 해당하는 배관 또는 수조에 접속하여야 한다. 이 경우 접속부분에는 체크밸브를 설치하되 점검하기 쉽게 해야 한다.

① 옥내소화전설비의 주배관(옥내소화전설비가 설치된 경우에 한정한다)

② 수도배관(연결살수설비가 설치된 건축물 안에 설치된 수도배관 중 구경이 가장 큰 배관을 말한다)

③ 옥상에 설치된 수조(다른 설비의 수조를 포함한다)

4) 시험배관을 다음의 기준에 따라 설치해야 한다.

① 송수구에서 가장 먼 거리에 위치한 가지배관의 끝으로부터 연결하여 설치할 것

② 시험장치 배관의 구경은 25mm 이상으로 하고, 그 끝에는 물받이 통 및 배수관을 설치하여 시험 중 방사된 물이 바닥으로 흘러내리지 아니하도록 할 것. 다만, 목욕실·화장실 또는 그 밖의 배수처리가 쉬운 장소의 경우에는 물받이 통 또는 배수관을 설치하지 않을 수 있다.

5) 개방형헤드를 사용하는 연결살수설비의 수평주행배관은 헤드를 향하여 상향으로 100분의 1 이상의 기울기로 설치하고 주배관 중 낮은 부분에는 자동배수밸브를 2.1.3.3의 기준에 따라 설치해야 한다.

6) 가지배관 또는 교차배관을 설치하는 경우에는 가지배관의 배열은 토너먼트 방식이 아니어야 하며, 가지배관은 교차배관 또는 주배관에서 분기되는 지점을 기점으로 한쪽 가지배관에 설치되는 헤드의 개수는 8개 이하로 해야 한다.

7) 습시 연결살수설비의 배관은 동결 방지조치를 하거나 동결의 우려가 없는 장소에 설치해야 한다.

8) 급수배관에 설치되어 급수를 차단할 수 있는 개폐밸브는 개폐표시형으로 하여야 한다. 이 경우 펌프의 흡입 측 배관에는 버터플라이밸브 외의 개폐표시형 밸브를 설치해야 한다.

9) 연결살수설비 교차배관의 위치·청소구 및 가지배관의 헤드설치는 다음의 기준에 따른다.

① 교차배관은 가지배관과 수평으로 설치하거나 또는 가지배관 밑에 설치하고, 그 구경

은 2.2.3에 따르되, 최소구경이 40mm 이상이 되도록 할 것

② 폐쇄형헤드를 사용하는 연결살수설비의 청소구는 주배관 또는 교차배관(교차배관을 설치하는 경우에 한정한다) 끝에 40mm 이상 크기의 개폐밸브를 설치하고, 호스접결이 가능한 나사식 또는 고정배수 배관식으로 할 것. 이 경우 나사식의 개폐밸브는 옥내소화전 호스접결용의 것으로 하고, 나사보호용의 캡으로 마감해야 한다.

③ 폐쇄형헤드를 사용하는 연결살수설비에 하향식헤드를 설치하는 경우에는 가지배관으로부터 헤드에 이르는 헤드접속배관은 가지배관 상부에서 분기할 것. 다만, 소화설비용 수원의 수질이 「먹는물관리법」 제5조에 따라 먹는물의 수질기준에 적합하고 덮개가 있는 저수조로부터 물을 공급받는 경우에는 가지배관의 측면 또는 하부에서 분기할 수 있다.

3. 연결살수설비 헤드

1) 연결살수설비의 헤드는 연결살수설비 전용헤드 또는 스프링클러헤드로 설치해야 한다.

2) 건축물에 설치하는 연결살수설비 헤드의 설치기준

① 천장 또는 반자의 실내에 면하는 부분에 설치할 것

② 천장 또는 반자의 각 부분으로부터 하나의 살수헤드까지의 수평거리가 연결살수설비 전용헤드의 경우는 3.7m 이하, 스프링클러헤드의 경우는 2.3m 이하로 할 것. 다만, 살수헤드의 부착면과 바닥과의 높이가 2.1m 이하인 부분에 있어서는 살수헤드의 살수분포에 따른 거리로 할 수 있다.

3) 폐쇄형 스프링클러헤드를 설치하는 경우

① 그 설치장소의 평상시 최고 주위온도에 따라 다음 표 2.3.3.1에 따른 표시온도의 것으로 설치할 것. 다만, 높이가 4m 이상인 공장 및 창고(랙크식창고를 포함한다)에 설치하는 스프링클러헤드는 그 설치장소의 평상시 최고 주위온도에 관계 없이 표시온도 121℃ 이상의 것으로 할 수 있다.

설치장소의 최고 주위온도	표시온도
39℃ 미만	79℃ 미만
39℃ 이상 64℃ 미만	79℃ 이상 121℃ 미만
64℃ 이상 106℃ 미만	121℃ 이상 162℃ 미만
106℃ 이상	162℃ 이상

② 살수가 방해되지 아니하도록 스프링클러헤드로부터 반경 60cm 이상의 공간을 보유할 것. 다만, 벽과 스프링클러헤드 간의 공간은 10cm 이상으로 한다.

③ 스프링클러헤드와 그 부착면(상향식 헤드의 경우에는 그 헤드의 직상부의 천장·반자 또는 이와 비슷한 것을 말한다.)과의 거리는 30cm 이하로 할 것

④ 배관·행거 및 조명기구 등 살수를 방해하는 것이 있는 경우에는 2.3.3.2 및 2.3.3.3에도 불구하고 그로부터 아래에 설치하여 살수에 장애가 없도록 할 것. 다만, 연결살수헤드와 장애물과의 이격거리를 장애물 폭의 3배 이상 확보한 경우에는 그렇지 않다.

⑤ 스프링클러헤드의 반사판은 그 부착면과 평행하게 설치할 것. 다만, 측벽형헤드 또는 2.3.3.7에 따라 연소할 우려가 있는 개구부에 설치하는 스프링클러헤드의 경우에는 그렇지 않다.

⑥ 천장의 기울기가 10분의 1을 초과하는 경우에는 가지관을 천장의 마루와 평행하게 설치하고, 스프링클러헤드는 다음의 기준에 적합하게 설치할 것

　㉠ 천장의 최상부에 스프링클러헤드를 설치하는 경우에는 최상부에 설치하는 스프링클러헤드의 반사판을 수평으로 설치할 것

　㉡ 천장의 최상부를 중심으로 가지관을 서로 마주보게 설치하는 경우에는 최상부의 가지관 상호 간의 거리가 가지관 상의 스프링클러헤드 상호 간의 거리의 2분의 1 이하(최소 1m 이상이 되어야 한다.)가 되게 스프링클러헤드를 설치하고, 가지관의 최상부에 설치하는 스프링클러헤드는 천장의 최상부로부터의 수직거리가 90cm 이하가 되도록 할 것. 톱날지붕, 둥근 지붕, 기타 이와 유사한 지붕의 경우에도 이에 준한다.

⑦ 연소할 우려가 있는 개구부에는 그 상하좌우에 2.5m 간격으로(개구부의 폭이 2.5m 이하인 경우에는 그 중앙에) 스프링클러헤드를 설치하되, 스프링클러헤드와 개구부의 내측면으로부터의 직선거리는 15cm 이하가 되도록 할 것. 이 경우 사람이 상시 출입하는 개구부로서 통행에 지장이 있는 때에는 개구부의 상부 또는 측면(개구부의 폭이 9m 이하인 경우에 한한다.)에 설치하되, 헤드 상호 간의 간격은 1.2m 이하로 설치하여야 한다.

⑧ 습식 연결살수설비 외의 설비에는 상향식 스프링클러헤드를 설치할 것. 다만, 다음에 해당하는 경우에는 그러하지 아니하다.

　㉠ 드라이펜던트 스프링클러헤드를 사용하는 경우

　㉡ 스프링클러헤드의 설치장소가 동파의 우려가 없는 곳인 경우

　㉢ 개방형 스프링클러헤드를 사용하는 경우

⑨ 측벽형 스프링클러헤드를 설치하는 경우 긴 변의 한쪽 벽에 일렬로 설치(폭이 4.5m 이상 9m 이하인 실에 있어서는 긴 변의 양쪽에 각각 일렬로 설치하되 마주보는 스프링클러헤드가 나란하도록 설치)하고 3.6m 이내마다 설치할 것

4) 가연성 가스의 저장 · 취급시설에 설치하는 연결살수설비의 헤드의 설치기준

가연성 가스의 저장 · 취급시설에 설치하는 연결살수설비의 헤드는 다음의 기준에 따라 설치해야 한다. 다만, 지하에 설치된 가연성가스의 저장 · 취급시설로서 지상에 노출된 부분이 없는 경우에는 그렇지 않다.

① 연결살수설비 전용의 개방형 헤드를 설치할 것

② 가스저장탱크 · 가스홀더 및 가스발생기의 주위에 설치하되, 헤드상호 간의 거리는 3.7m 이하로 할 것

③ 헤드의 살수범위는 가스저장탱크 · 가스홀더 및 가스발생기의 몸체의 중간 윗부분의 모든 부분이 포함되도록 해야 하고 살수된 물이 흘러내리면서 살수범위에 포함되지 아니한 부분에도 모두 적셔질 수 있도록 할 것

4. 헤드의 설치 제외

연결살수설비를 설치하여야 할 득점소방대상물 또는 그 부분으로서 다음 각 호의 어느 하나에 해당하는 장소에는 연결살수설비의 헤드를 설치하지 아니할 수 있다.

1) 상점(영 별표 2 제5호와 제6호의 판매시설과 운수시설을 말하며, 바닥면적이 150m² 이상인 지하층에 설치된 것을 제외한다)으로서 주요구조부가 내화구조 또는 방화구조로 되어 있고 바닥면적이 500m² 미만으로 방화구획되어 있는 특정소방대상물 또는 그 부분

2) 계단실(특별피난계단의 부속실을 포함한다) · 경사로 · 승강기의 승강로 · 파이프덕트 · 목욕실 · 수영장(관람석부분을 제외한다) · 화장실 · 직접 외기에 개방되어 있는 복도 그 밖의 이와 유사한 장소

3) 통신기기실 · 전자기기실 · 기타 이와 유사한 장소

4) 발전실 · 변전실 · 변압기 · 기타 이와 유사한 전기설비가 설치되어 있는 장소

5) 병원의 수술실 · 응급처치실 · 기타 이와 유사한 장소

6) 천장과 반자 양쪽이 불연재료로 되어 있는 경우로서 그 사이의 거리 및 구조가 다음에 해당하는 부분

① 천장과 반자 사이의 거리가 2m 미만인 부분

② 천장과 반자 사이의 벽이 불연재료이고 천장과 반자 사이의 거리가 2m 이상으로서 그 사이에 가연물이 존재하지 아니하는 부분

7) 천장 · 반자 중 한쪽이 불연재료로 되어 있고 천장과 반자 사이의 거리가 1m 미만인 부분

8) 천장 및 반자가 불연재료 외의 것으로 되어 있고 천장과 반자 사이의 거리가 0.5m 미만인 부분

9) 펌프실 · 물탱크실 그 밖의 이와 비슷한 장소

10) 현관 또는 로비 등으로서 바닥으로부터 높이가 20m 이상인 장소

11) 냉장창고의 영하의 냉장실 또는 냉동창고의 냉동실

12) 고온의 노가 설치된 장소 또는 물과 격렬하게 반응하는 물품의 저장 또는 취급장소

13) 불연재료로 된 소방대상물 또는 그 부분으로서 다음에 해당하는 장소

　　① 정수장·오물처리장 그 밖의 이와 비슷한 장소

　　② 펄프공장의 작업장·음료수공장의 세정 또는 충전하는 작업장 그 밖의 이와 비슷한 장소

　　③ 불연성의 금속·석재 등의 가공공장으로서 가연성 물질을 저장 또는 취급하지 않는 장소

14) 실내에 설치된 테니스장·게이트볼장·정구장 또는 이와 비슷한 장소로서 실내바닥·벽·천장이 불연재료 또는 준불연재료로 구성되어 있고 가연물이 존재하지 않는 장소로서 관람석이 없는 운동시설 부분(지하층은 제외한다)

5. 소화설비의 겸용

연결살수설비의 송수구를 스프링클러설비·간이스프링클러설비·화재조기진압용 스프링클러설비·물분무소화설비·포소화설비 또는 연결송수관설비와 겸용으로 설치하는 경우에는 스프링클러설비의 송수구 설치기준에 따르고, 옥내소화전설비의 송수구와 겸용으로 설치하는 경우에는 옥내소화전설비의 송수구의 설치기준에 따르되 각각의 소화설비의 기능에 지장이 없도록 해야 한다.

CHAPTER
32 비상콘센트설비(NFTC504)

01 용어 정의

1. 저압

직류는 1.5kV 이하, 교류는 1kV 이하인 것을 말한다.

2. 고압

직류는 1.5kV를, 교류는 1kV를 초과하고, 7kV 이하인 것을 말한다.

3. 특고압

7kV를 초과하는 것을 말한다.

4. 비상전원

상용전원으로부터 전력의 공급이 중단된 때에는 자동으로 공급되는 전원을 말한다.

5. 비상콘센트설비

화재 시 소화활동 등에 필요한 전원을 전용회선으로 공급하는 설비를 말한다.

6. 인입개폐기

「전기설비기술기준의 판단기준」 제169조에 따른 것을 말한다.

7. 변전소

「전기설비기술기준」 제3조제1항제2호에 따른 것을 말한다.

02 기술기준

1. 전원 및 콘센트 등

1) 전원의 기준

① 상용전원회로의 배선은 저압수전인 경우에는 인입개폐기의 직후에서, 특고압수전 또는 고압수전인 경우에는 전력용 변압기 2차 측의 주차단기 1차 측 또는 2차 측에서 분기하여 전용배선으로 할 것

② 지하층을 제외한 층수가 7층 이상으로서 연면적이 $2,000\text{m}^2$ 이상이거나 지하층의 바닥면적의 합계가 $3,000\text{m}^2$ 이상인 소방대상물의 비상콘센트설비에는 자가발전기설비, 비상전원수전설비 또는 전기저장장치를 비상전원으로 설치할 것. 다만, 2 이상의 변전소에서 전력을 동시에 공급받을 수 있거나 하나의 변전소로부터 전력의 공급이 중단되는 때에는 자동으로 다른 변전소로부터 전력을 공급받을 수 있도록 상용전원을 설치한 경우에는 비상전원을 설치하지 않을 수 있다.

③ ②에 따른 비상전원 중 자가발전설비, 축전지설비 또는 전기저장장치는 다음 기준에 따라 설치하고, 비상전원수전설비는 「소방시설용 비상전원수전설비의 화재안전기술기준(NFTC 602)」에 따라 설치할 것

　㉠ 점검에 편리하고 화재 및 침수 등의 재해로 인한 피해를 받을 우려가 없는 곳에 설치할 것

　㉡ 비상콘센트설비를 유효하게 20분 이상 작동시킬 수 있는 용량으로 할 것

　㉢ 상용전원으로부터 전력의 공급이 중단된 때에는 자동으로 비상전원으로부터 전력을 공급받을 수 있도록 할 것

　㉣ 비상전원의 설치장소는 다른 장소와 방화구획 할 것. 이 경우 그 장소에는 비상전원의 공급에 필요한 기구나 설비 외의 것(열병합발전설비에 필요한 기구나 설비는 제외한다)을 두어서는 안 된다.

　㉤ 비상전원을 실내에 설치하는 때에는 그 실내에 비상조명등을 설치할 것

2) 전원회로(비상콘센트에 전력을 공급하는 회로)의 기준

① 비상콘센트설비의 전원회로는 단상교류 220V인 것으로서, 그 공급용량은 1.5kVA 이상인 것으로 할 것

② 전원회로는 각 층에 있어서 2 이상이 되도록 설치할 것. 다만, 설치하여야 할 층의 비상콘센트가 1개인 때에는 하나의 회로로 할 수 있다.

③ 전원회로는 주배전반에서 전용회로로 할 것. 다만, 다른 설비 회로의 사고에 따른 영향을 받지 아니하도록 되어 있는 것에 있어서는 그렇지 않다.

④ 전원으로부터 각 층의 비상콘센트에 분기되는 경우에는 분기배선용 차단기를 보호함 안에 설치할 것

⑤ 콘센트마다 배선용 차단기를 설치하여야 하며, 충전부가 노출되지 아니하도록 할 것

⑥ 개폐기에는 "비상콘센트"라고 표시한 표지를 할 것

⑦ 비상콘센트용 풀박스 등은 방청도장을 한 것으로서, 두께 1.6mm 이상의 철판으로 할 것

⑧ 하나의 전용회로에 설치하는 비상콘센트는 10개 이하로 할 것. 이 경우 전선의 용량

은 각 비상콘센트(비상콘센트가 3개 이상인 경우에는 3개)의 공급용량을 합한 용량 이상의 것으로 해야 한다.

3) 플러그(Plug) 접속기

접지형2극 플러그접속기(KS C 8305)를 사용해야 한다.

4) 접지공사

플러그접속기의 칼받이의 접지극에는 접지공사를 해야 한다.

5) 비상콘센트의 설치기준

① 바닥으로부터 높이 0.8m 이상 1.5m 이하의 위치에 설치할 것

② 비상콘센트의 배치는 아파트 또는 바닥면적이 1,000m² 미만인 층은 계단의 출입구(계단의 부속실을 포함하며 계단이 2 이상 있는 경우에는 그중 1개의 계단을 말한다)로부터 5m 이내에, 바닥면적 1,000m² 이상인 층(아파트를 제외한다)은 각 계단의 출입구 또는 계단부속실의 출입구(계단의 부속실을 포함하며 계단이 3 이상 있는 층의 경우에는 그중 2개의 계단을 말한다)로부터 5m 이내에 설치하되, 그 비상콘센트로부터 그 층의 각 부분까지의 거리가 다음의 기준을 초과하는 경우에는 그 기준 이하가 되도록 비상콘센트를 추가하여 설치할 것

㉠ 지하상가 또는 지하층의 바닥면적의 합계가 3,000m² 이상인 것은 수평거리 25m

㉡ ㉠에 해당하지 아니하는 것은 수평거리 50m

6) 절연저항 및 절연내력의 적합기준

① **절연저항** : 전원부와 외함 사이를 500V 절연저항계로 측정할 때 20MΩ 이상일 것

② **절연내력** : 전원부와 외함 사이에 다음과 같이 실효전압을 가하는 시험에서 1분 이상 견디는 것일 것

㉠ 정격전압이 150V 이하인 경우 : 1,000V의 실효전압을 인가

㉡ 정격전압이 150V 초과인 경우 : (정격전압×2)+1,000V의 실효전압을 인가

2. 보호함의 기준

1) 보호함에는 쉽게 개폐할 수 있는 문을 설치할 것

2) 보호함 표면에 "비상콘센트"라고 표시한 표지를 할 것

3) 보호함 상부에 적색의 표시등을 설치할 것. 다만, 비상콘센트의 보호함을 옥내소화전함 등과 접속하여 설치하는 경우에는 옥내소화전함 등의 표시등과 겸용할 수 있다.

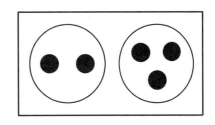

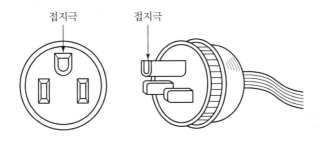

3. 배선의 기준

1) 전원회로의 배선은 내화배선으로, 그 밖의 배선은 내화배선 또는 내열배선으로 할 것

2) 2.3.1.1에 따른 내화배선 및 내열배선에 사용하는 전선의 종류 및 설치방법은 「옥내소화전설비의 화재안전기술기준(NFTC 102)」 2.7.2의 표 2.7.2의 기준에 따를 것

‖ Reference ‖ **비상콘센트설비의 배선**

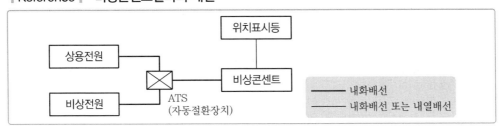

CHAPTER
33 무선통신보조설비(NFTC505)

01 설치제외

지하층으로서 특정소방대상물의 바닥부분 2면 이상이 지표면과 동일하거나 지표면으로부터의 깊이가 1m 이하인 경우에는 해당 층에 한하여 무선통신보조설비를 설치하지 아니할 수 있다.

02 계통도

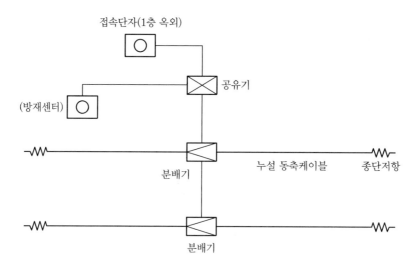

03 종류 및 통신원리

1. 누설동축케이블방식

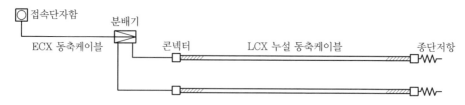

1) 터널, 지하철 역사 등 폭이 좁고 긴 지하가나 건축물 내부에 적합하다.

2) 전파를 균일하고 광범위하게 방사할 수 있다.

2. 안테나방식

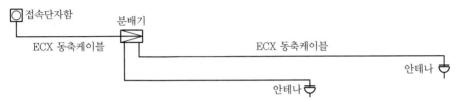

1) 장애물이 적은 대강당이나 극장 등에 적합하다.

2) 누설동축케이블보다 경제적이다.

3) 말단에서는 전파의 강도가 떨어져서 통화의 어려움이 있다.

3. 누설동축케이블 및 안테나방식

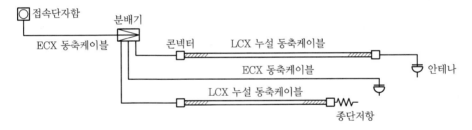

1) 누설동축케이블 방식과 공중선 방식의 장점을 이용한 것이다.

2) 터널, 지하철 역사에는 누설동축케이블 방식으로 하고, 대강당, 극장 등에는 공중선 방식으로 설치한다.

04 용어 정의

1. 누설동축케이블

동축케이블의 외부노체에 가느다란 홈을 만들어서 전파가 외부로 새어나갈 수 있도록 한 케이블을 말한다.

2. 분배기

신호의 전송로가 분기되는 장소에 설치하는 것으로 임피던스 매칭(Matching)과 신호 균등 분배를 위해 사용하는 장치를 말한다.

3. 분파기

서로 다른 주파수의 합성된 신호를 분리하기 위해서 사용하는 장치를 말한다.

4. 혼합기

2 이상의 입력신호를 원하는 비율로 조합한 출력이 발생하도록 하는 장치를 말한다.

5. 증폭기

신호 전송 시 신호가 약해져 수신이 불가능해지는 것을 방지하기 위해서 증폭하는 장치를 말한다.

6. 무선중계기

안테나를 통하여 수신된 무전기 신호를 증폭한 후 음영지역에 재방사하여 무전기 상호 간 송수신이 가능하도록 하는 장치를 말한다.

7. 옥외안테나

감시제어반 등에 설치된 무선중계기의 입력과 출력포트에 연결되어 송수신 신호를 원활하게 방사·수신하기 위해 옥외에 설치하는 장치를 말한다.

8. 임피던스

교류 회로에 전압이 가해졌을 때 전류의 흐름을 방해하는 값으로서 교류 회로에서의 전류에 대한 전압의 비를 말한다.

05 시설기준

1. 누설동축케이블 등의 설치기준

1) 누설동축케이블 등

① 소방전용주파수대에서 전파의 전송 또는 복사에 적합한 것으로서 소방전용의 것으로 할 것. 다만, 소방대 상호 간의 무선연락에 지장이 없는 경우에는 다른 용도와 겸용할 수 있다.

② 누설동축케이블과 이에 접속하는 안테나 또는 동축케이블과 이에 접속하는 안테나로 구성할 것

③ 누설동축케이블 및 동축케이블은 불연 또는 난연성의 것으로서 습기에 따라 전기의 특성이 변질되지 아니하는 것으로 하고, 노출하여 설치한 경우에는 피난 및 통행에

장애가 없도록 할 것

④ 누설동축케이블 및 동축케이블은 화재에 따라 당해 케이블의 피복이 소실된 경우에 케이블 본체가 떨어지지 아니하도록 4m 이내마다 금속제 또는 자기제 등의 지지금구로 벽 · 천장 · 기둥 등에 견고하게 고정시킬 것. 다만, 불연재료로 구획된 반자 안에 설치하는 경우에는 그렇지 않다.

⑤ 누설동축케이블 및 안테나는 금속판 등에 따라 전파의 복사 또는 특성이 현저하게 저하되지 아니하는 위치에 설치할 것

⑥ 누설동축케이블 및 안테나는 고압의 전로로부터 1.5m 이상 떨어진 위치에 설치할 것. 다만, 해당 전로에 정전기 차폐장치를 유효하게 설치한 경우에는 그렇지 않다.

⑦ 누설동축케이블의 끝부분에는 무반사(Dummy) 종단저항을 견고하게 설치할 것

2) 임피던스(Impedance)

누설동축케이블 또는 동축케이블의 임피던스는 50 Ω으로 하고, 이에 접속하는 안테나 · 분배기, 기타의 장치는 해당 임피던스에 적합한 것으로 해야 한다.

3) 무선통신보조설비

① 누설동축케이블 또는 동축케이블과 이에 접속하는 안테나가 설치된 층은 모든 부분(계단실, 승강기, 별도 구획된 실 포함)에서 유효하게 통신이 가능할 것

② 옥외안테나와 연결된 무전기와 건축물 내부에 존재하는 무전기 간의 상호통신, 건축물 내부에 존재하는 무전기 간의 상호통신, 옥외안테나와 연결된 무전기와 방재실 또는 건축물 내부에 존재하는 무전기와 방재실 간의 상호통신이 가능할 것

2. 옥외안테나 설치기준

1) 건축물, 지하가, 터널 또는 공동구의 출입구(「건축법 시행령」 제39조에 따른 출구 또는 이와 유사한 출입구를 말한다) 및 출입구 인근에서 통신이 가능한 장소에 설치할 것

2) 다른 용도로 사용되는 안테나로 인한 통신장애가 발생하지 않도록 설치할 것

3) 옥외안테나는 견고하게 파손의 우려가 없는 곳에 설치하고 그 가까운 곳의 보기 쉬운 곳에 "무선통신보조설비 안테나"라는 표시와 함께 통신 가능거리를 표시한 표지를 설치할 것

4) 수신기가 설치된 장소 등 사람이 상시 근무하는 장소에는 옥외안테나의 위치가 모두 표시된 옥외안테나 위치표시도를 비치할 것

3. 분배기 · 분파기 및 혼합기 등의 설치기준

1) 먼지 · 습기 및 부식 등에 따라 기능에 이상을 가져오지 아니하도록 할 것
2) 임피던스는 50Ω의 것으로 할 것
3) 점검에 편리하고 화재 등의 재해로 인한 피해의 우려가 없는 장소에 설치할 것

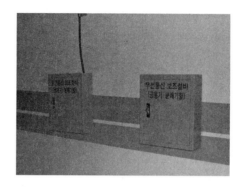

4. 증폭기 및 무선이동중계기의 설치기준

1) 상용전원은 전기가 정상적으로 공급되는 축전지설비, 전기저장장치(외부 전기에너지를 저장해 두었다가 필요한 때 전기를 공급하는 장치) 또는 교류전압의 옥내 간선으로 하고, 전원까지의 배선은 전용으로 할 것
2) 증폭기의 전면에는 주회로의 전원이 정상인지의 여부를 표시할 수 있는 표시등 및 전압계를 설치할 것
3) 증폭기에는 비상전원이 부착된 것으로 하고 해당 비상전원 용량은 무선통신보조설비를 유효하게 30분 이상 작동시킬 수 있는 것으로 할 것
4) 증폭기 및 무선중계기를 설치하는 경우에는 「전파법」 제58조의2에 따른 적합성평가를 받은 제품으로 설치하고 임의로 변경하지 않도록 할 것
5) 디지털 방식의 무전기를 사용하는데 지장이 없도록 설치할 것

CHAPTER 34 비상전원수전설비(NFTC602)

01 비상전원의 적용

1. 스프링클러

차고·주차장으로서 스프링클러설비가 설치된 부분의 바닥면적(포소화설비가 설치된 차고·주차장의 바닥면적을 포함) 합계가 1,000m² 미만인 소방대상물

2. 간이스프링클러

간이 S/P 설비 설치장소

3. 포소화설비

1) 호스릴포소화설비 또는 포소화전만을 설치한 차고, 주차장
2) 포헤드설비 또는 고정포방출설비가 설치된 부분의 바닥면적(스프링클러설비가 설치된 차고·주차장의 바닥면적 포함) 합계가 1,000m² 미만인 소방대상물

4. 비상콘센트

1) 지하층을 제외한 층수가 7층 이상으로서 연면적이 2,000m² 이상인 소방대상물
2) 지하층 바닥면적 합계가 3,000m² 이상인 소방대상물

02 용어 정의

1. 과전류차단기

「전기설비기술기준의 판단기준」 제38조와 제39조에 따른 것을 말한다.

2. 방화구획형

수전설비를 다른 부분과 건축법상 방화구획을 하여 화재 시 이를 보호하도록 조치하는 방식을 말한다.

3. 변전설비

전력용변압기 및 그 부속장치를 말한다.

4. 배전반

전력생산시설 등으로부터 직접 전력을 공급받아 분전반에 전력을 공급해주는 것으로서 다음의 배전반을 말한다.
1) "공용배전반"이란 소방회로 및 일반회로 겸용의 것으로서 개폐기, 과전류차단기, 계기와 그 밖의 배선용기기 및 배선을 금속제 외함에 수납한 것을 말한다.
2) "전용배전반"이란 소방회로 전용의 것으로서 개폐기, 과전류차단기, 계기와 그 밖의 배선용기기 및 배선을 금속제 외함에 수납한 것을 말한다.

5. 분전반

배전반으로부터 전력을 공급받아 부하에 전력을 공급해주는 것으로서 다음의 배전반을 말한다.
(1) "공용분전반"이란 소방회로 및 일반회로 겸용의 것으로서 분기개폐기, 분기과전류차단기와 그 밖의 배선용기기 및 배선을 금속제 외함에 수납한 것을 말한다.
(2) "전용분전반"이란 소방회로 전용의 것으로서 분기 개폐기, 분기과전류차단기와 그 밖의 배선용기기 및 배선을 금속제 외함에 수납한 것을 말한다.

6. 비상전원수전설비

화재 시 상용전원이 공급되는 시점까지만 비상전원으로 적용이 가능한 설비로서 상용전원의 안전성과 내화성능을 향상시킨 설비를 말한다.

7. 소방회로

소방부하에 전원을 공급하는 전기회로를 말한다.

8. 수전설비

전력수급용 계기용변성기·주차단장치 및 그 부속기기를 말한다.

9. 옥외개방형

건물의 옥외 또는 건물의 옥상에 울타리를 설치하고 그 내부에 수전설비를 설치하는 방식을 말한다.

10. 인입개폐기

「전기설비기술기준의 판단기준」 제169조에 따른 것을 말한다.

11. 인입구배선

인입선의 연결점으로부터 특정소방대상물내에 시설하는 인입개폐기에 이르는 배선을 말한다.

12. 인입선

「전기설비기술기준」 제3조제1항 제9호에 따른 것을 말한다.

13. 일반회로

소방회로 이외의 전기회로를 말한다.

14. 전기사업자

「전기사업법」 제2조제2호에 따른 자를 말한다.

15. 큐비클형

수전설비를 큐비클 내에 수납하여 설치하는 방식으로서 다음의 형식을 말한다.
1) "공용큐비클식"이란 소방회로 및 일반회로 겸용의 것으로서 수전설비, 변전설비와 그 밖의 기기 및 배선을 금속제 외함에 수납한 것을 말한 다.
2) "전용큐비클식"이란 소방회로용의 것으로 수전설비, 변전설비와 그 밖의 기기 및 배선을 금속제 외함에 수납한 것을 말한다.

03 인입선 및 인입구 배선의 시설

1. 인입선은 특정소방대상물에 화재가 발생할 경우에도 화재로 인한 손상을 받지 않도록 설치해야 한다.
2. 인입구 배선은 「옥내소화전설비의 화재안전기술기준(NFTC 102)」 2.7.2의 표 2.7.2(1)에 따른 내화배선으로 해야 한다.

04 특별고압 또는 고압으로 수전하는 경우

1. 일반전기사업자로부터 특별고압 또는 고압으로 수전하는 비상전원 수전설비는 방화구획형, 옥외개방형 또는 큐비클(Cubicle)형으로서 다음의 기준에 적합하게 설치해야 한다.
   1) 전용의 방화구획 내에 설치할 것
   2) 소방회로배선은 일반회로배선과 불연성 벽으로 구획할 것. 다만, 소방회로배선과 일반회로배선을 15cm 이상 떨어져 설치한 경우는 그렇지 않다.

3) 일반회로에서 과부하, 지락사고 또는 단락사고가 발생한 경우에도 이에 영향을 받지 아
니하고 계속하여 소방회로에 전원을 공급시켜 줄 수 있어야 할 것
4) 소방회로용 개폐기 및 과전류차단기에는 "소방시설용"이라 표시할 것
5) 전기회로는 그림 2.2.1.5와 같이 결선할 것

■ [그림 2.2.1.5]

고압 또는 특별고압 수전의 전기회로

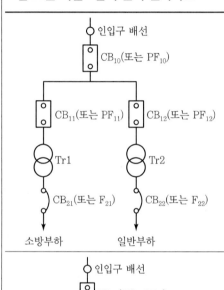

(가) 전용의 전력용 변압기에서 소방부하에 전원을
공급하는 경우
1. 일반회로의 과부하 또는 단락사고 시에 CB_{10}
(또는 PF_{10})이 CB_{12}(또는 PF_{12}) 및 CB_{22}(또는
F_{22})보다 먼저 차단되어서는 아니 된다.
2. CB_{11}(또는 PF_{11})은 CB_{12}(또는 PF_{12})와 동등 이
상의 차단용량일 것

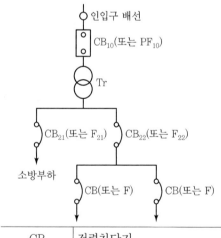

(나) 공용의 전력용 변압기에서 소방부하에 전원을
공급하는 경우
1. 일반회로의 과부하 또는 단락사고 시에 CB_{10}
(또는 PF_{10})이 CB_{22}(또는 F_{22}) 및 CB(또는 F)
보다 먼저 차단되어서는 아니 된다.
2. CB_{21}(또는 F_{21})은 CB_{22}(또는 F_{22})와 동등 이상
의 차단용량일 것

CB	전력차단기	F	퓨즈(저압용)
PF	전력퓨즈(고압 또는 특별고압용)	Tr	전력용 변압기

2. 옥외개방형의 설치기준

1) 건축물의 옥상에 설치하는 경우에는 그 건축물에 화재가 발생할 경우에도 화재로 인한 손상을 받지 않도록 설치할 것

2) 공지에 설치하는 경우에는 인접 건축물에 화재가 발생한 경우에도 화재로 인한 손상을 받지 않도록 설치할 것

3) 그 밖의 옥외개방형의 설치에 관하여는 2.2.1.2부터 2.2.1.5까지의 규정에 적합하게 설치할 것

3. 큐비클형의 설치기준

1) 전용큐비클 또는 공용큐비클식으로 설치할 것

2) 외함은 두께 2.3mm 이상의 강판과 이와 동등 이상의 강도와 내화성능이 있는 것으로 제작해야 하며, 개구부(2.2.3.3의 각 기준에 해당하는 것은 제외한다)에는 「건축법 시행령」 제64조에 따른 방화문으로서 60분+ 방화문, 60분 방화문 또는 30분 방화문으로 설치할 것

3) 다음 각 목(옥외에 설치하는 것은 ①부터 ③까지)에 해당하는 것은 외함에 노출하여 설치할 수 있다.
   ① 표시등(불연성 또는 난연성 재료로 덮개를 설치한 것에 한한다)
   ② 전선의 인입구 및 인출구
   ③ 환기장치
   ④ 전압계(퓨즈 등으로 보호한 것에 한한다)
   ⑤ 전류계(변류기의 2차 측에 접속된 것에 한한다)
   ⑥ 계기용 전환스위치(불연성 또는 난연성 재료로 제작된 것에 한한다)

4) 외함은 건축물의 바닥 등에 견고하게 고정할 것

5) 외함에 수납하는 수전설비, 변전설비 그 밖의 기기 및 배선은 다음 각 목에 적합하게 설치할 것
   ① 외함 또는 프레임(Frame) 등에 견고하게 고정할 것
   ② 외함의 바닥에서 10cm(시험단자, 단자대 등의 충전부는 15cm) 이상의 높이에 설치힐 것

6) 전선 인입구 및 인출구에는 금속관 또는 금속제 가요전선관을 쉽게 접속할 수 있도록 할 것

7) 환기장치는 다음 각 목에 적합하게 설치할 것
   ① 내부의 온도가 상승하지 않도록 환기장치를 할 것

② 자연환기구의 개부구 면적의 합계는 외함의 한 면에 대하여 해당 면적의 3분의 1 이하로 할 것. 이 경우 하나의 통기구의 크기는 직경 10mm 이상의 둥근 막대가 들어가서는 안 된다.

③ 자연환기구에 따라 충분히 환기할 수 없는 경우에는 환기설비를 설치할 것

④ 환기구에는 금속망, 방화댐퍼 등으로 방화조치를 하고, 옥외에 설치하는 것은 빗물 등이 들어가지 않도록 할 것

8) 공용큐비클식의 소방회로와 일반회로에 사용되는 배선 및 배선용 기기는 불연재료로 구획할 것

9) 그 밖의 큐비클형의 설치에 관하여는 2.2.1.2부터 2.2.1.5까지의 규정 및 한국산업표준에 적합할 것

05 저압수전인 경우

전기사업자로부터 저압으로 수전하는 비상전원설비는 전용배전반(1·2종)·전용분전반(1·2종) 또는 공용분전반(1·2종)으로 해야 한다.

1. 제1종 배전반 및 제1종 분전반의 설치기준

1) 외함은 두께 1.6mm(전면판 및 문은 2.3mm) 이상의 강판과 이와 동등 이상의 강도와 내화성능이 있는 것으로 제작할 것

2) 외함의 내부는 외부의 열에 의해 영향을 받지 많도록 내열성 및 단열성이 있는 재료를 사용하여 단열할 것. 이 경우 단열부분은 열 또는 진동에 따라 쉽게 변형되지 않아야 한다.

3) 다음 각 목에 해당하는 것은 외함에 노출하여 설치할 수 있다.
   ① 표시등(불연성 또는 난연성 재료로 덮개를 설치한 것에 한한다)
   ② 전선의 인입구 및 입출구

4) 외함은 금속관 또는 금속제 가요전선관을 쉽게 접속할 수 있도록 하고, 당해 접속부분에는 단열조치를 할 것

5) 공용배전판 및 공용분전판의 경우 소방회로와 일반회로에 사용하는 배선 및 배선용 기기는 불연재료로 구획되어야 할 것

2. 제2종 배전반 및 제2종 분전반의 설치기준

1) 외함은 두께 1mm(함전면의 면적이 $1,000cm^2$를 초과하고 $2,000cm^2$ 이하인 경우에는 1.2mm, $2,000cm^2$를 초과하는 경우에는 1.6mm) 이상의 강판과 이와 동등 이상의 강

도와 내화성능이 있는 것으로 제작할 것

2) 2.3.1.1.3(1) 및 (2)에서 정한 것과 120 ℃의 온도를 가했을 때 이상이 없는 전압계 및 전류계는 외함에 노출하여 설치할 것

3) 단열을 위해 배선용 불연전용실 내에 설치할 것

4) 그 밖의 제2종 배전반 및 제2종 분전반의 설치에 관하여는 2.3.1.1.4 및 2.3.1.1.5의 규정에 적합할 것

3. 그 밖의 배전반 및 분전반의 설치기준

1) 일반회로에서 과부하·지락사고 또는 단락사고가 발생한 경우에도 이에 영향을 받지 아니하고 계속하여 소방회로에 전원을 공급시켜 줄 수 있어야 할 것

2) 소방회로용 개폐기 및 과전류차단기에는 "소방시설용"이라는 표시를 할 것

3) 전기회로는 그림 2.3.1.3.3과 같이 결선할 것

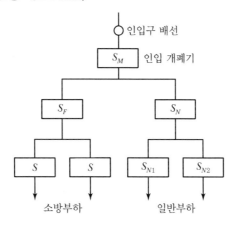

■ [그림 2.3.1.3.3]

저압수전의 경우(제6조 제3항 제3호 관련)

[주]
1. 일반회로의 과부하 또는 단락사고 시 S_M이 S_N, S_{N1} 및 S_{N2}보다 먼저차단 되어서는 아니 된다.
2. S_F는 S_N과 동등 이상의 차단용량일 것
   S : 과전류차단기 및 저압용 개폐기

CHAPTER 35 도로터널(NFTC603)

01 용어 정의

1. 도로터널

「도로법」제10조에 따른 도로의 일부로서 자동차의 통행을 위해 지붕이 있는 구조물을 말한다.

2. 설계화재강도

터널 내 화재 시 소화설비 및 제연설비 등의 용량산정을 위해 적용하는 차종별 최대열방출률(MW)을 말한다.

3. 횡류환기방식

터널 안의 배기가스와 연기 등을 배출하는 환기방식으로서 기류를 횡방향(바닥에서 천장)으로 흐르게 하여 환기하는 방식을 말한다.

4. 대배기구방식

횡류환기방식의 일종으로 배기구에 개방/폐쇄가 가능한 전동댐퍼를 설치하여 화재 시 화재지점 부근의 배기구를 개방하여 집중적으로 배연할 수 있는 제연방식을 말한다.

5. 종류환기방식

터널 안의 배기가스와 연기 등을 배출하는 환기방식으로서 기류를 종방향(출입구 방향)으로 흐르게 하여 환기하는 방식을 말한다.

6. 반횡류환기방식

터널 안의 배기가스와 연기 등을 배출하는 환기방식으로서 터널에 수직배기구를 설치해서 횡방향과 종방향으로 기류를 흐르게 하여 환기하는 방식을 말한다.

7. 양방향터널

하나의 터널 안에서 차량의 흐름이 서로 마주보게 되는 터널을 말한다.

8. 일방향터널

하나의 터널 안에서 차량의 흐름이 하나의 방향으로만 진행되는 터널을 말한다.

9. 연기발생률

일정한 설계화재강도의 차량에서 단위 시간당 발생하는 연기량을 말한다.

10. 피난연결통로

본선터널과 병설된 상대터널 또는 본선터널과 평행한 피난대피터널을 연결하는 통로를 말한다.

11. 배기구

터널 안의 오염공기를 배출하거나 화재 시 연기를 배출하기 위한 개구부를 말한다.

12. 배연용 팬

화재 시 연기 및 열기류를 배출하기 위한 팬을 말한다.

02 소화기 설치기준

1. 소화기의 능력단위는 (「소화기구 및 자동소화장치의 화재안전기술기준(NFTC 101)」 1.7.1.6에 따른 수치를 말한다.)는 A급 화재는 3단위 이상, B급 화재는 5단위 이상 및 C급 화재에 적응성이 있는 것으로 할 것
2. 소화기의 총중량은 사용 및 운반이 편리성을 고려하여 7kg 이하로 할 것
3. 소화기는 주행차로의 우측 측벽에 50m 이내의 간격으로 2개 이상을 설치하며, 편도 2차선 이상의 양방향 터널과 4차로 이상의 일방향 터널의 경우에는 양쪽 측벽에 각각 50m 이내의 간격으로 엇갈리게 2개 이상을 설치할 것
4. 바닥면(차로 또는 보행로를 말한다. 이하 같다)으로부터 1.5m 이하의 높이에 설치할 것
5. 소화기구함의 상부에 "소화기"라고 조명식 또는 반사식의 표지판을 부착하여 사용자가 쉽게 인지할 수 있도록 할 것

03 옥내소화전설비 설치기준

1. 소화전함과 방수구는 주행차로 우측 측벽을 따라 50m 이내의 간격으로 설치하며, 편도 2차선 이상의 양방향 터널이나 4차로 이상의 일방향 터널의 경우에는 양쪽 측벽에 각각 50m 이내의 간격으로 엇갈리게 설치할 것

2. 수원은 그 저수량이 옥내소화전의 설치개수 2개(4차로 이상의 터널의 경우 3개)를 동시에 40분 이상 사용할 수 있는 충분한 양 이상을 확보할 것

3. 가압송수장치는 옥내소화전 2개(4차로 이상의 터널인 경우 3개)를 동시에 사용할 경우 각 옥내소화전의 노즐선단에서의 방수압력은 0.35MPa 이상이고 방수량은 190l/min 이상이 되는 성능의 것으로 할 것. 다만, 하나의 옥내소화전을 사용하는 노즐선단에서의 방수압력 이 0.7MPa을 초과할 경우에는 호스접결구의 인입 측에 감압장치를 설치해야 한다.

4. 압력수조나 고가수조가 아닌 전동기 및 내연기관에 의한 펌프를 이용하는 가압송수장치는 주펌프와 동등 이상인 별도의 예비펌프를 추가로 설치할 것

5. 방수구는 40mm 구경의 단구형을 옥내소화전이 설치된 벽면의 바닥면으로부터 1.5m 이하 의 높이에 설치할 것

6. 소화전함에는 옥내소화전 방수구 1개, 15m 이상의 소방호스 3본 이상 및 방수노즐을 비치 할 것

7. 옥내소화전설비의 비상전원은 옥내소화전설비를 유효하게 40분 이상 작동할 수 있어야 할 것

04 물분무소화설비 설치기준

1. 물분무 헤드는 도로면에 1m²당 6l/min 이상의 수량을 균일하게 방수할 수 있도록 할 것

2. 물분무설비의 하나의 방수구역은 25m 이상으로 하며, 3개 방수구역을 동시에 40분 이상 방수할 수 있는 수량을 확보할 것

3. 물분무설비의 비상전원은 40분 이상 기능을 유지할 수 있도록 할 것

05 비상경보설비 설치기준

1. 발신기는 주행차로 한쪽 측벽에 50m 이내의 간격으로 설치하며, 편도 2차선 이상의 양방향 터널이나 4차로 이상의 일방향터널의 경우에는 양쪽의 측벽에 각각 50m 이내의 간격으로 엇갈리게 설치하고, 발신기는 바닥면으로부터 0.8m 이상, 1.5m 이하의 높이에 설치할 것

2. 음향장치는 발신기 설치위치와 동일하게 설치할 것.「비상방송설비의 화재안전기술기준 (NFTC 202)」에 적합하게 설치된 방송설비를 비상경보설비와 연동하여 작동하도록 설치 한 경우에는 비상경보설비의 지구음향장치를 설치하지 않을 수 있다.

3. 음향장치의 음향은 부착된 음향장치의 중심으로부터 1m 떨어진 위치에서 90dB 이상이 되도록 하고, 터널 내부 전체에 유효한 경보를 동시에 발하도록 할 것

4. 시각경보기는 주행차로 한쪽 측벽에 50m 이내의 간격으로 비상경보설비의 상부 직근에 설치하고, 설치된 전체 시각경보기는 동기방식에 의해 작동될 수 있도록 할 것

06 자동 화재탐지설비 설치기준

1. 터널에 설치할 수 있는 감지기의 종류는 다음 각 호의 어느 하나와 같다.
   1) 차동식 분포형 감지기
   2) 정온식 감지선형 감지기(아날로그식에 한한다.)
   3) 중앙기술심의위원회의 심의를 거쳐 터널화재에 적응성이 있다고 인정된 감지기

2. 하나의 경계구역의 길이는 100m 이하로 해야 한다.

3. 1.에 의한 감지기의 설치기준은 다음 각 호와 같다. 다만, 중앙기술심의위원회의 심의를 거쳐 제조사 시방서에 따른 설치방법이 터널화재에 적합하다고 인정되는 경우에는 다음 각 호의 기준에 의하지 아니하고 심의결과에 의한 제조사 시방서에 따라 설치할 수 있다.
   1) 감지기의 감열부(열을 감지하는 기능을 갖는 부분을 말한다.)와 감열부 사이의 이격거리 는 10m 이하로, 감지기와 터널 좌·우측 벽면과의 이격거리는 6.5m 이하로 설치할 것
   2) 1)호에도 불구하고 터널 천장의 구조가 아치형의 터널에 감지기를 터널 진행방향으로 설치하고자 하는 경우에는 감열부와 감열부 사이의 이격거리를 10m 이하로 하여 아치 형 천장의 중앙 최상부에 1열로 감지기를 설치해야 하며, 감지기를 2열 이상으로 설치하 고자 하는 경우에는 감열부와 감열부 사이의 이격거리는 10m 이하로, 감지기 간의 이격 거리는 6.5m 이하로 설치할 것
   3) 감지기를 천장면(터널 안 도로 등에 면한 부분 또는 상층의 바닥 하부면을 말한다.)에 설치 하는 경우에는 감기기가 천장면에 밀착되지 않도록 고정금구 등을 사용하여 설치할 것
   4) 형식승인 내용에 설치방법이 규정된 경우에는 형식승인 내용에 따라 설치할 것. 다만, 감지기와 천장면의 이격거리에 대해 제조사의 시방서에 규정되어 있는 경우에는 시방서 의 규정에 따라 설치할 수 있다.

4. 2.에도 불구하고 감지기의 작동에 의하여 다른 소방시설 등이 연동되는 경우로서 해당 소방 시설 등의 작동을 위한 정확한 발화위치를 확인할 필요가 있는 경우에는 경계구역의 길이가

해당 설비의 방호구역 등에 포함되도록 설치해야 한다.

5. 발신기 및 지구음향장치는 2.4를 준용하여 설치해야 한다.

07 비상조명등 설치기준

1. 상시 조명이 소등된 상태에서 비상조명등이 점등되는 경우 터널안의 차도 및 보도의 바닥면의 조도는 10lx 이상, 그 외 모든 지점의 조도는 1lx 이상이 될 수 있도록 설치할 것

2. 비상조명등의 비상전원은 상용전원이 차단되는 경우 자동으로 비상조명등을 유효하게 60분 이상 작동할 수 있어야 할 것

3. 비상조명등에 내장된 예비전원이나 축전지설비는 상용전원의 공급에 의하여 상시 충전상태를 유지할 수 있도록 설치할 것

08 제연설비 설치기준

1. 제연설비는 다음 각 호의 사양을 만족하도록 설계하여야 한다.
   1) 설계화재강도 20MW를 기준으로 하고, 이때의 연기발생률은 80㎥/s로 하며, 배출량은 발생된 연기와 혼합된 공기를 충분히 배출할 수 있는 용량 이상을 확보할 것
   2) 1)에도 불구하고 화재강도가 설계화재강도보다 높을 것으로 예상될 경우 위험도분석을 통하여 설계화재강도를 설정하도록 할 것

2. 제연설비는 다음 각 호의 기준에 따라 설치해야 한다.
   1) 종류환기방식의 경우 제트팬의 소손을 고려하여 예비용 제트팬을 설치하도록 할 것
   2) 횡류환기방식(또는 반횡류환기방식) 및 대배기구 방식의 배연용 팬은 덕트의 길이에 따라서 노출온도가 달라질 수 있으므로 수치해석 등을 통해서 내열온도 등을 검토한 후에 적용하도록 할 것
   3) 대배기구의 개폐용 전동모터는 정전 등 전원이 차단되는 경우에도 조작상태를 유지할 수 있도록 할 것
   4) 화재에 노출이 우려되는 제연설비와 전원공급선 및 제트팬 사이의 전원공급장치 등은 250℃의 온도에서 60분 이상 운전상태를 유지할 수 있도록 할 것

3. 제연설비의 기동은 다음 각 호의 어느 하나에 의하여 자동 또는 수동으로 기동될 수 있도록 해야 한다.
   1) 화재감지기가 동작되는 경우
   2) 발신기의 스위치 조작 또는 자동소화설비의 기동장치를 동작시키는 경우

3) 화재수신기 또는 감시제어반의 수동조작스위치를 동작시키는 경우

4. 제연설비의 비상전원은 제연설비를 유효하게 60분 이상 작동할 수 있도록 해야 한다.

09 연결송수관설비 설치기준

1. 연결송수관설비의 방수노즐선단에서의 방수압력은 0.35MPa 이상, 방수량은 400L/min 이상을 유지할 수 있도록 할 것

2. 방수구는 50m 이내의 간격으로 옥내소화전함에 병설하거나 독립적으로 터널출입구 부근과 피난연결통로에 설치할 것

3. 방수기구함은 50m 이내의 간격으로 옥내소화전함 안에 설치하거나 독립적으로 설치하고, 하나의 방수기구함에는 65mm 방수노즐 1개와 15m 이상의 호스 3본을 설치하도록 할 것

10 무선통신보조설비 설치기준

1. 무선통신보조설비의 옥외안테나는 방재실 인근과 터널의 입구 및 출구, 피난연결통로 등에 설치해야 한다.

2. 라디오 재방송설비가 설치되는 터널의 경우에는 무선통신보조설비와 겸용으로 설치할 수 있다.

11 비상콘센트설비 설치기준

1. 비상콘센트설비의 전원회로는 단상교류 220V인 것으로서, 그 공급용량은 1.5kVA 이상인 것으로 할 것

2. 전원회로는 주배전반에서 전용회로로 할 것. 다만, 다른 설비의 회로 사고에 따른 영향을 받지 않도록 되어 있는 것은 그렇지 않다.

3. 콘센트마다 배선용 차단기(KS C 8321)를 설치해야 하며, 충전부가 노출되지 않도록 할 것

4. 주행차로의 우측 측벽에 50m 이내의 간격으로 바닥으로부터 0.8m 이상 1.5m 이하의 높이에 설치할 것

CHAPTER 36 고층건축물(NFTC604)

01 용어 정의

1. 이 기준에서 사용하는 용어의 정의는 다음과 같다.

   ### 1) 고층건축물

   건축법 제2조 제1항 제19호 규정에 따른 건축물을 말한다.

   ### 2) 급수배관

   수원 또는 옥외송수구로부터 소화설비에 급수하는 배관을 말한다.

2. 이 기준에서 사용하는 용어는 1.7.1에서 규정한 것을 제외하고는 관계법령 및 개별 기술기준에서 정하는 바에 따른다.

   ‖ Reference ‖ 건축법

   > "고층건축물"이란 층수가 30층 이상이거나 높이가 120미터 이상인 건축물을 말한다.

02 옥내소화전설비 설치기준

1. 수원은 그 저수량이 옥내소화전의 설치개수가 가장 많은 층의 설치개수(5개 이상 설치된 경우에는 5개)에 5.2m³(호스릴옥내소화전 설비를 포함한다)를 곱한 양 이상이 되도록 하여야 한다. 다만, 층수가 50층 이상인 건축물의 경우에는 7.8m³를 곱한 양 이상이 되도록 해야 한다.

2. 수원은 2.1.1에 따라 산출된 유효수량 외에 유효수량의 3분의 1 이상을 옥상(옥내소화전설비가 설치된 건축물의 주된 옥상을 말한다.)에 설치해야 한다. 다만, 「옥내소화전설비의 화재안전기술기준(NFTC 102)」 2.1.2(2) 또는 2.1.2(3)에 해당하는 경우에는 그렇지 않다.

3. 전동기 또는 내연기관에 의한 펌프를 이용하는 가압송수장치는 옥내소화전설비 전용으로 설치해야 하며, 주펌프와 동등 이상의 성능이 있는 별도의 펌프로서 내연기관의 기동과 연동하여 작동되거나 비상전원을 연결한 예비펌프를 추가로 설치해야 한다.

4. 내연기관의 연료량은 펌프를 40분(50층 이상인 건축물의 경우에는 60분) 이상 운전할 수 있는 용량일 것

5. 급수배관은 전용으로 해야 한다. 다만, 옥내소화전설비의 성능에 지장이 없는 경우에는 연결송수관설비의 배관과 겸용할 수 있다.

6. 50층 이상인 건축물의 옥내소화전 주배관 중 수직배관은 2개 이상(주배관 성능을 갖는 동일 호칭배관)으로 설치해야 하며, 하나의 수직배관의 파손 등 작동 불능 시에도 다른 수직배관으로부터 소화용수가 공급되도록 구성해야 한다.

7. 비상전원은 자가발전설비, 축전지설비(내연기관에 따른 펌프를 사용하는 경우에는 내연기관의 기동 및 제어용 축전지를 말한다) 또는 전기저장장치(외부 전기에너지를 저장해 두었다가 필요한 때 전기를 공급하는 장치.)로서 옥내소화전설비를 유효하게 40분(50층 이상인 건축물의 경우에는 60분) 이상 작동할 수 있어야 한다.

03 스프링클러설비 설치기준

1. 수원은 그 저수량이 스프링클러설비 설치장소별 스프링클러헤드의 기준개수에 3.2 m³를 곱한 양 이상이 되도록 해야 한다. 다만, 50층 이상인 건축물의 경우에는 4.8 m³를 곱한 양 이상이 되도록 해야 한다.

2. 수원은 2.2.1에 따라 산출된 유효수량 외에 유효수량의 3분의 1 이상을 옥상(옥내소화전설비가 설치된 건축물의 주된 옥상을 말한다. 이하 같다)에 설치해야 한다. 다만, 「스프링클러설비의 화재안전기술기준(NFTC 103)」 2.1.2(2) 또는 2.1.2(3)에 해당하는 경우에는 그렇지 않다.

3. 전동기 또는 내연기관에 의한 펌프를 이용하는 가압송수장치는 스프링클러설비 전용으로 설치해야 하며, 주펌프와 동등 이상의 성능이 있는 별도의 펌프로서 내연기관의 기동과 연동하여 작동되거나 비상전원을 연결한 예비펌프를 추가로 설치해야 한다.

4. 내연기관의 연료량은 펌프를 40분(50층 이상인 건축물의 경우에는 60분) 이상 운전할 수 있는 용량일 것

5. 급수배관은 전용으로 설치해야 한다.

6. 50층 이상인 건축물의 스프링클러설비 주배관 중 수직배관은 2개 이상(주배관 성능을 갖는 동일 호칭배관)으로 설치하고, 하나의 수직배관이 파손 등 작동 불능 시에도 다른 수직배관으로부터 소화수가 공급되도록 구성해야 하며, 각각의 수직배관에 유수검지장치를 설치해야 한다.

7. 50층 이상인 건축물의 스프링클러 헤드에는 2개 이상의 가지배관으로부터 양방향에서 소화수가 공급되도록 하고, 수리계산에 의한 설계를 해야 한다.

8. 스프링클러설비의 음향장치는 「스프링클러설비의 화재안전기술기준(NFTC 103)」 2.6

(음향장치 및 기동장치)에 따라 설치하되, 다음의 기준에 따라 경보를 발할 수 있도록 해야 한다.

1) 2층 이상의 층에서 발화한 때에는 발화층 및 그 직상 4개 층에 경보를 발할 것

2) 1층에서 발화한 때에는 발화층·그 직상 4개 층 및 지하층에 경보를 발할 것

3) 지하층에서 발화한 때에는 발화층·그 직상층 및 기타의 지하층에 경보를 발할 것

9. 비상전원은 자가발전설비, 축전지설비(내연기관에 따른 펌프를 사용하는 경우에는 내연기관의 기동 및 제어용 축전지를 말한다) 또는 전기저장장치로서 스프링클러설비를 유효하게 40분 이상 작동할 수 있을 것. 다만, 50층 이상인 건축물의 경우에는 60분 이상 작동할 수 있어야 한다.

04   비상방송설비 설치기준

1. 비상방송설비의 음향장치는 다음의 기준에 따라 경보를 발할 수 있도록 해야 한다.

1) 2층 이상의 층에서 발화한 때에는 발화층 및 그 직상 4개 층에 경보를 발할 것

2) 1층에서 발화한 때에는 발화층·그 직상 4개 층 및 지하층에 경보를 발할 것

3) 지하층에서 발화한 때에는 발화층·그 직상층 및 기타의 지하층에 경보를 발할 것

2. 비상방송설비에는 그 설비에 대한 감시상태를 60분간 지속한 후 유효하게 30분(감시상태 유지를 포함한다) 이상 경보할 수 있는 비상전원으로서 축전지설비(수신기에 내장하는 경우를 포함한다) 또는 전기저장장치를 설치해야 한다.

05   자동 화재탐지설비 설치기준

1. 감지기는 아날로그방식의 감지기로서 감지기의 작동 및 설치지점을 수신기에서 확인할 수 있는 것으로 설치해야 한다. 다만, 공동주택의 경우에는 감지기별로 작동 및 설치지점을 수신기에서 확인할 수 있는 아날로그방식 외의 감지기로 설치할 수 있다.

2. 자동 화재탐지설비의 음향장치는 다음 각 호의 기준에 따라 경보를 발할 수 있도록 해야 한다.

1) 2층 이상의 층에서 발화한 때에는 발화층 및 그 직상 4개 층에 경보를 발할 것

2) 1층에서 발화한 때에는 발화층·그 직상 4개 층 및 지하층에 경보를 발할 것

3) 지하층에서 발화한 때에는 발화층·그 직상층 및 기타의 지하층에 경보를 발할 것

3. 50층 이상인 건축물에 설치하는 다음의 통신·신호배선은 이중배선을 설치하도록 하고 단선 시에도 고장표시가 되며 정상 작동할 수 있는 성능을 갖도록 설비를 해야 한다.

1) 수신기와 수신기 사이의 통신배선

2) 수신기와 중계기 사이의 신호배선

3) 수신기와 감지기 사이의 신호배선

4. 자동화재탐지설비에는 그 설비에 대한 감시상태를 60분간 지속한 후 유효하게 30분 이상 경보할 수 있는 비상전원으로서 축전지설비(수신기에 내장하는 경우를 포함한다) 또는 전기저장장치(외부 전기에너지를 저장해 두었다가 필요한 때 전기를 공급하는 장치)를 설치해야 한다. 다만, 상용전원이 축전지설비인 경우에는 그렇지 않다.

06 특별피난계단의 계단실 및 부속실 제연설비 설치기준

특별피난계단의 계단실 및 부속실 제연설비는 「특별피난계단의 계단실 및 부속실 제연설비의 화재안전기술기준(NFTC 501A)」에 따라 설치하되, 비상전원은 자가발전설비, 축전지설비, 전기저장장치로 하고 제연설비를 유효하게 40분 이상 작동할 수 있도록 해야 한다. 다만, 50층 이상인 건축물의 경우에는 60분 이상 작동할 수 있어야 한다.

07 피난안전구역의 소방시설 설치기준

「초고층 및 지하연계 복합건축물 재난관리에 관한 특별법시행령」 제14조제2항에 따른 피난안전구역에 설치하는 소방시설은 표 2.6.1과 같이 설치해야 하며, 이 기준에서 정하지 아니한 것은 개별 기술기준에 따라 설치해야 한다.

■ [표 2.6.1]
피난안전구역에 설치하는 소방시설 설치기준

구분	설치기준
1. 제연설비	피난안전구역과 비제연구역 간의 차압은 50Pa(옥내에 스프링클러설비가 설치된 경우에는 12.5Pa) 이상으로 하여야 한다. 다만, 피난안전구역의 한쪽 면 이상이 외기에 개방된 구조의 경우에는 설치하지 아니할 수 있다.
2. 피난유도선	피난유도선은 다음 각 호의 기준에 따라 설치하여야 한다. 가. 피난안전구역이 설치된 층의 계단실 출입구에서 피난안전구역 주 출입구 또는 비상구까지 설치할 것 나. 계단실에 설치하는 경우 계단 및 계단참에 설치할 것 다. 피난유도 표시부의 너비는 최소 25mm 이상으로 설치할 것 라. 광원점등방식(전류에 의하여 빛을 내는 방식)으로 설치하되, 60분 이상 유효하게 작동할 것

3. 비상조명등	피난안전구역의 비상조명등은 상시 조명이 소등된 상태에서 그 비상조명등이 점등되는 경우 각 부분의 바닥에서 조도는 10lx 이상이 될 수 있도록 설치할 것
4. 휴대용 비상조명등	가. 피난안전구역에는 휴대용 비상조명등을 다음 각 호의 기준에 따라 설치하여야 한다. 　1) 초고층 건축물에 설치된 피난안전구역 : 피난안전구역 위층의 재실자수(「건축물의 피난·방화구조 등의 기준에 관한 규칙」 별표 1의2에 따라 산정된 재실자 수를 말한다)의 10분의 1 이상 　2) 지하연계 복합건축물에 설치된 피난안전구역 : 피난안전구역이 설치된 층의 수용인원(영 별표 2에 따라 산정된 수용인원을 말한다)의 10분의 1 이상 나. 건전지 및 충전식 건전지의 용량은 40분 이상 유효하게 사용할 수 있는 것으로 한다. 다만, 피난안전구역이 50층 이상에 설치되어 있을 경우의 용량은 60분 이상으로 할 것
5. 인명구조기구	가. 방열복, 인공소생기를 각 2개 이상 비치할 것 나. 45분 이상 사용할 수 있는 성능의 공기호흡기(보조마스크를 포함한다)를 2개 이상 비치하여야 한다. 다만, 피난안전구역이 50층 이상에 설치되어 있을 경우에는 동일한 성능의 예비용기를 10개 이상 비치할 것 다. 화재 시 쉽게 반출할 수 있는 곳에 비치할 것 라. 인명구조기구가 설치된 장소의 보기 쉬운 곳에 "인명구조기구"라는 표지판 등을 설치할 것

「초고층 및 지하연계 복합건축물 재난관리에 관한 특별법 시행령」 제14조 제2항

제14조(피난안전구역 설치기준 등)

① 초고층 건축물등의 관리 주체는 법 제18조 제1항에 따라 다음 각 호의 구분에 따른 피난안전구역을 설치하여야 한다.

1. 초고층 건축물 : 「건축법 시행령」 제34조 제3항에 따른 피난안전구역을 설치할 것

2. 16층 이상 29층 이하인 지하연계 복합건축물 : 지상층별 거주밀도가 제곱미터당 1.5명을 초과하는 층은 해당 층의 사용형태별 면적의 합의 10분의 1에 해당하는 면적을 피난안전구역으로 설치할 것

3. 초고층 건축물등의 지하층이 법 제2조 제2호나목의 용도로 사용되는 경우 : 해당 지하층에 별표 2의 피난안전구역 면적 산정기준에 따라 피난안전구역을 설치하거나, 선큰[지표 아래에 있고 외기(外氣)에 개방된 공간으로서 건축물 사용자 등의 보행·휴식 및 피난 등에 제공되는 공간을 말한다. 이하 같다]을 설치할 것

② 제1항에 따라 설치하는 피난안전구역은 「건축법 시행령」 제34조 제5항에 따른 피난안전

구역의 규모와 설치기준에 맞게 설치하여야 하며, 다음 각 호의 소방시설(「소방시설 설치ㆍ유지 및 안전관리에 관한 법률 시행령」 별표 1에 따른 소방시설을 말한다)을 모두 갖추어야 한다. 이 경우 소방시설은 「소방시설 설치ㆍ유지 및 안전관리에 관한 법률」 제9조 제1항에 따른 화재안전기준에 맞는 것이어야 한다.

1. 소화설비 중 소화기구(소화기 및 간이소화용구만 해당한다), 옥내소화전 설비 및 스프링클러설비
2. 경보설비 중 자동 화재탐지설비
3. 피난설비 중 방열복, 공기호흡기(보조마스크를 포함한다), 인공소생기, 피난유도선(피난안전구역으로 통하는 직통계단 및 특별피난계단을 포함한다), 피난안전구역으로 피난을 유도하기 위한 유도등ㆍ유도표지, 비상조명등 및 휴대용 비상조명등
4. 소화활동설비 중 제연설비, 무선통신보조설비

08 연결송수관설비 설치기준

1. 연결송수관설비의 배관은 전용으로 한다. 다만, 주배관의 구경이 100mm 이상인 옥내소화전 설비와 겸용할 수 있다.
2. 내연기관의 연료량은 펌프를 40분(50층 이상인 건축물의 경우에는 60분) 이상 운전할 수 있는 용량일 것
3. 연결송수관설비의 비상전원은 자가발전설비, 축전지설비(내연기관에 따른 펌프를 사용하는 경우에는 내연기관의 기동 및 제어용 축전지를 말한다), 전기저장장치로서 연결송수관설비를 유효하게 40분 이상 작동할 수 있어야 할 것. 다만, 50층 이상인 건축물의 경우에는 60분 이상 작동할 수 있어야 한다.

CHAPTER 37 지하구(NFTC605)

01 용어의 정의

1. **지하구** : 영 [별표2] 제28호에서 규정한 지하구를 말한다.
2. **제어반** : 설비, 장치 등의 조작과 확인을 위해 제어용 계기류, 스위치 등을 금속제 외함에 수납한 것을 말한다.
3. **분전반** : 분기개폐기 · 분기과전류차단기, 그 밖에 배선용기기 및 배선을 금속제 외함에 수납한 것을 말한다.
4. **방화벽** : 화재 시 발생한 열, 연기 등의 확산을 방지하기 위하여 설치하는 벽을 말한다.
5. **분기구** : 전기, 통신, 상하수도, 난방 등의 공급시설의 일부를 분기하기 위하여 지하구의 단면 또는 형태를 변화시키는 부분을 말한다.
6. **환기구** : 지하구의 온도, 습도의 조절 및 유해가스를 배출하기 위해 설치되는 것으로 자연환기구와 강제환기구로 구분된다.
7. **작업구** : 지하구의 유지관리를 위하여 자재, 기계기구의 반 · 출입 및 작업자의 출입을 위하여 만들어진 출입구를 말한다.
8. **케이블접속부** : 케이블이 지하구 내에 포설되면서 발생하는 직선 접속 부분을 전용의 접속재로 접속한 부분을 말한다.
9. **특고압 케이블** : 사용전압이 7,000V를 초과하는 전로에 사용하는 케이블을 말한다.
10. **분기배관** : 배관 측면에 구멍을 뚫어 2 이상의 관로가 생기도록 가공한 배관으로서 다음의 분기배관을 말한다.
    (1) "확관형 분기배관"이란 배관의 측면에 조그만 구멍을 뚫고 소성가공으로 확관시켜 배관 용접이음자리를 만들거나 배관 용접이음자리에 배관이음쇠를 용접 이음한 배관을 말한다.
    (2) "비확관형 분기배관"이란 배관의 측면에 분기호칭내경 이상의 구멍을 뚫고 배관이음쇠를 용접 이음한 배관을 말한다.

02 소화기구 및 자동소화장치

1. 소화기구는 다음 각 호의 기준에 따라 설치해야 한다.
    1) 소화기의 능력단위(「소화기구 및 자동소화장치의 화재안전기술기준(NFTC 101)」 1.7.1.6에 따른 수치를 말한다. 이하 같다)는 A급 화재는 개당 3단위 이상, B급 화재는

개당 5단위 이상 및 C급 화재에 적응성이 있는 것으로 할 것

   2) 소화기 한 대의 총중량은 사용 및 운반의 편리성을 고려하여 7kg 이하로 할 것

   3) 소화기는 사람이 출입할 수 있는 출입구(환기구, 작업구를 포함한다) 부근에 5개 이상 설치할 것

   4) 소화기는 바닥면으로부터 1.5m 이하의 높이에 설치할 것

   5) 소화기의 상부에 "소화기"라고 표시한 조명식 또는 반사식의 표지판을 부착하여 사용자가 쉽게 알 수 있도록 할 것

2. 지하구 내 발전실 · 변전실 · 송전실 · 변압기실 · 배전반실 · 통신기기실 · 전산기기실 · 기타 이와 유사한 시설이 있는 장소 중 바닥면적이 300m² 미만인 곳에는 유효설치 방호체적 이내의 가스 · 분말 · 고체에어로졸 · 캐비닛형 자동소화장치를 설치해야 한다. 다만, 해당 장소에 물분무등소화설비를 설치한 경우에는 설치하지 않을 수 있다.

3. 제어반 또는 분전반마다 가스 · 분말 · 고체에어로졸 자동소화장치 또는 유효설치 방호체적 이내의 소공간용 소화용구를 설치해야 한다.

4. 케이블접속부(절연유를 포함한 접속부에 한한다)마다 다음의 어느 하나에 해당하는 자동소화장치를 설치하되 소화성능이 확보될 수 있도록 방호공간을 구획하는 등 유효한 조치를 해야 한다.

   1) 가스 · 분말 · 고체에어로졸 자동소화장치

   2) 중앙소방기술심의위원회의 심의를 거쳐 소방청장이 인정하는 자동소화장치

03 자동화재탐지설비

1. 감지기는 다음 각 호에 따라 설치해야 한다.

   1) 「자동화재탐지설비 및 시각경보장치의 화재안전기술기준(NFTC 203)」 2.4.1(1)부터 2.4.1(8)의 감지기 중 먼지 · 습기 등의 영향을 받지 않고 발화지점(1m 단위)과 온도를 확인할 수 있는 것을 설치할 것

   2) 지하구 천장의 중심부에 설치하되 감지기와 천장 중심부 하단과의 수직거리는 30cm 이내로 할 것. 다만, 형식승인 내용에 설치방법이 규정되어 있거나, 중앙기술심의위원회의 심의를 거쳐 제조사 시방서에 따른 설치방법이 지하구 화재에 적합하다고 인정되는 경우에는 형식승인 내용 또는 심의결과에 의한 제조사 시방서에 따라 설치할 수 있다.

   3) 발화지점이 지하구의 실제거리와 일치하도록 수신기 등에 표시할 것

   4) 공동구 내부에 상수도용 또는 냉 · 난방용 설비만 존재하는 부분은 감지기를 설치하지 않을 수 있다.

2. 발신기, 지구음향장치 및 시각경보기는 설치하지 않을 수 있다.

04 유도등

사람이 출입할 수 있는 출입구(환기구, 작업구를 포함한다)에는 해당 지하구 환경에 적합한 크기의 피난구유도등을 설치해야 한다.

05 연소방지설비

1. 연소방지설비의 배관은 다음 각 호의 기준에 따라 설치해야 한다.

   1) 배관용 탄소강관(KS D 3507) 또는 압력배관용 탄소강관(KS D 3562)이나 이와 동등 이상의 강도 · 내식성 및 내열성을 가진 것으로 하여야 한다.

   2) 급수배관(송수구로부터 연소방지설비 헤드에 급수하는 배관을 말한다)은 전용으로 할 것

   3) 배관의 구경은 다음 각 목의 기준에 적합한 것이어야 한다.

   ㉠ 연소방지설비전용헤드를 사용하는 경우에는 다음 표에 따른 구경 이상으로 할 것

하나의 배관에 부착하는 살수헤드의 개수	1개	2개	3개	4개 또는 5개	6개 이상
배관의 구경(mm)	32	40	50	65	80

   ㉡ 개방형스프링클러헤드를 사용하는 경우에는 「스프링클러설비의 화재안전기술기준 (NFTC 103)」 2.5.3.3의 표 2.5.3.3에 따를 것

   4) 교차배관은 가지배관과 수평으로 설치하거나 또는 가지배관 밑에 설치하고, 그 구경은 2.4.1.3에 따르되, 최소구경이 40 ㎜ 이상이 되도록 할 것

   5) 배관에 설치되는 행거는 다음의 기준에 따라 설치할 것

   ㉠ 가지배관에는 헤드의 설치지점 사이마다 1개 이상의 행가를 설치하되, 헤드 간의 거리가 3.5m를 초과하는 경우에는 3.5m 이내마다 1개 이상 설치할 것. 이 경우 상향 식헤드와 행가 사이에는 8cm 이상의 간격을 두어야 한다.

   ㉡ 교차배관에는 가지배관과 가지배관 사이마다 1개 이상의 행가를 설치하되, 가지배관 사이의 거리가 4.5m를 초과하는 경우에는 4.5m 이내마다 1개 이상 설치할 것

   ㉢ 2.4.1.5.1과 2.4.1.5.2의 수평주행배관에는 4.5m 이내마다 1개 이상 설치할 것

   6) 확관형 분기배관을 사용할 경우에는 소방청장이 정하여 고시한 「분기배관의 성능인증 및 제품검사의 기술기준」에 적합한 것으로 설치할 것

2. 연소방지설비의 헤드는 다음의 기준에 따라 설치해야 한다.

   1) 천장 또는 벽면에 설치할 것

   2) 헤드 간의 수평거리는 연소방지설비 전용헤드의 경우에는 2m 이하, 스프링클러헤드의 경우에는 1.5m 이하로 할 것

3) 소방대원의 출입이 가능한 환기구 · 작업구마다 지하구의 양쪽방향으로 살수헤드를 설정하되, 한쪽 방향의 살수구역의 길이는 3m 이상으로 할 것. 다만, 환기구 사이의 간격이 700m를 초과할 경우에는 700m 이내마다 살수구역을 설정하되, 지하구의 구조를 고려하여 방화벽을 설치한 경우에는 그렇지 않다.

4) 연소방지설비 전용헤드를 설치할 경우에는 「소화설비용헤드의 성능인증 및 제품검사 기술기준」에 적합한 살수헤드를 설치할 것

3. 송수구는 다음의 기준에 따라 설치해야 한다.

1) 소방차가 쉽게 접근할 수 있는 노출된 장소에 설치하되, 눈에 띄기 쉬운 보도 또는 차도에 설치할 것

2) 송수구는 구경 65mm의 쌍구형으로 할 것

3) 송수구로부터 1m 이내에 살수구역 안내표지를 설치할 것

4) 지면으로부터 높이가 0.5m 이상 1m 이하의 위치에 설치할 것

5) 송수구의 가까운 부분에 자동배수밸브(또는 직경 5mm의 배수공)를 설치할 것. 이 경우 자동배수밸브는 배관 안의 물이 잘 빠질 수 있는 위치에 설치하되, 배수로 인하여 다른 물건 또는 장소에 피해를 주지 않아야 한다.

6) 송수구로부터 주배관에 이르는 연결배관에는 개폐밸브를 설치하지 않을 것

7) 송수구에는 이물질을 막기 위한 마개를 씌울 것

06   연소방지재

지하구 내에 설치하는 케이블 · 전선 등에는 다음의 기준에 따라 연소방지재를 설치해야 한다. 다만, 케이블 · 전선 등을 다음 2.5.1.1의 난연성능 이상을 충족하는 것으로 설치한 경우에는 연소방지재를 설치하지 않을 수 있다.

1. 연소방지재는 한국산업표준(KS C IEC 60332-3-24)에서 정한 난연성능 이상의 제품을 사용하되 다음의 기준을 충족할 것

1) 시험에 사용되는 연소방지재는 시료(케이블 등)의 아래쪽(점화원으로부터 가까운 쪽)으로부터 30cm 지점부터 부착 또는 설치할 것

2) 시험에 사용되는 시료(케이블 등)의 단면적은 325mm²로 할 것

3) 시험성적서의 유효기간은 발급 후 3년으로 할 것

2. 연소방지재는 다음의 기준에 해당하는 부분에 2.5.1.1과 관련된 시험성적서에 명시된 방식으로 시험성적서에 명시된 길이 이상으로 설치하되, 연소방지재 간의 설치 간격은 350m를 넘지 않도록 해야 한다.

1) 분기구

2) 지하구의 인입부 또는 인출부

3) 절연유 순환펌프 등이 설치된 부분

4) 기타 화재발생 위험이 우려되는 부분

07 방화벽

방화벽은 다음 각 호에 따라 설치하고 항상 닫힌 상태를 유지하거나 자동폐쇄장치에 의하여 화재 신호를 받으면 자동으로 닫히는 구조로 해야 한다.

1. 내화구조로서 홀로 설 수 있는 구조일 것

2. 방화벽의 출입문은 「건축법 시행령」 제64조에 따른 방화문으로서 60분+ 방화문 또는 60 분 방화문으로 설치할 것

3. 방화벽을 관통하는 케이블·전선 등에는 국토교통부 고시(「건축자재등 품질인정 및 관리 기준」)에 따라 내화채움구조로 마감할 것

4. 방화벽은 분기구 및 국사(局舍, central office)·변전소 등의 건축물과 지하구가 연결되는 부위(건축물로부터 20m 이내)에 설치할 것

5. 자동폐쇄장치를 사용하는 경우에는 「자동폐쇄장치의 성능인증 및 제품검사의 기술기준」 에 적합한 것으로 설치할 것

08 무선통신보조설비

무선통신보조설비의 옥외안테나는 방재실 인근과 공동구의 입구 및 연소방지설비의 송수구가 설치된 장소(지상)에 설치해야 한다.

09 통합감시시설

통합감시시설은 다음 각 호의 기준에 따라 설치한다.

1. 소방관서와 지하구의 통제실 간에 화재 등 소방활동과 관련된 정보를 상시 교환할 수 있는 정보통신망을 구축할 것

2. 제1호의 정보통신망(무선통신망을 포함한다)은 광케이블 또는 이와 유사한 성능을 가진 선로일 것

3. 수신기는 지하구의 통제실에 설치하되 화재신호, 경보, 발화지점 등 수신기에 표시되는 정보가 표 2.8.1.3에 적합한 방식으로 119상황실이 있는 관할 소방관서의 정보통신장치에 표시되도록 할 것

CHAPTER 38 건설현장(NFTC 606)

01 용어 정의

1. "임시소방시설"이란 법 제15조제1항에 따른 설치 및 철거가 쉬운 화재대비시설을 말한다.
2. "소화기"란 「소화기구 및 자동소화장치의 화재안전기술기준(NFTC 101)」 1.7.1.2에서 정 의하는 소화기를 말한다.
3. "간이소화장치"란 건설현장에서 화재발생 시 신속한 화재 진압이 가능하도록 물을 방수하 는 형태의 소화장치를 말한다.
4. "비상경보장치"란 발신기, 경종, 표시등 및 시각경보장치가 결합된 형태의 것으로서 화재위험 작업 공간 등에서 수동조작에 의해서 화재경보상황을 알려줄 수 있는 비상벨 장치를 말한다.
5. "가스누설경보기"란 건설현장에서 발생하는 가연성가스를 탐지하여 경보하는 장치를 말한다.
6. "간이피난유도선"이란 화재발생 시 작업자의 피난을 유도할 수 있는 케이블형태의 장치를 말한다.
7. "비상조명등"이란 화재발생 시 안전하고 원활한 피난활동을 할 수 있도록 계단실 내부에 설치되어 자동 점등되는 조명등을 말한다.
8. "방화포"란 건설현장 내 용접 · 용단 등의 작업 시 발생하는 금속성 불티로부터 가연물이 점화되는 것을 방지해주는 차단막을 말한다.

02 기술기준

1. 소화기의 설치기준

1) 소화기의 소화약제는 「소화기구 및 자동소화장치의 화재안전기술기준(NFTC 101)」 2.1.1.1의 표 2.1.1.1에 따른 적응성이 있는 것을 설치할 것
2) 각 층 계단실마다 계단실 출입구 부근에 능력단위 3단위 이상인 소화기 2개 이상을 설치 하고, 영 제18조제1항에 해당하는 작업을 하는 경우 작업종료 시까지 작업지점으로부터 5m 이내의 쉽게 보이는 장소에 능력단위 3단위 이상인 소화기 2개 이상과 대형소화기 1개 이상을 추가 배치할 것
3) "소화기"라고 표시한 축광식 표지를 소화기 설치장소 보기 쉬운 곳에 부착하여야 한다.

2. 간이소화장치의 설치기준

영 제18조제1항에 해당하는 작업을 하는 경우 작업종료 시까지 작업지점으로부터 25m 이내에 배치하여 즉시 사용이 가능하도록 할 것

3. 비상경보장치의 설치기준

1) 피난층 또는 지상으로 통하는 각 층 직통계단의 출입구마다 설치할 것

2) 발신기를 누를 경우 해당 발신기와 결합된 경종이 작동할 것. 이 경우 다른 장소에 설치된 경종도 함께 연동하여 작동되도록 설치할 수 있다.

3) 발신기의 위치표시등은 함의 상부에 설치하되, 그 불빛은 부착 면으로부터 15도 이상의 범위 안에서 부착지점으로부터 10m 이내의 어느 곳에서도 쉽게 식별할 수 있는 적색등으로 할 것

4) 시각경보장치는 발신기함 상부에 위치하도록 설치하되 바닥으로부터 2m 이상 2.5m 이하의 높이에 설치하여 건설현장의 각 부분에 유효하게 경보할 수 있도록 할 것

5) "비상경보장치"라고 표시한 표지를 비상경보장치 상단에 부착할 것

4. 가스누설경보기의 설치기준

영 제18조제1항제1호에 따른 가연성가스를 발생시키는 작업을 하는 지하층 또는 무창층 내부(내부에 구획된 실이 있는 경우에는 구획실마다)에 가연성가스를 발생시키는 작업을 하는 부분으로부터 수평거리 10m 이내에 바닥으로부터 탐지부 상단까지의 거리가 0.3m 이하인 위치에 설치할 것

5. 간이피난유도선의 설치기준

1) 영 제18조제2항 별표 8 제2호마목에 따른 지하층이나 무창층에는 간이피난유도선을 녹색 계열의 광원점등방식으로 해당 층의 직통계단마다 계단의 출입구로부터 건물 내부로 10m 이상의 길이로 설치할 것

2) 바닥으로부터 1m 이하의 높이에 설치하고, 피난유도선이 점멸하거나 화살표로 표시하는 등의 방법으로 작업장의 어느 위치에서도 피난유도선을 통해 출입구로의 피난방향을 알 수 있도록 할 것

3) 층 내부에 구획된 실이 있는 경우에는 구획된 각 실로부터 가장 가까운 직통계단의 출입구까지 연속하여 설치할 것

6. 비상조명등의 설치기준

1) 영 제18조제2항 별표 8 제2호바목에 따른 지하층이나 무창층에서 피난층 또는 지상으로 통하는 직통계단의 계단실 내부에 각 층마다 설치할 것

2) 비상조명등이 설치된 장소의 조도는 각 부분의 바닥에서 1 lx 이상이 되도록 할 것

3) 비상경보장치가 작동할 경우 연동하여 점등되는 구조로 설치할 것

7. 방화포의 설치기준

용접 · 용단 작업 시 11m 이내에 가연물이 있는 경우 해당 가연물을 방화포로 보호할 것

CHAPTER 39 전기저장시설의 화재안전기술기준(NFTC607)

01 용어의 정의

1. **전기저장장치** : 생산된 전기를 전력 계통에 저장했다가 전기가 가장 필요한 시기에 공급해 에너지 효율을 높이는 것으로 배터리(이차전지에 한정한다. 이하 같다), 배터리 관리시스템, 전력 변환 장치 및 에너지 관리 시스템 등으로 구성되어 발전·송배전·일반 건축물에서 목적에 따라 단계별 저장이 가능한 장치를 말한다.
2. **옥외형 전기저장장치 설비** : 컨테이너, 패널 등 전기저장장치 설비 전용 건축물의 형태로 옥외의 구획된 실에 설치된 전기저장장치를 말한다.
3. **옥내형 전기저장장치 설비** : 전기저장장치 설비 전용 건축물이 아닌 건축물의 내부에 설치되는 전기저장장치로 '옥외형 전기저장장치 설비'가 아닌 설비를 말한다.
4. **배터리실** : 전기저장장치 중 배터리를 보관하기 위해 별도로 구획된 실을 말한다.
5. **더블인터락(Double‒Interlock) 방식** : 준비작동식스프링클러설비의 작동방식 중 화재감지기와 스프링클러헤드가 모두 작동되는 경우 준비작동식유수검지장치가 개방되는 방식을 말한다.

02 기술기준

1. 소화기

소화기는 「소화기구 및 자동소화장치의 화재안전기술기준(NFTC 101)」 2.1.1.3의 표 2.1.1.3 제2호에 따라 구획된 실 마다 추가하여 설치해야 한다.

2. 스프링클러설비

스프링클러설비는 다음의 기준에 따라 설치해야 한다. 다만, 배터리실 외의 장소에는 스프링클러헤드를 설치하지 않을 수 있다.
1) 스프링클러설비는 습식스프링클러설비 또는 준비작동식스프링클러설비(신속한 작동을 위해 '더블인터락' 방식은 제외한다)로 설치할 것
2) 전기저장장치가 설치된 실의 바닥면적(바닥면적이 230m² 이상인 경우에는 230m²)

1m²에 분당 12.2L/min 이상의 수량을 균일하게 30분 이상 방수할 수 있도록 할 것

3) 스프링클러헤드의 방수로 인해 인접 헤드에 미치는 영향을 최소화하기 위하여 스프링클러헤드 사이의 간격을 1.8m 이상 유지할 것. 이 경우 헤드 사이의 최대 간격은 스프링클러설비의 소화성능에 영향을 미치지 않는 간격 이내로 해야 한다.

4) 준비작동식스프링클러설비를 설치할 경우 2.4.2에 따른 감지기를 설치할 것

5) 스프링클러설비를 30분 이상 작동할 수 있는 비상전원을 갖출 것

6) 준비작동식스프링클러설비의 경우 전기저장장치의 출입구 부근에 수동식기동장치를 설치할 것

7) 소방자동차로부터 전기저장장치 설비에 송수할 수 있는 송수구를 「스프링클러설비의 화재안전기술기준(NFTC 103)」 2.8(송수구)에 따라 설치할 것

3. 배터리용 소화장치

다음의 어느 하나에 해당하는 경우에는 2.2에도 불구하고 중앙소방기술심의위원회의 심의를 거쳐 소방청장이 인정하는 시험방법으로 2.9.2에 따른 시험기관에서 전기저장장치에 대한 소화성능을 인정받은 배터리용 소화장치를 설치할 수 있다.

1) 옥외형 전기저장장치 설비가 컨테이너 내부에 설치된 경우

2) 옥외형 전기저장장치 설비가 다른 건축물, 주차장, 공용도로, 적재된 가연물, 위험물 등으로부터 30m 이상 떨어진 지역에 설치된 경우

4. 자동화재탐지설비

1) 자동화재탐지설비는 「자동화재탐지설비 및 시각경보장치의 화재안전기술기준(NFTC 203)」에 따라 설치해야 한다. 다만, 옥외형 전기저장장치 설비에는 자동화재탐지설비를 설치하지 않을 수 있다.

2) 화재감지기는 다음의 어느 하나에 해당하는 감지기를 설치해야 한다.
   ① 공기흡입형 감지기 또는 아날로그식 연기감지기(감지기의 신호처리방식은 「자동화재탐지설비 및 시각경보장치의 화재안전기술기준(NFTC 203)」 1.7.2에 따른다)
   ② 중앙소방기술심의위원회의 심의를 통해 전기저장장치 화재에 적응성이 있다고 인정된 감지기

5. 자동화재속보설비

자동화재속보설비는 「자동화재속보설비의 화재안전기술기준(NFTC 204)」에 따라 설치해야 한다. 다만, 옥외형 전기저장장치 설비에 설치하는 자동화재속보설비는 속보기에 감

지기를 직접 연결하는 방식으로 설치할 수 있다.

6. 배출설비

배출설비는 다음의 기준에 따라 설치해야 한다.

1) 배풍기 · 배출덕트 · 후드 등을 이용하여 강제적으로 배출할 것
2) 바닥면적 $1m^2$에 시간당 $18m^3$ 이상의 용량을 배출할 것
3) 화재감지기의 감지에 따라 작동할 것
4) 옥외와 면하는 벽체에 설치

7. 설치장소

전기저장장치는 관할 소방대의 원활한 소방활동을 위해 지면으로부터 지상 22m(전기저장장치가 설치된 전용 건축물의 최상부 끝단까지의 높이) 이내, 지하 9m(전기저장장치가 설치된 바닥면까지의 깊이) 이내로 설치해야 한다.

8. 방화구획

전기저장장치 설치장소의 벽체, 바닥 및 천장은 「건축물의 피난 · 방화구조 등의 기준에 관한 규칙」에 따라 건축물의 다른 부분과 방화구획 해야 한다. 다만, 배터리실 외의 장소와 옥외형 전기저장장치 설비는 방화구획 하지 않을 수 있다.

9. 화재안전성능

1) 소방본부장 또는 소방서장은 중앙소방기술심의위원회의 심의를 거쳐 소방청장이 인정하는 시험방법에 따라 2.9.2에 따른 시험기관에서 화재안전성능을 인정받은 경우에는 인정받은 성능 범위 안에서 2.2 및 2.3을 적용하지 않을 수 있다.
2) 전기저장시설의 화재안전성능과 관련된 시험은 다음의 시험기관에서 수행할 수 있다.
   ① 한국소방산업기술원
   ② 한국화재보험협회 부설 방재시험연구원
   ③ 2.9.1에 따라 소방청장이 인정하는 시험방법으로 화재안전성능을 시험할 수 있는 비영리 국가 공인시험기관(「국가표준기본법」 제23조에 따라 한국인정기구로부터 시험기관으로 인정받은 기관을 말한다)

CHAPTER 40 공동주택(NFPC 608)

01 용어 정의

1. "공동주택"이란 영 [별표2] 제1호에서 규정한 대상을 말한다.
2. "아파트등"이란 영 [별표2] 제1호 가목에서 규정한 대상을 말한다.
3. "기숙사"란 영 [별표2] 제1호 라목에서 규정한 대상을 말한다.
4. "갓복도식 공동주택"이란 「건축물의 피난·방화구조 등의 기준에 관한 규칙」 제9조제4항에서 규정한 대상을 말한다.
5. "주배관"이란 「스프링클러설비의 화재안전성능기준(NFPC 103)」 제3조제19호에서 규정한 것을 말한다.
6. "부속실"이란 「특별피난계단의 계단실 및 부속실 제연설비의 화재안전성능기준(NFPC 501A)」 제2조에서 규정한 부속실을 말한다.

02 다른 화재안전성능기준과의 관계

공동주택에 설치하는 소방시설 등의 설치기준 중 이 기준에서 규정하지 아니한 소방시설 등의 설치기준은 개별 화재안전기준에 따라 설치해야 한다.

03 소화기구 및 자동소화장치

① 소화기는 다음 각 호의 기준에 따라 설치해야 한다.
   1. 바닥면적 100제곱미터 마다 1단위 이상의 능력단위를 기준으로 설치할 것
   2. 아파트등의 경우 각 세대 및 공용부(승강장, 복도 등)마다 설치할 것
   3. 아파트등의 세대 내에 설치된 보일러실이 방화구획되거나, 스프링클러설비·간이스프링클러설비·물분무등소화설비 중 하나가 설치된 경우에는 「소화기구 및 자동소화장치의 화재안전성능기준(NFPC 101)」 제4조제1항제3호를 적용하지 않을 수 있다.
   4. 아파트등의 경우 「소화기구 및 자동소화장치의 화재안전성능기준(NFPC 101)」 제5조

의 기준에 따른 소화기의 감소 규정을 적용하지 않을 것

② 주거용 주방자동소화장치는 아파트등의 주방에 열원(가스 또는 전기)의 종류에 적합한 것으로 설치하고, 열원을 차단할 수 있는 차단장치를 설치해야 한다.

04 옥내소화전설비

1. 호스릴(hose reel) 방식으로 설치할 것
2. 복층형 구조인 경우에는 출입구가 없는 층에 방수구를 설치하지 아니할 수 있다.
3. 감시제어반 전용실은 피난층 또는 지하 1층에 설치할 것. 다만, 상시 사람이 근무하는 장소 또는 관계인이 쉽게 접근할 수 있고 관리가 용이한 장소에 감시제어반 전용실을 설치할 경우에는 지상 2층 또는 지하 2층에 설치할 수 있다.

05 스프링클러설비

1. 폐쇄형스프링클러헤드를 사용하는 아파트등은 기준개수 10개(스프링클러헤드의 설치개수가 가장 많은 세대에 설치된 스프링클러헤드의 개수가 기준개수보다 작은 경우에는 그 설치개수를 말한다)에 1.6세제곱미터를 곱한 양 이상의 수원이 확보되도록 할 것. 다만, 아파트등의 각 동이 주차장으로 서로 연결된 구조인 경우 해당 주차장 부분의 기준개수는 30개로 할 것
2. 아파트등의 경우 화장실 반자 내부에는 「소방용 합성수지배관의 성능인증 및 제품검사의 기술기준」에 적합한 소방용 합성수지배관으로 배관을 설치할 수 있다. 다만, 소방용 합성수지배관 내부에 항상 소화수가 채워진 상태를 유지할 것
3. 하나의 방호구역은 2개 층에 미치지 아니하도록 할 것. 다만, 복층형 구조의 공동주택에는 3개 층 이내로 할 수 있다.
4. 아파트등의 세대 내 스프링클러헤드를 설치하는 경우 천장·반자·천장과 반자사이·덕트·선반등의 각 부분으로부터 하나의 스프링클러헤드까지의 수평거리는 2.6미터 이하로 할 것.
5. 외벽에 설치된 창문에서 0.6미터 이내에 스프링클러헤드를 배치하고, 배치된 헤드의 수평거리 이내에 창문이 모두 포함되도록 할 것. 다만, 다음 각 목의 어느 하나에 해당하는 경우에는 그렇지 않다
   가. 창문에 드렌처설비가 설치된 경우

    나. 창문과 창문 사이의 수직부분이 내화구조로 90센티미터 이상 이격되어 있거나, 「발코니 등의 구조변경절차 및 설치기준」 제4조제1항부터 제5항까지에서 정하는 구조와 성능의 방화판 또는 방화유리창을 설치한 경우

    다. 발코니가 설치된 부분

6. 거실에는 조기반응형 스프링클러헤드를 설치할 것

7. 감시제어반 전용실은 피난층 또는 지하 1층에 설치할 것. 다만, 상시 사람이 근무하는 장소 또는 관계인이 쉽게 접근할 수 있고 관리가 용이한 장소에 감시제어반 전용실을 설치할 경우에는 지상 2층 또는 지하 2층에 설치할 수 있다.

8. 「건축법 시행령」 제46조제4항에 따라 설치된 대피공간에는 헤드를 설치하지 않을 수 있다.

9. 「스프링클러설비의 화재안전기술기준(NFTC 103)」 2.7.7.1 및 2.7.7.3의 기준에도 불구하고 세대 내 실외기실 등 소규모 공간에서 해당 공간 여건상 헤드와 장애물 사이에 60센티미터 반경을 확보하지 못하거나 장애물 폭의 3배를 확보하지 못하는 경우에는 살수방해가 최소화되는 위치에 설치할 수 있다.

06   물분무소화설비

물분무소화설비의 감시제어반 전용실은 피난층 또는 지하 1층에 설치해야 한다. 다만, 상시 사람이 근무하는 장소 또는 관계인이 쉽게 접근할 수 있고 관리가 용이한 장소에 감시제어반 전용실을 설치할 경우에는 지상 2층 또는 지하 2층에 설치할 수 있다.

07   포소화설비

포소화설비의 감시제어반 전용실은 피난층 또는 지하 1층에 설치해야 한다. 다만, 상시 사람이 근무하는 장소 또는 관계인이 쉽게 접근할 수 있고 관리가 용이한 장소에 감시제어반 전용실을 설치할 경우에는 지상 2층 또는 지하 2층에 설치할 수 있다.

08   옥외소화전설비

1. 기동장치는 기동용수압개폐장치 또는 이와 동등 이상의 성능이 있는 것을 설치할 것

2. 감시제어반 전용실은 피난층 또는 지하 1층에 설치할 것. 다만, 상시 사람이 근무하는 장소 또는 관계인이 쉽게 접근할 수 있고 관리가 용이한 장소에 감시제어반 전용실을 설치할 경

우에는 지상 2층 또는 지하 2층에 설치할 수 있다.

09 자동화재탐지설비

① 감지기는 다음 각 호의 기준에 따라 설치해야 한다.

1. 아날로그방식의 감지기, 광전식 공기흡입형 감지기 또는 이와 동등 이상의 기능 · 성능이 인정되는 것으로 설치할 것
2. 감지기의 신호처리방식은 「자동화재탐지설비 및 시각경보장치의 화재안전성능기준(NFPC 203)」 제3조2에 따른다.
3. 세대 내 거실(취침용도로 사용될 수 있는 통상적인 방 및 거실을 말한다)에는 연기감지기를 설치할 것
4. 감지기 회로 단선 시 고장표시가 되며, 해당 회로에 설치된 감지기가 정상 작동될 수 있는 성능을 갖도록 할 것

② 복층형 구조인 경우에는 출입구가 없는 층에 발신기를 설치하지 아니할 수 있다.

10 비상방송설비

1. 확성기는 각 세대마다 설치할 것
2. 아파트등의 경우 실내에 설치하는 확성기 음성입력은 2와트 이상일 것

11 피난기구

① 피난기구는 다음 각 호의 기준에 따라 설치해야 한다.

1. 아파트등의 경우 각 세대마다 설치할 것
2. 피난장애가 발생하지 않도록 하기 위하여 피난기구를 설치하는 개구부는 동일 직선상이 아닌 위치에 있을 것. 다만, 수직 피난방향으로 동일 직선상인 세대별 개구부에 피난기구를 엇갈리게 설치하여 피난장애가 발생하지 않는 경우에는 그렇지 않다.
3. 「공동주택관리법」 제2조제1항제2호(마목은 제외함)에 따른 "의무관리대상 공동주택"의 경우에는 하나의 관리주체가 관리하는 공동주택 구역마다 공기안전매트 1개 이상을 추가로 설치할 것. 다만, 옥상으로 피난이 가능하거나 수평 또는 수직 방향의 인접세대로 피난할 수 있는 구조인 경우에는 추가로 설치하지 않을 수 있다.

② 갓복도식 공동주택 또는 「건축법 시행령」 제46조제5항에 해당하는 구조 또는 시설을 설치 하여 수평 또는 수직 방향의 인접세대로 피난할 수 있는 아파트는 피난기구를 설치하지 않 을 수 있다.

③ 승강식 피난기 및 하향식 피난구용 내림식 사다리가 「건축물의 피난·방화구조 등의 기준 에 관한 규칙」 제14조에 따라 방화구획된 장소(세대 내부)에 설치될 경우에는 해당 방화구 획된 장소를 대피실로 간주하고, 대피실의 면적규정과 외기에 접하는 구조로 대피실을 설 치하는 규정을 적용하지 않을 수 있다.

12 유도등

1. 소형 피난구 유도등을 설치할 것. 다만, 세대 내에는 유도등을 설치하지 않을 수 있다.
2. 주차장으로 사용되는 부분은 중형 피난구유도등을 설치할 것
3. 「건축법 시행령」 제40조제3항제2호나목 및 「주택건설기준 등에 관한 규정」 제16조의2제3 항에 따라 비상문자동개폐장치가 설치된 옥상 출입문에는 대형 피난구유도등을 설치할 것
4. 내부구조가 단순하고 복도식이 아닌 층에는 「유도등 및 유도표지의 화재안전성능기준 (NFPC 303)」 제5조제3항 및 제6조제1항제1호가목 기준을 적용하지 아니할 것

13 비상조명등

비상조명등은 각 거실로부터 지상에 이르는 복도·계단 및 그 밖의 통로에 설치해야 한다. 다만, 공동주택의 세대 내에는 출입구 인근 통로에 1개 이상 설치한다.

14 특별피난계단의 계단실 및 부속실 제연설비

특별피난계단의 계단실 및 부속실 제연설비는 「특별피난계단의 계단실 및 부속실 제연설비의 화재안전기술기준(NFTC 501A)」 2.2.의 기준에 따라 성능확인을 해야 한다. 다만, 부속실을 단독으로 제연하는 경우에는 부속실과 면하는 옥내 출입문만 개방한 상태로 방연풍속을 측정 할 수 있다.

15   연결송수관설비

① 방수구는 다음 각 호의 기준에 따라 설치해야 한다.

1. 층마다 설치할 것. 다만, 아파트등의 1층과 2층(또는 피난층과 그 직상층)에는 설치하지 않을 수 있다.
2. 아파트등의 경우 계단의 출입구(계단의 부속실을 포함하며 계단이 2 이상 있는 경우에는 그 중 1개의 계단을 말한다)로부터 5미터 이내에 방수구를 설치하되, 그 방수구로부터 해당 층의 각 부분까지의 수평거리가 50미터를 초과하는 경우에는 방수구를 추가로 설치할 것
3. 쌍구형으로 할 것. 다만, 아파트등의 용도로 사용되는 층에는 단구형으로 설치할 수 있다.
4. 송수구는 동별로 설치하되, 소방차량의 접근 및 통행이 용이하고 잘 보이는 장소에 설치할 것

② 펌프의 토출량은 분당 2,400리터 이상(계단식 아파트의 경우에는 분당 1,200리터 이상)으로 하고, 방수구 개수가 3개를 초과(방수구가 5개 이상인 경우에는 5개)하는 경우에는 1개마다 분당 800리터(계단식 아파트의 경우에는 분당 400리터 이상)를 가산해야 한다.

16   비상콘센트

아파트등의 경우에는 계단의 출입구(계단의 부속실을 포함하며 계단이 2개 이상 있는 경우에는 그 중 1개의 계단을 말한다)로부터 5미터 이내에 비상콘센트를 설치하되, 그 비상콘센트로부터 해당 층의 각 부분까지의 수평거리가 50미터를 초과하는 경우에는 비상콘센트를 추가로 설치해야 한다.

CHAPTER 41 창고시설(NFPC 609)

01 용어 정의

1. "창고시설"이란 영 별표2 제16호에서 규정한 창고시설을 말한다.
2. "한국산업표준규격(KS)"이란 「산업표준화법」 제12조에 따라 산업통상자원부장관이 고시한 산업표준을 말한다.
3. "랙식 창고"란 한국산업표준규격(KS)의 랙(rack) 용어(KS T 2023)에서 정하고 있는 물품 보관용 랙을 설치하는 창고시설을 말한다.
4. "적층식 랙"이란 한국산업표준규격(KS)의 랙 용어(KS T 2023)에서 정하고 있는 선반을 다층식으로 겹쳐 쌓는 랙을 말한다.
5. "라지드롭형(large-drop type) 스프링클러헤드"란 동일 조건의 수압력에서 큰 물방울을 방출하여 화염의 전파속도가 빠르고 발열량이 큰 저장창고 등에서 발생하는 대형화재를 진압할 수 있는 헤드를 말한다.
6. "송기공간"이란 랙을 일렬로 나란하게 맞대어 설치하는 경우 랙 사이에 형성되는 공간(사람이나 장비가 이동하는 통로는 제외한다.)을 말한다.

02 다른 화재안전성능기준과의 관계

창고시설에 설치하는 소방시설 등의 설치 및 관리기준 중 이 기준에서 규정하지 않은 것은 개별 화재안전성능기준에 따른다.

03 소화기구 및 자동소화장치

창고시설 내 배전반 및 분전반마다 가스자동소화장치 · 분말자동소화장치 · 고체에어로졸자동소화장치 또는 소공간용 소화용구를 설치해야 한다.

04 옥내소화전설비

① 수원의 저수량은 옥내소화전의 설치개수가 가장 많은 층의 설치개수(2개 이상 설치된 경우에는 2개)에 5.2세제곱미터(호스릴옥내소화전설비를 포함한다)를 곱한 양 이상이 되도록 해야 한다.

② 사람이 상시 근무하는 물류창고 등 동결의 우려가 없는 경우에는 「옥내소화전설비의 화재안전성능기준(NFPC 102)」 제5조제1항제9호의 단서를 적용하지 않는다.

③ 비상전원은 자가발전설비, 축전지설비(내연기관에 따른 펌프를 사용하는 경우에는 내연기관의 기동 및 제어용 축전지를 말한다) 또는 전기저장장치(외부 전기에너지를 저장해 두었다가 필요한 때 전기를 공급하는 장치)로서 옥내소화전설비를 유효하게 40분 이상 작동할 수 있어야 한다.

05 스프링클러설비

① 스프링클러설비의 설치방식은 다음 각 호에 따른다.
   1. 창고시설에 설치하는 스프링클러설비는 라지드롭형 스프링클러헤드를 습식으로 설치할 것. 다만, 다음 각 목의 어느 하나에 해당하는 경우에는 건식스프링클러설비로 설치할 수 있다.
      가. 냉동창고 또는 영하의 온도로 저장하는 냉장창고
      나. 창고시설 내에 상시 근무자가 없어 난방을 하지 않는 창고시설
   2. 랙식 창고의 경우에는 제1호에 따라 설치하는 것 외에 라지드롭형 스프링클러헤드를 랙 높이 3미터 이하마다 설치할 것. 이 경우 수평거리 15센티미터 이상의 송기공간이 있는 랙식 창고에는 랙 높이 3미터 이하마다 설치하는 스프링클러헤드를 송기공간에 설치할 수 있다.
   3. 창고시설에 적층식 랙을 설치하는 경우 적층식 랙의 각 단 바닥면적을 방호구역 면적으로 포함할 것
   4. 제1호 내지 제3호에도 불구하고 천장 높이가 13.7미터 이하인 랙식 창고에는 「화재조기진압용 스프링클러설비의 화재안전성능기준(NFPC 103B)」에 따른 화재조기진압용 스프링클러설비를 설치할 수 있다.

② 수원의 저수량은 다음 각 호의 기준에 적합해야 한다.
   1. 라지드롭형 스프링클러헤드의 설치개수가 가장 많은 방호구역의 설치개수(30개 이상 설치된 경우에는 30개)에 3.2(랙식 창고의 경우에는 9.6)세제곱미터를 곱한 양 이상이

되도록 할 것

2. 제1항제4호에 따라 화재조기진압용 스프링클러설비를 설치하는 경우 「화재조기진압용 스프링클러설비의 화재안전성능기준(NFPC 103B)」 제5조제1항에 따를 것

③ 가압송수장치의 송수량은 다음 각 호의 기준에 적합해야 한다.

1. 가압송수장치의 송수량은 0.1메가파스칼의 방수압력 기준으로 분당 160리터 이상의 방수성능을 가진 기준 개수의 모든 헤드로부터의 방수량을 충족시킬 수 있는 양 이상인 것으로 할 것. 이 경우 속도수두는 계산에 포함하지 않을 수 있다.

2. 제1항제4호에 따라 화재조기진압용 스프링클러설비를 설치하는 경우 「화재조기진압용 스프링클러설비의 화재안전성능기준(NFPC 103B)」 제6조제1항제9호에 따를 것

④ 교차배관에서 분기되는 지점을 기점으로 한쪽 가지배관에 설치되는 헤드의 개수(반자 아래와 반자속의 헤드를 하나의 가지배관 상에 병설하는 경우에는 반자 아래에 설치하는 헤드의 개수)는 4개 이하로 해야 한다. 다만, 제1항제4호에 따라 화재조기진압용 스프링클러설비를 설치하는 경우에는 그렇지 않다.

⑤ 스프링클러헤드는 다음 각 호의 기준에 적합해야 한다.

1. 라지드롭형 스프링클러헤드를 설치하는 천장·반자·천장과 반자사이·덕트·선반 등의 각 부분으로부터 하나의 스프링클러헤드까지의 수평거리는 「화재의 예방 및 안전관리에 관한 법률 시행령」 별표2의 특수가연물을 저장 또는 취급하는 창고는 1.7미터 이하, 그 외의 창고는 2.1미터(내화구조로 된 경우에는 2.3미터를 말한다) 이하로 할 것

2. 화재조기진압용 스프링클러헤드는 「화재조기진압용 스프링클러설비의 화재안전성능기준(NFPC 103B)」 제10조에 따라 설치할 것

⑥ 물품의 운반 등에 필요한 고정식 대형기기 설비의 설치를 위해 「건축법 시행령」 제46조제2항에 따라 방화구획이 적용되지 아니하거나 완화 적용되어 연소할 우려가 있는 개구부에는 「스프링클러설비의 화재안전성능기준(NFPC 103)」 제10조제7항제2호에 따른 방법으로 드렌처설비를 설치해야 한다.

⑦ 비상전원은 자가발전설비, 축전지설비(내연기관에 따른 펌프를 사용하는 경우에는 내연기관의 기동 및 제어용 축전지를 말한다) 또는 전기저장장치(외부 전기에너지를 저장해 두었다가 필요한 때 전기를 공급하는 장치를 말한다. 이하 같다)로서 스프링클러설비를 유효하게 20분(랙식 창고의 경우 60분을 말한나) 이상 작농할 수 있어야 한다.

06 비상방송설비

① 확성기의 음성입력은 3와트(실내에 설치하는 것을 포함한다) 이상으로 해야 한다.

② 창고시설에서 발화한 때에는 전 층에 경보를 발해야 한다.

③ 비상방송설비에는 그 설비에 대한 감시상태를 60분간 지속한 후 유효하게 30분 이상 경보할 수 있는 축전지설비(수신기에 내장하는 경우를 포함한다. 이하 같다) 또는 전기저장장치를 설치해야 한다.

07 자동화재탐지설비

① 감지기 작동 시 해당 감지기의 위치가 수신기에 표시되도록 해야 한다.

②「개인정보 보호법」제2조제7호에 따른 영상정보처리기기를 설치하는 경우 수신기는 영상정보의 열람·재생 장소에 설치해야 한다.

③ 영 제11조에 따라 스프링클러설비를 설치하는 창고시설의 감지기는 다음 각 호의 기준에 따라 설치해야 한다.

   1. 아날로그방식의 감지기, 광전식 공기흡입형 감지기 또는 이와 동등 이상의 기능·성능이 인정되는 감지기를 설치할 것

   2. 감지기의 신호처리 방식은「자동화재탐지설비 및 시각경보장치의 화재안전성능기준(NFPC 203)」제3조의2에 따를 것

④ 창고시설에서 발화한 때에는 전 층에 경보를 발해야 한다.

⑤ 자동화재탐지설비에는 그 설비에 대한 감시상태를 60분간 지속한 후 유효하게 30분 이상 경보할 수 있는 비상전원으로서 축전지설비 또는 전기저장장치를 설치해야 한다. 다만, 상용전원이 축전지설비인 경우에는 그렇지 않다.

08 유도등

① 피난구유도등과 거실통로유도등은 대형으로 설치해야 한다.

② 피난유도선은 연면적 1만 5천제곱미터 이상인 창고시설의 지하층 및 무창층에 다음 각 호의 기준에 따라 설치해야 한다.

   1. 광원점등방식으로 바닥으로부터 1미터 이하의 높이에 설치할 것

   2. 각 층 직통계단 출입구로부터 건물 내부 벽면으로 10미터 이상 설치할 것

   3. 화재 시 점등되며 비상전원 30분 이상을 확보할 것

4. 피난유도선은 소방청장이 정해 고시하는 「피난유도선 성능인증 및 제품검사의 기술기준」에 적합한 것으로 설치할 것

09　소화수조 및 저수조

소화수조 또는 저수조의 저수량은 특정소방대상물의 연면적을 5,000제곱미터로 나누어 얻은 수(소수점 이하의 수는 1로 본다)에 20세제곱미터를 곱한 양 이상이 되도록 해야 한다.

CHAPTER 42 국립소방연구원 화재안전기술기준 운영규정

01 총칙

1. 목적

이 예규는 「소방시설 설치 및 관리에 관한 법률」 제2조제1항제6호나목 및 같은 법 시행규칙 제2조제5항에 따라 화재안전기준 중 기술기준의 제정 또는 개정 등에 필요한 사항을 정함을 목적으로 한다.

02 전문위원회 구성·운영

1. 전문위원회의 설치

「소방시설 설치 및 관리에 관한 법률 시행규칙」 제2조제1항 후단에 따른 의견수렴 결과와 「소방시설 설치 및 관리에 관한 법률」 제2조제1항제6호나목에 따른 기술기준(이하 "기술기준"이라 한다)의 제정안 또는 개정안에 대한 검토·심사 등을 위해 국립소방연구원(이하 "연구원"이라 한다)에 다음 각 호의 소방분야별 화재안전기술기준 전문위원회(이하 "전문위원회"라 한다)를 둔다.

① 수계소화설비 전문위원회
② 가스계소화설비 전문위원회
③ 경보설비 전문위원회
④ 피난구조설비 전문위원회
⑤ 소화활동설비 전문위원회
⑥ 특정용도소방시설 전문위원회
⑦ 그 밖에 국립소방연구원장(이하 "연구원장"이라 한다)이 필요하다고 인정하는 전문위원회

2. 전문위원회의 구성

① 각 전문위원회의 위원(이하 "전문위원"이라 한다)은 30명 이상 50명 이하로 구성한다. 이 경우 전문위원은 하나 이상의 전문위원회에 소속될 수 있다.

② 각 전문위원회에는 제4조제2항에 따른 위촉직 전문위원 중에서 위원장 1인과 부위원장 1인을 두며, 위원장과 부위원장은 호선하여 선임한다. 다만, 위원장은 둘 이상의 전문위원회에 중복하여 선임될 수 없다.

③ 위원장이 부득이한 사유로 직무를 수행할 수 없을 때에는 부위원장이 그 직무를 대행하며, 위원장과 부위원장 모두 부득이한 사유로 직무를 수행할 수 없을 때에는 위원장이 미리 지명한 전문위원이 그 직무를 대행한다. 이 경우 위원장은 별지 제1호서식의 위임장을 작성하여 연구원장에게 제출해야 한다.

③ 위원장은 전문위원회의 사무를 총괄한다.

④ 연구원장은 제1항 및 제4항에도 불구하고 어느 전문위원회의 소관 사항이 다른 전문위원회의 소관 사항과 관련이 있는 경우, 합동전문위원회를 구성할 수 있다. 이 경우 위원장은 제4조제2항에 따른 위촉직 전문위원 중에서 위원장 1인과 부위원장 1인을 두며, 위원장과 부위원장은 호선하여 선임한다.

⑤ 연구원장은 각 전문위원회에 간사를 두며, 간사는 연구원의 담당 공무원으로 한다.

3. 전문위원의 위촉

① 전문위원은 소방분야에 관한 전문성과 경험이 풍부한 사람 중에서 연구원장이 위촉한다.

② 위촉직 전문위원은 다음 각 호의 어느 하나에 해당하는 소방분야 전문가 중 연구원장이 선정하여 위촉한다. 이 경우 위촉직 전문위원의 선정에 필요한 세부 사항은 연구원장이 정한다.

ㄱ 「고등교육법」에 따른 전문대학 이상의 학교에서 소방 관련 학과의 조교수 이상의 직에 있거나 있었던 사람

ㄴ 소방분야에서 5년 이상 근무한 경력이 있는 사람으로서 해당 분야의 박사학위나 「국가기술자격법」에 따른 소방기술사 또는 「소방시설 설치 및 관리에 관한 법률」에 따른 소방시설관리사의 자격을 취득한 사람

ㄷ 소방분야에서 10년 이상 근무한 경력이 있는 사람으로서 소방 관련 법인 또는 단체의 기술담당 직에 있는 사람

ㄹ 「과학기술분야 정부출연연구기관 등의 설립·운영 및 육성에 관한 법률」 제2조에 따른 과학기술분야 정부출연연구기관 또는 「특정연구기관 육성법」 제2조에 따른 특정연구기관에서 선임연구원 이상의 직에 있는 사람

③ 전문위원은 동일한 법인 또는 단체에서 전문위원회별 1명 이하로 위촉해야 한다. 단, 비영리법인의 전문위원은 예외로 한다.

④ 연구원장은 제3항 각 호에 따른 사람이 적절하게 분배될 수 있도록 하고, 별지 제2호서식

의 전문위원 명부에 관련 사항을 기재해야 한다.

4. 전문위원의 임기 등

① 위촉직 전문위원의 임기는 위촉일로부터 2년으로 하며, 한 차례만 연임할 수 있다.

② 제1항에 따른 임기가 만료된 경우에도 후임위원이 위촉될 때까지 그 직무를 수행할 수 있다.

③ 제7조에 따른 결원의 발생으로 위촉되는 전문위원의 임기는 새로이 개시된다.

5. 전문위원의 제척 · 기피 · 회피

① 전문위원이 다음 각 호의 어느 하나에 해당하는 경우에는 전문위원회의 검토 · 심사에서 제척된다.

　　㉠ 전문위원이나 그 배우자 또는 배우자였던 사람이 해당 안건의 당사자(당사자가 법인 또는 단체 등인 경우에는 그 임원을 포함한다. 이하 제2호 또한 같다)이거나 그 안건의 당사자와 공동권리자 또는 공동의무자인 경우

　　㉡ 전문위원이 해당 안건의 당사자와 친족인 경우

　　㉢ 전문위원이 해당 안건에 관하여 증언, 진술, 자문, 연구용역 또는 감정을 한 경우

　　㉣ 전문위원이나 전문위원이 속한 법인 또는 단체 등이 해당 안건의 당사자의 대리인이거나 대리인이었던 경우

② 해당 안건의 당사자는 전문위원에게 공정한 검토 · 심사를 기대하기 어려운 사정이 있는 경우에는 전문위원회에 기피신청을 할 수 있고, 전문위원회는 출석한 전문위원의 과반수 찬성으로 이를 의결하여 결정한다. 이 경우 기피신청의 대상인 전문위원은 그 의결에 참여하지 못한다.

③ 전문위원이 제1항 각 호에 따른 제척사유에 해당하는 경우에는 스스로 해당 안건의 검토 · 심사에서 회피해야 한다.

6. 전문위원의 해임 · 해촉

연구원장은 전문위원이 다음 각 호의 어느 하나에 해당하는 경우에는 해당 전문위원을 해임하거나 해촉할 수 있다. 이 경우 연구원장은 해임 또는 해촉한 사실을 해당 전문위원에게 즉시 서면으로 알려야 한다.

① 심신장애로 직무를 수행할 수 없게 된 경우

② 직무와 관련된 비위 사실이 있는 경우

③ 직무태만, 품위손상이나 그 밖의 사유로 위원으로 적합하지 않다고 인정되는 경우

④ 제6조제1항 각 호의 어느 하나에 해당함에도 불구하고 회피하지 않은 경우

⑤ 전문위원 스스로 별지 제3호서식의 사임신고서를 제출한 경우

⑥ 별지 제4호서식의 불참사유서 제출 없이 3회 연속 회의에 불참한 경우

⑦ 그 밖의 부정한 방법으로 선정되어 위촉된 경우

7. 전문위원의 의무

① 전문위원은 회의 소집을 통보받은 때에는 특별한 사유가 없는 한 회의에 출석해야 한다. 다만, 부득이한 사정으로 회의에 출석할 수 없는 경우에는 별지 제4호서식의 불참사유서를 위원장에게 제출하고 회의에 출석하지 않을 수 있다.

② 전문위원은 공정한 직무수행을 위하여 별지 제5호서식의 직무윤리 사전진단서와 별지 제6호서식의 윤리서약서를 작성해야 한다.

③ 전문위원은 전문위원회를 통해 알게 된 비밀을 다른 사람에게 누설하거나 직무상 목적 외의 용도로 이용해서는 아니된다.

8. 전문위원회의 운영

① 전문위원회는 위원장이 필요하다고 판단하거나 재적 전문위원 3분의 1 이상의 요구하는 경우 개최할 수 있다.

② 위원장은 전문위원회의 회의를 개최하고자 할 때에는 개최 일시·장소 및 주요 안건을 기술기준 전용 누리집을 이용하여 전문위원에게 알리고, 필요한 경우 설명 자료를 사전에 송부해야 한다. 다만, 안건이 기술기준의 제정 또는 개정 이외의 사항으로서 위원장이 긴급하다고 판단하는 때에는 이를 따르지 않을 수 있다.

③ 전문위원회 회의는 위원장과 위원장이 지정한 6명 이상 12명 이하의 위원으로 구성되며, 위원 중 5명 이상의 출석으로 개의한다.

④ 연구원장은 전문위원회의 운영에 효율을 기하기 위하여 다음 각 호에 따라 검토·심사 안건과 보고 안건으로 구분하여 회의에 부칠 수 있다.

㉠ 검토·심사 안건 : 기술기준의 제정 또는 개정 사항

㉡ 보고 안건 : 제1호에 해당하는 사항 중 법령 및 그 밖의 행정규칙 등의 제정 또는 개정에 따라 기술기준의 명칭 및 조문의 변경이 필요한 경우, 화재안전기준 중 성능기준 개정에 따른 기술기준의 동일 조문 수정, 오탈자 정정 등 전문위원회의 검토·심사를 필요로 하지 않는 경미한 사항

⑤ 위원장은 회의를 개최하고자 할 때에는 별지 제7호서식에 따라 작성된 회의 개최 계획서를 회의 개최일 7일 이내에 기술기준 전용 누리집에 공개해야 한다.

⑥ 각 전문위원은 회의 참석 여부와 관계없이 안건에 의견이 있는 경우 회의 개최일 3일 전까지 그 의견을 별지 제8호서식에 따라 작성하여 간사에게 제출해야 한다. 이 경우 간사는 제출된 의견을 회의 개최일 전까지 전문위원들에게 알려야 한다.

⑦ 위원장은 검토·심사 안건 중 다음 각 호의 어느 하나에 해당하는 경우 일정한 기한을 정하여 서면으로 검토·심사를 요청할 수 있다. 다만, 재적 전문위원의 3분의 1 이상이 서면 방식의 검토·심사에 반대하는 의사를 표시한 경우에는 그렇지 않다.

    ㉠ 토론을 요하지 않는 일상적·반복적 안건이나 오탈자 정정 등 경미한 안건

    ㉡ 천재지변이나 그 밖에 긴급하게 처리할 필요가 있는 등 부득이한 사정이 있는 경우

    ㉢ 사전에 전문위원회에서 서면 검토·심사 안건으로 의결한 경우

⑧ 위원장은 회의에 출석하는 모든 사람에게 윤리 의무를 준수하도록 요구하고, 필요에 따라서는 그 내용을 설명할 수 있다.

9. 전문위원회 회의록 작성

① 간사는 전문위원회가 회의를 개최하는 경우 다음 각 호의 사항이 포함된 별지 제9호서식의 회의록을 작성해야 한다.

    ㉠ 회의 개요

    ㉡ 회의 결과(심사 내용 등을 포함한다)

    ㉢ 그 밖에 위원장이 필요하다고 인정하는 사항

② 간사는 회의록을 별지 제9호서식에 따라 기록 및 보존하여야 한다.

10. 의견 청취

① 회의 안건에 대하여 전문위원 이외의 사람으로부터 의견 진술 신청이 있을 때에는 위원장은 회의에 지장이 없다고 판단하는 경우 진술하도록 할 수 있다.

② 위원장은 특정 안건을 검토할 때에는 해당 안건의 전문가에게 출석을 요청하여 의견을 청취할 수 있다.

③ 특정 안건과 관련된 이해관계자가 회의에 출석하여 의견을 발표하고자 하는 경우 위원장은 필요에 따라 의견을 발표하도록 할 수 있다.

03 기술기준의 심사·승인 등

1. 전문위원회의 검토·심사 및 의결

① 전문위원회가 검토·심사한 안건에 대한 의결은 다음 각 호에 따른다.

㉠ 기술기준의 제정 또는 개정에 관한 의결은 출석위원 과반수의 찬성으로 의결한다.

㉡ 제1호에 따른 안건 이외의 것을 의결하는 경우 출석위원의 과반수 찬성으로 의결한다.

② 위원장은 출석위원의 과반수가 재심사(상정된 안건에 대해 전면 수정이 필요한 경우)로 의결한 안건의 경우에는 전문위원별 재심사 의견 중 일치하는 주요 의견을 반영하여 다음 회의에서 다시 검토·심사할 수 있다. 다만, 경미한 수정이 필요한 안건의 경우에는 출석위원의 협의로 수정하여 의결할 수 있다.

2. 전문위원회의 심사서 및 심사의결서 작성

전문위원회가 검토·심사한 안건을 의결할 때에는 전문위원은 별지 제10호서식의 심사서를 작성하여 제출하고, 별지 제11호서식의 심사의결서에 기명으로 날인 또는 서명해야 한다.

3. 기술기준의 심의·의결

① 연구원장은 「소방시설 설치 및 관리에 관한 법률 시행규칙」 제2조제1항 전단 및 「중앙소방기술심의위원회 운영에 관한 규정」 제15조제5항에 따라 기술기준의 심의·의결을 위해 중앙소방기술심의위원회 제1소위원회(이하 "중앙위원회 제1소위원회"라 한다)를 개최한다. 이 경우 연구원장은 「중앙소방기술심의위원회 운영에 관한 규정」 별지 제12의1호서식의 심의신청서에 다음 각 호의 자료를 첨부하여 중앙위원회 제1소위원회에 제출해야 한다.

ㄱ 기술기준의 제정안 또는 개정안

ㄴ 기술기준의 제정 또는 개정 이유

ㄷ 제10조제1항에 따른 전문위원회 회의록

② 연구원장은 중앙위원회 제1소위원회가 개최되면, 제3조제2항 및 제6항에 따른 전문위원회별 위원장과 간사를 출석시켜 제1항 각 호의 사항을 중앙위원회 제1소위원회에서 설명하게 해야 한다.

③ 그 밖에 중앙위원회 제1소위원회의 심의·의결에 필요한 사항은 「중앙소방기술심의위원회 운영에 관한 규정」에 따른다.

4. 기술기준의 승인

① 연구원장은 제14조에 따라 중앙위원회 제1소위원회가 해당 안건을 심의·의결한 경우 의결한 날로부터 10일 이내에 「소방시설 설치 및 관리에 관한 법률 시행규칙」 제2조제2항에 따른 다음 각 호의 사항이 포함된 승인신청서를 소방청장에게 제출해야 한다.

ㄱ 기술기준의 제정안 또는 개정안

　　ⓒ 기술기준의 제정 또는 개정 이유

　　ⓒ 기술기준의 심의 경과 및 결과

② 연구원장은 제1항에 따라 승인 신청한 기술기준이 「소방시설 설치 및 관리에 관한 법률 시행규칙」 제2조제4항에 따라 소방청장의 승인을 받은 경우에는 승인받은 기술기준을 14일 이내에 관보에 게재하고, 기술기준 전용 누리집을 통해 공개해야 한다.

③ 연구원장은 제1항에 따라 승인 신청한 기술기준이 소방청장의 승인을 받지 못한 경우에는 그 의견을 들어 해당 전문위원회에 추가적인 검토·심사를 요청할 수 있다.

04 기술기준의 제정·개정 신청 등

1. 기술기준의 제정·개정 신청

① 기술기준의 제정 또는 개정을 신청하려는 사람은 별지 제12호서식의 신청서에 다음 각 호의 서류를 첨부하여 연구원장에게 제출해야 한다.

　　⊙ 기술기준의 제정안 또는 개정안

　　ⓒ 기술기준의 제정 또는 개정이 필요한 사유와 그 근거자료

② 연구원장은 제1항에 따라 신청인으로부터 제출받은 서류에 보완이 필요한 경우에는 신청인에게 그 사유를 알리고 기한을 정하여 서류의 보완을 요청할 수 있다.

③ 연구원장은 제1항 및 제2항에 따른 기술기준의 제정 또는 개정의 신청을 받은 날로부터 30일 이내에 전문위원회 회부 여부를 검토하고, 그 결과를 신청인에게 알려야 한다.

2. 의견수렴 등

① 연구원장은 제12조에 따라 전문위원회에서 검토·심사한 안건에 대하여 기술기준 전용 누리집에 게시하는 방법으로 20일 이상 국민에게 공개하고 의견을 들어야 한다. 의견을 제출하고자 하는 사람은 별지 제13호서식에 따라 의견서 및 관련자료를 우편 또는 전자 우편 등으로 제출해야 한다. 다만, 다음 각 호의 어느 하나에 해당하는 경우에는 의견수렴을 생략할 수 있다.

　　⊙ 법령 또는 그 밖의 행정규칙 등이 제정·개정 또는 폐지됨에 따라 명칭 및 조문의 변경이 필요한 경우

　　ⓒ 오탈자 등 명백한 편집상 오류를 수정하는 경우

　　ⓒ 문장 표현 및 글자 표기 등 단순 자구만 수정하는 경우로서, 수정 전·후 기술기준의 내용에 대한 해석이 동일한 경우

② 연구원장은 제1항에 따른 의견을 들은 후 중앙위원회의 제1소위원회의 심의·의결을 통하여 별지 제14호서식에 따라 의견수렴 결과서를 작성하여 기술기준 전용 누리집에 공개한다. 다만, 다음 각 호의 어느 하나에 해당하는 경우에는 결과서를 생략할 수 있다.

ㄱ 기술기준 해설서 및 유권해석 등으로 공개되어 있는 경우

ㄴ 공개될 경우 특정인·법인·단체 또는 이해관계인에게 이익 또는 불이익을 줄 우려가 있다고 인정되는 경우

ㄷ 제17조제1항에 따른 의견수렴과 관련 사항에 관한 의견

ㄹ 그 밖에 중앙위원회의 제1소위원장이 의견수렴 결과서 생략을 인정하는 경우

3. 이의제기

① 제16조제3항에 따라 전문위원회에 회부하지 않기로 검토된 결과에 불복하는 신청인은 검토 결과를 통보받은 날로부터 10일 이내에 서면으로 이의제기를 할 수 있다.

② 연구원장은 제1항에 따른 이의제기가 있을 경우, 해당 전문위원회의 위원장에게 그 사실을 알려야 한다.

③ 제2항에 따른 통지를 받은 위원장은 소속 위원 중 3명 내외를 지명하여 이의제기의 타당성을 검토하고 전문위원회 회부 여부를 결정해야 한다.

④ 제3항에 따른 회부 여부 결정은 출석한 전문위원 전원이 찬성한 경우로 하며, 연구원장은 그 결과를 회부 여부에 대한 결정을 한 날로부터 7일 이내에 이의를 제기한 신청인에게 알려야 한다.

4. 기술기준의 제정·개정 지원

① 연구원장은 전문위원회를 지원하기 위하여 다음 각 호의 업무를 수행한다.

ㄱ 기술기준의 제정안 또는 개정안의 작성 및 연구

ㄴ 전문위원회에 회부하는 안건의 사전검토

ㄷ 전문위원회에서 요청하는 기술기준과 관련된 국내외 자료 조사 및 현장 확인

ㄹ 그 밖에 기술기준과 관련된 전문위원회 위원장의 요청 사항

② 연구원장은 기술기준의 제정안 또는 개정안을 전문위원회에 회부하기로 한 경우, 기술기준의 제정안 또는 개정안과 관련된 사전검토를 관련 분야 전문가에게 의뢰할 수 있다.

05 보칙

1. 수당지급

위원회 회의에 출석한 위원과 실무협의체 참석자 및 자료의 조사 · 검토 · 자문 또는 현장 확인과 연구 지원 등에 참여한 전문가와 조력자 등에게는 예산의 범위 안에서 수당 · 여비 및 기타 필요한 경비를 지급할 수 있다.

2. 세부사항의 제정 등

이 예규에서 정한 것 외에 위원회의 구성 · 운영, 기술기준의 제정 · 개정 · 폐지 등에 필요한 세부 사항은 연구원장이 정하는 바에 따른다.

3. 재검토기한

소방청장은 「훈령 · 예규 등의 발령 및 관리에 관한 규정」에 따라 이 고시에 대하여 2024년 1월 1일을 기준으로 매 3년이 되는 시점(매 3년째의 12월 31일까지를 말한다)마다 그 타당성을 검토하여 개선 등의 조치를 해야 한다.

소방시설의 구조원리
문제풀이

CHAPTER 01 소화설비

01 소방대상물의 각 부분으로부터 하나의 소형소화기까지의 보행거리는 몇 m 이내이어야 하는가?

① 30[m] 이내　　　　　　　　② 25[m] 이내
③ 20[m] 이내　　　　　　　　④ 15[m] 이내

> **▶ 소화기 설치기준** ───────────────────────
> ① 각 층마다 설치하되, 특정소방대상물의 각 부분으로부터 1개의 소화기까지의 보행거리가 소형소화기의 경우에는 20m 이내, 대형소화기의 경우에는 30m 이내가 되도록 배치할 것
> ② 바닥면적이 33m² 이상으로 구획된 각 거실(아파트의 경우에는 각 세대를 말한다.)에도 배치할 것

02 능력단위가 2단위 이상이 되도록 소화기를 설치하여야 할 특정소방대상물 또는 그 부분에 있어서는 간이소화용구의 능력단위가 전체 능력단위의 1/2를 초과하지 아니하게 하여야 하는데 이에 해당되지 않는 특정소방대상물은?

① 노유자시설　　　　　　　　② 문화시설
③ 교육연구시설　　　　　　　④ 업무시설

> **▶ 소화기구 및 자동소화장치** ───────────────────
> 능력단위가 2단위 이상이 되도록 소화기를 설치하여야 할 특정소방대상물 또는 그 부분에 있어서는 간이소화용구의 능력단위가 전체 능력단위의 1/2을 초과하지 아니하게 할 것(단, 노유자시설의 경우에는 그렇지 않다.)

03 소화기구(자동확산소화기를 제외한다.)는 거주자 등이 손쉽게 사용할 수 있는 장소에 바닥으로부터 몇 m 이하의 높이에 비치하여야 하는가?

① 1m　　　　　　　　　　　② 1.2m
③ 1.5m　　　　　　　　　　④ 2m

> **▶ 소화기구 및 자동소화장치** ───────────────────
> 소화기구(자동확산소화기를 제외한다.)는 거주자 등이 손쉽게 사용할 수 있는 장소에 바닥으로부터 높이 1.5m 이하의 곳에 비치한다.

04 **아파트에 설치하는 주거용 주방자동소화장치의 설치기준 중 틀린 것은?**

① 소화약제 방출구는 환기구의 청소부분과 분리되어 있어야 할 것
② 감지부는 형식승인 받은 유효한 높이 및 위치에 설치할 것
③ 차단장치는 주방배관의 개폐밸브로부터 2[m] 이하의 위치에 설치할 것
④ 가스용 주방자동소화장치를 사용하는 경우 탐지부는 수신부와 분리하여 설치하되, 공기보다
  가벼운 가스를 사용하는 경우에는 천장 면으로부터 30[cm] 이하의 위치에 설치해야 한다.

▶ **주거용 주방자동소화장치 설치기준** ─────────────

아파트의 각 세대별 주방 및 오피스텔의 각 실별 주방에 설치할 것
① 소화약제 방출구는 환기구(주방에서 발생하는 열기류 등을 밖으로 배출하는 장치를 말한다.)의
  청소부분과 분리되어 있어야 하며, 형식승인 받은 유효설치 높이 및 방호면적에 따라 설치할 것
② 감지부는 형식승인 받은 유효한 높이 및 위치에 설치할 것
③ 차단장치(전기 또는 가스)는 상시 확인 및 점검이 가능하도록 설치할 것
④ 가스용 주방자동소화장치를 사용하는 경우 탐지부는 수신부와 분리하여 설치하되, ㉮ 공기보다
  가벼운 가스를 사용하는 경우 : 천장 면으로부터 30cm 이하의 위치 ㉯ 공기보다 무거운 가스를
  사용하는 장소 : 바닥 면으로부터 30cm 이하의 위치
⑤ 수신부는 주위의 열기류 또는 습기 등과 주위온도에 영향을 받지 아니하고 사용자가 상시 볼 수
  있는 장소에 설치할 것

05 **캐비닛형 자동소화장치의 설치기준으로 틀린 것은?**

① 분사헤드의 설치 높이는 방호구역의 바닥으로부터 최소 0.2[m] 이상 최대 3.7[m] 이하로 해
  야 한다.
② 방호구역 내 화재감지기의 감지에 따라 작동되도록 할 것
③ 화재감지기의 회로는 교차회로방식으로 설치할 것
④ 구획된 장소의 방호체적 이하를 방호할 수 있는 소화성능이 있을 것

▶ **캐비닛형 자동소화장치의 설치기준** ─────────────

① 1 분사헤드(방출구)의 설치 높이는 방호구역의 바닥으로부터 형식승인을 받은 범위 내에서 유효
  하게 소화약제를 방출시킬 수 있는 높이에 설치할 것
② 화재감지기는 방호구역 내의 천장 또는 옥내에 면하는 부분에 설치하되「자동화재탐지설비 및 시
  각경보장치의 화재안전기술기준(NFTC 203)」2.4(감지기)에 적합하도록 설치할 것
③ 방호구역 내의 화재감지기의 감지에 따라 작동되도록 할 것
④ 화재감지기의 회로는 교차회로방식으로 설치할 것. 다만, 화재감지기를「자동화재탐지설비 및 시
  각경보장치의 화재안전기술기준(NFTC 203)」2.4.1 단서의 각 감지기로 설치하는 경우에는 그
  렇지 않다.
⑤ 교차회로 내의 각 화재감지기회로별로 설치된 화재감지기 1개가 담당하는 바닥면적은「자동화재
  탐지설비 및 시각경보장치의 화재안전기술기준(NFTC 203)」2.4.3.5, 2.4.3.8 및 2.4.3.10에
  따른 바닥면적으로 할 것
⑥ 개구부 및 통기구(환기장치를 포함한다. 이하 같다)를 설치한 것에 있어서는 소화약제가 방

출되기 전에 해당 개구부 및 통기구를 자동으로 폐쇄할 수 있도록 할 것. 다만, 가스압에 의하여 폐쇄되는 것은 소화약제 방출과 동시에 폐쇄할 수 있다.

⑦ 작동에 지장이 없도록 견고하게 고정할 것

⑧ 구획된 장소의 방호체적 이상을 방호할 수 있는 소화성능이 있을 것

06 지하층, 무창층, 밀폐된 거실로서 그 바닥 면적이 20[m²] 미만의 장소에 설치할 수 있는 소화기는?

① 이산화탄소 소화기
② 자동확산소화기
③ 할론 2402 소화기
④ 할론 1211 소화기

◐ 소화기구 설치 제외

① 설치제외 장소 : 지하층이나 무창층 또는 밀폐된 거실로서 그 바닥면적이 20m² 미만의 장소

② 설치할 수 없는 소화기구 : 이산화탄소, 할로겐화합물을 방사하는 소화기구

③ 설치 가능한 소화기구 : 자동확산소화기

07 간이소화용구인 마른모래(삽을 상비한 50[l] 이상의 것 1포)의 능력단위는?

① 0.5단위
② 1단위
③ 1.5단위
④ 2단위

◐ 소화약제 외의 것을 이용한 간이소화용구의 능력단위

간이 소화용구		능력단위
마른 모래	삽을 상비한 50l 이상의 것 1포	0.5 단위
팽창질석 또는 팽창진주암	삽을 상비한 80l 이상의 것 1포	

08 소형소화기를 설치하여야 할 특정소방대상물에 해당 설비의 유효범위의 부분에 대하여 소화기의 3분의 2를 감소할 수 있는 기준을 적용할 수 있는 소방시설로 틀린 것은?

① 옥내소화전설비
② 스프링클러설비354
③ 이산화탄소 소화설비
④ 대형소화기

◐ 소형소화기 감소

① 소화설비를 설치한 경우 : 소요단위수의 $\frac{2}{3}$ 를 감소 → $\frac{1}{3}$ 만 설치

② 대형소화기를 설치한 경우 : 소요단위수의 $\frac{1}{2}$ 을 감소 → $\frac{1}{2}$ 만 설치

09 건축물의 주요 구조부가 내화구조이고, 벽 및 반자의 실내에 면하는 부분이 불연재료로
된 교육연구시설은 해당 바닥 면적의 몇 [m²]마다 소화기구의 능력단위를 1단위 이상으
로 하여야 하는가?

① 50[m²]   ② 100[m²]

③ 200[m²]   ④ 400[m²]

▶ **특정소방대상물별 소화기구의 능력단위기준**

특정소방대상물	소화기구의 능력단위
위락시설	바닥면적 30m²마다 능력단위 1단위 이상
공연장 · 집회장 · 관람장 · 문화재 · 장례식장 및 의료시설	바닥면적 50m²마다 능력단위 1단위 이상
근린생활시설 · 판매시설 · 운수시설 · 숙박시설 · 노유자시설 · 전시장 · 공동주택 · 업무시설 · 방송통신시설 · 공장 · 창고시설 · 항공기 및 자동차 관련 시설 및 관광휴게시설	바닥면적 100m²마다 능력단위 1단위 이상
그 밖의 것	바닥면적 200m²마다 능력단위 1단위 이상

(주) 주요 구조부가 내화구조이고, 벽 및 반자의 실내에 면하는 부분이 불연재료 · 준불연재료 또는
난연재료로 된 특정소방대상물에 있어서는 위 표의 기준면적의 2배를 해당 특정소방대상물의
기준면적으로 한다.

10 건축물의 주요 구조부가 내화구조이고, 벽 및 반자의 실내에 면하는 부분이 불연재료로
되어 있는 바닥 면적이 40,000[m²]인 교육연구시설은 필요한 소화기구의 능력단위가 얼
마인가?

① 10단위   ② 50단위

③ 100단위   ④ 400단위

▶ **소요단위 산정**

$$소요단위 = \frac{바닥면적}{기준면적} = \frac{40,000\text{m}^2}{400\text{m}^2} = 100단위$$

11 소화기구의 소화 약제별 적응성의 소화약제 구분에서 액체 소화약제가 아닌 것은?

① 산알칼리소화약제   ② 인산염류소화약제

③ 강화액소화약제   ④ 포소화약제

정답 09. ④   10. ③   11. ②

◑ 소화기구의 소화약제별 적응성

적응대상 / 소화약제 구분	가스			분말		액체				기타			
	이산화탄소소화약제	할론소화약제	할로겐화합물및불활성기체소화약제	인산염류소화약제	중탄산염류소화약제	산알칼리소화약제	강화액소화약제	포소화약제	물·침윤소화약제	고체에어로졸화합물	마른모래	팽창질석·팽창진주암	그밖의것
일반화재(A급 화재)	–	○	○	○	–	○	○	○	○	○	○	○	–
유류화재(B급 화재)	○	○	○	○	○	○	○	○	○	○	○	○	–
전기화재(C급 화재)	○	○	○	○	○	*	*	*	*	○	–	–	–
주방화재(K급 화재)	–	–	–	–	*	–	*	*	*	–	–	–	*

(주) "*"의 소화약제별 적응성은 「소방시설 설치 및 관리에 관한 법률」 제37조에 의한 형식승인 및 제품검사의 기술기준에 따라 화재 종류별 적응성에 적합한 것으로 인정되는 경우에 한한다.

12 소화기에 호스를 부착하지 아니할 수 있는 기준 중 옳은 것은?

① 소화약제의 중량이 2kg 미만인 이산화탄소 소화기
② 소화약제의 중량이 3L 미만인 액체계 소화약제 소화기
③ 소화약제의 중량이 3kg 미만인 할로겐화합물 소화기
④ 소화약제의 중량이 4kg 미만인 분말 소화기

◑ 호스를 부착하지 않아도 되는 소화기

소화기의 종류	약제 중량
할로겐화합물 소화기	4kg 미만
분말 소화기	2kg 미만
이산화탄소 소화기	3kg 미만
액체계 소화약제 소하기	3L 미반

13 소화기구의 소화 약제별 적응성에서 일반화재에 적응성이 있는 소화약제가 아닌 것은?

① 인산염류소화약제
② 할론소화약제
③ 할로겐화합물 소화약제
④ 중탄산염류소화약제

14 보일러실에 자동확산소화기를 설치하지 아니 할 수 있는 경우가 아닌 것은?

① 스프링클러설비가 설치된 경우
② 물분무소화설비가 설치된 경우
③ 이산화탄소 소화설비가 설치된 경우
④ 옥내소화전설비가 설치된 경우

◉ **부속용도별로 추가하여야 할 소화기구** —————————————

① 다음 각 목의 시설. 다만, 스프링클러설비 · 간이스프링클러설비 · 물분무등소화설비 또는 상업용 주방자동소화장치가 설치된 경우에는 자동확산소화기를 설치하지 아니할 수 있다.

㉮ 보일러실(아파트의 경우 방화구획된 것을 제외한다.) · 건조실 · 세탁소 · 대량화기취급소

㉯ 음식점(지하가의 음식점을 포함한다.) · 다중이용업소 · 호텔 · 기숙사 · 노유자시설 · 의료시설 · 업무 시설 · 공장의 주방. 다만, 의료시설 · 업무시설 및 공장의 주방은 공동취사를 위한 것에 한한다.

㉰ 관리자의 출입이 곤란한 변전실 · 송전실 · 변압기실 및 배전반실(불연재료로된 상자 안에 장 치된 것을 제외한다.)

⇒ 1. 해당 용도의 바닥면적 25m² 마다 능력단위 1단위 이상의 소화기로 할 것. 이 경우 나목의 주방에 설치하는 소화기 중 1개 이상은 주방화재용 소화기(K급)로 설치해야 한다.

2. 자동확산소화기는 해당 용도의 바닥면적을 기준으로 10m² 이하는 1개, 10m² 초과는 2개 이상을 설치하되, 보일러, 가스레인지 등 방호대상에 유효하게 분사될 수 있는 위치에 배 치될 수 있는 수량으로 설치할 것

15 보일러실 등에 추가로 설치하여야 하는 자동확산소화기는 바닥면적 몇 [m²]일 때 2개를 설치하여야 하는가?

① 10[m²] 이하
② 10[m²] 초과
③ 20[m²] 이하
④ 20[m²] 초과

16 분말 자동소화장치의 감지부는 평상시 최고주위온도가 45℃인 경우 표시온도는 몇 ℃의 것으로 설치하여야 하는가?

① 79℃ 미만
② 79℃ 이상 121℃ 미만
③ 121℃ 이상 162℃ 미만
④ 162℃ 이상

◉ **가스 · 분말 · 고체에어로졸 자동소화장치 설치기준** —————————————

감지부는 형식승인된 유효설치범위 내에 설치하여야 하며 설치장소의 평상시 최고주위온도에 따라 다음 표에 따른 표시온도의 것으로 설치할 것. 다만, 열감지선의 감지부는 형식승인 받은 최고주위 온도범위 내에 설치해야 한다.

설치 장소의 최고주위온도[℃]	표시온도[℃]
39 미만	79 미만
39 이상~64 미만	79 이상~121 미만
64 이상~106 미만	121 이상~162 미만
106 이상	162 이상

17 옥내소화전설비의 규정 방수압력과 규정 방사량으로 옳은 것은?

① 0.1[MPa] 이상, 80[l/min] 이상 ② 0.17[MPa] 이상, 130[l/min] 이상

③ 0.25[MPa] 이상, 350[l/min] 이상 ④ 0.35[MPa] 이상, 350[l/min] 이상

▶ **규정 방수압력과 규정 방사량**

① 0.1[MPa] 이상, 80[l/min] 이상 − 스프링클러설비

③ 0.25[MPa] 이상, 350[l/min] 이상 − 옥외소화전설비

18 옥내소화전설비에서 송수펌프의 토출량[l/min]을 바르게 나타낸 것은?

① $Q = N \times 130[l/min]$ 이상 ② $Q = N \times 350[l/min]$ 이상

③ $Q = N \times 80[l/min]$ 이상 ④ $Q = N \times 50[l/min]$ 이상

19 옥내소화전설비의 층별 설치개수는 다음과 같다. 본 소화설비에 필요한 전용수원의 용량은 얼마 이상이어야 하는가?(건물의 층수는 25층이고, 1층은 5개, 2층은 5개, 3층은 4개, 4층은 4개, 5층 이상 층은 3개가 설치되어 있다.)

① 5.2[m³] ② 7.8[m³] ③ 13[m³] ④ 54.6[m³]

▶ **옥내소화전 수원의 양**

$Q[l] = N \times 130[l/min] \times T[min]$

$= 2 \times 130 \times 20 = 5,200[l] = 5.2[m^3]$

여기서, N : 옥내소화전의 설치개수 가장 많은 층의 설치개수(최대 2개)

T : 20분(30층 이상 49층 이하 : 40분, 50층 이상 : 60분)

20 펌프의 토출 측에 설치하여야 하는 것이 아닌 것은?

① 연성계 ② 수온의 상승을 방지하기 위한 배관

③ 성능시험배관 ④ 압력계

▶ **펌프 주변의 부속설비**

① 펌프의 토출 측 : 압력계를 체크밸브 이전에 펌프 토출 측 플랜지에서 가까운 곳에 설치

② 흡입 측 : 연성계 또는 진공계를 설치

※ 흡입 측에 연성계 또는 진공계를 설치하지 아니할 수 있는 경우

1. 수원의 수위가 펌프의 위치보다 높은 경우
2. 수직회전축 펌프를 사용하는 경우

21 옥내소화전설비의 가압송수장치에 대한 설명 중 잘못된 것은?

① 내연기관의 기동은 소화전 함의 위치에서 원격 조작이 가능하고, 기동을 명시하는 황색 표시등을 설치할 것

② 펌프에는 토출 측에 압력계, 흡입 측에 연성계를 설치할 것

③ 가압송수장치에는 정격 부하 운전 시 펌프 성능을 시험하기 위한 배관을 할 것

④ 가압송수장치에는 체절 운전 시 수온의 상승을 방지하기 위한 순환배관을 설치할 것

▶ 옥내소화전설비의 가압송수장치

① 쉽게 접근할 수 있고 점검하기에 충분한 공간이 있는 장소로서 화재 및 침수 등의 재해로 인한 피해를 받을 우려가 없는 곳에 설치할 것

② 동결방지조치를 하거나 동결의 우려가 없는 장소에 설치할 것

③ 펌프는 전용으로 할 것. 다만, 다른 소화설비와 겸용하는 경우 각각의 소화설비의 성능에 지장이 없을 때에는 그러하지 아니하다.[미분무소화설비 : 전용으로 할 것]

④ 펌프의 토출 측에는 압력계를 체크밸브 이전에 펌프 토출 측 플랜지에서 가까운 곳에 설치하고, 흡입 측에는 연성계 또는 진공계를 설치할 것. 다만, 수원의 수위가 펌프의 위치보다 높거나 수직회전축 펌프의 경우에는 연성계 또는 진공계를 설치하지 아니할 수 있다.

⑤ 가압송수장치에는 정격부하운전 시 펌프의 성능을 시험하기 위한 배관을 설치할 것. 다만, 충압펌프의 경우에는 그러하지 아니하다.

⑥ 가압송수장치에는 체절운전 시 수온의 상승을 방지하기 위한 순환배관을 설치할 것. 다만, 충압펌프의 경우에는 그러하지 아니하다.

⑦ 수원의 수위가 펌프보다 낮은 위치에 있는 가압송수장치에는 다음 각 목의 기준에 따른 물올림장치를 설치할 것

  ㉮ 물올림장치에는 전용의 탱크를 설치할 것

  ㉯ 탱크의 유효수량은 100l 이상으로 하되, 구경 15mm 이상의 급수배관에 따라 해당 탱크에 물이 계속 보급되도록 할 것

⑧ 기동용 수압개폐장치를 기동장치로 사용할 경우에는 다음 각 목의 기준에 따른 충압펌프를 설치할 것

  ㉮ 펌프의 토출압력은 그 설비의 최고위 호스접결구의 자연압보다 적어도 0.2MPa이 더 크도록 하거나 가압송수장치의 정격토출압력과 같게 할 것

  ㉯ 펌프의 정격토출량은 정상적인 누설량보다 적어서는 아니 되며, 옥내소화전설비가 자동적으로 작동할 수 있도록 충분한 토출량을 유지할 것

⑨ 가압송수장치에는 "옥내소화전펌프"라고 표시한 표지를 할 것. 이 경우 그 가압송수 장치를 다른 설비와 겸용하는 때에는 그 겸용되는 설비의 이름을 표시한 표지를 함께 해야 한다.

⑩ 가압송수장치가 기동이 된 경우에는 자동으로 정지되지 아니하도록 해야 한다. 다만, 충압펌프의 경우에는 그러하지 아니하다.

정답 21. ①

⑪ 특정소방대상물의 어느 층에 있어서도 해당 층의 옥내소화전(2개 이상 설치된 경우에는 2개의 옥내소화전)을 동시에 사용할 경우 각 소화전의 노즐선단에서의 방수압력이 0.17MPa(호스릴옥내소화전설비를 포함한다.) 이상이고, 방수량이 130l/min(호스릴 옥내소화전설비를 포함한다.) 이상이 되는 성능의 것으로 할 것. 다만, 하나의 옥내소화전을 사용하는 노즐선단에서의 방수압력이 0.7MPa을 초과할 경우에는 호스접결구의 인입 측에 감압장치를 설치해야 한다.

⑫ 펌프의 토출량은 옥내소화전이 가장 많이 설치된 층의 설치개수(옥내소화전이 2개 이상 설치된 경우에는 2개)에 130l/min를 곱한 양 이상이 되도록 할 것

⑬ 기동장치로는 기동용 수압개폐장치 또는 이와 동등 이상의 성능이 있는 것을 설치할 것. 다만, 학교 · 공장 · 창고시설(옥상수조를 설치한 대상은 제외한다.)로서 동결의 우려가 있는 장소에 있어서는 기동스위치에 보호판을 부착하여 옥내소화전함 내에 설치할 수 있다.

⑭ 기동용 수압개폐장치(압력챔버)를 사용할 경우 그 용적은 100l 이상의 것으로 할 것

⑮ 내연기관을 사용하는 경우 가압송수장치 설치기준
㉮ 내연기관의 기동은 기동장치를 설치하거나, 또는 소화전함의 위치에서 원격조작이 가능하고, 기동을 명시하는 적색등을 설치할 것
㉯ 제어반에 따라 내연기관의 자동기동 및 수동기동이 가능하고, 상시 충전되어 있는 축전지 설비를 갖출 것
㉰ 내연기관의 연료량은 펌프를 20분(충수가 30층 이상 49층 이하는 40분, 50층 이 상은 60분) 이상 운전할 수 있는 용량일 것

22 저수조에서 옥내소화전용 수조와 일반급수용 수조를 겸용 시 소화에 필요한 유효수량 [m³]은?

① 저수조의 바닥면과 일반 급수용 펌프의 후드밸브 사이의 수량
② 일반 급수펌프의 후드밸브와 옥내소화전용 펌프의 후드밸브 사이의 수량
③ 옥내소화전용 펌프의 후드밸브와 지하수조 상단 사이의 수량
④ 저수조의 바닥면과 상단 사이의 전체 수량

◐ 설비 겸용 시 유효수량

옥내소화전설비의 후드밸브 · 흡수구 또는 수직배관의 급수구와 다른 설비의 후드밸브 · 흡수구 또는 수직배관의 급수구와의 사이의 수량을 그 유효수량으로 한다.

23 옥내소화전설비의 수원에 대한 설명으로 옳은 것은?

① 20층인 소방대상물에 소화전이 가장 많은 층의 개수가 4개일 때 수원의 용량은 10.4[m³] 이상이어야 한다.
② 가압송수장치를 고가수조로 설치할 경우 유효수량의 1/3을 옥상에 별도로 설치할 필요가 없다.
③ 지하층만 있는 경우 유효수량의 1/3 이상을 지상 1층 높이에 설치해야 한다.
④ 수조에 맨홀을 설치할 경우 수조의 외측에 수위계는 설치하지 않아도 좋다.

▶ **옥내소화전설비의 수원**

① $Q = N \times 130[l/\text{min}] \times 20[\text{min}]$
　　$= 2 \times 130 \times 20 = 5,200[l] = 5.2[\text{m}^3]$

② 옥상수원 설치 제외

　㉮ 지하층만 있는 건축물

　㉯ 고가수조를 가압송수장치로 설치한 옥내소화전설비

　㉰ 수원이 건축물의 최상층에 설치된 방수구보다 높은 위치에 설치된 경우(SP : 최상층에 설치된 헤드, ESFR : 지붕)

　㉱ 건축물의 높이가 지표면으로부터 10m 이하인 경우

　㉲ 주펌프와 동등 이상의 성능이 있는 별도의 펌프로서 내연기관의 기동과 연동하여 작동 되거나 비상전원을 연결하여 설치한 경우

　㉳ 가압수조를 가압송수장치로 설치한 옥내소화전설비

　㉴ 학교·공장·창고시설(옥상수조를 설치한 대상은 제외한다.)로서 동결의 우려가 있는 장소에 있어서는 기동스위치에 보호판을 부착하여 옥내소화전함 내에 설치한 경우

③ 수조에 맨홀을 설치할 경우 수조의 외측에 수위계를 설치할 것

---

24 옥내소화전설비 수조의 설치기준으로 틀린 것은?

① 수조를 실내에 설치하였을 경우에는 조명설비를 설치한다.

② 수조의 상단이 바닥보다 높을 때는 수조 내측에 사다리를 설치한다.

③ 점검이 편리한 곳에 설치한다.

④ 수조 밑부분에 청소용 배수밸브, 배수관을 설치한다.

▶ **수조 설치기준**

① 점검에 편리한 곳에 설치할 것

② 동결방지조치를 하거나 동결의 우려가 없는 장소에 설치할 것

③ 수조의 외측에 수위계를 설치할 것. 다만, 구조상 불가피한 경우에는 수조의 맨홀 등을 통하여 수조 안의 물의 양을 쉽게 확인할 수 있도록 해야 한다.

④ 수조의 상단이 바닥보다 높은 때에는 수조의 외측에 고정식 사다리를 설치할 것

⑤ 수조가 실내에 설치된 때에는 그 실내에 조명설비를 설치할 것

⑥ 수조의 밑 부분에는 청소용 배수밸브 또는 배수관을 설치할 것

⑦ 수조의 외측의 보기 쉬운 곳에 "옥내소화전설비용 수조"라고 표시한 표지를 할 것. 이 경우 그 수조를 다른 설비와 겸용하는 때에는 그 겸용되는 설비의 이름을 표시한 표지를 함께 해야 한다.

⑧ 소화설비용 펌프의 흡수배관 또는 소화설비의 수직배관과 수조의 접속부분에는 "옥내소화전소화설비용 배관"이라고 표시한 표지를 할 것. 다만, 수조와 가까운 장소에 소화설비용 펌프가 설치되고 해당 펌프에 2.2.1.15에 따른 표지를 설치한 때에는 그렇지 않다.

25 옥내소화전설비 중 펌프를 이용하는 가압송수장치에 대한 설명으로 틀린 것은?

① 기동용 수압개폐장치를 사용할 경우에 압력챔버 용적은 100[*l*] 이상으로 한다.
② 펌프의 흡입 측에는 진공계, 토출 측에는 연성계를 설치한다.
③ 가압송수장치에는 체절운전 시 수온의 상승을 방지하기 위한 순환배관을 설치한다.
④ 가압송수장치에는 정격부하 운전 시 펌프의 성능을 시험하기 위하여 배관을 사용한다.

◐ 옥내소화전설비의 펌프를 이용하는 가압송수장치

펌프의 토출 측에는 압력계를 체크밸브 이전에 펌프 토출 측 플랜지에서 가까운 곳에 설치하고, 흡입 측에는 연성계 또는 진공계를 설치할 것

26 송수펌프의 수원에 설치하는 후드밸브의 기능은?

① 여과, 체크밸브기능
② 송수 및 여과기능
③ 급수 및 체크밸브기능
④ 여과 및 유량측정기능

◐ 후드밸브의 기능

① 펌프가 수조 위에 설치된 경우(부압수조)에 설치한다.
② 역류방지 기능과 이물질이 흡입되는 것을 방지하기 위하여 여과망이 설치되어 있다.

27 소화펌프의 성능시험방법 및 배관에 대한 설명으로 맞는 것은?

① 펌프의 성능은 체절운전 시 정격토출압력의 150[%]를 초과하지 아니하여야 할 것
② 정격토출량의 150[%]로 운전 시 정격토출압력의 65[%] 이상이어야 할 것
③ 성능시험배관은 펌프의 토출 측에 설치된 개폐밸브 이후에서 분기할 것
④ 유량측정장치는 펌프의 정격토출압력의 165[%] 이상 측정할 수 있는 성능이 있을 것

◐ 소화펌프의 성능 및 성능시험배관

① 펌프의 성능
  펌프의 성능은 체절운전 시 정격토출압력의 140%를 초과하지 아니하고, 정격토출량의 150%로 운전 시 정격토출압력의 65% 이상이 되어야 한다.
② 성능시험배관 설치기준
  ㉮ 성능시험배관은 펌프의 토출 측에 설치된 개폐밸브 이전에서 분기하여 직선으로 설치하고, 유량측정장치를 기준으로 전단 직관부에는 개폐밸브를 후단 직관부에는 유량조절밸브를 설치할 것. 이 경우 개폐밸브와 유량측정장치 사이의 직관부 거리 및 유량측정장치와 유량조절밸브 사이의 직관부 거리는 해당 유량측정장치 제조사의 설치사양에 따르고, 성능시험배관의 호칭지름은 유량측정장치의 호칭지름에 따른다.
  ㉯ 유량측정장치는 펌프의 정격토출량의 175 % 이상까지 측정할 수 있는 성능이 있을 것

28 옥내소화전설비에서 펌프의 성능시험배관의 설치 위치로서 적합한 것은?

① 펌프의 토출 측과 개폐밸브 사이에
② 펌프의 흡입 측과 개폐밸브 사이에
③ 펌프로부터 가장 가까운 소화전 사이에
④ 펌프로부터 가장 먼 소화전 사이에

⊙ ──

펌프의 성능시험배관의 설치 위치 성능시험배관은 펌프의 토출 측에 설치된 개폐밸브 이전에서 분
기하여 직선으로 설치

29 옥내소화전설비에서 정격부하 시 펌프의 성능을 시험하기 위해 설치하는 배관은?

① 순환배관   ② 급수배관
③ 성능시험배관   ④ 드레인배관

30 충압펌프의 토출압력은 그 설비의 최고위 호스접결구의 자연압보다 몇 [MPa]이 더 커야
하는가?

① 0.1   ② 0.2
③ 0.3   ④ 0.5

⊙ **충압펌프 설치기준** ──────────────────────────────

① 펌프의 토출압력은 그 설비의 최고위 호스접결구의 자연압보다 적어도 0.2MPa이 더 크도록 하
거나 가압송수장치의 정격토출압력과 같게 할 것
② 펌프의 정격토출량은 정상적인 누설량보다 적어서는 아니 되며, 옥내소화전설비가 자동적으로
작동할 수 있도록 충분한 토출량을 유지할 것

31 물올림장치의 용량은 얼마 이상이어야 하는가?

① 50[l]   ② 100[l]
③ 150[l]   ④ 200[l]

⊙ **물올림장치 설치기준** ──────────────────────────────

① 물올림장치에는 전용의 탱크를 설치할 것
② 탱크의 유효수량은 100l 이상으로 하되, 구경 15mm 이상의 급수배관에 따라 해당 탱크에 물이
계속 보급되도록 할 것

32 학교 · 공장 · 창고시설(옥상수조를 설치한 대상은 제외한다.)로서 동결의 우려가 있는 장소에 있어서는 기동스위치에 보호판을 부착하여 옥내소화전함 내에 설치한 경우 주 펌프와 동등 이상의 성능이 있는 별도의 펌프를 설치하여야 하나 그러하지 아니할 수 있는 경우로 틀린 것은?

① 지하층만 있는 건축물
② 수원이 건축물의 지붕보다 높은 위치에 설치된 경우
③ 건축물의 높이가 지표면으로부터 10m 이하인 경우
④ 가압수조를 가압송수장치로 설치한 옥내소화전설비

▶ **별도의 펌프를 설치하지 아니할 수 있는 경우**
　① 지하층만 있는 건축물
　② 고가수조를 가압송수장치로 설치한 경우
　③ 수원이 건축물의 최상층에 설치된 방수구보다 높은 위치에 설치된 경우
　④ 건축물의 높이가 지표면으로부터 10m 이하인 경우
　⑤ 가압수조를 가압송수장치로 설치한 경우

33 옥내소화전이 2개소 설치되어 있고 수원의 공급은 모터펌프로 한다. 수원으로부터 가장 먼 소화전의 앵글밸브까지의 요구되는 수두가 29.4m라고 할 때 모터의 용량은 몇 [kW] 이상이어야 하는가?(단, 호스 및 관창의 마찰손실수두는 3.6m, 펌프의 효율은 65%이며, 전동기에 직결한 것으로 한다.)

① 1.59kW　　　　　　　　② 2.59kW
③ 3.59kW　　　　　　　　④ 4.59kW

▶ **전동기 용량계산 전동기 용량**

$$P = \frac{1,000 \times Q \times H}{102 \times 60 \times \eta} \times K [\text{kW}]$$

① 토출량 $Q = N \times 130 l/\min = 2 \times 130 = 260 l/\min = 0.26 \text{m}^3/\min$
② 전양정 $H = h_1 + h_2 + h_3 + 17 = 29.4 + 3.6 + 17 = 50\text{m}$
③ $P = \frac{1,000 \times Q \times H}{102 \times 60 \times \eta} \times K = \frac{1,000 \times 0.26 \times 50}{102 \times 60 \times 0.65} \times 1.1 = 3.59[\text{kW}]$

34 기동용 수압개폐장치의 구성요소 중 압력챔버의 역할이 아닌 것은?

① 수격작용 방지
② 배관 내의 이물질 침투방지
③ 배관 내의 압력 저하 시 충압펌프의 자동기동
④ 배관 내의 압력 저하 시 주 펌프의 자동기동

▶ **압력챔버의 역할** ───────────────

① 수격작용 방지
② 배관 내의 압력 저하 시 충압펌프의 자동기동
③ 배관 내의 압력 저하 시 주 펌프의 자동기동

35 소방용 펌프의 체절운전 시 체절 압력 미만에서 개방되는 밸브의 명칭으로 옳은 것은?

① Glove Valve
② Relief Valve
③ Check Valve
④ Drain Valve

▶ **릴리프밸브(Relief Valve)** ───────────────

① 소방펌프 등에 설치하여 액체가 일정 압력이 될 때 그 압력의 상승에 따라 자동적으로 개방되는 기능이 있는 밸브이다.
② 체절압력 미만에서 개방될 수 있도록 해야 한다.
③ 작동압력을 임의로 조정할 수 있다.

36 옥내소화전설비의 펌프 토출 측 배관에 설치되는 부속장치 중에서 펌프와 체크밸브(또는 개폐밸브) 사이에 연결되는 것이 아닌 것은?

① 펌프의 성능시험배관
② 기동용 수압개폐장치
③ 물올림장치
④ 순환배관

▶ **펌프 주변 배관** ───────────────

① 펌프와 체크밸브(또는 개폐밸브) 사이 : 순환배관, 물올림장치, 성능시험배관
② 기동용 수압개폐장치 : 펌프 토출 측 개폐밸브 이후에 설치

37 옥내소화전설비의 노즐에서의 방수량[l/min] 계산식으로 옳은 것은?

① $Q = 0.653d^2\sqrt{10P}$
② $Q = K\sqrt{10P}$
③ $Q = N \times 250[l/\min]$
④ $Q = N \times 350[l/\min]$

▶ **옥내소화전 방수량** ───────────────

① $Q[l/\min] = 0.653d^2\sqrt{10P}$
  여기서, $Q[l/\min]$: 방수량, $d[mm]$: 노즐내경(13mm), $P[MPa]$: 방수압력
② $Q[l/\min] = 0.653d^2\sqrt{P}$
  여기서, $Q[l/\min]$: 방수량, $d[mm]$: 노즐내경(13mm), $P[kgf/cm^2]$: 방수압력

38 옥내소화전설비의 가압송수장치에 해당하지 아니하는 것은?

① 전동기에 따른 펌프를 이용하는 가압송수장치
② 고가수조의 자연낙차를 이용하는 가압송수장치
③ 가압수조를 이용하는 가압송수장치
④ 상수도직결형

◉ **옥내소화전 가압송수장치 종류**

① 펌프방식(전동기 또는 내연기관을 이용)　② 고가수조방식(자연낙차 이용)
③ 압력수조방식　　　　　　　　　　　　　④ 가압수조방식

39 가압송수장치 중 압력수조에 설치하여야 하는 것이 아닌 것은?

① 급기관　　　　　② 급수관　　　　　③ 압력계　　　　　④ 수동식 공기압축기

◉ **압력수조를 이용한 가압송수장치**

① 압력수조란 소화용수와 공기를 채우고 일정 압력 이상으로 가압하여 그 압력으로 급수하는 수조를 말한다.
② 압력수조에는 수위계 · 급수관 · 배수관 · 급기관 · 맨홀 · 압력계 · 안전장치 및 압력저하 방지를 위한 자동식 공기압축기를 설치할 것

40 연결송수관설비의 배관과 옥내소화전의 배관을 겸용할 경우 주 배관의 구경은?

① 50[mm] 이상　　　　　　　　② 80[mm] 이상
③ 100[mm] 이상　　　　　　　④ 120[mm] 이상

◉ **옥내소화전설비**

연결송수관설비의 배관과 겸용할 경우의 주 배관은 구경 100mm 이상, 방수구로 연결되는 배관의 구경은 65mm 이상의 것으로 해야 한다.

41 옥내소화전펌프의 토출 측 주 배관의 구경은 유속이 얼마 이하가 될 수 있는 크기 이상으로 하여야 하는가?

① 3[m/s]　　　　② 4[m/s]　　　　③ 6[m/s]　　　　④ 10[m/s]

◉ **옥내소화전설비**

펌프의 토출 측 주 배관의 구경은 유속이 4m/s 이하가 될 수 있는 크기 이상으로 하여야 하고, 옥내소화전방수구와 연결되는 가지배관의 구경은 40mm(호스릴옥내소화전설비의 경우에는 25mm) 이상으로 하여야 하며, 주 배관 중 수직배관의 구경은 50mm(호스릴옥내소화전설비의 경우에는 32mm) 이상으로 해야 한다.

42 옥내소화전설비의 흡입 측 배관을 설명한 것으로 틀린 것은?

① 공기고임이 생기지 아니하는 구조로 하고 여과장치를 설치할 것
② 후드밸브는 펌프가 수조 위에 설치된 경우에 설치한다.
③ 수조가 펌프보다 낮게 설치된 경우에는 각 펌프(충압펌프는 제외한다.)마다 수조로부터 별도로 설치할 것
④ 펌프의 흡입 측에는 연성계 또는 진공계를 설치할 것

● **옥내소화전설비** ─────────────────────

① 펌프 흡입 측 배관 설치기준
⑦ 공기고임이 생기지 아니하는 구조로 하고 여과장치를 설치할 것
⑭ 수조가 펌프보다 낮게 설치된 경우에는 각 펌프(충압펌프를 포함한다.)마다 수조로부터 별도로 설치할 것
② 후드밸브(Foot Valve)
⑦ 펌프가 수조 위에 설치된 경우(부압수조)에 설치한다.
⑭ 역류방지 기능과 이물질이 흡입되는 것을 방지하기 위하여 여과망이 설치되어 있다.

43 옥내소화전설비의 배관에 대한 설명으로 부적합한 것은?

① 펌프의 흡수관에 여과장치를 한다.
② 주 배관 중 수직배관은 구경 50[mm] 이상의 것으로 한다.
③ 연결송수관과 겸용하는 경우의 가지관은 구경 50[mm] 이상의 것으로 한다.
④ 연결송수관의 설비와 겸용할 경우의 주 배관의 구경은 100[mm] 이상의 것으로 한다.

● **옥내소화전설비** ─────────────────────

연결송수관과 겸용하는 경우의 가지관은 구경 65[mm] 이상의 것으로 한다.

44 배관의 팽창 등에 따른 사고방지를 위해 배관의 도중에 설치하는 신축이음에 해당되지 않는 것은?

① 슬래브형　　　　　　　　② 벨로스형
③ 루프형　　　　　　　　　④ 유니온형

● **배관 이음 방식** ─────────────────────

① 나사이음　　　　　　　　② 용접이음
③ 플랜지 이음　　　　　　　④ 기계식 이음
⑤ 신축이음
⑦ 슬래브형, ⑭ 벨로스형, ⑭ 스위블형, ⑭ 루프형, ⑭ 볼 조인트

45 옥내소화전설비의 전동기 또는 내연기관에 따른 펌프를 이용하는 가압송수장치 설치기준을 설명한 것 중 틀린 것은?

① 가압송수장치의 주펌프는 전동기 이외의 펌프로 설치해야 한다.
② 펌프의 토출량은 옥내소화전이 가장 많이 설치된 층의 설치개수(옥내소화전이 2개 이상 설치된 경우에는 2개)에 130*l*를 곱한 양 이상이 되도록 할 것
③ 학교 · 공장 · 창고시설(옥상수조를 설치한 대상은 제외한다.) 등으로서 동결의 우려가 있는 장소에 있어서는 기동스위치에 보호판을 부착하여 옥내소화전함 내에 설치할 수 있다.
④ 하나의 옥내소화전을 사용하는 노즐선단에서의 방수압력이 0.7MPa을 초과할 경우에는 호스접결구의 인입 측에 감압장치를 설치해야 한다.

◑ 옥내소화전설비

가압송수장치의 주펌프는 전동기에 따른 펌프로 설치해야 한다.

46 옥내소화전설비의 송수구 설치기준을 설명한 것 중 틀린 것은?

① 지면으로부터 높이가 0.5m 이상 1m 이하의 위치에 설치할 것
② 구경 65mm의 쌍구형 또는 단구형으로 할 것
③ 송수구로부터 주 배관에 이르는 연결배관에는 개폐밸브를 설치하지 아니할 것
④ 송수구는 하나의 층의 바닥면적이 3,000m²를 넘을 때마다 1개 이상을 설치할 것

◑ 옥내소화전설비 송수구 설치기준

① 지면으로부터 높이가 0.5m 이상 1m 이하의 위치에 설치할 것
② 송수구의 가까운 부분에 자동배수밸브(또는 직경 5mm의 배수공) 및 체크밸브를 설치할 것. 이 경우 자동 배수밸브는 배관 안의 물이 잘 빠질 수 있는 위치에 설치하되, 배수로 인하여 다른 물건 또는 장소에 피해를 주지 아니해야 한다.
③ 송수구에는 이물질을 막기 위한 마개를 씌울 것
④ 송수구는 소방차가 쉽게 접근할 수 있는 잘 보이는 장소에 설치하되 화재층으로부터 지면으로 떨어지는 유리창 등이 송수 및 그 밖의 소화 작업에 지장을 주지 아니 하는 장소에 설치할 것[옥내 · SP · 간이SP · 연송]
⑤ 구경 65mm의 쌍구형 또는 단구형으로 할 것[옥내]
⑥ 송수구로부터 주 배관에 이르는 연결배관에는 개폐밸브를 설치하지 아니할 것. 다만, 스프링클러설비 · 물분무소화설비 · 포소화설비 또는 연결송수관 설비의 배관과 겸용하는 경우에는 그러하지 아니하다.[옥내 · 연살 · 연방 : 단서조항 없음]
[스프링클러설비 · 화재조기진압용 스프링클러설비 · 물분무소화설비 · 포소화설비]
⑦ 송수구는 하나의 층의 바닥면적이 3,000m²를 넘을 때마다 1개 이상을 설치할 것

47 옥내소화전설비의 방수구 설치기준을 설명한 것 중 틀린 것은?

① 특정소방대상물의 층마다 설치하되, 해당 특정소방대상물의 각 부분으로부터 하나의 옥내소화전방수구까지의 수평거리가 25m 이하가 되도록 할 것

② 바닥으로부터의 높이가 1.5m 이하가 되도록 할 것

③ 호스는 구경 40mm(호스릴옥내소화전설비를 포함한다.) 이상의 것으로 할 것

④ 복층형 구조의 공동주택의 경우에는 세대의 출입구가 설치된 층에만 설치할 수 있다.

▶ **옥내소화전설비 방수구 설치기준**
① 특정소방대상물의 층마다 설치하되, 해당 특정소방대상물의 각 부분으로부터 하나의 옥내소화전 방수구까지의 수평거리가 25m(호스릴옥내소화전설비를 포함한다.) 이하가 되도록 할 것. 다만, 복층형 구조의 공동주택의 경우에는 세대의 출입구가 설치된 층에만 설치할 수 있다.
② 바닥으로부터의 높이가 1.5m 이하가 되도록 할 것
③ 호스는 구경 40mm(호스릴옥내소화전설비의 경우에는 25mm) 이상의 것으로서 특정 소방대상물의 각 부분에 물이 유효하게 뿌려질 수 있는 길이로 설치할 것
④ 호스릴옥내소화전설비의 경우 그 노즐에는 노즐을 쉽게 개폐할 수 있는 장치를 부착할 것

48 옥내소화전설비의 방수구 설치제외 장소 기준을 설명한 것 중 틀린 것은?

① 냉장창고 중 온도가 영하인 냉장실 또는 냉동창고의 냉동실

② 고온의 물질 및 증류범위가 넓어 끓어 넘치는 위험이 있는 물질을 저장 또는 취급하는 장소

③ 발전소 · 변전소 등으로서 전기시설이 설치된 장소

④ 야외음악당 · 야외극장 또는 그 밖의 이와 비슷한 장소

▶ **옥내소화전설비 방수구 설치제외 장소**
① 냉장창고 중 온도가 영하인 냉장실 또는 냉동창고의 냉동실
② 고온의 노가 설치된 장소 또는 물과 격렬하게 반응하는 물품의 저장 또는 취급 장소
③ 발전소 · 변전소 등으로서 전기시설이 설치된 장소
④ 식물원 · 수족관 · 목욕실 · 수영장(관람석 부분을 제외한다.) 또는 그 밖의 이와 비슷한 장소
⑤ 야외음악당 · 야외극장 또는 그 밖의 이와 비슷한 장소

49 옥내소화전설비의 상용전원 회로의 배선을 설명한 것 중 옳은 것은?

① 저압수전인 경우에는 인입개폐기 직전에서 분기하여 전용배선으로 할 것

② 특별고압수전인 경우에는 전력용 변압기 1차 측의 주 차단기 1차 측에서 분기하여 전용배선으로 할 것

③ 고압수전일 경우 상용전원의 상시 공급에 지장이 없을 경우에는 주 차단기 1차 측에서 분기하여 전용배선으로 할 것

④ 고압수전일 경우 전력용 변압기 2차 측의 주 차단기 1차 측에서 분기하여 전용배선으로 할 것

◐ 상용전원 회로의 배선 —————————————————————————

① 저압수전인 경우 : 인입개폐기의 직후에서 분기하여 전용배선으로 하여야 하며, 전용의 전선관에
   보호되도록 할 것

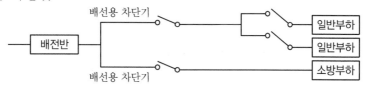

② 특별고압수전 또는 고압수전일 경우 : 전력용 변압기 2차 측의 주 차단기 1차 측에서 분기하여
   전용배선으로 하되, 상용 전원의 상시공급에 지장이 없을 경우에는 주 차단기 2차 측에서 분기하
   여 전용배선으로 할 것. 다만, 가압송수장치의 정격입력전압이 수전전압과 같은 경우에는 제1호
   의 기준에 따른다.

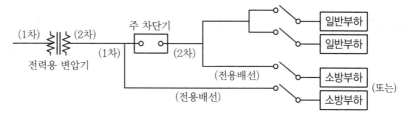

50 옥내소화전설비의 비상전원 설치기준을 설명한 것 중 옳은 것은?

① 층수가 7층 이상으로서 연면적이 2,000m² 이상인 것에 설치된 옥내소화전설비에는 비상전
   원을 설치해야 한다.
② 옥내소화전설비의 비상전원으로는 자가발전설비, 비상전원수전설비를 설치할 수 있다.
③ 옥내소화전설비의 가압송수장치로 압력수조를 설치한 경우에는 비상전원을 설치하지 아니
   할 수 있다.
④ 비상전원을 실내에 설치하는 때에는 그 실내에 조명설비를 설치할 것

◐ 옥내소화전설비의 비상전원 설치기준 —————————————————————

① 설치대상
   ㉠ 층수가 7층 이상으로서 연면적이 2,000m² 이상인 것
   ㉡ 특정소방대상물로서 지하층의 바닥면적의 합계가 3,000m² 이상인 것
② 종류
   ㉠ 자가발전설비
   ㉡ 축전시설비
   ㉢ 전기저장장치
③ 설치기준
   ㉠ 점검에 편리하고 화재 및 침수 등의 재해로 인한 피해를 받을 우려가 없는 곳에 설치할 것
   ㉡ 옥내소화전설비를 유효하게 20분 이상 작동할 수 있어야 할 것
   ㉢ 상용전원으로부터 전력의 공급이 중단된 때에는 자동으로 비상전원으로부터 전력을 공급받을
      수 있도록 할 것

㉣ 비상전원(내연기관의 기동 및 제어용 축전기를 제외한다.)의 설치장소는 다른 장소와 방화구
획 할 것. 이 경우 그 장소에는 비상전원의 공급에 필요한 기구나 설비 외의 것(열병합발전설
비에 필요한 기구나 설비는 제외한다.)을 두어서는 아니 된다.
㉤ 비상전원을 실내에 설치하는 때에는 그 실내에 비상조명등을 설치할 것

51 옥내소화전설비 제어반의 종류로 옳은 것은?

① 주전원제어반과 예비전원제어반　　② 상시제어반과 임시제어반
③ 감시제어반과 동력제어반　　　　　　④ 옥내제어반과 옥외제어반

◉ 옥내소화전설비의 제어반

옥내소화전설비에는 제어반을 설치하되, 감시제어반과 동력제어반으로 구분하여 설치해야 한다.

52 구경이 50[mm]의 배관에 0.26[m³/min]의 유체가 흐르고 있다. 이 배관의 길이가 100 [m]일 경우 압력손실[MPa]을 구하시오(단, 배관의 조도는 100이다.).

① 0.115　　　　　　　　　　　② 0.189
③ 0.315　　　　　　　　　　　④ 0.415

◉ 하겐 – 윌리엄스방정식

$$\triangle P = 6.053 \times 10^4 \times \frac{Q^{1.85}}{C^{1.85} \times d^{4.87}} \times L$$

$$= 6.053 \times 10^4 \times \frac{260^{1.85}}{100^{1.85} \times 50^{4.87}} \times 100 = 0.189\,[\text{MPa}]$$

53 건축물의 내부에 옥내소화전이 3개 설치되어 있으며, 옥내소화전의 노즐 구경이 13[mm], 총 양정이 80[m], 펌프의 효율이 55[%]이라면 이곳에 설치하여야 할 펌프의 전동기 용량은 얼마가 되겠는가?(단, 전달계수는 1.1이다.)

① 6.8[kW]　　　　　　　　　　② 10.2[kW]
③ 12[kW]　　　　　　　　　　　④ 15[kW]

◉ 전동기 용량

$$P = \frac{1,000 \times Q \times H}{102 \times 60 \times \eta} \times K\,[\text{kW}]$$

① 토출량 $Q = N \times 130l/\text{min} = 2 \times 130 = 260l/\text{min} = 0.26\text{m}^3/\text{min}$

② 전양정 $H(\text{전양정}) = h_1 + h_2 + h_3 + 17 = 80\text{m}$

③ $P = \dfrac{1,000 \times Q \times H}{102 \times 60 \times \eta} \times K = \dfrac{1,000 \times 0.26 \times 80}{102 \times 60 \times 0.55} \times 1.1 = 6.797\,[\text{kW}]$　　∴ 6.8kW

54 옥내소화전설비에서 방화구획을 하여야 하는 부분에 해당되지 아니하는 것은?

① 가압수조를 이용한 가압송수장치   ② 감시제어반의 전용실

③ 비상전원 설치장소   ④ 수조 설치장소

▶ **옥내소화전설비에서 방화구획을 하여야 하는 부분**

① 가압수조를 이용한 가압송수장치 가압수조 및 가압원은 「건축법 시행령」 제46조에 따른 방화구획된 장소에 설치할 것

② 감시제어반 전용실은 다른 부분과 방화구획을 할 것. 이 경우 전용실의 벽에는 기계실 또는 전기실 등의 감시를 위하여 두께 7mm 이상의 망입유리(두께 16.3mm 이상의 접합유리 또는 두께 28mm 이상의 복층유리를 포함한다.)로 된 4m² 미만의 붙박이창을 설치할 수 있다.

③ 비상전원(내연기관의 기동 및 제어용 축전기를 제외한다.)의 설치장소는 다른 장소와 방화구획할 것. 이 경우 그 장소에는 비상전원의 공급에 필요한 기구나 설비 외의 것(열병합발전설비에 필요한 기구나 설비는 제외한다.)을 두어서는 아니 된다.

※ 수조 설치장소

① 점검에 편리한 장소

② 동결 방지조치를 하거나 동결 우려가 없는 장소

55 옥내소화전이 각 층에 3개씩 설치되어 있고, 스프링클러헤드가 각 층에 50개씩 설치된 15층 건축물에 펌프와 수조를 겸용하여 사용한다. 이때 필요한 최소 저수량은 몇 m³인가?

① 42.8m³   ② 53.2m³   ③ 55.8m³   ④ 60.8m³

▶ **저수량 산정**

① 토출량

$Q = (N \times 130l/\min) + (N \times 80l/\min) = (2 \times 130) + (30 \times 80) = 2,660l/\min$

② 저수량 m³

$Q = 2,660l/\min \times 20\min \times 10^{-3}\mathrm{m}^3/l = 53.2\mathrm{m}^3$

56 옥내소화전설비의 가압송수장치 설치기준을 설명한 것 중 틀린 것은?

① 내연기관을 사용하는 경우 내연기관의 연료량은 펌프를 20분 이상 운전할 수 있는 용량일 것

② 고가수조의 자연낙차 수두는 다음 식과 같다. $H = h_1 + h_2 + 17 (h_1$: 소방용 호스마찰손실수두[m], h_2 : 배관의 마찰손실수두[m])

③ 가압수조에는 수위계 · 급수관 · 배수관 · 급기관 · 압력계 · 안전장치 및 수조에 소화수와 압력을 보충할 수 있는 장치를 설치할 것

④ 가압송수장치가 기동이 된 경우에는 자동으로 정지되지 아니하도록 해야 한다.

▶ **가압송수장치 설치기준**

가압수조에는 수위계 · 급수관 · 배수관 · 급기관 · 압력계 · 안전장치 및 수조에 소화수와 압력을 보충할 수 있는 장치를 설치할 것〈2015.01.23. 기준 삭제〉

57 표시등의 성능인증 및 제품검사의 기술기준상 옥내소화전의 표시등은 사용전압의 몇 %
인 전압을 24시간 연속하여 가하는 경우 단선이 발생하지 않아야 하는가?

① 130   ② 140

③ 150   ④ 160

▶ **표시등의 성능인증 및 제품검사의 기술기준** ────────────

표시등은 사용전압의 130%인 전압을 24시간 연속하여 가하는 경우에도 단선, 현저한 광속 변화,
전류 변화 등의 현상이 발생되지 아니할 것

58 스프링클러설비를 설명한 것 중 틀린 것은?

① 습식 스프링클러설비에는 폐쇄형 하향식 헤드를 사용한다.

② 준비작동식 스프링클러설비에는 폐쇄형 하향식 헤드를 사용한다.

③ 건식 스프링클러설비에는 폐쇄형 상향식 헤드를 사용한다.

④ 일제살수식 스프링클러설비에는 개방형 하향식 헤드를 사용한다.

▶ **스프링클러설비 종류** ────────────

종류	1차 측	2차 측	헤드	감지기	수동기동장치
습식(Alram Valve)		가압수	폐쇄형(하향식)	×	×
건식(Dry Valve)		압축공기	폐쇄형(상향식)	×	×
준작(Preaction Valve)	가압수	대기압	폐쇄형(상향식)	○(교차회로)	○
부압(Preaction Valve)		부압	폐쇄형(하향식)	○	○
일제(Deluge Valve)		대기압	개방형(하향식)	○(교차회로)	○

59 가압송수장치에서 준비작동식 유수검지장치의 1차 측까지는 항상 정압의 물이 가압되
고, 2차 측 폐쇄형 스프링클러헤드까지는 소화수가 부압으로 되어 있다가 화재 시 감지기
의 작동에 의해 정압으로 변하여 유수가 발생하면 작동하는 스프링클러설비에 해당하는
설비로 알맞은 것은?

① 준비작동식 스프링클러설비   ② 일제살수식 스프링클러설비

③ 습식 스프링클러설비   ④ 부압식 스프링클러설비

60 건식 스프링클러설비의 긴급개방장치에 해당하는 것은?

① 익조스터(Exhauster)   ② 리타딩 챔버(Retarding Chamber)

③ 파일럿 밸브(Pilot Valve)   ④ 중간 챔버(Intermediate Chamber)

   정답   57. ①   58. ②   59. ④   60. ①

◐ **건식 스프링클러설비의 긴급개방장치(Quick Opening Device)**

종류	설치위치		작동
	입구	출구	
액셀러레이터 (Accelerator)	건식 밸브 2차 측 토출 측 배관	건식 밸브 중간챔버	헤드 개방 시 차압 챔버의 압력에 의해 건식 밸브 중간 챔버로 압축 공기가 배출되어 개방
익조스터 (Exhauster)	건식 밸브 2차 측 토출 측 배관	대기 중에 노출	헤드 개방 시 익조스터 내부 밸브가 개방되어 건식 밸브 2차 측 공기를 대기 중으로 방출하여 개방

61 준비작동식 스프링클러설비의 준비작동식 밸브 2차 측에는 무엇을 채워 놓는가?

① 가압수
② 부동액
③ 압축공기
④ 대기압의 공기

62 개방형 헤드를 설치하여야 하는 장소로 옳은 것은?

① 공동주택의 거실
② 병원의 입원실
③ 연소할 우려가 있는 개구부
④ 숙박시설의 침실

◐ **스프링클러설비 헤드**

① 개방형 헤드 설치장소
  ㉮ 연소할 우려가 있는 개구부
  ㉯ 무대부
② 조기반응형 스프링클러헤드 설치장소
  ㉮ 공동주택 · 노유자시설의 거실
  ㉯ 오피스텔 · 숙박시설의 침실, 병원의 입원실

※ **개방형 헤드 설치 시 수원의 양**

① 30개 이하 : $Q = N \times 1.6\text{m}^3$
② 30개 초과 : $Q = q[l/\text{min}] \times 20\text{min}$ 이상, $q = N \times q'[l/\text{min}]$, $q' = K\sqrt{10P}$
  여기서, q' : 스프링클러헤드 방수량

63 천장의 기울기가 10분의 1을 초과하는 경우 최상부의 스프링클러헤드는 천장으로부터 수직거리 몇 cm 이내에 설치하여야 하는가?

① 50cm
② 70cm
③ 90cm
④ 120cm

◉ 스프링클러설비 헤드 설치기준

천장의 기울기가 10분의 1을 초과하는 경우, 가지관을 천장의 마루와 평행하게 설치
① 천장의 최상부에 스프링클러헤드를 설치하는 경우에는 최상부에 설치하는 스프링클러헤드의 반사판을 수평으로 설치할 것
② 천장의 최상부를 중심으로 가지관을 서로 마주보게 설치하는 경우에는 최상부의 가지관 상호 간의 거리가 가지관상의 스프링클러헤드 상호 간의 거리의 2분의 1 이하(최소 1m 이상이 되어야 한다.)가 되게 스프링클러헤드를 설치하고, 가지관의 최상부에 설치하는 스프링클러헤드는 천장의 최상부로부터의 수직거리가 90cm 이하가 되도록 할 것. 톱날지붕, 둥근지붕 기타 이와 유사한 지붕의 경우에도 이에 준한다.

64 무대부에 개방형 스프링클러헤드를 정방형으로 배치하고자 할 때 헤드 간의 거리는 몇 m 이내로 하여야 하는가?

① 약 1.86m ② 약 2.40m
③ 약 3.25m ④ 약 3.6m

◉ 헤드의 간격

① 스프링클러헤드 수평거리(R)

	특정소방대상물		수평거리
①	무대부 · 특수가연물을 저장 또는 취급하는 장소		1.7m 이하
②	랙크식 창고	특수가연물을 저장 또는 취급하는 경우	1.7m 이하
		특수가연물 이외의 물품을 저장 · 취급하는 경우	2.5m 이하
③	공동주택(아파트) 세대 내의 거실(「스프링클러헤드의 형식승인 및 제품검사의 기술기준」의 유효반경으로 한다.)		3.2m 이하
④	기타 소방대상물	내화구조	2.3m 이하
		비내화구조	2.1m 이하

② 정방형(정사각형) 배치 $S = 2R\cos 45° = \sqrt{2}\,R = \sqrt{2} \times 1.7 = 2.4\text{m}$

65 스프링클러설비의 최소 방수량과 방수압으로 알맞은 것은?

① 80[l/min] 이상, 0.1[MPa] 이상
② 130[l/min] 이상, 0.1[MPa] 이상
③ 80[l/min] 이상, 0.17[MPa] 이상
④ 130[l/min] 이상, 0.17[MPa] 이상

66 지하층을 제외한 층수가 10층인 병원 건물에 습식 스프링클러설비가 설치되어 있다면 스프링클러설비에 필요한 수원의 양은 얼마 이상이어야 하는가?(단, 헤드는 각 층별로 200개씩 설치되어 있고 헤드의 부착높이는 3m이다.)

① 16m³   ② 24m³   ③ 32m³   ④ 48m³

▷ **수원의 양**

$Q = N \times 80l/\text{min} \times T\text{min}$ 이상

$= 10 \times 80 \times 20 = 16,000l = 16\text{m}^3$

여기서, N : 설치장소별 스프링클러헤드의 기준개수

T : 20min(29층 이하), 40min(30층 이상 49층 이하), 60min(50층 이상)

※ **스프링클러설비의 기준개수**

스프링클러설비의 설치장소				기준개수
아파트	층수에 관계 없음			10개
아파트가 아닌 경우	11층 이상(지하층 제외 · 아파트 제외), 지하가, 지하역사			30개
	10층 이하	공장 · 창고 (랙크식 창고 포함)	특수가연물을 저장 · 취급하는 것	30개
			그 밖의 것	20개
		근린생활시설 · 판매시설 운수시설 · 복합건축물	판매시설 · 복합건축물 (판매시설이 설치된 복합건축물)	30개
			그 밖의 것	20개
		그 밖의 것	헤드의 부착 높이가 8m 이상	20개
			헤드의 부착 높이가 8m 미만	10개

67 정격토출량이 2.4[m³/min]인 펌프를 설치한 스프링클러설비에서 성능시험배관의 유량측정장치는 얼마까지 측정할 수 있어야 하는가?

① 1.56[m³/min]   ② 2.4[m³/min]   ③ 3.6[m³/min]   ④ 4.2[m³/min]

▷ **성능시험배관의 유량측정장치**

$2.4\text{m}^3/\text{min} \times 1.75 = 4.2[\text{m}^3/\text{min}]$

68 폐쇄형 스프링클러헤드를 사용하는 경우 스프링클러설비 설치장소별 스프링클러헤드의 기준 개수가 맞지 않는 것은?

① 10층 이하 창고(특수가연물을 저장 · 취급하는 것) : 30개
② 10층 이하의 도매시장, 백화점 : 30개
③ 15층의 아파트 : 30개
④ 지하가 · 지하역사 : 30개

> ▶ **스프링클러설비의 기준개수**
> ③ 15층의 아파트 : 10개

69 10층의 근린생활시설로서 헤드의 부착높이가 4[m]인 장소에 스프링클러설비를 설치하였을 경우 수원의 양은?

① 16m³   ② 32m³   ③ 48m³   ④ 64m³

> ▶ **수원의 양**
> $Q = N \times 80l/\min \times T\min$ 이상 $= 20 \times 80 \times 20 = 32{,}000l = 32\text{m}^3$

70 스프링클러설비에서 헤드의 방사량이 150[l/min]일 경우 스프링클러헤드의 방사압력[MPa]은 약 얼마인가?(단, 방출계수 K 는 80이다.)

① 0.25   ② 0.35   ③ 0.45   ④ 0.55

> ▶ **스프링클러헤드의 방사압력[MPa]**
> $Q = K\sqrt{P[\text{kg}_f/\text{cm}^2]} = K\sqrt{10P}[\text{MPa}]$
> $P = (\dfrac{Q}{K\sqrt{10}})^2 = (\dfrac{150}{80\sqrt{10}})^2 = 0.3516[\text{MPa}]$

71 내화구조의 건축물(12[m] × 15[m])에 폐쇄형 스프링클러헤드를 정방형으로 설치한다면 헤드는 몇 개를 설치하여야 하는가?

① 10   ② 20   ③ 30   ④ 40

> ▶ **헤드 개수**
> ① 정방형(정사각형) 배치 $S = 2R\cos 45° = \sqrt{2}\,R = \sqrt{2} \times 2.3 = 3.25\text{m}$
> ② 가로 설치개수 $N_1 = \dfrac{12}{3.25} = 3.7$ ∴ 4개
>   세로 설치개수 $N_2 = \dfrac{15}{3.25} = 4.6$ ∴ 5개
> ③ 설치개수 $N = N_1 \times N_2 = 4 \times 5 = 20$개

72 폐쇄형 스프링클러헤드의 설치장소의 평상시 최고주위온도가 102[℃]라면 이곳에 설치하는 스프링클러헤드의 표시온도는 얼마의 것으로 하여야 하는가?

① 79[℃] 미만   ② 79[℃] 이상~121[℃] 미만
③ 121[℃] 이상~162[℃] 미만   ④ 180[℃] 미만

◉ 스프링클러헤드의 표시온도

설치장소의 최고주위온도[℃]	표시온도[℃]
39[℃] 미만	79[℃] 미만
39[℃] 이상~64[℃] 미만	79[℃] 이상~121[℃] 미만
64[℃] 이상~106[℃] 미만	121[℃] 이상~162[℃] 미만
106[℃] 이상	162[℃] 이상

73 다음은 스프링클러헤드의 설치기준이다. 맞지 않는 것은?

① 살수가 방해되지 아니하도록 스프링클러헤드로부터 반경 60[cm] 이상의 공간을 보유할 것
② 스프링클러헤드와 그 부착면과의 거리는 30[cm] 이하로 할 것
③ 스프링클러헤드의 반사판은 그 부착 면과 평행하게 설치할 것
④ 벽과 스프링클러헤드 간의 공간은 10[cm] 이하로 할 것

◉ 스프링클러헤드의 설치기준

① 살수가 방해되지 아니하도록 스프링클러헤드로부터 반경 60cm 이상의 공간을 보유할 것. 다만,
벽과 스프링클러헤드 간의 공간은 10cm 이상으로 한다.
② 스프링클러헤드와 그 부착면(상향식 헤드의 경우에는 그 헤드의 직상부의 천장·반자 또는 이와
비슷한 것을 말한다.)과의 거리는 30cm 이하로 할 것

74 연소할 우려가 있는 개구부에 설치하는 스프링클러헤드 설치기준 중 틀린 것은?

① 개구부에는 개방형 헤드를 설치해야 한다.
② 개구부에는 그 상하좌우에 2.5m 간격으로 스프링클러헤드를 설치해야 한다.
③ 스프링클러헤드와 개구부의 내측면으로부터 직선거리는 15cm 이상이 되도록 할 것
④ 사람이 상시 출입하는 개구부로서 통행에 지장이 있는 때에는 개구부의 상부 또는 측면에 설
치하되, 헤드 상호 간의 간격은 1.2m 이하로 설치해야 한다.

◉ 연소할 우려가 있는 개구부 헤드 설치

연소할 우려가 있는 개구부에는 그 상하좌우에 2.5m 간격으로(개구부의 폭이 2.5m 이하인 경우에
는 그 중앙에) 스프링클러헤드를 설치하되, 스프링클러헤드와 개구부의 내측면으로부터 직선거리는
15cm 이하가 되도록 할 것. 이 경우 사람이 상시 출입하는 개구부로서 통행에 지장이 있는 때에는
개구부의 상부 또는 측면(개구부의 폭이 9m 이하인 경우에 한한다.)에 설치하되, 헤드 상호 간의 간
격은 1.2m 이하로 설치해야 한다.

75 폐쇄형 스프링클러설비의 방호구역·유수검지장치 적합기준을 설명한 것 중 틀린 것은?

① 하나의 방호구역의 바닥면적은 3,000m²를 초과하지 아니할 것

② 조기반응형 스프링클러헤드를 설치하는 경우에는 건식 유수검지장치 또는 준비작동식 유수검지장치를 설치할 것

③ 하나의 방호구역에는 1개 이상의 유수검지장치를 설치할 것

④ 유수검지장치를 실내에 설치하거나 보호용 철망 등으로 구획하여 바닥으로부터 0.8m 이상 1.5m 이하의 위치에 설치할 것

▶ **폐쇄형 스프링클러설비의 방호구역·유수검지장치 적합기준** ─────────

조기반응형 스프링클러헤드를 설치하는 경우에는 습식 유수검지장치 또는 부압식 스프링클러유수검지장치를 설치할 것

76 습식 스프링클러설비 및 부압식 스프링클러설비 외의 설비에 하향식 헤드를 설치할 수 있는 경우에 해당되지 아니하는 것은?

① 드라이펜던트스프링클러헤드를 사용하는 경우

② 개방형 스프링클러헤드를 사용하는 경우

③ 스프링클러헤드의 설치장소가 동파의 우려가 없는 곳인 경우

④ 조기반응형 스프링클러헤드를 사용하는 경우

▶ **하향식 헤드를 설치할 수 있는 경우** ─────────

① 드라이펜던트스프링클러헤드를 사용하는 경우

② 스프링클러헤드의 설치장소가 동파의 우려가 없는 곳인 경우

③ 개방형 스프링클러헤드를 사용하는 경우

77 폐쇄형 미분무헤드의 설치장소에 관한 기준이 되는 최고주위온도(T_A)는 다음 식에 의해 구하여진 온도를 말한다. 여기서, 상수 K는 얼마인가?(단, T_M은 헤드의 표시온도이다.)

$$T_a = K \cdot T_m - 27.3$$

① 1.0   ② 0.7   ③ 0.8   ④ 0.9

▶ **폐쇄형 미분무헤드의 최고주위온도** ─────────

$T_a = 0.9 T_m - 27.3℃$

여기서, T_a : 최고주위온도

T_m : 헤드의 표시온도

78 스프링클러설비의 음향장치 및 기동장치 설치기준 중 틀린 것은?

① 준비작동식 유수검지장치 또는 일제개방밸브를 사용하는 설비의 화재감지기회로는 교차회로 방식으로 할 것

② 음향장치는 유수검지장치 및 일제개방밸브 등의 담당 구역마다 설치하되 그 구역의 각 부분으로부터 하나의 음향장치까지의 수평거리는 25m 이하가 되도록 할 것

③ 음향장치의 음량은 부착된 음향장치의 중심으로부터 1m 떨어진 위치에서 80dB 이상이 되는 것으로 할 것

④ 주 음향장치는 수신기의 내부 또는 그 직근에 설치할 것

▶ **스프링클러설비의 음향장치 및 기동장치 설치기준** ─────────────

① 습식 유수검지장치 또는 건식 유수검지장치를 사용하는 설비에 있어서는 헤드가 개방되면 유수검지장치가 화재신호를 발신하고 그에 따라 음향장치가 경보되도록 할 것

② 준비작동식 유수검지장치 또는 일제개방밸브를 사용하는 설비에는 화재감지기의 감지에 따라 음향장치가 경보되도록 할 것. 이 경우 화재감지기회로를 교차회로방식으로 하는 때에는 하나의 화재감지기회로가 화재를 감지하는 때에도 음향장치가 경보되도록 해야 한다.

③ 음향장치는 유수검지장치 및 일제개방밸브 등의 담당 구역마다 설치하되 그 구역의 각 부분으로부터 하나의 음향장치까지의 수평거리는 25m 이하가 되도록 할 것

④ 음향장치는 경종 또는 사이렌(전자식 사이렌을 포함한다.)으로 하되, 주위의 소음 및 다른 용도의 경보와 구별이 가능한 음색으로 할 것. 이 경우 경종 또는 사이렌은 자동화재탐지설비 · 비상벨설비 또는 자동식 사이렌설비의 음향장치와 겸용할 수 있다.

⑤ 주 음향장치는 수신기의 내부 또는 그 직근에 설치할 것

⑥ 층수가 11층(공동주택의 경우 16층) 이상의 특정소방대상물은 다음의 기준에 따라 경보를 발할 수 있도록 해야 한다.

　㉮ 2층 이상의 층에서 발화한 때에는 발화층 및 그 직상 4개층에 경보를 발할 것

　㉯ 1층에서 발화한 때에는 발화층 · 그 직상 4개층 및 지하층에 경보를 발할 것

　㉰ 지하층에서 발화한 때에는 발화층 · 그 직상층 및 기타의 지하층에 경보를 발할 것

⑦ 음향장치는 다음 각 목의 기준에 따른 구조 및 성능의 것으로 할 것

　㉮ 정격전압의 80% 전압에서 음향을 발할 수 있는 것으로 할 것

　㉯ 음량은 부착된 음향장치의 중심으로부터 1m 떨어진 위치에서 90dB 이상이 되는 것으로 할 것

79 스프링클러설비의 비상전원 설치기준 중 틀린 것은?

① 점검에 편리하고 화재 및 침수 등의 재해로 인한 피해를 받을 우려가 없는 곳에 설치할 것

② 옥내에 설치하는 비상전원실에는 옥외로 직접 통하는 충분한 용량의 급배기설비를 설치힐 것

③ 스프링클러설비를 유효하게 20분 이상 작동할 수 있어야 할 것

④ 비상전원실의 출입구 외부에는 실의 위치와 비상전원의 종류를 식별할 수 있도록 표지판을 부착할 것

▶ 스프링클러설비의 비상전원 설치기준 ──────────────────────────

① 점검에 편리하고 화재 및 침수 등의 재해로 인한 피해를 받을 우려가 없는 곳에 설치할 것

② 스프링클러설비를 유효하게 20분 이상 작동할 수 있어야 할 것

③ 상용전원으로부터 전력의 공급이 중단된 때에는 자동으로 비상전원으로부터 전원을 공급받을 수 있도록 할 것

④ 비상전원(내연기관의 기동 및 제어용 축전기를 제외한다.)의 설치장소는 다른 장소와 방화구획할 것. 이 경우 그 장소에는 비상전원의 공급에 필요한 기구나 설비 외의 것(열병합발전설비에 필요한 기구나 설비는 제외한다.)을 두어서는 아니 된다.

⑤ 비상전원을 실내에 설치하는 때에는 그 실내에 비상조명등을 설치할 것

⑥ 옥내에 설치하는 비상전원실에는 옥외로 직접 통하는 충분한 용량의 급배기설비를 설치할 것

⑦ 비상전원의 출력용량은 다음 기준을 충족할 것

  ㉠ 비상전원 설비에 설치되어 동시에 운전될 수 있는 모든 부하의 합계 입력용량을 기준으로 정격출력을 선정할 것. 다만, 소방전원 보존형발전기를 사용할 경우에는 그러하지 아니하다.

  ㉡ 기동전류가 가장 큰 부하가 기동될 때에도 부하의 허용 최저입력전압이상의 출력전압을 유지할 것

  ㉢ 단시간 과전류에 견디는 내력은 입력용량이 가장 큰 부하가 최종 기동할 경우에도 견딜 수 있을 것

⑧ 자가발전설비는 부하의 용도와 조건에 따라 다음 중의 하나를 설치하고 그 부하용도별 표지를 부착해야 한다. 다만, 자가발전설비의 정격출력용량은 하나의 건축물에 있어서 소방부하의 설비용량을 기준으로 하고, ㉡목의 경우 비상부하는 국토해양부장관이 정한 건축전기설비설계기준의 수용률 범위 중 최댓값 이상을 적용한다.

  ㉠ 소방전용 발전기 : 소방부하용량을 기준으로 정격출력용량을 산정하여 사용하는 발전기

  ㉡ 소방부하 겸용 발전기 : 소방 및 비상부하 겸용으로서 소방부하와 비상부하의 전원용량을 합산하여 정격출력용량을 산정하여 사용하는 발전기

  ㉢ 소방전원 보존형 발전기 : 소방 및 비상부하 겸용으로서 소방부하의 전원용량을 기준으로 정격출력 용량을 산정하여 사용하는 발전기

⑨ 비상전원실의 출입구 외부에는 실의 위치와 비상전원의 종류를 식별할 수 있도록 표지판을 부착할 것

80 스프링클러헤드를 설치하지 아니할 수 있는 장소가 아닌 것은?

① 통신기기실 · 전자기기실 · 기타 이와 유사한 장소

② 발전실 · 변전실 · 변압기 · 기타 이와 유사한 전기설비가 설치되어 있는 장소

③ 천장 · 반자 중 한쪽이 불연재료로 되어 있고 천장과 반자 사이의 거리가 1[m] 미만인 부분

④ 현관 또는 로비 등으로서 바닥으로부터 높이가 10m 이상인 장소

▶ 헤드 설치 제외 장소 ──────────────────────────

④ 현관 또는 로비 등으로서 바닥으로부터 높이가 20m 이상인 장소

81 글라스벌브형(Glass Bulb Type)의 스프링클러헤드에 봉입하는 물질은?

① 물
② 휘발유
③ 경유
④ 알코올 – 에테르

82 스프링클러설비의 경보장치인 리타딩 챔버의 역할에 해당하지 않는 것은?

① 안전 밸브의 역할
② 배관 및 압력스위치 손상 보호
③ 오보 방지
④ 자동 배수장치

◐ **리타딩 챔버의 역할**

① 안전 밸브의 역할
② 배관 및 압력스위치 손상 보호
③ 오보 방지

83 스프링클러설비에서 펌프 토출 측 배관상에 설치되는 압력챔버(Chamber)의 기능으로 볼 수 없는 것은?

① 일정범위의 방수압력 유지
② 펌프기동 확인
③ 수격의 완충작용
④ 펌프의 자동기동

◐ **압력챔버(Chamber)의 기능**

① 펌프의 자동 기동 및 정지
② 압력변화의 완충작용
③ 압력변동에 따른 설비보호

84 개방형 스프링클러설비에서 하나의 방수구역을 담당하는 헤드의 개수는 몇 개 이하로 설치하여야 하는가?

① 25개
② 30개
③ 40개
④ 50개

◐ **개방형 스프링클러설비의 방수구역**

① 하나의 방수구역은 2개 층에 미치지 아니할 것
② 방수구역마다 일제개방밸브를 설치할 것
③ 하나의 방수구역을 담당하는 헤드의 개수는 50개 이하로 할 것. 다만, 2개 이상의 방수구역으로 나눌 경우에는 하나의 방수구역을 담당하는 헤드의 개수는 25개 이상으로 할 것
④ 일제개방밸브의 설치위치는 제6조 제4호의 기준에 따르고, 표지는 "일제개방밸브실"이라고 표시할 것

85 유수검지장치에 설치하는 시험장치 설치 기준 중 틀린 것은?

① 습식스프링클러설비 및 부압식스프링클러설비에 있어서는 유수검지장치 2차 측 배관에 연결하여 설치할 것

② 시험장치 배관의 구경은 25mm 이상으로 하고, 그 끝에 개폐밸브 및 개방형헤드 또는 스프링클러헤드와 동등한 방수성능을 가진 오리피스를 설치할 것

③ 건식스프링클러설비인 경우 유수검지장치에서 가장 먼 거리에 위치한 가지배관의 끝으로부터 연결하여 설치할 것

④ 유수검지장치 2차 측 설비의 내용적이 2,840L를 초과하는 준비작동식스프링클러설비의 경우 시험장치 개폐밸브를 완전 개방 후 1분 이내에 물이 방사되어야 한다.

◐ 시험장치 설치기준

습식유수검지장치 또는 건식유수검지장치를 사용하는 스프링클러설비와 부압식스프링클러설비에는 동장치를 시험할 수 있는 시험 장치를 다음 각 호의 기준에 따라 설치해야 한다.

1. 습식스프링클러설비 및 부압식스프링클러설비에 있어서는 유수검지장치 2차 측 배관에 연결하여 설치하고 건식스프링클러설비인 경우 유수검지장치에서 가장 먼 거리에 위치한 가지배관의 끝으로부터 연결하여 설치할 것. 유수검지장치 2차 측 설비의 내용적이 2,840L를 초과하는 건식스프링클러설비의 경우 시험장치 개폐밸브를 완전 개방 후 1분 이내에 물이 방사되어야 한다.
2. 시험장치 배관의 구경은 25mm 이상으로 하고, 그 끝에 개폐밸브 및 개방형헤드 또는 스프링클러헤드와 동등한 방수성능을 가진 오리피스를 설치할 것. 이 경우 개방형헤드는 반사판 및 프레임을 제거한 오리피스만으로 설치할 수 있다.
3. 시험배관의 끝에는 물받이 통 및 배수관을 설치하여 시험 중 방사된 물이 바닥에 흘러내리지 아니하도록 할 것. 다만, 목욕실·화장실 또는 그 밖의 곳으로서 배수처리가 쉬운 장소에 시험배관을 설치한 경우에는 그러하지 아니하다.

86 표시온도가 163~203[℃]인 퓨지블링크형 스프링클러헤드 프레임의 색상은?

① 흰색   ② 파랑색   ③ 빨간색   ④ 초록색

◐ 스프링클러헤드의 형식승인 및 제품검사의 기술기준

유리벌브형		퓨지블링크형	
표시온도(℃)	액체의 색별	표시온도(℃)	프레임의 색별
57	오렌지	77 미만	색 표시 안 함
68	빨강	78~120	흰색
79	노랑	121~162	파랑
93	초록	163~203	빨강
141	파랑	204~259	초록
182	연한 자주	260~319	오렌지
227 이상	검정	320 이상	검정

87 스프링클러설비에서 하나의 가지관에 설치되는 스프링클러헤드의 수는 몇 개 이하로 하여야 하는가?

① 6   ② 8   ③ 10   ④ 12

▶ 가지배관의 배열기준

① 토너먼트(tournament) 배관방식이 아닐 것

② 교차배관에서 분기되는 지점을 기점으로 한쪽 가지배관에 설치되는 헤드의 개수(반자 아래와 반자속의 헤드를 하나의 가지배관 상에 병설하는 경우에는 반자 아래에 설치하는 헤드의 개수)는 8개 이하로 할 것. 다만, 다음 각 기준의 어느 하나에 해당하는 경우에는 그렇지 않다.

    ㉮ 기존의 방호구역 안에서 칸막이 등으로 구획하여 1개의 헤드를 증설하는 경우

    ㉯ 습식 스프링클러설비 또는 부압식 스프링클러설비에 격자형 배관방식(2 이상의 수평 주행배관 사이를 가지배관으로 연결하는 방식을 말한다.)을 채택하는 때에는 펌프의 용량, 배관의 구경 등을 수리학적으로 계산한 결과 헤드의 방수압 및 방수량이 소화 목적을 달성하는 데 충분하다고 인정되는 경우

③ 가지배관과 헤드 사이의 배관을 신축배관으로 하는 경우에는 소방청장이 정하여 고시한 「스프링클러설비신축배관의 성능인증 및 제품검사의 기술기준」에 적합한 것으로 설치할 것. 이 경우 신축배관의 설치길이는 2.7.3의 거리를 초과하지 않아야 한다.

88 스프링클러설비의 배관에 관한 설명 중 옳은 것은?

① 교차배관의 최소 구경은 20[mm] 이하로 한다.

② 수직관에 청소구를 설치해야 한다.

③ 수직배수배관의 구경은 50[mm] 이상으로 한다.

④ 가지배관의 배열은 토너먼트 방식으로 한다.

▶ 스프링클러설비의 배관

① 교차배관의 최소 구경은 40[mm] 이상이 되도록 한다.

② 청소구는 교차배관 끝에 개폐밸브를 설치하고, 호스접결이 가능한 나사식 또는 고정배수 배관식으로 할 것

④ 가지배관의 배열은 토너먼트 방식이 아닐 것

89 수평주행배관에 설치하는 행가는 몇 [m] 이내마다 1개 이상 설치하는가?

① 2.5   ② 3.5   ③ 4.5   ④ 5.5

▶ 행가 설치기준

① 가지배관에는 헤드의 설치지점 사이마다 1개 이상의 행가를 설치하되, 헤드 간의 거리가 3.5m를 초과하는 경우에는 3.5m 이내마다 1개 이상 설치할 것. 이 경우 상향식 헤드와 행가 사이에는 8cm 이상의 간격을 두어야 한다.

② 교차배관에는 가지배관과 가지배관 사이마다 1개 이상의 행가를 설치하되, 가지배관 사이의 거리가 4.5m를 초과하는 경우에는 4.5m 이내마다 1개 이상 설치할 것

③ 수평주행배관에는 4.5m 이내마다 1개 이상 설치할 것

90 교차배관은 가지배관과 수평으로 설치하거나 또는 가지배관 밑에 설치하고 최소구경은 얼마 이상으로 하여야 하는가?

① 20[mm]   ② 30[mm]   ③ 40[mm]   ④ 50[mm]

> ◉ **스프링클러설비의 배관**
>
> 교차배관의 최소 구경은 40[mm] 이상이 되도록 한다.

91 유수검지장치의 음향장치 수평거리는 몇 [m] 이하가 되도록 하여야 하는가?

① 10   ② 15   ③ 20   ④ 25

> ◉ **유수검지장치의 음향장치**
>
> 음향장치는 유수검지장치 및 일제개방밸브 등의 담당 구역마다 설치하되 그 구역의 각 부분으로부터 하나의 음향장치까지의 수평거리는 25m 이하가 되도록 할 것

92 스프링클러설비를 설치한 하나 층의 바닥면적이 7,500[m²]일 때 유수검지장치는 몇 개 이상 설치하여야 하는가?

① 1개   ② 2개   ③ 3개   ④ 4개

> ◉ **방호구역 적합기준**
>
> 하나의 방호구역의 바닥면적은 3,000m²를 초과하지 아니할 것
>
> $$N = \frac{\text{바닥면적}}{\text{기준면적}} = \frac{7,500}{3,000} = 2.5 \quad \therefore \ 3개$$

93 습식 스프링클러설비 또는 부압식 스프링클러설비 외의 설비에는 헤드를 향하여 상향으로 수평주행배관의 기울기를 얼마 이상으로 하여야 하는가?

① 수평주행배관은 헤드를 향하여 상향으로 1 / 500 이상의 기울기를 가질 것
② 수평주행배관은 헤드를 향하여 상향으로 2 / 200 이상의 기울기를 가질 것
③ 수평주행배관은 헤드를 향하여 상향으로 1 / 100 이상의 기울기를 가질 것
④ 수평주행배관은 헤드를 향하여 상향으로 1 / 250 이상의 기울기를 가질 것

> ◉ **배관의 배수를 위한 기울기 기준**
>
> ① 습식 스프링클러설비 또는 부압식 스프링클러설비의 배관을 수평으로 할 것. 다만, 배관의 구조상 소화수가 남아 있는 곳에는 배수밸브를 설치해야 한다.
> ② 습식 스프링클러설비 또는 부압식 스프링클러설비 외의 설비에는 헤드를 향하여 상향으로 수평주행배관의 기울기를 500분의 1 이상, 가지배관의 기울기를 250분의 1 이상으로 할 것. 다만, 배관의 구조상 기울기를 줄 수 없는 경우에는 배수를 원활하게 할 수 있도록 배수밸브를 설치해야 한다.

94 습식 스프링클러설비 배관의 동파방지법으로 적당하지 않은 것은?

① 보온재를 이용한 배관보온법
② 히팅코일을 이용한 가열법
③ 순환펌프를 이용한 물의 유동법
④ 에어 컴프레서를 이용한 방법

▶ **배관의 동파방지법**

① 배관에 가열코일(Heating coil)을 설치한다.
② 배관을 단열재로 보온조치한다.
③ 배관 내 물을 상시 유동시킨다.
④ 부동액을 혼입한다.
⑤ 지하배관을 동결심도 이상으로 매설한다.

95 스프링클러설비의 제어반의 기능에 대한 설명 중 틀린 것은?

① 각 펌프의 작동 여부를 확인할 수 있는 표시등 및 음향경보기능이 있을 것
② 각 펌프를 자동 및 수동으로 작동시키거나 작동을 중단시킬 수 있어야 할 것
③ 수조 또는 물올림탱크가 저수위로 될 때 표시등 및 음향으로 경보할 것
④ 절연저항시험을 할 수 있을 것

▶ **스프링클러설비의 제어반의 기능**

① 각 펌프의 작동 여부를 확인할 수 있는 표시등 및 음향경보기능이 있어야 할 것
② 각 펌프를 자동 및 수동으로 작동시키거나 중단시킬 수 있어야 할 것
③ 비상전원을 설치한 경우에는 상용전원 및 비상전원의 공급 여부를 확인할 수 있어야 할 것
④ 수조 또는 물올림탱크가 저수위로 될 때 표시등 및 음향으로 경보할 것
⑤ 예비전원이 확보되고 예비전원의 적합 여부를 시험할 수 있어야 할 것

96 유량 2,400[lpm], 양정 100[m]인 스프링클러설비 펌프를 구동시킬 전동기의 용량은 몇 [Ps]인가?(단, 이때 펌프의 효율은 0.6, 전달계수는 1.1이라 한다.)

① 75　　　　　② 98　　　　　③ 125　　　　　④ 200

▶ **전동기 용량**

$$P = \frac{1,000 \times Q \times H}{75 \times 60 \times \eta} \times K \, [\text{Ps}]$$

① 토출량 $Q = 2,400 l/\min = 2.4 \text{m}^3/\min$
② 전양정 H = 100m
③ $P = \dfrac{1,000 \times Q \times H}{75 \times 60 \times \eta} \times K = \dfrac{1,000 \times 2.4 \times 100}{75 \times 60 \times 0.6} \times 1.1 = 97.78 \, [\text{Ps}]$

97 준비작동식 스프링클러설비에서 화재 발생 시 헤드가 개방되었음에도 불구하고 정상적인 살수가 되지 않을 경우 그 원인으로 볼 수 없는 것은?

① 화재감지기의 고장
② 전자개방밸브 회로의 고장
③ 경보용 압력스위치의 고장
④ 준비작동밸브 1차 측의 개폐밸브 차단

◉ ───────────────────────────────

③ 경보용 압력스위치의 고장 : 경보가 울리지 않았을 때의 원인

98 폐쇄형 스프링클러헤드의 감도를 예상하는 지수인 RTI와 관련이 깊은 것은?

① 기류의 온도와 비열
② 기류의 온도, 속도 및 작동시간
③ 기류의 비열 및 유동방향
④ 기류의 온도, 속도 및 비열

◉ **RTI(Response Time Index, 반응시간지수)** ───────────────

① 화재 시 스프링클러 작동에 필요한 충분한 양의 열을 감열부가 얼마나 빨리 흡수할 수 있는지를 나타낸 지수
② 공기 온도와 기류속도에 의해 달라지며, RTI가 작을수록 조기에 작동한다.

$$RTI = \tau\sqrt{u}\ [\sqrt{m \cdot s}],\ \tau = \frac{mC}{hA}[s]$$

㉠ τ : 감열체의 시간상수[sec]　　　㉡ u : 기류속도[m/sec]
㉢ m : 감열체 질량　　　　　　　　㉣ C : 감열체 비열
㉤ h : 대류열 전달계수[kJ/kg · ℃]　㉥ A : 감열체 표면적[m²]

99 드렌처설비의 헤드 설치수가 5개일 때 그 수원의 수량은?

① 2,000[l]　　　　　　　　　　② 3,000[l]
③ 4,000[l]　　　　　　　　　　④ 8,000[l]

◉ **드렌처설비 설치** ───────────────────────

수원의 수량은 드렌처헤드가 가장 많이 설치된 제어밸브의 드렌처헤드의 설치개수에 1.6m³을 곱하여 얻은 수치 이상이 되도록 할 것

$$Q = N \times 1.6\text{m}^3 = 5 \times 1.6 = 8\text{m}^3 \times 1,000 l/\text{m}^3 = 8,000 l$$

100 소방대상물의 각 부분으로부터 하나의 간이스프링클러헤드까지의 수평거리는 몇 m 이하인가?

① 1.7m   ② 2.1m   ③ 2.3m   ④ 2.5m

▶ **간이헤드 설치기준** ─────────────────────────────

천장 · 반자 · 천장과 반자 사이 · 덕트 · 선반 등의 각 부분으로부터 간이헤드까지 수평거리는 2.3m 이하

101 근린생활시설에 간이스프링클러설비가 설치된 경우 수원의 양으로 옳은 것은?

① 1m^3 ② 2m^3 ③ 5m^3 ④ 7m^3

▶ **근린생활시설 · 생활형 숙박시설 · 복합건축물 수원의 양** ─────────

$$Q = 5 \times 50 l/\min \times 20 \min = 5,000 l = 5 \text{m}^3$$

102 간이스프링클러설비의 하나의 방호구역의 면적은 몇 m² 이하로 하여야 하는가?

① 500m^2 ② 1,000m^2

③ 2,000m^2 ④ 3,000m^2

▶ **간이스프링클러설비 방호구역 적합기준** ───────────────

① 하나의 방호구역의 바닥면적은 1,000m²를 초과하지 아니할 것
② 하나의 방호구역에는 1개 이상의 유수검지장치를 설치하되, 화재 발생 시 접근이 쉽고 점검하기 편리한 장소에 설치할 것
③ 하나의 방호구역은 2개 층에 미치지 아니하도록 할 것. 다만, 1개 층에 설치되는 간이헤드의 수가 10개 이하인 경우에는 3개 층 이내로 할 수 있다.

103 간이스프링클러설비에 상수도 직결방식으로 가압송수장치를 사용하는 경우 배관 및 밸브의 설치순서로 옳은 것은?

① 수도용 계량기, 급수차단장치, 개폐표시형 밸브, 체크밸브, 압력계, 유수검지장치(압력스위치 등 유수검지장치와 동등 이상의 기능과 성능이 있는 것을 포함한다.), 2개의 시험밸브
② 수원, 연성계 또는 진공계(수원이 펌프보다 높은 경우를 제외한다.), 펌프 또는 압력수조, 압력계, 체크밸브, 성능시험배관, 개폐표시형밸브, 유수검지장치, 시험밸브
③ 수원, 가압수소, 압력계, 체크밸브, 성능시험배관, 개폐표시형 밸브, 유수검지장치, 2개의 시험밸브
④ 수원, 연성계 또는 진공계(수원이 펌프보다 높은 경우를 제외한다.), 펌프 또는 압력수조, 압력계, 체크밸브, 개폐표시형 밸브, 2개의 시험밸브

◐ 간이스프링클러설비의 배관 및 밸브 등의 순서

① 상수도직결형

수도용 계량기, 급수차단장치, 개폐표시형 밸브, 체크밸브, 압력계, 유수검지장치(압력스위치 등 유수검지장치와 동등 이상의 기능과 성능이 있는 것을 포함한다.), 2개의 시험밸브의 순으로 설치할 것

② 펌프 등의 가압송수장치를 이용하여 배관 및 밸브 등을 설치하는 경우

수원, 연성계 또는 진공계(수원이 펌프보다 높은 경우를 제외한다.), 펌프 또는 압력수조, 압력계, 체크밸브, 성능시험배관, 개폐표시형 밸브, 유수검지장치, 시험밸브의 순으로 설치할 것

③ 가압수조를 가압송수장치로 이용하여 배관 및 밸브 등을 설치하는 경우

수원, 가압수조, 압력계, 체크밸브, 성능시험배관, 개폐표시형 밸브, 유수검지장치, 2개의 시험 밸브의 순으로 설치할 것

④ 캐비닛형의 가압송수장치에 배관 및 밸브 등을 설치하는 경우

수원, 연성계 또는 진공계(수원이 펌프보다 높은 경우를 제외한다.), 펌프 또는 압력 수조, 압력계, 체크밸브, 개폐표시형 밸브, 2개의 시험밸브의 순으로 설치할 것

104 폐쇄형 간이헤드의 작동온도는 실내의 최대 주위 온도가 0℃ 이상 38℃ 이하인 경우 공칭작동온도는 몇 ℃ 범위의 것을 사용하여야 하는가?

① 57℃에서 77℃의 것

② 79℃에서 109℃의 것

③ 47℃에서 59℃의 것

④ 79℃에서 107℃의 것

◐ 간이헤드 설치기준

폐쇄형 간이헤드를 사용할 것

실내의 최대 주위천장온도[℃]	공칭작동온도[℃]
0℃ 이상 38℃ 이하	57~77℃
39℃ 이상 66℃ 이하	79~109℃

105 간이스프링클러설비의 설치기준으로 틀린 것은?

① 간이헤드의 작동온도는 실내의 최대 주위 천장온도가 0℃ 이상 38℃ 이하인 경우 공칭작동온도가 57℃에서 77℃의 것을 사용할 것

② 상수도직결형의 상수도압력은 가장 먼 가지배관에서 2개의 간이헤드를 동시에 개방할 경우 각각의 간이헤드 선단 방수압력은 0.1MPa 이상으로 할 것

③ 비상전원은 간이스프링클러설비를 유효하게 10분(근린생활시설의 경우 20분) 이상 작동될 수 있도록 할 것

④ 송수구는 구경 65mm의 단구형 또는 쌍구형으로 하여야 하며, 송수배관의 안지름은 32mm 이상으로 할 것

▶ **간이스프링클러설비의 설치기준**

송수구는 구경 65mm의 단구형 또는 쌍구형으로 하여야 하며, 송수배관의 안지름은 40mm 이상으로 할 것

106 화재조기진압용 스프링클러설비의 수원의 양을 선정하는 공식으로 옳은 것은?

① 수원의 양 $Q(l) = 12 \times K\sqrt{10P} \times 60$

② 수원의 양 $Q(l) = 6 \times K\sqrt{10P} \times 60$

③ 수원의 양 $Q(l) = 12 \times K\sqrt{10P} \times 20$

④ 수원의 양 $Q(l) = 8 \times K\sqrt{10P} \times 40$

▶ **화재조기진압용 스프링클러설비의 수원의 양**

$$Q = 12 \times 60 \times K\sqrt{10P}$$

여기서, Q : 수원의 양[l]

　　　　12 : 가장 먼 가지배관 3개에 각각 4개의 스프링클러헤드

　　　　60 : 방사시간

　　　　K : 상수[$l/\min/(\text{MPa})^{1/2}$]

　　　　P : 헤드선단의 압력[MPa]

107 화재조기진압용 스프링클러설비를 설치할 수 있는 랙크식 창고의 구조에 대한 설명 중 틀린 것은?

① 해당 층의 높이가 14.7m 이하일 것. 다만, 2층 이상일 경우에는 해당 층의 바닥을 내화구조로 하고 다른 부분과 방화구획할 것

② 천장의 기울기가 1,000분의 168을 초과하지 않아야 하고, 이를 초과하는 경우에는 반자를 지면과 수평으로 설치할 것

③ 천장은 평평하여야 하며 철재나 목재트러스 구조인 경우, 철재나 목재의 돌출부분이 102mm를 초과하지 아니할 것

④ 보로 사용되는 목재 · 콘크리트 및 철재 사이의 간격이 0.9m 이상 2.3m 이하일 것. 다만, 보의 간격이 2.3m 이상인 경우에는 화재조기진압용 스프링클러헤드의 동작을 원활히 하기 위하여 보로 구획된 부분의 천장 및 반자의 넓이가 28m²를 초과하지 아니할 것

▶ **설치장소의 구조**

① 해당 층의 높이가 13.7m 이하일 것. 다만, 2층 이상일 경우에는 해당 층의 바닥을 내화구조로 하고 다른 부분과 방화구획할 것

② 천장의 기울기가 1,000분의 168을 초과하지 않아야 하고, 이를 초과하는 경우에는 반자를 지면과 수평으로 설치할 것

③ 천장은 평평하여야 하며 철재나 목재트러스 구조인 경우, 철재나 목재의 돌출부분이 102mm를 초과하지 아니할 것

④ 보로 사용되는 목재 · 콘크리트 및 철재 사이의 간격이 0.9m 이상 2.3m 이하일 것. 다만, 보의 간격이 2.3m 이상인 경우에는 화재조기진압용 스프링클러헤드의 동작을 원활히 하기 위하여 보로 구획된 부분의 천장 및 반자의 넓이가 28m²를 초과하지 아니할 것

⑤ 창고 내의 선반의 형태는 하부로 물이 침투되는 구조로 할 것

108 화재조기진압용 스프링클러헤드에 대한 설명 중 틀린 것은?

① 헤드 하나의 방호면적은 $6.0m^2$ 이상 $9.3m^2$ 이하로 할 것

② 가지배관의 헤드 사이의 거리는 천장의 높이가 9.1m 미만인 경우에는 2.4m 이상 3.7m 이하로, 9.1m 이상 13.7m 이하인 경우에는 3.1m 이하로 할 것

③ 헤드의 반사판은 천장 또는 반자와 평행하게 설치하고 저장물의 최상부와 514mm 이상 확보되도록 할 것

④ 하향식 헤드의 반사판의 위치는 천장이나 반자 아래 125mm 이상 355mm 이하일 것

▶ 화재조기진압용 스프링클러헤드 기준

① 헤드 하나의 방호면적은 $6.0m^2$ 이상 $9.3m^2$ 이하로 할 것

② 가지배관의 헤드 사이의 거리는 천장의 높이가 9.1m 미만인 경우에는 2.4m 이상 3.7m 이하로, 9.1m 이상 13.7m 이하인 경우에는 3.1m 이하로 할 것

③ 헤드의 반사판은 천장 또는 반자와 평행하게 설치하고 저장물의 최상부와 914mm 이상 확보되도록 할 것

④ 하향식 헤드의 반사판의 위치는 천장이나 반자 아래 125mm 이상 355mm 이하일 것

⑤ 상향식 헤드의 감지부 중앙은 천장 또는 반자와 101mm 이상 152mm 이하이어야 하며, 반사판의 위치는 스프링클러배관의 윗부분에서 최소 178mm 상부에 설치되도록 할 것

⑥ 헤드와 벽과의 거리는 헤드 상호 간 거리의 2분의 1을 초과하지 않아야 하며 최소 102mm 이상일 것

⑦ 헤드의 작동온도는 74℃ 이하일 것. 다만, 헤드 주위의 온도가 38℃ 이상의 경우에는 그 온도에서의 화재 시험 등에서 헤드작동에 관하여 공인기관의 시험을 거친 것을 사용할 것

⑧ 헤드의 살수분포에 장애를 주는 장애물이 있는 경우

㉮ 천장 또는 천장 근처에 있는 장애물과 반사판의 위치는 그림 2.7.1.8(1) 또는 그림 2.7.1.8(2)와 같이하며, 천장 또는 천장 근처에 보 · 덕트 · 기둥 · 난방기구 · 조명기구 · 전선관 및 배관 등의 기타 장애물이 있는 경우에는 장애물과 헤드 사이의 수평거리에 따른 장애물의 하단과 그보다 윗부분에 설치되는 헤드 반사판 사이의 수직거리는 표 2.7.1.8(1) 또는 그림 2.7.1.8(3)에 따를 것

㉯ 헤드 아래에 덕트 · 전선관 · 난방용배관 등이 설치되어 헤드의 살수를 방해하는 경우에는 표 2.7.1.8(1) 또는 그림 2.7.1.8(3)에 따를 것. 다만, 2개 이상의 헤드의 살수를 방해하는 경우에는 표 2.7.1.8(2)를 참고로 한다.

⑨ 상부에 설치된 헤드의 방출수에 따라 감열부에 영향을 받을 우려가 있는 헤드에는 방출수를 차단할 수 있는 유효한 차폐판을 설치할 것

109 화재조기진압용 스프링클러설비에서 저장물의 간격은 모든 방향에서 몇 mm 이상이어야 하는가?

① 102mm   ② 120mm   ③ 152mm   ④ 182mm

▶ **저장물의 간격**

저장물품 사이의 간격은 모든 방향에서 152mm 이상의 간격을 유지해야 한다.

110 화재조기진압용 스프링클러설비에 대한 기준을 설명한 것 중 틀린 것은?

① 옥상이 없는 건축물에 설치된 경우에는 옥상수원을 설치하지 아니할 수 있다.
② 화재감지기와 연동하는 자동식 환기장치를 설치해야 한다.
③ 제4류 위험물을 저장·취급하는 장소에는 설치할 수 없다.
④ 화재 초기에 진압하기 위하여 습식 설비만 사용할 수 있다.

▶ **화재조기진압용 스프링클러설비 환기구 기준**

① 공기의 유동으로 인하여 헤드의 작동온도에 영향을 주지 않는 구조일 것
② 화재감지기와 연동하여 동작하는 자동식 환기장치를 설치하지 아니할 것. 다만, 자동식 환기장치를 설치할 경우에는 최소작동온도가 180℃ 이상일 것

111 물분무소화설비의 수원의 저수량을 산출하는 방법 중 틀린 것은?

① 특수가연물을 저장 또는 취급하는 특정소방대상물 또는 그 부분에 있어서 그 바닥면적(최대 방수구역의 바닥면적을 기준으로 하며, 50m² 이하인 경우에는 50m²) 1m²에 대하여 10 l/min로 20분간 방수할 수 있는 양 이상으로 할 것
② 차고 또는 주차장은 그 바닥면적(최대 방수구역의 바닥면적을 기준으로 하며, 50m² 이하인 경우에는 50m²) 1m²에 대하여 20l/min로 20분간 방수할 수 있는 양 이상으로 할 것
③ 케이블트레이, 케이블덕트 등은 투영된 바닥면적 1m²에 대하여 10l/min로 20분간 방수할 수 있는 양 이상으로 할 것
④ 컨베이어 벨트 등은 벨트부분의 바닥면적 1m²에 대하여 10l/min로 20분간 방수할 수 있는 양 이상으로 할 것

▶ **물분무소화설비의 수원의 저수량**

소방대상물	수원[l]	기준면적 A[m²]
특수가연물 저장·취급	$Q = A \times 10 \times 20$	A : 최대방수구역 바닥면적(50[m²] 이하는 50[m²])
절연유 봉입 변압기	$Q = A \times 10 \times 20$	A : 바닥부분을 제외한 변압기 표면적을 합한 면적(5면의 합)
컨베이어벨트	$Q = A \times 10 \times 20$	A : 벨트부분의 바닥면적
케이블트레이·덕트	$Q = A \times 12 \times 20$	A : 투영된 바닥면적
차고·주차장	$Q = A \times 20 \times 20$	A : 최대방수구역 바닥면적(50[m²] 이하는 50[m²])
터널	$Q = A \times 3 \times 6 \times 40$	$A : L \times W(L$: 길이 25m, W : 폭)

112 바닥면적이 30m²인 변압기실에 물분무소화설비를 설치하려고 한다. 바닥부분을 제외한 절연유 봉입 변압기의 표면적을 합한 면적이 3m²일 때, 수원의 최소 저수량[l]은?

① 450
② 600
③ 900
④ 1,200

▶ 물분무소화설비의 수원의 양 ──────────

$Q = A \times 10 \times 20$
$\quad = 3m^2 \times 10l/min \cdot m^2 \times 20min$
$\quad = 600l$ 이상

113 물분무 헤드와 고압의 전기기기 사이에는 일정한 거리를 두도록 되어 있다. 이때 전압이 155[kV]일 때 최소한 얼마 이상의 거리를 유지하여야 하는가?

① 80[cm] 이상
② 110[cm] 이상
③ 150[cm] 이상
④ 180[cm] 이상

▶ 고압의 전기기기가 있는 장소의 전기기기와 물분무헤드 사이의 이격거리 ──────────

전압[kV]	거리[cm]	전압[kV]	거리[cm]
66 이하	70 이상	154 초과 181 이하	180 이상
66 초과 77 이하	80 이상	181 초과 220 이하	210 이상
77 초과 110 이하	110 이상	220 초과 275 이하	260 이상
110 초과 154 이하	150 이상	−	−

114 물분무소화설비의 제어밸브는 바닥으로부터 얼마의 위치에 설치하여야 하는가?

① 0.5m 이상 1.0m 이하
② 0.8m 이상 1.5m 이하
③ 1.0m 이상 1.5m 이하
④ 1.5m 이하

▶ 물분무소화설비 제어밸브 설치기준 ──────────

① 제어밸브는 바닥으로부터 0.8m 이상 1.5m 이하의 위치에 설치할 것
② 제어밸브의 가까운 곳의 보기 쉬운 곳에 "제어밸브"라고 표시한 표지를 할 것

115 물분무헤드의 종류에 해당되지 아니하는 것은?

① 슬래브형
② 충돌형
③ 선회류형
④ 디플렉터형

◐ **물분무헤드의 종류**

  ㉠ 충돌형 : 유수와 유수의 충돌에 의해 미세한 물방울을 만드는 물분무헤드
  ㉡ 분사형 : 소구경의 오리피스로부터 고압으로 분사하여 미세한 물방울을 만드는 물분무헤드
  ㉢ 선회류형 : 직선류와 와류간의 충돌 또는 와류에 의해 확산 방출시키는 물분무헤드
  ㉣ 디플렉터형 : 수류를 디플렉터에 충돌시켜 미세한 물방물을 만드는 물분무헤드
  ㉤ 슬리트형 : 수류를 Slit(물이 통과하도록 만든 좁은 틈새)를 통해 방출하여 수막 상의 분무를 만드는 물분무헤드

116 물분무소화설비의 배수설비에 관한 설명 중 맞지 않는 것은?

① 차량이 주차하는 장소의 적당한 곳에 높이 10[cm] 이상의 경계턱으로 배수구를 설치할 것
② 배수구에는 새어나온 기름을 모아 소화할 수 있도록 길이 40[m] 이하마다 집수관, 소화 피트 등 기름분리장치를 설치할 것
③ 차량이 주차하는 바닥은 배수구를 향하여 1/200 이상의 기울기를 유지할 것
④ 배수설비는 가압송수장치의 최대 송수능력의 수량을 유효하게 배수할 수 있는 크기 및 기울기로 할 것

◐ **물분무소화설비 배수설비**

  ① 차량이 주차하는 장소의 적당한 곳에 높이 10cm 이상의 경계턱으로 배수구를 설치할 것
  ② 배수구에는 새어나온 기름을 모아 소화할 수 있도록 길이 40m 이하마다 집수관 · 소화 피트 등 기름분리장치를 설치할 것
  ③ 차량이 주차하는 바닥은 배수구를 향하여 100분의 2 이상의 기울기를 유지할 것
  ④ 배수설비는 가압송수장치의 최대송수능력의 수량을 유효하게 배수할 수 있는 크기 및 기울기로 할 것

117 물문부헤드를 설치하지 아니할 수 있는 장소에 해당되지 아니하는 것은?

① 물에 심하게 반응하는 물질 또는 물과 반응하여 위험한 물질을 생성하는 물질을 저장 또는 취급하는 장소
② 고온의 물질 및 증류범위가 넓어 끓어 넘치는 위험이 있는 물질을 저장 또는 취급하는 장소
③ 운전 시에 표면의 온도가 260℃ 이상으로 되는 등 직접 분무를 하는 경우 그 부분에 손상을 입힐 우려가 있는 기계장치 등이 있는 장소
④ 냉장창고 중 온도가 영하인 냉장실 또는 냉동창고의 냉동실

◐ **물분무헤드 설치 제외 장소**

  ① 물에 심하게 반응하는 물질 또는 물과 반응하여 위험한 물질을 생성하는 물질을 저장 또는 취급하는 장소
  ② 고온의 물질 및 증류범위가 넓어 끓어 넘치는 위험이 있는 물질을 저장 또는 취급하는 장소
  ③ 운전 시에 표면의 온도가 260℃ 이상으로 되는 등 직접 분무를 하는 경우 그 부분에 손상을 입힐 우려가 있는 기계장치 등이 있는 장소

118 미분무소화설비란 가압된 물이 헤드 통과 후 미세한 입자로 분무됨으로써 소화성능을 가지는 설비를 말하며, 소화력을 증가시키기 위하여 첨가할 수 있는 것은?

① 기포안정제
② 중탄산나트륨
③ 강화액
④ 분말소화약제

▶ **미분무소화설비의 정의** ───────────

가압된 물이 헤드 통과 후 미세한 입자로 분무됨으로써 소화성능을 가지는 설비를 말하며, 소화력을 증가시키기 위해 강화액 등을 첨가할 수 있다.

119 미분무소화설비는 어느 화재에 적응성이 있는가?

① A급 화재
② A, B급 화재
③ A, B, C급 화재
④ D급 화재

▶ **미분무소화설비** ───────────────

미분무라 함은 물만을 사용하여 소화하는 방식으로 최소설계압력에서 헤드로부터 방출되는 물입자 중 99%의 누적체적분포가 $400\mu m$ 이하로 분무되고 A, B, C급 화재에 적응성을 갖는 것을 말한다.

120 미분무소화설비를 사용압력에 따라 분류한 것 중 알맞은 것은?

① 사용압력이 1.0[MPa] 초과 2.5[MPa] 이하 – 중압
② 사용압력이 1.2[MPa] 초과 3.5[MPa] 이하 – 중압
③ 최저사용압력이 2.5[MPa] 초과 – 고압
④ 최고사용압력이 1.0[MPa] 이하 – 저압

▶ **사용압력별 분류** ───────────────

분류	정의
저압 미분무소화설비	최고사용압력이 1.2MPa 이하인 미분무소화설비를 말한다.
중압 미분무소화설비	사용압력이 1.2MPa를 초과하고 3.5MPa 이하인 미분무소화설비를 말한다.
고압 미분무소화설비	최저사용압력이 3.5MPa을 초과하는 미분무소화설비를 말한다.

121 미분무소화설비에서 수원의 양을 구하는 공식의 설명으로 틀린 것은?

$$Q = N \times D \times T \times S + V$$

① N : 방호구역(방수구역) 내 헤드의 개수
② D : 설계유량[m^3 / min]

③ T : 설계방수시간[min]

④ V : 방호구역의 체적[m^3]

▶ **미분무소화설비에서 수원의 양**

$Q = N \times D \times T \times S + V[\mathrm{m}^3]$ 이상

여기서, Q : 수원의 양[m^3]

N : 방호구역(방수구역)내 헤드의 개수

D : 설계유량[m^3/min]

T : 설계방수시간[min]

S : 안전율(1.2 이상)

V : 배관의 총 체적[m^3]

122 미분무소화설비의 수원에 사용되는 필터 또는 스트레이너의 메시는 헤드 오리피스 지름의 몇 [%] 이하가 되어야 하는가?

① 50[%]   ② 60[%]

③ 70[%]   ④ 80[%]

▶ **미분무소화설비에서 수원의 기준**

① 미분무수 소화설비에 사용되는 용수는 「먹는물관리법」제5조에 적합하고, 저수조 등에 충수할 경우 필터 또는 스트레이너를 통하여야 하며, 사용되는 물에는 입자·용해고체 또는 염분이 없어야 한다.

② 배관의 연결부(용접부 제외) 또는 주 배관의 유입 측에는 필터 또는 스트레이너를 설치하여야 하고, 사용되는 스트레이너에는 청소구가 있어야 하며, 검사·유지관리 및 보수 시에 배치위치를 변경하지 아니해야 한다. 다만, 노즐이 막힐 우려가 없는 경우에는 설치하지 아니할 수 있다.

③ 사용되는 필터 또는 스트레이너의 메시는 헤드 오리피스 지름의 80% 이하가 되어야 한다.

123 미분무소화설비의 가압송수장치에 해당되지 아니하는 것은?

① 전동기 또는 내연기관에 따른 펌프를 이용하는 가압송수장치

② 고가수조의 자연낙차 수두를 이용하는 가압송수장치

③ 압력수조를 이용하는 가압송수장치

④ 가압수조를 이용하는 가압송수장치

▶ **미분무 소화설비의 가압송수장치 종류**

① 전동기 또는 내연기관에 따른 펌프를 이용하는 가압송수장치

② 압력수조를 이용한 가압송수장치

③ 가압수조를 이용하는 가압송수장치

124 미분무소화설비의 가압송수장치에 대한 설명으로 틀린 것은?

① 펌프를 이용하는 가압송수장치는 펌프를 겸용할 수 있다.

② 펌프의 토출 측에는 압력계를 체크밸브 이전의 펌프 토출 측 가까운 곳에 설치해야 한다.

③ 압력수조의 토출 측에는 사용압력의 1.5배 범위를 초과하는 압력계를 설치해야 한다.

④ 가압수조의 압력은 설계 방수량 및 방수압이 설계방수시간 이상 유지되도록 해야 한다.

◉ **미분무소화설비의 가압송수장치** ───────────────────────────

① 펌프는 전용으로 할 것

125 호스릴미분무소화설비는 방호대상물의 각 부분으로부터 하나의 호스접결구까지의 수평 거리가 몇 [m] 이하가 되도록 하여야 하는가?

① 15[m]   ② 20[m]   ③ 25[m]   ④ 50[m]

◉ **호스릴미분무소화설비 설치기준** ───────────────────────────

① 방호대상물의 각 부분으로부터 하나의 호스 접결구까지의 수평거리가 25m 이하가 되도록 할 것

② 소화약제 저장용기의 개방밸브는 호스의 설치 장소에서 수동으로 개폐할 수 있는 것으로 할 것

③ 소화약제 저장용기의 가장 가까운 곳의 보기 쉬운 곳에 표시등을 설치하고 호스릴 미분무 소화설비가 있다는 뜻을 표시한 표지를 할 것

126 미분무소화설비의 감시제어반 전용실 설치기준 중 틀린 것은?

① 다른 부분과 방화구획을 할 것. 이 경우 전용실의 벽에는 기계실 또는 전기실 등의 감시를 위하여 두께 7mm 이상의 망입유리(두께 16.3mm 이상의 접합유리 또는 두께 28mm 이상의 복층유리를 포함한다.)로 된 4m² 미만의 붙박이창을 설치할 수 있다.

② 특별피난계단이 설치되고 그 계단(부속실을 포함한다.) 출입구로부터 보행거리 5m 이내에 전용실의 출입구가 있는 경우 경우에는 지상 2층에 설치하거나 지하 1층 외의 지하층에 설치할 수 있다.

③ 비상조명등 및 급·배기설비를 설치해야 한다.

④ 바닥면적은 감시제어반의 설치에 필요한 면적 외에 화재 시 소방대원이 그 감시제어반의 조작에 필요한 최소 면적 이상으로 해야 한다.

◉ **미분무소화설비의 감시제어반 전용실 설치기준** ───────────────────

① 다른 부분과 방화구획을 할 것. 이 경우 전용실의 벽에는 기계실 또는 전기실 등의 감시를 위하여 두께 7mm 이상의 망입유리(두께 16.3mm 이상의 접합유리 또는 두께 28mm 이상의 복층유리를 포함한다.)로 된 4m² 미만의 붙박이창을 설치할 수 있다.

② 피난층 또는 지하 1층에 설치할 것

③ 무선통신보조설비의 화재안전기술기준(NFTC 505) 2.2.3에 따라 유효하게 통신이 가능할 것(영 별표 4의 제5호마목에 따른 무선통신보조설비가 설치된 특정소방대상물에 한한다)

④ 바닥면적은 감시제어반의 설치에 필요한 면적 외에 화재 시 소방대원이 그 감시제어반의 조작에 필요한 최소면적 이상으로 할 것

127 미분무소화설비의 청소·유지 및 관리 등은 건축물의 모든 부분을 완성한 시점부터 최소 몇 회 이상을 실시하여야 하는가?

① 매월 1회   ② 3개월 1회   ③ 6개월 1회   ④ 연 1회

◉ 미분무소화설비의 청소·유지 및 관리 등

① 미분무소화설비의 청소·유지 및 관리 등은 건축물의 모든 부분(건축설비를 포함한다.)을 완성한 시점부터 최소 연 1회 이상 실시하여 그 성능 등을 확인해야 한다.

② 미분무소화설비의 배관 등의 청소는 배관의 수리계산 시 설계된 최대방출량으로 방출하여 배관 내 이물질이 제거될 수 있는 충분한 시간 동안 실시해야 한다.

③ 미분무소화설비의 성능시험은 제8조에서 정한 기준에 따라 실시한다.

128 다음 중 포소화설비의 특징이 아닌 것은?

① 포의 내화성이 커서 대규모 화재에 적합하다.

② 옥외에서는 옥외소화전보다 소화 효과가 적다.

③ 화재의 확대를 방지하여 화재를 최소한으로 줄일 수 있다.

④ 소화약제는 인체에 무해하다.

◉ 포소화설비의 특징

① 포의 내화성이 커서 대규모 화재에 적합하다.

② 옥외에서도 충분한 소화효과를 발휘한다.

③ 화재의 확대를 방지하여 화재를 최소한으로 줄일 수 있다.

④ 소화약제는 인체에 무해하며, 화재 시 열분해에 의한 독성가스 생성이 없다.

129 포소화설비에 사용되는 가압송수장치인 펌프의 수두[m] 계산식으로 적합한 것은?

① $H = h_1 + h_2$

② $H = h_1 + h_2 + h_3$

③ $H = h_2 + h_3 + h_4$

④ $H = h_1 + h_2 + h_3 + h_4$

◉ 펌프의 양정

$$H = h_1 + h_2 + h_3 + h_4$$

여기서, H = 펌프의 양정[m]

h_1 = 방출구의 설계압력 환산수두 또는 노즐선단의 방사압력 환산수두[m]

h_2 = 낙차[m]

h_3 = 관로의 마찰손실수두[m]

h_4 = 소방용 호스의 마찰손실수두[m]

130 특정소방대상물에 따라 적응하는 포소화설비를 설명한 것으로 틀린 것은?

① 「소방기본법 시행령」 별표 2의 특수가연물을 저장·취급하는 공장 또는 창고에는 포워터스 프링클러설비·포헤드설비 또는 고정포방출설비, 압축공기포소화설비를 설치할 수 있다.

② 차고 또는 주차장에는 포워터스프링클러설비·포헤드설비 또는 고정포방출설비, 압축공기 포소화설비를 설치할 수 있다.

③ 항공기격납고에는 포워터스프링클러설비·포헤드설비 또는 고정포방출설비, 압축공기포소 화설비를 설치 할 수 있다.

④ 발전기실, 엔진펌프실, 변압기, 전기케이블실, 유압설비인 경우 바닥면적의 합계가 $500m^2$ 미만의 장소에는 고정식 압축공기포소화설비를 설치할 수 있다.

◉ 특정소방대상물에 따라 적응하는 포소화설비 ──────────────

④ 발전기실, 엔진펌프실, 변압기, 전기케이블실, 유압설비인 경우 바닥면적의 합계가 $300m^2$ 미만 의 장소에는 고정식 압축공기포소화설비를 설치할 수 있다.

131 차고, 주차장에 설치하는 호스릴포소화설비의 설치기준에 맞지 않는 것은?

① 저발포의 포소화약제를 사용할 수 있는 것으로 할 것

② 호스릴 또는 호스를 호스릴포방수구 또는 포소화전방수구로부터 분리하여 비치하는 때에는 그로부터 5[m] 이내의 거리에 호스릴함 또는 호스함을 설치해야 한다.

③ 호스릴함 또는 호스함은 바닥으로부터 높이 1.5[m] 이하의 위치에 설치해야 한다.

④ 방호대상물의 각 부분으로부터 하나의 호스릴포방수구까지의 수평거리는 15[m] 이하가 되 도록 해야 한다.

◉ 차고, 주차장에 설치하는 호스릴포소화설비의 설치기준 ──────────

① 특정소방대상물의 어느 층에 있어서도 그 층에 설치된 호스릴포방수구 또는 포소화전 방수구(호 스릴포방수구 또는 포소화전방수구가 5개 이상 설치된 경우에는 5개)를 동시에 사용할 경우 각 이동식 포노즐 선단의 포수용액 방사압력이 0.35MPa 이상이고 $300l/min$ 이상(1개 층의 바닥 면적이 $200m^2$ 이하인 경우에는 $230l/min$ 이상)의 포수용액을 수평거리 15m 이상으로 방사할 수 있도록 할 것

② 저발포의 포소화약제를 사용할 수 있는 것으로 할 것

③ 호스릴 또는 호스를 호스릴포방수구 또는 포소화전방수구로 분리하여 비치하는 때에는 그로부터 3m 이내의 거리에 호스릴함 또는 호스함을 설치할 것

④ 호스릴함 또는 호스함은 바닥으로부터 높이 1.5m 이하의 위치에 설치하고 그 표면에는 "포호스 릴함(또는 포소화전함)"이라고 표시한 표지와 적색의 위치표시등을 설치할 것

⑤ 방호대상물의 각 부분으로부터 하나의 호스릴포방수구까지의 수평거리는 15m 이하(포소화전방 수구의 경우에는 25m 이하)가 되도록 하고 호스릴 또는 호스의 길이는 방호 대상물의 각 부분에 포가 유효하게 뿌려질 수 있도록 할 것

132 공기포혼합기를 사용하여 약제와 물 그리고 압축공기를 혼합하여 방출하는 방식의 혼합 장치는?

① 펌프프로포셔너방식
② 압축공기포 믹싱챔버방식
③ 프레저프로포셔너방식
④ 프레저사이드프로포셔너방식

133 펌프와 발포기의 중간에 설치된 벤투리관의 벤투리작용과 펌프 가압수의 포소화약제 저장 탱크에 대한 압력에 따라 포소화약제를 흡입·혼합하는 방식은?

① 펌프프로포셔너방식
② 라인프로포셔너방식
③ 프레저프로포셔너방식
④ 프레저사이드프로포셔너방식

◑ 혼합장치의 종류

ⓐ 펌프프로포셔너방식 : 펌프의 토출관과 흡입관 사이의 배관 도중에 설치한 흡입기에 펌프에서 토출된 물의 일부를 보내고, 농도조정밸브에서 조정된 포소화약제의 필요량을 포소화약제 탱크에서 펌프 흡입 측으로 보내어 이를 혼합하는 방식을 말한다.

ⓑ 프레저프로포셔너방식 : 펌프와 발포기의 중간에 설치된 벤투리관의 벤투리작용과 펌프 가압수의 포소화약제 저장탱크에 대한 압력에 따라 포 소화약제를 흡입·혼합하는 방식을 말한다.

ⓒ 라인프로포셔너방식 : 펌프와 발포기의 중간에 설치된 벤투리관의 벤투리작용에 따라 포소화약제를 흡입·혼합하는 방식을 말한다.

ⓓ 프레저사이드프로포셔너방식 : 펌프의 토출관에 압입기를 설치하여 포소화약제 압입용 펌프로 포소화약제를 압입시켜 혼합하는 방식을 말한다.

ⓔ 압축공기포 믹싱챔버방식 : 공기포혼합기를 사용하여 약제와 물 그리고 압축공기를 혼합하여 방출하는 방식으로, 물의 확보가 곤란한 장소라도 소화 효율을 높이는 시스템이다.

134 탱크 옆판의 내측으로부터 1.2m 이상 이격하여 금속제 칸막이를 설치하고 탱크 옆판과 칸막이에 의하여 형성된 환상부분에 포를 주입하는 것이 가능한 구조의 반사판을 갖는 포 방출구는?

① Ⅰ형 포방출구
② Ⅲ형 포방출구
③ Ⅱ형 포방출구
④ 특형 포방출구

◑ 포방출구의 분류

① Ⅰ형 포방출구 : 고정지붕구조의 탱크에 상부포주입법(고정포방출구를탱크옆판의 상부에 설치하여 액표면 상에 포를 방출하는 방법을 말한다.)을 이용하는 것으로서 방출된 포가 액면 아래로 몰입되거나 액면을 뒤섞지 않고 액면 상을 덮을 수 있는 통 또는 미끄럼판 등의 설비 및 탱크 내의 위험물 증기가 외부로 역류되는 것을 저지할 수 있는 구조·기구를 갖는 포방출구

② Ⅱ형 포방출구 : 고정지붕구조 또는 부상덮개 부착 고정지붕구조(옥외저장탱크의 액상에 금속제의 플로팅, 팬 등의 덮개를 부착한 고정지붕구조의 것을 말한다.)의 탱크에 상부포주입법을 이용하는 것으로서 방출된 포가 탱크옆판의 내면을 따라 흘러내려 가면서 액면 아래로 몰입되거나 액면을 뒤섞지 않고 액면 상을 덮을 수 있는 반사판 및 탱크내의 위험물 증기가 외부로 역류되는 것을 저지할 수 있는 구조·기구를 갖는 포방출구

③ Ⅲ형 포방출구 : 고정지붕구조의 탱크에 저부포주입법(탱크의 액면하에 설치된 포방출구로부터 포를 탱크내에 주입하는 방법을 말한다.)을 이용하는 것으로서 송포관(발포기 또는 포발생기에 의하여 발생된 포를 보내는 배관을 말한다. 당해 배관으로 탱크 내의 위험물이 역류되는 것을 저지할 수 있는 구조·기구를 갖는 것에 한한다.)으로부터 포를 방출하는 포방출구

④ Ⅳ형 포방출구 : 고정지붕구조의 탱크에 저부포주입법을 이용하는 것으로서 평상시에는 탱크의 액면하의 저부에 설치된 격납통에 수납되어 있는 특수호스 등이 송포관의 말단에 접속되어 있다가 포를 보내는 것에 의하여 특수호스 등이 전개되어 그 선단이 액면까지 도달한 후 포를 방출하는 포방출구

⑤ 특형 포방출구 : 부상지붕구조의 탱크에 상부포주입법을 이용하는 것으로서 부상지붕의 부상부분상에 높이 0.9m 이상의 금속제의 칸막이를 탱크옆판의 내측으로부터 1.2m 이상 이격하여 설치하고 탱크옆판과 칸막이에 의하여 형성된 환상부분에 포를 주입하는 것이 가능한 구조의 반사판을 갖는 포방출구

135 플루팅루프탱크(Floating roof tank)에서 환상부분의 면적을 알맞게 계산한 것은?(단, D : 탱크 직경[m], d : 부상지붕 직경[m]이다.)

① $\dfrac{\pi}{2}(D^2 - d^2)$

② $\dfrac{\pi}{2}(D - d)^2$

③ $\dfrac{\pi}{4}(D^2 - d^2)$

④ $\dfrac{\pi}{4}(D - d)^2$

◆ 플루팅루프탱크(Floating roof tank) 면적계산

① 휘발성의 위험물을 대량으로 저장하는 탱크에 적용한다.

② 부상형 지붕구조로 환상부분의 면적에 대해서만 약제량을 계산한다.

③ $A = \dfrac{\pi}{4}(D^2 - d^2)\,[\text{m}^2]$

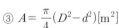

여기서, D : 탱크 직경[m]
d : 부상지붕 직경[m]

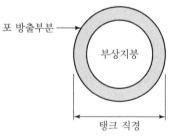

포 방출부분
부상지붕
탱크 직경

136 포의 팽창비율에 따른 고발포인 제2종 기계포의 팽창비율은?

① 80배 이상 250배 미만

② 250배 이상 500배 미만

③ 500배 이상 1,000배 미만

④ 1,000배 이상

▶ 기계포의 팽창비 ─────────────────────────────

기계포 종류	팽창비
제1종 기계포	80배 이상~250배 미만
제2종 기계포	250배 이상~500배 미만
제3종 기계포	500배 이상~1,000배 미만

137 직경이 30[m]인 특수가연물 저장소에 고정포방출구를 1개 설치하였다. 소화에 필요한 포원액량은 얼마인가?(단, 표면적당 방출량 4[l/min·m²], 3[%]원액, 방출 시간 20분이다.)

① 1,700[l] 이상 ② 2,546[l] 이상
③ 2,950[l] 이상 ④ 3,280[l] 이상

▶ 고정포방출구 포원액의 양 ─────────────────────────────

$$Q = A[\text{m}^2] \times Q_1[l/\text{min} \cdot \text{m}^2] \times T[\text{min}] \times S[l]$$

$$= \frac{\pi \times 30^2}{4} \times 4 \times 20 \times 0.03 = 1,696.46[l]$$

138 포소화약제의 저장량은 다음 공식에 의해 고정포방출구에서 방출하기 위하여 필요한 양 이상으로 해야 한다. 공식에 대한 설명이 틀린 것은?

$$Q = A \times Q_1 \times T \times S$$

① Q_1 : 단위포소화수용액의 양[l/min·m²]
② T : 방출시간[min]
③ A : 탱크의 면적[m²]
④ S : 포소화약제의 사용농도

▶ 고정포방출구 약제의 양 ─────────────────────────────

$Q = A \times Q_1 \times T \times S$

여기서, A : 탱크의 액표면적[m²]
Q_1 : 방출률[l/min·m²]
T : 방사시간[min]
S : 농도[%]

139 포소화설비에서 포워터 스프링클러헤드가 5개 설치된 경우 수원의 양[m³]은?

① 1.75[m³] ② 2.75[m³] ③ 3.75[m³] ④ 4.75[m³]

◉ **포워터 스프링클러헤드 수원의 양**

$Q = N \times Q_s \times 10 [l]$ 이상

$= 5 \times 75 \times 10 = 3,750 [l] = 3.75 [\text{m}^3]$

여기서, N : ㉠ 포워터 스프링클러설비 또는 포헤드설비의 경우 포헤드가 가장 많이 설치된 층의 포헤드 수(바닥면적이 200m^2를 초과한 층은 바닥면적 200m^2 이내)

㉡ 고정포방출설비의 경우

고정포방출구가 가장 많이 설치된 방호구역 안의 고정포방출구 수

Q_s : 표준방사량[l/min] – 포워터 스프링클러헤드는 75[l/min]

10 : 방사시간[min]

140 바닥면적이 150[m²]인 주차장에 호스릴방식으로 포소화설비를 하였다. 이곳에 설치한 포 방출구는 5개이고 포소화약제의 농도는 6[%]이다. 이때 필요한 포소화약제의 양 [l]은 얼마인가?

① 810[l]   ② 1,080[l]   ③ 1,350[l]   ④ 1,800[l]

◉ **옥내포소화전방식 또는 호스릴방식의 포소화약제 양**

$Q = N \times S \times 6,000 [l]$

$= 5 \times 0.06 \times 6,000 \times 0.75 = 1,350 [l]$

여기서, Q : 포소화약제의 양[l]

N : 호스 접결구 수(5개 이상인 경우는 5, 쌍구형인 경우 2개를 적용)

S : 포소화약제의 사용 농도[%]

6,000 : 300[l/min] × 20[min]

☞ 바닥면적이 200[m²] 미만인 건축물에 있어서는 산출량의 75[%]를 적용할 수 있다.

141 차고 또는 주차장에 설치하는 포소화설비의 수동식 기동장치는 방사구역마다 몇 개 이상 설치하여야 하는가?

① 1   ② 2   ③ 3   ④ 4

◉ **수동식 기동장치**

① 직접조작 또는 원격조작에 따라 가압송수장치·수동식 개방밸브 및 소화약제 혼합장치를 기동할 수 있는 것으로 할 것

② 2 이상의 방사구역을 가진 포소화설비에는 방사구역을 선택할 수 있는 구조로 할 것

③ 기동장치의 조작부는 화재 시 쉽게 접근할 수 있는 곳에 설치하되, 바닥으로부터 0.8m 이상 1.5m 이하의 위치에 설치하고, 유효한 보호장치를 설치할 것

④ 기동장치의 조작부 및 호스 접결구에는 가까운 곳의 보기 쉬운 곳에 각각 "기동장치의 조작부" 및 "접결구"라고 표시한 표지를 설치할 것

⑤ 차고 또는 주차장에 설치하는 포소화설비의 수동식 기동장치는 방사구역마다 1개 이상 설치할 것

⑥ 항공기격납고에 설치하는 포소화설비의 수동식 기동장치는 각 방사구역마다 2개 이상을 설치하되, 그중 1개는 각 방사구역으로부터 가장 가까운 곳 또는 조작에 편리한 장소에 설치하고, 1개는 화재감지수신기를 설치한 감시실 등에 설치할 것

142 포소화설비의 자동식 기동장치로 폐쇄형 스프링클러헤드를 사용하는 경우 설치기준으로 틀린 것은?

① 표시온도가 103℃ 이상인 것을 사용할 것
② 부착면의 높이는 바닥으로부터 5m 이하로 할 것
③ 1개의 스프링클러헤드의 경계면적은 20m² 이하로 할 것
④ 하나의 감지장치 경계구역은 하나의 층이 되도록 할 것

◉ 자동식 기동장치

① 표시온도가 79℃ 미만인 것을 사용하고, 1개의 스프링클러헤드의 경계면적은 20m² 이하로 할 것
② 부착면의 높이는 바닥으로부터 5m 이하로 하고, 화재를 유효하게 감지할 수 있도록 할 것
③ 하나의 감지장치 경계구역은 하나의 층이 되도록 할 것

143 해당 바닥면으로부터 방호대상물의 높이보다 0.5m 높은 위치까지의 체적을 무엇이라 하는가?

① 관포체적   ② 방호체적
③ 방호구역체적   ④ 방호공간체적

◉ 관포체적

① 해당 바닥면으로부터 방호대상물의 높이보다 0.5m 높은 위치까지의 체적
② V＝방호구역 가로길이×방호구역 세로길이×(방호대상물 높이＋0.5)

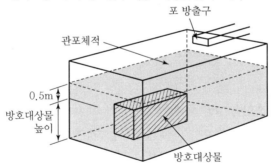

144 전역방출방식의 고발포용 고정포방출구는 바닥면적 몇 [m²]마다 1개 이상으로 하여야 하는가?

① 100[m²]   ② 200[m²]
③ 300[m²]   ④ 500[m²]

◉ 전역방출방식의 고발포용 고정포방출구 기준

고정포방출구는 바닥면적 500m²마다 1개 이상으로 하여 방호대상물의 화재를 유효하게 소화할 수 있도록 할 것

145 6[%]형 단백포의 원액 300[*l*]를 취해서 포를 방출시켰더니 발포배율이 16배로 되었다. 방출된 포의 체적[m³]은 얼마인가?

① 80　　　　　　② 80,000　　　　　③ 8　　　　　④ 8,000

▶ 포 팽창비

$$팽창비 = \frac{방출 \ 후 \ 포체적}{방출 \ 전 \ 포수용액} \left(방출 \ 전 \ 포수용액 = \frac{포원액}{농도} \right)$$

방출 후 포 체적 ＝ 팽창비 × 방출 전 포수용액 체적
$$= 16 \times (300 \div 0.06) = 80,000[l] = 80[m^3]$$

146 다음 중 포소화설비의 화재안전기준을 설명한 것으로 틀린 것은?

① 압축공기포소화설비의 설계방출밀도($l/min \cdot m^2$)는 설계사양에 따라 정하여야 하며 일반가연물, 탄화수소류는 $1.63l/min \cdot m^2$ 이상, 특수가연물, 알코올류와 케톤류는 $2.3l/min \cdot m^2$ 이상으로 해야 한다.

② 압축공기포소화설비에 설치되는 펌프의 양정은 0.35MPa 이상이 되어야 한다.

③ 압축공기포소화설비의 배관은 토너먼트방식으로 하여야 하고 소화약제가 균일하게 방출되는 등거리 배관구조로 설치해야 한다.

④ 압축공기포소화설비의 분사헤드는 천장 또는 반자에 설치하되 방호대상물에 따라 측벽에 설치할 수 있으며 유류탱크주위에는 바닥면적 13.9m²마다 1개 이상, 특수가연물저장소에는 바닥면적 9.3m²마다 1개 이상으로 당해 방호대상물의 화재를 유효하게 소화할 수 있도록 할 것

▶ 가압송수장치

② 압축공기포소화설비에 설치되는 펌프의 양정은 0.4MPa 이상이 되어야 한다.

147 다음 옥외소화전 설명 중 틀린 것은?

① 옥외소화전설비의 수원은 옥외소화전설치개수(옥외소화전이 2개 이상 설치된 경우에는 2개)에 7[m³]를 곱한 양 이상이 되도록 해야 한다.

② 각 옥외소화전의 노즐선단에서의 방수압은 0.25[MPa] 이상이다.

③ 호스접결구는 지면으로부터 높이가 1m 이상 1.5m 이하이다.

④ 호스접결구는 특정소방대상물의 각 부분으로부터 하나의 호스접결구까지의 수평거리가 40m 이하가 되도록 설치해야 한다.

▶ 옥외소화전 설비

① 옥외소화전설비의 수원 $Q = N \times 350[l/min] \times 20[min]$

② 방수압력 : 0.25MPa 이상, 방수량 : 350l/min 이상

③ 호스접결구는 지면으로부터 높이가 0.5m 이상 1m 이하의 위치에 설치하고 특정소방 대상물의 각 부분으로부터 하나의 호스접결구까지의 수평거리가 40m 이하가 되도록 설치해야 한다.

148 옥외소화전설비의 법정 방수압력과 방수량으로 옳은 것은?

① 0.13[MPa] − 130[l/min] ② 0.25[MPa] − 350[l/min]
③ 0.35[MPa] − 350[l/min] ④ 0.17[MPa] − 130[l/min]

▶ 옥외소화전설비의 법정 방수압력과 방수량

해당 특정소방대상물에 설치된 옥외소화전(2개 이상 설치된 경우에는 2개의 옥외소화전)을 동시에 사용할 경우 각 옥외소화전의 노즐선단에서의 방수압력이 0.25MPa 이상이고, 방수량이 350l/min 이상이 되는 성능의 것으로 할 것. 이 경우 하나의 옥외소화전을 사용하는 노즐선단에서의 방수압력이 0.7MPa을 초과할 경우에는 호스접결구의 인입 측에 감압장치를 설치해야 한다.

149 일반 건축물에 옥외소화전이 6개 설치되어 있는데 송수펌프를 설치한다면 펌프의 토출량[m³/min]은 얼마인가?

① 0.5 ② 0.7 ③ 1.05 ④ 0.65

▶ 옥외소화전 토출량

$$Q = N \times 350[l/\min] = 2 \times 350[l/\min] \times 10^{-3}[\text{m}^3/l] = 0.7[\text{m}^3/\min]$$

150 어떤 소방대상물에 옥외소화전이 3개 설치되어 있다. 이곳에 설치하여야 할 수원의 양[m³]은 얼마 이상으로 하여야 하는가?

① 7 ② 14 ③ 18 ④ 21

▶ 옥외소화전 수원의 양

$$Q = 2 \times 350[l/\min] \times 20\min \times 10^{-3}[\text{m}^3/l] = 14[\text{m}^3]$$

151 옥외소화전설비의 호스 노즐의 구경은 얼마인가?

① 11[mm] ② 13[mm] ③ 16[mm] ④ 19[mm]

▶ 호스 노즐의 구경

① 옥내소화전 호스노즐의 구경 : 13[mm]
② 옥외소화전 호스노즐의 구경 : 19[mm]

152 옥외소화전설비의 가압송수장치로 고가수조를 설치할 경우 필요한 낙차는?

① $H = h_1 + h_2 + 10$ ② $H = h_1 + h_2 + 17$
③ $H = h_1 + h_2 + 25$ ④ $H = h_1 + h_2 + 35$

> ▶ 고가수조의 자연낙차를 이용한 가압송수장치
> ① 스프링클러설비 : $H = h_1 + 10$
> ② 옥내소화전 : $H = h_1 + h_2 + 17$
> ③ 옥외소화전 : $H = h_1 + h_2 + 25$

153 소화용 펌프가 옥외소화전보다 10[m] 낮은 곳에 설치된 옥외소화전설비가 있다. 배관에서의 마찰손실수두가 15[m], 소방용 호스에서의 마찰손실 수두가 2[m]일 경우 소화용 펌프의 토출압력은 몇 [MPa] 이상이어야 하는가?

① 0.32   ② 0.42   ③ 0.51   ④ 0.57

> ▶ 옥외소화전 토출압력
> $H = h_1 + h_2 + h_3 + 25[\text{m}] = 10 + 15 + 2 + 25 = 52[\text{m}]$
> $10.332[\text{mH}_2\text{O}] : 0.101325[\text{MPa}] = 52[\text{mH}_2\text{O}] : x[\text{MPa}]$
> $x = \dfrac{0.101325}{10.332} \times 52 = 0.51[\text{MPa}]$

154 건축물의 외부에 옥외소화전이 3개 설치되어 있으며 총양정은 150[m]이었다. 이때 사용된 펌프의 효율은 60[%]이다. 펌프의 전동기 용량[kW]으로 옳은 것은?

① 21[kW]   ② 24[kW]   ③ 32[kW]   ④ 51[kW]

> ▶ 전동기 용량 계산식
> 전동기 용량 $P = \dfrac{1,000 \times Q \times H}{102 \times 60 \times \eta} \times K[\text{kW}]$
> ① 토출량 $Q = N \times 350l/\text{min} = 2 \times 350 = 700l/\text{min} = 0.7\text{m}^3/\text{min}$
> ② 전양정 $H = 150\text{m}$
> ③ $P = \dfrac{1,000 \times Q \times H}{102 \times 60 \times \eta} \times K = \dfrac{1,000 \times 0.7 \times 150}{102 \times 60 \times 0.6} \times 1.1 = 31.45[\text{kW}]$ 이상

155 옥외소화전설비에서 사용되는 소방용 호스의 구경은?

① 40[mm]   ② 50[mm]
③ 65[mm]   ④ 100[mm]

> ▶ 옥외소화전 설비
> 호스는 구경 65mm의 것으로 해야 한다.

156 옥외소화전설비에는 옥외소화전마다 그로부터 몇 [m] 이내의 장소에 소화전함을 설치하여야 하는가?

① 5[m] 이내
② 6[m] 이내
③ 7[m] 이내
④ 8[m] 이내

◉ 옥외소화전설비

① 옥외소화전함 설치개수
옥외소화전설비에는 옥외소화전마다 그로부터 5m 이내의 장소에 소화전함을 다음 각 호의 기준에 따라 설치해야 한다.
⑦ 옥외소화전이 10개 이하 설치된 때에는 옥외소화전마다 5m 이내의 장소에 1개 이상의 소화전함을 설치해야 한다.
⑭ 옥외소화전이 11개 이상 30개 이하 설치된 때에는 11개 이상의 소화전함을 각각 분산하여 설치해야 한다.
⑭ 옥외소화전이 31개 이상 설치된 때에는 옥외소화전 3개마다 1개 이상의 소화전함을 설치해야 한다.

② 옥외소화전설비의 함은 소방청장이 정하여 고시한 「소화전함 성능인증 및 제품검사의 기술기준」에 적합한 것으로 설치하되 밸브의 조작, 호스의 수납 등에 충분한 여유를 가질 수 있도록 할 것. 연결송수관의 방수구를 같이 설치하는 경우에도 또한 같다.

③ 옥외소화전설비의 소화전함 표면에는 "옥외소화전"이라고 표시한 표지를 하고, 가압송수장 치의 조작부 또는 그 부근에는 가압송수장치의 기동을 명시하는 적색등을 설치해야 한다.

④ 표시등은 다음 각 호의 기준에 따라 설치해야 한다.
⑦ 옥외소화전설비의 위치를 표시하는 표시등은 함의 상부에 설치하되, 설치하되, 소방청장이 정하여 고시한 「표시등의 성능인증 및 제품검사의 기술기준」에 적합한 것으로 할 것
⑭ 가압송수장치의 기동을 표시하는 표시등은 옥외소화전함의 상부 또는 그 직근에 설치하되 적색등으로 할 것. 다만, 자체소방대를 구성하여 운영하는 경우(「위험물안전관리법 시행령」 별표 8에서 정한 소방자동차와 자체소방대원의 규모를 말한다.) 가압송수 장치의 기동표시등을 설치하지 않을 수 있다.

157 옥외소화전이 60개 설치되어 있을 때 소화전함 설치개수는 몇 개인가?

① 5
② 11
③ 20
④ 30

◉ 옥외소화전함 설치개수

옥외소화전이 31개 이상 설치된 때에는 옥외소화전 3개마다 1개 이상의 소화전함을 설치해야 한다.
∴ 60개÷3개＝20개 설치

158 용량 2[t]의 탱크에 물을 가득 채운 소방차가 화재현장에 출동하여 노즐압력 0.4[MPa], 노즐구경 2.5[cm]를 사용하여 방수한다면 소방차 내의 물이 전부 방수되는 데 약 몇 분이 소요되는가?

① 약 2분 30초   ② 약 3분 30초

③ 약 4분 30초   ④ 약 5분 30초

▶ 방사시간 계산

- 방사시간 $t = \dfrac{수원\ Q}{방사량\ Q_1} = \dfrac{2{,}000[l]}{816.25[l/\min]} = 2.45\min = 2분\ 27초$

- 방사량 $Q_1 = 0.653 d^2 \sqrt{10P}$
  $$= 0.653 \times 25^2 \times \sqrt{10 \times 0.4} = 816.25[l/\min]$$

- 수원 $Q = 2[\mathrm{m^3}] = 2{,}000[l]$

159 옥외소화전설비 노즐선단의 방수압력이 0.26MPa에서 310$l/\min$으로 방수되었다. 350 $l/\min$을 방수하고자 할 경우 노즐선단의 방수압력(MPa)은?

① 0.200   ② 0.231

③ 0.331   ④ 0.462

▶ 옥외소화전 방수량

$Q = 0.653 D^2 \sqrt{10P}$, 즉 $Q \propto K\sqrt{10P}$이다.

$310 l/\min : \sqrt{10 \times 0.26\mathrm{MPa}} = 350 l/\min : \sqrt{10 \times P}$

$\sqrt{10P} = \dfrac{350 \times \sqrt{10 \times 0.26}}{310}$

$10P = \left(\dfrac{350 \times \sqrt{10 \times 0.26}}{310} \right)^2$

$\therefore\ P = 0.331\ \mathrm{MPa}$

160 한 대의 원심펌프를 회전수를 달리하여 운전할 때의 관계식으로 옳은 것은?

① $\dfrac{Q_2}{Q_1} = \dfrac{N_1}{N_2}$ ② $\dfrac{H_1}{H_2} = \left(\dfrac{N_1}{N_2} \right)^2$

③ $\dfrac{L_1}{L_2} = \left(\dfrac{N_2}{N_1} \right)^3$ ④ $\dfrac{Q_1}{Q_2} = \left(\dfrac{N_2}{N_1} \right)^4$

▶ 상사법칙

펌프의 크기는 다르지만 비속도가 같은 경우 이를 상사라고 한다. 원심펌프에서 서로 상사의 경우 일정한 관계식이 성립한다.

구분	1대 펌프($N_1 \neq N_2$)	2대 펌프($N_1 \neq N_2$, $D_1 \neq D_2$)
유량	$\dfrac{Q_2}{Q_1} = \dfrac{N_2}{N_1}$	$\dfrac{Q_2}{Q_1} = \dfrac{N_2}{N_1} \times \left(\dfrac{D_2}{D_1}\right)^3$
양정	$\dfrac{H_2}{H_1} = \left(\dfrac{N_2}{N_1}\right)^2$	$\dfrac{H_2}{H_1} = \left(\dfrac{N_2}{N_1}\right)^2 \times \left(\dfrac{D_2}{D_1}\right)^2$
축동력	$\dfrac{L_2}{L_1} = \left(\dfrac{N_2}{N_1}\right)^3$	$\dfrac{L_2}{L_1} = \left(\dfrac{N_2}{N_1}\right)^3 \times \left(\dfrac{D_2}{D_1}\right)^5$

161 이산화탄소 소화설비의 특징이 아닌 것은?

① 화재 진화 후 깨끗하다.　　　　② 전기화재에 적응성이 좋다.
③ 소음이 적다.　　　　④ 지구온난화 물질로 사용이 규제될 수 있다.

◉ **이산화탄소 소화설비의 특징**

　① 소화 후, 잔존물을 남기지 않으며 부패 및 변질 우려가 없다.
　② 전기적으로 비전도성이므로, 전기화재에 적응성이 좋다.
　③ 방출 시 소음이 매우 크다.
　④ 지구온난화 물질로 사용이 규제될 수 있다.

162 이산화탄소 소화설비의 저장용기 설치장소 기준을 설명한 것 중 틀린 것은?

① 방호구역 외의 장소에 설치할 것. 다만, 방호구역 내에 설치하는 경우에는 피난 및 조작이 용
　이하도록 피난구 부근에 설치할 것
② 온도가 55℃ 이하이고, 온도 변화가 적은 곳에 설치할 것
③ 용기 간의 간격은 점검에 지장이 없도록 3cm 이상의 간격을 유지할 것
④ 방화문으로 구획된 실에 설치할 것

◉ **이산화탄소 소화설비의 저장용기 설치장소 기준**

　① 방호구역 외의 장소에 설치할 것. 다만, 방호구역 내에 설치할 경우에는 피난 및 조작이 용이하
　　도록 피난구 부근에 설치해야 한다.
　② 온도가 40℃ 이하이고, 온도변화가 작은 곳에 설치할 것
　③ 직사광선 및 빗물이 침투할 우려가 없는 곳에 설치할 것
　④ 방화문으로 방화구획 된 실에 설치할 것
　⑤ 용기의 설치장소에는 해당 용기가 설치된 곳임을 표시하는 표지를 할 것
　⑥ 용기 간의 간격은 점검에 지장이 없도록 3cm 이상의 간격을 유지할 것
　⑦ 저장용기와 집합관을 연결하는 연결배관에는 체크밸브를 설치할 것. 다만, 저장용기가 하나의
　　방호구역만을 담당하는 경우에는 그렇지 않다.

163 이산화탄소 소화설비의 저압식 저장용기에 설치하는 것으로 틀린 것은?

① 액면계 ② 압력계
③ 압력경보장치 ④ 선택밸브

◉ 이산화탄소 소화설비소화약제의 저장용기 설치기준 ─────────

① 저장용기의 충전비는 고압식은 1.5 이상 1.9 이하, 저압식은 1.1 이상 1.4 이하로 할 것
② 저장용기는 고압식은 25MPa 이상, 저압식은 3.5MPa 이상의 내압시험압력에 합격한 것으로 할 것
③ 저압식 저장용기에는 내압시험압력의 0.64배부터 0.8배의 압력에서 작동하는 안전밸브와 내압시험압력의 0.8배부터 내압시험압력에서 작동하는 봉판을 설치할 것
④ 저압식 저장용기에는 액면계 및 압력계와 2.3MPa 이상 1.9MPa 이하의 압력에서 작동하는 압력경보장치를 설치할 것
⑤ 저압식 저장용기에는 용기내부의 온도가 섭씨 영하 18℃ 이하에서 2.1MPa의 압력을 유지할 수 있는 자동냉동장치를 설치할 것

164 이산화탄소 소화설비의 저압식 저장용기 내부의 온도와 압력으로 옳은 것은?

① 15[℃], 5.3[MPa]
② 15[℃], 2.1[MPa]
③ −18[℃], 5.3[MPa]
④ −18[℃], 2.1[MPa]

165 이산화탄소 소화설비의 저압식 저장용기에 설치하는 압력경보장치의 작동압력으로 옳은 것은?

① 2.1[MPa] 이상 1.9[MPa] 이하
② 2.3[MPa] 이상 1.9[MPa] 이하
③ 2.1[MPa] 이상 1.4[MPa] 이하
④ 2.3[MPa] 이상 1.4[MPa] 이하

166 이산화탄소 소화약제의 저장용기 충전비로서 옳은 것은?

① 저압식은 1.1 이상 1.5 이하, 고압식은 1.4 이상 1.9 이하
② 저압식은 1.1 이상 1.4 이하, 고압식은 1.5 이상 1.9 이하
③ 저압식은 1.5 이상 1.9 이하, 고압식은 1.1 이상 1.4 이하
④ 저압식은 1.5 이상 1.9 이하, 고압식은 2.0 이상 2.5 이하

167 이산화탄소 소화설비의 저압식 저장용기에 설치하는 안전밸브와 봉판의 작동압력으로 옳은 것은?

① 안전밸브 : 내압시험압력의 0.8배부터 내압시험압력에서 작동
봉판 : 내압시험압력의 0.64배부터 0.8배의 압력에서 작동
② 안전밸브 : 내압시험압력의 0.8배부터 내압시험압력 이하에서 작동
봉판 : 내압시험압력의 0.64배부터 0.8배의 압력에서 작동
③ 안전밸브 : 내압시험압력의 0.64배부터 0.8배의 압력에서 작동
봉판 : 내압시험압력의 0.8배부터 내압시험압력에서 작동
④ 안전밸브 : 내압시험압력의 0.64배부터 0.8배의 압력에서 작동
봉판 : 내압시험압력의 0.8배부터 내압시험압력 이하에서 작동

168 이산화탄소 소화설비의 가스압력식 기동장치에 대한 설명 중 틀린 것은?

① 기동용 가스용기 및 해당 용기에 사용하는 밸브는 25MPa 이상의 압력에 견딜 수 있는 것으로 할 것
② 기동용 가스용기에는 충전 여부를 확인할 수 있는 압력게이지를 설치할 것
③ 기동용 가스용기의 용적은 1L 이상으로 하고, 해당 용기에 저장하는 이산화탄소의 양은 0.6kg 이상으로 하며, 충전비는 1.5 이상으로 할 것
④ 기동용 가스용기에는 내압시험압력의 0.8배부터 내압시험압력 이하에서 작동하는 안전장치를 설치할 것

◐ **이산화탄소 소화설비의 가스압력식 기동장치**

① 기동용 가스용기 및 해당 용기에 사용하는 밸브는 25MPa 이상의 압력에 견딜 수 있는 것으로 할 것
② 기동용 가스용기에는 내압시험압력의 0.8배부터 내압시험압력 이하에서 작동하는 안전장치를 설치할 것
③ 기동용 가스용기의 용적은 5L 이상으로 하고, 해당 용기에 저장하는 질소 등의 비활성기체는 6.0MPa 이상(21℃ 기준)의 압력으로 충전할 것
④ 기동용 가스용기에는 충전 여부를 확인할 수 있는 압력게이지를 설치할 것

169 이산화탄소 소화설비에서 소화약제가 오작동 등으로 인하여 방출될 경우 인명보호를 목적으로 해당 방호구역마다 설치하는 것의 명칭과 설치위치로 옳은 것은?

① 명칭 : 비상스위치, 설치위치 : 수동조작함 부근
② 명칭 : 비상스위치, 설치위치 : 선택밸브 직전
③ 명칭 : 수동잠금밸브, 설치위치 : 선택밸브 직후
④ 명칭 : 수동잠금밸브, 설치위치 : 선택밸브 직전

▶ **수동잠금밸브**

소화약제의 저장용기와 선택밸브 사이의 집합배관에는 수동잠금밸브를 설치하되 선택밸브 직전에 설치할 것. 다만, 선택밸브가 없는 설비의 경우에는 저장 용기실 내에 설치하되 조작 및 점검이 쉬운 위치에 설치해야 한다.

170 이산화탄소 소화설비의 수동식 기동장치의 설치기준 중 틀린 것은?

① 해당 방호구역의 출입구 부분 등 조작을 하는 자가 쉽게 피난할 수 있는 장소에 설치할 것
② 기동장치의 조작부는 바닥으로부터 높이 0.8[m] 이상 1.5[m] 이하의 위치에 설치할 것
③ 기동장치의 방출용 스위치는 음향 경보장치와 연동하여 조작될 수 있는 것으로 할 것
④ 모든 기동장치에는 전원 표시등을 설치할 것

▶ **이산화탄소 소화설비의 수동식 기동장치의 설치기준**

① 전역방출방식은 방호구역마다, 국소방출방식은 방호대상물마다 설치할 것
② 해당 방호구역의 출입구부분 등 조작을 하는 자가 쉽게 피난할 수 있는 장소에 설치할 것
③ 기동장치의 조작부는 바닥으로부터 높이 0.8m 이상 1.5m 이하의 위치에 설치하고, 보호판 등에 따른 보호장치를 설치할 것
④ 기동장치에는 그 가까운 곳의 보기 쉬운 곳에 "이산화탄소 소화설비 기동장치"라고 표시한 표지를 할 것
⑤ 전기를 사용하는 기동장치에는 전원표시등을 설치할 것
⑥ 기동장치의 방출용 스위치는 음향경보장치와 연동하여 조작될 수 있는 것으로 할 것

171 이산화탄소 소화설비의 전기식 기동장치로서 7병 이상 저장용기를 동시 개방하는 설비에는 몇 병 이상의 저장용기에 전자개방밸브를 부착하여야 하는가?

① 1병
② 2병
③ 3병
④ 4병

▶ **이산화탄소 소화설비의 전기식 기동장치**

전기식 기동장치로서 7병 이상의 저장용기를 동시에 개방하는 설비는 2병 이상의 저장용기에 전자 개방밸브를 부착할 것

172 면화류를 저장하는 창고에 CO_2 소화설비를 전역방출방식으로 설치하려고 한다. 창고의 체적은 100[m³], 설계농도는 75[%]이다. 자동 폐쇄장치가 설치되어 있지 않으며 개구부 면적은 2[m²]이다. 이산화탄소 소화약제 저장량[kg]은?

① 210
② 220
③ 280
④ 290

◑ 이산화탄소 소화설비의 소화약제 저장량 : 심부화재 ──────────

심부화재 : 종이 · 목재 · 석탄 · 합성수지류 등과 같은 A급의 심부성 화재

$W = 기본량 + 가산량 = (V \cdot K_1) + (A \cdot K_2)[\text{kg}]$

$\quad = (100 \times 2.7) + (2 \times 10) = 290[\text{kg}]$

여기서, V : 방호구역 체적$[\text{m}^3]$

$\qquad A$: 개구부 면적$[\text{m}^2]$

$\qquad K_1$: 방호구역 체적 1m^3에 대한 소화약제 양$[\text{kg}/\text{m}^3]$

$\qquad K_2$: 개구부 면적 1m^2당 10kg 가산

방호대상물	방호구역 체적 1m³에 대한 소화약제의 양	설계농도 [%]
유압기기를 제외한 전기설비 · 케이블실	1.3kg	50
체적 55m³ 미만의 전기설비	1.6kg	50
서고 · 전자제품창고 · 목재가공품창고 · 박물관	2.0kg	65
고무류 · 면화류창고 · 모피창고 · 석탄창고 · 집진설비	2.7kg	75

173 방호체적 500[m³]인 전산기기실에 이산화탄소 소화설비를 전역방출방식으로 설치하고자 한다. 이산화탄소 소화약제 저장량[kg]은?(단, 자동폐쇄장치는 설치되어 있다.)

① 1,120   ② 520   ③ 680   ④ 650

◑ 이산화탄소 소화설비의 소화약제 저장량 : 심부화재 ──────────

$W = 기본량 + 가산량 = (V \cdot K_1) + (A \cdot K_2)[\text{kg}]$

$\quad = (500 \times 1.3) = 650[\text{kg}]$

174 이산화탄소 소화설비에서 다음의 방호대상물 중 가연성 액체 또는 가연성 가스의 소화에 필요한 설계농도가 가장 높은 것은?

① 수소   ② 아세틸렌   ③ 에탄   ④ 메탄

◑ 가연성 액체 또는 가연성 가스의 소화에 필요한 설계농도 ──────────

방호대상물	설계농도(%)	방호대상물	설계농도(%)
수소	75	석탄가스, 천연가스	37
아세틸렌	66	사이크로프로판	37
일산화탄소	64	이소부탄	36
산화에틸렌	53	프로판	36
에틸렌	49	부탄	34
에탄	40	메탄	34

175 에탄올 저장창고의 크기가 40[m³]이고, 개구부에는 자동폐쇄장치가 설치되어 있는 경우 에탄올 저장창고의 최소 소화약제 저장량[kg]은?(단, 에탄올의 설계농도는 40[%], 보정계수는 1.2이다.)

① 40[kg] ② 45[kg] ③ 48[kg] ④ 54[kg]

◉ **이산화탄소 소화설비의 소화약제 저장량 : 표면화재**

가연성 액체ㆍ가스화재인 경우 : 설계농도가 34% 이상

$$W = 기본량 \times N + 가산량 = (V \cdot K_1)N + (A \cdot K_2)[kg]$$
$$= (45 \times 1.2) = 54[kg]$$

여기서, V : 방호구역 체적[m³]
A : 개구부 면적[m²]
K_1 : 방호구역 체적 1m³에 대한 소화약제 양[kg/m³]
K_2 : 개구부 면적 1m²당 10kg 가산
N : 보정계수

※ 주의사항

1. 방호구역의 체적 1m³에 대하여 다음 표에 따른 양. 다만, 다음 표에 따라 산출한 양(기본량)이 동 표에 따른 저장량의 최저한도의 양 미만이 될 경우에는 그 최저한도의 양으로 한다.

방호구역 체적	방호구역 체적 1[m³]에 대한 소화약제의 양	소화약제 저장량의 최저한도의 양
45m³ 미만	1.00kg	45kg
45m³ 이상 150m³ 미만	0.90kg	
150m³ 이상 1,450m³ 미만	0.80kg	135kg
1,450m³ 이상	0.75kg	1,125kg

2. 별표 1에 따른 설계농도가 34% 이상인 방호대상물의 소화약제량은 기본 소화약제량에 다음 표에 따른 보정계수를 곱하여 산출한다.

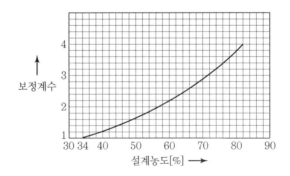

3. 방호구역의 개구부에 자동폐쇄장치를 설치하지 아니한 경우에는 기본량에 개구부면적 1m²당 5kg을 가산해야 한다. 이 경우 개구부의 면적은 방호구역 전체 표면적의 3% 이하로 해야 한다.

176 이산화탄소 소화설비의 배관 설치 기준 중 틀린 것은?

① 고압식의 경우 개폐밸브 또는 선택밸브의 2차 측 배관 부속은 호칭압력 2.0MPa 이상의 것을 사용해야 한다.

② 저압식의 경우 1차 측 배관 부속은 호칭압력 2.0MPa의 압력에 견딜 수 있는 배관 부속을 사용할 것

③ 강관을 사용하는 경우의 배관은 압력배관용탄소강관 중 고압식은 스케줄 40 이상의 것을 사용할 것

④ 동관을 사용하는 경우의 배관은 이음이 없는 동 및 동합금관으로서 고압식은 16.5MPa 이상, 저압식은 3.75MPa 이상의 압력에 견딜 수 있는 것을 사용할 것

◉ 이산화탄소 소화설비의 배관 설치 기준 ────────────────

① 배관은 전용으로 할 것

② 강관을 사용하는 경우의 배관은 압력배관용탄소강관 중 스케줄 80(저압식은 스케줄 40) 이상의 것 또는 이와 동등 이상의 강도를 가진 것으로 아연도금 등으로 방식처리된 것을 사용할 것. 다만, 배관의 호칭구경이 20mm 이하인 경우에는 스케줄 40 이상인 것을 사용할 수 있다.

③ 동관을 사용하는 경우의 배관은 이음이 없는 동 및 동합금관으로서 고압식은 16.5MPa 이상, 저압식은 3.75MPa 이상의 압력에 견딜 수 있는 것을 사용할 것

④ 고압식의 경우 개폐밸브 또는 선택밸브의 2차 측 배관부속은 호칭압력 2.0MPa 이상의 것을 사용하여야 하며, 1차 측 배관부속은 호칭압력 4.0MPa 이상의 것을 사용하여야 하고, 저압식의 경우에는 2.0MPa의 압력에 견딜 수 있는 배관부속을 사용할 것

177 이산화탄소 소화설비에 대한 설명 중 틀린 것은?

① 배관의 구경은 이산화탄소의 소요량이 전역방출방식의 표면화재 방호대상물의 경우에는 1분 이내에 방사될 수 있는 것으로 할 것

② 배관의 구경은 이산화탄소의 소요량이 전역방출방식의 심부화재 방호대상물의 경우에는 7분 이내에 방사될 수 있는 것으로 할 것

③ 전역방출방식의 이산화탄소 소화설비의 분사헤드의 방사압력이 고압식은 1.05MPa 이상의 것으로 할 것

④ 국소방출방식의 이산화탄소 소화설비의 분사헤드는 이산화탄소 소화약제의 저장량을 30초 이내에 방사할 수 있는 것으로 할 것

◉ 이산화탄소 소화설비 ────────────────────────────

전역방출방식의 이산화탄소 소화설비의 분사헤드의 방사압력이 고압식은 2.1MPa 이상의 것으로 할 것(저압식 : 1.05MPa 이상)

178 CO_2 소화설비에서 소화 약제를 방사하여 CO_2의 농도가 40[%]가 되었을 때 O_2의 연소한계 농도는?(단, 방사된 CO_2는 방호구역 내에서 외부로 유출되지 않는다고 가정한다.)

① 1.26[%]
② 8.4[%]
③ 12.6[%]
④ 15.6[%]

▶ **약제 방사 후 CO_2 농도**

$$C[\%] = \frac{21 - O_2}{21} \times 100$$

$$O_2 = 21 - \frac{C\% \times 21}{100} = 21 - \frac{40 \times 21}{100} = 12.6\%$$

여기서, C : CO_2 방사 후 실내의 CO_2의 농도[%]
O_2 : CO_2 방사 후 실내의 산소농도[%]

179 이산화탄소 소화설비의 음향경보장치는 소화약제의 방사 개시 후 몇 분 이상 경보를 계속할 수 있어야 하는가?

① 1
② 2
③ 3
④ 4

▶ **이산화탄소 소화설비의 음향경보장치**

① 수동식 기동장치를 설치한 것은 그 기동장치의 조작과정에서, 자동식 기동장치를 설치한 것은 화재감지기와 연동하여 자동으로 경보를 발하는 것으로 할 것
② 소화약제의 방사개시 후 1분 이상 경보를 계속할 수 있는 것으로 할 것
③ 방호구역 또는 방호대상물이 있는 구획 안에 있는 자에게 유효하게 경보할 수 있는 것으로 할 것

180 다음 중 이산화탄소 소화설비의 분사헤드를 설치하지 아니할 수 있는 장소로 옳지 않은 것은?

① 방재실 · 제어실 등 사람이 상시 근무하는 장소
② 나트륨 · 칼륨 · 칼슘 등 활성금속물질을 저장 · 취급하는 장소
③ 전시장 등의 관람을 위하여 다수인이 출입 · 통행하는 통로 및 전시실 등
④ 통신기기실 · 전자기기실 · 기타 이와 유사한 장소

▶ **이산화탄소 소화설비의 분사헤드 설치 제외 장소**

① 방재실 · 제어실 등 사람이 상시 근무하는 장소
② 니트로셀룰로스 · 셀룰로이드제품 등 자기연소성 물질을 저장 · 취급하는 장소
③ 나트륨 · 칼륨 · 칼슘 등 활성금속물질을 저장 · 취급하는 장소
④ 전시장 등의 관람을 위하여 다수인이 출입 · 통행하는 통로 및 전시실 등

정답 178. ③ 179. ① 180. ④

181 호스릴이산화탄소 소화설비 설치기준을 설명한 것 중 틀린 것은?

① 방호대상물의 각 부분으로부터 하나의 호스접결구까지의 수평거리가 15m 이하가 되도록 할 것

② 소화약제 저장용기의 개방밸브는 호스의 설치 장소에서 자동으로 개폐할 수 있는 것으로 할 것

③ 소화약제 저장용기는 호스릴을 설치하는 장소마다 설치할 것

④ 노즐은 20℃에서 하나의 노즐마다 60kg/min 이상의 소화약제를 방사할 수 있는 것으로 할 것

◐ 호스릴이산화탄소 소화설비 설치기준 ─────────────────

① 방호대상물의 각 부분으로부터 하나의 호스접결구까지의 수평거리가 15m 이하가 되도록 할 것

② 소화약제 저장용기의 개방밸브는 호스의 설치 장소에서 수동으로 개폐할 수 있는 것으로 할 것

③ 소화약제 저장용기는 호스릴을 설치하는 장소마다 설치할 것

④ 노즐은 20℃에서 하나의 노즐마다 60kg/min 이상의 소화약제를 방사할 수 있는 것으로 할 것

⑤ 소화약제 저장용기의 가장 가까운 곳의 보기 쉬운 곳에 표시등을 설치하고, 호스릴이산화탄소 소화설비가 있다는 뜻을 표시한 표지를 할 것

182 이산화탄소 소화설비의 비상전원에 대한 설명 중 틀린 것은?

① 비상전원으로는 자가발전설비, 축전지설비 또는 전기저장장치를 설치해야 한다.

② 비상전원을 실내에 설치하는 때에는 그 실내에 조명설비를 설치할 것

③ 이산화탄소 소화설비를 유효하게 20분 이상 작동할 수 있어야 할 것

④ 2 이상의 변전소에서 전력을 동시에 공급받을 수 있는 경우에는 비상전원을 설치하지 아니할 수 있다.

◐ 이산화탄소 소화설비의 비상전원 ─────────────────

① 점검에 편리하고 화재 및 침수 등의 재해로 인한 피해를 받을 우려가 없는 곳에 설치

② 이산화탄소 소화설비를 유효하게 20분 이상 작동할 수 있어야 할 것

③ 상용전원으로부터 전력의 공급이 중단된 때에는 자동으로 비상전원으로부터 전력을 공급받을 수 있도록 할 것

④ 비상전원의 설치장소는 다른 장소와 방화구획할 것. 이 경우 그 장소에는 비상전원의 공급에 필요한 기구나 설비외의 것을 두어서는 아니 된다.

⑤ 비상전원을 실내에 설치하는 때에는 그 실내에 비상조명등을 설치할 것

183 이산화탄소 소화설비의 화재안전기술기준에 대한 설명으로 틀린 것은?

① 제어반 등에는 수동잠금밸브의 개폐 여부를 확인할 수 있는 표시등을 설치할 것

② 분사헤드의 오리피스의 면적은 분사헤드가 연결되는 배관구경면적의 70%를 초과하지 아니할 것

③ 방호구역에 소화약제가 방출 시 과압으로 인하여 구조물 등에 손상이 생길 우려가 있는 장소에는 과압배출구를 설치할 것

④ 소화약제 방출 시 방호구역 내와 부근에 가스방출 시 영향을 미칠 수 있는 장소에 방출표시등을 설치할 것

◎ **이산화탄소 소화설비의 안전시설 등** ─────────────────

① 소화약제 방출 시 방호구역 내와 부근에 가스 방출 시 영향을 미칠 수 있는 장소에 시각경보장치를 설치하여 소화약제가 방출되었음을 알도록 할 것

② 방호구역의 출입구 부근 잘 보이는 장소에 약제방출에 따른 위험경고표지를 부착할 것

184 할론소화설비에서 약제 저장용기 내에 사용하는 가압용 가스로 옳은 것은?

① 질소　　　　　② 이산화탄소　　　　　③ 메탄　　　　　④ 수소

◎ **할론소화설비의 저장용기 등** ─────────────────

가압용 가스용기는 질소가스가 충전된 것으로 하고, 그 압력은 21℃에서 2.5MPa 또는 4.2MPa가 되도록 해야 한다.

185 할론소화약제의 저장용기 중 할론 1301의 충전비로 옳은 것은?

① 0.51 이상 0.67 미만　　　　　　② 0.7 이상 1.4 이하

③ 0.67 이상 2.75 이하　　　　　　④ 0.9 이상 1.6 이하

◎ **할론소화약제 저장용기의 충전비** ─────────────────

① 축압식 저장용기의 압력은 온도 20℃에서 할론 1211을 저장하는 것은 1.1MPa 또는 2.5MPa, 할론 1301을 저장하는 것은 2.5MPa 또는 4.2MPa이 되도록 질소가스로 축압할 것

② 저장용기의 충전비는 할론 2402－가압식 : 0.51 이상 0.67 미만, 축압식 : 0.67 이상 2.75 이하, 할론 1211－0.7 이상 1.4 이하, 할론 1301－0.9 이상 1.6 이하

③ 동일 집합관에 접속되는 용기의 소화약제 충전량은 동일 충전비의 것이어야 할 것

186 체적 50[m³]의 전산실에 전역방출방식의 할론소화설비를 설치하는 경우, 할론 1301의 저장량은 몇 [kg] 이상이어야 하는가?(단, 전산실에는 자동폐쇄장치가 부착된 개구부가 있고, 저장량은 최소설계농도를 기준으로 할 것)

① 13　　　　　② 16　　　　　③ 19　　　　　④ 22

◎ **할론 1301의 저장량** ─────────────────

$$W = 기본량 + 가산량 = (V \cdot K_1) + (A \cdot K_2) [kg]$$

$$= 50\text{m}^3 \times 0.32\text{kg/m}^3 = 16\text{kg} [kg]$$

차고 · 주차장 · 전기실 · 통신기기실 · 전산실 · 기타 이와 유사한 전기설비가 설치되어 있는 부분의 할론 1301의 방호구역의 체적 1m³당 소화약제의 양 : 0.32kg 이상 0.64kg 이하

187 할론소화설비의 국소방출방식에 대한 소화약제 산출방식이 관련된 공식 $Q = X - Y\dfrac{a}{A}$ 의 설명으로 틀린 것은?

① Q는 방호공간 1[m³]에 대한 할론 소화약제량이다.
② a는 방호대상물 주위에 설치된 벽면적 합계이다.
③ A는 방호공간의 벽면적이다.
④ X는 개구부 면적이다.

▶ **할론소화설비의 국소방출방식**

$W = V \cdot K \cdot h\,[\text{kg}]$

여기서, V : 방호공간의 체적[m³]

$K = X - Y\dfrac{a}{A}$ (방호공간 1m³에 대한 소화약제 양[kg/m³])

a : 방호대상물 주위에 설치된 벽 면적의 합계[m²]

A : 방호공간의 벽 면적의 합계[m²](벽이 없는 경우에는 벽이 있는 것으로 가정한 당해 부분의 면적)

h : 할증계수

약제의 종별	X의 수치	Y의 수치
할론 1301	4.0	3.0
할론 1211	4.4	3.3
할론 2402	5.2	3.9

188 호스릴할론소화설비에 있어서 하나의 노즐에 대하여 할론 1301의 소화약제의 양은 얼마 이상인가?

① 40[kg]   ② 45[kg]
③ 50[kg]   ④ 30[kg]

▶ **호스릴할로겐화합물소화설비 노즐당 약제량**

약제의 종별		할론 1301	할론 1211	할론 2402
노즐당 약제량	화재안전기준	45kg 이상	50kg 이상	50kg 이상
	위험물안전관리법	45kg 이상	45kg 이상	50kg 이상

※ **노즐당 방사량**

약제의 종별		할론 1301	할론 1211	할론 2402
노즐당 방사량	화재안전기준	35kg/min	40kg/min	45kg/min
	위험물안전관리법			

189 할론소화설비의 할론 1301의 분사헤드의 방사 압력으로 옳은 것은?

① 0.1[MPa] 이상

② 0.2[MPa] 이상

③ 0.9[MPa] 이상

④ 1.4[MPa] 이상

▶ **할로겐화합물 소화설비 분사헤드의 방사압력**

① 분사헤드의 방사압력은 할론 2402를 방사하는 것은 0.1MPa 이상, 할론 1211을 방사하는 것은 0.2MPa 이상, 할론1301을 방사하는 것은 0.9MPa 이상으로 할 것

② 기준저장량의 소화약제를 10초 이내에 방사할 수 있는 것으로 할 것

190 할로겐화합물 소화설비의 소화약제별 선형상수 값이 틀린 것은?

번호	소화약제	K_1	K_2
①	HCFC－124	0.1575	0.0006
②	FK－5－1－12	0.0664	0.0002741
③	HFC－23	0.3164	0.0012
④	HFC－236fa	0.2413	0.00088

▶ **할로겐화합물 소화설비**

선형상수 $S = k_1 + k_2 \times t = k_1 + \left(k_1 \times \dfrac{1}{273} \right) \times t \quad \left(k_1 = \dfrac{22.4 \text{m}^3}{1 \text{kg 분자량}}, \ k_2 = k_1 \times \dfrac{1}{273} \right)$

① HCFC－124 : C_2HClF_4

② FK－5－1－12 : $C_6F_{12}O$

③ HFC－23 : CHF_3

④ HFC－236fa : $C_3H_2F_6$($K_1 = 0.1413$ $K_2 = 0.0006$)

191 불활성기체 소화설비의 소화약제별 선형상수값이 틀린 것은?

번호	소화약제	K_1	K_2
①	IG－01	0.5685	0.00208
②	IG－100	0.0664	0.0002741
③	IG－541	0.65799	0.00239
④	IG－55	0.6598	0.00242

▶ **불활성기체 소화설비**

① IG－01 : Ar 100%

② IG－100 : N_2 100%($K_1 = 0.7997$, $K_2 = 0.00293$)

③ IG－541 : N_2 52%, Ar 40%, CO_2 8%

④ IG－55 : N_2 50%, Ar 50%

192 할로겐화합물 및 불활성기체 소화설비의 기동장치의 설치기준으로 틀린 것은?

① 수동식 기동장치는 전역방출방식은 방호구역마다, 국소방출방식은 방호대상물마다 설치할 것
② 기동장치의 조작부는 바닥으로부터 0.8[m] 이상 1.5[m] 이하에 설치할 것
③ 전기를 사용하는 기동장치에는 전원표시등을 설치할 것
④ 50[N] 이하의 힘을 가하여 기동할 수 있는 구조로 설치할 것

◉ 할로겐화합물 및 불활성기체 소화설비의 기동장치의 설치기준 ─────────────

① 방호구역마다 설치
② 해당 방호구역의 출입구 부근 등 조작을 하는 자가 쉽게 피난할 수 있는 장소에 설치
③ 기동장치의 조작부는 바닥으로부터 0.8m 이상 1.5m 이하의 위치에 설치하고, 보호판 등에 따른
　보호장치를 설치할 것
④ 기동장치에는 가깝고 보기 쉬운 곳에 "할로겐화합물 및 불활성기체 소화설비 기동장치"라는 표지
　를 할 것
⑤ 전기를 사용하는 기동장치에는 전원표시등을 설치할 것
⑥ 기동장치의 방출용스위치는 음향경보장치와 연동하여 조작될 수 있는 것으로 할 것
⑦ 50N 이하의 힘을 가하여 기동할 수 있는 구조로 설치

193 할로겐화합물 및 불활성기체 소화약제의 저장용기 설치기준에 대한 다음 설명 중 틀린 것은?

① 저장용기는 약제명·저장용기의 자체 중량과 총 중량·충전일시·충전압력 및 약제의 체적
　을 표시할 것
② 집합관에 접속되는 저장용기는 동일한 내용적을 가진 것으로 충전량 및 충전압력이 같도록
　할 것
③ 저장용기에 충전량 및 충전압력을 확인할 수 있는 장치를 하는 경우에는 해당 소화약제에 적
　합한 구조로 할 것
④ 저장용기의 약제량 손실이 5%를 초과하거나 압력손실이 10%를 초과할 경우 재충전하거나
　저장용기를 교체할 것. 다만, 불활성기체 소화약제 저장용기의 경우에는 압력손실이 10%를
　초과할 경우 재충전하거나 저장용기를 교체해야 한다.

◉ 할로겐화합물 및 불활성기체 소화약제의 저장용기 설치기준 ─────────────

① 저장용기의 충전밀도 및 충전압력은 별표 1에 따를 것
② 저장용기는 약제명·저장용기의 자체 중량과 총 중량·충전일시·충전압력 및 약제의 체적을 표
　시힐 것
③ 집합관에 접속되는 저장용기는 동일한 내용적을 가진 것으로 충전량 및 충전압력이 같도록 할 것
④ 저장용기에 충전량 및 충전압력을 확인할 수 있는 장치를 하는 경우에는 해당 소화약제에 적합한
　구조로 할 것
⑤ 저장용기의 약제량 손실이 5%를 초과하거나 압력손실이 10%를 초과할 경우에는 재충전하거나
　저장용기를 교체할 것. 다만, 불활성기체 소화약제 저장용기의 경우에는 압력손실이 5%를 초과
　할 경우 재충전하거나 저장용기를 교체해야 한다.

194 할로겐화합물 및 불활성기체 소화설비에 대한 설명 중 틀린 것은?

① 배관과 배관, 배관과 배관 부속 및 밸브류의 접속은 나사접합, 용접접합, 압축접합 또는 플랜지 접합 등의 방법을 사용해야 한다.

② 배관의 구경은 해당 방호구역에 할로겐화합물 소화약제가 10초(불활성기체 소화약제는 A · C급 화재 2분, B급 화재 1분) 이내에 방호구역 각 부분에 최소설계농도의 90% 이상 해당하는 약제량이 방출되도록 해야 한다.

③ 분사헤드의 설치높이는 방호구역의 바닥으로부터 최소 0.2m 이상 최대 3.7m 이하로 하여야 하며, 천장 높이가 3.7m를 초과할 경우에는 추가로 다른 열의 분사헤드를 설치할 것

④ 분사헤드의 오리피스의 면적은 배관 구경 면적의 70%를 초과하여서는 아니 된다.

◉ 할로겐화합물 및 불활성기체 소화설비

② 배관의 구경은 해당 방호구역에 할로겐화합물 소화약제가 10초(불활성기체 소화약제는 A · C급 화재 2분, B급 화재 1분) 이내에 방호구역 각 부분에 최소설계농도의 95% 이상 해당하는 약제량이 방출되도록 해야 한다.

195 다음의 할로겐화합물 및 불활성기체 소화약제 중 최대허용설계농도가 가장 높은 소화약제는?

① FIC－13I1　　　　　　② FC－3－1－10
③ HFC－23　　　　　　④ IG－01

◉ 할로겐화합물 및 불활성기체 소화설비 최대허용설계농도

① 할로겐화합물 계열(13종 중 9종)

구분	소화약제	화학식		최대허용 설계농도
① HFC 계열 (수소-불소-탄소화합물)	HFC－125	C_2HF_5	CHF_2CF_3	11.5%
	HFC－227ea	C_3HF_7	CF_3CHFCF_3	10.5%
	HFC－23	CHF_3	CHF_3	30%
	HFC－236fa	$C_3H_2F_6$	$CF_3CH_2CF_3$	12.5%
② HCFC 계열 (수소-염소-불소-탄소화합물)	HCFC BLEND A	HCFC－123($CHCl_2CF_3$) : 4.75% HCFC－22($CHClF_2$) : 82% HCFC－124($CHClFCF_3$) : 9.5% $C_{10}H_{16}$: 3.75%		10%
	HCFC－124	C_2HClF_4	$CHClFCF_3$	1.0%
③ PFC 계열 (불소-탄소화합물)	FC－3－1－10	C_4F_{10}	C_4F_{10}	40%
	FK－5－1－12	C_6OF_{12}	$CF_3CF_2C(O)CF(CF_3)_2$	10%
④ FIC 계열 (불소-옥소-탄소화합물)	FIC－13I1	CF₃I	CF_3I	0.3%

② 불활성 가스 계열(13종 중 4종)

소화약제	화학식	최대허용 설계농도
IG-541	N_2 : 52%, Ar : 40%, CO_2 : 8%	
IG-100	N_2	43%
IG-55	N_2 : 50%, Ar : 50%	
IG-01	Ar	

196 할로겐화합물 및 불활성기체 소화설비의 비상전원은 몇 분 이상 작동할 수 있어야 하는가?

① 10분
② 20분
③ 30분
④ 60분

◉ 할로겐화합물 및 불활성기체 소화설비의 비상전원

(CO_2, 할론, 할로겐화합물 및 불활성기체, 분말소화설비)를 유효하게 20분 이상 작동할 수 있어야 할 것

197 불활성기체 소화약제 중 "IG-541"의 주성분을 옳게 나타낸 것은?

① N_2 : 40%, Ar : 40%, CO_2 : 20%
② N_2 : 52%, Ar : 40%, CO_2 : 8%
③ N_2 : 60%, Ar : 32%, CO_2 : 8%
④ N_2 : 48%, Ar : 32%, CO_2 : 20%

198 할로겐화합물 소화약제 저장량 산정식으로 옳은 것은?(단, W : 소화약제의 무게(kg), V : 방호구역의 체적(m^3), S : 소화약제별 선형상수($K_1 + K_2 \times t$)(m^3/kg), C : 체적에 따른 소화약제의 설계농도(%), t : 방호구역의 최소예상온도(℃))

① $W = V/S \times [(100 - C)/C]$
② $W = V/S \times [(100 + C)/C]$
③ $W = V/S \times [C/(100 - C)]$
④ $W = V/S \times [C/(100 + C)]$

◉ 불활성기체 소화약제 저장량

① 할로겐화합물 소화약제

$$W = \frac{V}{S} \times (\frac{C}{100 - C})\,[\text{kg}]$$

② 불활성기체 소화약제

$$X = 2.303\log(\frac{100}{100 - C}) \times \frac{Vs}{S} \times V\,[\text{m}^3]$$

199 가로 35m, 세로 30m, 높이 7m인 방호공간에 불활성기체소화설비(IG-541)를 설치할 경우 소화약제 양[m³]은?(단, 설계농도는 37%, 방사 시 온도는 상온(20℃)을 기준으로 한다.)

① 485.22 ② 1,474.85 ③ 2,784.89 ④ 3,396.57

▶ **불활성기체 소화약제 저장량**

$$X = 2.303\log\left(\frac{100}{100-C}\right) \times \frac{Vs}{S} \times V = 2.303\log\left(\frac{100}{100-37}\right) \times (35 \times 30 \times 7) = 3,396.57[\text{m}^3]$$

※ $\dfrac{Vs}{S}$ 의 개념

① 약제량 식에 온도 변화에 따른 약제 체적의 증감을 반영하기 위하여 상온에서의 비체적과 임의의 온도에서의 비체적을 이용한 것이다.

② 약제량 적용

상온	상온 초과	상온 미만
$\dfrac{Vs}{S}=1$	$\dfrac{Vs}{S}<1$	$\dfrac{Vs}{S}>1$
기준 약제량	약제량 감소	약제량 증가

200 배관의 두께를 선정하는 공식을 설명한 것 중 틀린 것은?

$$\text{관의 두께}(t) = \frac{PD}{2SE} + A$$

① t는 관의 두께로서 단위는 mm이다.
② SE는 최대허용응력으로서 배관재질 인장강도의 2/3과 항복점의 1/4값 중 적은 값을 선정한다.
③ A는 나사이음 등의 허용 값으로서 단위는 mm이다
④ P는 최대허용압력으로서 단위는 kPa이다.

▶ **배관의 두께**

② SE는 최대허용응력으로서 배관재질 인장강도의 1/4과 항복점의 2/3 값 중 적은 값을 선정한다.

201 다음 중 소화설비의 감지기 배선을 교차회로로 하지 아니하여도 되는 것은?

① 준비작동식 스프링클러설비
② 부압식 스프링클러설비
③ 이산화탄소 소화설비
④ 할로겐화합물 및 불활성기체소화설비

▶ 교차회로 배선

교차회로 적용	교차회로 비적용
준비작동식 스프링클러설비 일제살수식 스프링클러설비 개방식 미분무소화설비 이산화탄소 소화설비 할론소화설비 할로겐화합물 및 불활성기체소화설비 분말소화설비 캐비닛형 자동소화장치	부압식 스프링클러설비 물분무소화설비 포소화설비 자동화재탐지설비 제연설비

가스식 · 분말식 · 고체에어로졸식 자동소화장치 : 화재감지기를 감지부로 사용하는 경우

202 제1종 분말 소화약제 250[kg]을 저장하려고 한다. 저장용기의 내용적[l]은 얼마 이상으로 하여야 하는가?

① 200[l]
② 250[l]
③ 312.5[l]
④ 375[l]

▶ 분말소화약제의 저장용기 설치기준

저장용기 내용적[l] $= 0.8[l/\text{kg}] \times 250[\text{kg}] = 200[l]$

① 저장용기의 내용적은 다음 표에 따를 것

종별	1종 분말	2종 분말	3종 분말	4종 분말
내용적	0.8l	1l	1l	1.25l

② 저장용기에는 가압식은 최고사용압력의 1.8배 이하, 축압식은 용기의 내압시험압력의 0.8배 이하의 압력에서 작동하는 안전밸브를 설치할 것
③ 저장용기에는 저장용기의 내부압력이 설정압력으로 되었을 때 주 밸브를 개방하는 정압 작동장치를 설치할 것
④ 저장용기의 충전비는 0.8 이상으로 할 것
⑤ 저장용기 및 배관에는 잔류 소화약제를 처리할 수 있는 청소장치를 설치할 것
⑥ 축압식의 분말소화설비는 사용압력의 범위를 표시한 지시압력계를 설치할 것

203 분말소화약제의 저장용기 충전비는 얼마 이상으로 하여야 하는가?

① 0.8
② 1.0
③ 1.25
④ 1.5

204 체적이 400[m³]인 소방대상물에 제3종 분말소화설비를 설치하려고 한다. 자동 폐쇄장치가 설치되어 있지 않는 개구부의 면적이 5[m²]일 때 소화약제 저장량은?

① 262.5[kg]　　　② 157.5[kg]　　　③ 105[kg]　　　④ 205[kg]

◐ 분말소화설비 소화약제 저장량

$$W = 기본량 + 가산량 = (V \cdot K_1) + (A \cdot K_2)[kg]$$
$$= (400 \times 0.36) + (5 \times 2.7) = 157.5[kg]$$

소화약제	K_1 [kg/m³]	K_2 [kg/m²]
1종 분말	0.60	4.5
2종 분말 또는 3종 분말	0.36	2.7
4종 분말	0.24	1.8

205 제3종 호스릴 분말소화설비를 설치하려고 한다. 노즐의 수가 2개일 때 소화약제의 저장량은 얼마가 필요한가?

① 40[kg]　　　② 60[kg]　　　③ 80[kg]　　　④ 100[kg]

◐ 호스릴 노즐당 약제량 및 방사량

$$W = N \cdot K[kg] = 2 \times 30 = 60[kg]$$

약제의 종별	약제량	방사량
1종 분말	50kg 이상	45kg/min
2종 분말 또는 3종 분말	30kg 이상	27kg/min
4종 분말	20kg 이상	18kg/min

206 가압용 가스에 질소가스를 사용하는 것에 있어서 20[kg] 소화약제를 사용하였을 때 필요한 질소의 양은 얼마 이상으로 하는가?

① 200[l]　　　② 400[l]　　　③ 600[l]　　　④ 800[l]

◐ 분말소화약제의 가압용 가스 또는 축압용 가스 설치기준

$20kg \times 40l/kg = 800[l]$

① 가압용 가스에 질소가스를 사용하는 것의 질소가스는 소화약제 1kg마다 40l 이상, 이산화탄소를 사용하는 것의 이산화탄소는 소화약제 1kg에 대하여 20g에 배관의 청소에 필요한 양을 가산한 양 이상으로 할 것
② 축압용 가스에 질소가스를 사용하는 것의 질소가스는 소화약제 1kg에 대하여 10l 이상, 이산화탄소를 사용하는 것의 이산화탄소는 소화약제 1kg에 대하여 20g에 배관의 청소에 필요한 양을 가산한 양으로 할 것
③ 배관의 청소에 필요한 양의 가스는 별도의 용기에 저장할 것
④ 가압용 가스 또는 축압용 가스는 질소가스 또는 이산화탄소로 할 것

207 차고, 주차장에 적합한 분말소화설비의 약제는?

① 제1종 분말　　　　　　　　② 제2종 분말
③ 제3종 분말　　　　　　　　④ 제4종 분말

◎ 분말소화약제

분말소화설비에 사용하는 소화약제는 제1종 분말·제2종 분말·제3종 분말 또는 제4종 분말로 해야 한다. 다만, 차고 또는 주차장에 설치하는 분말소화설비의 소화약제는 제3종 분말로 해야 한다.

208 분말소화약제의 저장용기가 가압식일 경우 안전밸브 작동압력으로 옳은 것은?

① 최고 사용압력의 1.5배 이하
② 최고 사용압력의 1.8배 이하
③ 내압시험의 0.8배 이하
④ 내압시험의 압력의 1.8배 이하

◎ 분말소화약제의 저장용기

저장용기에는 가압식은 최고사용압력의 1.8배 이하, 축압식은 용기의 내압시험압력의 0.8배 이하의 압력에서 작동하는 안전밸브를 설치할 것

209 분말소화약제 저장용기 및 배관에 설치하는 것으로 잔류 소화약제를 처리할 수 있는 것은?

① 배출장치　　　　　　　　　② 청소장치
③ 분해장치　　　　　　　　　④ 배수장치

210 분말소화약제의 가압용 가스 용기를 몇 병 이상 설치한 경우에는 2개 이상의 용기에 전자개방밸브를 부착하여야 하는가?

① 1병　　　　　　　　　　　　② 3병
③ 5병　　　　　　　　　　　　④ 7병

◎ 분말소화설비

① 분말소화약제의 가스용기는 분말소화약제의 저장용기에 접속하여 설치
② 가압용 가스용기를 3병 이상 설치한 경우 : 2개 이상의 용기에 전자개방밸브 부착
③ 2.5MPa 이하의 압력에서 조정이 가능한 압력조정기 설치

211 분말소화설비에서 분말소화약제의 저장량을 몇 초 이내에 방사할 수 있어야 하는가?

① 20초 ② 30초

③ 40초 ④ 60초

▶ **분말소화설비** ─────────

① 전역방출방식

㉮ 방사된 소화약제가 방호구역의 전역에 균일하고 신속하게 확산할 수 있도록 할 것

㉯ 소화약제 저장량을 30초 이내에 방사할 수 있는 것으로 할 것

② 국소방출방식

㉮ 소화약제의 방사에 따라 가연물이 비산하지 아니하는 장소에 설치할 것

㉯ 기준저장량의 소화약제를 30초 이내에 방사할 수 있는 것으로 할 것

212 호스릴분말소화설비 중 제4종 분말은 하나의 노즐마다 1분당 몇 [kg]을 방사할 수 있어야 하는가?

① 45 ② 27

③ 18 ④ 9

▶ **호스릴분말소화설비** ─────────

소화약제의 종별	1분당 방사하는 소화약제의 양
제1종 분말	45kg
제2종 분말 · 제3종 분말	27kg
제4종 분말	18kg

213 분말소화설비의 전역방출방식에 있어서 방호구역의 체적이 500m³일 때 분사헤드의 수는?(단, 제1종 소화분말로서 분사헤드의 방출률은 20kg/분 · 개이다.)

① 35개 ② 134개

③ 9개 ④ 30개

▶ **분사헤드 수** ─────────

$$방출률[kg/min \cdot 개] = \frac{약제량[kg]}{분사헤드\,개수[개] \times 방사시간[min]}$$

$$N = \frac{약제량[kg]}{방출률[kg/min\cdot개] \times 방사시간[min]} = \frac{500m^3 \times 0.6kg/m^3}{20kg/min\cdot개 \times (30 \div 60)min} = 30\,개$$

214 분말소화설비의 저장용기에 저장용기의 내부 압력이 설정 압력으로 되었을 때 주 밸브를 개방하는 것을 무엇이라 하는가?

① 정압작동장치
② 개방밸브
③ 압력조정장치
④ 방출전환밸브

▶ **분말소화약제의 저장용기 설치기준**

저장용기에는 저장용기의 내부압력이 설정압력으로 되었을 때 주밸브를 개방하는 정압작동장치를 설치할 것
㉮ 압력스위치방식(가스방식)
㉯ 기계식
㉰ 전기식(시한릴레이식)

215 분말소화설비의 가압용 가스 및 축압용 가스에 대한 설명 중 틀린 것은?

① 가압용 가스 또는 축압용 가스는 질소가스 또는 이산화탄소로 할 것
② 가압용 가스에 질소가스를 사용하는 것에 있어서 질소가스는 소화약제 1kg마다 40*l*(25℃에서 1기압의 압력상태로 환산한 것)에 배관의 청소에 필요한 양을 가산한 양 이상으로 할 것
③ 축압용 가스에 이산화탄소를 사용하는 것에 있어서 이산화탄소는 소화약제 1kg에 대하여 20g에 배관의 청소에 필요한 양을 가산한 양 이상으로 할 것
④ 배관의 청소에 필요한 양의 가스는 별도의 용기에 저장할 것

▶ **분말소화설비의 가압용 가스 및 축압용 가스**

가압용 가스에 질소가스를 사용하는 것의 질소가스는 소화약제 1kg마다 40*l* 이상(35℃에서 1기압의 압력상태로 환산한 것), 이산화탄소를 사용하는 것의 이산화탄소는 소화약제 1kg에 대하여 20g에 배관의 청소에 필요한 양을 가산한 양 이상으로 할 것

216 분말소화설비의 배관에 대한 설명으로 틀린 것은?

① 배관은 전용으로 할 것
② 강관을 사용하는 경우의 배관은 아연도금에 따른 배관용탄소강관(KS D 3507)이나 이와 동등 이상의 강도·내식성 및 내열성을 가진 것으로 할 것. 다만, 축압식 분말소화설비에 사용하는 것 중 20℃에서 압력이 2.5MPa 이상, 4.2MPa 이하인 것에 있어서는 압력배관용 탄소강관(KS D 3562) 중 이음이 없는 스케줄 40 이상의 것 또는 이와 동등 이상의 강도를 가진 것으로서 아연도금으로 방식처리된 것을 사용할 것
③ 동관을 사용하는 경우의 배관은 고정압력 또는 최고사용압력의 1.8배 이상의 압력에 견딜 수 있는 것을 사용할 것
④ 밸브류는 개폐위치 또는 개폐방향을 표시한 것으로 할 것

◉ **분말소화설비의 배관**

① 배관은 전용으로 할 것
② 강관을 사용하는 경우의 배관은 아연도금에 따른 배관용 탄소강관이나 이와 동등 이상의 강도·내식성 및 내열성을 가진 것으로 할 것. 다만, 축압식 분말소화설비에 사용하는 것 중 20℃에서 압력이 2.5MPa 이상, 4.2MPa 이하인 것은 압력배관용탄소강관 중 이음이 없는 스케줄 40 이상의 것 또는 이와 동등 이상의 강도를 가진 것으로서 아연도금으로 방식처리된 것을 사용할 것
③ 동관을 사용하는 경우의 배관은 고정압력 또는 최고사용압력의 1.5배 이상의 압력에 견딜 수 있는 것을 사용할 것
④ 밸브류는 개폐위치 또는 개폐방향을 표시한 것으로 할 것
⑤ 배관의 관부속 및 밸브류는 배관과 동등 이상의 강도 및 내식성이 있는 것으로 할 것
⑥ 분기배관을 사용할 경우에는 법 제39조에 따라 제품검사에 합격한 것으로 설치할 것

CHAPTER 02 경보설비

01 비상경보설비의 설치대상으로 틀린 것은?

① 연면적 400m²(지하가 중 터널 또는 사람이 거주하지 않거나 벽이 없는 축사 등 동·식물 관련 시설은 제외한다.) 이상인 것

② 지하층 또는 무창층의 바닥면적이 100m²(공연장의 경우 50m²) 이상인 것

③ 지하가 중 터널로서 길이가 500m 이상인 것

④ 50명 이상의 근로자가 작업하는 옥내 작업장

▶ 비상경보설비의 설치대상

① 연면적 400m²(지하가 중 터널 또는 사람이 거주하지 않거나 벽이 없는 축사는 제외한다.) 이상

② 지하층 또는 무창층의 바닥면적이 150m²(공연장의 경우 100m²) 이상인 것

③ 지하가 중 터널로서 길이가 500m 이상인 것

④ 50명 이상의 근로자가 작업하는 옥내 작업장

※ 지하구, 모래·석재 등 불연재료 창고 및 위험물 저장·처리 시설 중 가스시설은 제외한다.

02 단독경보형 감지기의 설치기준으로 틀린 것은?

① 각 실마다 설치하되, 바닥면적이 100m²를 초과하는 경우에는 100m²마다 1개 이상 설치할 것

② 최상층 계단실의 천장(외기가 상통하는 계단실은 제외)에 설치할 것

③ 건전지를 주 전원으로 사용하는 단독경보형 감지기는 정상적인 작동상태를 유지할 수 있도록 건전지를 교환할 것

④ 상용전원을 주 전원으로 사용하는 2차 전지는 성능시험에 합격한 것일 것

▶ 단독경보형 감지기의 설치기준

① 각 실(이웃하는 실내의 바닥면적이 각각 30m² 미만이고 벽체의 상부의 전부 또는 일부가 개방되어 이웃하는 실내와 공기가 상호 유통되는 경우에는 이를 1개의 실로 본다.)마다 설치하되, 바닥면적이 150m²를 초과하는 경우에는 150m²마다 1개 이상 설치할 것

② 최상층의 계단실의 천장(외기가 상통하는 계단실의 경우를 제외한다.)에 설치할 것

③ 건전지를 주 전원으로 사용하는 단독경보형 감지기는 정상적인 작동상태를 유지할 수 있도록 건전지를 교환할 것

④ 상용전원을 주 전원으로 사용하는 단독경보형 감지기의 2차 전지는 법 제39조에 따라 제품검사에 합격한 것을 사용할 것

03 다음과 같은 평면도에서 단독경보형 감지기의 최소 설치개수는?(단, A실과 B실 사이는 벽체 상부의 전부가 개방되어 있으며, 나머지 벽체는 전부 폐쇄되어 있음)

실	A실	B실	C실	D실	E실
바닥면적[m²]	20	30	30	30	160

① 3　　　　　② 4　　　　　③ 5　　　　　④ 6

◉ **단독경보형 감지기 설치기준**

A실(1개)＋B실(1개)＋C실(1개)＋D실(1개)＋E실(2개)＝6개(B실은 바닥면적이 30m²이므로 별도로 설치해야 한다. 만약 B실의 바닥면적이 30m² 미만일 경우에는 A실과 B실을 합하여 1개만 설치한다.)

① 각 실(이웃하는 실내의 바닥면적이 각각 30m² 미만이고 벽체의 상부의 전부 또는 일부가 개방되어 이웃하는 실내와 공기가 상호 유통되는 경우에는 이를 1개의 실로 본다.)마다 설치하되, 바닥면적이 150m²를 초과하는 경우에는 150m²마다 1개 이상 설치할 것

② 최상층의 계단실의 천장(외기가 상통하는 계단실의 경우를 제외한다.)에 설치할 것

③ 건전지를 주 전원으로 사용하는 단독경보형 감지기는 정상적인 작동상태를 유지할 수 있도록 건전지를 교환할 것

④ 상용전원을 주 전원으로 사용하는 단독경보형 감지기의 2차 전지는 법 제39조에 따라 제품검사에서 합격한 것을 사용할 것

04 비상방송설비의 음향장치 설치기준 중 옳은 것은?

① 확성기의 음성입력은 2W(실내에 설치하는 것에 있어서는 1W) 이상일 것

② 확성기는 각 층마다 설치하되, 그 층의 각 부분으로부터 하나의 확성기까지의 수평거리가 20m 이하가 되도록 하고, 당해 층의 각 부분에 유효하게 경보를 발할 수 있도록 설치할 것

③ 음량조정기를 설치하는 경우 음량조정기의 배선은 3선식으로 할 것

④ 조작부의 조작스위치는 바닥으로부터 0.5m 이상 1.0m 이하의 높이에 설치할 것

◉ **비상방송설비의 음향장치 설치기준**

① 확성기의 음성입력은 3W(실내에 설치하는 것에 있어서는 1W) 이상일 것

② 확성기는 각 층마다 설치하되, 그 층의 각 부분으로부터 하나의 확성기까지의 수평거리가 25m 이하가 되도록 하고, 해당 층의 각 부분에 유효하게 경보를 발할 수 있도록 설치할 것

③ 음량조정기를 설치하는 경우 음량조정기의 배선은 3선식으로 할 것

④ 조작부의 조작스위치는 바닥으로부터 0.8m 이상 1.5m 이하의 높이에 설치할 것

⑤ 조작부는 기동장치의 작동과 연동하여 해당 기동장치가 작동한 층 또는 구역을 표시할 수 있는 것으로 할 것

⑥ 증폭기 및 조작부는 수위실 등 상시 사람이 근무하는 장소로서 점검이 편리하고 방화상 유효한 곳에 설치할 것

⑦ 층수가 5층 이상으로서 연면적이 3,000m²를 초과하는 특정소방대상물은 다음 각 목에 따라 경보를 발할 수 있도록 해야 한다.

㉮ 2층 이상의 층에서 발화한 때에는 발화층 및 그 직상층에 경보를 발할 것

㉯ 1층에서 발화한 때에는 발화층·그 직상층 및 지하층에 경보를 발할 것

㉰ 지하층에서 발화한 때에는 발화층·그 직상층 및 기타의 지하층에 경보를 발할 것

⑧ 다른 방송설비와 공용하는 것에 있어서는 화재 시 비상경보 외의 방송을 차단할 수 있는 구조로 할 것

⑨ 다른 전기회로에 따라 유도장애가 생기지 아니하도록 할 것

⑩ 하나의 특정소방대상물에 2 이상의 조작부가 설치되어 있는 때에는 각각의 조작부가 있는 장소 상호 간에 동시통화가 가능한 설비를 설치하고, 어느 조작부에서도 해당 특정소방대상물의 전 구역에 방송을 할 수 있도록 할 것

⑪ 기동장치에 따른 화재신고를 수신한 후 필요한 음량으로 화재 발생 상황 및 피난에 유효한 방송이 자동으로 개시될 때까지의 소요시간은 10초 이하로 할 것

⑫ 음향장치는 다음 각 목의 기준에 따른 구조 및 성능의 것으로 해야 한다.

㉮ 정격전압의 80% 전압에서 음향을 발할 수 있는 것으로 할 것

㉯ 자동화재탐지설비의 작동과 연동하여 작동할 수 있는 것으로 할 것

05 자동화재탐지설비의 경계구역에 대한 설치기준 중 틀린 것은?

① 하나의 경계구역이 2개 이상의 건축물에 미치지 아니하도록 할 것

② 하나의 경계구역이 2개 이상의 층에 미치지 아니하도록 할 것. 다만, 500m² 이하의 범위 안에서는 2개의 층을 하나의 경계구역으로 할 수 있다.

③ 하나의 경계구역의 면적은 600m² 이하로 하고 한 변의 길이는 50m 이하로 할 것. 다만, 당해 소방대상물의 주된 출입구에서 그 내부 전체가 보이는 것에 있어서는 한 변의 길이가 50m의 범위 내에서 800m² 이하로 할 수 있다.

④ 계단 및 경사로는 높이 45m 이하마다 하나의 경계구역으로 할 것

◉ 자동화재탐지설비의 경계구역 설치기준

① 수평적 경계구역

㉮ 하나의 경계구역이 2개 이상의 건축물에 미치지 아니하도록 할 것

㉯ 하나의 경계구역이 2개 이상의 층에 미치지 아니하도록 할 것. 다만, 500m² 이하의 범위 안에서는 2개의 층을 하나의 경계구역으로 할 수 있다.

㉰ 하나의 경계구역의 면적은 600m² 이하로 하고 한 변의 길이는 50m 이하로 할 것. 다만, 해당 특정소방대상물의 주된 출입구에서 그 내부 전체가 보이는 것에 있어서는 한 변의 길이가 50m의 범위 내에서 1,000m² 이하로 할 수 있다.

㉱ 〈삭제 2021. 1. 15〉 - 지하구의 경우 하나의 경계구역의 길이는 700m 이하로 할 것

② 수직적 경계구역

㉮ 경계구역 설정 시 별도로 경계구역을 설정하여야 하는 부분

계단(직통계단 외의 것에 있어서는 떨어져 있는 상하 계단의 상호 간의 수평거리가 5m 이하로서 서로 간에 구획되지 아니한 것에 한한다.)·경사로(에스컬레이터 경사로 포함)·엘리베이터 승강로(권상기실이 있는 경우에는 권상기실)·린넨 슈트·파이프 피트 및 덕트 기타 이와 유사한 부분

㉯ 계단 및 경사로 : 높이 45m 이하마다 하나의 경계구역으로 할 것

  ㉯ 지하층의 계단 및 경사로 : 지상 층과 별도로 경계구역을 설정할 것(단, 지하층의 층수가 1일 경우는 제외)
③ 외기에 면하여 상시 개방된 부분이 있는 차고 · 주차장 · 창고 등에 있어서는 외기에 면하는 각 부분으로부터 5m 미만의 범위 안에 있는 부분은 경계구역의 면적에 산입하지 아니한다.
④ 스프링클러설비 또는 물분무등 소화설비 또는 제연설비의 화재감지장치로서 화재감지기를 설치한 경우의 경계구역은 당해 소화설비의 방사구역 또는 제연구역과 동일하게 설정할 수 있다.

06 자동화재탐지설비의 수신기 설치기준으로 틀린 것은?

① 수위실 등 상시 사람이 근무하는 장소에 설치할 것
② 수신기의 음향기구는 그 음량 및 음색이 다른 기기의 소음 등과 명확히 구별될 수 있는 것으로 할 것
③ 수신기의 조작 스위치는 바닥으로부터의 높이가 0.5[m] 이상 1.5[m] 이하인 장소에 설치할 것
④ 수신기는 감지기 · 중계기 또는 발신기가 작동하는 경계구역을 표시할 수 있는 것으로 할 것

◑ 수신기 설치기준

 ① 수위실 등 상시 사람이 근무하는 장소에 설치할 것. 다만, 사람이 상시 근무하는 장소가 없는 경우에는 관계인이 쉽게 접근할 수 있고 관리가 용이한 장소에 설치할 수 있다.
 ② 수신기가 설치된 장소에는 경계구역 일람도를 비치할 것. 다만, 모든 수신기와 연결되어 각 수신기의 상황을 감시하고 제어할 수 있는 수신기를 설치하는 경우에는 주 수신기를 제외한 기타 수신기는 그러하지 아니하다.
 ③ 수신기의 음향기구는 그 음량 및 음색이 다른 기기의 소음 등과 명확히 구별될 수 있는 것으로 할 것
 ④ 수신기는 감지기 · 중계기 또는 발신기가 작동하는 경계구역을 표시할 수 있는 것으로 할 것
 ⑤ 화재 · 가스 전기등에 대한 종합 방재반을 설치한 경우에는 해당 조작반에 수신기의 작동과 연동하여 감지기 · 중계기 또는 발신기가 작동하는 경계구역을 표시할 수 있는 것으로 할 것
 ⑥ 하나의 경계구역은 하나의 표시등 또는 하나의 문자로 표시되도록 할 것
 ⑦ 수신기의 조작 스위치는 바닥으로부터의 높이가 0.8m 이상 1.5m 이하인 장소에 설치할 것
 ⑧ 하나의 특정소방대상물에 2 이상의 수신기를 설치하는 경우에는 수신기를 상호 간 연동하여 화재발생 상황을 각 수신기마다 확인할 수 있도록 할 것

07 P형 수신기 및 GP형 수신기의 감지기 회로의 배선에 있어서 하나의 공통선에 접속할 수 있는 경계구역은 몇 개 이하로 하여야 하는가?

① 3   ② 5   ③ 7   ④ 15

◑ 배선

P형 수신기 및 GP형 수신기의 감지기 회로의 배선에 있어서 하나의 공통선에 접속할 수 있는 경계구역은 7개 이하

08 P형 1급 수신기의 반복시험으로 수신기를 정격 사용 전압에서 몇 회의 화재동작을 실시하였을 경우 구조나 기능에 이상이 생기지 아니하여야 하는가?

① 10,000회   ② 15,000회

③ 20,000회   ④ 25,000회

▶ **수신기의 형식승인 및 제품검사의 기술기준**

간이형 수신기는 다음 각 호에 해당하는 시험을 정격전압으로 1만 회 반복하는 경우, 구조 및 기능에 이상이 생기지 아니해야 한다.
① 화재수신용 간이형 수신기의 경우에는 화재표시동작
② 가스누설수신용 간이형 수신기의 경우에는 가스누설표시동작
③ 화재수신 및 가스누설수신이 모두 가능한 간이형 수신기의 경우에는 화재표시동작 및 가스누설 표시동작

09 자동화재탐지설비의 GP형 수신기에 연결된 감지기 회로의 전로저항은 몇 [Ω] 이하이어야 하는가?

① 30   ② 50

③ 100   ④ 200

▶ **배선**

자동화재탐지설비의 감지기 회로의 전로저항은 50Ω 이하가 되도록 하여야 하며, 수신기의 각 회로별 종단에 설치되는 감지기에 접속되는 배선의 전압은 감지기 정격전압의 80% 이상이어야 할 것

10 R형 수신기에 대한 설명으로 틀린 것은?

① 선로수가 적게 들어 경제적이다.
② 선로길이를 길게 할 수 있다.
③ 증설 및 이설이 비교적 용이하다.
④ 중계기가 불필요하다.

▶ **R형 수신기의 특징**

① 간선수가 적어 경제적이다.
② 선로의 길이를 길게 할 수 있다.(전압강하의 우려가 작다.)
③ 이설 및 증설이 쉽다.
④ 신호의 전달이 명확하다.
⑤ 중계기(집합형, 분산형)가 필요하다.

11 자동화재탐지설비에서 수신기 조작스위치의 설치위치로 옳은 것은?

① 0.3[m] 이상 0.8[m] 이하

② 0.5[m] 이상 1.2[m] 이하

③ 0.8[m] 이상 1.5[m] 이하

④ 1[m] 이상 1.8[m] 이하

▶ **수신기 설치기준** ────────────────

　수신기의 조작스위치는 바닥으로부터의 높이가 0.8m 이상 1.5m 이하인 장소에 설치할 것

12 자동화재탐지설비의 수신기 설치기준에 관한 설명 중 옳은 것은?

① 감지기·중계기 또는 발신기가 작동하는 경계구역을 표시할 수 있는 것으로 할 것

② 조작스위치는 바닥으로부터의 높이가 0.8[m] 이상 1.8[m] 이하인 장소에 설치할 것

③ 하나의 소방대상물에 2 이상의 수신기를 설치하는 경우에는 별도로 작동하도록 할 것

④ 모든 수신기와 연결되어 각 수신기의 상황을 감지·제어할 수 있는 수신기를 설치한 장소에는 반드시 경계구역 일람도를 비치할 것

▶ **수신기 설치기준** ────────────────

① 감지기·중계기 또는 발신기가 작동하는 경계구역을 표시할 수 있는 것으로 할 것

② 조작 스위치는 바닥으로부터의 높이가 0.8[m] 이상 1.5[m] 이하인 장소에 설치 할 것

③ 하나의 소방대상물에 2 이상의 수신기를 설치하는 경우에는 상호 간 연동으로 작동하도록 할 것

④ 수신기가 설치된 장소에는 경계구역 일람도를 비치할 것. 다만, 모든 수신기와 연결되어 각 수신기의 상황을 감시하고 제어할 수 있는 수신기를 설치하는 경우에는 주 수신기를 제외한 기타 수신기는 그러하지 아니하다.

13 감지기의 부착면과 실내바닥의 거리가 2.3[m] 이하인 곳으로서 일시적으로 발생한 열, 연기 등으로 인하여 화재신호를 발신할 수 있는 장소에 설치할 수 있는 감지기는?

① 정온식 스포트형 감지기　　　　　② 정온식 감지선형 감지기

③ 광전식 스포트형 감지기　　　　　④ 이온화식 감지기

▶ **비화재보 발생 우려가 있는 장소에 설치 가능한 감지기** ────────────────

　불꽃감지기, 정온식 감지선형 감지기, 분포형 감지기, 복합형 감지기, 광전식 분리형 감지기, 아날로그방식의 감지기, 다신호방식의 감지기, 축정방식의 감지기

　※ **비화재보 발생 가능 장소**

① 지하층·무창층 등으로 환기가 잘 되지 아니하거나 실내면적이 40m² 미만인 장소

② 감지기의 부착면과 실내 바닥과의 거리가 2.3m 이하인 곳으로서 일시적으로 발생한 열·연기 또는 먼지 등으로 인하여 화재신호를 발신할 우려가 있는 장소

14 감지기 부착높이가 15[m] 이상 20[m] 미만에 설치할 수 있는 감지기의 종류가 아닌 것은?

① 차동식 분포형 감지기   ② 연기복합형 감지기

③ 이온화식 1종 감지기   ④ 불꽃감지기

◉ 감지기 부착높이별 적응성

부착높이	감지기의 종류
8m 이상 15m 미만	① 차동식 분포형 ② 이온화식 1종 또는 2종 ③ 광전식(스포트형 · 분리형 · 공기흡입형) 1종 또는 2종 ④ 연기복합형 ⑤ 불꽃감지기
15m 이상 20m 미만	① 이온화식 1종 ② 광전식(스포트형 · 분리형 · 공기흡입형) 1종 ③ 연기복합형 ④ 불꽃감지기
20m 이상	① 불꽃감지기 ② 광전식(분리형 · 공기흡입형) 중 아날로그방식

비고) 1. 감지기별 부착높이 등에 대하여 별도로 형식승인을 받은 경우에는 그 성능 인정범위 내에서 사용할 수 있다.

2. 부착높이 20m 이상에 설치되는 광전식 중 아날로그방식의 감지기는 공칭감지농도 하한값이 감광률 5%/m 미만인 것으로 한다.

15 정온식 감지선형 감지기는 감지기와 감지구역의 각 부분과의 수평거리가 1종에 있어서는 몇 [m] 이하가 되도록 설치하여야 하는가?(단, 건물은 비내화구조이다.)

① 1   ② 2

③ 3   ④ 4.5

◉ 정온식 감지선형 감지기 설치기준

① 보조선이나 고정금구를 사용하여 감지선이 늘어지지 않도록 설치할 것

② 단자부와 마감 고정금구와의 설치간격은 10cm 이내로 설치할 것

③ 감지선형 감지기의 굴곡반경은 5cm 이상으로 할 것

④ 감지기와 감지구역의 각 부분과의 수평거리가 내화구조의 경우 1종 4.5m 이하, 2종 3m 이하로 할 것. 기타 구조의 경우 1종 3m 이하, 2종 1m 이하로 할 것

⑤ 케이블트레이에 감지기를 설치하는 경우에는 케이블트레이 받침대에 마감금구를 사용하여 설치할 것

⑥ 창고의 천장 등에 지지물이 적당하지 않은 장소에서는 보조선을 설치하고 그 보조선에 설치할 것

⑦ 분전반 내부에 설치하는 경우 접착제를 이용하여 돌기를 바닥에 고정시키고 그곳에 감지기를 설치할 것

⑧ 그 밖의 설치방법은 형식승인 내용에 따르며 형식승인 사항이 아닌 것은 제조사의 시방(示方)에 따라 설치할 것

16 주방, 보일러실 등 다량의 화기를 취급하는 장소에 설치하되, 공칭작동온도가 최고주위
온도보다 20℃ 이상 높은 것을 설치하여야 하는 감지기로 옳은 것은?

① 차동식 분포형 감지기   ② 차동식 스포트형 감지기
③ 정온식 스포트형 감지기   ④ 이온화식연기감지기

17 정온식 감지기의 공칭작동온도의 범위로 옳은 것은?

① 60~150[℃]   ② 70~160[℃]
③ 80~170[℃]   ④ 90~180[℃]

▶ **정온식 감지기의 공칭작동온도의 범위**
① 정온식 감지기는 주방·보일러실 등으로서 다량의 화기를 취급하는 장소에 설치하되, 공칭작동
온도가 최고주위온도보다 20℃ 이상 높은 것으로 설치할 것
② 감지기의 형식승인 및 제품검사의 기술기준
　㉮ 공칭작동온도 : 정온식 감지기에서 감지기가 작동하는 작동점
　㉯ 정온식의 공칭작동온도(아날로그식은 제외) : 60~150℃로 한다.
　　60~80℃ : 5℃ 간격, 80~150℃ : 10℃

18 감지기의 오동작 방지 기능이 다른 감지기는?

① 차동식 스포트형 공기팽창식   ② 차동식 분포형 공기관식
③ 차동식 분포형 열전대식   ④ 보상식 스포트형

▶ **감지기의 오동작 방지 기능**
① 차동식 스포트형 공기팽창식
　완만한 온도상승은 Leak 구멍으로 공기가 배출되어 오보방지
② 차동식 분포형 공기관식
　낮은 온도상승률에 의한 공기팽창을 Leak 구멍으로 누설시켜 오보방지
③ 차동식 분포형 열전대식
　완만한 온도상승은 양 접합부 사이의 온도상승에 대한 열용량 차이가 거의 없으므로, 화재신호가
　발생되지 않는다.
④ 보상식 스포트형
　차동식과 정온식의 감지원리를 모두 가지고 있으며, 화재 시 감지기가 작동되지 않는 실보나 지
　연작동을 방지하기 위해 사용

19 감지기의 동작 원리 중 제백효과를 이용한 감지기로 알맞게 짝지어진 것은?

① 차동식 스포트형 공기팽창식 · 차동식 분포형 열전대식
② 차동식 분포형 열전대식 · 차동식 분포형 열반도체식
③ 이온화식 스포트형 · 광전식 스포트형
④ 정온식 감지선형 · 보상식 스포트형

▶ **제백 효과**

① Seebeck 효과
    ㉮ 전도체에 전류가 흐르지 않아도 온도차에 의한 에너지의 흐름에 의해 기전력이 발생한다는 원리
    ㉯ 2종의 금속 또는 반도체를 폐회로로 접속하고, 접속한 2점 사이에 온도차를 주면 기전력이 발생하여 전류가 흐른다.
② 적용 감지기 : 차동식 분포형 열전대식 · 차동식 분포형 열반도체

20 공기관식 차동식 분포형 감지기의 공기관의 규격으로 알맞은 것은?

① 두께 0.2[mm] 이상, 외경 1.6[mm] 이상
② 두께 0.2[mm] 이상, 외경 1.9[mm] 이상
③ 두께 0.3[mm] 이상, 외경 1.6[mm] 이상
④ 두께 0.3[mm] 이상, 외경 1.9[mm] 이상

▶ **감지기의 형식승인 및 제품검사의 기술기준**

⑯ 차동식 분포형 감지기로서 공기관식 또는 이와 유사한 것은 다음에 적합해야 한다.
    ㉮ 리이크저항 및 접점수고를 쉽게 시험할 수 있어야 한다.
    ㉯ 공기관의 누출 및 폐쇄 여부를 쉽게 시험할 수 있고, 시험 후 시험장치를 정위치에 쉽게 복귀할 수 있는 적당한 방법이 강구되어야 한다.
    ㉰ 공기관은 하나의 길이(이음매가 없는 것)가 20m 이상의 것으로 안지름 및 관의 두께가 일정하고 홈, 갈라짐 및 변형이 없어야 하며 부식되지 아니해야 한다.
    ㉱ 공기관의 두께는 0.3mm 이상, 바깥지름은 1.9mm 이상이어야 한다.

21 공기관식 차동식 분포형 감지기의 설치기준으로 옳지 않는 것은?

① 공기관의 노출부분은 감지구역마다 10[m] 이상 되도록 할 것

② 공기관과 감지구역의 각 변과의 수평거리는 1.5[m] 이하가 되도록 할 것

③ 공기관 상호 간의 거리는 6[m] 이하가 되도록 할 것

④ 주요 구조부가 내화구조로 된 소방대상물은 공기관 상호 간의 거리는 9[m] 이하가 되도록 할 것

▶ **공기관식 차동식 분포형 감지기의 설치기준**

① 공기관의 노출부분은 감지구역마다 20m 이상이 되도록 할 것

② 공기관과 감지구역의 각 변과의 수평거리는 1.5m 이하가 되도록 하고, 공기관 상호 간의 거리는 6m (주요 구조부를 내화구조로 한 특정소방대상물 또는 그 부분에 있어서는 9m) 이하가 되도록 할 것

③ 공기관은 도중에서 분기하지 아니하도록 할 것

④ 하나의 검출부분에 접속하는 공기관의 길이는 100m 이하로 할 것

⑤ 검출부는 5° 이상 경사되지 아니하도록 부착할 것

⑥ 검출부는 바닥으로부터 0.8m 이상 1.5m 이하의 위치에 설치할 것

22 열전대식 차동식 분포형 감지기는 하나의 검출부에 접속하는 열전대부를 몇 개 이하로 하여야 하는가?

① 10   ② 20   ③ 30   ④ 40

▶ **열전대식 차동식 분포형 감지기 열전대부**

① 최소수량 : 4개 이상(감지구역당)

검출부의 미터릴레이가 작동하기 위해서는 최소 4개 이상의 열전대부에서 발생하는 열기전력이 있어야 한다.

② 최대수량 : 20개 이하(검출부당)

검출부별로 최대합성 저항값을 초과하지 않아야 한다.

23 열반도체식 차동식 분포형 감지기는 하나의 검출부에 접속하는 감지부를 최대 몇 개 이하로 하여야 하는가?

① 10개   ② 15개   ③ 20개   ④ 25개

▶ **열반도체식 차동식 분포형 감지기 감지부 설치수량**

① 최소수량 : 2개 이상(검출부당)

검출부의 미터릴레이가 작동하기 위해서는 최소 2개 이상의 감지부에서 발생하는 열기전력이 있어야 한다.

② 최대수량 : 15개 이하(검출부당)

검출부별로 최대합성 저항값을 초과하지 않아야 한다.

24 주요 구조부를 내화구조로 한 소방대상물에 감지기의 부착높이를 4[m] 미만에 부착한 차동식 스포트형 1종 감지기 1개의 감지 면적은 몇 [m²]를 기준으로 하는가?

① 90 ② 70 ③ 60 ④ 20

▶ 열감지기 기준 면적(m²)

부착높이 및 특정소방대상물의 구분		감지기의 종류						
		차동식 스포트형		보상식 스포트형		정온식 스포트형		
		1종	2종	1종	2종	특종	1종	2종
4m 미만	주요 구조부를 내화구조로 한 특정소방대상물 또는 그 부분	90	70	90	70	70	60	20
	기타 구조의 특정소방대상물 또는 그 부분	50	40	50	40	40	30	15
4m 이상 8m 미만	주요 구조부를 내화구조로 한 특정소방대상물 또는 그 부분	45	35	45	35	35	30	–
	기타 구조의 특정소방대상물 또는 그 부분	30	25	30	25	25	15	–

25 열전대식 차동식 분포형 감지기의 설치기준으로 옳은 것은?(단, 주요 구조부는 내화구조이다.)

① 열전대부는 감지구역의 바닥면적 18[m²]마다 1개 이상으로 하고 하나의 검출부에 접속하는 열전대부는 15개 이하로 한다.

② 열전대부는 감지구역의 바닥면적 22[m²]마다 1개 이상으로 하고 하나의 검출부에 접속하는 열전대부는 15개 이하로 한다.

③ 열전대부는 감지구역의 바닥면적 18[m²]마다 1개 이상으로 하고 하나의 검출부에 접속하는 열전대부는 20개 이하로 한다.

④ 열전대부는 감지구역의 바닥면적 22[m²]마다 1개 이상으로 하고 하나의 검출부에 접속하는 열전대부는 20개 이하로 한다.

▶ 열전대식 차동식 분포형 감지기의 설치기준

① 열전대부는 감지구역의 바닥면적 18m²(주요 구조부가 내화구조로 된 특정소방대상물에 있어서는 22m²)마다 1개 이상으로 할 것. 다만, 바닥면적이 72m²(주요 구조부가 내화구조로 된 특정소방대상물에 있어서는 88m²) 이하인 특정소방대상물에 있어서는 4개 이상으로 해야 한다.

② 하나의 검출부에 접속하는 열전대부는 20개 이하로 할 것. 다만, 각각의 열전대부에 대한 작동여부를 검출부에서 표시할 수 있는 것(주소형)은 형식승인을 받은 성능인정범위 내의 수량으로 설치할 수 있다.

26 주위의 온도 또는 연기량의 변화에 따라 각각 다른 전류치 또는 전압치 등의 출력을 발하는 방식의 감지기는?

① 불꽃 감지기
② 다신호식 감지기
③ 복합형 감지기
④ 아날로그방식의 감지기

> ① 불꽃 감지기 : 화재 시 발생되는 화염 불꽃에서 발산되는 적외선(IR) 또는 자외선(UV) 또는 이들이 결합된 것을 감지
> ② 다신호식 감지기 : 1개의 감지기 내에 서로 다른 종별 또는 감도를 갖추고, 각각 다른 2개 이상의 화재신호를 발신하는 감지기
> ③ 복합형 감지기 : 2가지 성능의 감지기능이 함께 작동될 때, 화재신호를 발신하거나 2개의 화재신호를 각각 발신하는 것(차＋정, 이＋광)

종류	구성 요소	신호 송출	
열복합형	차동식＋정온식		
연기복합형	이온화식＋광전식		
열 · 연복합형	차동식＋이온화식	단신호 (AND 회로)	다신호 (OR 회로)
	차동식＋광전식		
	정온식＋이온화식		
	정온식＋광전식		

> ④ 아날로그방식의 감지기 : 주위의 온도 또는 연기량의 변화에 따라 각각 다른 전류치 또는 전압치 등의 출력을 발하는 감지기로, 자기진단 기능이 있다.
> ㉮ 오염 시 : 장해신호 발신
> ㉯ 탈락 시 : 이상 경보신호 발신
> ㉰ 고장 시 : 고장신호 발신

27 감지기 설치 제외 장소에 해당되지 않는 것은?

① 천장 또는 반자 높이가 20[m] 이상인 장소
② 목욕실 · 욕조나 샤워시설이 있는 화장실 · 기타 이와 유사한 장소
③ 실내용적이 20[m³] 이하인 장소
④ 파이트 덕트 등 그 밖의 이와 비슷한 것으로서 2개 층마다 방화구획된 것이나 수평단면적이 5[m²] 이하인 것

> **감지기 설치제외 장소**
> ① 천장 또는 반자의 높이가 20m 이상인 장소. 다만, 제1항 단서 각 호의 감지기로서 부착높이에 따라 적응성이 있는 장소는 제외한다.
> ② 헛간 등 외부와 기류가 통하는 장소로서 감지기에 따라 화재 발생을 유효하게 감지할 수 없는 장소
> ③ 부식성 가스가 체류하고 있는 장소
> ④ 고온도 및 저온도로서 감지기의 기능이 정지되기 쉽거나 감지기의 유지관리가 어려운 장소
> ⑤ 목욕실 · 욕조나 샤워시설이 있는 화장실 기타 이와 유사한 장소

⑥ 파이프 덕트 등 그 밖의 이와 비슷한 것으로서 2개 층마다 방화구획된 것이나 수평단면적이 5m² 이하인 것
⑦ 먼지·가루 또는 수증기가 다량으로 체류하는 장소 또는 주방 등 평시에 연기가 발생하는 장소 (연기감지기에 한한다.)
⑧ 〈삭제 2015.1.23.〉 − 실내용적이 20[m³] 이하인 장소
⑨ 프레스공장·주조공장 등 화재 발생의 위험이 적은 장소로서 감지기의 유지관리가 어려운 장소

28 감지기 설치기준을 설명한 것 중 틀린 것은?

① 감지기(차동식 분포형의 것을 제외한다.)는 실내로의 공기유입구로부터 1.5m 이상 떨어진 위치에 설치할 것
② 감지기는 천장 또는 반자의 옥내에 면하는 부분에 설치할 것
③ 정온식 감지기는 주방·보일러실 등으로서 다량의 화기를 취급하는 장소에 설치하되, 공칭작동온도가 최고주위온도보다 20℃ 이상 높은 것으로 설치할 것
④ 분포형 감지기는 45° 이상 경사되지 아니하도록 부착할 것

▶ 감지기 설치기준

④ 스포트형 감지기는 45° 이상 경사되지 아니하도록 부착할 것

29 광전식 분리형 감지기 설치기준을 설명한 것 중 틀린 것은?

① 감지기의 수광부는 햇빛을 직접 받지 않도록 설치할 것
② 광축(송광면과 수광면의 중심을 연결한 선)은 나란한 벽으로부터 0.6m 이상 이격하여 설치할 것
③ 감지기의 송광부와 수광부는 설치된 뒷벽으로부터 1m 이내 위치에 설치할 것
④ 광축의 높이는 천장 등(천장의 실내에 면한 부분 또는 상층의 바닥 하부면을 말한다.) 높이의 80% 이상일 것

▶ 광전식 분리형 감지기 설치기준

① 감지기의 수광면은 햇빛을 직접 받지 않도록 설치할 것
② 광축(송광면과 수광면의 중심을 연결한 선)은 나란한 벽으로부터 0.6m 이상 이격하여 설치할 것
③ 감지기의 송광부와 수광부는 설치된 뒷벽으로부터 1m 이내 위치에 설치할 것
④ 광축의 높이는 천장 등(천장의 실내에 면한 부분 또는 상층의 바닥 하부면을 말한다.) 높이의 80% 이상일 것
⑤ 감시기의 광축의 길이는 공칭감시거리 범위 이내일 것
⑥ 그 밖의 설치기준은 형식승인 내용에 따르며 형식승인 사항이 아닌 것은 제조사의 시방에 따라 설치할 것

30 연기감지기의 설치기준을 설명한 것 중 틀린 것은?

① 부착높이가 4[m] 미만일 경우 연기감지기(2종) 1개가 담당하는 바닥면적은 75[m²]이다.
② 복도 및 통로에 있어서 1종은 보행거리 30[m]마다 설치한다.
③ 계단 및 경사로에 있어서는 3종은 수직거리 10[m]마다 설치한다.
④ 감지기는 벽이나 보로부터 0.6[m] 이상 떨어진 곳에 설치해야 한다.

◎ 연기감지기의 설치기준

① 감지기의 부착높이에 따라 다음 표에 따른 바닥면적마다 1개 이상으로 할 것

부착 높이	감지기의 종류	
	1종 및 2종	3종
4m 미만	150	50
4m 이상 20m 미만	75	–

② 감지기는 복도 및 통로에 있어서는 보행거리 30m(3종에 있어서는 20m)마다, 계단 및 경사로에 있어서는 수직거리 15m(3종에 있어서는 10m)마다 1개 이상으로 할 것
③ 천장 또는 반자가 낮은 실내 또는 좁은 실내에 있어서는 출입구의 가까운 부분에 설치 할 것
④ 천장 또는 반자부근에 배기구가 있는 경우에는 그 부근에 설치할 것
⑤ 감지기는 벽 또는 보로부터 0.6m 이상 떨어진 곳에 설치할 것

31 연기감지기 설치장소를 설명한 것 중 틀린 것은?

① 계단 · 경사로 및 에스컬레이터 경사로(15[m] 미만의 것을 제외한다.)
② 복도(30[m] 미만의 것을 제외한다.)
③ 엘리베이터 권상기실 · 엘리베이터 승강로(권상기실이 있는 경우에는 권상기실) · 린넨슈트 · 파이프 피트 및 덕트 기타 이와 유사한 장소
④ 천장 또는 반자의 높이가 15m 이상 20m 미만의 장소

◎ 연기감지기 설치장소

① 계단 · 경사로 및 에스컬레이터 경사로
② 복도(30m 미만의 것을 제외한다.)
③ 엘리베이터 권상기실 · 엘리베이터 승강로(권상기실이 있는 경우에는 권상기실) · 린넨슈트 · 파이프 피트 및 덕트 기타 이와 유사한 장소
④ 천장 또는 반자의 높이가 15m 이상 20m 미만의 장소
⑤ 다음 각 목의 어느 하나에 해당하는 특정소방대상물의 취침 · 숙박 · 입원 등 이와 유사한 용도로 사용되는 거실
　㉮ 공동주택 · 오피스텔 · 숙박시설 · 노유자시설 · 수련시설
　㉯ 교육연구시설 중 합숙소
　㉰ 의료시설, 근린생활시설 중 입원실이 있는 의원 · 조산원
　㉱ 교정 및 군사시설
　㉲ 근린생활시설 중 고시원

32 지하구에 설치할 수 있는 감지기로 틀린 것은?

① 복합형 감지기
② 축적방식의 감지기
③ 광전식 분리형 감지기
④ 정온식 스포트형 감지기

▶ 지하구에 설치할 수 있는 감지기

불꽃감지기 · 정온식 감지선형 감지기 · 분포형 감지기 · 복합형 감지기 · 광전식 분리형 감지기 아날로그방식의 감지기 · 다신호방식의 감지기 · 축적방식의 감지기

33 청각장애인용 시각경보장치의 설치 높이는 바닥으로부터 몇 [m]의 장소에 설치하여야 하는가?

① 0.5[m] 이상 1[m] 이하
② 0.5[m] 이상 1.5[m] 이하
③ 0.8[m] 이상 1.5[m] 이하
④ 2[m] 이상 2.5[m] 이하

▶ 청각장애인용 시각경보장치의 설치기준

① 복도 · 통로 · 청각장애인용 객실 및 공용으로 사용하는 거실(로비, 회의실, 강의실, 식당, 휴게실, 오락실, 대기실, 체력단련실, 접객실, 안내실, 전시실, 기타 이와 유사한 장소를 말한다.)에 설치하며, 각 부분으로부터 유효하게 경보를 발할 수 있는 위치에 설치할 것
② 공연장 · 집회장 · 관람장 또는 이와 유사한 장소에 설치하는 경우에는 시선이 집중되는 무대부 부분 등에 설치할 것
③ 설치높이는 바닥으로부터 2m 이상 2.5m 이하의 장소에 설치할 것. 다만, 천장의 높이가 2m 이하인 경우에는 천장으로부터 0.15m 이내의 장소에 설치해야 한다.
④ 시각경보장치의 광원은 전용의 축전지설비에 의하여 점등되도록 할 것. 다만, 시각경보기에 작동전원을 공급할 수 있도록 형식승인을 얻은 수신기를 설치 한 경우에는 그러하지 아니하다.

34 자동화재탐지설비의 음향설치기준 중 옳은 것은?

① 지구음향장치는 해당 소방대상물의 각 부분으로부터 하나의 음향장치까지의 수평거리가 25[m] 이하가 되도록 한다.
② 정격전압의 90[%] 전압에서 음향을 발할 수 있어야 한다.
③ 음량은 부착된 음향장치의 중심으로부터 1[m] 떨어진 위치에서 80[dB] 이상이 되도록 해야 한다.
④ 5층 이상으로서 연면적이 3,000[m²]를 초과하는 소방대상물에 있어서는 2층 이상의 층에서 발화 시 발화층 및 직하층에 경보를 발해야 한다.

▶ **자동화재탐지설비의 음향설치기준** ─────────

① 주 음향장치는 수신기의 내부 또는 그 직근에 설치할 것

② 층수가 11층(공동주택의 경우에는 16층) 이상의 특정소방대상물은 다음의 기준에 따라 경보를 발할 수 있도록 할 것

 ㉮ 2층 이상의 층에서 발화한 때에는 발화층 및 그 직상 4개층에 경보를 발할 것

 ㉯ 1층에서 발화한 때에는 발화층·그 직상 4개층 및 지하층에 경보를 발할 것

 ㉰ 지하층에서 발화한 때에는 발화층·그 직상층 및 기타의 지하층에 경보를 발할 것

③ 지구음향장치는 특정소방대상물의 층마다 설치하되, 해당 특정소방대상물의 각 부분으로부터 하나의 음향장치까지의 수평거리가 25m 이하가 되도록 하고, 해당 층의 각 부분에 유효하게 경보를 발할 수 있도록 설치할 것. 다만, 비상 방송설비의 화재안전기준(NFSC202)에 적합한 방송설비를 자동화재탐지설비의 감지기와 연동하여 작동하도록 설치한 경우에는 지구음향장치를 설치하지 아니할 수 있다.

④ 음향장치는 다음 각 목의 기준에 따른 구조 및 성능의 것으로 해야 한다.

 ㉮ 정격전압의 80% 전압에서 음향을 발할 수 있는 것으로 할 것

 ㉯ 음량은 부착된 음향장치의 중심으로부터 1m 떨어진 위치에서 90dB 이상이 되는 것으로 할 것

 ㉰ 감지기 및 발신기의 작동과 연동하여 작동할 수 있는 것으로 할 것

⑤ 제3호에도 불구하고 제3호의 기준을 초과하는 경우로서 기둥 또는 벽이 설치되지 아니한 대형공간의 경우 지구음향장치는 설치 대상 장소의 가장 가까운 장소의 벽 또는 기둥 등에 설치할 것

35 자동화재탐지설비의 감지기회로 말단에 종단저항을 설치하여야 할 수 있는 시험은?

① 도통시험   ② 절연내력시험

③ 절연저항시험   ④ 접지저항측정시험

▶ **종단저항** ─────────

① 설치목적

 감지기 회로의 도통시험을 하기 위해서 회로 말단에 종단저항($10k\Omega$)을 설치한다.

② 설치기준

 ㉮ 점검 및 관리가 쉬운 장소에 설치할 것

 ㉯ 전용함을 설치하는 경우 그 설치 높이는 바닥으로부터 1.5m 이내로 할 것

 ㉰ 감지기 회로의 끝부분에 설치하며, 종단감지기에 설치할 경우에는 구별이 쉽도록 해당 감지기의 기판 및 감지기 외부 등에 별도의 표시를 할 것

36 자동화재탐지설비의 발신기의 설치기준으로 옳은 것은?

① 조작이 쉬운 장소에 설치하고, 스위치는 바닥으로부터 0.5m 이상 1.0m 이하의 높이에 설치할 것

② 특정소방대상물의 층마다 설치하되, 해당 특정소방대상물의 각 부분으로부터 하나의 발신기까지의 보행거리가 25m 이하가 되도록 할 것. 다만, 복도 또는 별도로 구획된 실로서 수평거리가 40m 이상일 경우에는 추가로 설치해야 한다.

  정답   35. ①   36. ③

③ 기둥 또는 벽이 설치되지 아니한 대형공간의 경우 발신기는 설치 대상 장소의 가장 가까운 장소의 벽 또는 기둥 등에 설치할 것

④ 발신기의 위치를 표시하는 표시등은 함의 상부에 설치하되, 그 불빛은 부착면으로부터 5° 이상의 범위 안에서 부착 지점으로부터 15m 이내의 어느 곳에서도 쉽게 식별할 수 있는 적색등으로 해야 한다.

▶ **자동화재탐지설비의 발신기의 설치기준**

① 자동화재탐지설비의 발신기는 다음 각 호의 기준에 따라 설치해야 한다.

㉮ 조작이 쉬운 장소에 설치하고, 스위치는 바닥으로부터 0.8m 이상 1.5m 이하의 높이에 설치할 것

㉯ 특정소방대상물의 층마다 설치하되, 해당 특정소방대상물의 각 부분으로부터 하나의 발신기까지의 수평거리가 25m 이하가 되도록 할 것. 다만, 복도 또는 별도로 구획된 실로서 보행거리가 40m 이상일 경우에는 추가로 설치해야 한다.

㉰ 제2호(㉯)에도 불구하고 제2호의 기준을 초과하는 경우로서 기둥 또는 벽이 설치되지 아니한 대형공간의 경우 발신기는 설치 대상 장소의 가장 가까운 장소의 벽 또는 기둥 등에 설치할 것

② 발신기의 위치를 표시하는 표시등은 함의 상부에 설치하되, 그 불빛은 부착면으로부터 15° 이상의 범위 안에서 부착 지점으로부터 10m 이내의 어느 곳에서도 쉽게 식별할 수 있는 적색등으로 해야 한다.

37 수신기에서 직접 감지기회로의 도통시험을 행하지 아니하는 자동화재탐지설비의 중계기는 어디에 설치하는가?

① 수신기와 감지기 사이에 설치　　　② 감지기와 발신기 사이에 설치
③ 전원 입력 측의 배선에 설치　　　④ 종단저항과 병렬로 설치

▶ **자동화재탐지설비의 중계기 설치기준**

① 수신기에서 직접 감지기회로의 도통시험을 행하지 아니하는 것에 있어서는 수신기와 감지기 사이에 설치할 것

② 조작 및 점검에 편리하고 화재 및 침수 등의 재해로 인한 피해를 받을 우려가 없는 장소에 설치할 것

③ 수신기에 따라 감시되지 아니하는 배선을 통하여 전력을 공급받는 것에 있어서는 전원 입력 측의 배선에 과전류 차단기를 설치하고 해당 전원의 정전이 즉시 수신기에 표시되는 것으로 하며, 상용전원 및 예비전원의 시험을 할 수 있도록 할 것

38 자동화재탐지설비의 중계기에 반드시 설치하여야 할 시험 장치는?

① 회로도통시험 및 누전시험
② 예비전원시험 및 전로개폐시험
③ 절연저항시험 및 절연내력시험
④ 상용전원시험 및 예비전원시험

> **◉ 자동화재탐지설비의 중계기 설치기준** ────────────────────

수신기에 따라 감시되지 아니하는 배선을 통하여 전력을 공급받는 것에 있어서는 전원 입력 측의 배선에 과전류 차단기를 설치하고 해당 전원의 정전이 즉시 수신기에 표시되는 것으로 하며, 상용전원 및 예비전원의 시험을 할 수 있도록 할 것

39 자동화재탐지설비에 대한 다음 설명 중 틀린 것은?

① 자동화재탐지설비에는 그 설비에 대한 감시상태를 60분간 지속한 후 유효하게 10분 이상 경보할 수 있는 축전지설비(수신기에 내장하는 경우를 포함한다.) 또는 전기저장장치를 설치해야 한다. 다만, 상용전원이 축전지설비인 경우 또는 건전지를 주전원으로 사용하는 무선식 설비인 경우에는 그러하지 아니하다.

② 아날로그식, 다신호식 감지기나 R형 수신기용으로 사용되는 것은 전자파 방해를 받지 아니하는 쉴드선 등을 사용해야 한다.

③ 감지기 회로의 도통시험을 하기 위해서 감지기 회로 끝부분에 종단저항을 설치해야 한다.

④ 감지기 회로 및 부속 회로의 전로와 대지 사이 및 배선 상호 간의 절연저항은 1경계구역마다 직류 500V의 절연저항 측정기를 사용하여 측정한 절연저항이 50MΩ 이상이 되도록 할 것

> **◉ 배선** ────────────────────────────────────
>
> ④ 감지기 회로 및 부속 회로의 전로와 대지 사이 및 배선 상호 간의 절연저항은 1경계구역마다 직류 250V의 절연저항 측정기를 사용하여 측정한 절연저항이 0.1MΩ 이상이 되도록 할 것

40 자동화재탐지설비에 사용할 수 있는 비상전원으로 알맞게 짝지어진 것은?

① 자가발전설비, 축전지설비

② 축전지설비, 전기저장장치

③ 축전지설비, 비상전원수전설비

④ 자가발전설비, 전기저장장치

> **◉ 전원** ────────────────────────────────────
>
> ① 자동화재탐지설비의 상용전원은 다음 각 호의 기준에 따라 설치해야 한다.
>
> 　1. 전원은 전기가 정상적으로 공급되는 축전지, 전기저장장치(외부 전기에너지를 저장해 두었다가 필요한 때 전기를 공급하는 장치) 또는 교류전압의 옥내 간선으로 하고, 전원까지의 배선은 전용으로 할 것
>
> 　2. 개폐기에는 "자동화재탐지설비용"이라고 표시한 표지를 할 것
>
> ② 자동화재탐지설비에는 그 설비에 대한 감시상태를 60분간 지속한 후 유효하게 10분 이상 경보할 수 있는 축전지설비(수신기에 내장하는 경우를 포함한다.) 또는 전기저장장치(외부 전기에너지를 저장해 두었다가 필요한 때 전기를 공급하는 장치)를 설치해야 한다. 다만, 상용전원이 축전지설비인 경우 또는 건전지를 주전원으로 사용하는 무선식 설비인 경우에는 그러하지 아니하다.

41 자동화재탐지설비의 배선에서 쉴드선을 사용하여야 하는 경우로 알맞게 짝지어진 것은?

① 아날로그식 감지기, R형 수신기
② 다신호식 감지기, P형 수신기
③ 축적방식 감지기, R형 수신기
④ 복합형 감지기, P형 수신기

▶ **배선**

아날로그식, 다신호식 감지기나 R형 수신기용으로 사용되는 것은 전자파 방해를 받지 아니하는 쉴드선 등을 사용하여야 하며, 광케이블의 경우에는 전자파 방해를 받지 아니하고 내열성능이 있는 경우 사용할 수 있다. 다만, 전자파 방해를 받지 아니하는 방식의 경우에는 그러하지 아니하다.

42 자동화재탐지설비의 배선에 대한 설치기준을 설명한 것으로 틀린 것은?

① 전원회로의 전로와 대지 사이 및 배선 상호 간의 절연저항은 「전기사업법」 제67조에 따른 기술기준이 정하는 바에 의하고, 감지기회로 및 부속회로의 전로와 대지 사이 및 배선 상호 간의 절연저항은 1경계구역마다 직류 500V의 절연저항측정기를 사용하여 측정한 절연저항이 0.1MΩ 이상이 되도록 할 것
② 자동화재탐지설비의 배선은 다른 전선과 별도의 관·덕트(절연효력이 있는 것으로 구획한 때에는 그 구획된 부분은 별개의 덕트로 본다.)·몰드 또는 풀박스 등에 설치할 것. 다만, 60V 미만의 약 전류회로에 사용하는 전선으로서 각각의 전압이 같을 때에는 그러하지 아니하다.
③ 피(P)형 수신기 및 지피(GP)형 수신기의 감지기 회로의 배선에 있어서 하나의 공통선에 접속할 수 있는 경계구역은 7개 이하로 할 것
④ 자동화재탐지설비의 감지기회로의 전로저항은 50Ω 이하가 되도록 하여야 하며, 수신기의 각 회로별 종단에 설치되는 감지기에 접속되는 배선의 전압은 감지기 정격전압의 80% 이상이어야 할 것

▶ **배선**

전원회로의 전로와 대지 사이 및 배선 상호 간의 절연저항은 「전기사업법」 제67조에 따른 기술기준이 정하는 바에 의하고, 감지기회로 및 부속회로의 전로와 대지 사이 및 배선 상호 간의 절연저항은 1경계구역마다 직류 250V의 절연저항측정기를 사용하여 측정한 절연저항이 0.1MΩ 이상이 되도록 할 것

43 자동화재속보설비에 대한 설명 중 틀린 것은?

① 자동화재탐지설비와 연동으로 작동하여 자동적으로 화재발생 상황을 소방관서에 전달되는 것으로 할 것. 이 경우 부가적으로 특정소방대상물의 관계인에게 화재발생상황을 전달되도록 할 수 있다.
② 조작스위치는 바닥으로부터 0.8m 이상 1.5m 이하의 높이에 설치할 것

③ 속보기는 소방관서에 통신망으로 통보하도록 하며, 데이터 또는 코드전송방식을 부가적으로 설치할 수 있다.

④ 노유자생활시설에 설치하는 자동화재속보설비는 속보기에 감지기를 직접 연결하는 방식(자동화재탐지설비 1개의 경계구역에 한한다.)으로 할 수 있다.

▶ **자동화재속보설비 설치기준** ─────────────────────────────

① 자동화재탐지설비와 연동으로 작동하여 자동적으로 화재발생 상황을 소방관서에 전달되는 것으로 할 것. 이 경우 부가적으로 특정소방대상물의 관계인에게 화재발생상황을 전달되도록 할 수 있다.

② 조작스위치는 바닥으로부터 0.8m 이상 1.5m 이하의 높이에 설치할 것〈개정 2015.1.23.〉

③ 속보기는 소방관서에 통신망으로 통보하도록 하며, 데이터 또는 코드전송방식을 부가적으로 설치할 수 있다. 단, 데이터 및 코드전송방식의 기준은 소방청장이 정하여 고시한 「자동화재속보설비의 속보기의 성능인증 및 제품검사의 기술기준」 제5조 제12호에 따른다.

④ 문화재에 설치하는 자동화재속보설비는 제1호의 기준에도 불구하고 속보기에 감지기를 직접 연결하는 방식(자동화재탐지설비 1개의 경계구역에 한한다.)으로 할 수 있다.

⑤ 속보기는 소방청장이 정하여 고시한 「자동화재속보설비의 속보기의 성능인증 및 제품검사의 기술기준」에 적합한 것으로 설치해야 한다.

44 자동화재속보설비의 속보기는 자동화재탐지설비로부터 수신한 신호를 몇 초 이내에 소방관서에 자동적으로 신호를 통보하여야 하는가?

① 10　　　　　　② 20　　　　　　③ 30　　　　　　④ 60

▶ **자동화재속보설비의 속보기 성능인증 및 제품검사의 기술기준** ──────────────

① 작동신호를 수신하거나 수동으로 동작시키는 경우 20초 이내에 소방관서에 자동적으로 신호를 발하여 통보하되, 3회 이상 속보할 수 있어야 한다.

② 주 전원이 정지한 경우에는 자동적으로 예비전원으로 전환되고, 주 전원이 정상상태로 복귀한 경우에는 자동적으로 예비전원에서 주 전원으로 전환되어야 한다.

③ 예비전원은 자동적으로 충전되어야 하며 자동 과충전 방지장치가 있어야 한다.

④ 화재신호를 수신하거나 속보기를 수동으로 동작시키는 경우 자동적으로 적색 화재표시등이 점등되고 음향장치로 화재를 경보하여야 하며 화재표시 및 경보는 수동으로 복구 및 정지시키지 않는 한 지속되어야 한다.

⑤ 연동 또는 수동으로 소방관서에 화재발생 음성정보를 속보중인 경우에도 송수화 장치를 이용한 통화가 우선적으로 가능해야 한다.

⑥ 예비전원을 병렬로 접속하는 경우에는 역충전 방지 등의 조치를 해야 한다.

⑦ 예비전원은 감시상태를 60분간 지속한 후 10분 이상 동작(화재속보 후 화재표시 및 경보를 10분간 유지하는 것을 말한다.)이 지속될 수 있는 용량이어야 한다.

⑧ 속보기는 연동 또는 수동 작동에 의한 다이얼링 후 소방관서와 전화접속이 이루어지지 않는 경우에는 최초 다이얼링을 포함하여 10회 이상 반복적으로 접속을 위한 다이얼링이 이루어져야 한다. 이 경우 매회 다이얼링 완료 후 호출은 30초 이상 지속되어야 한다.

⑨ 속보기의 송수화장치가 정상위치가 아닌 경우에도 연동 또는 수동으로 속보가 가능해야 한다.

⑩ 음성으로 통보되는 속보내용을 통하여 당해 소방대상물의 위치, 화재발생 및 속보기에 의한 신고
임을 확인할 수 있어야 한다.

⑪ 속보기는 음성 속보방식 외에 데이터 또는 코드전송방식 등을 이용한 속보기능을 부가로 설치할
수 있다. 이 경우 데이터 및 코드전송방식은 별표 1에 따른다.

⑫ 제12호 후단의 [별표 1]에 따라 소방관서 등에 구축된 접수 시스템 또는 별도의 시험용 시스템을
이용하여 시험한다.

45 속보기는 연동 또는 수동 작동에 의한 다이얼링 후 소방관서와 전화 접속이 이루어지지
않는 경우에는 최초 다이얼링을 포함하여 몇 회 이상 반복적으로 접속을 위한 다이얼링을
하여야 하는가?

① 3회

② 5회

③ 10회

④ 접속 시까지

46 특정소방대상물의 용도가 노유자생활시설인 경우 규모에 관계없이 설치하여야 하는 소
방시설에 해당되지 아니하는 것은?

① 옥내소화전설비

② 간이스프링클러설비

③ 자동화재탐지설비

④ 자동화재속보설비

🔾 **노유자생활시설 소방시설(규모에 관계없이 설치)** ─────────────

　ⓐ 간이스프링클러설비

　ⓑ 자동화재탐지설비

　ⓒ 자동화재속보설비

47 자동화재속보설비의 A형 속보기에 대한 설명으로 옳은 것은?

① P형 수신기가 발하는 화재신호를 20초 이내에 관할 소방관서에 자동으로 3회 이상 통보해주
는 것

② R형 수신기나 P형 발신기가 발하는 화재신호를 20초 이내에 관할소방관서에 자동으로 1회
이상 통보해 주는 것

③ M형 수신기가 발하는 화재신호를 30초 이내에 관할 소방관서에 자동으로 3회 이상 통보해
주는 것

④ P형 수신기나 P형 발신기가 발하는 화재신호를 20초 이내에 관할소방관서에 자동으로 1회
이상 통보해 주는 것

▶ **자동화재속보설비의 종류**

① A형 화재속보기

P형 수신기, R형 수신기로부터 발하는 화재의 신호를 수신하여 20초 이내에 소방관서에 통보하고 소방대상물의 위치를 3회 이상 소방관서에 자동적으로 통보하는 기능을 가진 속보기로 지구등이 없는 구조이다.

② B형 화재속보기

P형 수신기, R형 수신기와 A형 화재속보기의 성능을 복합한 것으로 감지기 또는 발신기에 의해 발하는 신호나 중계기를 통해 송신된 신호를 소방대상물의 관계자에게 통보하고 20초 이내에 3회 이상 소방대상물의 위치를 소방관서에 자동적으로 통보하는 기능을 가진 속보기로 지구등이 있는 구조이다.

48 누전경보기의 수신기를 설치할 수 있는 장소로 옳은 것은?

① 화약류를 제조하거나 저장 또는 취급하는 장소
② 대전류회로 · 고주파 발생회로 등에 따른 영향을 받을 우려가 있는 장소
③ 온도가 높은 장소
④ 가연성의 증기 · 먼지 · 가스 등이나 부식성의 증기 · 가스 등이 다량으로 체류하는 장소

▶ **누전경보기의 수신부 설치 제외 장소**

① 가연성의 증기 · 먼지 · 가스 등이나 부식성의 증기 · 가스 등이 다량으로 체류하는 장소
② 화약류를 제조하거나 저장 또는 취급하는 장소
③ 습도가 높은 장소
④ 온도의 변화가 급격한 장소
⑤ 대전류회로 · 고주파 발생회로 등에 따른 영향을 받을 우려가 있는 장소

49 누전경보기의 변류기를 설치할 수 있는 장소로 옳은 것은?

① 옥외 인입선의 제1지점의 전원 측 또는 제1종 접지선 측의 점검이 쉬운 위치에 설치
② 옥외 인입선의 제1지점의 부하 측 또는 제1종 접지선 측의 점검이 쉬운 위치에 설치
③ 옥외 인입선의 제1지점의 전원 측 또는 제2종 접지선 측의 점검이 쉬운 위치에 설치
④ 옥외 인입선의 제1지점의 부하 측 또는 제2종 접지선 측의 점검이 쉬운 위치에 설치

▶ **누전경보기의 변류기 설치 장소**

① 옥외 인입선의 제1지점의 부하 측
② 제2종 접지선 측의 점검이 쉬운 위치
③ 인입구에 근접한 옥내

50 변류기가 1개일 경우 누전경보기의 주요 구성요소는?

① 변류기, 수신기, 전원장치, 증폭기 ② 변류기, 수신기, 음향장치, 차단기구
③ 수신기, 감지기, 전원장치, 변류기 ④ 변류기, 증폭기, 차단장치, 수신기

▶ **누전경보기의 구성요소** ─────────────────────

변류기(영상변류기, ZCT), 수신기, 음향장치, 차단기구

51 소방대상물에서 계약전류용량이 몇 [A]를 초과하는 경우 누전경보기의 설치 대상이 되는가?

① 10 ② 30 ③ 50 ④ 100

▶ **누전경보기 설치대상** ─────────────────────

누전경보기는 계약 전류 용량(같은 건축물에 계약 종류가 다른 전기가 공급되는 경우에는 그중 최대 계약 전류 용량을 말한다.)이 100[A]를 초과하는 특정소방대상물(내화구조가 아닌 건축물로서 벽 · 바닥 또는 반자의 전부나 일부를 불연재료 또는 준불연재료가 아닌 재료에 철망을 넣어 만든 것만 해당한다.)에 설치해야 한다.

52 누전경보기의 전원은 분전반으로부터 전용회로로 하고 각 극을 개폐할 수 있는 몇 [A] 이하의 배선용 차단기를 설치하여야 하는가?

① 10 ② 15 ③ 20 ④ 30

▶ **누전경보기의 전원** ─────────────────────

① 전원은 분전반으로부터 전용회로로 하고, 각 극에 개폐기 및 15A 이하의 과전류 차단기(배선용 차단기에 있어서는 20A 이하의 것으로 각 극을 개폐할 수 있는 것)를 설치
② 전원을 분기할 때에는 다른 차단기에 따라 전원이 차단되지 아니하도록 할 것
③ 전원의 개폐기에는 누전경보기용임을 표시한 표지를 할 것

53 누전경보기에 사용되는 변압기의 정격 1차 전압은 몇 [V] 이하로 하여야 하는가?

① 100 ② 150 ③ 200 ④ 300

▶ **누전경보기의 형식승인 및 제품검사의 기술기준** ─────────────

⑦ 변압기
　㉮ 변압기는 KS C 6308(전자기기용 소형전원변압기) 또는 이와 동등 이상의 성능이 있는 것이 어야 한다.
　㉯ 정격 1차 전압은 300V 이하로 한다.
　㉰ 변압기의 외함에는 접지단자를 설치해야 한다.
　㉱ 용량은 최대사용전류에 연속하여 견딜 수 있는 크기 이상이어야 한다.

54 누전경보기의 변류기는 직류 500[V]의 절연저항계로 절연된 충전부와 외함 사이의 절연 저항을 측정한 경우 몇 [MΩ] 이상이어야 하는가?

① 5
② 20
③ 50
④ 100

▶ **누전경보기의 형식승인 및 제품검사의 기술기준** ──────────

수신부는 절연된 충전부와 외함 간 및 차단기구의 개폐부(열린 상태에서는 같은 극의 전원단자와 부하측단자와의 사이, 닫힌 상태에서는 충전부와 손잡이 사이)의 절연저항을 DC 500V의 절연저항계로 측정하는 경우 5MΩ 이상이어야 한다.

55 누전경보기에서 감도조정장치의 조정범위는 최대 몇 [mA] 이하이어야 하는가?

① 200
② 500
③ 1,000
④ 2,000

▶ **누전경보기의 형식승인 및 제품검사의 기술기준** ──────────

감도조정장치를 갖는 누전경보기에 있어서 감도조정장치의 조정범위는 최대치가 1A이어야 한다.

56 누전경보기의 공칭작동 전류값은 몇 [mA] 이하이어야 하는가?

① 200
② 300
③ 500
④ 800

▶ **누전경보기의 형식승인 및 제품검사의 기술기준** ──────────

① 누전경보기의 공칭작동전류치(누전경보기를 작동시키기 위하여 필요한 누설전류의 값으로서 제조자에 의하여 표시된 값을 말한다.)는 200mA 이하이어야 한다.
② 제1항의 규정은 감도조정장치를 가지고 있는 누전경보기에 있어서도 그 조정범위의 최소치에 대하여 이를 적용한다.

57 누전경보기의 설치방법으로 틀린 것은?

① 경계전로의 정격전류가 60[A]를 초과하는 전로에 있어서는 1급을 설치한다.
② 경계전로의 정격전류가 60[A] 이하의 전로에 있어서는 1급 또는 2급을 설치한다.
③ 정격전류가 60[A]를 초과하는 경계전로에서 분기되어 각 분기회로의 정격전류가 60[A] 이하로 되는 경우에는 각 분기회로마다 2급을 설치해도 해당 경계전로에 1급을 설치한 것으로 본다.
④ 변류기는 소방대상물의 형태, 인입선의 시설방법 등에 따라 옥외인입선의 제1지점의 부하 측 또는 제1종 접지선 측에 설치한다.

▶ **누전경보기의 설치방법** ─────────────

① 경계전로의 정격전류가 60[A]를 초과하는 전로에 있어서는 1급 누전경보기를 설치하고, 경계전로의 정격전류가 60[A] 이하의 전로에 있어서는 1급 또는 2급을 설치한다. 단, 정격전류가 60[A]를 초과하는 경계전로에서 분기되어 각 분기회로의 정격전류가 60[A] 이하로 되는 경우에는 각 분기회로마다 2급을 설치해도 해당 경계전로에 1급을 설치한 것으로 본다.

② 변류기는 특정소방대상물의 형태, 인입선의 시설방법 등에 따라 옥외인입선의 제1지점의 부하측 또는 제2종 접지선 측의 점검이 쉬운 위치에 설치한다.(다만, 인입선의 형태 또는 구조상 부득이한 경우에는 인입구에 근접한 옥내에 설치할 수 있다.)

③ 변류기를 옥외의 전로에 설치하는 경우에는 옥외형으로 설치할 것

58 가스누설경보기의 누설등 및 지구등의 점등색으로 옳은 것은?

① 누설등 : 황색, 지구등 : 적색
② 누설등 : 황색, 지구등 : 황색
③ 누설등 : 적색, 지구등 : 황색
④ 누설등 : 적색, 지구등 : 적색

▶ **가스누설경보기의 형식승인 및 제품검사의 기술기준(표시등)** ─────────

가스의 누설을 표시하는 표시등(이하 이 기준에서 "누설등"이라 한다.) 및 가스가 누설된 경계구역의 위치를 표시하는 표시등(이하 이 기준에서 "지구등"이라 한다.)은 등이 켜질 때 황색으로 표시되어야 한다. 다만, 누설등을 설치한 수신부의 지구등 및 수신기와 병용하지 아니하는 지구등은 그러하지 아니하다.

59 가스누설경보기의 탐지부를 옳게 설명한 것은?

① 가스누설을 검지하여 중계기 또는 수신부에 가스누설의 신호를 발신하는 부분
② 가스누설신호를 수신하고 이를 관계자에서 음량으로 경보하여 주는 부분
③ 탐지기의 수신부로부터 발하여진 신호를 받아 경보음을 발하는 부분
④ 탐지기에 연결하여 사용되는 환풍기 또는 지구경보부등에 작동 신호원을 공급시켜 주는 부분

▶ **가스누설경보기의 탐지부** ─────────────

가스누설경보기(이하 "경보기"라 한다.) 중 가스누설을 검지하여 중계기 또는 수신부에 가스누설의 신호를 발신하는 부분 또는 가스누설을 검지하여 이를 음향으로 경보하고 동시에 중계기 또는 수신부에 가스누설의 신호를 발신하는 부분을 말한다.

60 화재알림설비의 화재안전기술기준 중 옳은 것은?

① 화재알림형 수신기는 화재알림형 감지기, 발신기 등에서 발신되는 화재정보·신호 등을 자동으로 3년 이상 저장할 수 있는 용량의 것으로 설치할 것

② 동작된 화재알림형 감지기의 음압은 부착된 화재알림형 감지기의 중심으로부터 1m 떨어진 위치에서 85dB 이상 되어야 한다.

③ 화재알림형 비상경보장치는 해당 특정소방대상물의 각 부분으로부터 하나의 화재알림형 비상경보장치까지의 수평거리가 40m 이하(다만, 복도 또는 별도로 구획된 실로서 보행거리 25m 이상일 경우에는 추가로 설치하여야 한다)가 되도록 설치하여야 한다.

④ 원격감시서버의 비상전원은 상용전원 차단 시 1시간 이상 전원을 유효하게 공급될 수 있는 것으로 설치한다.

> ① 3년 이상 → 1년 이상
> ③ 수평거리 40m 이하 → 수평거리 25m 이하, 보행거리 25m 이상 → 보행거리 40m 이상
> ④ 1시간 이상 → 24시간 이상

정답 60. ②

CHAPTER 03 피난구조설비 및 소화용수설비

01 소방대상물의 설치 장소별 피난기구의 적응성에서 4층의 노유자시설에 설치할 수 없는 피난기구는 어느 것인가?

① 피난교
② 미끄럼대
③ 다수인피난장비
④ 승강식 피난기

▶ **설치 장소별 피난기구의 적응성**

- 지하층 : 피난용트랩
- 1층, 2층, 3층 : 미끄럼대, 구조대, 피난교, 다수인피난장비, 승강식 피난기
- 4층 이상 10층 이하 : 피난교, 다수인피난장비, 승강식 피난기

02 피난기구의 설치수량을 선정하는 기준 중 틀린 것은?

① 숙박시설·노유자시설 및 의료시설로 사용되는 층에 있어서는 그 층의 바닥면적 500m²마다 1개 이상을 설치할 것
② 위락시설·문화집회 및 운동시설·판매시설로 사용되는 층 또는 복합용도의 층에 있어서는 그 층의 바닥면적 800m²마다 1개 이상을 설치할 것
③ 계단실형 아파트에 있어서는 각 세대마다, 그 밖의 용도의 층에 있어서는 그 층의 바닥면적 1,000m²마다 1개 이상을 설치할 것
④ 숙박시설(휴양콘도미니엄을 제외한다.)의 경우 피난기구를 추가 설치하는 경우에는 객실마다 완강기 또는 간이완강기를 설치할 것

▶ **피난기구의 설치수량**

① 기본 설치수량

특정소방대상물	설치수량
㉮ 숙박시설·노유자시설 및 의료시설로 사용되는 층	$\dfrac{1개\ 이상}{그\ 층의\ 바닥면적\ 500m^2\ 마다}$
㉯ 위락시설·문화집회 및 운동시설·판매시설로 사용되는 층 또는 복합용도의 층	$\dfrac{1개\ 이상}{그\ 층의\ 바닥면적\ 800m^2\ 마다}$
㉰ 그 밖의 용도의 층	$\dfrac{1개\ 이상}{그\ 층의\ 바닥면적\ 1,000m^2\ 마다}$
㉱ 계단실형 아파트	각 세대마다

② 추가 설치수량

특정소방대상물	피난기구	적용기준
㉮ 숙박시설 (휴양 콘도미니엄 제외)	완강기 또는 둘 이상의 간이완강기	객실마다 설치
㉯ 공동주택	공기안전매트 1개 이상	하나의 관리주체가 관리하는 공동주택 구역마다(다만, 옥상으로 피난이 가능하거나 인접세대로 피난할 수 있는 구조인 경우에는 추가로 설치하지 아니할 수 있다.)

03 피난기구의 설치기준을 설명한 것 중 옳은 것은?

① 피난기구는 계단·피난구 기타 피난시설로부터 적당한 거리에 있는 안전한 구조로 된 피난 또는 소화활동상 유효한 개구부(가로 0.8m 이상, 세로 1.5m 이상인 것을 말한다. 이 경우 개부구 하단이 바닥에서 1.2m 이상이면 발판 등을 설치하여야 하고, 밀폐된 창문은 쉽게 파괴할 수 있는 파괴장치를 비치해야 한다.)에 고정하여 설치하거나 필요한 때에 신속하고 유효하게 설치할 수 있는 상태에 둘 것

② 피난기구를 설치하는 개구부는 서로 동일 직선 상이 아닌 위치에 있을 것. 다만, 미끄럼봉·피난교·피난용 트랩·피난밧줄 또는 간이완강기·아파트에 설치되는 피난기구(다수인 피난장비는 제외한다.) 기타 피난상 지장이 없는 것에 있어서는 그러하지 아니하다.

③ 4층 이상의 층에 피난사다리(하향식 피난구용 내림식사다리는 제외한다.)를 설치하는 경우에는 금속성 고정사다리를 설치하고, 당해 고정사다리에는 쉽게 피난할 수 있는 구조의 노대를 설치할 것

④ 완강기, 미끄럼봉 및 피난로프의 길이는 부착위치에서 지면 기타 피난상 유효한 착지면까지의 길이로 할 것

▶ 피난기구의 설치기준

① 피난기구는 계단·피난구 기타 피난시설로부터 적당한 거리에 있는 안전한 구조로 된 피난 또는 소화활동상 유효한 개구부(가로 0.5m 이상, 세로 1.0m 이상인 것을 말한다. 이 경우 개부구 하단이 바닥에서 1.2m 이상이면 발판 등을 설치하여야 하고, 밀폐된 창문은 쉽게 파괴할 수 있는 파괴장치를 비치해야 한다.)에 고정하여 설치하거나 필요한 때에 신속하고 유효하게 설치할 수 있는 상태에 둘 것

② 피난기구를 설치하는 개구부는 서로 동일직선상이 아닌 위치에 있을 것. 다만, 피난교·피난용 트랩·간이완강기·아파트에 설치되는 피난기구(다수인 피난장비는 제외한다.) 기타 피난상 지장이 없는 것에 있어서는 그러하지 아니하다.

③ 4층 이상의 층에 피난사다리(하향식 피난구용 내림식사다리는 제외한다.)를 설치하는 경우에는 금속성 고정사다리를 설치하고, 당해 고정사다리에는 쉽게 피난할 수 있는 구조의 노대를 설치할 것

④ 완강기로프의 길이는 부착위치에서 지면 기타 피난상 유효한 착지면까지의 길이로 할 것

⑤ 피난기구는 소방대상물의 기둥·바닥·보 기타 구조상 견고한 부분에 볼트조임·매입·용접 기타의 방법으로 견고하게 부착할 것

⑥ 완강기는 강하 시 로프가 소방대상물과 접촉하여 손상되지 아니하도록 할 것

⑦ 미끄럼대는 안전한 강하속도를 유지하도록 하고, 전락방지를 위한 안전조치를 할 것

⑧ 구조대의 길이는 피난상 지장이 없고 안정한 강하속도를 유지할 수 있는 길이로 할 것

정답 03. ③

04 다음 중 내림식 사다리의 종류가 아닌 것은?

① 접는식   ② 와이어로프식   ③ 체인식   ④ 하향식

▶ 내림식 사다리의 종류

① 고정식사다리   ② 와이어로프식
③ 체인식   ④ 하향식

05 다수인 피난장비에 대한 설치기준 중 틀린 것은?

① 다수인피난장비 보관실은 건물 외측보다 돌출되지 아니하고, 빗물·먼지 등으로부터 장비를 보호할 수 있는 구조일 것
② 사용 시에 보관실 외측 문이 먼저 열리고 탑승기가 외측으로 자동 및 수동으로 전개될 것
③ 하강 시에 탑승기가 건물 외벽이나 돌출물에 충돌하지 않도록 설치할 것
④ 상·하층에 설치할 경우에는 탑승기의 하강 경로가 중첩되지 않도록 할 것

▶ 다수인 피난장비 설치기준

① 피난에 용이하고 안전하게 하강할 수 있는 장소에 적재 하중을 충분히 견딜 수 있도록 「건축물의 구조기준 등에 관한 규칙」 제3조에서 정하는 구조안전의 확인을 받아 견고하게 설치할 것
② 다수인피난장비 보관실은 건물 외측보다 돌출되지 아니하고, 빗물·먼지 등으로부터 장비를 보호할 수 있는 구조일 것
③ 사용 시에 보관실 외측 문이 먼저 열리고 탑승기가 외측으로 자동으로 전개될 것
④ 하강 시에 탑승기가 건물 외벽이나 돌출물에 충돌하지 않도록 설치할 것
⑤ 상·하층에 설치할 경우에는 탑승기의 하강경로가 중첩되지 않도록 할 것
⑥ 하강 시에는 안전하고 일정한 속도를 유지하도록 하고 전복, 흔들림, 경로이탈 방지를 위한 안전조치를 할 것
⑦ 보관실의 문에는 오작동 방지조치를 하고, 문 개방 시에는 당해 소방대상물에 설치된 경보설비와 연동하여 유효한 경보음을 발하도록 할 것
⑧ 피난층에는 해당 층에 설치된 피난기구가 착지에 지장이 없도록 충분한 공간을 확보할 것
⑨ 한국소방산업기술원 또는 법 제42조 제1항에 따라 성능시험기관으로 지정받은 기관에서 그 성능을 검증받은 것으로 설치할 것

06 승강식 피난기 및 하향식 피난구용 내림식 사다리에 대한 설치기준 중 틀린 것은?

① 승강식 피난기 및 하향식 피난구용 내림식 사다리는 설치경로가 설치층에서 피난층까지 연계될 수 있는 구조로 설치할 것. 단, 건축물의 구조 및 설치 여건상 불가피한 경우는 그러하지 아니 한다.
② 대피실의 면적은 3m²(2세대 이상일 경우에는 5m²) 이상으로 하고, 건축법시행령 제46조 제4항의 규정에 적합하여야 하며 하강구(개구부) 규격은 직경 60cm 이상일 것. 단, 외기와 개방된 장소에는 그러하지 아니 한다.

③ 하강구 내측에는 기구의 연결 금속구 등이 없어야 하며 전개된 피난기구는 하강구 수평투영 면적 공간 내의 범위를 침범하지 않는 구조이어야 할 것. 단, 직경 60cm 크기의 범위를 벗어 난 경우이거나, 직하층의 바닥 면으로부터 높이 50cm 이하의 범위는 제외한다.

④ 대피실의 출입문은 60분+ 방화문 또는 60분 방화문으로 설치하고, 피난방향에서 식별할 수 있는 위치에 "대피실" 표지판을 부착할 것. 단, 외기와 개방된 장소에는 그렇지 않다.

승강식 피난기 및 하향식 피난구용 내림식 사다리 설치기준

① 승강식 피난기 및 하향식 피난구용 내림식 사다리는 설치경로가 설치층에서 피난층까지 연계될 수 있는 구조로 설치할 것. 단, 건축물의 구조 및 설치 여건상 불가피한 경우는 그러하지 아니 한다.

② 대피실의 면적은 2m²(2세대 이상일 경우에는 3m²) 이상으로 하고, 건축법시행령 제46조 제4항 의 규정에 적합하여야 하며 하강구(개구부) 규격은 직경 60cm 이상일 것. 단, 외기와 개방된 장 소에는 그러하지 아니한다.

③ 하강구 내측에는 기구의 연결 금속구 등이 없어야 하며 전개된 피난기구는 하강구 수평투영면적 공간 내의 범위를 침범하지 않는 구조이어야 할 것. 단, 직경 60cm 크기의 범위를 벗어난 경우 이거나, 직하층의 바닥면으로부터 높이 50cm 이하의 범위는 제외한다.

④ 대피실의 출입문은 60분+ 방화문 또는 60분 방화문으로 설치하고, 피난방향에서 식별할 수 있 는 위치에 "대피실" 표지판을 부착할 것. 단, 외기와 개방된 장소에는 그렇지 않다.

⑤ 착지점과 하강구는 상호 수평거리 15cm 이상의 간격을 둘 것

⑥ 대피실 내에는 비상조명등을 설치할 것

⑦ 대피실에는 층의 위치표시와 피난기구 사용설명서 및 주의사항 표지판을 부착할 것

⑧ 대피실 출입문이 개방되거나, 피난기구 작동 시 해당 층 및 직하층 거실에 설치된 표시등 및 경 보장치가 작동되고, 감시 제어반에서는 피난기구의 작동을 확인할 수 있어야 할 것

⑨ 사용 시 기울거나 흔들리지 않도록 설치할 것

⑩ 승강식 피난기는 한국소방산업기술원 또는 법 제42조 제1항에 따라 성능시험기관으로 지정받은 기관에서 그 성능을 검증받은 것으로 설치할 것

07 사다리 하부에 미끄럼 방지장치를 하여야 하는 사다리는 다음 중 어느 것인가?

① 내림식 사다리　　　　　　　　　② 수납식 사다리
③ 올림식 사다리　　　　　　　　　④ 신축식 사다리

올림식 사다리의 구조

① 상부지지점(끝 부분으로부터 60cm 이내의 임의의 부분으로 한다.)에 미끄러지거나 넘어지지 아 니하도록 하기 위하여 안전장치를 설치해야 한다.

② 하부지지점에는 미끄러짐을 막는 장치를 설치해야 한다.

③ 신축하는 구조인 것은 사용할 때 자동적으로 작동하는 축제방지장치를 설치해야 한다.

④ 접어지는 구조인 것은 사용할 때 자동적으로 작동하는 접힘방지장치를 설치해야 한다.

08 피난사다리의 횡봉의 간격으로 옳은 것은?

① 30[cm] 이상 45[cm] 이하   ② 25[cm] 이상 35[cm] 이하

③ 30[cm] 이상 50[cm] 이하   ④ 25[cm] 이상 50[cm] 이하

◉ 피난사다리의 형식승인 및 제품검사의 기술기준(일반구조) ─────────────

① 안전하고 확실하며 쉽게 사용할 수 있는 구조이어야 한다.

② 피난사다리는 2개 이상의 종봉(내림식사다리에 있어서는 이에 상당하는 와이어로프·체인 그 밖의 금속제의 봉 또는 관을 말한다. 이하 같다.) 및 횡봉으로 구성되어야 한다. 다만, 고정식 사다리인 경우에는 종봉의 수를 1개로 할 수 있다.

③ 피난사다리(종봉이 1개인 고정식사다리는 제외한다.)의 종봉의 간격은 최외각 종봉 사이의 안치수가 30cm 이상이어야 한다.

④ 피난사다리의 횡봉은 지름 14mm 이상 35mm 이하의 원형인 단면이거나 또는 이와 비슷한 손으로 잡을 수 있는 형태의 단면이 있는 것이어야 한다.

⑤ 피난사다리의 횡봉은 종봉에 동일한 간격으로 부착한 것이어야 하며, 그 간격은 25cm 이상 35cm 이하이어야 한다.

⑥ 피난사다리 횡봉의 디딤면은 미끄러지지 아니하는 구조이어야 한다.

09 4층 이상의 층에 설치할 수 있는 피난사다리로 옳은 것은?

① 고정식 사다리   ② 이동식 사다리

③ 올림식 사다리   ④ 내림식 사다리

10 주요 구조부가 내화구조이고 건널 복도가 설치된 경우 건널 복도수의 2배의 수를 뺀 수로 피난기구를 설치할 수 있다. 이때 건널 복도 구조로서 틀린 것은?

① 내화구조 또는 철골조로 되어 있을 것

② 건널 복도 양단의 출입구에 자동폐쇄장치를 한 갑종 또는 을종 방화문이 설치되어 있을 것

③ 사람들이 피난·통행하는 용도일 것

④ 물건을 운반하는 전용 용도일 것

◉ 피난기구 감소기준 ─────────────────────────────────

① 피난기구의 수에서 해당 건널 복도의 수의 2배의 수를 뺀 수로 피난기구를 설치할 수 있는 건널 복도의 구조 기준

  ㉮ 내화구조 또는 철골조로 되어 있을 것

  ㉯ 건널 복도 양단이 출입구에 자동폐쇄장치를 한 60분+ 방화문 또는 60분 방화문(방화셔터를 제외한다.)이 설치되어 있을 것

  ㉰ 피난·통행 또는 운반의 전용 용도일 것

② 피난기구의 2분의 1을 감소할 수 있는 층의 적합 기준

  ㉮ 주요 구조부가 내화구조로 되어 있을 것

  ㉯ 직통계단인 피난계단 또는 특별피난계단이 2 이상 설치되어 있을 것

11 피난기구를 설치하여야 하는 소방대상물 중 피난기구를 설치하지 아니할 수 있는 옥상 직하층 또는 최상층의 적합 기준으로 틀린 것은?

① 주요 구조부가 내화구조로 되어 있어야 할 것
② 옥상의 면적이 1,000m² 이상이어야 할 것
③ 옥상으로 쉽게 통할 수 있는 창 또는 출입구가 설치되어 있어야 할 것
④ 옥상이 소방사다리차가 쉽게 통행할 수 있는 도로 또는 공지에 면하여 설치되어 있을 것

▶ **설치 제외**

다음 각 목의 기준에 적합한 소방대상물 중 그 옥상의 직하층 또는 최상층(관람집회 및 운동시설 또는 판매시설을 제외한다.)

㉮ 주요 구조부가 내화구조로 되어 있어야 할 것
㉯ 옥상의 면적이 1,500m² 이상이어야 할 것
㉰ 옥상으로 쉽게 통할 수 있는 창 또는 출입구가 설치되어 있어야 할 것
㉱ 옥상이 소방사다리차가 쉽게 통행할 수 있는 도로(폭 6m 이상의 것을 말한다.) 또는 공지(공원 또는 광장 등을 말한다.)에 면하여 설치되어 있거나 옥상으로부터 피난층 또는 지상으로 통하는 2 이상의 피난계단 또는 특별피난계단이 건축법시행령 제35조의 규정에 적합하게 설치되어 있어야 할 것

12 완강기의 최대 사용자 수 기준 중 다음 ( ) 안에 알맞은 것은?

> 최대 사용자 수(1회에 강하할 수 있는 사용자의 최대 수)는 최대 사용하중을 (   )N으로 나누어서 얻은 값으로 한다.

① 250
② 500
③ 750
④ 1,500

▶ **최대 사용하중 및 최대 사용자 수**

① 최대 사용하중 : 1,500N 이상
② 최대 사용자 수(1회에 강하할 수 있는 사용자의 최대 수)
   최대 사용하중을 1,500N으로 나누어서 얻은 값(1 미만은 삭제)으로 한다.

13 다음 중 완강기의 구성품으로 가장 적합한 것은?

① 조속기, 로프, 벨트, 훅
② 설치공구, 체인, 벨트, 훅
③ 조속기, 로프, 벨트, 세로봉
④ 조속기, 체인, 벨트, 훅

▶ **완강기의 구성품**

조속기(속도조절기), 로프, 벨트, 훅

14 다중이용업소의 안전관리에 관한 특별법 시행령 제2조에 따른 다중이용업소로서 영업장의 위치가 4층 이하인 다중이용업소에 설치할 수 있는 피난기구로 틀린 것은?

① 미끄럼대 ② 피난사다리
③ 피난용트랩 ④ 승강식 피난기

▶ **다중이용업소의 설치 가능한 피난기구**

① 미끄럼대 ② 피난사다리
③ 구조대 ④ 완강기
⑤ 다수인피난장비 ⑥ 승강식 피난기

15 특정소방대상물의 용도 및 장소별로 설치하여야 할 인명구조기구의 종류에 대한 설명 중 틀린 것은?

① 지하층을 포함하는 층수가 7층 이상인 관광호텔에는 방열복, 공기호흡기, 인공소생기를 각 2개 이상 비치할 것
② 지하층을 포함하는 층수가 5층 이상인 병원에는 방열복, 공기호흡기를 각 2개 이상 비치할 것
③ 문화 및 집회시설 중 수용인원 100명 이상의 영화상영관, 판매시설 중 대규모점포, 운수시설 중 지하역사, 지하가 중 지하상가에는 공기호흡기를 층마다 2개 이상 비치할 것
④ 물분무등소화설비 중 이산화탄소 소화설비를 설치하여야 하는 특정소방대상물에는 공기호흡기를 이산화탄소 소화설비가 설치된 장소의 출입구 내부 인근에 2대 이상을 비치할 것

▶ **인명구조기구의 종류**

특정소방대상물	인명구조기구의 종류	설치수량
지하층을 포함하는 층수가 7층 이상인 관광호텔 및 5층 이상인 병원	방열복 또는 방화복 공기호흡기 인공소생기	각 2개 이상 비치할 것. 다만, 병원의 경우에는 인공소생기를 설치하지 않을 수 있다.
• 문화 및 집회시설 중 수용인원 100명 이상의 영화상영관 • 판매시설 중 대규모 점포 • 운수시설 중 지하역사 • 지하가 중 지하상가	공기호흡기	층마다 2개 이상 비치할 것. 다만, 각 층마다 갖추어 두어야 할 공기호흡기 중 일부를 직원이 상주하는 인근 사무실에 갖추어 둘 수 있다.
물분무등소화설비 중 이산화탄소 소화설비(호스릴이산화탄소소화설비는 제외한다)를 설치하여야 하는 특정소방대상물	공기호흡기	이산화탄소 소화설비가 설치된 장소의 출입구 외부 인근에 1대 이상 비치할 것

※ 방화복(안전모, 보호장갑 및 안전화를 포함한다.)

16 특정소방대상물의 용도별로 설치하여야 할 유도등 및 유도표지의 종류에서 공연장·집회장(종교집회장 포함)·관람장·운동시설, 유흥주점영업시설에 설치하여야 하는 것으로 옳은 것은?

① 대형피난구유도등, 객석유도등, 통로유도표지
② 대형피난구유도등, 통로유도등, 객석유도등
③ 중형피난구유도등, 통로유도등, 객석유도등
④ 중형피난구유도등, 통로유도표지, 객석유도등

◐ 유도등 및 유도표지의 종류

설치장소	유도등 및 유도표지 종류
1. 공연장·집회장(종교집회장 포함)·관람장·운동시설	• 대형피난구유도등 • 통로유도등 • 객석유도등
2. 유흥주점영업시설(「식품위생법 시행령」 제21조 제8호 라목의 유흥주점영업 중 손님이 춤을 출 수 있는 무대가 설치된 카바레, 나이트클럽 또는 그 밖에 이와 비슷한 영업시설만 해당한다.)	
3. 위락시설·판매시설·운수시설·「관광진흥법」 제3조 제1항 제2호에 따른 관광숙박업·의료시설·장례식장·방송통신시설·전시장·지하상가·지하철역사	• 대형피난구유도등 • 통로유도등
4. 숙박시설(제3호의 관광숙박업 외의 것을 말한다.)·오피스텔	• 중형피난구유도등 • 통로유도등
5. 제1호부터 제3호까지 외의 건축물로서 지하층·무창층 또는 층수가 11층 이상인 특정소방대상물	
6. 제1호부터 제5호까지 외의 건축물로서 근린생활시설·노유자시설·업무시설·발전시설·종교시설(집회장 용도로 사용하는 부분 제외)·교육연구시설·수련시설·공장·창고시설·교정 및 군사시설(국방·군사시설 제외)·기숙사·자동차정비공장·운전학원 및 정비학원·다중 이용업소·복합건축물·아파트	• 소형피난구유도등 • 통로유도등
7. 그 밖의 것	• 피난구유도표지 • 통로유도표지

17 피난구유도등의 설치기준으로 틀린 것은?

① 옥내로부터 직접 지상으로 통하는 출입구 및 그 부속실의 출입구에 설치할 것
② 피난구의 상단에 출입구에 인접하도록 설치할 것
③ 안전구획된 거실로 통하는 출입구에 설치할 것
④ 직통계단·직통계단의 계단실 및 그 부속실의 출입구에 설치할 것

◐ 피난구유도등의 설치기준

① 피난구유도등은 다음 각 호의 장소에 설치해야 한다.
　1. 옥내로부터 직접 지상으로 통하는 출입구 및 그 부속실의 출입구
　2. 직통계단·직통계단의 계단실 및 그 부속실의 출입구
　3. 제1호와 제2호에 따른 출입구에 이르는 복도 또는 통로로 통하는 출입구
　4. 안전구획된 거실로 통하는 출입구

② 피난구유도등은 피난구의 바닥으로부터 높이 1.5m 이상으로서 출입구에 인접하도록 설치해야 한다.

18 통로유도등 설치기준을 설명한 것 중 틀린 것은?

① 통로유도등에는 복도통로유도등, 거실통로유도등, 계단통로유도등이 있다.

② 복도통로유도등은 지하층 또는 무창층의 용도가 도매시장·소매시장·여객자동차터미널·지하역사 또는 지하상가인 경우에는 복도·통로 중앙 부분의 바닥에 설치해야 한다.

③ 거실통로유도등은 거실 통로에 기둥이 설치된 경우에는 기둥 부분의 천장으로부터 높이 1.5m 이하의 위치에 설치할 수 있다.

④ 주위에 이와 유사한 등화광고물·게시물 등을 설치하지 아니할 것

◉ 통로유도등 설치기준

① 복도통로유도등은 다음 각 목의 기준에 따라 설치할 것

㉮ 복도에 설치하되 2.2.1.1 또는 2.2.1.2에 따라 피난구유도등이 설치된 출입구의 맞은편 복도에는 입체형으로 설치하거나, 바닥에 설치할 것

㉯ 구부러진 모퉁이 및 2.3.1.1.1에 따라 설치된 통로유도등을 기점으로 보행거리 20 m마다 설치할 것

㉰ 바닥으로부터 높이 1m 이하의 위치에 설치할 것. 다만, 지하층 또는 무창층의 용도가 도매시장·소매시장·여객자동차터미널·지하역사 또는 지하상가인 경우에는 복도·통로 중앙부분의 바닥에 설치해야 한다.

㉱ 바닥에 설치하는 통로유도등은 하중에 따라 파괴되지 아니하는 강도의 것으로 할 것

② 거실통로유도등은 다음 각 목의 기준에 따라 설치할 것

㉮ 거실의 통로에 설치할 것. 다만, 거실의 통로가 벽체 등으로 구획된 경우에는 복도통로유도등을 설치할 것

㉯ 구부러진 모퉁이 및 보행거리 20m마다 설치할 것

㉰ 바닥으로부터 높이 1.5m 이상의 위치에 설치할 것. 다만, 거실통로에 기둥이 설치된 경우에는 기둥부분의 바닥으로부터 높이 1.5m 이하의 위치에 설치할 수 있다.

③ 계단통로유도등은 다음 각 목의 기준에 따라 설치할 것

㉮ 각 층의 경사로 참 또는 계단참마다(1개 층에 경사로 참 또는 계단참이 2 이상 있는 경우에는 2개의 계단참마다.) 설치할 것

㉯ 바닥으로부터 높이 1m 이하의 위치에 설치할 것

④ 통행에 지장이 없도록 설치할 것

⑤ 주위에 이와 유사한 등화광고물·게시물 등을 설치하지 아니할 것

19 객석 통로의 직선 부분의 길이가 45[m]인 경우 객석유도등은 최소 몇 개를 설치하여야 하는가?

① 12개   ② 11개

③ 10개   ④ 9개

▶ **객석유도등 설치개수**

$$설치개수 = \frac{객석\ 통로의\ 직선부분\ 길이[m]}{4} - 1$$

$$= \frac{45}{4} - 1 = 10.25 \quad \therefore 11개$$

20 광원점등방식의 피난유도선 설치기준 중 틀린 것은?

① 구획된 각 실로부터 주 출입구 또는 비상구까지 설치할 것

② 피난유도 표시부는 바닥으로부터 높이 50cm 이하의 위치 또는 바닥면에 설치할 것

③ 피난유도 표시부는 50cm 이내의 간격으로 연속되도록 설치하되 실내장식물 등으로 설치가 곤란할 경우 1m 이내로 설치할 것

④ 피난유도 제어부는 조작 및 관리가 용이하도록 바닥으로부터 0.8m 이상 1.5m 이하의 높이에 설치할 것

▶ **피난유도선 설치기준**

① 축광방식 피난유도선 설치기준

㉮ 구획된 각 실로부터 주 출입구 또는 비상구까지 설치할 것

㉯ 바닥으로부터 높이 50cm 이하의 위치 또는 바닥면에 설치할 것

㉰ 피난유도 표시부는 50cm 이내의 간격으로 연속되도록 설치

㉱ 부착대에 의하여 견고하게 설치할 것

㉲ 외광 또는 조명장치에 의하여 상시 조명이 제공되거나 비상조명등에 의한 조명이 제공되도록 설치할 것

② 광원점등방식 피난유도선 설치기준

㉮ 구획된 각 실로부터 주 출입구 또는 비상구까지 설치할 것

㉯ 피난유도 표시부는 바닥으로부터 높이 1m 이하의 위치 또는 바닥면에 설치할 것

㉰ 피난유도 표시부는 50cm 이내의 간격으로 연속되도록 설치하되 실내장식물 등으로 설치가 곤란할 경우 1m 이내로 설치할 것

㉱ 수신기로부터의 화재신호 및 수동조작에 의하여 광원이 점등되도록 설치할 것

㉲ 비상전원이 상시 충전상태를 유지하도록 설치할 것

㉳ 바닥에 설치되는 피난유도 표시부는 매립하는 방식을 사용할 것

㉴ 피난유도 제어부는 조작 및 관리가 용이하도록 바닥으로부터 0.8m 이상 1.5m 이하의 높이에 설치할 것

21 유도등의 전원에 대한 설치기준 중 틀린 것은?

① 상용전원은 교류전압의 옥내 간선으로만 해야 한다.
② 비상전원은 축전지로만 해야 한다.
③ 비상전원은 유도등을 20분 이상 유효하게 작동시킬 수 있는 용량으로 할 것
④ 지하층을 제외한 층수가 11층 이상인 층은 비상전원 용량을 60분 이상으로 해야 한다.

▶ **유도등의 전원**

① 상용전원
　축전지, 전기저장장치 또는 교류전압의 옥내간선으로 하고, 전원까지의 배선은 전용으로 해야 한다.
② 비상전원
　㉮ 축전지로 할 것
　㉯ 유도등을 20분 이상 유효하게 작동시킬 수 있는 용량으로 할 것. 다만, 다음 각 목의 특정소
　　방대상물의 경우에는 그 부분에서 피난층에 이르는 부분의 유도등을 60분 이상 유효하게 작
　　동시킬 수 있는 용량으로 해야 한다.
③ 유도등을 60분 이상으로 해야 하는 장소
　㉮ 지하층을 제외한 층수가 11층 이상의 층
　㉯ 지하층 또는 무창층으로서 용도가 도매시장·소매시장·여객자동차터미널·지하역사 또는 지
　　하상가

22 유도등의 인출선의 길이는 전선 인출부분에서 얼마 이상이어야 하는가?

① 100[mm]　　　　　　　　　　② 130[mm]
③ 150[mm]　　　　　　　　　　④ 200[mm]

▶ **유도등 형식승인 및 제품검사의 기술기준(전선의 굵기)**

① 인출선 : 단면적 0.75mm² 이상, 길이 : 150mm 이상
② 인출선 이외의 전선 면적 : 0.5mm² 이상

23 유도등의 형식승인 및 제품검사의 기술기준상 식별도의 기준을 설명한 것으로 ( ) 안에 들어갈 내용으로 알맞은 것은?

> 피난구유도등 및 거실통로유도등은 상용전원으로 등을 켜는 (평상시 사용상태로 연결, 사용전압에
> 의하여 점등후 주위조도를 10[lx]에서 30[lx]까지의 범위내로 한다.) 경우에는 직선거리(ㄱ)m의
> 위치에서, 비상전원으로 등을 켜는 (비상전원에 의하여 유효점등시간 동안 등을 켠 후 주위조
> 도를 0lx에서 1lx까지의 범위 내로 한다.) 경우에는 직선거리(ㄴ)m의 위치에서 각기 보통시
> 력(시력 1.0에서 1.2의 범위 내를 말한다.)으로 피난유도표시에 대한 식별이 가능해야 한다.

① ㄱ : 10, ㄴ : 10　　　　　　　② ㄱ : 30, ㄴ : 20
③ ㄱ : 15, ㄴ : 15　　　　　　　④ ㄱ : 20, ㄴ : 15

◉ **유도등의 형식승인 및 제품검사의 기술기준상 식별도의 기준**

① 피난구유도등 및 거실통로유도등은 상용전원으로 등을 켜는 (평상시 사용상태로 연결, 사용전압에 의하여 점등 후 주위조도를 10[lx]에서 30[lx]까지의 범위 내로 한다.)경우에는 직선거리 30m의 위치에서, 비상전원으로 등을 켜는(비상전원에 의하여 유효점등시간 동안 등을 켠 후 주위조도를 0[lx]에서 1[lx]까지의 범위 내로 한다.) 경우에는 직선거리 20m의 위치에서 각기 보통시력(시력 1.0에서 1.2의 범위 내를 말한다.)으로 피난유도표시에 대한 식별이 가능해야 한다.

② 복도통로유도등에 있어서 상용전원으로 등을 켜는 경우에는 직선거리 20m의 위치에서, 비상전원으로 등을 켜는 경우에는 직선거리 15m의 위치에서 보통시력에 의하여 표시면의 화살표가 쉽게 식별되어야 한다.

24 유도등의 전기회로에 점멸기를 설치할 때 점등되어야 하는 경우로 틀린 것은?

① 비상경보설비의 발신기 또는 감지기가 작동되는 때
② 상용전원이 정전되거나 전원선이 단선되는 때
③ 방재업무를 통제하는 곳 또는 전기실의 배전반에서 수동으로 점등하는 때
④ 자동소화설비가 작동되는 때

◉ **유도등 3선식 배선 설치 시 점등되어야 하는 경우**

① 자동화재탐지설비의 감지기 또는 발신기가 작동되는 때
② 비상경보설비의 발신기가 작동되는 때
③ 상용전원이 정전되거나 전원선이 단선되는 때
④ 방재업무를 통제하는 곳 또는 전기실의 배전반에서 수동으로 점등하는 때
⑤ 자동소화설비가 작동되는 때

※ **유도등의 배선을 3선식으로 할 수 있는 경우**

① 특정소방대상물 또는 그 부분에 사람이 없는 경우
② 외부의 빛에 의해 피난구 또는 피난방향을 쉽게 식별할 수 있는 장소
③ 공연장, 암실(暗室) 등으로서 어두워야 할 필요가 있는 장소
④ 특정소방대상물의 관계인 또는 종사원이 주로 사용하는 장소

25 비상조명등을 설치하지 아니할 수 있는 장소로 옳은 것은?

① 거실의 각 부분으로부터 하나의 출입구에 이르는 보행거리가 20m 이내인 부분
② 의원 · 경기장 · 공동주택 · 의료시설 · 학교의 거실
③ 지상 1층 또는 피난층으로서 복도 · 통로 또는 창문 등의 개구부를 통하여 피난이 용이한 경우
④ 지하층으로서 특정소방대상물의 바닥부분 2면 이상이 지표면과 동일하거나 지표면으로부터의 깊이가 1m 이하인 경우

◐ 비상조명등 설치 제외

① 거실의 각 부분으로부터 하나의 출입구에 이르는 보행거리가 15m 이내인 부분
② 의원 · 경기장 · 공동주택 · 의료시설 · 학교의 거실

※ 기타 설치 제외 장소

① 지상 1층 또는 피난층으로서 복도 · 통로 또는 창문 등의 개구부를 통하여 피난이 용이한 경우 : 휴대용 비상조명등 설치 제외 장소
② 지하층으로서 특정소방대상물의 바닥부분 2면 이상이 지표면과 동일하거나 지표면으로부터의 깊이가 1m 이하인 경우 : 무선통신보조설비 설치 제외 장소

26 예비전원을 내장하지 아니하는 비상조명등에 사용할 수 있는 비상전원의 종류로 옳은 것은?

① 자가발전설비, 비상전원수전설비
② 자가발전설비, 축전지설비
③ 비상전원수전설비, 축전지설비
④ 열병합발전설비, 전기저장장치

◐ 비상전원의 종류

예비전원을 내장하지 아니하는 비상조명등의 비상전원은 자가발전설비, 축전지설비를 또는 전기저장장치를 다음의 기준에 따라 설치해야 한다.
① 점검에 편리하고 화재 및 침수 등의 재해로 인한 피해를 받을 우려가 없는 곳에 설치할 것
② 상용전원으로부터 전력의 공급이 중단된 때에는 자동으로 비상전원으로부터 전력을 공급받을 수 있도록 할 것
③ 비상전원의 설치장소는 다른 장소와 방화구획할 것. 이 경우 그 장소에는 비상전원의 공급에 필요한 기구나 설비 외의 것(열병합발전설비에 필요한 기구나 설비는 제외한다.)을 두어서는 아니 된다.
④ 비상전원을 실내에 설치하는 때에는 그 실내에 비상조명등을 설치할 것

27 휴대용 비상조명등 설치기준 중 틀린 것은?

① 숙박시설 또는 다중이용업소에는 객실 또는 영업장안의 구획된 실마다 잘 보이는 곳(외부에 설치 시 출입문 손잡이로부터 1m 이내 부분)에 1개 이상 설치할 것
② 대규모점포(지하상가 및 지하역사를 제외한다.)와 영화상영관에는 보행거리 50m 이내마다 3개 이상 설치할 것
③ 지하상가 및 지하역사에는 수평거리 25m 이내마다 3개 이상 설치할 것
④ 설치높이는 바닥으로부터 0.8m 이상 1.5m 이하의 높이에 설치할 것

◐ 휴대용 비상조명등 설치기준

① 다음 각 목의 장소에 설치할 것

　㉮ 숙박시설 또는 다중이용업소에는 객실 또는 영업장안의 구획된 실마다 잘 보이는 곳(외부에 설치 시 출입문 손잡이로부터 1m 이내 부분)에 1개 이상 설치

　㉯ 「유통산업발전법」 제2조 제3호에 따른 대규모점포(지하상가 및 지하역사를 제외한다.)와 영화상영관에는 보행거리 50m 이내마다 3개 이상 설치

　㉰ 지하상가 및 지하역사에는 보행거리 25m 이내마다 3개 이상 설치

② 설치높이는 바닥으로부터 0.8m 이상 1.5m 이하의 높이에 설치할 것

③ 어둠 속에서 위치를 확인할 수 있도록 할 것

④ 사용 시 자동으로 점등되는 구조일 것

⑤ 외함은 난연성능이 있을 것

⑥ 건전지를 사용하는 경우에는 방전방지조치를 하여야 하고, 충전식 배터리의 경우에는 상시 충전되도록 할 것

⑦ 건전지 및 충전식 배터리의 용량은 20분 이상 유효하게 사용할 수 있는 것으로 할 것

28 상수도 소화용수설비에 대한 설명으로 틀린 것은?

① 호칭지름 75[mm] 이상의 수도배관에 호칭지름 100[mm] 이상의 소화전을 접속해야 한다.

② 소화전함은 소화전으로부터 5[m] 이내의 거리에 설치한다.

③ 소화전은 소방자동차 등의 진입이 쉬운 도로변 또는 공지에 설치한다.

④ 소화전은 소방대상물의 수평투영면의 각 부분으로부터 140[m] 이하가 되도록 설치한다.

◐ 상수도 소화용수설비 설치기준

① 호칭지름 75mm 이상의 수도배관에 호칭지름 100mm 이상의 소화전을 접속할 것

② 소화전은 소방자동차 등의 진입이 쉬운 도로변 또는 공지에 설치할 것

③ 소화전은 특정소방대상물의 수평투영면의 각 부분으로부터 140m 이하가 되도록 설치할 것

29 1층과 2층의 바닥 면적의 합이 15,000[m²]이고, 연면적이 20,000[m²]인 경우 소화수조를 설치하는 데 필요한 수원의 양은 얼마인가?

① 20[m³]　　　　② 40[m³]　　　　③ 60[m³]　　　　④ 80[m³]

◐ 소화수조

$$Q = K \times 20 = 3 \times 20 = 60[\text{m}^3]$$

$$K = \frac{20,000}{7,500} = 2.67 \quad \therefore K = 3$$

① 소화수조 또는 저수조의 저수량은 특정소방대상물의 연면적을 다음 표에 따른 기준 면적으로 나누어 얻은 수(소수점 이하의 수는 1로 본다.)에 20m³를 곱한 양 이상이 되도록 해야 한다.

소방대상물의 구분	면적
1. 1층 및 2층의 바닥면적 합계가 15,000m² 이상인 소방대상물	7,500m²
2. 제1호에 해당되지 아니하는 그 밖의 소방대상물	12,500m²

② 흡수관 투입구 또는 채수구 설치기준

지하에 설치하는 소화용수설비의 흡수관투입구는 그 한 변이 0.6m 이상이거나 직경이 0.6m 이상인 것으로 하고, 소요수량이 80m³ 미만인 것은 1개 이상, 80m³ 이상인 것은 2개 이상을 설치하여야 하며, "흡관투입구"라고 표시한 표지를 할 것

30 소화수조가 지면으로부터 5[m] 깊이의 지하에 설치된 경우 소요 수량이 100[m³]인 경우 설치하여야 할 채수구의 수(㉠)와 가압송수장치의 1분당 양수량(㉡)으로 옳은 것은?

① ㉠ : 1개, ㉡ : 1,100[*l*] 이상
② ㉠ : 2개, ㉡ : 2,200[*l*] 이상
③ ㉠ : 3개, ㉡ : 3,300[*l*] 이상
④ ㉠ : 4개, ㉡ : 4,400[*l*] 이상

▶ 소화수조 등

① 소화용수설비에 설치하는 채수구는 다음 각 목의 기준에 따라 설치할 것

㉮ 채수구는 다음 표에 따라 소방용 호스 또는 소방용 흡수관에 사용하는 구경 65mm 이상의 나사식 결합 금속구를 설치할 것

소요수량	20m³ 이상 40m³ 미만	40m³ 이상 100m³ 미만	100m³ 이상
채수구 수	1개	2개	3개

㉯ 채수구는 지면으로부터의 높이가 0.5m 이상 1m 이하의 위치에 설치하고, "채수구"라고 표시한 표지를 할 것

※ 가압송수장치

소화수조 또는 저수조가 지표면으로부터의 깊이(수조 내부바닥까지의 길이를 말한다.)가 4.5m 이상인 지하에 있는 경우에는 다음 표에 따라 가압송수장치를 설치해야 한다.

소요수량	20m³ 이상 40m³ 미만	40m³ 이상 100m³ 미만	100m³ 이상
가압송수장치의 1분당 양수량	1,100*l* 이상	2,200*l* 이상	3,300*l* 이상

31 소화수조 및 저수조 설치기준 중 틀린 것은?

① 소화용수설비를 설치하여야 할 특정소방대상물에 있어서 유수의 양이 0.8m³/min 이상인 유수를 사용할 수 있는 경우에는 소화수조를 설치하지 아니할 수 있다.

② 소화수조, 저수조의 채수구 또는 흡수관 투입구는 소방차가 2m 이내의 지점까지 접근할 수 있는 위치에 설치해야 한다.

③ 지하에 설치하는 소화용수설비의 흡수관투입구는 그 한 변이 0.6m 이상이거나 직경이 0.6m 이상인 것으로 하고, 소요수량이 80m³ 이하인 것은 1개 이상, 80m³ 초과인 것은 2개 이상을 설치하여야 하며, "흡수관투입구"라고 표시한 표지를 할 것

④ 채수구는 지면으로부터의 높이가 0.5m 이상 1m 이하의 위치에 설치하고, "채수구"라고 표시한 표지를 할 것

CHAPTER 04 소화활동설비

01 제연설비의 설치 장소에 대한 제연구역의 구획 기준에 대한 설명 중 틀린 것은?

① 하나의 제연구역의 면적은 1,000[m²] 이내로 할 것

② 거실과 통로(복도를 포함한다.)는 각각 제연구획할 것

③ 하나의 제연구역은 직경 60[m] 원내에 들어갈 수 있을 것

④ 통로상의 제연구역은 보행 중심선으로 길이가 50[m]를 초과하지 아니할 것

▶ **제연구역의 구획 기준**

① 하나의 제연구역의 면적은 1,000[m²] 이내로 할 것

② 거실과 통로(복도를 포함한다.)는 각각 제연구획할 것

③ 하나의 제연구역은 직경 60[m] 원내에 들어갈 수 있을 것

④ 통로상의 제연구역은 보행 중심선으로 길이가 60[m]를 초과하지 아니할 것

⑤ 하나의 제연구역은 2개 이상 층에 미치지 아니하도록 할 것. 다만, 층의 구분이 불분명한 부분은 그 부분을 다른 부분과 별도로 제연구획해야 한다.

02 제연설비의 화재안전기술기준을 설명한 것 중 틀린 것은?

① 배출기의 흡입 측 풍도 안의 풍속은 20[m/s] 이하로 하고 배출 측 풍속은 15[m/s] 이하로 한다.

② 제연경계는 제연경계의 폭이 0.6[m] 이상이고, 수직거리는 2[m] 이내이어야 한다. 다만, 구조상 불가피한 경우는 2[m]를 초과할 수 있다.

③ 예상제연구역에 대해서는 화재 시 연기배출과 동시에 공기유입이 될 수 있게 하고, 배출구역이 거실일 경우에는 통로에 동시에 공기가 유입될 수 있도록 해야 한다.

④ 예상제연구역의 각 부분으로부터 하나의 배출구까지의 수평거리는 10[m] 이내가 되도록 한다.

▶ **제연설비의 화재안전기술기준**

① 배출기의 흡입 측 풍도 안의 풍속은 15[m/s] 이하로 하고 배출 측 풍속은 20[m/s] 이하로 한다.

03 바닥면적이 70[m²]인 거실의 배출량[CMH]으로 옳은 것은?

① 4,200[CMH]　　　　　　　　　　② 6,300[CMH]

③ 5,000[CMH]　　　　　　　　　　④ 7,500[CMH]

◉ **소규모 거실의 배출량 : 거실 바닥 면적이 400m² 미만**

$$Q[\mathrm{m^3/hr}] = A\,\mathrm{m^2} \times 1\,\mathrm{m^3/m^2} \cdot \min \times 60\,\min/\mathrm{hr}$$
$$= 70 \times 1 \times 60 = 4,200[\mathrm{m^3/hr}]$$

- $A\,\mathrm{m^2}$: 거실 바닥 면적(400m² 미만일 것)
- 최저 배출량은 5,000m³/hr 이상일 것

04 내화구조의 벽으로 구획된 판매시설의 크기가 가로 30[m], 세로 15[m]일 경우 배출량 [CMH]으로 옳은 것은?

① 40,000[CMH] ② 45,000[CMH]
③ 50,000[CMH] ④ 60,000[CMH]

◉ **대규모 거실 : 거실 바닥 면적이 400m² 이상**

판매시설의 크기 : $30 \times 15 = 450\mathrm{m^2}$(대규모거실에 해당)

직경 $x = \sqrt{(30^2 + 15^2)} = 33.54\mathrm{m}$ 이므로, 40m 범위 안에 해당된다.

제연구역이 "벽"으로 구획된 경우		제연구역이 "제연경계(보 · 제연경계벽)"로 구획된 경우		
구 분	배출량	수직거리	직경 40m 범위 안	직경 40m 범위 초과
직경 40m 범위 안	40,000m³/hr 이상	2m 이하	40,000m³/hr 이상	45,000m³/hr 이상
직경 40m 범위 초과	45,000m³/hr 이상	2m 초과 2.5m 이하	45,000m³/hr 이상	50,000m³/hr 이상
		2.5m 초과 3m 이하	50,000m³/hr 이상	55,000m³/hr 이상
		3m 초과	60,000m³/ hr 이상	65,000m³/hr 이상

05 거실의 바닥면적이 50[m²] 미만인 예상제연구역을 통로배출방식으로 하는 경우 배출량 [CMH]으로 옳은 것은?(단, 통로길이는 50[m], 수직거리는 2.7[m]이다.)

① 30,000[CMH] ② 35,000[CMH]
③ 40,000[CMH] ④ 50,000[CMH]

◉ 통로배출방식

① 거실의 바닥 면적이 50m² 미만인 예상제연구역을 통로배출방식으로 하는 경우

통로길이	수직거리	배출량	비 고
40m 이하	2m 이하	25,000m³/hr 이상	벽으로 구획된 경우를 포함
	2m 초과 2.5m 이하	30,000m³/hr 이상	
	2.5m 초과 3m 이하	35,000m³/hr 이상	
	3m 초과	45,000m³/hr 이상	
40m 초과 60m 이하	2m 이하	30,000m³/hr 이상	벽으로 구획된 경우를 포함
	2m 초과 2.5m 이하	35,000m³/hr 이상	
	2.5m 초과 3m 이하	40,000m³/hr 이상	
	3m 초과	50,000m³/hr 이상	

② 예상제연구역이 통로인 경우의 배출량은 45,000m³/hr 이상으로 할 것. 다만, 예상제연 구역이 제연경계로 구획된 경우에는 그 수직거리에 따라 배출량은 제2항 제2호의 표에 따른다.

* 제2항 제2호의 표 : 대규모 거실로 제연구역이 제연경계(보·제연경계벽)로 구획된 경우

06 거실의 바닥면적이 900[m²], 거실 대각선 거리 45.9[m], 제연경계 하단까지의 수직거리 3.2[m], 배출기 흡입 측풍도 높이 600[mm]일 경우, 흡입 측 풍도 강판 두께로 옳은 것은?(단, 강판 두께는 배출 풍도의 크기에 따라 다음 표에 따른 기준 이상으로 할 것)

풍도 단면의 긴 변 또는 직경의 크기	450mm 이하	450mm 초과 750mm 이하	750mm 초과 1,500mm 이하	1,500mm 초과 2,250mm 이하	2,250mm 초과
강판두께	0.5mm	0.6mm	0.8mm	1.0mm	1.2mm

① 0.5[mm]   ② 0.6[mm]   ③ 0.8[mm]   ④ 1.0[mm]

① 대규모 거실이고, 직경이 40m 초과, 수직거리 3m 초과 제연경계로 구획되었으므로, 배출량 : 65,000m³/hr 이상, 배출기 흡입 측 풍속 : 15m/s

② 풍도단면적

$$풍도단면적[m^2] = \frac{배출량[m^3/s]}{풍속[m/s]} = \frac{65,000[m^3/h]}{15[m/s]} \times \frac{1}{3,600}[h/s] = 1.2[m^2]$$

③ 흡입 측 풍도 강판 두께

풍도단면적$[m^2]$ ＝폭×높이

$$폭 = \frac{풍도단면적}{높이} = \frac{1.2m^2}{0.6m} = 2m = 2,000mm$$

∴ 강판두께는 표에 의해 1.0mm이다.

07 다음 용어의 정의를 설명한 것 중 틀린 것은?

① 제연구역이라 함은 제연경계(제연설비의 일부인 천장을 포함한다.)에 의해 구획된 건물 내의 공간을 말한다.

② 예상제연구역이라 함은 화재 발생 시 연기의 제어가 요구되는 제연구역을 말한다.

③ 제연경계의 폭이라 함은 제연경계의 천장 또는 반자로부터 그 수직하단까지의 거리를 말한다.

④ 수직거리라 함은 제연구역의 바닥으로부터 그 천장까지의 거리를 말한다.

◉ 용어의 정의

④ 수직거리라 함은 제연경계의 바닥으로부터 그 수직하단까지의 거리를 말한다.

08 예상제연구역에 공기가 유입되는 순간의 풍속으로 옳은 것은?

① 3[m/s] 이하   ② 5[m/s] 이하

③ 10[m/s] 이하   ④ 15[m/s] 이하

◉ 공기 유입구

① 예상제연구역에 공기가 유입되는 순간의 풍속은 5m/s 이하가 되도록 하고, 2.5.2부터 2.5.4까지의 유입구의 구조는 유입공기를 상향으로 분출하지 않도록 설치해야 한다. 다만, 유입구가 바닥에 설치되는 경우에는 상향으로 분출이 가능하며 이때의 풍속은 1m/s 이하가 되도록 해야 한다.

② 예상제연구역에 대한 공기유입구의 크기는 해당 예상제연구역 배출량 $1m^3/min$에 대하여 $35cm^2$ 이상으로 해야 한다.

$$A[m^2] = Q(배출량)[m^3/min] \times 35[cm^2 \cdot min/m^3] = \frac{Q \times 35cm^2}{10^4}$$

③ 예상제연구역에 대한 공기유입량은 2.3.1부터 2.3.4까지에 따른 배출량의 배출에 지장이 없는 양으로 해야 한다.

09 예상제연구역에 설치되는 공기유입구의 기준으로 틀린 것은?

① 바닥면적 $400m^2$ 미만의 거실인 예상제연구역에 대해서는 공기유입구와 배출구 간의 직선거리는 10m 이상으로 할 것

② 바닥면적이 $400m^2$ 이상의 거실인 예상제연구역(제연경계에 따른 구획을 제외한다. 다만, 거실과 통로와의 구획은 그렇지 않다)에 대해서는 바닥으로부터 1.5m 이하의 높이에 설치하고 그 주변은 공기의 유입에 장애가 없도록 할 것

③ 유입구를 벽에 설치할 경우에는 바닥으로부터 1.5m 이하의 높이에 설치하고 그 주변은 공기의 유입에 장애가 없도록 할 것

④ 유입구를 벽 외의 장소에 설치할 경우에는 유입구 상단이 천장 또는 반자와 바닥 사이의 중간 아랫부분보다 낮게 되도록 하고, 수직거리가 가장 짧은 제연경계 하단보다 낮게 되도록 설치할 것

▶ **공기유입구** ─────────────────────────────────

① 바닥면적 400m² 미만의 거실인 예상제연구역(제연경계에 따른 구획을 제외한다. 다만, 거실과 통로와의 구획은 그렇지 않다)에 대해서는 공기유입구와 배출구간의 직선거리는 5m 이상 또는 구획된 실의 장변의 2분의 1 이상으로 할 것. 다만, 공연장·집회장·위락시설의 용도로 사용되는 부분의 바닥면적이 200m²를 초과하는 경우의 공기유입구는 2.5.2.2의 기준에 따른다.

10 제연설비를 설치하여야 하는 특정소방대상물 중 배출구·공기유입구의 설치 및 배출량 산정에서 제외할 수 있는 장소로 틀린 것은?

① 사람이 상주하지 않는 기계실　　　　　② 사람이 상주하지 않는 전기실
③ 사람이 상주하지 않는 공조실　　　　　④ 사람이 상주하지 않는 70m² 미만의 창고

▶ **배출구 및 공기유입구 설치 제외 장소** ──────────────────

화장실·목욕실·주차장·발코니를 설치한 숙박시설(가족호텔 및 휴양콘도미니엄에 한한다.)의 객실과 사람이 상주하지 아니하는 기계실·전기실·공조실·50m² 미만의 창고

11 제연설비의 기동에서 가동식의 벽, 제연경계벽, 댐퍼 및 배출기의 작동은 (가)와 연동되어야 하며, 예상제연구역(또는 인접장소) 및 제어반에서 (나)으로 기동이 가능하도록 해야 한다. ( ) 안에 들어갈 내용으로 옳은 것은?

① 가. 자동화재 감지기　　나. 자동　　　② 가. 자동화재 감지기　　나. 수동
③ 가. 비상경보 설비　　　나. 자동　　　④ 나. 비상경보 설비　　　나. 수동

▶ **제연설비의 기동** ─────────────────────────────

가동식의 벽·제연경계벽·댐퍼 및 배출기의 작동은 자동화재감지기와 연동되어야 하며, 예상제연구역(또는 인접장소) 및 제어반에서 수동으로 기동이 가능하도록 해야 한다.

12 바닥면적이 750m²인 거실에 다음과 같이 제연설비를 설치하려 할 때, 배기팬 구동에 필요한 전동기 용량(kW)은?(단, 소수점 넷째 자리에서 반올림할 것)

- 예상제연구역은 직경 45m이고, 제연경계벽의 수직거리는 3.2m이다.
- 직관덕트의 길이는 180m, 직관덕트의 손실저항은 0.2[mmAq/m]이며, 기타 부속류 저항의 합계는 직관덕트 손실합계의 55%로 하고, 전동기의 효율은 60%, 전달계수 K값은 1.1로 한다.

① 9.891　　　　② 11.683　　　　③ 15.332　　　　④ 18.109

　　정답　10. ④　11. ②　12. ④

◐ 전동기 용량

$$P = \frac{P_t \cdot Q}{102 \times 60 \times \eta} [\text{kW}]$$

① P_t : 전압[mmAq] 덕트저항 = 180m × 0.2mmAq/m = 36mmAq

기타 부속류 저항 = 36mmAq × 0.55 = 19.8mmAq

∴ P_t = 36mmAq + 19.8mmAq = 55.8mmAq

② Q : 풍량[m³/min] 직경 45m이고, 수직거리 3.2m이므로 65,000m³/hr 이상

Q = 65,000m³/hr ÷ 60min/hr = 1,083.333

③ $P = \dfrac{P_t \cdot Q}{102 \times 60 \times \eta} = \dfrac{55.8 \times 1,083.333}{102 \times 60 \times 0.6} \times 1.1$

= 18.10865 = 18.109[kW]

13 특별피난계단을 반드시 설치하여야 하는 대상이 아닌 것은?

① 건축물의 11층 이상인 층으로부터 피난층으로 통하는 직통계단

② 공동주택의 경우 16층 이상인 층으로부터 피난층으로 통하는 직통계단

③ 판매용도로 쓰이는 5층 이상의 층으로부터 피난층으로 통하는 직통계단 중 1개소 이상

④ 아파트의 지하 2층으로부터 피난층으로 통하는 직통계단

◐ 특별피난계단 설치 대상

구 분		특별피난계단 대상	비 고
일반건축물	일반건축물	① 지상 11층 이상 ② 지하 3층 이하	–
	판매시설	① 지상 5층 이상 ② 지하 2층 이하	직통계단 1개소 이상
아파트(갓복도식 아파트 제외)		① 지상 16층 이상 ② 지하 3층 이하	–

14 특별피난계단의 계단실 및 부속실 제연설비의 화재안전기술기준에서 정한 제연구역의 선정 기준으로 틀린 것은?

① 계단실 및 그 부속실을 동시에 제연하는 것

② 부속실만을 단독으로 제연하는 것

③ 계단실 단독 제연하는 것

④ 부속실에 연결된 복도를 단독으로 제연하는 것

◐ 제연구역 선정기준

① 계단실 및 그 부속실을 동시에 제연하는 것

② 부속실만을 단독으로 제연하는 것

③ 계단실 단독제연하는 것

④ 비상용 승강기 승강장 단독제연하는 것

15 특별피난계단의 계단실 및 부속실 제연설비에 대한 설명으로 틀린 것은?

① 제연구역과 옥내의 사이에 유지하여야 하는 최소 차압은 40[Pa] 이상으로 해야 한다.

② 제연설비가 가동되었을 경우 출입문의 개방에 필요한 힘은 110[N] 이상으로 해야 한다.

③ 계단실과 부속실을 동시에 제연하는 경우 부속실의 기압은 계단실과 같게 하거나 압력 차이 가 5[Pa] 이하가 되도록 해야 한다.

④ 계단실 및 그 부속실을 동시에 제연 하는 것 또는 계단실만 단독으로 제연하는 것의 방연풍속 은 0.5[m/s] 이상이어야 한다.

▶ **특별피난계단의 계단실 및 부속실 제연설비**───────────

제연설비가 가동되었을 경우 출입문의 개방에 필요한 힘은 110[N] 이하로 해야 한다.

16 옥내에 스프링클러설비가 설치된 경우에 제연구역과 옥내 사이에 유지하여야 하는 최소 차압은 몇 [Pa] 이상으로 하여야 하는가?

① 40   ② 50   ③ 28   ④ 12.5

▶ **차압기준**───────────────────────

① 최소 차압

㉮ 차압이란 제연구역과 옥내와의 압력차로서 옥내란 비제연구역으로 복도 · 통로 또는 거실 등 과 같은 화재실을 의미한다.

㉯ 최소 차압 40Pa : 화재 시 형성되는 압력차가 아닌 평상시 제연용 송풍기를 작동시킨 경우 제 연구역과 비제연구역 간에 형성되는 압력차를 의미한다.

② 최대 차압

㉮ 제연 설비가 가동되었을 경우 출입문 개방에 필요한 힘은 110N 이하로 해야 한다.

㉯ 제연 설비 가동 시 제연구역에 형성되는 차압이 클 경우 부속실에서 방화문에 미치는 힘이 증 가 되어 노약자가 거실이나 통로에서 부속실로 출입문을 개방하는 데 어려움이 있게 된다.

㉰ 따라서 이를 방지하기 위한 압력차의 상한값이 최대 차압이 된다.

17 과압방지조치에 대한 다음 설명 중 틀린 것은?

① 과압방지장치는 제연구역의 압력을 자동으로 조절하는 성능이 있는 것으로 할 것

② 과압방지를 위한 과압방지장치는 차압기준과 방연풍속기준을 만족해야 할 것

③ 플랩댐퍼에 사용하는 철판은 두께 1.8mm 이상의 열간압연 연강판(KS D 3501) 또는 이와 동등 이상의 내식성 및 내열성이 있는 것으로 할 것

④ 자동차압급기 댐퍼를 설치하는 경우 차압 범위의 수동설정기능과 설정 범위의 차압이 유 지되도록 개구율을 자동조절하는 기능이 있을 것

▶ **과압방지조치**
① 과압방지장치는 제연구역의 압력을 자동으로 조절하는 성능이 있는 것으로 할 것
② 과압방지를 위한 과압방지장치는 2.3과 2.7의 해당 조건을 만족할 것
③ 플랩댐퍼에 사용하는 철판은 두께 1.5mm 이상의 열간압연연강판(KS D 3501) 또는 이와 동등 이상의 내식성 및 내열성이 있는 것으로 할 것
④ 자자동차압급기댐퍼를 설치하는 경우에는 2.14.1.3.2부터 2.14.1.3.5의 기준에 적합할 것

18 유입공기를 옥외로 배출하는 방식의 종류로 틀린 것은?

① 수직풍도에 따른 배출
② 배출구에 따른 배출
③ 제연설비에 따른 배출
④ 공조설비에 따른 배출

▶ **유입공기의 배출**
① 수직풍도에 따른 배출 : 옥상으로 직통하는 전용의 배출용 수직풍도를 설치하여 배출
　㉮ 자연배출식 : 굴뚝효과에 따라 배출하는 것
　㉯ 기계배출식 : 수직풍도의 상부에 전용의 배출용 송풍기를 설치하여 강제로 배출하는 것
② 배출구에 따른 배출 : 건물의 옥내와 면하는 외벽마다 옥외와 통하는 배출구를 설치
③ 제연설비에 따른 배출 : 거실제연설비가 설치되어 있고 당해 옥내로부터 옥외로 배출하여야 하는 유입공기의 양을 거실제연설비의 배출량에 합하여 배출하는 경우 유입공기의 배출은 당해 거실 제연설비에 따른 배출로 갈음할 수 있다.

19 각 층의 옥내와 면하는 수직 풍도의 관통부에 설치하는 배출댐퍼 설치기준 중 틀린 것은?

① 배출댐퍼는 두께 1.5mm 이상의 강판 또는 이와 동등 이상의 성능이 있는 것으로 설치하여야 하며 비내식성 재료의 경우에는 부식방지 조치를 할 것
② 화재 시 닫힌 구조로 기밀 상태를 유지할 것
③ 개폐 여부를 당해 장치 및 제어반에서 확인할 수 있는 감지기능을 내장하고 있을 것
④ 화재 층의 옥내에 설치된 화재감지기의 동작에 따라 당해 층의 댐퍼가 개방될 것

▶ **배출댐퍼 설치기준**
① 배출댐퍼는 두께 1.5mm 이상의 강판 또는 이와 동등 이상의 성능이 있는 것으로 설치하여야 하며 비내식성 재료의 경우에는 부식방지 조치를 할 것
② 평상시 닫힌 구조로 기밀상태를 유지할 것
③ 개폐 여부를 당해 장치 및 제어반에서 확인할 수 있는 감지기능을 내장하고 있을 것
④ 구동부의 작동상태와 날개 있을 때의 기밀상태를 수시로 점검할 수 있는 구조일 것
⑤ 풍도의 내부마감상태에 대한 점검 및 댐퍼의 정비가 가능한 이·탈착구조로 할 것
⑥ 화재층의 옥내에 설치된 화재감지기의 동작에 따라 당해 층의 댐퍼가 개방될 것
⑦ 개방 시의 실제개구부(개구율을 감안한 것을 말한다.)의 크기는 수직풍도의 내부단면적과 같도록 할 것
⑧ 댐퍼는 풍도 내의 공기흐름에 지장을 주지 않도록 수직풍도의 내부로 돌출하지 않게 설치할 것

20 제연구역에 대한 급기 기준으로 틀린 것은?

① 부속실을 제연하는 경우 동일 수직선 상의 모든 부속실은 하나의 전용 수직풍도를 통해 동시에 급기할 것. 다만, 동일 수직선 상에 2대 이상의 급기송풍기가 설치되는 경우에는 수직풍도를 분리하여 설치할 수 있다.

② 계단실 및 부속실을 동시에 제연하는 경우 부속실에 대하여는 그 계단실의 수직풍도를 통해 급기할 수 있다.

③ 계단실만 제연하는 경우에는 전용 수직풍도를 설치하거나 계단실에 급기풍도 또는 급기 송풍기를 직접 연결하여 급기하는 방식으로 할 것

④ 하나의 수직풍도마다 전용의 송풍기로 급기할 것

◉ 제연구역에 대한 급기 기준

① 부속실을 제연하는 경우 동일 수직선 상의 모든 부속실은 하나의 전용 수직풍도를 통해 동시에 급기할 것. 다만, 동일 수직선 상에 2대 이상의 급기 송풍기가 설치되는 경우에는 수직풍도를 분리하여 설치할 수 있다.

② 계단실 및 부속실을 동시에 제연하는 경우 계단실에 대하여는 그 부속실의 수직풍도를 통해 급기할 수 있다.

③ 계단실만 제연하는 경우에는 전용 수직풍도를 설치하거나 계단실에 급기풍도 또는 급기송풍기를 직접 연결하여 급기하는 방식으로 할 것

④ 하나의 수직풍도마다 전용의 송풍기로 급기할 것

⑤ 비상용 승강기의 승강장을 제연하는 경우에는 비상용 승강기의 승강로를 급기풍도로 사용할 수 있다.

21 급기송풍기에 대한 설치기준으로 틀린 것은?

① 송풍기의 송풍능력은 송풍기가 담당하는 제연구역에 대한 급기량의 1.5배 이상으로 할 것

② 송풍기에는 풍량조절장치를 설치하여 풍량조절을 할 수 있도록 할 것

③ 송풍기에는 풍량을 실측할 수 있는 유효한 조치를 할 것

④ 송풍기는 인접장소의 화재로부터 영향을 받지 아니하고 접근 및 점검이 용이한 곳에 설치할 것

◉ 급기송풍기 설치기준

① 송풍기의 송풍능력은 송풍기가 담당하는 제연구역에 대한 급기량의 1.15배 이상으로 할 것. 다만, 풍도에서의 누설을 실측하여 조정하는 경우에는 그렇지 않다.

② 송풍기에는 풍량조절장치를 설치하여 풍량조절을 할 수 있도록 할 것

③ 송풍기에는 풍량을 실측할 수 있는 유효한 조치를 할 것

④ 송풍기는 인접장소의 화재로부터 영향을 받지 아니하고 접근 및 점검이 용이한 곳에 설치할 것

⑤ 송풍기는 옥내의 화재감지기의 동작에 따라 작동하도록 할 것

⑥ 송풍기와 연결되는 캔버스는 내열성(석면재료를 제외한다.)이 있는 것으로 할 것

정답 20. ② 21. ①

22 제연설비에 대한 다음 설명 중 틀린 것은?

① 외기취입구를 옥상에 설치하는 경우에는 옥상의 외곽 면으로부터 수평거리 5m 이상, 외곽면의 상단으로부터 하부로 수직거리 1m 이하의 위치에 설치할 것

② 취입구는 빗물과 이물질이 유입하지 아니하는 구조로 할 것

③ 제연구역의 출입문(창문을 포함한다.)은 언제나 닫힌 상태를 유지하거나 자동폐쇄장치에 의해 자동으로 닫히는 구조로 할 것. 다만, 아파트인 경우 제연구역과 계단실 사이의 출입문은 언제나 닫힌 상태를 유지해야 한다.

④ 옥내의 출입문은 언제나 닫힌 상태를 유지하거나 자동폐쇄장치에 의해 자동으로 닫히는 구조로 할 것

◉ 제연구역 및 옥내의 출입문

① 제연구역의 출입문 기준

㉮ 제연구역의 출입문(창문을 포함한다.)은 언제나 닫힌 상태를 유지하거나 자동폐쇄장치에 의해 자동으로 닫히는 구조로 할 것. 다만, 아파트인 경우 제연구역과 계단실 사이의 출입문은 자동폐쇄장치에 의하여 자동으로 닫히는 구조로 해야 한다.

㉯ 제연구역의 출입문에 설치하는 자동폐쇄장치는 제연구역의 기압에도 불구하고 출입문을 용이하게 닫을 수 있는 충분한 폐쇄력이 있을 것

㉰ 제연구역의 출입문 등에 자동폐쇄장치를 사용하는 경우에는 「자동폐쇄장치의 성능인증 및 제품검사의 기술기준」에 적합한 것으로 설치해야 한다.

② 옥내의 출입문 기준

제10조의 기준에 따른 방화구조의 복도가 있는 경우로서 복도와 거실 사이의 출입문에 한한다.

㉮ 출입문은 언제나 닫힌 상태를 유지하거나 자동폐쇄장치에 의해 자동으로 닫히는 구조로 할 것

㉯ 거실 쪽으로 열리는 구조의 출입문에 자동폐쇄장치를 설치하는 경우에는 출입문의 개방 시 유입 공기의 압력에도 불구하고 출입문을 용이하게 닫을 수 있는 충분한 폐쇄력이 있는 것으로 할 것

23 배출댐퍼 및 개폐기의 직근과 제연구역에 설치한 수동기동장치의 작동 시 연동되어야 하는 경우로 틀린 것은?

① 당해 층의 제연구역에 설치된 급기 댐퍼의 개방

② 당해 층의 배출 댐퍼 또는 개폐기의 개방

③ 급기송풍기 및 유입공기의 배출용 송풍기(설치한 경우에 한한다.)의 작동

④ 개방·고정된 모든 출입문(제연구역과 옥내 사이의 출입문에 한한다.)의 개폐장치의 작동

◉ 수동기동장치 기준

① 전 층의 제연구역에 설치된 급기댐퍼의 개방

② 당해 층의 배출댐퍼 또는 개폐기의 개방

③ 급기송풍기 및 유입공기의 배출용 송풍기(설치한 경우에 한한다.)의 작동

④ 개방·고정된 모든 출입문(제연구역과 옥내 사이의 출입문에 한한다.)의 개폐장치의 작동

24 제연설비의 제어반의 기능으로 틀린 것은?

① 배출댐퍼 또는 개폐기의 작동 여부에 대한 감시 및 원격조작기능
② 급기송풍기와 유입공기의 배출용 송풍기(설치한 경우에 한한다.)의 작동 여부에 대한 감시 및 원격조작기능
③ 제연구역의 출입문의 일시적인 고정 개방 및 해정에 대한 감시 및 원격조작기능
④ 수동기동장치의 작동 여부에 대한 감시 및 원격조작기능

▶ **제연설비의 제어반의 기능**

① 급기용 댐퍼의 개폐에 대한 감시 및 원격조작기능
② 배출댐퍼 또는 개폐기의 작동여부에 대한 감시 및 원격조작기능
③ 급기송풍기와 유입공기의 배출용 송풍기(설치한 경우에 한한다)의 작동여부에 대한 감시 및 원격조작기능
④ 제연구역의 출입문의 일시적인 고정개방 및 해정에 대한 감시 및 원격조작기능
⑤ 수동기동장치의 작동여부에 대한 감시 기능
⑥ 급기구 개구율의 자동조절장치(설치하는 경우에 한한다)의 작동여부에 대한 감시기능. 다만, 급기구에 차압표시계를 고정 부착한 자동차압급기댐퍼를 설치하고 당해 제어반에도 차압표시계를 설치한 경우에는 그렇지 않다.
⑦ 감시선로의 단선에 대한 감시 기능
⑧ 예비전원이 확보되고 예비전원의 적합여부를 시험할 수 있어야 할 것

25 다음과 같은 조건에서 평면에서 '실 I'에 급기하여야 할 풍량은 최소 몇 m³/s인가? (단, 계산 결과값은 소수점 넷째 자리에서 반올림할 것)

- 각 실의 출입문(d_1, d_2)은 닫혀 있으며, 각 출입문의 누설틈새는 0.02m²이고, 각 실의 출입문 이외의 누설틈새는 없는 것으로 한다.
- 실 I 과 외기 간의 차압은 50Pa이다.
- 풍량 산출식 $Q = 0.827 \times A \times P^{1/2}$이다.($Q$: 풍량, A : 누설틈새면적, P : 차압)

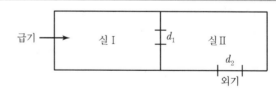

① 0.040　　　　② 0.083　　　　③ 0.117　　　　④ 0.234

▶ **풍량산출식**

① 누설틈새면적 $A_t = \left(\dfrac{1}{A_1^n} + \dfrac{1}{A_2^n} + \dfrac{1}{A_3^n}\right)^{-\frac{1}{n}} = \left(\dfrac{1}{0.02^2} + \dfrac{1}{0.02^2}\right)^{-\frac{1}{2}} = 0.01414[\text{m}^2]$

② $Q = 0.827 \times A_t \times P^{\frac{1}{2}} = 0.827 \times 0.01414 \times 50^{\frac{1}{2}} = 0.08268$　∴ $0.083[\text{m}^3/\text{s}]$

26 연결송수관설비를 습식 설비로 하여야 하는 특정소방대상물은?

① 지상 3층 이상　　　　　　　　② 지상 5층 이상
③ 지상 7층 이상　　　　　　　　④ 지상 11층 이상

▶ **연결송수관설비 습식 설비 대상**
① 지면으로부터의 높이가 31m 이상인 특정소방대상물
② 지상 11층 이상인 특정소방대상물

27 연결송수관설비의 송수구의 구경으로 옳은 것은?

① 40[mm]　　　　　　　　　　② 50[mm]
③ 65[mm]　　　　　　　　　　④ 80[mm]

▶ **연결송수관설비의 송수구**
연결송수관설비 송수구 구경은 65mm의 쌍구형으로 할 것

28 연결송수관설비에 관한 설명 중 틀린 것은?

① 송수구는 쌍구형으로 하고 소방자동차가 쉽게 접근할 수 있는 위치에 설치할 것
② 송수구는 부근에는 체크밸브를 설치할 것
③ 주 배관의 구경은 65[mm] 이상으로 할 것
④ 지면으로부터의 높이가 31[m] 이상인 소방대상물에 있어서는 습식 설비로 할 것

▶ **연결송수관설비**
③ 주 배관의 구경은 100[mm] 이상으로 할 것

29 연결송수관설비의 가압송수장치를 설치하여야 하는 특정소방대상물의 기준으로 옳은 것은?

① 지표면에서 최상층 방수구의 높이가 50[m] 이상의 특정소방대상물
② 지표면에서 최상층 방수구의 높이가 60[m] 이상의 특정소방대상물
③ 지표면에서 최상층 방수구의 높이가 70[m] 이상의 특정소방대상물
④ 지표면에서 최상층 방수구의 높이가 80[m] 이상의 특정소방대상물

30 연결송수관설비에 가압송수장치로 펌프가 설치된 경우 최상층에 설치된 노즐 선단의 압력으로 옳은 것은?

① 0.40[MPa] 이상　　　　　　　② 0.35[MPa] 이상
③ 0.25[MPa] 이상　　　　　　　④ 0.17[MPa] 이상

▶ **연결송수관설비의 가압펌프**

① 연결송수관설비의 가압펌프는 소화설비용 펌프와 달리 소방 펌프차의 수압을 받아 이를 중계하는 중간펌프의 역할을 하게 된다.

② 최상층에 설치된 노즐 선단의 압력이 0.35MPa 이상이 될 수 있으면, 펌프는 지하층에 설치하여도 무방하다.

③ 이 경우 소방펌프 차에서 급수한 송수구의 가압수는 반드시 연결송수관 펌프의 흡입 측을 거쳐 토출되어야 한다.

④ 펌프의 양정

$$H[\text{m}] = H_1 + H_2 + H_3 + H_4$$

여기서, H_1 : 건물의 실양정[m], H_2 : 배관의 마찰손실수두[m]
H_3 : 호스의 마찰손실수두[m], H_4 : 노즐선단의 방사압 환산수두[= 35m]

---

31 층별 방수구 수가 4개인 계단식 아파트인 경우 연결송수관설비 가압송수장치의 펌프의 토출량은 얼마 이상인가?

① 1,200[l/min] 이상

② 1,600[l/min] 이상

③ 2,400[l/min] 이상

④ 3,200[l/min] 이상

▶ **방수구별 펌프 토출량**

층별 방수구의 수	펌프 토출량	
	계단식 아파트	일반 대상
3개 이하인 경우	1,200[l/min] 이상	2,400[l/min] 이상
4개인 경우	1,600[l/min] 이상	3,200[l/min] 이상
5개 이상인 경우	2,000[l/min] 이상	4,000[l/min] 이상

---

32 연결송수관설비의 송수구 설치기준 중 옳은 것은?

① 송수구의 부근에 설치하는 자동배수밸브 및 체크밸브는 습식의 경우, 송수구, 자동배수밸브, 체크밸브, 자동배수밸브 순으로 설치한다.

② 지면으로부터 0.5[m] 이상 0.8[m] 이하의 위치에 설치한다.

③ 구경 65[mm]의 단구형 또는 쌍구형으로 할 것

④ 소방차가 쉽게 접근할 수 있고 잘 보이는 장소에 설치할 것

▶ **연결송수관설비의 송수구 설치기준**

① 소방차가 쉽게 접근할 수 있고 잘 보이는 장소에 설치할 것

② 지면으로부터 높이가 0.5m 이상 1m 이하의 위치에 설치할 것

③ 송수구는 화재 층으로부터 지면으로 떨어지는 유리창 등이 송수 및 그 밖의 소화 작업에 지장을 주지 아니하는 장소에 설치할 것

④ 송수구로부터 연결송수관설비의 주 배관에 이르는 연결배관에 개폐밸브를 설치한 때에는 그 개

폐상태를 쉽게 확인 및 조작할 수 있는 옥외 또는 기계실 등의 장소에 설치할 것. 이 경우 개폐밸브에는 그 밸브의 개폐상태를 감시제어반에서 확인할 수 있도록 급수개폐밸브 작동표시 스위치를 설치해야 한다.

　㉮ 급수개폐밸브가 잠길 경우 탬퍼스위치의 동작으로 인하여 감시제어반 또는 수신기에 표시되어야 하며 경보음을 발할 것

　㉯ 탬퍼스위치는 감시제어반 또는 수신기에서 동작의 유무 확인과 동작시험, 도통시험을 할 수 있을 것

　㉰ 급수개폐밸브의 작동표시 스위치에 사용되는 전기배선은 내화전선 또는 내열전선으로 설치할 것

⑤ 구경 65mm의 쌍구형으로 할 것

⑥ 송수구에는 그 가까운 곳의 보기 쉬운 곳에 송수압력범위를 표시한 표지를 할 것

⑦ 송수구는 연결송수관의 수직배관마다 1개 이상을 설치할 것. 다만, 하나의 건축물에 설치된 각 수직배관이 중간에 개폐밸브가 설치되지 아니한 배관으로 상호 연결되어 있는 경우에는 건축물마다 1개씩 설치할 수 있다.

⑧ 송수구의 부근에는 자동배수밸브 및 체크밸브를 다음 각 목의 기준에 따라 설치할 것. 이 경우 자동 배수 밸브는 배관 안의 물이 잘 빠질 수 있는 위치에 설치하되, 배수로 인하여 다른 물건이나 장소에 피해를 주지 않아야 한다.

　㉮ 습식의 경우에는 송수구·자동배수밸브·체크밸브의 순으로 설치할 것

　㉯ 건식의 경우에는 송수구·자동배수밸브·체크밸브·자동배수밸브의 순으로 설치할 것

⑨ 송수구에는 가까운 곳의 보기 쉬운 곳에 "연결송수관설비송수구"라고 표시한 표지를 설치할 것

⑩ 송수구에는 이물질을 막기 위한 마개를 씌울 것

33 연결송수관설비의 배관에 대한 설명 중 틀린 것은?

① 주 배관의 구경은 100mm 이상의 것으로 할 것

② 지면으로부터의 높이가 31m 이상인 특정소방대상물 또는 지상 11층 이상인 특정소방대상물에 있어서는 습식 설비로 할 것

③ 배관 내 사용압력이 1.2MPa 미만일 경우에는 이음매 없는 구리 및 구리합금관(KS D 5301)을 건식의 배관에 한하여 사용할 수 있다.

④ 배관을 지하에 매설하는 경우 소방용 합성수지배관을 설치할 수 있다.

▶ 연결송수관설비의 배관 설치기준 ──────────────

① 연결송수관설비의 배관은 다음 각 호의 기준에 따라 설치해야 한다.

　㉮ 주 배관의 구경은 100mm 이상의 것으로 할 것

　㉯ 지면으로부터의 높이가 31m 이상인 특정소방대상물 또는 지상 11층 이상인 특정 소방대상물에 있어서는 습식 설비로 할 것

② 배관과 배관이음쇠는 다음 각 호의 어느 하나에 해당하는 것 또는 동등 이상의 강도·내식성 및 내열성을 국내·외 공인기관으로부터 인정받은 것을 사용하여야 하고, 배관용 스테인리스강관(KS D 3576)의 이음을 용접으로 할 경우에는 알곤용접방식에 따른다. 다만, 본조에서 정하지 않은 사항은 건설기술 진흥법 제44조 제1항의 규정에 따른 건축기계설비공사 표준설명서에 따른다.

1. 배관 내 사용압력이 1.2MPa 미만일 경우에는 다음 각 목의 어느 하나에 해당하는 것

　㉮ 배관용 탄소강관(KS D 3507)

　㉯ 이음매 없는 구리 및 구리합금관(KS D 5301). 다만, 습식의 배관에 한한다.

㉰ 배관용 스테인리스강관(KS D 3576) 또는 일반배관용 스테인리스강관(KS D 3595)

㉴ 덕타일 주철관(KS D 4311)

2. 배관 내 사용압력이 1.2MPa 이상일 경우에는 다음 각 목의 어느 하나에 해당하는 것

㉮ 압력배관용 탄소강관(KS D 3562)

㉯ 배관용 아크용접 탄소강강관(KS D 3583)

③ 제2항에도 불구하고 다음 각 호의 어느 하나에 해당하는 장소에는 소방용 합성수지배 관으로 설치할 수 있다.

㉮ 배관을 지하에 매설하는 경우

㉯ 다른 부분과 내화구조로 구획된 덕트 또는 피트의 내부에 설치하는 경우

㉰ 천장(상층이 있는 경우에는 상층바닥의 하단을 포함한다.)과 반자를 불연재료 또는 준불연재 료로 설치하고 소화배관 내부에 항상 소화수가 채워진 상태로 설치하는 경우

34 연결송수관설비의 방수구 설치기준 중 틀린 것은?

① 연결송수관설비의 방수구는 그 특정소방대상물의 층마다 설치하되, 아파트의 1층 및 2층의 경우에는 방수구를 설치하지 아니할 수 있다.

② 11층 이상의 부분에 설치하는 방수구는 쌍구형으로 할 것. 다만, 오피스텔의 용도로 사용되 는 층에 있어서는 단구형으로 할 수 있다.

③ 방수구의 호스 접결구는 바닥으로부터 높이 0.5m 이상 1m 이하의 위치에 설치할 것

④ 방수구는 연결송수관설비의 전용방수구 또는 옥내소화전방수구로서 구경 65mm의 것으로 설치할 것

◉ 연결송수관설비의 방수구 설치기준 ─────────────────────

① 연결송수관설비의 방수구는 그 특정소방대상물의 층마다 설치할 것. 다만, 다음 각 목의 어느 하 나에 해당하는 층에는 설치하지 아니할 수 있다.

㉮ 아파트의 1층 및 2층

㉯ 소방차의 접근이 가능하고 소방대원이 소방차로부터 각 부분에 쉽게 도달할 수 있는 피난층

㉰ 송수구가 부설된 옥내소화전을 설치한 특정소방대상물(집회장·관람장·백화점·도매시장·소매 시장·판매시설·공장·창고시설 또는 지하가를 제외한다.)로서 다음의 어느 하나에 해당하는 층

㉠ 지하층을 제외한 층수가 4층 이하이고 연면적이 6,000m² 미만인 특정소방대상물의 지상층

㉡ 지하층의 층수가 2 이하인 특정소방대상물의 지하층

② 아파트 또는 바닥면적이 1,000m² 미만인 층에 있어서는 계단(계단이 둘 이상 있는 경우에는 그 중 1개의 계단을 말한다)으로부터 5m 이내에 설치할 것. 이 경우 부속실이 있는 계단은 부속실 의 옥내 출입구로부터 5m 이내에 설치할 수 있다.

③ 바닥면적 1,000m² 이상인 층(아파트를 제외한다)에 있어서는 각 계단(계단의 부속실을 포함하며 계단이 셋 이상 있는 층의 경우에는 그중 두 개의 계단을 말한다)으로부터 5m 이내에 설치할 것. 이 경우 부속실이 있는 계단은 부속실의 옥내 출입구로부터 5m 이내에 설치할 수 있다.

㉮ 지하가(터널은 제외한다.) 또는 지하층의 바닥면적의 합계가 3,000m² 이상인 것은 수평거리 25m 이하

㉯ 가목에 해당하지 아니하는 것은 수평거리 50m 이하

④ 11층 이상의 부분에 설치하는 방수구는 쌍구형으로 할 것. 다만, 다음 각 목의 어느 하나에 해당 하는 층에는 단구형으로 설치할 수 있다.

㉮ 아파트의 용도로 사용되는 층

㉯ 스프링클러설비가 유효하게 설치되어 있고 방수구가 2개소 이상 설치된 층

⇨ 11층 이상의 층에 단구형 방수구를 2개 이상 설치한 경우에는 쌍구형 방수구를 설치하지 아니하여도 된다.

⑤ 방수구의 호스 접결구는 바닥으로부터 높이 0.5m 이상 1m 이하의 위치에 설치할 것

⑥ 방수구는 연결송수관설비의 전용방수구 또는 옥내소화전방수구로서 구경 65mm의 것으로 설치할 것

⑦ 방수구의 위치표시는 표시등 또는 축광식표지로 하되 다음의 기준에 따라 설치할 것

㉮ 표시등을 설치하는 경우에는 함의 상부에 설치하되, 소방청장이 고시한 「표시등의 성능인증 및 제품검사의 기술기준」에 적합한 것으로 설치할 것

㉯ 축광식표지를 설치하는 경우에는 소방청장이 고시한 「축광표지의 성능인증 및 제품검사의 기술기준」에 적합한 것으로 설치할 것

⑦ 방수구는 개폐기능을 가진 것으로 설치하여야 하며, 평상시 닫힌 상태를 유지할 것

35 연결송수관설비의 방수기구함 설치기준 중 틀린 것은?

① 방수기구함은 방수구가 가장 많이 설치된 층을 기준으로 3개 층마다 설치하되, 그 층의 방수구마다 수평거리 5m 이내에 설치할 것

② 호스는 방수구에 연결하였을 때 그 방수구가 담당하는 구역의 각 부분에 유효하게 물이 뿌려질 수 있는 개수 이상을 비치할 것. 이 경우 쌍구형 방수구는 단구형 방수구의 2배 이상의 개수를 설치해야 한다.

③ 방사형 관창은 단구형 방수구의 경우에는 1개, 쌍구형 방수구의 경우에는 2개 이상 비치할 것

④ 방수기구 함에는 "방수기구함"이라고 표시한 축광식 표지를 할 것. 이 경우 축광식 표지는 소방청장이 고시한 「축광표지의 성능인증 및 제품검사의 기술기준」에 적합한 것으로 설치해야 한다.

◐ 연결송수관설비의 방수기구함 설치기준

① 방수기구함은 피난층과 가장 가까운 층을 기준으로 3개 층마다 설치하되, 그 층의 방수구마다 보행거리 5m 이내에 설치할 것

② 방수기구 함에는 길이 15m의 호스와 방사형 관창 비치

㉮ 호스는 방수구에 연결하였을 때 그 방수구가 담당하는 구역의 각 부분에 유효하게 물이 뿌려질 수 있는 개수 이상을 비치할 것. 이 경우 쌍구형 방수구는 단구형 방수구의 2배 이상의 개수를 설치해야 한다.

㉯ 방사형 관창은 단구형 방수구의 경우에는 1개, 쌍구형 방수구의 경우에는 2개 이상 비치할 것

③ 방수기구함에는 "방수기구함"이라고 표시한 축광식 표지를 할 것. 이 경우 축광식 표지는 소방청장이 고시한 「축광표지의 성능인증 및 제품검사의 기술기준」에 적합한 것으로 설치해야 한다.

36 연결살수설비의 송수구 기준 중 틀린 것은?

① 소방차가 쉽게 접근할 수 있고 노출된 장소에 설치할 것. 이 경우 가연성가스의 저장·취급시설에 설치하는 연결살수설비의 송수구는 그 방호대상물로부터 20m 이상의 거리를 두거나 방호대상물에 면하는 부분이 높이 1.5m 이상 폭 2.5m 이상의 철근콘크리트 벽으로 가려진 장소에 설치해야 한다.

② 송수구는 구경 65mm의 쌍구형으로 설치할 것. 다만, 하나의 송수구역에 부착하는 살수헤드의 수가 10개 이하인 것은 단구형의 것으로 할 수 있다.

③ 폐쇄형 헤드를 사용하는 송수구의 호스 접결구는 각 송수구역마다 설치할 것. 다만, 송수구역을 선택할 수 있는 선택밸브가 설치되어 있고 각 송수구역의 주요 구조부가 내화구조로 되어 있는 경우에는 그러하지 아니하다.

④ 송수구로부터 주 배관에 이르는 연결배관에는 개폐밸브를 설치하지 아니할 것. 다만, 스프링클러설비·물분무소화설비·포소화설비 또는 연결송수관설비의 배관과 겸용하는 경우에는 그러하지 아니하다.

▶ 연결살수설비의 송수구 설치기준

① 소방차가 쉽게 접근할 수 있고 노출된 장소에 설치할 것. 이 경우 가연성가스의 저장·취급시설에 설치하는 연결살수설비의 송수구는 그 방호대상물로부터 20m 이상의 거리를 두거나 방호대상물에 면하는 부분이 높이 1.5m 이상 폭 2.5m 이상의 철근콘크리트 벽으로 가려진 장소에 설치해야 한다.

② 송수구는 구경 65mm의 쌍구형으로 설치할 것. 다만, 하나의 송수구역에 부착하는 살수헤드의 수가 10개 이하인 것은 단구형의 것으로 할 수 있다.

③ 개방형 헤드를 사용하는 송수구의 호스 접결구는 각 송수구역마다 설치할 것. 다만, 송수구역을 선택할 수 있는 선택밸브가 설치되어 있고 각 송수구역의 주요 구조부가 내화구조로 되어 있는 경우에는 그러하지 아니하다.

④ 지면으로부터 높이가 0.5m 이상 1m 이하의 위치에 설치할 것

⑤ 송수구로부터 주 배관에 이르는 연결배관에는 개폐밸브를 설치하지 아니할 것. 다만, 스프링클러설비·물분무소화설비·포소화설비 또는 연결송수관설비의 배관과 겸용하는 경우에는 그러하지 아니하다.

⑥ 송수구의 부근에는 "연결살수설비 송수구"라고 표시한 표지와 송수구역 일람표를 설치할 것. 다만, 제2항에 따른 선택밸브를 설치한 경우에는 그러하지 아니하다.

⑦ 송수구에는 이물질을 막기 위한 마개를 씌워야 한다.

37 연결살수설비의 송수구 부근에 설치하는 자동배수밸브·체크밸브 설치 순서로 옳은 것은?

① 폐쇄형 헤드를 사용하는 설비의 경우에는 송수구·자동배수밸브의 순으로 설치할 것

② 개방형 헤드를 사용하는 설비의 경우에는 송수구·자동배수밸브의 순으로 설치할 것

③ 습식의 경우에는 송수구·자동배수밸브·체크밸브의 순으로 설치할 것

④ 건식의 경우에는 송수구·자동배수밸브·체크밸브·자동배수밸브의 순으로 설치할 것

정답 36. ③ 37. ②

◉ **자동배수밸브·체크밸브 설치 순서**
① 폐쇄형 헤드를 사용하는 설비의 경우에는 송수구·자동배수밸브·체크밸브의 순으로 설치할 것
② 개방형 헤드를 사용하는 설비의 경우에는 송수구·자동배수밸브의 순으로 설치할 것
③ 자동배수밸브는 배관 안의 물이 잘 빠질 수 있는 위치에 설치하되, 배수로 인하여 다른 물건 또는 장소에 피해를 주지 아니할 것

※ **연결송수관설비**
① 습식의 경우에는 송수구·자동배수밸브·체크밸브의 순으로 설치할 것
② 건식의 경우에는 송수구·자동배수밸브·체크밸브·자동배수밸브의 순으로 설치할 것

38 건축물에 연결살수설비의 헤드를 설치하는 경우 천장 또는 반자의 각 부분으로부터 하나의 살수헤드까지의 수평거리가 연결살수설비전용헤드일 경우에는 몇 [m] 이하에 설치하여야 하는가?

① 2.3[m] 이하　　② 2.5[m] 이하　　③ 3.2[m] 이하　　④ 3.7[m] 이하

◉ **연결살수설비의 헤드**
1. 건축물에 설치하는 연결살수설비의 헤드 설치기준
   ① 천장 또는 반자의 실내에 면하는 부분에 설치할 것
   ② 천장 또는 반자의 각 부분으로부터 하나의 살수헤드까지의 수평거리가 연결살수설비 전용헤드의 경우는 3.7m 이하, 스프링클러헤드의 경우는 2.3m 이하로 할 것. 다만, 살수헤드의 부착면과 바닥과의 높이가 2.1m 이하인 부분은 살수헤드의 살수분포에 따른 거리로 할 수 있다.
2. 가연성 가스의 저장·취급시설에 설치하는 연결살수설비의 헤드 설치기준
   ① 연결살수설비 전용의 개방형 헤드를 설치할 것
   ② 가스저장탱크·가스홀더 및 가스발생기의 주위에 설치하되, 헤드 상호 간의 거리는 3.7m 이하로 할 것
   ③ 헤드의 살수범위는 가스저장탱크·가스홀더 및 가스발생기의 몸체의 중간 윗부분의 모든 부분이 포함되도록 하여야 하고 살수된 물이 흘러내리면서 살수범위에 포함되지 아니한 부분에도 모두 적셔질 수 있도록 할 것

39 연결살수설비 전용헤드를 사용하는 경우 배관의 구경이 50[mm]일 때 설치할 수 있는 살수헤드의 수는 몇 개인가?

① 1개　　　　② 2개　　　　③ 3개　　　　④ 4개 또는 5개

◉ **연결살수설비 배관의 구경**
① 연결살수설비 전용헤드를 사용하는 경우

하나의 배관에 부착하는 살수헤드의 개수	1개	2개	3개	4개 또는 5개	6개 이상 10개 이하
배관의 구경[mm]	32	40	50	65	80

② 스프링클러헤드를 사용하는 경우에는 「스프링클러설비의 화재안전기준(NFSC 103)」 별표 1의 기준에 따를 것[별표 1 가란]

스프링클러헤드	2개까지	3개까지	5개까지	10개까지	30개까지
배관의 구경[mm]	25	32	40	50	65

40 연결살수설비에 대한 설명 중 틀린 것은?

① 연결살수설비의 헤드는 연결살수설비 전용헤드 또는 스프링클러헤드로 설치해야 한다.

② 개방형 헤드를 사용하는 연결살수설비에 하향식 헤드를 설치하는 경우에는 가지배관으로부터 헤드에 이르는 헤드접속배관은 가지관 상부에서 분기할 것

③ 가연성 가스의 저장·취급 시설에 설치하는 연결살수설비의 헤드는 가스저장탱크·가스홀더 및 가스발생기의 주위에 설치하되, 헤드 상호 간의 거리는 3.7m 이하로 할 것

④ 냉장창고의 영하의 냉장실 또는 냉동창고의 냉동실에는 헤드를 설치하지 아니할 수 있다.

◉ 연결살수설비

② 폐쇄형 헤드를 사용하는 연결살수설비에 하향식 헤드를 설치하는 경우에는 가지배관으로부터 헤드에 이르는 헤드접속배관은 가지관 상부에서 분기할 것

41 연결살수설비에 개방형헤드를 사용하는 경우 수평주행배관의 기울기로 옳은 것은?

① 헤드를 향하여 상향으로 500분의 1 이상

② 헤드를 향하여 상향으로 250분의 1 이상

③ 헤드를 향하여 상향으로 150분의 1 이상

④ 헤드를 향하여 상향으로 100분의 1 이상

◉ 기울기

개방형 헤드를 사용하는 연결살수설비의 수평주행배관은 헤드를 향하여 상향으로 100분의 1 이상의 기울기로 설치하고 주 배관 중 낮은 부분에는 자동배수밸브를 설치해야 한다.

42 비상콘센트설비에서 비상전원을 설치하여야 하는 소방대상물의 규모와 종류로 옳은 것은?

① 층수가 7층 이상으로서 연면적이 2,000m² 이상 : 자가발전설비·축전지설비

② 지하층을 제외한 층수가 7층 이상으로서 연면적이 2,000m² 이상 : 자가발전설비·비상전원수전설비

③ 지하층의 바닥면적의 합계가 3,000m² 이상 : 축전지설비·전기저장장치

④ 지하층의 바닥면적의 합계가 2,000m² 이상 : 자가발전설비·비상전원수전설비

▶ 비상콘센트설비의 비상전원 설치 대상 ─────────────────────────────

① 설치대상

㉮ 지하층을 제외한 층수가 7층 이상으로서 연면적이 2,000m² 이상

㉯ 지하층의 바닥면적의 합계가 3,000m² 이상

② 설치면제

㉮ 둘 이상의 변전소에서 전력을 동시에 공급받을 수 있거나

㉯ 하나의 변전소로부터 전력의 공급이 중단되는 때에는 자동으로 다른 변전소로부터 전력을 공급받을 수 있도록 상용전원을 설치한 경우

③ 종류 : ㉮ 자가발전설비 ㉯ 비상전원수전설비 ㉰ 전기저장장치

43 비상콘센트설비의 전원회로 설치기준으로 틀린 것은?

① 비상콘센트설비의 전원회로는 단상교류 220V인 것으로서, 그 공급용량은 1.5kVA 이상인 것으로 할 것

② 전원회로는 각 층에 2 이상이 되도록 설치할 것. 다만, 설치하여야 할 층의 비상콘센트가 1개인 때에는 하나의 회로로 할 수 있다.

③ 콘센트마다 과전류 차단기를 설치하여야 하며, 충전부가 노출되지 아니하도록 할 것

④ 하나의 전용회로에 설치하는 비상콘센트는 10개 이하로 할 것. 이 경우 전선의 용량은 각 비상콘센트(비상콘센트가 3개 이상인 경우에는 3개)의 공급용량을 합한 용량 이상의 것으로 해야 한다.

▶ 비상콘센트설비의 전원회로 설치기준 ─────────────────────────────

① 비상콘센트설비의 전원회로는 단상교류 220V인 것으로서, 그 공급용량은 1.5kVA 이상으로 할 것

② 전원회로는 각층에 2 이상이 되도록 설치할 것. 다만, 설치하여야 할 층의 비상콘센트가 1개인 때에는 하나의 회로로 할 수 있다.

③ 전원회로는 주 배전반에서 전용회로로 할 것. 다만, 다른 설비의 회로의 사고에 따른 영향을 받지 아니 하도록 되어 있는 것은 그러하지 아니하다.

④ 전원으로부터 각 층의 비상콘센트에 분기되는 경우에는 분기배선용 차단기를 보호함 안에 설치할 것

⑤ 콘센트마다 배선용 차단기(KS C 8321)를 설치하여야 하며, 충전부가 노출되지 아니하도록 할 것

⑥ 개폐기에는 "비상콘센트"라고 표시한 표지를 할 것

⑦ 비상콘센트용의 풀박스 등은 방청도장을 한 것으로서, 두께 1.6mm 이상의 철판으로 할 것

⑧ 하나의 전용회로에 설치하는 비상콘센트는 10개 이하로 할 것. 이 경우 전선의 용량은 각 비상콘센트(비상콘센트가 3개 이상인 경우에는 3개)의 공급용량을 합한 용량 이상의 것으로 해야 한다.

44 비상콘센트설비의 정격전압이 220[V]일 때 절연된 충전부와 외함 사이의 누설전류 몇 [mA]인가?

① 0.044　　　　　② 0.1　　　　　③ 0.0044　　　　　④ 0.025

○ **전원부와 외함 사이의 절연저항 및 절연내력 기준**

　① 절연저항은 전원부와 외함 사이를 500V 절연저항계로 측정할 때 20MΩ 이상일 것
　② 절연내력은 전원부와 외함 사이에 정격전압이 150V 이하인 경우에는 1,000V의 실효전압을, 정격전압이 150V 이상인 경우에는 그 정격전압에 2를 곱하여 1,000을 더한 실효전압을 가하는 시험에서 1분 이상 견디는 것으로 할 것

$$누설전류 = \frac{가한전압}{절연저항} = \frac{500}{20 \times 10^6} = 0.000025\text{A} = 0.025\text{mA}$$

45 비상콘센트설비의 정격전압이 220[V]일 때 절연내력시험을 실시하기 위한 실효전압은 몇 [V]인가?

① 1,000　　　　　② 1,200　　　　　③ 1,440　　　　　④ 2,440

○ **비상콘센트설비의 실효전압**

정격전압	60V 이하	60V 초과 150V 이하	150V 초과
실효전압	500V	1,000V	1,000V＋정격전압 V×2
판정기준	1분 이상 견딜 것		

$$실효전압 = (정격전압 \times 2) + 1,000\text{V} = (220\text{V} \times 2) + 1,000\text{V} = 1,440\text{V}$$

46 비상콘센트설비에서 하나의 전원회로에 설치된 비상콘센트가 8개 설치된 경우 공급용량은 몇 [VA]인가?

① 4.5　　　　　　　　　　② 4,500
③ 12　　　　　　　　　　④ 12,000

○ **비상콘센트설비의 전원회로 설치기준**

　① 비상콘센트설비의 전원회로는 단상교류 220V인 것으로서, 그 공급용량은 1.5kVA 이상인 것으로 할 것
　② 전원회로는 각 층에 2 이상이 되도록 설치할 것. 다만, 설치하여야 할 층의 비상콘센트가 1개인 때에는 하나의 회로로 할 수 있다.
　③ 하나의 전용회로에 설치하는 비상콘센트는 10개 이하로 할 것. 이 경우 전선의 용량은 각 비상콘센트(비상콘센트가 3개 이상인 경우에는 3개)의 공급용량을 합한 용량 이상의 것으로 해야 한다.

비상콘센트 수	1개	2개	3개 이상 10개 이하
공급용량	1.5kVA 이상	3kVA 이상	4.5kVA 이상

47 비상콘센트설비의 보호함 설치기준으로 틀린 것은?

① 비상콘센트 보호함은 적색으로 도장할 것
② 보호함에는 쉽게 개폐할 수 있는 문을 설치할 것
③ 보호함 표면에 비상콘센트라고 표시한 표지를 할 것
④ 보호함 상부에 적색 표시등을 설치할 것. 다만, 비상콘센트의 보호함을 옥내소화전함 등과 접속하여 설치하는 경우에는 옥내소화전함 등의 표시등과 겸용할 수 있다.

▶ 비상콘센트설비의 보호함 설치기준 —————————————————
① 보호함에는 쉽게 개폐할 수 있는 문을 설치할 것
② 보호함 표면에 "비상콘센트"라고 표시한 표지를 할 것
③ 보호함 상부에 적색의 표시등을 설치할 것. 다만, 비상콘센트의 보호함을 옥내소화전함 등과 접속하여 설치하는 경우에는 옥내소화전함 등의 표시등과 겸용할 수 있다.

48 비상콘센트설비의 전원부와 외함 사이의 절연저항은 몇 [MΩ] 이상이어야 하는가?(단, 500[V] 절연저항계로 측정한 경우이다.)

① 0.1
② 5
③ 10
④ 20

49 비상콘센트설비의 콘센트마다 반드시 설치하여야 하는 것은?

① 배선용 차단기
② 소형변압기
③ 변류기
④ 과전류 차단기

50 무선통신보조설비의 설치대상으로 틀린 것은?

① 지하가(터널은 제외한다.)로서 연면적 1천 m² 이상인 것

② 지하층의 바닥면적의 합계가 3천 m² 이상인 것 또는 지하층의 층수가 3층 이상이고 지하층의 바닥면적의 합계가 1천 m² 이상인 것은 지하층의 모든 층

③ 지하가 중 터널로서 길이가 5백 m 이상인 것

④ 층수가 30층 이상인 것으로서 11층 이상 부분의 모든 층

◉ 무선통신보조설비의 설치대상

특정소방대상물		적용기준	
1) 지하가(터널은 제외한다.)		연면적 1천 m² 이상인 것	
2)	① 지하층	바닥면적의 합계가 3천 m² 이상	지하 모든 층
	② 지하 3층 이상	지하층의 바닥면적의 합계가 1천 m² 이상	
3) 지하가 중 터널		길이가 500m 이상인 것	
4) 공동구			
5) 층수가 30층 이상인 것		16층 이상 부분의 모든 층	

51 무선통신보조설비를 설치하지 아니할 수 있는 특정소방대상물을 올바르게 설명한 것은?

① 지하층으로서 특정소방대상물의 바닥부분 1면 이상이 지표면과 동일하거나 지표면으로부터 깊이가 1[m] 이하인 경우

② 지하층으로서 특정소방대상물의 바닥부분 2면 이상이 지표면과 동일하거나 지표면으로부터 깊이가 1[m] 이하인 경우

③ 지하층으로서 특정소방대상물의 바닥부분 1면 이상이 지표면과 동일하거나 지표면으로부터 깊이가 2[m] 이하인 경우

④ 지하층으로서 특정소방대상물의 바닥부분 2면 이상이 지표면과 동일하거나 지표면으로부터 깊이가 2[m] 이하인 경우

◉ 무선통신보조설비 제외대상

① 지하층으로서 특정소방대상물의 바닥부분 2면 이상이 지표면과 동일하거나

② 지표면으로부터의 깊이가 1m 이하인 경우에는 해당 층

52 무선통신보조설비의 종류로 틀린 것은?

① 누설동축케이블방식
② 누설동축케이블 및 안테나방식
③ 안테나방식
④ 동축케이블 및 안테나방식

▶ **무선통신보조설비의 종류**

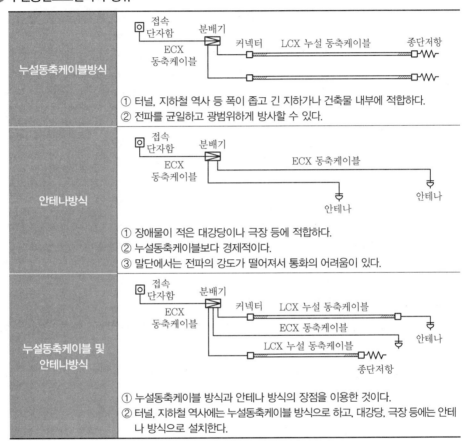

누설동축케이블방식	
	① 터널, 지하철 역사 등 폭이 좁고 긴 지하가나 건축물 내부에 적합하다.
	② 전파를 균일하고 광범위하게 방사할 수 있다.
안테나방식	
	① 장애물이 적은 대강당이나 극장 등에 적합하다.
	② 누설동축케이블보다 경제적이다.
	③ 말단에서는 전파의 강도가 떨어져서 통화의 어려움이 있다.
누설동축케이블 및 안테나방식	
	① 누설동축케이블 방식과 안테나 방식의 장점을 이용한 것이다.
	② 터널, 지하철 역사에는 누설동축케이블 방식으로 하고, 대강당, 극장 등에는 안테나 방식으로 설치한다.

53 무선통신보조설비의 누설동축케이블 등의 설치기준으로 틀린 것은?

① 소방전용주파수대에서 전파의 전송 또는 복사에 적합한 것으로서 소방전용의 것으로 할 것 다만, 소방대 상호 간의 무선연락에 지장이 없는 경우에는 다른 용도와 겸용할 수 있다.

② 누실동축케이블은 화재에 따라 해당 케이블이 피복이 소실된 경우에 케이블 본체가 떨어지지 아니 하도록 5m 이내마다 금속제 또는 자기제 등의 지지금구로 벽·천장·기둥 등에 견고하게 고정시킬 것. 다만, 불연재료로 구획된 반자 안에 설치하는 경우에는 그러하지 아니하다.

③ 누설동축케이블 및 안테나는 고압의 전로로부터 1.5m 이상 떨어진 위치에 설치할 것. 다만, 해당 전로에 정전기 차폐장치를 유효하게 설치한 경우에는 그러하지 아니하다.

④ 누설동축케이블의 끝부분에는 무반사 종단저항을 견고하게 설치할 것

▶ 누설동축케이블 등의 설치기준

① 소방전용주파수대에서 전파의 전송 또는 복사에 적합한 것으로서 소방전용의 것으로 할 것. 다만, 소방대 상호 간의 무선연락에 지장이 없는 경우에는 다른 용도와 겸용할 수 있다.

② 누설동축케이블과 이에 접속하는 안테나 또는 동축케이블과 이에 접속하는 안테나에 따른 것으로 할 것

③ 누설동축케이블은 불연 또는 난연성의 것으로서 습기에 따라 전기의 특성이 변질되지 아니하는 것으로 하고, 노출하여 설치한 경우에는 피난 및 통행에 장애가 없도록 할 것

④ 누설동축케이블은 화재에 따라 해당 케이블의 피복이 소실된 경우에 케이블 본체가 떨어지지 아니하도록 4m 이내마다 금속제 또는 자기제 등의 지지금구로 벽·천장·기둥 등에 견고하게 고정시킬 것. 다만, 불연재료로 구획된 반자 안에 설치하는 경우에는 그러하지 아니하다.

⑤ 누설동축케이블 및 안테나는 금속판 등에 따라 전파의 복사 또는 특성이 현저하게 저하되지 아니하는 위치에 설치할 것

⑥ 누설동축케이블 및 안테나는 고압의 전로로부터 1.5m 이상 떨어진 위치에 설치할 것. 다만, 해당 전로에 정전기 차폐장치를 유효하게 설치한 경우에는 그러하지 아니하다.

⑦ 누설동축케이블의 끝부분에는 무반사 종단저항을 견고하게 설치할 것

※ 무반사 종단저항 설치목적

누설동축케이블로 전송된 전자파가 케이블 끝에서 반사되는 경우 교신을 방해할 수 있으므로 송신부로 되돌아오는 전자파의 반사를 방지하기 위하여 케이블 끝부분에 설치한다.

54 다음 용어의 정의를 설명한 것 중 틀린 것은?

① 누설동축케이블이란 동축케이블의 외부 도체에 가느다란 홈을 만들어서 전파가 외부로 새어 나갈 수 있도록 한 케이블을 말한다.

② 분배기란 두 개 이상의 입력신호를 원하는 비율로 조합한 출력이 발생하도록 하는 장치를 말한다.

③ 분파기란 서로 다른 주파수의 합성된 신호를 분리하기 위해서 사용하는 장치를 말한다.

④ 증폭기란 신호 전송 시 신호가 약해져 수신이 불가능해지는 것을 방지하기 위해서 증폭하는 장치를 말한다.

▶ 무선통신보조설비의 정의

누설동축케이블	동축케이블의 외부도체에 가느다란 홈을 만들어서 전파가 외부로 새어 나갈 수 있도록 한 케이블
분배기	신호의 전송로가 분기되는 장소에 설치하는 것으로 임피던스 매칭(Matching)과 신호 균등 분배를 위해 사용하는 장치
분파기	서로 다른 주파수의 합성된 신호를 분리하기 위해서 사용하는 장치
혼합기	두 개 이상의 입력신호를 원하는 비율로 조합한 출력이 발생하도록 하는 장치
증폭기	신호 전송 시 신호가 약해져 수신이 불가능해지는 것을 방지하기 위해서 증폭하는 장치

55 무선통신보조설비의 누설동축케이블에서 다음 기호가 의미하는 바를 틀리게 설명한 것은?

```
LCX ── FR ── SS ── 20 ── D ── 14 ── 6
 ①         ②         ③         ④
```

① LCX : 누설동축케이블　　　　② SS : 자기지지
③ D : 특성임피던스[50Ω]　　　④ 6 : 사용주파수

○ 누설동축케이블 기호

$$LCX-FR-SS-20-D-14-6$$

① LCX(Leaky Coaxial Cable) : 누설동축케이블
② FR(Flame Resistance) : 난연성
③ SS(Self Supporting) : 자기지지
④ 20 : 절연체 외경[mm]
⑤ D : 특성임피던스[50Ω]
⑥ 14 : 사용주파수

1	4	14	48
150MHz 대전용	400MHz 대전용	150 또는 400MHz 대전용	400 또는 800MHz 대전용

⑦ 6 : 결합손실[dB]

56 무선통신보조설비의 증폭기를 작동시키기 위한 비상전원 용량으로 옳은 것은?

① 10분 이상　　② 20분 이상　　③ 30분 이상　　④ 60분 이상

○ 증폭기 · 무선이동중계기 설치기준

① 전원은 전기가 정상적으로 공급되는 축전지, 전기저장장치(외부 전기에너지를 저장해 두었다가 전기를 공급하는 장치) 또는 교류전압 옥내간선으로 하고, 전원까지의 배선은 전용으로 할 것
② 증폭기의 전면에는 주 회로의 전원이 정상인지의 여부를 표시할 수 있는 표시등 및 전압계를 설치할 것
③ 증폭기에는 비상전원이 부착된 것으로 하고 해당 비상전원 용량은 무선통신보조설비를 유효하게 30분 이상 작동시킬 수 있는 것으로 할 것
④ 무선이동중계기를 설치하는 경우에는 「전파법」 제58조의2에 따른 적합성 평가를 받은 제품으로 설치할 것

57 무선통신보조설비의 증폭기 전면에 주회로의 전원이 정상인지 여부를 표시할 수 있도록 설치하는 것으로 옳은 것은?

① 표시등, 전류계　　　　　　② 표시등, 전압계
③ 지구등, 표시등　　　　　　④ 전력계, 표시등

CHAPTER
05 기타

01 비상전원수전설비를 비상전원으로 설치할 수 있는 대상이 아닌 것은?

① 차고 · 주차장으로서 스프링클러설비가 설치된 부분의 바닥면적 합계가 2,000m² 미만인 소방대상물
② 간이스프링클러설비를 설치한 소방대상물
③ 호스릴포소화설비 또는 포소화전만을 설치한 차고, 주차장
④ 지하층을 제외한 층수가 7층 이상으로서 연면적이 2,000m² 이상인 소방대상물에 설치한 비상콘센트설비

▶ **비상전원수전설비를 비상전원으로 설치할 수 있는 대상**
① 차고 · 주차장으로서 스프링클러설비가 설치된 부분의 바닥면적 합계가 1,000m² 미만인 소방대상물
② 간이스프링클러설비를 설치한 소방대상물
③ 호스릴포소화설비 또는 포소화전만을 설치한 차고, 주차장
④ 포헤드 또는 고정포 방출설비가 설치된 부분의 바닥면적합계가 1,000m² 미만인 소방대상물
⑤ 지하층을 제외한 층수가 7층 이상으로서 연면적이 2,000m² 이상인 소방대상물에 설치한 비상콘센트설비
⑥ 지하층 바닥면적의 합계가 3,000m² 이상인 소방대상물에 설치한 비상콘센트설비

02 특별고압 또는 고압으로 수전하는 비상전원 수전설비의 종류로 틀린 것은?

① 방화구획형
② 옥외개방형
③ 큐비클형
④ 지중매설형

▶ **비상전원 수전설비의 종류**
① 특별고압 또는 고압으로 수전하는 경우
㉮ 방화구획형
㉯ 옥외개방형
㉰ 큐비클형
② 저압으로 수전하는 경우
㉮ 전용배전반(1 · 2종)
㉯ 전용분전반(1 · 2종)
㉰ 공용분전반(1 · 2종)

정답 01. ① 02. ④

03 특별고압 또는 고압으로 수전하는 비상전원 수전설비의 설치기준으로 틀린 것은?

① 전용의 방화구획 내에 설치할 것

② 소방회로배선은 일반회로배선과 불연성 벽으로 구획할 것. 다만, 소방회로배선과 일반회로배선을 15cm 이상 떨어져 설치한 경우는 그러하지 아니한다.

③ 일반회로에서 과부하, 지락사고 또는 단락사고가 발생한 경우에도 이에 영향을 받지 아니하고 계속하여 소방회로에 전원을 공급시켜 줄 수 있어야 할 것

④ 소방회로용 개폐기 및 과전류차단기에는 "고압 및 특고압"이라 표시할 것

   ◉ **방화구획형 설치기준**

   ① 전용의 방화구획 내에 설치할 것

   ② 소방회로배선은 일반회로배선과 불연성 벽으로 구획할 것. 다만, 소방회로배선과 일반회로배선을 15cm 이상 떨어져 설치한 경우는 그러하지 아니한다.

   ③ 일반회로에서 과부하, 지락사고 또는 단락 사고가 발생한 경우에도 이에 영향을 받지 아니하고 계속하여 소방회로에 전원을 공급시켜 줄 수 있어야 할 것

   ④ 소방회로용 개폐기 및 과전류차단기에는 "소방시설용"이라 표시할 것

04 큐비클형의 경우 외함에 노출하여 설치할 수 있는 장치가 아닌 것은?

① 표시등(불연성 또는 난연성 재료로 덮개를 설치한 것에 한한다.)

② 전선의 인입구 및 인출구

③ 전류계(변류기의 1차 측에 접속된 것에 한한다.)

④ 전압계(퓨즈 등으로 보호한 것에 한한다.)

   ◉ **외함에 노출하여 설치할 수 있는 것**

   ① 표시등(불연성 또는 난연성 재료로 덮개를 설치한 것에 한한다.)

   ② 전선의 인입구 및 인출구

   ③ 환기장치

   ④ 전압계(퓨즈 등으로 보호한 것에 한한다.)

   ⑤ 전류계(변류기의 2차 측에 접속된 것에 한한다.)

   ⑥ 계기용 전환스위치(불연성 또는 난연성 재료로 제작된 것에 한한다.)

05 큐비클형의 경우 환기장치 설치기준으로 틀린 것은?

① 내부의 온노가 상승하지 않도록 환기장치를 할 것

② 자연환기구의 개부구 면적의 합계는 외함의 한 면에 대하여 해당 면적의 4분의 1 이하로 할 것. 이 경우 하나의 통기구의 크기는 직경 10mm 이상의 둥근 막대가 들어가서는 아니 된다.

③ 자연환기구에 따라 충분히 환기할 수 없는 경우에는 환기설비를 설치할 것

④ 환기구에는 금속망, 방화댐퍼 등으로 방화조치를 하고, 옥외에 설치하는 것은 빗물 등이 들어가지 않도록 할 것

정답 03. ④ 04. ③ 05. ②

◉ **큐비클형의 경우 환기장치 설치기준** ─────────────

① 내부의 온도가 상승하지 않도록 환기장치를 할 것
② 자연환기구의 개부구 면적의 합계는 외함의 한 면에 대하여 해당 면적의 3분의 1 이하로 할 것. 이 경우 하나의 통기구의 크기는 직경 10mm 이상의 둥근 막대가 들어가서는 아니 된다.
③ 자연환기구에 따라 충분히 환기할 수 없는 경우에는 환기설비를 설치할 것
④ 환기구에는 금속망, 방화댐퍼 등으로 방화조치를 하고, 옥외에 설치하는 것은 빗물 등이 들어가지 않도록 할 것

06 전기 사업자로부터 저압으로 수전하는 비상전원설비의 종류가 아닌 것은?

① 공용배전반(1·2종) ② 공용분전반(1·2종)
③ 전용배전반(1·2종) ④ 전용분전반(1·2종)

◉ **저압으로 수전하는 경우** ─────────────

전기사업자로부터 저압으로 수전하는 비상전원설비는 전용배전반(1·2종)·전용분전반(1·2종) 또는 공용분전반(1·2종)으로 해야 한다.

07 저압수전인 경우 제1종 배전반 및 제1종 분전반의 설치기준으로 틀린 것은?

① 외함은 두께 2.5mm(전면판 및 문은 3.2mm) 이상의 강판과 이와 동등 이상의 강도와 내화성능이 있는 것으로 제작할 것
② 외함의 내부는 외부의 열에 의해 영향을 받지 많도록 내열성 및 단열성이 있는 재료를 사용하여 단열할 것. 이 경우 단열부분은 열 또는 진동에 따라 쉽게 변형되지 아니해야 한다.
③ 표시등(불연성 또는 난연성재료로 덮개를 설치한 것에 한한다.), 전선의 인입구 및 인출구는 외함에 노출하여 설치할 수 있다.
④ 외함은 금속관 또는 금속제 가요전선관을 쉽게 접속할 수 있도록 하고, 당해 접속 부분에는 단열조치를 할 것

◉ **제1종 배전반 및 제1종 분전반의 설치기준** ─────────────

① 외함은 두께 1.6mm(전면판 및 문은 2.3mm) 이상의 강판과 이와 동등 이상의 강도와 내화성능이 있는 것으로 제작할 것
② 외함의 내부는 외부의 열에 의해 영향을 받지 많도록 내열성 및 단열성이 있는 재료를 사용하여 단열할 것. 이 경우 단열부분은 열 또는 진동에 따라 쉽게 변형되지 아니해야 한다.
③ 다음 각 목에 해당하는 것은 외함에 노출하여 설치할 수 있다.
　㉮ 표시등(불연성 또는 난연성 재료로 덮개를 설치한 것에 한한다.)
　㉯ 전선의 인입구 및 입출구
④ 외함은 금속관 또는 금속제 가요전선관을 쉽게 접속할 수 있도록 하고, 당해 접속부분에는 단열조치를 할 것
⑤ 공용배전판 및 공용분전판의 경우 소방회로와 일반회로에 사용하는 배선 및 배선용 기기는 불연재료로 구획되어야 할 것

08 터널 길이가 500m인 경우 설치하여야 하는 소방시설에 해당하지 아니하는 것은?

① 비상경보설비   ② 자동화재탐지설비

③ 무선통신보조설비   ④ 비상조명등

▶ **터널 길이에 따라 설치하여야 하는 소방시설의 종류**

소방시설	적용기준
소화기	모든 터널
비상경보설비, 시각경보기, 비상조명등, 비상콘센트설비, 무선통신보조설비	길이가 500m 이상
옥내소화전설비, 자동화재탐지설비, 연결송수관설비	길이가 1,000m 이상
옥내소화전설비, 물분무소화설비, 제연설비	행정안전부령으로 정하는 지하가 중 터널

09 도로 터널에 설치하는 소화기 설치기준 중 틀린 것은?

① 소화기의 능력단위는 A급 화재는 2단위 이상, B급 화재는 3단위 이상 및 C급 화재에 적응성이 있는 것으로 할 것

② 소화기의 총 중량은 사용 및 운반이 편리성을 고려하여 7kg 이하로 할 것

③ 소화기는 주행차로의 우측 측벽에 50m 이내의 간격으로 2개 이상을 설치하며, 편도 2차선 이상의 양방향 터널과 4차로 이상의 일방향 터널의 경우에는 양쪽 측벽에 각각 50m 이내의 간격으로 엇갈리게 2개 이상을 설치할 것

④ 바닥면(차로 또는 보행로를 말한다.)으로부터 1.5m 이하의 높이에 설치할 것

▶ **도로 터널에 설치하는 소화기 설치기준**

① 소화기의 능력단위는 A급 화재는 3단위 이상, B급 화재는 5단위 이상 및 C급 화재에 적응성이 있는 것으로 할 것

② 소화기의 총 중량은 사용 및 운반이 편리성을 고려하여 7kg 이하로 할 것

③ 소화기는 주행차로의 우측 측벽에 50m 이내의 간격으로 2개 이상을 설치하며, 편도 2차선 이상의 양방향 터널과 4차로 이상의 일방향 터널의 경우에는 양쪽 측벽에 각각 50m 이내의 간격으로 엇갈리게 2개 이상을 설치할 것

④ 바닥면(차로 또는 보행로를 말한다.)으로부터 1.5m 이하의 높이에 설치할 것

⑤ 소화기구함의 상부에 "소화기"라고 조명식 또는 반사식의 표지판을 부착하여 사용자가 쉽게 인지할 수 있도록 할 것

10 도로 터널에 설치하는 옥내소화전설비의 설치기준 중 틀린 것은?

① 소화전함과 방수구는 주행차로 우측 측벽을 따라 50m 이내의 간격으로 설치한다.
② 소화전함과 방수구는 편도 2차선 이상의 양방향 터널이나 4차로 이상의 일방향 터널의 경우에는 양쪽 측벽에 각각 50m 이내의 간격으로 엇갈리게 설치할 것
③ 가압송수장치는 옥내소화전 2개(4차로 이상의 터널인 경우 3개)를 동시에 사용할 경우 각 옥내소화전의 노즐선단에서의 방수압력은 0.25MPa 이상이고 방수량은 350ℓ/min 이상이 되는 성능의 것으로 할 것
④ 방수구는 40mm 구경의 단구형을 옥내소화전이 설치된 벽면의 바닥으로부터 1.5m 이하의 높이에 설치할 것

▶ 도로 터널 옥내소화전설비의 설치기준

① 소화전함과 방수구는 주행차로 우측 측벽을 따라 50m 이내의 간격으로 설치하고, 편도 2차선 이상의 양방향 터널이나 4차로 이상의 일방향 터널의 경우에는 양쪽 측벽에 각각 50m 이내의 간격으로 엇갈리게 설치할 것
② 수원은 그 저수량이 옥내소화전의 설치개수 2개(4차로 이상의 터널인 경우 3개)를 동시에 40분 이상 사용할 수 있는 충분한 양 이상을 확보할 것
③ 가압송수장치는 옥내소화전 2개(4차로 이상의 터널인 경우 3개)를 동시에 사용 할 경 우 각 옥내소화전의 노즐선단에서의 방수압력은 0.35MPa 이상이고 방수량은 190ℓ/min 이상이 되는 성능의 것으로 할 것. 다만, 하나의 옥내소화전을 사용하는 노즐선단의 방 수압력이 0.7MPa을 초과할 경우에는 호스접결구의 인입측에 감압장치를 설치해야 한다.
④ 압력수조나 고가수조가 아닌 전동기 및 내연기관에 의한 펌프를 이용하는 가압송수장치는 주펌프와 동등 이상인 별도의 예비펌프를 설치할 것
⑤ 방수구는 40mm 구경의 단구형을 옥내소화전이 설치된 벽면의 바닥으로부터 1.5m 이하의 높이에 설치할 것
⑥ 소화전함에는 옥내소화전 방수구 1개, 15m 이상의 소방호스 3본 이상 및 방수노즐을 비치할 것
⑦ 옥내소화전설비의 비상전원은 40분 이상 작동할 수 있을 것

11 도로 터널에 설치하는 물분무소화설비의 설치기준 중 틀린 것은?

① 물분무 헤드는 도로면에 1m²당 6ℓ/min 이상의 수량을 균일하게 방수할 수 있도록 할 것
② 물분무설비의 하나의 방수구역은 25m 이상으로 할 것
③ 2개의 방수구역을 동시에 40분 이상 방수할 수 있는 수량을 확보할 것
④ 물분무설비의 비상전원은 40분 이상 기능을 유지할 수 있도록 할 것

▶ 도로 터널 물분무소화설비의 설치기준

① 물분무 헤드는 도로면에 1m²당 6ℓ/min 이상의 수량을 균일하게 방수할 수 있도록 할 것
② 물분무설비의 하나의 방수구역은 25m 이상으로 하며, 3개의 방수구역을 동시에 40분 이상 방수할 수 있는 수량을 확보할 것
③ 물분무설비의 비상전원은 40분 이상 기능을 유지할 수 있도록 할 것

12 길이가 2,000[m], 폭이 6[m]인 터널에 물분무소화설비를 설치하는 경우 수원[m³]의 양은 얼마 이상으로 하여야 하는가?

① 36   ② 54   ③ 108   ④ 162

◎ **도로터널의 물분무소화설비 수원**

수원 $Q = A[\mathrm{m}^2] \times 6[l/\min \cdot \mathrm{m}^2] \times 3 \times 40[\min]$
$= 25 \times 6 \times 6 \times 3 \times 40 = 108,000[l] = 108[\mathrm{m}^3]$

13 터널에 설치할 수 있는 감지기의 종류로 옳은 것은?

① 차동식 스포트형   ② 차동식 분포형
③ 보상식 스포트형   ④ 정온식 스포트형

◎ **터널에 설치할 수 있는 감지기의 종류**

① 차동식 분포형 감지기
② 정온식 감지선형 감지기(아날로그식에 한한다.)
③ 중앙기술심의위원회의 회의를 거쳐 터널화재에 적응성이 있다고 인정된 감지기

14 터널에 설치하는 자동화재탐지설비는 하나의 경계구역의 길이는 몇 [m] 이하로 하여야 하는가?

① 25[m]   ② 50[m]   ③ 100[m]   ④ 200[m]

15 터널에 설치하는 감지기의 설치기준 중 틀린 것은?

① 감지기의 감열부와 감열부 사이의 이격거리는 10m 이하로 할 것
② 감지기와 터널 좌 · 우측 벽면과의 이격거리는 6.5m 이하로 설치할 것
③ 터널 천장의 구조가 아치형의 터널에 감지기를 터널 진행방향으로 설치하고자 하는 경우에는 감열부와 감열부 사이의 이격거리를 10m 이하로 하여 아치형 천장의 중앙 최상부에 2열로 감지기를 설치해야 한다.
④ 감지기를 천장면에 설치하는 경우에는 감지기가 천장면에 밀착되지 않도록 고정금구 등을 사용하여 설치할 것

◎ **터널의 자동화재탐지설비 설치기준**

① 감지기의 감열부와 감열부 사이의 이격거리는 10m 이하로, 감지기와 터널 좌 · 우측 벽면과의 이격거리는 6.5m 이하로 설치할 것
② 터널 천장의 구조가 아치형의 터널에 감지기를 터널 진행방향으로 설치하고자 하는 경우에는 감열부와 감열부 사이의 이격거리를 10m 이하로 하여 아치형 천장의 중앙 최상부에 1열로 감지기를 설치하여야 하며, 감지기를 2열 이상으로 설치하고자 하는 경우에는 감열부와 감열부 사이의 이격거리를 10m 이하로 감지기간의 이격거리는 6.5m 이하로 할 것

③ 감지기를 천장면에 설치하는 경우에는 감지기가 천장면에 밀착되지 않도록 고정금구 등을 사용
　하여 설치할 것
④ 형식승인 내용에 설치방법이 규정되니 경우 형식승인 내용에 따라 설치할 것
⑤ 감지기와 천장면의 이격거리에 대해 제조사 시방서에 규정된 경우 그 규정에 의해 설치할 수 있다.

16 터널에 설치하는 비상조명등의 조도 및 비상전원 용량으로 옳은 것은?(단, 터널 안의 차도 및 보도의 바닥면의 조도를 말한다.)

① 10lx 이상, 30분 이상　　　　② 10lx 이상, 60분 이상
③ 11lx 이상, 30분 이상　　　　④ 11lx 이상, 60분 이상

▶ **터널의 비상조명등 설치기준**
① 상시조명이 소등된 상태에서 비상조명등이 점등되는 경우 터널 안의 차도 및 보도의 바닥면의 조
　도는 10lx 이상, 그 외 모든 지점의 조도는 11lx 이상이 될 수 있도록 설치할 것
② 비상조명등은 상용전원이 차단되는 경우 자동으로 비상전원으로 60분 이상 점등되도록 설치할 것
③ 비상조명등에 내장된 예비전원이나 축전지설비는 상용전원의 공급에 의하여 상시 충전상태를 유
　지할 수 있도록 설치할 것

17 터널에 설치하는 제연설비의 설계화재강도의 기준은 얼마인가?

① 10MW　　　　　　　　② 20MW
③ 30MW　　　　　　　　④ 50MW

▶ **제연설비의 설계화재강도(터널)**
① 설계화재강도는 20MW를 기준으로 하고, 연기발생률은 80m³/s로 하며, 배출량은 발생된 연기와
　혼합된 공기를 충분히 배출할 수 있는 용량 이상을 확보할 것
② 화재강도가 설계화재강도보다 높을 것으로 예상될 경우 위험도분석을 통하여 설계화재강도를 설
　정하도록 할 것

18 터널에 설치하는 제연설비의 설치기준으로 틀린 것은?

① 종류환기방식의 경우 제트팬의 소손을 고려하여 예비용 제트팬을 설치하도록 할 것
② 횡류환기방식(또는 반횡류환기방식) 및 대배기구 방식의 배연용 팬은 덕트의 길이에 따라서
　노출온도가 달라질 수 있으므로 수치해석 등을 통해서 내열온도 등을 검토한 후에 적용하도
　록 할 것
③ 대배기구의 개폐용 전동모터는 정전 등 전원이 차단되는 경우에도 조작상태를 유지할 수 있
　도록 할 것
④ 화재에 노출이 우려되는 제연설비와 전원공급선 및 제트팬 사이의 전원공급장치 등은 100℃
　의 온도에서 30분 이상 운전상태를 유지할 수 있도록 할 것

◉ 터널의 제연설비 설치기준 ──────────────────────────────

④ 화재에 노출이 우려되는 제연설비와 전원공급선 및 제트팬 사이의 전원공급장치 등은 250℃의 온도에서 60분 이상 운전상태를 유지할 수 있도록 할 것

19 터널에 설치된 제연설비는 자동 또는 수동으로 기동될 수 있도록 해야 한다. 다음 중 제연 설비가 기동되어야 하는 경우로 틀린 것은?

① 화재감지기가 동작되는 경우
② 발신기의 스위치 조작 또는 자동소화설비의 기동장치를 동작시키는 경우
③ 화재수신기 또는 감시제어반의 수동조작스위치를 동작시키는 경우
④ 상용전원이 정전되거나 전원선이 단선되는 경우

◉ 제연설비의 기동 ──────────────────────────────

① 화재감지기가 동작되는 경우
② 발신기의 스위치 조작 또는 자동소화설비의 기동장치를 동작시키는 경우
③ 화재수신기 또는 감시제어반의 수동조작스위치를 동작시키는 경우

20 연결송수관설비를 터널에 설치하고자 할 때 방수압력과 방수량은 얼마 이상으로 하여야 하는가?

① 0.13MPa 이상, 130l/min 이상
② 0.35MPa 이상, 190l/min 이상
③ 0.35MPa 이상, 400l/min 이상
④ 0.25MPa 이상, 350l/min 이상

◉ 터널의 연결송구관설비 설치기준 ──────────────────────

① 방수압력은 0.35MPa 이상, 방수량은 400l/min 이상을 유지할 수 있도록 할 것
② 방수구는 50m 이내의 간격으로 옥내소화전함에 병설하거나 독립적으로 터널출입구 부근과 피난 연결통로에 설치할 것
③ 방수기구함은 50m 이내의 간격으로 옥내소화전함에 병설하거나 독립적으로 설치하고, 하나의 방수기구함에는 65mm 방수노즐 1개와 15m 이상의 호스 3본을 설치하도록 할 것

21 터널에 설치하는 비상콘센트설비의 전원회로 기준으로 옳은 것은?

① 단상교류 220V인 것으로서 그 공급용량은 1.5kVA 이상인 것으로 할 것
② 단상교류 220V인 것으로서 그 공급용량은 3kVA 이상인 것으로 할 것
③ 3상교류 380V인 것으로서 그 공급용량은 1.5kVA 이상인 것으로 할 것
④ 3상교류 380V인 것으로서 그 공급용량은 3kVA 이상인 것으로 할 것

> ◉ **터널의 비상콘센트설비 설치기준** —————————————————————

① 비상콘센트의 전원회로는 단상교류 220V인 것으로서 그 공급용량은 1.5kVA 이상인 것으로 할 것
② 전원회로는 주배전반에서 전용회로로 할 것. 다만, 다른 설비의 회로의 사고에 따른 영향을 받지 아니하도록 되어 있는 것은 그러하지 아니하다.
③ 콘센트마다 배선용 차단기를 설치하여야 하며, 충전부가 노출되지 않도록 할 것
④ 주행차로의 우측 측벽에 50m 이내의 간격으로 바닥으로부터 0.8m 이상 1.5m 이하의 높이에 설치할 것

22 고층건축물의 화재안전기준 중 옥내소화전의 설치기준으로 옳은 것은?

① 수원은 그 저수량이 옥내소화전의 설치개수가 가장 많은 층의 설치개수(5개 이상 설치된 경우에는 5개)에 7.8m³(호스릴옥내소화전설비를 포함한다.)를 곱한 양 이상이 되도록 해야 한다.
② 급수배관은 전용으로 해야 한다. 다만, 옥내소화전설비의 성능에 지장이 없는 경우에는 스프링클러설비의 배관과 겸용할 수 있다.
③ 50층 이상인 건축물의 옥내소화전 주 배관 중 수직배관은 3개 이상(주 배관 성능을 갖는 동일호칭배관)으로 설치하여야 하며, 하나의 수직배관의 파손 등 작동 불능 시에도 다른 수직배관으로부터 소화용수가 공급되도록 구성해야 한다.
④ 비상전원은 자가발전설비, 축전지설비(내연기관에 따른 펌프를 사용하는 경우에는 내연기관의 기동 및 제어용 축전지를 말한다.) 또는 전기저장장치로서 옥내소화전설비를 40분 이상 작동할 수 있을 것. 다만, 50층 이상인 건축물의 경우에는 60분 이상 작동할 수 있어야 한다.

> ◉ **고층건축물의 옥내소화전설비** —————————————————————

① 수원은 그 저수량이 옥내소화전의 설치개수가 가장 많은 층의 설치개수(5개 이상 설치된 경우에는 5개)에 5.2m³(호스릴옥내소화전설비를 포함한다.)를 곱한 양 이상이 되도록 해야 한다. 다만, 층수가 50층 이상인 건축물의 경우에는 7.8m³를 곱한 양 이상이 되도록 해야 한다.
② 수원은 2.1.1에 따라 산출된 유효수량 외에 유효수량의 3분의 1 이상을 옥상(옥내소화전설비가 설치된 건축물의 주된 옥상을 말한다. 이하 같다)에 설치해야 한다. 다만, 「옥내소화전설비의 화재안전기술기준(NFTC 102)」 2.1.2(3) 또는 2.1.2(4)에 해당하는 경우에는 그렇지 않다.
③ 전동기 또는 내연기관을 이용한 펌프방식의 가압송수장치는 옥내소화전설비 전용으로 설치하여야 하며, 옥내소화전설비 주 펌프 이외에 동등 이상인 별도의 예비펌프를 설치해야 한다.
④ 급수배관은 전용으로 해야 한다. 다만, 옥내소화전설비의 성능에 지장이 없는 경우에는 연결송수관설비의 배관과 겸용할 수 있다.
⑤ 50층 이상인 건축물의 옥내소화전 주 배관 중 수직배관은 2개 이상(주 배관 성능을 갖는 동일호칭배관)으로 설치하여야 하며, 하나의 수직배관의 파손 등 작동 불능 시에도 다른 수직배관으로부터 소화용수가 공급되도록 구성해야 한다.
⑥ 비상전원은 자가발전설비, 축전지설비(내연기관에 따른 펌프를 사용하는 경우에는 내연기관의 기동 및 제어용 축전지를 말한다.) 또는 전기저장장치로서 옥내소화전설비를 40분 이상 작동할 수 있을 것. 다만, 50층 이상인 건축물의 경우에는 60분 이상 작동할 수 있어야 한다.

23 지상 35층, 지하 3층 건축물에 지하 1층에서 화재가 발생하여 스프링클러설비의 음향장치가 작동된 경우 우선적으로 경보를 발하여야 하는 층으로 옳은 것은?

① 지상 1층, 지하 1층, 지하 2층, 지하 3층

② 지하 1층, 지상 1층

③ 지상 1층, 지상 2층, 지상 3층, 지상 4층, 지하 1층, 지하 2층, 지하 3층

④ 지하 1층, 지하 2층, 지하 3층

▶ **경보방식(고층건축물)** ───────────────

① 2층 이상의 층에서 발화한 때에는 발화층 및 그 직상 4개 층에 경보를 발할 것

② 1층에서 발화한 때에는 발화층·그 직상 4개 층 및 지하층에 경보를 발할 것

③ 지하층에서 발화한 때에는 발화층·그 직상층 및 기타의 지하층에 경보를 발할 것

24 층수가 50층이고 각 층의 바닥면적이 $4,000\text{m}^2$인 특정소방대상물에 스프링클러소화설비를 설치하는 경우 유수검지장치의 최소 설치 수량은 몇 개 이상인가?

① 100 　　　　② 200 　　　　③ 300 　　　　④ 400

▶ **고층건축물의 스프링클러설비** ───────────────

① 50층 이상인 건축물의 스프링클러설비 주 배관 중 수직배관은 2개 이상(주 배관 성능을 갖는 동일호칭배관)으로 설치하고, 하나의 수직배관이 파손 등 작동 불능 시에도 다른 수직배관으로부터 소화용수가 공급되도록 구성하여야 하며, 각각의 수직배관에 유수검지장치를 설치

② 각 층의 유수검지장치 $= \dfrac{4,000\text{m}^2}{3,700\text{m}^2} = 1.08$ ∴ 2개

50층 이상은 2개의 수직배관에 각각 유수검지장치 설치해야 하므로, 50층×2개×2개＝200개

25 소방대상물의 층수가 50층 이상인 경우 건축물에 설치하는 통신·신호배선은 이중배선을 설치하도록 하여야 하는데 다음 중 이중배선으로 하지 아니하여도 되는 경우는?

① 수신기와 수신기 사이의 통신배선

② 수신기와 발신기 사이의 신호배선

③ 수신기와 중계기 사이의 신호배선

④ 수신기와 감지기 사이의 신호배선

▶ **50층 이상 건축물에 설치하는 통신·신호배선을 이중배선으로 설치하여야 하는 배선** ───────

① 수신기와 수신기 사이의 통신배선

② 수신기와 중계기 사이의 신호배선

③ 수신기와 감지기 사이의 신호배선

26 고층건축물에 설치하는 소방시설에 대한 비상전원 기준을 설명한 것 중 틀린 것은?

① 옥내소화전설비의 비상전원은 자가발전설비, 축전지설비(내연기관에 따른 펌프를 사용하는 경우에는 내연기관의 기동 및 제어용 축전지를 말한다.) 또는 전기저장장치로서 옥내소화전설비를 40분 이상 작동할 수 있을 것. 다만, 50층 이상인 건축물의 경우에는 60분 이상 작동할 수 있어야 한다.

② 자동화재탐지설비에는 그 설비에 대한 감시상태를 60분간 지속한 후 유효하게 60분 이상 경보할 수 있는 축전지설비(수신기에 내장하는 경우를 포함한다.) 또는 전기저장장치를 설치해야 한다. 다만, 상용전원이 축전지설비인 경우에는 그러하지 아니하다.

③ 특별피난계단의 계단실 및 부속실 제연설비의 비상전원은 자가발전설비 등으로 하고 제연설비를 유효하게 40분 이상 작동할 수 있도록 할 것. 다만, 50층 이상인 건축물의 경우에는 60분 이상 작동할 수 있어야 한다.

④ 연결송수관설비의 비상전원은 자가발전설비, 축전지설비(내연기관에 따른 펌프를 사용하는 경우에는 내연기관의 기동 및 제어용 축전지를 말한다.) 또는 전기저장장치로서 연결송수관설비를 유효하게 40분 이상 작동할 수 있어야 할 것. 다만, 50층 이상인 건축물의 경우에는 60분 이상 작동할 수 있어야 한다.

▶ **고층건축물 비상전원 기준**

② 자동화재탐지설비 및 비상방송설비
그 설비에 대한 감시상태를 60분간 지속한 후 유효하게 30분 이상 경보할 수 있는 축전지설비(수신기에 내장하는 경우를 포함한다.) 또는 전기저장장치를 설치해야 한다. 다만, 상용전원이 축전지설비인 경우에는 그러하지 아니하다.[단서조항은 자동화재탐지설비에만 해당]

27 피난안전구역에 설치하는 소방시설의 설치기준으로 옳은 것은?

① 제연설비에서 피난안전구역과 비제연구역 간의 차압은 40Pa(옥내에 스프링클러설비가 설치된 경우에는 12.5Pa) 이상으로 해야 한다. 다만 피난안전구역의 한쪽 면 이상이 외기에 개방된 구조의 경우에는 설치하지 아니할 수 있다.

② 피난유도선은 축광방식으로 설치하되, 30분 이상 유효하게 작동할 것

③ 피난안전구역의 비상조명등은 상시 조명이 소등된 상태에서 그 비상조명등이 점등되는 경우 각 부분의 바닥에서 조도는 10lx 이상이 될 수 있도록 설치할 것

④ 인명구조기구에는 30분 이상 사용할 수 있는 성능의 공기호흡기(보조마스크를 포함한다.)를 3개 이상 비치해야 한다. 다만, 피난안전구역이 50층 이상에 설치되어 있을 경우에는 동일한 성능의 예비용기를 5개 이상 비치할 것

▶ **피난안전구역에 설치하는 소방시설의 설치기준**

① 제연설비
피난안전구역과 비제연구역 간의 차압은 50Pa(옥내에 스프링클러설비가 설치된 경우에는 12.5Pa) 이상으로 해야 한다. 다만 피난안전구역의 한쪽 면 이상이 외기에 개방된 구조의 경우에는 설치하지 아니할 수 있다.

② 피난유도선

㉮ 피난안전구역이 설치된 층의 계단실 출입구에서 피난안전구역 주 출입구 또는 비상구까지 설치할 것

㉯ 계단실에 설치하는 경우 계단 및 계단참에 설치할 것

㉰ 피난유도 표시부의 너비는 최소 25mm 이상으로 설치할 것

㉱ 광원점등방식(전류에 의하여 빛을 내는 방식)으로 설치하되, 60분 이상 유효하게 작동할 것

③ 비상조명등

피난안전구역의 비상조명등은 상시 조명이 소등된 상태에서 그 비상조명등이 점등되는 경우 각 부분의 바닥에서 조도는 10lx 이상이 될 수 있도록 설치할 것

④ 휴대용 비상조명등

㉮ 피난안전구역에는 휴대용 비상조명등을 다음 각 호의 기준에 따라 설치해야 한다.

㉠ 초고층 건축물에 설치된 피난안전구역 : 피난안전구역 위층의 재실자 수의 10분의 1 이상

㉡ 지하연계 복합건축물에 설치된 피난안전구역 : 피난안전구역이 설치된 층의 수용인원의 10분의 1 이상

㉯ 건전지 및 충전식 건전지의 용량은 40분 이상 유효하게 사용할 수 있는 것으로 한다. 다만, 피난안전구역이 50층 이상에 설치되어 있을 경우의 용량은 60분 이상으로 할 것

⑤ 인명구조기구

㉮ 방열복, 인공소생기를 각 2개 이상 비치할 것

㉯ 45분 이상 사용할 수 있는 성능의 공기호흡기(보조마스크를 포함한다.)를 2개 이상 비치해야 한다. 다만, 피난안전구역이 50층 이상에 설치되어 있을 경우에는 동일한 성능의 예비용기를 10개 이상 비치할 것

㉰ 화재 시 쉽게 반출할 수 있는 곳에 비치할 것

㉱ 인명구조기구가 설치된 장소의 보기 쉬운 곳에 "인명구조기구"라는 표지판 등을 설치할 것

28 건설현장의 화재안전기술기준 중 옳은 것은?

① 소화기는 각 층 계단실마다 계단실 출입구 부근에 능력단위 5단위 이상인 소화기 3개 이상을 설치할 것

② 비상경보장치는 피난층 또는 지상으로 통하는 각 층 직통계단의 출입구마다 설치할 것

③ 비상조명등이 설치된 장소의 조도는 각 부분의 바닥에서 10lx 이상이 되도록 할 것

④ 용접 · 용단 작업 시 1m 이내에 가연물이 있는 경우 해당 가연물을 방화포로 보호할 것

---

① 5단위 → 3단위, 3개 → 2개

③ 10lx → 1lx

④ 1m → 11m

29 지하구에 설치하는 소화기구 및 자동소화장치 설치기준 중 옳은 것은?

① 소화기의 능력단위는 A급 화재는 개당 2단위 이상, B급 화재는 개당 3단위 이상 및 C급 화재에 적응성이 있는 것으로 할 것

② 지하구 내 발전실 · 변전실 · 송전실 · 변압기실 · 배전반실 · 통신기기실 · 전산기기실 · 기타 이와 유사한 시설이 있는 장소 중 바닥면적이 300m² 미만인 곳에는 유효설치 방호체적 이내의 가스 · 분말 · 고체에어로졸 · 캐비닛형 자동소화장치를 설치해야 한다. 다만 해당 장소에 스프링클러소화설비를 설치한 경우에는 설치하지 않을 수 있다.

③ 제어반 또는 분전반마다 가스 · 분말 · 고체에어로졸 자동소화장치 또는 유효설치 방호체적 이내의 소공간용 소화용구를 설치해야 한다.

④ 케이블접속부(절연유를 포함한 접속부는 제외한다.)마다 가스 · 분말 · 고체에어로졸 자동소화장치를 설치하되 소화성능이 확보될 수 있도록 방호공간을 구획하는 등 유효한 조치를 해야 한다.

▶ **소화기구 및 자동소화장치 설치기준** —————————

① 소화기의 능력단위는 A급 화재는 개당 3단위 이상, B급 화재는 개당 5단위 이상 및 C급 화재에 적응성이 있는 것으로 할 것

② 지하구 내 발전실 · 변전실 · 송전실 · 변압기실 · 배전반실 · 통신기기실 · 전산기기실 · 기타 이와 유사한 시설이 있는 장소 중 바닥면적이 300m² 미만인 곳에는 유효설치 방호체적 이내의 가스 · 분말 · 고체에어로졸 · 캐비닛형 자동소화장치를 설치해야 한다. 다만 해당 장소에 물분무등소화설비를 설치한 경우에는 설치하지 않을 수 있다.

④ 케이블접속부(절연유를 포함한 접속부에 한한다)마다 다음의 어느 하나에 해당하는 자동소화장치를 설치하되 소화성능이 확보될 수 있도록 방호공간을 구획하는 등 유효한 조치를 해야 한다.

30 지하구에 설치하는 자동화재탐지설비의 설치기준 중 틀린 것은?

① 지하구 천장의 중심부에 설치하되 감지기와 천장 중심부 하단과의 수직거리는 20cm 이내로 할 것

② 발화지점이 지하구의 실제거리와 일치하도록 수신기 등에 표시할 것

③ 공동구 내부에 상수도용 또는 냉 · 난방용 설비만 존재하는 부분은 감지기를 설치하지 않을 수 있다.

④ 발신기, 지구음향장치 및 시각경보기는 설치하지 않을 수 있다.

▶ **자동화재탐지설비 설치기준** —————————

① 감지기는 다음 각 호에 따라 설치해야 한다.

　1.「자동화재탐지설비 및 시각경보장치의 화재안전기술기준(NFTC 203)」 2.4.1(1)부터 2.4.1(8)의 감지기 중 먼지 · 습기 등의 영향을 받지 않고 발화지점(1m 단위)과 온도를 확인할 수 있는 것을 설치할 것

　2. 지하구 천장의 중심부에 설치하되 감지기와 천장 중심부 하단과의 수직거리는 30cm 이내로 할 것. 다만, 형식승인 내용에 설치방법이 규정되어 있거나, 중앙기술심의위원회의 심의를 거

쳐 제조사 시방서에 따른 설치방법이 지하구 화재에 적합하다고 인정되는 경우에는 형식승인 내용 또는 심의결과에 의한 제조사 시방서에 따라 설치할 수 있다.

3. 발화지점이 지하구의 실제거리와 일치하도록 수신기 등에 표시할 것

4. 공동구 내부에 상수도용 또는 냉·난방용 설비만 존재하는 부분은 감지기를 설치하지 않을 수 있다.

② 발신기, 지구음향장치 및 시각경보기는 설치하지 않을 수 있다.

31 지하구에 연소방지설비 전용헤드를 설치하는 경우 배관구경이 40mm인 경우 하나의 배관에 부착하는 살수헤드의 최대개수는?

① 1개   ② 2개   ③ 3개   ④ 4개 또는 5개

▶ **연소방지설비**

① 연소방지설비 전용헤드

하나의 배관에 부착하는 살수헤드의 개수	1개	2개	3개	4개 또는 5개	6개 이상
배관의 구경[mm]	32	40	50	65	80

② 연결살수설비 전용헤드

하나의 배관에 부착하는 살수헤드의 개수	1개	2개	3개	4개 또는 5개	6개 이상 10개 이하
배관의 구경[mm]	32	40	50	65	80

32 지하구에 설치하는 연소방지설비 방수헤드의 설치기준 중 틀린 것은?

① 천장 또는 벽면에 설치할 것

② 헤드 간의 수평거리는 연소방지설비 전용헤드의 경우에는 2m 이하, 스프링클러헤드의 경우에는 1.5m 이하로 할 것

③ 살수구역은 환기구 등을 기준으로 지하구의 길이방향으로 350m 이내마다 1개 이상 설치할 것

④ 한쪽 방향의 살수구역의 길이는 3m 이상으로 할 것

▶ **연소방지설비**

소방대원의 출입이 가능한 환기구·작업구마다 지하구의 양쪽방향으로 살수헤드를 설정하되, 한쪽 방향의 살수구역의 길이는 3m 이상으로 할 것. 다만, 환기구 사이의 간격이 700m를 초과할 경우에는 700m 이내마다 살수구역을 설정하되, 지하구의 구조를 고려하여 방화벽을 설치한 경우에는 그렇지 않다.

33 지하구에 설치하는 방화벽의 설치기준 중 틀린 것은?

① 내화구조로서 홀로 설 수 있는 구조일 것
② 방화벽의 출입문은 방화문으로 설치할 것
③ 방화벽을 관통하는 케이블·전선 등에는 국토교통부 고시(내화구조의 인정 및 관리기준)에 따라 내화충전 구조로 마감할 것
④ 방화벽은 분기구 및 국사(局舍, central office)·변전소 등의 건축물과 지하구가 연결되는 부위(건축물로부터 20 m 이내)에 설치할 것

▶ **방화벽**
　　② 방화벽의 출입문은「건축법 시행령」제64조에 따른 방화문으로서 60분＋ 방화문 또는 60분 방화문으로 설치할 것

34 지하구의 화재안전기술기준 중 틀린 것은?

① 송수구는 구경 65mm의 쌍구형으로 설치하여야 하며, 송수구로부터 1m 이내에 살수구역 안내표지를 설치할 것
② 연소방지재는 분기구, 지하구의 인입부 또는 인출부, 절연유 순환펌프 등이 설치된 부분에 설치해야 한다.
③ 가지배관에는 헤드의 설치지점 사이마다 1개 이상의 행가를 설치하되, 헤드 간의 거리가 3.5m를 초과하는 경우에는 3.5m 이내마다 1개 이상 설치할 것. 이 경우 상향식헤드와 행가 사이에는 8cm 이상의 간격을 두어야 한다.
④ 주 수신기는 관할 소방관서에 보조 수신기는 지하구의 통제실에 설치하여야 하고, 수신기에는 원격제어 기능이 있을 것

▶ **통합감시시설**
수신기는 지하구의 통제실에 설치하되 화재신호, 경보, 발화지점 등 수신기에 표시되는 정보가 표 2.8.1.3에 적합한 방식으로 119상황실이 있는 관할 소방관서의 정보통신장치에 표시되도록 할 것

35 공동주택의 화재안전성능기준 중 옳은 것은?

① 옥내소화전설비는 호스방식으로 설치할 것

② 아파트등의 세대 내 스프링클러헤드를 설치하는 경우 천장·반자·천장과 반자사이·덕트·선반등의 각 부분으로부터 하나의 스프링클러헤드까지의 수평거리는 3.2미터 이하로 할 것

③ 소화기는 바닥면적 100제곱미터 마다 1단위 이상의 능력단위를 기준으로 설치할 것

④ 세대 내 거실(취침용도로 사용될 수 있는 통상적인 방 및 거실을 말한다)에는 열감지기를 설치할 것

▶
　　① 호스방식 → 호스릴방식
　　② 3.2m → 2.6m
　　④ 열감지기 → 연기감지기

36 공동주택의 화재안전성능기준 중 틀린 것은?

① 비상방송설비의 확성기는 확성기는 각 세대마다 설치할 것

② 피난장애가 발생하지 않도록 하기 위하여 피난기구를 설치하는 개구부는 동일 직선상이 아닌 위치에 있을 것

③ 주차장으로 사용되는 부분은 대형 피난구유도등을 설치할 것

④ 연결송수관설비의 방수구는 쌍구형으로 할 것. 다만, 아파트등의 용도로 사용되는 층에는 단구형으로 설치할 수 있다.

▶
　　대형 피난구유도등 → 중형

37 창고시설의 화재안전성능기준 중 옳은 것은?

① 창고시설 내 배전반 및 분전반마다 가스자동소화장치·분말자동소화장치·고체에어로졸자동소화장치 또는 캐비닛형자동소화장치를 설치해야 한다.

② 수원의 저수량은 옥내소화전의 설치개수가 가장 많은 층의 설치개수(2개 이상 설치된 경우에는 2개)에 2.6세제곱미터(호스릴옥내소화전설비를 포함한다)를 곱한 양 이상이 되도록 해야 한다.

③ 비상전원은 자가발전설비, 축전지설비(내연기관에 따른 펌프를 사용하는 경우에는 내연기관의 기동 및 제어용 축전지를 말한다) 또는 전기저장장치(외부 전기에너지를 저장해 두었다가 필요한 때 전기를 공급하는 장치)로서 옥내소화전설비를 유효하게 60분 이상 작동할 수 있어야 한다.

④ 창고시설에 설치하는 스프링클러설비는 라지드롭형 스프링클러헤드를 습식으로 설치할 것

> ① 캐비닛형자동소화장치 → 소공간용 소화용구
> ② 2.6세제곱미터 → 5.2세제곱미터
> ③ 60분 이상 → 40분 이상

38 창고시설에 설치하여야 하는 스프링클러설비 중 틀린 것은?

① 창고시설 내에 상시 근무자가 없어 난방을 하지 않는 창고시설에는 건식스프링클러설비로 설치할 수 있다.

② 수원의 저수량은 라지드롭형 스프링클러헤드의 설치개수가 가장 많은 방호구역의 설치개수(30개 이상 설치된 경우에는 30개)에 3.2(랙식 창고의 경우에는 9.6)세제곱미터를 곱한 양 이상이 되도록 할 것

③ 가압송수장치의 송수량은 0.1메가파스칼의 방수압력 기준으로 분당 80리터 이상의 방수성능을 가진 기준 개수의 모든 헤드로부터의 방수량을 충족시킬 수 있는 양 이상인 것으로 할 것

④ 라지드롭형 스프링클러헤드를 설치하는 천장·반자·천장과 반자사이·덕트·선반 등의 각 부분으로부터 하나의 스프링클러헤드까지의 수평거리는 특수가연물을 저장 또는 취급하는 창고는 1.7미터 이하, 그 외의 창고는 2.1미터(내화구조로 된 경우에는 2.3미터를 말한다) 이하로 할 것

> ③ 80리터 → 160리터

39 창고시설의 화재안전성능기준 중 옳은 것은?

① 비상방송설비 확성기의 음성입력은 3와트(실내에 설치하는 것은 1와트) 이상으로 해야 한다.

② 자동화재탐지설비에는 그 설비에 대한 감시상태를 60분간 지속한 후 유효하게 30분 이상 경보할 수 있는 비상전원으로서 축전지설비 또는 전기저장장치를 설치해야 한다.

③ 피난구유도등과 거실통로유도등은 중형으로 설치해야 한다.

④ 소화수조 또는 저수조의 저수량은 특정소방대상물의 바닥면적을 5,000제곱미터로 나누어 얻은 수(소수점 이하의 수는 1로 본다)에 20세제곱미터를 곱한 양 이상이 되도록 해야 한다.

> ① 실내에 설치하는 것은 1와트 → 실내에 설치하는 것을 포함한다.
> ③ 중형 → 대형
> ④ 바닥면적 → 연면적

부록

요약정리

PART 06 소방시설의 구조원리

PART 06 소방시설의 구조원리

1. 보행거리 · 수평거리

1) 보행거리

특정 지점에서 해당 지점까지 동선상의 이동거리

소방시설	설치기준
소화기	• 소형 : 20m 이내 • 대형 : 30m 이내
발신기	• 기본 : 수평거리 25m 이하 • 추가 : 보행거리 40m 이상
연기감지기	복도 · 통로 : 보행거리 30m 마다(3종 : 20m마다)
통로유도등(복도 · 거실)	구부러진 모퉁이 및 보행거리 20m마다
유도표지	보행거리가 15m 이하가 되는 곳과 구부러진 모퉁이의 벽
휴대용 비상조명등	• 대규모 점포 · 영화상영관 : 보행거리 50m 이내마다 3개 이상 • 지하상가 · 지하역사 : 보행거리 25m 이내마다 3개 이상
연결송수관 방수기구함	피난층과 가장 가까운 층을 기준으로 3개 층마다 설치하되 그 층의 방수구마다 보행거리 5m 이내

2) 수평거리

구획 여부와 관계없이 일정한 반경 내에 있는 직선거리

소방시설		설치기준
방수구	옥내소화전	① 수평거리 25m 이하(호스릴옥내소화전설비 포함) ② 복층형 구조의 공동주택 : 세대의 출입구가 설치된 층
	연결송수관	▶ 방수구 추가 배치 ① 지하가(터널 제외) 또는 지하층의 바닥면적 합계가 3,000m² 이상 : 수평거리 25m 이하 ② ①에 해당하지 아니하는 것 : 수평거리 50m 이하
비상콘센트		▶ 비상콘센트 추가 배치 ① 지하상가 또는 지하층의 바닥면적 합계가 3,000m² 이상 : 수평거리 25m 이하 ② ①에 해당하지 아니하는 것 : 수평거리 50m 이하
발신기		1. 기본 : 수평거리 25m 이하 2. 추가 : 보행거리 40m 이상

소방시설	설치기준	
음향장치(경종 · 사이렌)	수평거리 25m 이하	
제연설비 배출구	예상제연구역 각 부분으로부터 하나의 배출구까지 : 수평거리 10m 이내	

	특정소방대상물	수평거리

소방시설	특정소방대상물		수평거리
스프링클러헤드	무대부 · 특수가연물을 저장 또는 취급하는 장소		1.7m 이하
	랙크식 창고	특수가연물을 저장 또는 취급하는 경우	1.7m 이하
		특수가연물 이외의 물품을 저장 · 취급하는 경우	2.5m 이하
	공동주택(아파트) 세대 내의 거실(「스프링클러헤드의 형식승인 및 제품 검사의 기술기준」의 유효반경으로 한다) 주거형헤드 유효반경 : 260cm		3.2m 이하
	기타 소방대상물	내화구조	2.3m 이하
		비내화구조	2.1m 이하

소방시설	설치기준	
간이헤드	수평거리 2.3m 이하	
포헤드	수평거리 2.1m 이하	
연결살수설비 전용헤드	건축물 : 수평거리 3.7m 이하(스프링클러헤드 : 수평거리 2.3m 이하)	
	가연성 가스를 저장 · 취급하는 시설 · 헤드간 거리 3.7m 이하	
연소방지설비 전용헤드	헤드 간의 수평거리 2m 이하(스프링클러헤드 : 수평거리 1.5m 이하)	
옥외소화전설비	하나의 호스접결구까지의 수평거리 40m 이하	
호스릴	옥내소화전설비	하나의 옥내소화전 방수구까지 수평거리 25m 이하
	미분무소화설비	하나의 호스접결구까지 수평거리 25m 이하
	포소화설비	하나의 호스릴포방수구까지 수평거리 15m 이하
	이산화탄소 · 분말	하나의 호스접결구까지의 수평거리 15m 이하
	할론	하나의 호스접결구까지의 수평거리 20m 이하

2. 설치높이

1) 특정소방대상물

소방시설	설치높이	
소화기구(자동소화장치 제외)	바닥으로부터 높이 1.5m 이하	
방수구	옥내소화전	바닥으로부터 높이 1.5m 이하
	연결송수관	바닥으로부터 높이 0.5m 이상 1m 이하
분사헤드	캐비닛형 자동소화장치	방호구역의 바닥으로부터 최소 0.2m 이상 최대 3.7m 이하
	할로겐화합물 및 불활성기체 소화약제소화설비	천장 높이가 3.7m를 초과할 경우에는 추가로 다른 열의 분사헤드를 설치할 것

소방시설	설치높이
유수검지장치(SP · 간이 · ESFR)	바닥으로부터 0.8m 이상 1.5m 이하
제어밸브(드렌처 설비)	
자동개방밸브 · 수동식개방밸브(물)	
수동식 기동장치 조작부 (포 · CO₂ · 할론 · 할/불 · 분말)	
조작부 조작스위치(비방)	
수신기 조작스위치(자탐)	
검출부(공기관식 차동식 분포형 감지기)	
스위치(자속)	
휴대용비상조명등	
비상콘센트	
송수구 · 채수구	지면으로부터 높이가 0.5m 이상 1m 이하
호스접결구(옥외소화전)	지면으로부터 높이가 0.5m 이상 1m 이하
시각경보장치	바닥으로부터 2m 이상 2.5m 이하. 다만, 천장의 높이가 2m 이하인 경우 천장으로부터 0.15m 이내
종단저항 전용함	바닥으로부터 1.5m 이내
피난구유도등	피난구의 바닥으로부터 1.5m 이상
거실통로유도등	• 바닥으로부터 1.5m 이상 • 기둥 : 기둥 부분의 바닥으로부터 높이 1.5m 이하
통로유도등(복도 · 계단)	바닥으로부터 높이 1m 이하
통로유도표지	
피난유도선 피난유도표시부	• 축광방식 : 바닥으로부터 높이 50cm 이하 • 광원점등방식 : 바닥으로부터 높이 1m 이하
피난구유도표지	출입구 상단
객석유도등	객석의 통로 · 바닥 · 벽

2) 도로터널

소방시설	설치높이
소화기	바닥면으로부터 1.5m 이하
소화전함과 방수구(옥내소화전설비)	설치된 벽면의 바닥면으로부터 1.5m 이하
발신기(비상경보설비 · 자탐설비)	바닥면으로부터 0.8m 이상 1.5m 이하
시각경보기	비상경보설비상부 직근
방수구(연결송수관설비)	옥내소화전함에 병설하거나 독립적으로 터널출입구 부근과 피난 연결통로
비상콘센트(비상콘센트설비)	바닥으로부터 0.8m 이상 1.5m 이하
옥외안테나(무통설비)	방재실 인근과 터널의 입구 및 출구, 피난연결통로

3. 소방시설별 비상전원

1) 소화설비

소방시설	설치대상 구분	비상전원 종류				용량
		자	축	비	전	
옥내소화전설비	• 7층 이상으로서 연면적 2,000m² 이상 • 지하층 바닥면적의 합계가 3,000m² 이상	◉	◉		◉	20분 이상
스프링클러설비 미분무소화설비	일반 대상	◉	◉		◉	20분 이상
	차고, 주차장으로 스프링클러설비가 설치된 부분의 바닥면적 합계가 1,000m² 미만	◉	◉	◉	◉	
포소화설비	일반 대상	◉	◉		◉	20분 이상
	• 포헤드 또는 고정포 방출설비가 설치된 부분의 바닥면적 합계가 1,000m² 미만 • 호스릴포소화설비 또는 포소화전만을 설치한 차고 · 주차장	◉	◉	◉	◉	
물분무등 소화설비 (미분무 제외)	대상 건축물 전체	◉	◉		◉	20분 이상
간이스프링클러설비	대상 건축물 전체(단, 전원이 필요한 경우만 해당)	◉	◉	◉	◉	10분 이상
ESFR 스프링클러설비	대상 건축물 전체	◉	◉		◉	20분 이상

① 옥내소화전설비 · 스프링클러설비

    ㉠ 40분 이상 : 층수가 30층 이상 49층 이하

    ㉡ 60분 이상 : 층수가 50층 이상

② 간이스프링클러설비

    20분 이상 : 근린생활시설 · 생활형 숙박시설 · 복합건축물

③ 옥내소화전설비 · 물분무소화설비

    40분 이상 : 터널

2) 경보설비

소방시설	설치대상 구분	종류				용량
		자	축	비	전	
자동화재탐지설비, 비상경보설비, 비상방송설비	대상 건축물 전체		◉		◉	60분 감시 후 10분 이상 경보

① 경보설비 비상전원

    ㉠ 30층 미만(비상경보설비 · 비상방송설비 · 자동화재탐지설비)

        자동화재탐지설비에는 그 설비에 대한 감시상태를 60분간 지속한 후 유효하게 10분 이상 경보할 수 있는 축전지설비(수신기에 내장하는 경우를 포함한다) 또는 전기저장장치(외부 전기에너지를 저장해 두었다가 필요한 때 전기를 공급하는 장치)를 설치하여야 한다. 다만, 상용전원이 축전지설비인 경우 또는 건전지를 주전원으로 사용하는 무선식 설비인 경우에는 그러하지 아니하다.

- 비상경보설비 : 비상벨설비 또는 자동식 사이렌설비
- 비상방송설비 : 비상방송설비

ⓛ 30층 이상(비상방송설비·자동화재탐지설비)

자동화재탐지설비에는 그 설비에 대한 감시상태를 60분간 지속한 후 유효하게 30분 이상 경보할 수 있는 축전지설비(수신기에 내장하는 경우를 포함한다) 또는 전기저장장치(외부 전기에너지를 저장해 두었다가 필요한 때 전기를 공급하는 장치)를 설치하여야 한다. 다만, 상용전원이 축전지설비인 경우에는 그러하지 아니하다.

- 비상방송설비 : 비상방송설비

3) 피난구조설비

소방시설	설치대상 구분	종류				용량
		자	축	비	전	
유도등설비	① 11층 이상의 층(지하층 제외) ② 지하층 또는 무창층으로서 용도가 도매시장·소매시장·여객자동차터미널·지하역사·지하상가 ③ ①,②로부터 피난층에 이르는 부분		◉			60분 이상
	일반 대상		◉			20분 이상
비상조명등설비	① 11층 이상의 층(지하층 제외) ② 지하층 또는 무창층으로서 용도가 도매시장·소매시장·여객자동차터미널·지하역사·지하상가 ③ ①,②로부터 피난층에 이르는 부분 ④ 터널	◉	◉		◉	60분 이상
	일반 대상	◉	◉		◉	20분 이상

4) 소화활동설비

소방시설	설치대상 구분	종류				용량
		자	축	비	전	
제연설비	① 일반 대상	◉	◉		◉	20분 이상
	② 터널	◉	◉		◉	60분 이상
연결송수관설비	지표면에서 최상층 방수구의 높이가 70m 이상	◉	◉		◉	20분 이상
비상콘센트설비	① 지하층을 제외한 층수가 7층 이상으로서 연면적 2,000m² 이상 ② 지하층 바닥면적의 합계가 3,000m² 이상	◉		◉	◉	20분 이상
무선통신보조설비	증폭기를 설치한 경우		◉		◉	30분 이상

[제연설비·연결송수관설비]

① 40분 이상 : 층수가 30층 이상 49층 이하

② 60분 이상 : 층수가 50층 이상

4. 헤드 간 거리 S

정방형 $S[\mathrm{m}] = 2R\cos 45° = \sqrt{2}\,R$

1) 스프링클러헤드 수평거리(R)

특정소방대상물		수평거리
무대부 · 특수가연물을 저장 또는 취급하는 장소		1.7[m] 이하
랙크식 창고	특수가연물을 저장 또는 취급하는 경우	1.7[m] 이하
	특수가연물 이외의 물품을 저장 · 취급하는 경우	2.5[m] 이하
공동주택(아파트) 세대 내의 거실(「스프링클러헤드의 형식승인 및 제품 검사의 기술기준」의 유효반경으로 한다) 주거형헤드 유효반경 : 260cm		3.2[m] 이하
기타 소방대상물	내화 구조	2.3[m] 이하
	비내화 구조	2.1[m] 이하

2) 간이헤드 : 수평거리 2.3[m] 이하

3) 화재조기진압용 스프링클러헤드

천장 높이	가지배관의 헤드 사이의 거리	가지배관 사이의 거리
9.1[m] 미만	2.4[m] 이상 3.7[m] 이하	2.4[m] 이상 3.7[m] 이하
9.1[m] 이상 13.7[m] 이하	3.1[m] 이하	2.4[m] 이상 3.1[m] 이하

4) 포헤드 : 수평거리 2.1[m] 이하

5) 연결살수

헤드 종류	일반 건축물		가연성 가스를 저장 · 취급하는 시설
	수평거리(R)	헤드 간 거리(S)	헤드 간 거리(S)
연결살수설비 전용헤드	3.7[m] 이하	5.23[m]	3.7[m] 이하
스프링클러헤드	2.3[m] 이하	3.25[m]	－

6) 연소방지설비(지하구)

헤드 종류	헤드 간의 수평거리(S)
연소방지설비 전용헤드	2[m] 이하
스프링클러헤드	1.5[m] 이하

5. 양정(펌프 방식)

소방시설	펌프의 양정	
옥내소화전설비	펌프의 양정 $H=h_1+h_2+h_3+17[m]$ (호스릴옥내소화전 포함)	h_1 : 건물 실양정[m] h_2 : 배관 마찰손실수두[m] h_3 : 호스 마찰손실수두[m]
옥외소화전설비	펌프의 양정 $H=h_1+h_2+h_3+25[m]$	h_1 : 필요한 실양정[m] h_2 : 배관 마찰손실수두[m] h_3 : 호스 마찰손실수두[m]
스프링클러설비	펌프의 양정 $H=h_1+h_2+10[m]$	h_1 : 건물 실양정[m] h_2 : 배관 마찰손실수두[m]
간이스프링클러설비	펌프의 양정 $H=h_1+h_2+10[m]$	h_1 : 건물 실양정[m] h_2 : 배관 마찰손실수두[m]
ESFR	펌프의 양정 $H=h_1+h_2+h_3[m]$	h_1 : 건물 실양정[m] h_2 : 배관 마찰손실수두[m] h_3 : 최소방사압력환산수두[m]
물분무소화설비	펌프의 양정 $H=h_1+h_2[m]$	h_1 : 물분무헤드 설계압력 환산수두[m] h_2 : 배관 마찰손실수두[m]
미분무소화설비	–	–
포소화설비	펌프의 양정 $H=h_1+h_2+h_3+h_4[m]$	h_1 : 실양정[m] h_2 : 배관 마찰손실수두[m] h_3 : 호스 마찰손실수두[m] h_4 : 방출구의 설계압력 환산수두[m] 　　또는 노즐선단 방사압력 환산수두[m]

6. 우선경보방식 : 자동화재탐지설비, 스프링클러설비 등, 비상방송설비

층수가 11층(공동주택의 경우에는 16층) 이상

1) 2층 이상의 층에서 발화한 때에는 발화층 및 그 직상 4개 층에 경보를 발할 것
2) 1층에서 발화한 때에는 발화층 · 그 직상 4개 층 및 지하층에 경보를 발할 것
3) 지하층에서 발화한 때에는 발화층 · 그 직상층 및 기타의 지하층에 경보를 발할 것

7. 감지기 기준

1) 감지기 수량 산정

바닥면적 기준	설치장소 기준	
	복도 · 통로	계단 · 경사로
$N=\dfrac{\text{감지구역 바닥면적}}{\text{감지기 기준면적}}$	$N=\dfrac{\text{감지구역 보행거리}}{\text{감지기 기준거리}}$	$N=\dfrac{\text{감지구역 수직거리}}{\text{감지기 기준거리}}$

2) 열감지기 기준 면적[m²]

부착높이 및 특정소방대상물의 구분		감지기의 종류						
		차동식 스폿형		보상식 스폿형		정온식 스폿형		
		1종	2종	1종	2종	특종	1종	2종
4m 미만	주요 구조부를 내화구조로 한 특정소방대상물 또는 그 부분	90	70	90	70	70	60	20
	기타구조의 특정소방대상물 또는 그 부분	50	40	50	40	40	30	15
4m 이상 8m 미만	주요 구조부를 내화구조로 한 특정소방대상물 또는 그 부분	45	35	45	35	35	30	–
	기타구조의 특정소방대상물 또는 그 부분	30	25	30	25	25	15	–

3) 연기감지기 기준 면적[m²]

부착 높이	감지기의 종류	
	1종 및 2종	3종
4m 미만	150	50
4m 이상 20m 미만	75	–

4) 연기감지기 기준 거리[m]

설치장소	감지기 종류	
	1종 및 2종	3종
복도 · 통로(보행거리)	30	20
계단 · 경사로(수직거리)	15	10

8. 피난기구 설치수량

1) 기본 설치

$$N = \frac{\text{바닥면적}[m^2]}{\text{기준면적}[m^2]}$$

특정소방대상물	기준면적
숙박시설 · 노유자시설 및 의료시설로 사용되는 층	그 층의 바닥면적 500m²마다 1개 이상
위락시설 · 문화집회 및 운동시설 · 판매시설로 사용되는 층 또는 복합용도의 층	그 층의 바닥면적 800m²마다 1개 이상
그 밖의 용도의 층	그 층의 바닥면적 1,000m²마다 1개 이상
계단실형 아파트	각 세대마다

2) 추가 설치

특정소방대상물	피난기구	적용기준
숙박시설 (휴양 콘도미니엄 제외)	완강기 또는 둘 이상의 간이완강기	객실마다 설치(3층 이상)
공동주택	공기안전매트 1개 이상	하나의 관리주체가 관리하는 공동주택 구역마다 공기안전매트 1개 이상을 추가로 설치할 것. 다만, 옥상으로 피난이 가능하거나 인접세대로 피난할 수 있는 구조인 경우에는 추가로 설치하지 않을 수 있다.

9. 소화수조 및 저수조

1) 저수량

$$Q = K \times 20[\mathrm{m}^3] \text{ 이상} \qquad K = \frac{\text{소방대상물의 연면적}}{\text{기준면적}} (\text{소수점 이하는 1로 본다.})$$

소방대상물의 구분	기준면적
1. 1층 및 2층의 바닥면적 합계가 15,000m² 이상인 소방대상물	7,500m²
2. 제1호에 해당되지 아니하는 그 밖의 소방대상물	12,500m²

2) 흡수관 투입구

지하에 설치하는 소화용수설비의 흡수관투입구는 그 한 변이 0.6m 이상이거나 직경이 0.6m 이상인 것으로 하고, 소요수량이 80m³ 미만인 것은 1개 이상, 80m³ 이상인 것은 2개 이상을 설치하여야 하며, "흡수관투입구"라고 표시한 표지를 할 것

3) 채수구 · 가압송수장치의 1분당 양수량

소요수량	20m³ 이상 40m³ 미만	40m³ 이상 100m³ 미만	100m³ 이상
채수구 수	1개	2개	3개
가압송수장치의 1분당 양수량	1,100*l* 이상	2,200*l* 이상	3,300*l* 이상

[가압송수장치 설치대상]
소화수조 또는 저수조가 지표면으로부터의 깊이(수조 내부 바닥까지의 길이를 말한다)가 4.5m 이상인 지하에 있는 경우

10. 거실제연설비

1) 배출방식

① 단독제연방식

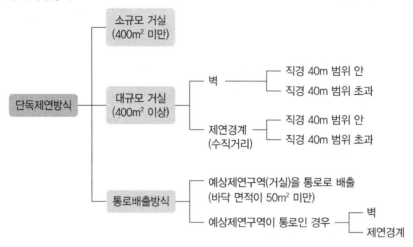

② 공동제연방식

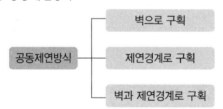

2) 배출량

① 단독제연방식의 배출량

㉠ 소규모 거실(거실 바닥 면적이 400m² 미만)인 경우

$$Q[\text{m}^3/\text{hr}] = A[\text{m}^2] \times 1[\text{m}^3/\text{min} \cdot \text{m}^2] \times 60[\text{min}/\text{hr}] \text{ 이상}$$

- A m² : 거실 바닥 면적(400m² 미만일 것)
- 최저 배출량은 5,000m³/hr 이상일 것

ⓛ 대규모 거실(거실 바닥 면적이 400m² 이상)인 경우

벽으로 구획		제연경계(보 · 제연경계 벽)로 구획		
구분	배출량	수직거리	직경 40m 범위 안	직경 40m 범위 초과
직경 40m 범위 안	40,000m³/hr 이상	2m 이하	40,000m³/hr 이상	45,000m³/hr 이상
직경 40m 범위 초과	45,000m³/hr 이상	2m 초과 2.5m 이하	45,000m³/hr 이상	50,000m³/hr 이상
		2.5m 초과 3m 이하	50,000m³/hr 이상	55,000m³/hr 이상
		3m 초과	60,000m³/hr 이상	65,000m³/hr 이상

ⓒ 통로배출방식

• 거실의 바닥 면적이 50m² 미만인 예상제연구역을 통로배출방식으로 하는 경우

수직거리	통로길이		비고
	40m 이하	40m 초과 60m 이하	
2m 이하	25,000m³/hr 이상	30,000m³/hr 이상	벽으로 구획된 경우를 포함
2m 초과 2.5m 이하	30,000m³/hr 이상	35,000m³/hr 이상	
2.5m 초과 3m 이하	35,000m³/hr 이상	40,000m³/hr 이상	
3m 초과	45,000m³/hr 이상	50,000m³/hr 이상	

• 예상제연구역이 통로인 경우의 배출량은 45,000m³/hr 이상으로 할 것. 다만, 예상제연구역이 제연경계로 구획된 경우에는 그 수직거리에 따라 배출량은 제2항 제2호의 표에 따른다.

➥ 제2항 제2호의 표 : 대규모 거실로 제연구역이 제연경계(보 · 제연경계 벽)으로 구획된 경우

② 공동제연방식의 배출량

ⓛ 벽으로 구획된 경우

각 예상제연구역의 배출량을 합한 것 이상

ⓒ 제연경계(보 · 제연경계벽)로 구획된 경우

각 예상제연구역의 배출량 중 최대의 것

ⓒ 벽과 제연경계로 구획된 경우

배출량=벽으로 구획된 것+제연경계로 구획된 것 중 최대량

(단, 벽으로 구획된 제연구역이 2 이상일 경우 : 각 배출량의 합)

11. 배출풍도

1) 풍도 단면적 $A[\mathrm{m}^2] = \dfrac{\text{배출량}[\mathrm{m}^3/\mathrm{s}]}{\text{풍속}\,[\mathrm{m}/\mathrm{s}]}$ ($Q[\mathrm{m}^3/\mathrm{s}] = A \times V$)

단면적	사각 풍도	$A[\mathrm{m}^2] = \text{폭}[\mathrm{m}] \times \text{높이}[\mathrm{m}]$
	원형 풍도	$A[\mathrm{m}^2] = \dfrac{\pi D^2}{4}\left(D[\mathrm{m}] = \sqrt{\dfrac{4A}{\pi}}\right)$
풍속	배출 풍도	• 흡입 측 : 15[m/s] 이하 • 배출 측 : 20[m/s] 이하
	유입 풍도	흡입 측ㆍ배출 측 : 20[m/s] 이하

2) 강판 두께[mm]

① 사각 풍도 : 풍도 단면의 긴 변을 적용
② 원형 풍도 : 풍도 직경을 적용

풍도 단면의 긴 변 또는 직경의 크기	450mm 이하	450mm 초과 750mm 이하	750mm 초과 1,500mm 이하	1,500mm 초과 2,250mm 이하	2,250mm 초과
강판 두께	0.5mm	0.6mm	0.8mm	1.0mm	1.2mm

12. 급기량

1) 산정식

급기량[m³/s]＝누설량[m³/s]＋보충량[m³/s]

2) 누설량ㆍ보충량

구분	누설량[m³/s]	보충량[m³/s]
개 념	출입문이 닫혀 있는 상태에서 최소 차압을 유지하기 위한 바람의 양	출입문이 개방된 상태에서 방연풍속을 발생하기 위한 바람의 양
기 준	• 최소 차압 : 40Pa 이상(옥내에 스프링클러설비가 설치된 경우 : 12.5Pa 이상)－차압계로 측정 • 최대 차압 : 110N 이하－폐쇄력 측정기로 측정	• 방연풍속 이상 • 풍속계로 측정
공 식	$Q = 0.827 \times A_t \times P^{\frac{1}{n}} \times N$	$Q_2 = K\left(\dfrac{S \times V}{0.6}\right) - Q_0$

여기서, A_t : 누설틈새 면적의 합[m²]

P : 차압[Pa]

n : 개구부계수(출입문 또는 큰 문 : 2, 작은 문 또는 창문 : 1.6)

N : 전체 부속실의 수

K : 부속실이 20개 이하 → 1, 21개 이상 → 2

S : 제연구역의 출입문 면적[m²]

V : 방연풍속[m/s]

Q_0 : 거실로의 유입풍량[m³/s]

3) 누설틈새 면적

① 출입문의 누설틈새 면적 $A = \dfrac{L}{l} \times A_d$

여기서, A : 출입문의 틈새면적[m²]

L : 출입문 틈새의 길이[m](L의 수치가 l의 수치 이하인 경우에는 l의 수치로 할 것)

l : 기준틈새길이[m]

A_d : 기준틈새면적[m²]

출입문의 형태		기준틈새길이[m]	기준틈새면적[m²]
외여닫이문	제연구역 실내 쪽으로 개방	5.6	0.01
	제연구역 실외 쪽으로 개방		0.02
쌍여닫이문		9.2	0.03
승강기 출입문		8.0	0.06

② 창문의 누설틈새 면적

창문의 형태		틈새면적[m²]
외여닫이식 창문	창틀에 방수패킹이 없는 경우	$2.55 \times 10^{-4} \times$ 틈새길이
	창틀에 방수패킹이 있는 경우	$3.61 \times 10^{-5} \times$ 틈새길이
미닫이식 창문		$1.00 \times 10^{-4} \times$ 틈새길이

③ 누설틈새 면적의 합

㉠ 직렬 배열 $A_t = \left(\dfrac{1}{A_1^n} + \dfrac{1}{A_2^n} + \cdots + \dfrac{1}{A_n^n} \right)^{-\frac{1}{n}}$

- 출입문 또는 큰 문 n : 2
- 창문 또는 작은 문 n : 1.6

㉡ 병렬 배열 $A_t = A_1 + A_2 + \cdots + A_n$

㉢ 직·병렬 배열

- 가압공간의 먼 위치부터 역순으로 계산한다.
- 직렬 배열은 직렬공식을, 병렬 배열은 병렬공식을 각각 적용한다.

④ 방연풍속

제연 구역		방연풍속
계단실 및 그 부속실을 동시에 제연하는 것·계단실만 단독으로 제연하는 것		0.5m/s 이상
부속실만 단독으로 제연하는 것 또는 비상용 승강기의 승강장만 단독으로 제연하는 것	부속실 또는 승강장이 면하는 옥내가 거실인 경우	0.7m/s 이상
	부속실 또는 승강장이 면하는 옥내가 복도로서 그 구조가 방화구조(내화시간이 30분 이상인 구조를 말한다.)인 것	0.5m/s 이상

13. 일반건축물과 고층건축물의 소화설비 비교

1) 옥내소화전설비

구분	일반건축물	고층건축물		비고
수원의 양	$N \times 2.6m^3$ 이상	30층 이상 49층 이하	$N \times 5.2m^3$ 이상	N : 최대 2개(30층 미만) 최대 5개(30층 이상)
		50층 이상	$N \times 7.8m^3$ 이상	
펌프방식	겸용 가능	전용(겸용 불가)		
주배관	겸용 가능	30층 이상 49층 이하	전용(겸용 불가)	연결송수관설비와 겸용 가능
		50층 이상	전용(겸용 불가) 수직배관 2개 이상	
비상전원	20분 이상	30층 이상 49층 이하	40분 이상	
		50층 이상	60분 이상	

> ➤ **옥상수원 설치면제**
> 1. 일반건축물
>   - 지하층만 있는 건축물
>   - 고가수조를 가압송수장치로 설치한 옥내소화전설비
>   - 수원이 건축물의 최상층에 설치된 방수구보다 높은 위치에 설치된 경우
>   - 건축물의 높이가 지표면으로부터 10m 이하인 경우
>   - 주 펌프와 동등 이상의 성능이 있는 별도의 펌프로서 내연기관의 기동과 연동하여 작동되거나 비상전원을 연결하여 설치한 경우
>   - 2.2.1.9의 단서에 해당하는 경우
>   - 가압수조를 가압송수장치로 설치한 옥내소화전설비
> 2. 고층건축물
>   - 고가수조를 가압송수장치로 설치한 옥내소화전설비
>   - 수원이 건축물의 최상층에 설치된 방수구보다 높은 위치에 설치된 경우
>
> ➲ 2.2.1.9의 단서
> 학교 · 공장 · 창고시설(제4조 제2항에 따라 옥상수조를 설치한 대상은 제외한다)로서 동결의 우려가 있는 장소에 있어서는 기동스위치에 보호판을 부착하여 옥내소화전함 내에 설치할 수 있다.

2) 스프링클러설비

구분	일반건축물	고층건축물	
수원의 양	$N \times 1.6m^3$ 이상	30층 이상 49층 이하	$N \times 3.2m^3$ 이상
		50층 이상	$N \times 4.8m^3$ 이상
펌프방식	겸용 가능	전용(겸용 불가)	
주배관	겸용 가능	30층 이상 49층 이하	전용(겸용 불가)
		50층 이상 • 수직배관 2개 이상 • 각각의 수직배관에 유수검지장치 설치 • 헤드는 2개 이상의 가지배관 양 방향에서 소화용수 공급, 수리 계산	
경보방식	• 2층 이상 : 발화층, 그 직상층 • 1층 : 발화층, 그 직상층, 지하층 • 지하층 : 발화층, 그 직상층, 기타 지하층	• 2층 이상 : 발화층, 그 직상 4개 층 • 1층 : 발화층, 그 직상 4개 층, 지하층 • 지하층 : 발화층, 그 직상층, 기타 지하층	
비상전원	20분 이상	30층 이상 49층 이하	40분 이상
		50층 이상	60분 이상

> ➤ **옥상수원 설치 면제**
> 1. 일반건축물
>   - 지하층만 있는 건축물
>   - 고가수조를 가압송수장치로 설치한 스프링클러설비
>   - 수원이 건축물의 최상층에 설치된 헤드보다 높은 위치에 설치된 경우
>   - 건축물의 높이가 지표면으로부터 10m 이하인 경우
>   - 주 펌프와 동등 이상의 성능이 있는 별도의 펌프로서 내연기관의 기동과 연동하여 작동되거나 비상전원을 연결하여 설치한 경우
>   - 가압수조를 가압송수장치로 설치한 스프링클러설비
> 2. 고층건축물
>   - 고가수조를 가압송수장치로 설치한 스프링클러설비
>   - 수원이 건축물의 최상층에 설치된 헤드보다 높은 위치에 설치된 경우

14. 소화기 수량 산출

1) 기본 수량

소화기 설치 수 $N = \dfrac{\text{소요단위}}{\text{능력단위}}$

① 소요단위 계산(특정소방대상물별 소화기구의 능력단위기준[별표 3])

소요단위 $N' = \dfrac{\text{용도별 바닥면적}}{\text{기준면적}}$

특정소방대상물	소화기구의 능력단위
위락시설	바닥면적 30m²마다 능력단위 1단위 이상
공연장 · 집회장 · 관람장 · 문화재 · 장례식장 및 의료시설	바닥면적 50m²마다 능력단위 1단위 이상
근린생활시설 · 판매시설 · 운수시설 · 숙박시설 · 노유자시설 · 전시장 · 공동주택 · 업무시설 · 방송통신시설 · 공장 · 창고시설 · 항공기 및 자동차 관련 시설 및 관광휴게시설	바닥면적 100m²마다 능력단위 1단위 이상
그 밖의 것	바닥면적 200m²마다 능력단위 1단위 이상

➲ 기준면적 2배
주요 구조부가 내화구조이고 벽 및 반자의 실내에 면하는 부분이 불연재료 · 준불연재료 · 난연재료로 된 경우

② 감소기준 : 소화설비 또는 대형 소화기가 설치된 경우

㉠ 소화설비가 설치된 경우 : 소요단위 수의 $\dfrac{2}{3}$ 감소($\dfrac{1}{3}$만 설치)

➲ 소화설비 : 옥내소화전설비 · 스프링클러설비 · 물분무등소화설비 · 옥외소화전설비

㉡ 대형 소화기가 설치된 경우 : 소요단위 수의 $\dfrac{1}{2}$ 감소($\dfrac{1}{2}$만 설치)

➲ 감소기준을 적용할 수 없는 특정소방대상물
층수가 11층 이상인 부분, 근린생활시설, 위락시설, 문화 및 집회시설, 운동시설, 판매시설, 운수시설, 숙박시설, 노유자시설, 의료시설, 아파트, 업무시설(무인변전소를 제외한다), 방송통신시설, 교육연구시설, 항공기 및 자동차 관련 시설, 관광 휴게시설

③ 소요단위를 구한 후 능력단위에 맞는 소화기 수량 산출

2) 추가 수량

① 부속용도별로 추가
② 각 층이 2 이상의 거실로 구획된 경우
㉠ 바닥면적 33m² 이상으로 구획된 각 거실(다중이용업소 : 영업장 안의 구획된 실마다)
㉡ 아파트는 각 세대

15. 방수압력 및 방수량

소방시설	방수압력
옥내소화전설비	0.17[MPa] 이상(각 소화전의 노즐선단) (0.7[MPa] 초과 : 호스접결구 인입 측에 감압장치)
연결송수관설비	0.35[MPa] 이상(최상층에 설치된 노즐선단)
옥외소화전설비	0.25[MPa] 이상(각 옥외소화전의 노즐선단) (0.7[MPa] 초과 : 호스접결구 인입 측에 감압장치)
스프링클러설비	0.1[MPa] 이상 1.2MPa 이하(하나의 헤드 선단)
드렌처설비	0.1[MPa] 이상(각각의 헤드 선단)
간이스프링클러설비	0.1[MPa] 이상(각각의 간이헤드 선단)
ESFR 스프링클러설비	[별표 3]
호스릴포소화설비, 포소화전설비	0.35[MPa] 이상
소화수조 및 저수조	1.5[kg/cm²] 이상(소화수조가 옥상 또는 옥탑 부분에 설치된 경우 지상에 설치된 채수구 압력)

방수량		
일반	130[l/min] 이상(최대 5개)	
터널	190[l/min] 이상(2개-3차로 이하/3개-4차로 이상)	

층별 방수구	펌프 토출량	
	계단식 아파트	일반대상
3개 이하	1,200[l/min] 이상	2,400[l/min] 이상
4개	1,600[l/min] 이상	3,200[l/min] 이상
5개 이상	2,000[l/min] 이상	4,000[l/min] 이상
350[l/min] 이상(최대 2개)		
80[l/min] 이상(0.1[MPa]의 방수압력 기준으로)		
80[l/min] 이상		

특정소방대상물	50[l/min] 이상(간이헤드)	일반	2개
		근·생·복*	5개
주차장	80[l/min] 이상(표준반응형헤드)		

$$K\sqrt{10P}\,[l/min]\ \text{이상}$$

300[l/min] 이상(최대 5개) : 포수용액(1개층의 바닥면적 200m² 이하 : 230[l/min] 이상)

소요수량	20[m³] 이상 40[m³] 미만	40[m³] 이상 100[m³] 미만	100[m³] 이상
가압송수장치의 1분당 양수량	1,100[l] 이상	2,200[l] 이상	3,300[l] 이상

> ➤ 간이스프링클러 설비
> • 근린생활시설로 사용하는 부분의 바닥면적 합계가 1천[m²] 이상인 것은 모든 층
> • 숙박시설로 사용되는 바닥면적의 합계가 300m² 이상 600m² 미만인 시설
> • 복합건축물로서 연면적 1천[m²] 이상인 것은 모든 층
> → 복합건축물 : 하나의 건축물이 근린생활시설, 판매시설, 업무시설, 숙박시설 또는 위락시설의 용도와 주택의 용도로 함께 사용되는 것

16. 소화설비

1) 수계 소화설비

유효수량 $Q[l] = N \times$ 표준방사량$[l/\text{min} \cdot$ 개$] \times T[\text{min}]$

옥내소화전설비	NFSC		$Q[l] = N \times 130 \times T$
	위험물		$Q[l] = N \times 260 \times 30$
	터널		$Q[l] = N \times 190 \times 40$
스프링클러설비	NFSC	폐	$Q[l] = N \times 80 \times T$
		개	$Q[l] = N \times 80 \times 20$
			$Q[l] = N \times q' \times 20$
	위험물	폐	$Q[l] = 30 \times 80 \times 30$
		개	$Q[l] = N \times 80 \times 30$
간이 SP 설비	NFSC		$Q[l] = N \times 50 \times T$
			$Q[l] = N \times 80 \times T$
옥외소화전설비	NFSC		$Q[l] = N \times 350 \times 20$
	위험물		$Q[l] = N \times 450 \times 30$

물분무 $Q[l] \times$ 표준방사량$[l/\text{min} \cdot \text{m}^2] \times 20[\text{min}]$	
소방대상물	수원$[l]$
특수가연물 저장 · 취급 ①	
절연유 봉입 변압기 ②	$Q = A \times 10 \times 20$
컨베이어벨트 ③	
케이블트레이 · 덕트 ④	$Q = A \times 12 \times 20$
차고 · 주차장 ①	$Q = A \times 20 \times 20$
터널 ⑤	$Q = A \times 6 \times 3 \times 40$

N	옥내소화전의 설치개수(호스릴옥내소화전)가 가장 많은 층의 설치개수(최대5개)	130l/min	0.17MPa	T	20·40·60
	옥내소화전이 가장 많이 설치된 층의 옥내소화전 설치개수(최대5개)	260l/min	350kPa		30
	3차로 이하 → 2개 / 4차로 이상 → 3개	190l/min	0.35MPa		40
N	설치장소별 • APT가 아닌 경우 : 가장 많은 층 • APT : 가장 많은 세대	80l/min	0.1~1.2MPa	T	20·40·60
N	설치된 헤드 개수 30개 이하				
	30개 초과 q'(가입송수장치의 1분당 송수량) = $K\sqrt{10P}$ [l/min]	$K\sqrt{10P}$			
	헤드 설치 개수가 30개 미만인 방호대상물인 경우에는 당해 설치개수	80l/min	100kPa	T	30
	스프링클러헤드가 가장 많이 설치된 방사구역의 스프링클러헤드 설치개수				
	• 일반대상 : N → 2 • 근린생활시설 · 생활형숙박시설 · 복합건축물 : N → 5	50l/min	0.1MPa	T	10 · 20
	주차장에 표준반응형 스프링클러헤드를 설치한 경우	80l/min			
N	옥외소화전의 설치개수(최대 2개)	350l/min	0.25MPa	T	20
	옥외소화전의 설치개수(최대 4개)	450l/min	350kPa		30

① 특수가연물 저장 · 취급/차고 · 주차장 : 최대방수구역 바닥면적(50[m²] 이하는 50[m²])
② 절연유 봉입변압기 : 바닥 부분을 제외한 변압기 표면적을 합한 면적(5면의 합)
③ 컨베이어 벨트 : 벨트 부분의 바닥면적
④ 케이블트레이 · 덕트 : 투영된 바닥면적
⑤ 터널 : 25[m]×폭[m]

ESFR $Q[l] = 12 \times 60 \times K\sqrt{10P}$					
최대 층고	최대 저장높이	화재조기진압용 스프링클러헤드			
		$K=360$	$K=320$	$K=240$	$K=240$	$K=200$
13.7m	12.2m	0.28	0.28	−	−	−
13.7m	10.7m	0.28	0.28	−	−	−
12.2m	10.7m	0.17	0.28	0.36	0.36	0.52
10.7m	9.1m	0.14	0.24	0.36	0.36	0.52
9.1m	7.6m	0.10	0.17	0.24	0.24	0.34

2) 포소화설비

① 수원

N F S C	수원양	특수가연물을 저장·취급하는 공장·창고			$Q[l] = N \times Q_s \times 10$
		차고·주차장			$Q[l] = [N \times Q_s \times 10] + [N' \times 300 \times 20]$
		항공기격납고			$Q[l] = [N \times Q_s \times 10] + [N' \times 300 \times 20]$
위험물	포수용액양	포방출구	고정포방출구	비수용성	$Q[l] = [A \times Q_1 \times T]$
				수용성	$Q[l] = [A \times Q_2 \times T] \times C$
			보조포소화전		$Q[l] = [N' \times 400 \times 20]$
			배관 충전양		$Q[l] = A \times L \times 1,000$
		포헤드			$Q[l] = N \times Q_s \times 10$
		포모니터			$Q[l] = N \times 57,000$
		포소화전	옥내		$Q[l] = N \times 6,000$
			옥외		$Q[l] = N \times 12,000$

미분무 $Q[\text{m}^3] = NDTS + V$

여기서, Q : 수원의 양[m³]
N : 방호구역(방수구역) 내 헤드의 개수
D : 설계유량[m³/min]
T : 설계방수시간[min]
S : 안전율(1.2 이상)
V : 배관의 총 체적[m³]

N	① 포헤드가 가장 많이 설치된 층의 포헤드 수(바닥면적이 200m²를 초과한 층은 200m² 이내) ② 고정포방출구가 가장 많이 설치된 방호구역 안의 고정포 방출구 수		
Q_s	표준방사량[l/min]		
N'	방수구가 가장 많은 층의 설치개수(최대 5개)		
N'	호스릴포 방수구가 가장 많이 설치된 격납고의 호스릴방수구 수(최대 5개)		

$A[\text{m}^2]$: 탱크의 액표면적[콘루프탱크 $= \dfrac{\pi D^2}{4}$, 플루팅루프탱크 $= \dfrac{\pi}{4}(D^2 - d^2)$]

여기서, Q_1 : 비수용성 위험물 방출률, Q_2 : 수용성 위험물 방출률, C : 위험물 계수(1.0~2.0)

N'	방유제의 보조포 소화전 수(최대 3개)		
배관 체적[m³] $= A[\text{m}^2] \times L[\text{m}]$			
N	가장 많이 설치된 방수구역 내의 포헤드 수(바닥면적 100m² 이상, 100m² 미만인 경우 해당 면적)		
N	모니터 노즐 수(설치개수가 1개인 경우 2개로 적용)	57,000 : 1,900[l/min] × 30[min]	
N	호스 접결구 수(최대 4개, 쌍구형 : 2개 적용)	200[l/min] × 30[min]	400[l/min] × 30[min]

② 포소화약제 저장량

NFSC		
고정포 방출구	고정포 방출구	$Q = A \times Q_1 \times T \times S$
	보조 소화전	$Q = N \times 400 \times 20 \times S$
	배관 충전	$Q = A \times L \times 1,000 \times S$
옥내포소화전 · 호스릴 방식		$Q = N \times 300 \times 20 \times S$
포헤드 · 압축공기포		$Q = N \times Q_s \times 10 \times S$

▼ 비수용성 위험물

구분 \ 포방출구 종류	I형(II · III · IV형)			특형		
	$[l/m^2]$	$[l/min \cdot m^2]$	[min]	$[l/m^2]$	$[l/min \cdot m^2]$	[min]
제1 석유류(휘발유)	120(220)	4	30(55)	240	8	30
제2 석유류(등 · 경유)	80(120)	4	20(30)	160	8	20
제3 석유류(중유)	60(100)	4	15(25)	120	8	15

③ 표준방사량(Q_s)

㉠ 포워터 : $75[l/min]$ 이상

㉡ 포헤드 · 고정포방출구 · 이동식 포노즐 · 압축공기포헤드 : 설계압력에 따라 방출(제조사 결정)

• 포헤드 1개의 최소 방사량$[l/min]$ 계산 후 표준방사량 결정

최소방사량$= A \times K \div$ 설치 헤드 수

여기서, A : 바닥면적[m²]

K : 1분당 방사량$[l/min \cdot m^2]$

• 압축공기포 방수량 : 방호구역에 최소 10분간 방사. 다음의 설계방출밀도$[l/min \cdot m^2]$ 적용
  - 일반가연물, 탄화수소류 : $1.63[l/min \cdot m^2]$
  - 특수가연물, 알코올류, 케톤류 : $2.3[l/min \cdot m^2]$

위험물			
포방출구	고정포 방출구	비수용성	$Q = [A \times Q_1 \times T] \times S$
		수용성	$Q = [A \times Q_2 \times T] \times C \times S$
	보조포 소화전		$Q = [N' \times 400 \times 20] \times S$
	배관 충전		$Q = A \times L \times 1,000 \times S$
포헤드			$Q = N \times Q_s \times 10 \times S$
포모니터			$Q = N \times 57,000 \times S$
포소화전	옥내		$Q = N \times 6,000 \times S$
	옥외		$Q = N \times 12,000 \times S$

▼ 수용성 위험물

구분	I 형	II 형	특형	III 형	IV 형
Q_1	8	8	–	–	8
T	20	30	–	–	30

소방대상물	포소화약제의 종류	바닥면적 1m²당 방사량
차고 · 주차장 항공기격납고	단백포 소화약제	6.5l 이상
	합성계면활성제포 소화약제	8.0l 이상
	수성막포 소화약제	3.7l 이상
소방기본법 시행령 별표 2의 특수가연물을 저장 · 취급하는 소방대상물	단백포 소화약제	6.5l 이상
	합성계면활성제포 소화약제	
	수성막포 소화약제	

④ 고정포방출구 방출량[$l/\min$]

　㉠ 전역방출방식

　　$Q = V$(관포체적) $\times K$(방출량)

　　　↳ 방호대상물의 높이보다 0.5m 높은 위치까지의 체적

　㉡ 국소방출방식

　　$Q = A$(방호면적) $\times K$(방출량)

　　　↳ 방호대상물 높이의 3배 거리를 수평으로 연장한

　　　　선으로 둘러싸인 부분의 면적

소방대상물	포소화약제의 종류	1m³에 대한 분당 포수용액 방출량
항공기격납고	팽창비가 80 이상 250 미만의 것	2.00l
	팽창비가 250 이상 500 미만의 것	0.50l
	팽창비가 500 이상 1,000 미만의 것	0.29l
차고 또는 주차장	팽창비가 80 이상 250 미만의 것	1.11l
	팽창비가 250 이상 500 미만의 것	0.28l
	팽창비가 500 이상 1,000 미만의 것	0.16l
소방기본법 시행령 별표 2의 특수가연물을 저장 · 취급하는 소방대상물	팽창비가 80 이상 250 미만의 것	1.25l
	팽창비가 250 이상 500 미만의 것	0.31l
	팽창비가 500 이상 1,000 미만의 것	0.18l

17. 가스계 소화설비

1) 전역방출방식(CO_2 · 할론 · 할로겐화합물 및 불활성기체)

$W[\text{kg}] =$ 방호구역 체적$[\text{m}^3] \times$ 방출계수$[\text{kg/m}^3] = V \times f.f$

무유출	할론	$W[\text{kg}] = V \times f.f$	$(f.f)\ K[\text{kg/m}^3] = \dfrac{1}{S} \times \dfrac{C}{100-C}$	
	할로겐화합물			
자유유출	CO_2 표면	$W[\text{kg}] = (V \times f.f) \times N$	$(f.f)\ K[\text{kg/m}^3] = 2.303 \log \dfrac{100}{100-C} \times \dfrac{1}{S}$	
	CO_2 심부	$W[\text{kg}] = V \times f.f$		
	불활성기체	$X[\text{m}^3] = V \times f.f \times \dfrac{Vs}{S}$	$(f.f)\ x[\text{m}^3/\text{m}^3] = 2.303 \log \dfrac{100}{100-C}$	

방호대상물	방호면적 1m²에 대한 1분당 방출량
특수가연물	$3l$
기타의 것	$2l$

할론 1301	설계농도	5%(최소)	10%(최대)
	K	0.32	0.64
할로겐화합물 및 불활성기체	최대허용 설계농도가 있음		
표면	S	$0.56[\text{m}^3/\text{kg}]$ (30℃ 비체적)	
	N	$5.542 \times \log \dfrac{100}{100-C}$	
심부	S	$0.52[\text{m}^3/\text{kg}]$ (10℃ 비체적)	
		$0.53[\text{m}^3/\text{kg}]$ (10℃ 비체적) : 2분 이내 30% 설계농도	
V_S		20℃ 비체적$= k_1 + k_2 \times 20$ $k_2 = k_1 \times \dfrac{1}{273}$	
S		방호구역 최소예상온도 비체적$= k_1 + k_2 \times t$	

▼ 표면화재

방호구역 체적[m³]	방호구역 체적 1m³에 대한 소화약제의 양	소화약제 저장량의 최저한도의 양	설계농도 [%]
45 미만	1.00kg	45kg	43
45 이상 150 미만	0.90kg		40
150 이상 1,450 미만	0.80kg	135kg	36
1,450 이상	0.75kg	1,125kg	34

2) 국소방출방식(CO_2 · 할로겐)

$W = $ 방호구역체적$[m^2]$(방호공간 체적$[m^3]$)$\times$방출계수$\times$할증계수$S(V) \times f.f \times h$

평면 (면적)	$W[kg] = S \times K \times h$		$S[m^2]$	$K[kg/m^2]$
		CO_2	방호대상물 표면적	13
		할론 1301		6.8
입면 (체적)	$W[kg] = V \times K \times h$		$V[m^3]$	$K[kg/m^2]$
		CO_2	방호공간의 체적	$8 - 6\dfrac{a}{A}$
		할론 1301		$4 - 3\dfrac{a}{A}$

▼ 심부화재

방호대상물	방호구역 체적 $1m^3$에 대한 소화약제의 양	설계농도[%]
유압기기를 제외한 전기설비 · 케이블실	1.3kg	50
체적 $55m^3$ 미만의 전기설비	1.6kg	50(57)
서고 · 전자제품 창고 · 목재가공품 창고 · 박물관	2.0kg	65
고무류 · 면화류 창고 · 모피 창고 · 석탄 창고 · 집진설비	2.7kg	75

h			
1.1(저) · 1.4(고)	S	• 약제를 방사할 방호대상물의 표면적 • 유류탱크 : 액면의 표면적	
1.25			
동일	V	방호대상물의 각 부분으로부터 0.6m의 거리에 둘러싸인 공간의 체적	
	A	• 방호공간의 벽 면적의 합계(4면 합) • 방호대상물로부터 0.6m를 연장한 가상공간의 벽 면적의 합계 • 장애물로 인해 연장할 수 없는 경우 적용하지 않음	
	a	• 방호대상물로부터 0.6m 이내에 실제 설치된 벽 면적의 합 • 0.6m를 초과하는 지점에 벽이 있거나 벽이 없는 경우 : 0	

18. 설치 제외

소방시설	설치 제외 장소
옥내소화전 방수구	• 냉장창고 중 온도가 영하인 냉장실 또는 냉동창고의 냉동실 • 고온의 노가 설치된 장소 또는 물과 격렬하게 반응하는 물품의 저장 또는 취급 장소 • 발전소 · 변전소 등으로서 전기시설이 설치된 장소 • 야외음악당 · 야외극장 또는 그 밖의 이와 비슷한 장소 • 식물원 · 수족관 · 목욕실 · 수영장(관람석 부분을 제외한다) 또는 그 밖의 이와 비슷한 장소
스프링클러 헤드	• 통신기기실 · 전자기기실 · 기타 이와 유사한 장소 • 발전실 · 변전실 · 변압기 · 기타 이와 유사한 전기설비가 설치되어 있는 장소 • 병원의 수술실 · 응급처치실 · 기타 이와 유사한 장소 • 천장과 반자 양쪽이 불연재료로 되어 있는 경우로서 그 사이의 거리 및 구조가 다음 각 목의 1에 해당하는 부분 　－천장과 반자 사이의 거리가 2m 미만인 부분 　－천장과 반자 사이의 벽이 불연재료이고 천장과 반자 사이의 거리가 2m 이상으로서 그 사이에 가연물이 존재하지 아니하는 부분 • 천장 · 반자 중 한쪽이 불연재료로 되어 있고 천장과 반자 사이의 거리가 1m 미만인 부분 • 천장 및 반자가 불연재료 외의 것으로 되어 있고 천장과 반자 사이의 거리가 0.5m 미만인 부분
ESFR	• 제4류 위험물 • 타이어, 두루마리 종이 및 섬유류, 섬유제품 등 연소 시 화염의 속도가 빠르고 방사된 물이 하부까지에 도달하지 못하는 것
물분무 헤드	• 물에 심하게 반응하는 물질 또는 물과 반응하여 위험한 물질을 생성하는 물질을 저장 또는 취급하는 장소 • 고온의 물질 및 증류범위가 넓어 끓어 넘치는 위험이 있는 물질을 저장 또는 취급하는 장소 • 운전 시에 표면의 온도가 섭씨 260도 이상으로 되는 등 직접 분무를 하는 경우 그 부분에 손상을 입힐 우려가 있는 기계 장치 등이 있는 장소
감지기	• 천장 또는 반자의 높이가 20m 이상인 장소. 다만, 제1항 단서 각 호의 감지기로서 부착 높이에 따라 적응성이 있는 장소는 제외한다. • 헛간 등 외부와 기류가 통하는 장소로서 감지기에 따라 화재 발생을 유효하게 감지할 수 없는 장소 • 부식성 가스가 체류하고 있는 장소 • 고온도 및 저온도로서 감지기의 기능이 정지되기 쉽거나 감지기의 유지관리가 어려운 장소 • 목욕실 · 욕조나 샤워시설이 있는 화장실 및 기타 이와 유사한 장소 • 파이프덕트 등 그 밖의 이와 비슷한 것으로서 2개 층마다 방화구획된 것이나 수평단면적이 5m² 이하인 것 • 먼지 · 가루 또는 수증기가 나량으로 체류하는 장소 또는 주방 등 평시에 연기가 발생하는 장소(연기감지기에 한한다) • 프레스공장 · 주조공장 등 화재 발생의 위험이 적은 장소로서 감지기의 유지관리가 어려운 장소

소방시설		설치 제외 장소
이산화탄소 분사헤드		• 니트로셀룰로스 · 셀룰로이드 제품 등 자기연소성 물질을 저장 · 취급하는 장소 • 나트륨 · 칼륨 · 칼슘 등 활성금속물질을 저장 · 취급하는 장소 • 방재실 · 제어실 등 사람이 상시 근무하는 장소 • 전시장 등의 관람을 위하여 다수인이 출입 · 통행하는 통로 및 전시실 등
할로겐화합물 및 불활성기체 소화설비		• 사람이 상주하는 곳으로서 최대허용설계농도를 초과하는 장소 • 위험물안전관리법에서 정하는 제3류 위험물 및 제5류 위험물을 사용하는 장소. 다만, 소화성능이 인정되는 위험물은 제외한다.
피난구유도등		• 바닥면적이 1,000m² 미만인 층으로서 옥내로부터 직접 지상으로 통하는 출입구(외부의 식별이 용이한 경우에 한한다) • 대각선 길이가 15m 이내인 구획된 실의 출입구 • 거실 각 부분으로부터 하나의 출입구에 이르는 보행거리가 20m 이하이고 비상조명등과 유도표지가 설치된 거실의 출입구 • 출입구가 3개소 이상 있는 거실로서 그 거실 각 부분으로부터 하나의 출입구에 이르는 보행거리가 30m 이하인 경우에는 주된 출입구 2개소 외의 출입구(유도표지가 부착된 출입구를 말한다). 다만, 공연장 · 집회장 · 관람장 · 전시장 · 판매시설 · 운수시설 · 숙박시설 · 노유자시설 · 의료시설 · 장례식장의 경우에는 그렇지 않다.
통로유도등		• 구부러지지 아니한 복도 또는 통로로서 보행거리가 30m 미만인 복도 또는 통로 • 복도 또는 통로로서 보행거리가 20m 미만이고 그 복도 또는 통로와 연결된 출입구 또는 그 부속실의 출입구에 피난구유도등이 설치된 복도 또는 통로
객석유도등		• 주간에만 사용하는 장소로서 채광이 충분한 객석 • 거실 등의 각 부분으로부터 하나의 거실 출입구에 이르는 보행거리가 20m 이하인 객석의 통로로서 그 통로에 통로유도등이 설치된 객석
비상조명등		• 거실의 각 부분으로부터 하나의 출입구에 이르는 보행거리가 15m 이내인 부분 • 의원, 경기장, 공동주택, 의료시설, 학교의 거실
피난기구	각 해당 층 (기준에 적합한 층)	• 주요 구조부가 내화구조 • 실내마감이 불연재료 · 준불연재료 · 난연재료로 되어 있고 방화구획이 적합하게 되어 있는 경우 • 거실 각 부분으로부터 직접 복도로 쉽게 통하여야 함 • 복도에 2 이상의 특별피난계단 또는 피난계단이 적합하게 설치 • 복도의 어느 부분에서도 2 이상의 방향으로 각각 다른 계단에 도달 가능
	옥상의 직하층 또는 최상층	• 주요구조부가 내화구조 • 옥상의 면적이 1,500m² 이상 • 옥상으로 쉽게 통할 수 있는 창 또는 출입구 설치 • 옥상이 소방사다리차가 쉽게 통행할 수 있는 도로(폭 6m 이상) 또는 공지에 면하여 설치되어 있거나 옥상으로부터 피난층 또는 지상으로 통하는 2 이상의 특별피난계단 또는 피난계단이 적합하게 설치

소방시설	설치 제외 장소
연결송수관 방수구	• 아파트의 1층 및 2층 • 소방차의 접근이 가능하고 소방대원이 소방차로부터 각 부분에 쉽게 도달할 수 있는 피난층 • 송수구가 부설된 옥내소화전을 설치한 소방대상물(집회장·관람장·백화점·도매시장·소매시장·판매시설·공장·창고시설 또는 지하가를 제외한다)로서 다음의 1에 해당하는 층 　－지하층을 제외한 층수가 4층 이하이고 연면적이 6,000m² 미만인 소방대상물의 지상층 　－지하층의 층수가 2 이하인 소방대상물의 지하층
무선통신보조설비	• 지하층으로서 특정소방대상물의 바닥부분 2면 이상이 지표면과 동일하거나 지표면으로부터의 깊이가 1m 이하인 경우에는 해당 층에 한해 무선통신보조설비를 설치하지 아니할 수 있다.
누전경보기 수신부	• 화약류를 제조하거나 저장 또는 취급하는 장소 • 가연성의 증기·먼지·가스 등이나 부식성의 증기·가스 등이 다량으로 체류하는 장소 • 습도가 높은 장소 • 온도의 변화가 급격한 장소 • 대전류회로·고주파 발생회로 등에 따른 영향을 받을 우려가 있는 장소
제연설비	• 제연설비를 설치해야 할 특정소방대상물 중 화장실·목욕실·주차장·발코니를 설치한 숙박시설(가족호텔 및 휴양콘도미니엄에 한한다)의 객실과 사람이 상주하지 않는 기계실·전기실·공조실·50m² 미만의 창고 등으로 사용되는 부분에 대하여는 배출구·공기유입구의 설치 및 배출량 산정에서 이를 제외 할 수 있다.

소방시설관리사 필기
1차(이론＋문제풀이) 하

발행일 | 2016. 11. 30　초판 발행
　　　　　2019.　2. 10　개정 1판1쇄
　　　　　2020.　2. 10　개정 2판1쇄
　　　　　2021.　3. 10　개정 3판1쇄
　　　　　2022.　1. 10　개정 4판1쇄
　　　　　2023.　3. 10　개정 5판1쇄
　　　　　2024.　1. 30　개정 6판1쇄

저　자 | 유정석
발행인 | 정용수
발행처 | 예문사
주　소 | 경기도 파주시 직지길 460(출판도시) 도서출판 예문사
T E L | 031) 955-0550
F A X | 031) 955-0660
등록번호 | 11-76호

정가 : 33,000원

ISBN 978-89-274-5350-5 13530